U0342596

台 阶 爆 破

汪旭光　于亚伦　著

北 京
冶 金 工 业 出 版 社
2017

内 容 简 介

本书总结了近几十年来台阶爆破领域中技术新进展，其中包括爆炸力学三大理论、工业炸药及起爆器材和起爆技术、工程地质与爆破工程以及金属矿山、煤矿露天台阶爆破、高台阶抛掷爆破、水利水电工程台阶爆破、地下采矿台阶爆破、隧道掘进台阶爆破、水下台阶爆破等的台阶爆破各领域应用分别进行了实例讲解，另外本书还对台阶爆破效果的综合评价体系和爆破有害效应及作业环境的保护作了专题论述。

本书作者是中国工程院资深院士，在爆破和炸药领域有非常多的建树，是我国乳化炸药的奠基人，成功研制了"粉状乳化炸药"。本书可供土木工程和采矿领域科研人员研读和作为大学教学参考书以及现场工程技术人员阅读。

图书在版编目（CIP）数据

台阶爆破/汪旭光，于亚伦著. —北京：冶金工业出版社，2017.9

ISBN 978-7-5024-7541-3

Ⅰ.①台…　Ⅱ.①汪…　②于…　Ⅲ.①台阶爆破　Ⅳ.①TB41

中国版本图书馆 CIP 数据核字（2017）第 147500 号

出 版 人　谭学余
地　　址　北京市东城区嵩祝院北巷 39 号　邮编　100009　电话　(010)64027926
网　　址　www.cnmip.com.cn　电子信箱　yjcbs@cnmip.com.cn
责任编辑　程志宏　徐银河　美术编辑　彭子赫　版式设计　孙跃红
责任校对　王永欣　责任印制　牛晓波
ISBN 978-7-5024-7541-3

冶金工业出版社出版发行；各地新华书店经销；固安华明印业有限公司印刷
2017 年 9 月第 1 版，2017 年 9 月第 1 次印刷
787mm×1092mm　1/16；34.75 印张；841 千字；540 页
148.00 元

冶金工业出版社　投稿电话　(010)64027932　投稿信箱　tougao@cnmip.com.cn
冶金工业出版社营销中心　电话　(010)64044283　传真　(010)64027893
冶金书店　地址　北京市东四西大街 46 号(100010)　电话　(010)65289081(兼传真)
冶金工业出版社天猫旗舰店　yjgycbs.tmall.com
（本书如有印装质量问题，本社营销中心负责退换）

前　言

　　台阶爆破是一类工作面自上而下或自下而上，以台阶形式推进的爆破技术。它广泛应用于矿山、铁路、公路、水利水电和核电等各类工程中。台阶爆破涉及露天、地下和水下爆破的各个领域，是这些领域的主要爆破方式。目前大部分国家的采矿业均以露天爆破为主，每年从地壳采出的矿石量有 2/3 来自露天爆破。据统计：我国非煤矿床露天爆破的产量比例为：铁矿石占 84%，有色金属矿石占 52%，化工原料占 70%，建筑材料近 100%。20 世纪 90 年代以来，在公路石方路堑开挖中也越来越多的应用露天深孔爆破技术，并且爆破规模越来越大。1994 年在青岛市胶州湾高速公路山角村段采用深孔爆破技术成功地一次开挖成型 470m 的长深路堑，共布置 203 排，计 3080 个炮孔，爆破石方总量 11.5 万立方米，为国内公路路堑超多排、超多段、深孔爆破的典型范例。毫无疑问，台阶爆破的广泛应用必将为其发展提供广阔的空间和可贵的契机。

　　台阶爆破，特别是露天深孔台阶爆破具有其他爆破技术无可比拟的优点：(1) 露天台阶爆破开采空间限制较小，可使用大型机械设备，有利于实现机械化、自动化。(2) 露天深孔台阶爆破具有开采强度高、生产规模大等优点，便于引进新技术、新方法。从某种意义来讲，台阶爆破的技术水平反映了我国的爆破技术的水平，是我国爆破技术水平的一个缩影。(3) 台阶爆破的发展历程见证了我国爆破技术发展史的主要阶段。例如：在我国古代自从有了采煤就有了台阶开采的雏形——分期开采；随着毫秒延期雷管的出现和大型穿孔设备的应用，台阶爆破广泛采用大区域、多排孔爆破，使爆破技术有了质的飞跃；数码电子雷管和高精度非电导爆管雷管的出现，实现了多排孔逐孔起爆技术，使台阶爆破进入了精细化、科学化的新阶段；进入 21 世纪以来，人类迈入了信息化时代，信息时代就是信息产生价值的时代。信息社会与农业社会和工业社会的最大区别，就是不再以体能和机械能为主，而是以智能为主。信息时代爆破技术的发展趋势就是爆破作业数字化和智能化。在这一发展过程中，矿山爆破又遥遥领先，台阶爆破的发展方向代表了我国爆破技术的发展方向。所以，以台阶爆破为抓手研究爆破技术具有提纲挈领的作用。

本书的编写原则是：内容上力求全面性、结构上力求系统性；强调理论联系实际，突出实用性；适度注意先进性和前瞻性，以促进爆破技术的发展。

全书共分十三章。第1章简要叙述了台阶爆破的定义、分类和发展历程，有利于了解台阶爆破发展全貌。第2章概述了工程地质与爆破工程的关系，特别是岩石成分性质与岩体力学特性对爆破作用的影响，继而进一步叙述了岩石与工程岩体分级和爆破性分区及其关系，这有利于了解爆破对象的本质特性及其相互依存关系。第3~5章阐述了工业炸药、起爆器材与爆破力学的理论问题，这是爆破工程师们应该熟练掌握的，也是获得良好爆破效果必备的基础知识与理论。第6~8章分别叙述了露天矿山和水利水电工程台阶爆破以及近年来在我国发展应用的高台阶抛掷爆破，并列述了一些工程实例。应该说，这三章是台阶爆破应用最广、相当成熟的几个领域，爆破工作者应娴熟知晓它们，并在自己的爆破实践中灵活应用之。第9，10章分别叙述了地下矿山和隧道掘进台阶爆破。合理利用地下有限空间是人类生存发展的必然需求，爆破工作者应该熟知台阶爆破在地下空间的应用与发展，掌握其设计与操作技巧。第11章综述了水下台阶爆破的基本理论、设计与实施，特别关注了水上作业平台与钻爆船的选择、定位和钻爆质量的掌控，是水下爆破工作者应娴熟掌握的。第12章简述了爆破效果的影响因素，综合评价和评价指标的测定与计算，爆破工作者应综合知晓本章所述的内容并熟练地应用之，以正确评述爆破设计与施工。第13章综合阐述了爆破作业的各种有害效应与综合处理措施。作业环境的保护也是公众十分关心的事项，爆破工作者应熟练掌握这些内容，以实现和谐爆破作业。

本书在撰写过程中引用了大量的文献资料，希望这些文献能为需要进一步了解和深入研究某些问题的读者提供有益的线索。在此，作者特别感谢被引用文献的作者们，正是你们的研究成果，使我们获益匪浅！

由于作者的学识所限，书中不妥之处敬请专家和读者批评指正。

汪旭光　于亚伦

2017 年 6 月 18 日于北京

目　　录

1 绪 论

1.1 台阶爆破的定义及分类

1.1.1 台阶爆破的定义

台阶爆破 (bench blasting) 是工作面自上而下或自下而上，以台阶形式推进的爆破方法。即无论是露天采场爆破、地下采场爆破还是其他岩土爆破，被开采的矿岩都要划分为一定高度的分层逐层开采，在开采过程中上下分层之间保持一定的超前关系，构成了阶梯状，每个阶梯就是一个台阶或梯段，在台阶或梯段上进行的爆破作业就称为台阶爆破，或称梯段爆破。但是在井下采矿或大断面隧道掘进爆破中，由于受作业空间的限制，上下分层之间难以总是保持一定的超前关系，这时台阶爆破就演变为分层爆破、分段爆破或阶段爆破。水下台阶爆破也有类似情况。即便如此，它们在爆破工艺和爆破参数的选取上仍然有着许多共同之处。

台阶爆破广泛地用于矿山、铁路、公路和水利水电等工程，并且几乎涵盖了露天爆破、地下爆破和水下爆破的所有领域，是这些领域的主要爆破方式。

1.1.2 台阶爆破的分类

1.1.2.1 按台阶高度分类

台阶是采场，特别是露天采场的主要构成要素，其高度的确定与矿岩性质、开采强度、钻机和装岩设备性能、矿体品位分布、生产管理水平等密切相关，是影响采矿效率和经济成本的重要因素。因此，用台阶高度作为划分台阶爆破类别的标准具有广泛的实用性。

(1) 低台阶爆破：台阶高度 2~5m；一般使用直径小于 50mm 的钻机凿岩，孔深不大于 5m。亦称浅孔台阶爆破。

(2) 中台阶爆破：台阶高度 8~16m；一般使用直径小于 180mm 的潜孔钻机或直径 250mm 和 310mm 的牙轮钻机凿岩。通常，将孔径大于 50mm、孔深大于 5m 的台阶爆破称为深孔台阶爆破。

(3) 高台阶爆破：台阶高度 18m 以上。高台阶爆破起始高度的确定根据是：目前大型露天矿开采的铲装作业多采用机械电铲，其最大挖掘高度不大于 15m。而露天矿的台阶爆破要求：

爆堆高度：
$$H_m = (1.2 \sim 1.3) h_m \tag{1-1}$$

台阶高度：
$$H = (1.05 \sim 1.15) h_m \tag{1-2}$$

式中　h_m——挖掘机的最大挖掘高度，m。

故
$$H_m = (1.2 \sim 1.3) \times 15 = 18 \sim 20 \text{m}$$

$$H = (1.05 \sim 1.15) \times 15 = 16 \sim 18m$$

显然,当台阶高度 H 大于18 m时,现有的采掘设备难以适应。我国神华集团准格尔能源有限公司黑岱沟露天煤矿台阶高度为40~55m,采用吊斗铲倒堆剥离抛掷爆破技术为高台阶爆破在我国推广应用提供了成功的范例。

1.1.2.2 按爆破作业地点、开采方式分类

按爆破作业地点分为露天台阶爆破、地下台阶爆破和水下台阶爆破。在其中每一类爆破中,再根据开采方式的不同进行细分。

(1)露天台阶爆破:作业地点在地表以上,包括:金属矿山露天台阶爆破、煤矿露天台阶爆破、高台阶爆破、特殊条件下的露天台阶爆破(高温爆破、冻土爆破)、水利水电工程面板堆石料深孔台阶爆破、铁路公路台阶爆破等。

(2)地下台阶爆破:作业地点在地表以下,包括金属矿山地下台阶爆破、煤矿井下台阶爆破、隧道掘进台阶爆破等。

(3)水下台阶爆破:作业地点在水中、水底或水下固体介质内进行的爆破作业,统称为水下爆破。

水下爆破按照工程目的、药室形状和位置的不同,主要有如下几种类型:水下裸露爆破、水下钻孔爆破、水下硐室爆破、水下软基处理爆破、水下岩塞爆破等(见图1-1)。由于水下钻孔施工比较困难,一般采用一次性的整体爆破,但是,当岩层厚度较大,方量集中,且开挖深度超过10m时,也可采用中深孔台阶爆破或分层爆破。

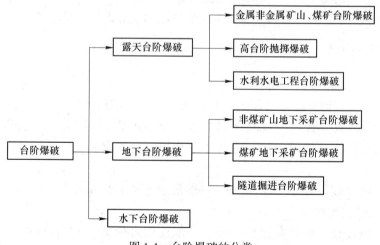

图1-1 台阶爆破的分类

1.2 台阶爆破技术的发展

台阶爆破技术的发展和其他爆破技术的发展一样,与爆破器材和穿孔设备的进步密切相关,台阶爆破技术的发展对爆破器材和穿孔、装运设备提出了新的要求,是爆破器材和穿孔、装运设备进步的动力。反之,爆破器材和穿孔、装运设备的进步又促进了台阶爆破技术的发展,是台阶爆破技术发展的源泉。

与此同时,台阶爆破技术的发展又与矿业的进步密切相关。矿山不仅是黑火药首个应用的场所,而且,规模巨大的露天矿场又是台阶爆破技术进步的力量源泉。

1.2.1 台阶爆破技术的酝酿阶段（新石器时代~1627 年黑火药用于矿山）

1.2.1.1 中国古代台阶开采的雏形

早在新石器时代（约 4000 年前），人们就已经会使用"火攻法"开采矿石。中国古代的采矿技术在商周时期已经达到很高的水平。1988 年在江西瑞昌夏畈镇得幕阜山东北角发现一处商周时期的铜矿采矿遗址。铜矿遗址的开采方法既有露天开采，也有地下开采。

辽宁省沈阳新石器晚期遗址、陕西沣西和宝鸡茹家庄、竹园沟西周墓葬都发现大批用雕煤雕刻的环、块和圆珠。雕煤位于煤层深部，它的使用表明当时已经开采深部煤层。汉代已用煤作燃料，采煤在这一时期已经发展起来，一般沿露头挖掘，但也常常开凿竖井。

根据卢本珊先生在"中国古代金属矿和煤矿开采工程技术史"中介绍：中国古代采煤技术大多用掏槽方法，先以平镐在工作面煤壁下部开一横槽，促使煤层产生裂隙，再用锤钎在上部敲击，使煤块崩落。特厚煤层不能用全采高同时采出，而是采用分期开采。先采出其中一部分，随之充填，待过若干时间，采出部周围岩石的压力使未采煤层移动，密合压实，再行开采。

由此可知，中国古代有了采煤就有了分期开采、分层开采，即台阶开采的雏形。

1.2.1.2 黑火药用于凿岩爆破是采矿发展的里程碑

火药是我国四大发明之一，是我们祖先对人类的一项重大贡献，是突发性瞬时高功率化学能源利用的先河。早在公元 660 年，炼丹家孙思邈在所著《丹经》的"伏硫磺法"中，就记载了硝石和硫磺作用的化学反应。公元 803 年清庶子在《铅汞甲辰至宝集成》中记载了，用硫二两、硝二两、马兜铃三钱半配制而成矾伏火法，是一个较为完整的黑火药配方，也是世界上最早的记载，用现代化学反应方程式可写为：

$$4KNO_3 + S_2 + 6C \longrightarrow 2K_2S + 2N_2 + 6CO_2 \tag{1-3}$$

北宋年间，《武经总要》对黑火药的配方，有了更加完备的记载。

公元 8~9 世纪，中国的硝石和炼丹术同时传入阿拉伯国家。1225 年烟火及火药制造方法也传入阿拉伯国家。大约在 13 世纪中叶，黑火药及其制造技术才秘密地由阿拉伯国家传入欧洲。17 世纪以前，在国外黑火药只用于军事目的。约在 1613 年黑火药首次应用于奥地利的西利基上保布罗夫矿的水平巷道掘进爆破，但直到 1627 年，Grosslitz Chemnitz 才将此事公布于众。同年，卡斯珀·文德尔也记载了黑火药在匈牙利的波斯托伦（Ober-Biberstollen）的舍姆尼芝皇家矿山的应用；1630 年德国人、1670 年英国人也开始将黑火药用于采矿，与原来的火攻法破裂矿岩相比，黑火药爆破矿岩的效果显著提高，因此黑火药在采矿业的应用被视为标志着中世纪的结束和工业革命的开始。值得指出的是，黑火药作为独一无二的炸药，延续了 500 年之久。

用凿岩爆破落矿代替人工挖掘，也是采矿技术发展的一个里程碑。

1.2.2 台阶爆破技术的奠基阶段（17~19 世纪 80 年代）

17~19 世纪 80 年代，爆破技术所需的最基本的爆破器材已齐全；凿岩机的出现为爆破作业提供了先进的钻孔工具。

19~20 世纪初，相继发明了矿用炸药、雷管、导爆索和凿岩设备，形成了近代爆破技术。

1831 年，威廉·毕克福特发明了以黑火药为药芯的毕氏导火索。

1830～1832 年罗伯特·海尔研究出桥丝法电起爆技术。

1865 年，瑞典化学家阿尔弗雷德·诺贝尔（Alfred Nobel）发明了以雷汞为主要原料的火雷管。正是由于雷管的发明，才使炸药成功地应用于工程。同年他又制成了以硅藻土为吸收剂、硝化甘油为主要成分的达纳迈特（Dynamite）炸药。与此同时，奥尔森（Olsson）和诺宾（Norrbein）首次研制成功了成本较低、威力较大、安全性较好、适合民用爆破的，以硝酸铵和各种燃料制成的硝酸铵类炸药。至此，工业炸药步入了多品种的时代，爆破技术所需的最基本的爆破器材已基本齐全。

生产力的发展首先从生产工具的发展开始。1683 年试制了凿岩机。1813 年英国人发明了蒸汽回转式凿岩机。1849 年美国人 Couch 发明了蒸汽式冲击凿岩机。1851 年法国人发明了蒸汽和压缩空气两用凿岩机。1866 年，美国的 Burleigh、Brooks 等人发明了压气式活塞凿岩机。

在瑞典阿尔弗雷德·诺贝尔发明的达纳迈特（Dynamite）炸药向硝铵类炸药过渡的同时，新型凿岩机不断涌现。

美国的 Hoosac 隧道已开始使用凿岩机钻孔，装填达纳迈特（Dynamite）炸药进行爆破。

1871 年美国的 Simon、Ingersoll、Rand 等已经研制了支架式活塞凿岩机。

1897 年美国的 Leyner 开发了高速凿岩机。随后登场的是 1912 年的手持式凿岩机、1936 年的自动推进凿岩机。

随着新型凿岩机的出现，爆破规模不断增大，爆破方式也由斜坡式开采和放矿漏斗式开采逐步向台阶式开采过渡。特别是在露天矿开采这种过渡更为迅速。台阶开采与斜坡开采相比，作业更为安全，更有利于大型凿岩、装载设备的使用。

1.2.3 毫秒雷管和大型穿孔设备的应用使台阶爆破技术广泛采用大区域、多排孔爆破阶段（19 世纪 80 年代～21 世纪初）

1.2.3.1 爆破器材的进展

19 世纪 70 年代，朱利叶斯·史密斯成功地采用了桥丝起爆电雷管来起爆硝化甘油的方法，后来演变为雷汞雷管。

1895 年朱利叶斯·史密斯采用导火索作为延期药的延期电雷管。

进入 20 世纪后，爆破器材又有了新的进展。1919 年，出现了以泰安为药芯的导爆索，1927 年，又在瞬发电雷管的基础上研制成功了秒延期电雷管，1946 年，制成毫秒延期电雷管。从此时开始，许多国家采用毫秒延期爆破来降低爆破振动。20 世纪 50 年代中期，我国开始进行毫秒延期爆破试验并在金属矿、煤矿、水利水电、公路铁路交通建设等各种爆破作业中作了一些探索。并于 60 年代在一些矿山爆破作业中进行了推广应用。但是，由于受起爆器材的限制，这项技术在当时并未得到广泛的应用。

我国从 20 世纪 70 年代末开始，为了满足各类工程爆破技术上的要求，逐步发展了秒延期、半秒延期、毫秒延期的电雷管和非电雷管。华丰化工厂根据多年从事雷管生产技术的经验，组织科研小组首次试制成功 LYG30D900 毫秒电雷管，第 30 段总秒量为 900^{+20}_{-25} ms，达到了国际先进水平。冶金部马鞍山矿山研究院与江西赣州有色冶金化工厂协作，从 80

年代中期开始，担任国家"七五"科技攻关任务并经过几年的试验，于1986年研制成功MG-803A型30段高精度毫秒电雷管，第30段总秒量为1000ms±30ms。在此基础上经过两年的研究，于1988年又研制成功MG-803B型30段高精度毫秒非电雷管，第30段总秒量为1350ms，分段间隔时间为25ms、50ms、100ms，并在赣州有色冶金化工厂建成了生产车间，投入批量生产；1990年又研制成功MG-803C型30段高精度毫秒非电雷管与耐温高强度导爆管，第30段总秒量为1350ms，在20m深常温水中存放72h能可靠起爆。经过批量生产的雷管和高强度导爆管，在南芬铁矿大区多排毫秒延期爆破的工业试验中，满足了一次爆破量65.5万吨规模的要求，获得了良好的爆破效果。1990年通过冶金部组织的技术鉴定，其产品已销售到香港、澳门等地区。

同时，冶金部安全环保研究院与云南燃料一厂协作研制成功的FDG-1型非电高精度毫秒雷管，第30段总秒量1100ms[10]。

长沙矿冶研究院与抚顺11厂协作研制成功YL-1型高精度毫秒雷管、马鞍山矿山研究院研制的双层结构塑料高强度导爆管、冶金部安全环保研究院研制的HS-1型耐高温的高强度导爆管等均完成了工业试验，解决了露天矿乳化炸药混装车对起爆器材的要求，并在生产中得到应用。

1.2.3.2 穿孔设备的改进

20世纪60年代以后，我国在穿孔设备方面，高效率的潜孔钻机和牙轮钻机逐步取代了钢丝绳冲击式穿孔机，尤其是在1974年，从美国引进了35台回转式牙轮钻进机，装备了鞍钢、本钢、首钢等8个大露天铁矿，从而一举扭转了穿孔工序长期落后的局面。

改革开放以来，我国冶金矿山，一方面引进了美国B-E公司生产的孔径250mm孔径的45R、孔径310mm的60R等牙轮钻机，并首先在南芬露天铁矿使用，取得了良好的效果。另一方面，国内也成功地研制和生产了高效率的穿孔设备。

80年代以来，我国露天矿几乎全部采用潜孔钻机和牙轮钻机，使穿孔效率大大提高。一般潜孔钻孔效率为10000米/台年，牙轮钻效率为25000~40000米/台年，进口牙轮钻50000米/台年。

随着毫秒雷管的出现和大型穿孔设备的引进应用，为我国露天爆破采用大区域、多排孔毫秒延期爆破打下了基础，使我国工程爆破技术进入了新阶段。例如：南芬露天铁矿等大型露天矿山在大区多排孔毫秒延期爆破实施中，对孔网参数、机械化散装装药与结构、填塞方法、起爆顺序、毫秒间隔时间等进行了深入研究，1990年4月20日南芬露天铁矿最大规模的爆破，一次毫秒爆破段数达100余段，炮孔超过500个，预装药量达276t，矿岩爆破量超过81万吨，该矿还实现了18m高台阶深孔爆破技术的应用性试验，使中国矿山深孔爆破技术提高到一个新水平。

继南芬露天铁矿之后，2005年3月30日太原钢铁公司峨口铁矿也进行了大区多排深孔毫秒爆破。共有炮孔871个，使用炸药398.7t，矿岩爆破量130.3万吨。同样也取得了良好的爆破效果。成为目前我国冶金矿山爆破规模最大的一次台阶爆破。

1.2.4 数码电子雷管的出现使台阶爆破进入了精细化、科学化的新阶段（21世纪初至今）

数码电子雷管技术的研究工作，大约始于20世纪80年代初，到80年代中期，数码电子雷管产品开始进入起爆器材市场，但总体上还处于技术和产品研究开发和试应用阶段。1993 年前后，瑞典 Dynamit Nobel 公司、南非 AEL 公司分别公布了他们的第一代数码电子雷管技术和相应的电子延期起爆系统，商标分别为 Dynatronic 和 Ex1000。进入 90 年代，新型数码电子雷管及其起爆系统技术获得了较快的发展，两家公司又分别于 1996 年、1998 年公布了他们的第二代技术。

1998 年以后，为了抢占技术和产品市场，Dynamit Nobel 公司又在法国注册了 Davey Bickford 公司，开发生产 Davey tronic 数码电子雷管系统，与 Orica 公司合资在德国注册了精确爆破系统公司（Precision Blasting System），开发生产 PBS 数码电子雷管系统。在南非，AEL 公司又开发了一种注册商标为 Electrodt 的数码电子雷管起爆系统，还出现了 SaSo 矿用炸药公司等多家开发、生产数码电子雷管的新公司。与此同时，全球范围内还陆续出现了其他品牌的数码电子雷管系统，数码电子雷管技术逐渐趋于成熟和爆破工程实用化。

目前，瑞典和德国的诺贝尔公司（Nobel）、澳大利亚的澳瑞凯（Orica）、美国的 EB（Ensign Bickford）、奥斯丁（Austin）和 SDI（Speical Device INC）、法国的 Davey Bickford、日本的旭化成化学株式会社、南非的 AEL 和 Sasol 等诸多公司都推出了各自的数码电子雷管产品。

我国数码电子雷管的研究工作始于 20 世纪 90 年代末期。2006 年我国第一个自主研发的高精度电子雷管——"隆芯一号"研究成功。目前北方邦杰技术发展公司、京煤化工、贵州久联民爆器材发展股份有限公司和西安 213 所也都生产了自己的产品。

随着高精度、高可靠性导爆管雷管的应用，不同间隔时间的逐孔毫秒延期爆破已成为现实。亚洲最大的露天煤矿——安太堡露天煤矿于 2003 年 3 月 31 日成功地进行了一次逐孔毫秒延期爆破。炸药消耗量 480t，爆破量 125 万立方米，折合 312 万吨。单位炸药消耗量 0.384kg/m³。爆破孔数 1285 个，成为我国规模最大的一次台阶爆破。

随着数码电子雷管和高精度毫秒延期导爆管雷管技术的不断发展和进步及应用范围不断扩大，多排孔"逐孔起爆"已成为各类矿山、水利建设、隧道开凿等爆破作业的重要起爆技术，也使我国台阶爆破技术进入了精细化、科学化的新阶段。

参 考 文 献

[1] 工业火药协会编. 新·发破ハンドブック，山海堂，平成元年 5 月.
[2] 采石ハンドブック编集委员会编. 采石ハンドブック，技报堂，昭和 51 年 3 月.
[3] 张可玉. 水下爆破工程 [G]. 中国人民解放军海军司令部航海保证证，2003（内部使用）.
[4] 卢本珊. 中国古代金属矿和煤矿开采工程金属史 [M]. 太原：山西教育出版社，2007.
[5] 袁成业，松全才. 我国火药发明年代考 [J]. 中国科技史料，1986，7（1）：30~36.
[6] 吴腾芳，王凯. 微差爆破技术研究现状 [J]. 爆破，1997，14（1）：53~56.
[7] 刘星，徐栋，颜景龙. 几种典型电子雷管简介 [J]. 火工品，2003（4）：35~38.
[8] 汪旭光，沈立晋. 工业雷管技术的现状和发展 [J]. 工程爆破，2003，9（3）：52~57.
[9] 汪旭光. 爆破器材与工程爆破新进展 [J]. 中国工程科学，2002，4（4）：36~40.
[10] 杜邦公司. 爆破手册 [M]. 龙维祺，等译. 北京：冶金工业出版社，1986.
[11] 陈积松. 我国矿用爆破器材科学技术发展的 50 年 [J]. 下. 金属矿山，1999（12）：8~15.
[12] 刘星，李勇，颜景龙，等. I-Kon 电子起爆系统 [J]. 火工品，2004（4）：45~49.

2 工程地质与爆破工程

2.1 概述

2.1.1 工程地质与爆破工程的关系

工程地质是研究与工程建设有关地质问题的科学技术，其研究内容包括：岩土地质工程、工程动力地质作用与地质灾害、工程地质勘探理论和方法、环境工程地质等。而爆破就是利用炸药的爆炸能量对介质做功以达到预定工程目标的作业。爆破工程的理论基础是工程地质学、岩石动力学、工业炸药学等。可以说，工程地质学是爆破工程的基础，爆破工程是工程地质在爆破领域的应用，是工程地质的延伸。

由于工程条件复杂多变，不同类型的工程对工程地质条件的要求不尽相同，所以工程地质问题是多种多样的。在这里重点介绍与爆破工程有关的工程地质问题。例如：岩石成分、岩石性质、岩体的结构构造及其对爆破作用的影响以及岩石分级、爆破性分区和工程岩体分级等。

2.1.2 几个基本概念

2.1.2.1 矿物与矿石

A 矿物

矿物是组成岩石的基本单位，也是组成地壳的基本物质，是地质作用形成的天然单质或化合物质。矿物具有相对稳定的化学成分，呈固态结晶且有确定的内部结构，少数呈液态（水）、气态（硫化氢），在一定物理化学条件范围内保持稳定状态。目前已命名的矿物约三千种。

常见的矿物包括：正长石、斜长石、石英、角闪石、辉石、橄榄石、方解石、白云母、石膏、绿泥石、云母、黄铁矿等。

作为主要工业矿物的代表——铁、铜的特性如表 2-1 所示。

表 2-1 铁、铜矿物特性

矿种	矿物名称	化学成分	颜色	光泽	摩氏硬度	密度/g·cm^{-3}	晶系与习性
铁	磁铁矿	Fe_3O_4	铁黑	半金属	5.5~6	4.8~5.3	等轴、粒状、块状
	赤铁矿	Fe_2O_3	铁黑、钢灰、褐红	金属-半金属	5.5~6	5~5.3	三方、板状、土状
	褐铁矿	$Fe_2O_3 \cdot nH_2O$	黄褐、深褐	暗淡	1~5.5	—	块状、钟乳状、土状

矿种	矿物名称	化学成分	颜色	光泽	摩氏硬度	密度/g·cm⁻³	晶系与习性
铁	菱铁矿	$FeCO_3$	浅褐、浅黄白	玻璃	3.5~4.5	3.9	三方、块状、结核状
	鲕绿泥石	$Fe_4AlSi_5O_{10}(OH)_6 \cdot nH_2O$	深灰绿-黑	暗淡	3	3.03~3.4	单斜、鲕状集合体
铜	黄铜矿	$CuFeS_2$	铜黄	金属	3~4	4.1~4.3	四方、块状、粒状
	斑铜矿	Cu_5FeS_4	蓝紫斑状锈色	金属	3	4.9~5	等轴、粒状、块状
	辉铜矿	Cu_2S	铅灰	金属	2~3	5.5~5.8	斜方、烟灰状、块状
	硫砷铜矿	Cu_3AsS_4	钢灰-铁黑	金属	3.5	4.4~4.5	斜方、块状、粒状
	孔雀石	$Cu_2(CO_3)(CH)_2$	翠绿-黑绿	玻璃	3.5~4	3.9~4.1	斜方、葡萄状、块状
	自然铜	Cu	铜红	金属	3~3.5	8.5~8.9	等轴、树枝状、粒状

B　矿石

矿石是由一种或多种有经济意义的矿物组成的集合体，在现代技术水平条件下，能以工业规模从中提取国民经济所需的金属或其他矿物产品者。矿石是由矿物和脉石两部分组成的，矿石矿物是指矿石中可被利用的金属或非金属矿物，如铜矿石中的黄铜矿、斑铜矿、辉铜矿和孔雀石等。脉石矿物是指那些与矿石矿物相伴生的，暂不能利用的矿物，如铜矿石中的石英、绢云母、绿泥石等。

矿石包括金属矿物（如铁矿床中的磁铁矿）、非金属矿物（如石膏矿床中的石膏）。脉石矿物主要是非金属矿物，但也有少量金属矿物。矿物或其集合体的化学成分或物理性质决定着矿石的用途。矿石的概念是相对的，随着人们对新矿物原料要求的不断增长和工艺水平的提高，目前认为无用的矿物也可能变为矿石矿物。

矿石中金属元素或有用组分的含量称为矿石品位。划分矿与非矿界限的最低品位称为边界品位。

2.1.2.2　岩石与岩体

A　岩石

岩石是组成地壳的基本物质，是一种或多种矿物在地质作用中形成的天然集合体。例如：花岗岩是由岩浆作用形成的，是由石英、长石、黑云母等矿物组成的岩石。按其形成的原因，岩石分为三大类：岩浆岩、沉积岩和变质岩。

a　岩浆岩

岩浆岩是由埋藏在地壳深处的岩浆上升冷凝或喷出地表形成的岩石。依冷凝成岩浆岩的地质环境的不同，将岩浆岩分成三类：直接在地下凝结形成的称为侵入体，按其深度不同可分为深成侵入体和浅成侵入体，喷出地表形成的称为喷出岩，其分类列于表2-2。

表2-2　岩浆岩的分类表

化学成分	含 Si、Al 为主			含 Fe、Mg 为主		产状
酸基性	酸性		中性	基性	超基性	
颜色	浅色的（浅灰、浅红、黄色）			深色（深灰、绿色、黑色）		
矿物成分	含正长石		含斜长石		不含长石	
	石英、云母、角闪岩	黑云母、角闪石、辉石	角闪石、辉石、黑云母	辉石、角闪石、橄榄石	橄榄石、辉石	
深成岩 等粒状，有时为斑状，所有矿物皆能用肉眼鉴别	花岗岩	正长岩	闪长岩	辉长岩	橄榄岩、辉岩	岩基、岩株
浅成岩 斑状（斑晶较大且可分辨出矿物名称）	花岗斑岩	正长斑岩	玢岩	辉绿岩	—	岩脉岩床岩盘
喷出岩 玻璃状，有时为细粒斑状，矿物难用肉眼鉴别	流纹岩	粗面岩	安山岩	玄武岩	—	熔岩流
玻璃状或碎粒状	浮石、火山凝灰岩、火山碎粒岩、火山玻璃					火山喷出的堆积物

b　沉积岩

沉积岩是由地表母岩经风化剥离或溶解后，再经过搬运和沉积，在常温常压下固结变硬而形成的岩石。沉积岩的形成有两种途径：一是在地表条件下，由风化作用或火山作用的产物经机械搬运、沉积、固结成岩；二是在地表常温、常压条件下由水溶液沉淀而形成化学岩。

沉积岩的特点是，其坚固性除与矿物颗粒成分、粒度和形状有关以外，还与胶结物成分和颗粒间胶结的强弱有关。从胶结成分看，以硅质成分最为坚固，铁质成分次之，钙质成分和泥质成分为最差。从颗粒间胶结强度来看，组织致密、胶结牢固和孔隙较少岩石，坚固性最好，而胶结不牢固、存在许多结构面和孔隙的岩石，坚固性最差。

沉积岩在地壳中分布极广泛，约占地壳表面积的75%。其分类表列于表2-3。

c　变质岩

变质岩是岩浆岩和沉积岩经过强烈变化（由高温、高压或岩浆的热液热气的作用）而形成的。通常，它的变质程度越高，重新结晶越好，结构越紧密，坚固性越好。由岩浆岩形成的变质岩（如花岗片麻岩等）称为正变质岩。由沉积岩形成的变质岩（如大理岩、板岩、石英岩、千枚岩等）称为副变质岩。其分类如表2-4所示。

表 2-3 沉积岩分类表

岩类		结　构	岩石分类名称	主要亚类及其组成物质
碎屑岩类	火山碎屑岩	碎屑结构	粒径大于 100mm	火山集块岩	主要由大于 100mm 的熔岩碎块、火山灰尘等经压密胶洁而成
		粒径：2~100mm	火山角砾岩	主要由 2~100mm 的熔岩碎屑及其他碎屑混入物组成
		粒径小于 2mm	凝灰岩	由 50% 以上粒径小于 2mm 的火山灰组成，其中有岩屑等细粒碎屑物质
	沉积碎屑岩		砾状结构（粒径大于 2.00mm）	砾岩	角砾岩　由带棱角的角砾经胶洁而成 砾岩　由砾石经胶洁而成
			砂质结构（粒径：0.05~2.00mm）	砂岩	石英砂岩、石英（含量大于 90%，长石和岩屑含量小于 10%） 长石砂岩、石英（含量小于 75%）、长石（含量大于 25%）、岩屑（含量小于 10%） 岩屑砂岩、石英（含量小于 75%）、长石石英（含量小于 10%）、碎屑（含量大于 25%）
			粉砂结构（粒径：0.005~0.05mm）	粉砂岩	主要由石英、长石的粉粒状及黏土矿物组成
黏土岩类		泥质结构（粒径小于 0.005mm）	泥岩	主要由高岭土、微晶高岭石及水云母等黏土矿物组成
			页岩	黏土类页岩　由黏土类矿物组成 碳质页岩　由黏土矿物及有机质组成
化学及生物化学岩类		结晶结构与生物结构	石灰岩	石灰岩、方解石（含量大于 90%）、黏土矿物（含量小于 10%） 泥灰岩、方解石（含量为 50%~75%）、黏土矿物（含量为 25%~50%）
			白云岩	白云岩　白云石（含量为 90%~100%）、方解石（含量小于 10%） 灰质白云岩　白云石（含量为 50%~75%）、方解石（含量为 25%~50%）

表 2-4 变质岩分类表

岩类	构造	岩石名称	主要种类及矿物名称	原　岩
片理状岩类	片麻状构造	片麻岩	花岗片麻岩：长石、石英、云母为主，其次为角闪石，有时含石榴子石 角闪石片麻岩：长石、石英、角闪石为主，其次为云母，有时含石榴子石	中酸性岩浆岩、黏土岩、粉砂岩、砂岩

岩类	构造	岩石名称	主要种类及矿物名称	原 岩
片理状岩类	片状构造	片岩	云母片岩：云母、石英为主，其次为角闪石等 滑石片岩：滑石、绢云母为主，其次是绿泥石、方解石等 绿泥石片岩：绿泥石、石英为主，其次是滑石、方解石等	黏土岩、砂岩、中酸性火山岩超基性岩、白云质泥灰岩中基性火山岩、白云质泥灰岩
	千枚状构造	千枚岩	以绢云母为主，其次有石英、绿泥石等	黏土类、黏土质粉砂岩、凝灰岩
	板状构造	板岩	黏土矿物、绢云母、石英、绿泥石、黑云母、白云母等	黏土岩、黏土质粉砂岩、凝灰岩
块状岩类	块状构造	大理岩	方解石为主，其次有白云石等	石灰岩、白云岩
		石英岩	石英为主，有时含绢云母、白云母等	砂岩、硅质岩
		纹岩	纹岩、滑石为主，其次是绿泥石、方解石等	超基性岩

d 三大类岩石的特点与区别

三大类岩石的特点与区别如表 2-5 所示。

表 2-5 三大类岩石的特点与区别

主要特征	岩浆岩	沉积岩	变质岩
主要矿物成分	全部为岩浆中析出的原生矿物，成分复杂，但较稳定。浅色的矿物有：石英、长石、白云母等；深色的矿物有：黑云母、角闪石、辉石、橄榄石等	次生矿物占主导地位，成分单一，一般不固定。常见的有石英、长石、白云母、方解石、白云石、高岭土等	除具有变质前原来岩石的矿物，如石英、长石、云母、角闪石、辉石、方解石、白云石、高岭土等外，尚有经变质主要的矿物，如石榴子石、滑石、绿泥石等
结构	以全晶质结构、玻璃质结构、半晶质结构、斑状结构、文象结构、条纹结构等为特征	以碎屑、火山碎屑、泥质、粒屑、结晶粒状及生物碎屑结构为特征，部分为成分单一的结晶结构	以碎裂结构、碎斑结构、棱结构、变晶结构、变余结构为特征
构造	呈条带状、块状、斑杂、流纹状、气孔状、杏仁状构造	层理构造、层面构造、缝合线、叠层构造	变余构造、斑点状构造、板状构造、千枚状构造、片状构造
化学成分	$w(SiO_2) < 45\%$（超基性岩） $w(SiO_2) = 45\% \sim 53\%$（基性岩） $w(SiO_2) = 53\% \sim 66\%$（中性岩） $w(SiO_2) > 65\%$（酸性岩） $w(FeO) > w(Fe_2O_3)$ $w(Na_2O + K_2O) > 6.9\% CO_2$ H_2O 含量很少	$w(Fe_2O_3) > w(FeO)$ $w(K_2O) > w(Na_2O)$，富含 H_2O 和 CO_2	与原岩的化学成分关系密切

续表 2-5

主要特征	岩浆岩	沉积岩	变质岩
常见岩石	花岗岩、闪长岩、辉绿岩、玄武岩、流纹岩、火山角砾岩等	石灰岩、砂岩、页岩、砾岩等	花岗片麻岩、大理岩、板岩、石英岩、千枚岩等

B 岩体

岩体是指岩石工程范围内的自然地质体。它在漫长的自然历史中，经历过反复的地质作用，经受过变形、遭遇过破坏，形成一定的岩石成分和结构，保留了各种各样的地质形迹。在岩体中存在各种地质界面，包括地质分界面和不连续面，如：褶皱、断层、层理、节理和片理等。这些不同成因、不同特性的地质界面统称为结构面。结构面依其本身的产状、彼此组合将岩体切割成的岩石块体称为结构体。结构体的形状多种多样，有块状、柱状、板状及菱形、楔形和锥形体等。

结构体和结构面称为岩体结构单元或岩体结构要素，不同类型的岩体结构单元在岩体内的组合、排列形式都有所差异。岩体结构单元可划分为两类四种，如图 2-1 所示。

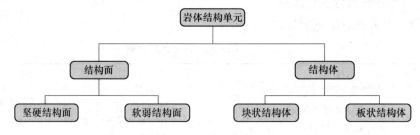

图 2-1 岩体结构单元划分

结构体（岩石）是岩体的基本组成部分，岩石对岩体力学性质的影响，通过结构体的力学性质来表征。在这种情况下，结构体对岩体力学性质和力学作用具有控制作用。在结构体强度很高时，主要是结构面的力学性质决定了岩体的力学性质。

2.1.2.3 矿床与围岩

矿床是矿体的总称，一个矿床可由一个或多个矿体所组成。矿体周围的岩石称为围岩，据其与矿体的相对位置不同，分为上盘围岩（顶盘）、下盘围岩（底盘）和侧翼围岩。夹在矿体中间的岩石称为夹石。

2.1.2.4 岩体结构面的产状三要素

所谓产状是指地质体（岩层、岩体、矿体等）在地壳中的空间分布位置和产出状态。通常用走向、倾向、倾角三个要素来表示。

（1）走向。倾斜岩层层面与水平面交线的方向。

（2）倾向。岩层层面上与走向线垂直的向下倾斜线的方向。

（3）倾角。岩层倾斜的角度。

产状要素的表示方法有文字表示法和符号表示法两种，其中符号表示法主要用于地质平面图上。

由于地质罗盘上方位标记有的用 360° 的方位角表示，有的用象限角表示。因此文字表示方法有象限角和方位角两种。象限角是以北或南为0°，向东或西测量角度，角度范围可为：N0°～90°E；N0°～90°W或S0°～90°E或S0°～90°W方位角是以北为0°，顺时针转动测量角度，角度范围从0°～360°。例如：

（1）象限角表示法。常用走向、倾向和倾角表示。如N50°W∠SW35°，即走向为北偏西，倾向向南西倾斜，倾角为35°。

（2）方位角表示法。常用倾向和倾角表示。如310°∠35°，310°是倾向，35°是倾角。走向可根据倾向加减90°后得到。

2.1.2.5　地质构造的类型及特征

地质构造可归纳为褶皱与断裂两大类型。

A　褶皱构造

褶皱的基本单位是褶曲。褶曲是岩层的一个弯曲，两个或两个以上的褶曲组合称为褶皱。褶皱的形态基本上分为背斜和向斜两种，如图2-2所示。其中岩层向上弯曲，核心部分岩层较老的称为背斜；反之，岩层向下弯曲，核心部分岩层较新的称为向斜。背斜和向斜相间排列，彼此连接，连续出现。

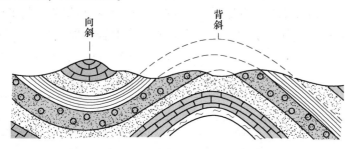

图2-2　褶皱构造

B　断裂构造

断裂构造是指地壳运动使岩层遭到破坏，发生断裂和错动的一种地质构造。根据岩层沿断裂面相对位移的程度，断裂构造分节理和断层两种。

节理就是通常所说的裂隙，是断裂后不发生错动或错动不明显的断裂构造，如图2-3（a）所示，节理很多，称为节理发育。节理裂隙，会使矿岩的结合能力大大削弱，稳固性降低。在构造应力作用下，岩层所受应力超过其本身的强度，使其连续、完整性遭受破坏，并且沿断裂面两侧的岩体产生明显位移，移为断层，如图2-3（b）所示。

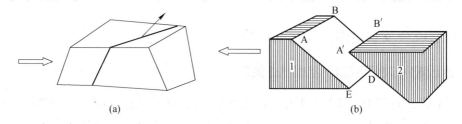

（a）　　　　　　　　　　　　　（b）

图2-3　断裂构造

节理和断层等地质构造是岩浆的通道，又是成矿物质富集的场所。成矿前产生的地质构造，不仅控制着矿体的规模、形状与产状，而且利于矿体的形成。成矿后产生的地质构造，对矿体起破坏作用。

断层使矿体遭受切割、破坏，甚至错失，出现破碎矿段，这都会给露天矿边坡稳定性带来困难，使露天开采潜伏着隐患，威胁采矿安全。

C 层理、片理与节理的区别

层理是沉积岩的主要特征之一，是在沉积形成过程中产生的原生构造。凡沉积的短暂间断、沉积物来源或颗粒大小变化、沉积结构或成分改变、水流速度或搬运介质能量改变等因素，都会形成层状构造，这些构造称为层理。层理是一组互相平行岩层的层间分界面。相邻两个层理面的垂直距离为岩层的厚度。岩层厚度与岩体的工程力学性质有很大关系，在同一种岩石中，厚的岩层较薄的岩层工程力学性质好。岩层厚度对岩体的可爆性和爆破后块度大小的影响十分明显。

片理是在地下深处的岩石在较高的应力作用下发生柔性形变，并且有再结晶现象时，在这种充分结晶的岩石中，结晶物依一定方向呈平行排列，可成片理。片理是变质岩所特有的构造。片理将岩体切割成碎片，在工程建设中要引起特别的注意。

节理即岩石中的裂隙，其两侧岩石无明显位移，是自然界常见的一种构造地质现象。几乎自然界的所有岩体都或多或少受到节理裂隙的分割而降低了岩体的工程力学性质，节理裂隙越发育，岩体的工程力学性越差。地下工程将围岩节理（裂隙）发育程度划分为四个等级，见表 2-6。

表 2-6 围岩节理（裂隙）发育程度分级表

等 级	基 本 特 征
节理不发育	节理（裂隙）1~2 组、规则、为原生型构造型，多数间距在 1m 以上，多为密闭岩体被切割呈巨块状
节理较发育	节理（裂隙）2~3 组、呈 X 型，较规则，以构造型为主，多数间距大于 0.4m，多为密闭部分微张，少有充填物，岩体被切割呈大块状
节理发育	节理（裂隙）3 组以上、不规则，呈 X 型或米字形，以构造型或风化型为主，多数间距小于 0.4m，大部分微张，部分张开、部分微黏性土充填。岩体被切割呈巨块（石）碎（石）状
节理很发育	节理（裂隙）3 组以上、杂乱，以风化型和构造型为主，多数间距小于 0.2m，微张或张开、部分为微黏性土充填。岩体被切割呈碎石状

2.2 岩石成分及其对爆破作用的影响

2.2.1 岩石成分与岩石强度、坚固性的关系

岩石在形成过程中由于受到温度、压力和其他因素的影响，即使同一种岩石其矿物成分和比例也是不一致的。表 2-7 给出三大类岩石的主要成分组成，表中数据为统计上的平均值。

由表 2-7 可以看出：岩浆岩中花岗岩所占比例高达 60%。其次，长石和石英等矿物无论在花岗岩中，还是在玄武岩中所占比例也高达 70% 以上。岩石的矿物组成决定了岩石

的物理力学性质，矿物颗粒的粗细、密度及其坚固性决定了岩石爆破破碎的难易程度。如岩浆岩的密度较大，强度和抵抗爆破作用的能力就较大，因此破碎的难度也较大。而沉积岩破碎的难易程度则取决于沉积岩的矿物成分和大小，以及胶结物的种类和数量，特别是后者，影响更大。变质岩是由岩浆岩和变质岩演化而来，如灰岩变为大理岩、砂岩变为石英岩或者使硅质型转化为"OH"基型。前者使强度等指标提高，后者则使强度、稳定性指标大大降低。变质岩破碎的难易程度取决于变质程度，因为变质岩的组分和结构比较复杂，所以变质岩的力学性质变化较大，与其成矿作用有很大关系。

表 2-7　三大类岩石的主要成分组成

名称及含量	岩浆岩 （花岗岩60%； 玄武岩35%）	沉积岩 （泥质岩82%； 砂岩12%； 灰岩6%）	变质岩
铁镁矿物	橄榄岩、辉石、角闪岩、黑云母共占21%		
钙长石 钠长石 钾长石 石　英 白云母 磁铁矿 钛铁矿 ⋮	9.80% 25.60% 14.85% 30.40% 3.85% 3.15% 1.45% ⋮	4.55% 11.02% 34.8% 15.11% 0.07% 0.02% ⋮	基本成分变化不大，有的是发生晶形上的变化，如灰岩-大理岩析出方解石等
沉积矿物（黏土、方解石、白云石、菱铁矿、石膏等）		33.7%	
有机质		0.73%	

2.2.2　岩石成分与承载特性的关系

岩石是由多种矿物组成的，而且各种矿物在岩石中的分布也是随机的，因此岩石成分并非处处相等。特别是对于层状岩石，软硬相间，承载性能差异更大。

2.3　岩石性质及其对爆破作用的影响

2.3.1　岩石的物理性质

2.3.1.1　密度 ρ

岩石的密度是指单位体积岩石的质量。即使同一种岩石因为孔隙度不同，密度也有很大的差异。衡量密度的方法有以下几种：

（1）颗粒密度：岩土的颗粒质量与所占体积之比，亦称密度。

$$\rho_{s} = \frac{M_{s}}{V_{s}} \tag{2-1}$$

式中　　M_{s}——岩石中颗粒质量，kg；

　　　　V_{s}——岩石中颗粒的体积，m³。

（2）质量密度：构成岩石的集合相（固体矿物、岩屑、气体或液体）的质量与此集合相所占体积之比，亦称堆积密度。

$$\rho = \frac{M}{V} = \frac{M_s + M_w}{V_s + V_w} \tag{2-2}$$

式中　M_s，V_s——岩石中颗粒质量及相应的体积；

　　　M_w，V_w——孔隙内水的质量及相应的体积。

颗粒密度与质量（堆积）密度相关，颗粒密度大的岩石其质量（堆积）密度也大。随着颗粒密度或质量（堆积）密度的增加，岩石的强度和抵抗爆破作用的能力也增强，破碎岩石和移动岩石所耗费的能量也增加。所以，在工程实践中常用公式 $K(\mathrm{kg/m^3}) = 0.4 + (\gamma/2450)^2$，来估算标准抛掷爆破的单位炸药消耗量。

2.3.1.2　孔隙率

岩石的孔隙率是岩石的总孔隙体积（气相、液相所占体积）与岩石总体积之比，亦称孔隙度，其数值按下式计算：

$$n = 100\left(1 - \frac{\rho_D}{\rho_s}\right) \tag{2-3}$$

式中　n——岩石的孔隙率，%；

　　　ρ_D——岩石密度，$\mathrm{kg/m^3}$；

　　　ρ_s——岩石固体密度，$\mathrm{kg/m^3}$。

常见岩石的孔隙率一般在 0.1% ~ 30% 之间。随着孔隙率的增加，岩石中冲击波和应力波的传播速度降低。

岩石的密度 ρ 和孔隙度 n 均是岩石的物理属性，当应力波在岩石内传播时，是与这些物理参数有关的。一般来说，岩石的密度和完整性程度越高，波速越大，反之则越小。图 2-4 为对多种岩石实测所得的结果。从图上看出，这些岩石的纵波速度在 1.8 ~ 7.2km/s 范围内，而密度在 0.47 ~ 3.32g/cm³ 之间，呈线性分布，其公式为

$$C_p = 0.35 + 1.88\rho \tag{2-4}$$

式中　ρ——岩石密度；

　　　C_p——岩石中纵波传播速度。

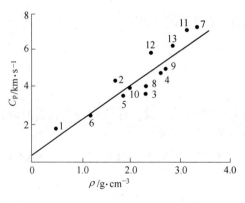

图 2-4　纵波平均速度 C_p 与密度 ρ 关系

1—浮石；2—3 号多孔玄武岩；3—流纹岩；4—蛇纹岩；5—英安岩；6—半熔凝灰岩；7—纯橄榄岩；8—变化的流纹岩；
9—花岗闪长岩；10—1 号多孔玄武岩；11—辉长岩；12—黑曜岩；13—玄武岩

水中爆炸也得到了类似结果。对固定水深中的不同砂岩进行试验，得到波速 u_p 与密度 ρ 及孔隙度 n 的关系，如图 2-5 和图 2-6 所示。

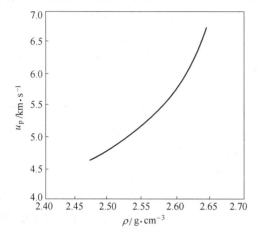

图 2-5　波速 u_p 与密度 ρ 的关系　　图 2-6　波速 u_p 与孔隙度 n 的关系

从图 2-5 可看出，当岩石密度 ρ 增加时，波速 u_p 迅速增大，在密度小的范围内，如 $\rho \le 2.5\mathrm{g/cm^3}$ 时，是按指数函数关系增长，而在密度 $\rho > 2.5\mathrm{g/cm^3}$ 时，按对数函数的关系增长。从图 2-6 可看出，波速 u_p 随着孔隙度 n 的加大呈下降趋势。其中，当 $n = 3\%$ 时，$u_p = 6600\mathrm{m/s}$，而当 n 增至 8% 时，u_p 下降到 $5000\mathrm{m/s}$，其关系近似倒指数关系。即岩石的密度越大，孔隙度越小，应力波的传播速度越快，能量损失得越小，则越有利于爆破。

2.3.1.3　岩石的渗透性

岩石的渗透性与孔隙率密切相关，表征岩石渗透性的指标有岩石渗透空气和岩石渗透水两种指标。

A　岩石渗透空气指标

岩石的透气性系指单位时间内空气透过的体积，亦称视在渗透性。

岩石的透气性不仅与岩石自然孔隙、微裂隙有关，而且与岩石的结构、构造关系密切。即使同一种岩石，由于所处位置或地区不同，差异也很大。表 2-8 示出花岗岩的视在渗透性。

表 2-8　花岗岩的视在渗透性

视在渗透性/$\mathrm{cm^3 \cdot s^{-1}}$	岩石试件描述、蚀变情况
1.8×10^{-12}	很好
$(2.5 \sim 3.2) \times 10^{-12}$	很好
1×10^{-11}	很好，无蚀变痕迹
$(1 \sim 3) \times 10^{-11}$	沿断裂上有微量锈斑，在岩体上无
$(3 \sim 4) \times 10^{-11}$	无蚀变现象，只在表面有些变化
$1 \times 10^{-11} \sim 3 \times 10^{-10}$	石英晶体松动，岩石内有杂色

视在渗透性/cm$^3 \cdot$s^{-1}	岩石试件描述、蚀变情况
$(1.2 \sim 3) \times 10^{-10}$	岩石松动，犹如松散的砂子
$(1.4 \sim 3.2) \times 10^{-10}$	花岗岩内风化，有长石脱落形成空隙
$(1.4 \sim 5) \times 10^{-9}$	岩石风化，蚀变较深
$(1.4 \sim 5) \times 10^{-9}$	岩石风化，岩石内出现锈色

由表 2-8 看出，岩石的渗透性不仅与岩石原生孔隙率大小有关，而且与岩石受动力变化及风化等形成的微裂隙有关，所以视在渗透性是一个变量。

B 岩石渗透水指标

岩石渗透水的强弱一般是通过试验确定的，用直径 4cm，长度 3cm 的岩石试件，在 250kg/cm^2 水压下进行。岩石对水的渗透值变化很大，它只是一个瞬时值，这与渗透时间关系极大。

渗透系数 K 的表达式为

$$K = \frac{QL}{pA} \tag{2-5}$$

式中　Q ——渗透通过试件的水量；

　　　L ——试件的长度；

　　　p ——试件两端的压力差；

　　　A ——试件的面积。

某些岩石的渗透系数如表 2-9 所示。

表 2-9　某些岩石的渗透系数

岩石名称	空 隙 情 况	渗透系数 K/cm·s^{-1}
花岗岩	较致密、微裂隙	$1.1 \times 10^{-12} \sim 9.5 \times 10^{-11}$
	微裂隙	$1.1 \times 10^{-11} \sim 2.5 \times 10^{-11}$
	微裂隙及部分粗裂隙	$2.8 \times 10^{-9} \sim 7 \times 10^{-8}$
石灰岩	致密	$3 \times 10^{-12} \sim 6 \times 10^{-10}$
	微裂隙、孔隙	$2 \times 10^{-9} \sim 3 \times 10^{-6}$
	空间胶发育	$9 \times 10^{-5} \sim 3 \times 10^{-4}$
片麻岩	致密	$< 10^{-13}$
	微裂隙	$9 \times 10^{-8} \sim 4 \times 10^{-7}$
	微裂隙发育	$2 \times 10^{-6} \sim 3 \times 10^{-5}$
辉绿岩、玄武岩	致密	$< 10^{-13}$
砂 岩	较发育	$10^{-13} \sim 2.5 \times 10^{-12}$
	空隙较发育	5.5×10^{-6}

续表 2-9

岩石名称	空 隙 情 况	渗透系数 K/cm·s^{-1}
页　岩	微裂隙发育	$2.5×10^{-10} ~ 8×10^{-9}$
片　岩	微裂隙发育	$10^{-9} ~ 5×10^{-8}$
石英岩	微裂隙	$(1.2~1.8) ×10^{-10}$

岩石的渗透性对于矿山开采、水坝的建设、石油开采或其他地下构筑物建设时地下水的流动与疏干均与岩石的渗透性有密切关系。同时，岩石的渗透性也直接影响岩石的力学性质。当采用高压水射流破岩时，岩石渗透性的强弱更有着重要作用。

2.3.1.4 岩石波阻抗

岩石的波阻抗是指岩石的密度 ρ 与纵波在该岩石中的传播速度 C_p 的乘积。它反映了应力波使岩石质点运动时，岩石阻止波能传播的作用。岩石波阻抗对爆破能量在岩石中的传播效率有直接影响。通常认为炸药的波阻抗与岩石的波阻抗相等时，炸药传递给岩石的能量最多，在岩石中引起的应变值就大，可获得较好的爆破效果。但是，要使炸药与岩石的波阻抗相等是很困难的。例如：工程上常用的二号岩石硝铵炸药，它的波阻抗一般为 $300~500$kg/(cm^2·s)，而坚硬致密岩石的波阻抗为 $1000~2500$kg/(cm^2·s)，两者相差较大，前者的波阻抗比较小，故二号岩石硝铵炸药尚不能满足爆破坚硬岩石的要求。为此，一方面通过提高装药密度来提高炸药的波阻抗，使炸药的波阻抗尽量接近岩石的波阻抗；另一方面也可利用应力波作用和爆炸气体作用的全过程的能量有效利用率来衡量炸药和岩石的合理匹配，具体做法是：（1）对于弹性模量高、泊松比小的致密坚硬岩石，选用爆速和爆压都较高的炸药，保证相当数量的应力波能传入岩石，产生初始裂隙。（2）对于中等坚固性岩石，选用爆速和威力居中的炸药。对裂隙较发育的岩石，由于内部难以积蓄大量的弹性能，初始应力波不易起破碎作用，宜用爆压中等偏低的炸药。（3）对于软岩、塑性变形大的岩石，应力波大部分消耗在空腔的形成，而且岩石本身弹性模量低，宜用爆压较低、爆热较高的铵油炸药。

表 2-10 中列出部分岩石的密度、堆积密度、孔隙率、纵波速度和波阻抗，供参考。

表 2-10　常见岩石的物理性质

岩石名称	密度 /g·cm^{-3}	堆积密度 /t·m^{-3}	孔隙率 /%	纵波速度 /m·s^{-1}	波阻抗 /kg·(cm^2·s)$^{-1}$
花岗岩	2.6~2.7	2.56~2.67	0.5~1.5	4000~6800	800~1900
玄武岩	2.8~3.0	2.75~2.9	0.1~0.2	4500~7000	1400~2000
辉绿岩	2.85~3.0	2.80~2.9	0.6~1.2	4700~7500	1800~2300
石灰岩	2.71~2.85	2.46~2.65	5.0~20	3200~5500	700~1900
白云岩	2.5~2.6	2.3~2.4	1.0~5.0	5200~6700	1200~1900
砂　岩	2.58~2.69	2.47~2.56	5.0~25	3000~4600	600~1300
页　岩	2.2~2.4	2.0~2.3	10~30	1830~3970	430~930
板　岩	2.3~2.7	2.1~2.57	0.1~0.5	2500~6000	575~1620

岩石名称	密度 /g·cm⁻³	堆积密度 /t·m⁻³	孔隙率 /%	纵波速度 /m·s⁻¹	波阻抗 /kg·(cm²·s)⁻¹
片麻岩	2.9~3.0	2.65~2.85	0.5~1.5	5500~6000	1400~1700
大理岩	2.6~2.7	2.45~2.55	0.5~2.0	4400~5900	1200~1700
石英岩	2.65~2.9	2.54~2.85	0.1~0.8	5000~6500	1100~1900

2.3.1.5　岩石的风化程度

指岩石在地质内力和外力的作用下发生破坏疏松的程度。一般来说随着风化程度的增大，岩石的孔隙率和变形性增大，其强度和弹性性能降低。所以，同一种岩石常常由于风化程度的不同，其物理力学性质差异很大。岩石的风化程度根据《工程岩体分级标准》（GB/T 50218—2014）分为：未风化、微风化、中等（弱）风化、强风化和全风化，如表2-11所示。

表2-11　岩石风化程度的划分

名称	风　化　特　征
未风化	岩石结构构造未变，岩质新鲜
微风化	岩石结构构造、矿物色泽基本未变，部分裂隙面有铁锰质渲染或略有变色
中等(弱)风化	岩石结构构造部分破坏，矿物成分和色泽较明显变化，裂隙面风化较剧烈
强风化	岩石结构构造大部分破坏，矿物成分和色泽明显变化，长石、云母和铁镁矿物已风化蚀变
全风化	岩石结构构造全部破坏，已崩解和分解成松散土状或砂状，矿物全变色，光泽消失，除石英颗粒外的矿物大部分风化蚀变为次生矿物

2.3.1.6　岩石的抗冻性

岩石抵抗冻融破坏的性能称为岩石的抗冻性，通常用抗冻系数表示。

岩石的抗冻性 C_f 是指岩样在±25℃的温度区间内，反复降温、冻结、升温、融解，其抗压强度有所下降。岩石抗压强度的下降值与冻融前的抗压强度的比值称为抗冻系数，用百分率表示，即

$$C_f = (R_c - R_{cf})/R_c \times 100\%　　　　　　(2-6)$$

式中　C_f——岩石的抗冻系数；

　　　R_c——岩样冻融前的抗压强度，kPa；

　　　R_{cf}——岩样冻融后的抗压强度，kPa。

岩石在反复冻融后其强度降低的主要原因是：（1）构成岩石的各种矿物的膨胀系数不同，当温度变化时，由于矿物的胀、缩不均而导致岩石结构的破坏；（2）当温度降到0℃以下时，岩石孔隙中的水将结冰，其体积增大约9%，会产生很大的膨胀压力，使岩石结构发生改变，直至破坏。

2.3.2　岩石的静力学性质

岩石的力学性质可视为其在一定力场作用下性态的反映。岩石在外力作用下首先发生

变形，这种变形因外力的大小、岩石物理力学性质的不同会呈现弹性、塑性、脆性性质。当外力继续增大至某一值时，岩石便开始破坏，岩石开始破坏时的强度称为岩石的极限强度。因受力方式的不同而有抗压、抗拉、抗剪等强度极限。岩石与爆破有关的主要力学性质如下。

2.3.2.1 岩石的变形特征

A 岩石的基本变形

岩石在外力作用下所产生的变形基本有三种：弹性变形、塑性变形和脆性变形。

（1）弹性与弹性变形：岩石受力后发生变形，当外力解除后恢复原状的性能称为弹性。产生的变形称为弹性变形，具有弹性性质的物体称为弹性体。弹性体按其应力-应变关系又可分为线性弹性体和非线性弹性体。前者其应力-应变关系呈直线关系，又称理想弹性体。后者其应力-应变呈非直线关系。

弹性变形的重要特征是其可逆性，即受力后产生变形，卸载后变形消失，这反映了弹性变形决定于原子间结合力这一本质现象。

（2）塑性与塑性变形：当岩石所受外力解除后，岩石没能恢复原状而留有一定残余变形的性能称为塑性。不能恢复原状的那部分变形称为塑性变形。

塑性变形是通过位错的滑移、攀移或孪生的方式发生的永久变形，不具有可逆性。

（3）脆性与脆性变形：岩石在外力作用下，不经显著的残余变形（小于 5%）就发生破坏的性能称为脆性。这种变形称为脆性变形。

岩石因其成分、结晶、结构等的特殊性，它不像一般固体材料那样有明显的屈服点，脆性是坚硬岩石的固有特征。

B 米勒的 6 种岩石应力-应变曲线

岩石在外力作用下产生变形，其变形性质可用应力-应变曲线来表示。由于岩石性质的不同，应力-应变曲线差异也很大。R. F. 米勒对 38 种岩石试验后，归纳了 6 种类型的应力-应变曲线，如图 2-7 所示。

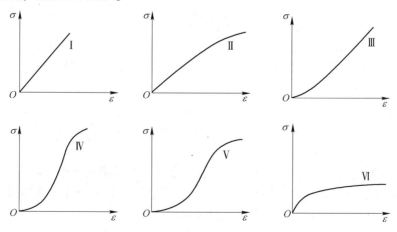

图 2-7 不同岩石的应力-应变曲线

曲线Ⅰ：应力-应变曲线为一条直线，称为线弹性变形。其代表性的岩石有：玄武岩、花岗岩、石英岩、白云岩、硬大理岩和石灰岩。

曲线Ⅱ：应力-应变曲线近似为一条直线，当应力增加到一定数值后，应力-应变曲线向下弯曲，随着应力逐渐增加曲线斜率越来越小，直至破坏，称为弹塑性变形。其代表性的岩石有：粉砂岩、软灰岩等。

曲线Ⅲ：在应力较低时，应力-应变曲线略向上弯曲，当应力增加到一定数值后，应力-应变曲线逐渐变为直线，直至发生破坏，称为塑弹性变形。其代表性的岩石有：孔隙较大的砂岩、花岗片麻岩等。

曲线Ⅳ：在应力较低时，应力-应变曲线略向上弯曲，当应力增加到一定数值后，应力-应变曲线逐渐变为直线，最后曲线向下弯曲，呈 S 形，称为塑-弹-塑性变形。其代表性的岩石有：片麻岩等。

曲线Ⅴ：基本上与曲线Ⅳ相同，也称 S 形，不过曲线斜率较平缓，为塑弹性变形的变种。

曲线Ⅵ：应力-应变曲线开始先有很小一段直线部分，然后有非弹性的曲线部分，并继续不断地蠕变，称为弹黏性变形。

应该指出的是：即便是同一种岩石，由于所加外力的类型、大小和特性不同，也可具有不同的变形性质。例如：在压应力作用下表现为弹塑性变形，在拉应力作用下可变为弹脆性变形；在单轴应力作用下为弹脆性变形，在三轴或多轴应力作用下可变为弹塑性变形；在静载作用下是理想的塑性变形，而在冲击载荷作用下可变为脆性变形。因此，在分析岩石破碎问题时，首先应根据破坏载荷的性质和破碎条件，确定岩石的变形性质和合理的岩石模型。

2.3.2.2　岩石的强度特征

岩石强度是指岩石在受外力作用发生破坏前所能承受的最大应力，是衡量岩石力学性质的主要指标。

（1）单轴抗压强度 R_c：岩石试件在单轴压力下发生破坏时的极限强度。

$$R_c = \frac{p}{A} \tag{2-7}$$

式中　p ——岩石试件达到破坏时的最大轴向压力；

　　　A ——岩石试件的横截面积。

（2）单轴抗拉强度 R_t：岩石试件在单轴拉力下发生破坏时的极限强度。

$$R_t = \frac{p_t}{A} \tag{2-8}$$

式中　p_t ——岩石试件达到破坏时的最大轴拉伸荷载；

　　　A ——岩石试件的横截面积。

（3）抗剪强度 τ：岩石抵抗剪切破坏的最大能力。抗剪强度 τ 用发生剪断时剪切面上的极限应力表示，它与对试件施加的压应力 σ、岩石的内聚力 c 和内摩擦角 φ 有关，即

$$\tau = \sigma \tan \varphi + c$$

表征岩石强度的指标有两种：岩石强度和岩体强度。岩石强度系指在室内对岩石试件进行的强度试验，此时所选用的试件必须是完整的岩块，不应包括节理、裂隙。因为在一个小试件中的节理、裂隙是随机的，不具有代表性。岩体强度系指在现场进行的大型原位试验所获得的强度值。如图 2-8 所示[2,3]。试件 a 不含节理、裂隙，因而可以代表完整岩

石；试件 b、c、d 分别包括一组、二组和几组节理、裂隙，它们不具代表性，因为从岩体中不同部位取同样大小的岩石，其所包括的节理、裂隙的数量和方位是极不相同的；试件 e 是大型原位试件，其中的节理、裂隙是遍分布状态，具有代表性，以它作为试件测量出的强度可以代表岩体。

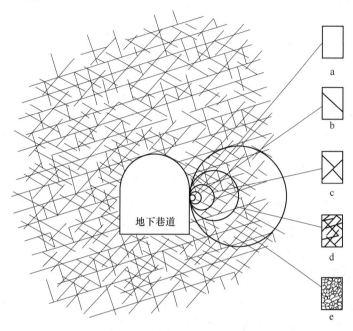

图 2-8　岩体试件取样示意图

矿物的组成、颗粒间连接力、密度以及孔隙率是决定岩石强度的内在因素。试验表明，岩石具有较高的抗压强度，较小的抗拉和抗剪强度。一般抗拉强度比抗压强度小 90%~98%，抗剪强度比抗压强度小 87%~92%。

2.3.2.3　弹性模量 E

岩石在弹性变形范围内，应力与应变之比。弹性模量分为初始弹性模量 E_i、割线弹性模量 E_s 和切线弹性模量 E_t。

（1）初始弹性模量 E_i。在岩石应力-应变曲线图的原点做切线，该切线的斜率即为初始弹性模量。

（2）切线弹性模量 E_t。在岩石应力-应变曲线上某一点 σ 处做一切线，该切线的斜率即为切线弹性模量。

（3）割线弹性模量 E_s。连接岩石应力-应变曲线图的原点 O 及曲线上某一点 K 做割线，该割线的斜率即为割线弹性模量。

通常所说的弹性模量 E 系指初始弹性模量。

2.3.2.4　泊松比 μ

岩石试件单向受压时，横向应变与竖向应变之比。

由于岩石的组织成分和结构构造的复杂性，尚具有与一般材料不同的特殊性，如各向异性、不均匀性、非线性变形等等。

表 2-12 列出了部分常见岩石的力学性质。

表 2-12 常见岩石的力学性质

岩石名称	抗压强度 /MPa	抗拉强度 /MPa	抗剪强度 /MPa	弹性模量 /GPa	泊松比	内摩擦角 /(°)	内聚力 /MPa
花岗岩	70~200	2.1~5.7	5.1~13.5	15.4~69	0.36~0.02	70~87	14~52
玄武岩	120~250	3.4~7.1	8.1~17	43~106	0.20~0.02	75~87	20~60
辉绿岩	160~250	4.5~7.1	10.8~17	67~79	0.16~0.02	85~87	30~55
石灰岩	10~200	0.6~11.8	0.9~16.5	21~84	0.50~0.04	27~85	30~55
白云岩	40~140	1.1~4.0	2.1~9.5	13~34	0.36~0.16	65~87	32~50
页 岩	20~40	1.4~2.8	1.7~3.3	13~21	0.25~0.16	45~76	3~20
板 岩	120~140	3.4~4.0	8.1~9.5	22~34	0.16~0.10	75~87	3~20
片麻岩	80~180	2.5~5.1	5.4~12.2	15~70	0.30~0.05	70~87	26~32
大理岩	70~140	2.0~4.0	4.8~9.6	10~34	0.36~0.16	75~87	15~30
石英岩	87~360	2.5~10.2	5.9~24.5	45~142	0.15~0.10	80~87	23~28

2.3.3 岩石动力学性质

工业炸药爆炸时，爆轰波波阵面上的压力约为 5~6GPa，质点速度 5000~5500m/s，载荷作用时间仅为十几~几十微秒。在如此高温、瞬时加载条件下，岩石明显地表现出不同于静载的力学性质，即应变率特性。根据计算，深孔台阶爆破时，岩石破坏区产生的应变率 $\dot{\varepsilon} = (8~10) \times 10^3/s$。因此，研究应变率 $\varepsilon \leqslant 10^4/s$ 下的岩石动载特性对于研究爆破机理有着重要意义。

2.3.3.1 应变率效应是岩石动力学区别于岩石静力学的重要特征

岩石受到凿岩、爆破等冲击载荷作用时，衡量其受载后的动态特性是应变率、冲击速度、加载速度。

应变率是岩石受载后单位时间内的应变量（单位是 1/s），数学表达式为

$$\dot{\varepsilon} = \frac{\varepsilon}{t} \tag{2-9}$$

而应变

$$\varepsilon = \frac{\Delta l}{l_0} \tag{2-10}$$

式中 l_0——试件的初始长度；

Δl——试件伸长量。

冲击速度是作用载荷的末速度，是试件的一端相对于另一端的运动速度。而应变率从物理实质上看，是一个质点相对于另一个质点运动速度及该两点间间距之比。

$$\frac{d\varepsilon}{dt} = \frac{d\frac{\Delta l}{l_0}}{dt} = \frac{l}{l_0} \frac{d(\Delta l)}{dt} = \frac{v_0}{l_0} \tag{2-11}$$

除材料性质外，应变率还取决于变形过程所用的时间。

加载速度是应力随时间的变化率，它表征在增量 dt 时间内，外载荷所引起的岩石应力增量 $d\sigma$ 与 dt 之比，其数学表达式为

$$\dot{\sigma} = \frac{d\sigma}{dt}$$

式中 σ——岩石内应力。

在弹性范围内，应力和应变间存在线性关系，故加载速度与应变率成正比，即

$$\dot{\sigma} = E\frac{d\varepsilon}{dt} = E\dot{\varepsilon} \tag{2-12}$$

在研究岩石的变形速度时，通常采用应变率，而不采用冲击速度。因为，即使对岩石的冲击速度（位移速度）相同，但作为研究对象的岩石试件大小不一，则对适于岩石整体的冲击速度也不相同，故不能作为岩石相互间对比之用。

2.3.3.2 动载荷分类

岩石受到不同载荷作用时，其内部产生的应变率变化范围很大，从 $10^{-14} \sim 10^{-18}/s$ 的地壳变化到 $10^4/s$ 的高速变形。为研究方便，按应变率的大小将动载荷分为四类，如表 2-13 所示。

表 2-13 应变率类型

类 型	$\dot{\varepsilon}/s^{-1}$	载荷作用方式
极低应变率	$<10^{-10}$	地壳变动产生的应变率
低应变率	$10^{-8} \sim 10^{-3}$	油压式试验机
中应变率	$10^{-3} \sim 10^{0}$	落锤冲击、气体活塞冲击、水中冲击压驱动的活塞冲击、大容量油压活塞冲击
高应变率	$10^{1} \sim 10^{3}$ $10^{3} \sim 10^{4}$ $>10^{4}$	高速冲击装置（SHPB） 炸药冲击 轻气炮

在台阶爆破中，冲击载荷主要表现为凿岩、爆破、振动、粉碎。有关载荷形式与应变率关系如图 2-9 所示。

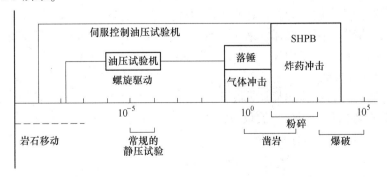

图 2-9 不同载荷形式的应变率

2.3.3.3 动载荷的试验研究方法

根据研究内容不同,岩石动载特性的试验方法也不尽相同。例如:确定动弹性参数采用共振法、脉冲法;确定岩石的变形弹性、强度弹性、粉碎弹性则采用 SHPB 法、爆炸冲击法等;确定岩石受到冲击载荷作用后,其应力和位移状态的变化,可采用实验应力分析法(动光弹方法、动云纹方法、脉冲 X 射线摄影法)。

A 分离式霍普金松压杆(SHPB)

SHPB 装置是 Split Hopkinson Bar 之略称。最早是由 Hopkinson 于 1914 年设计的一种压杆试验装置,目前仍是测量岩石动载特性的理想设备。它不仅可以测量出岩石试件的应力、应变、应变率关系(应变率可达 $10^3/s$),而且可以研究在不同加载条件下岩石产生的破碎效果。

a 试验装置组成

试验装置的主要部分是:与试件两端密接的两根弹性棒(分别称为入力棒和出力棒);给予冲击棒一定冲击速度的发射装置;使试件处于静水压状态的油压缸。发射装置和油压缸的控制系统安装在操纵台上,如图 2-10 所示。

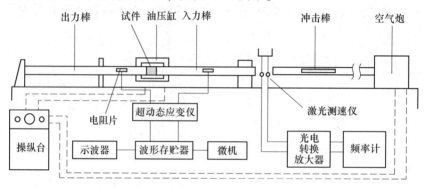

图 2-10 SHPB 装置

入力棒、出力棒由 T8 钢制成,直径 30mm,长度分别为 70mm、50mm(790mm)。

油压缸耐压 100MPa,将套有橡胶套的岩石装在油压缸内,密封。

冲击系统是利用高压氮气的急剧膨胀加速冲击棒,冲击速度可达 40m/s 以上。为了得到应力波周期为 100μs,冲击棒长度选择 266mm。在入力棒前端安装两台激光测速仪,以记录冲击棒通过速度。

为了测定冲击棒内的应力波,在入、出力棒上贴有电阻片。电阻片获取的信号通过超动态应变仪输给瞬态波形存储器。采用装有 A/D 转换器的微机进行数据处理。

岩石试件的直径和长度均为 30mm。两端平行偏差小于 ±5/100。

b 试验原理与方法

无论是压缩波还是拉伸波都是纵波,在弹性棒内传播的纵波必须满足下列条件:

(1)在弹性棒内传播的应力波仅仅是轴向波,在横向分布是等同的;

(2)在弹性棒上各处断面相等。

施加给岩石的应力 σ、应变率 $\dot{\varepsilon}$ 和应变 ε 按下式计算:

$$\sigma = \frac{A_0}{A} \frac{\sigma_I + \sigma_R + \sigma_T}{2} \tag{2-13}$$

$$\dot{\varepsilon} = \frac{1}{\rho ca}(\sigma_I - \sigma_R - \sigma_T) \qquad (2\text{-}14)$$

$$\varepsilon = \frac{1}{\rho ca}\int_0^t (\sigma_I - \sigma_R - \sigma_T)\,\mathrm{d}t \qquad (2\text{-}15)$$

式中　σ_I——入射波应力；

　　　σ_R——反射波应力；

　　　σ_T——透射波应力；

　　　A_0——入、出力棒的断面积；

　　　A——试件的断面积；

　　　ρ——入、出力棒的密度；

　　　c——入、出力棒的波速；

　　　a——试件变形前的长度；

　　　t——载荷周期开始以后的时间。

由式（2-13）、式（2-15）中消去时间t，可求出$\sigma\text{-}\varepsilon$曲线，在三轴受压状态下称为轴差应力-轴应变曲线。

B　平面碰撞（一维应变）法

用平面碰撞（一维应变）法研究岩石的动载荷特性是在轻气炮上完成的。为了进行高应变率下的岩石动载特性，人们一直在设法提高冲击速度。现有的火炮弹丸冲击速度达到2~3km/s，这个速度上限是由于火炮气体分子量大造成的，若采用轻质气体（氢、氦、氮）作为工作介质，弹丸速度可达11km/s。

目前，国内制造的轻气炮，炮腔内径为100mm，发射管长17m。用氮气驱动。弹丸速度600m/s。用氢气驱动可达1300m/s。

a　轻气炮的特点

（1）气体推动弹丸产生的碰撞具有很好的一维平面性。气体炮弹丸碰撞的平面波波形差仅为n纳秒，而利用炸药平面波发生器产生平面性最好的爆轰波，其波形差也在30ns左右。同时，平头弹丸靶时两者的夹角为$0.03°~0.5°$，故气体炮推动弹丸产生的碰撞具有极好的平面性和很小的碰撞不平行度。

（2）弹丸前表面的飞片在击靶时，可以严格地保持其初始状态，从而便于实现对称碰撞。

（3）易于调整飞片速度和控制碰撞速度的重复性，只要改变装填参数，就可连续地调整弹丸速度。在不改变状态参数时，弹丸速度的重复性可达2%~3%。

b　工作原理

气体炮主体结构由炮主体、靶室、高压气体加注系统、抽真空系统组成，如图2-11所示。

炮主体是整个设备的核心部分。它由储气室、压力释放机构和发射管组成。整个系统装弹后，由抽真空系统对储气室、发射管和靶室抽真空。然后，将高压气体注入储气室。在发射弹丸时，将释放机构打开，高压气体立即推动弹丸沿发射管完成加速过程，并在靶室内实现碰撞。测量信号由靶室壁上的电缆过渡盘通过靶室外的电缆传输到记录仪器上。

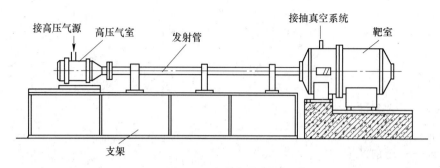

图 2-11 气体炮结构

如果不考虑弹丸和发射管之间的摩擦，由牛顿运动方程所表示的弹丸运动方程式如下：

$$\frac{\mathrm{d}u_s}{\mathrm{d}t} = \frac{su_s}{\mathrm{d}t}\frac{\mathrm{d}X_s}{\mathrm{d}t} = \frac{\mathrm{d}u_s}{\mathrm{d}X_s} \cdot u_s = \frac{p_s \cdot A_s}{m_s} \tag{2-16}$$

可得

$$u_s \mathrm{d}u_s = \frac{p_s A_s}{m_s}\mathrm{d}X_s \tag{2-17}$$

则

$$u_s = \left(\frac{2A_s}{m_s}\int_0^{L_s} p_s \mathrm{d}X_s\right)^{\frac{1}{2}} \tag{2-18}$$

式中　A_s——发射管截面积；

　　　m_s——弹丸质量；

　　　L_s——发射管长度；

　　　p_s——弹丸受到的驱动压力；

　　　u_s——弹丸速度。

为了简化，假定弹丸在整个发射过程中用不变的弹底压力 p_s 代替，则上式可改写为：

$$u_s = \left(\frac{2A_s}{m_s}\overline{p_s}L_s\right)^{\frac{1}{2}} \tag{2-19}$$

对于圆柱体弹丸，用无量纲的炮管长度和弹丸长度来表示，上式可改写为：

$$u_s = \left(\frac{2p_s}{\rho_s}\frac{\dfrac{L_s}{D_s}}{\dfrac{l_s}{D_s}}\right)^{\frac{1}{2}} \tag{2-20}$$

式中　ρ_s——弹丸密度；

　　　l_s——弹丸长度；

　　　D_s——圆柱体弹丸直径。

为了获得最大的弹丸速度，应使 p_s 和 $\dfrac{L_s}{D_s}$ 增大，使 ρ_s 和 $\dfrac{l_s}{D_s}$ 减小，对于给定口径的炮管来说，增加炮管长度就能使弹丸速度增加。但是，发射管长度受场地限制，而且发射管长度增加到一定值以后，弹丸速度的增加并不明显。

在炮的主体部分，各种炮的发射管、储气室在结构上并无显著区别，唯有压力释放机构各具特色。

2.3.3.4 岩石动力学性质的实验

A 采用 SHPB 装置对水厂铁矿三种磁铁石英岩和混合花岗岩进行高速冲击试验

三种磁铁石英岩的矿石品位 25%~28%，矿石结构以中、粗粒为主。大于 0.74mm 的约占 80%~90%；混合花岗岩在显微镜下观察是不等粒的花岗变晶结构，矿物呈圆形粒状、镶嵌状，其物理力学性质如表 2-14 所示。

表 2-14 岩石物理力学性质

岩 石	密度/g·cm⁻³	P 波速度/m·s⁻¹	弹性模量/MPa	抗压强度/MPa
条带状磁铁石英岩	3.12	3830	—	—
辉石磁铁石英岩	3.24	4150	—	180
厚层状块状磁铁石英岩	3.24	4020	—	178
混合花岗岩	2.70	3300	87×10³	140

B 试验结果

（1）岩石动载强度大于静载强度，岩石受动载作用比受静载作用更难于变形。根据对水厂铁矿三种磁铁石英岩和混合花岗岩的高速冲击试验，得出矿岩单轴抗压强度和弹性模量如表 2-15 所示。

表 2-15 动、静载作用下的岩石性质

岩 石	$\dot{\varepsilon}$/10³·s⁻¹	试验次数/次	抗压强度/MPa			弹性模量/MPa		
			R_D	R_S	R_D/R_S	E_D	E_S	E_D/E_S
条带状磁铁石英岩	0.7~1.6	18	299	—	—	—	—	—
辉石磁铁石英岩	0.3~1.0	16	488	180	2.70	89	87	1.02
厚层状块状磁铁石英岩	0.5~1.0	15	423	178	2.37	79	74	1.06
混合花岗岩	0.3~1.0	15	343	140	2.45	80	54	1.48

注：下标 D、S 分别表示 SHPB 装置和材料试验机所测数据。

由表 2-15 看出：

1）用 SHPB 装置所得数据，无论哪一项都比用材料试验机所得数据要高，说明岩石承受动载比承受静载更难于变形。欲使岩石在动载条件下发生破坏，所需外载荷更大。

2）岩石的动、静载抗压强度比值因岩石种类、加载速率不同而异，要使静载强度换算成动载强度不能采用相同的比例系数。

（2）动弹性模量与动抗压强度成正比，岩石动弹性模量越大，岩石越难以破碎。根据表 2-16 的测试结果，不同矿岩承受动载时的弹性模量均比静载时高，弹性模量可视为衡量岩石产生弹性变形难易程度的指标，其值越大，使岩石发生一定弹性变形的应力也越大。并且随着动弹性模量的增加，动抗压强度也增大，岩石更难以破碎。

（3）随着应变率的增加，岩石抗压强度增大，而岩石强度大小又直接影响破碎效果。四种矿岩的抗压强度与应变率的关系如图 2-12 所示。由该图看出，随着应变率的增加，不同矿岩抗压强度增长量有很大的差异，其中混合花岗岩增长量明显，三种磁铁石英岩相差无几。其中一个重要原因是孔隙率的影响，像混合花岗岩这样一类孔隙率小的岩石，越在高压下越难压缩，因此易产生脆性破坏，破坏时消耗的炸药能量少一些。反之，孔隙率较大的岩石（石灰岩）容易被压缩，难以形成强大的应力波，爆破时消耗的炸药能量相对多一些。

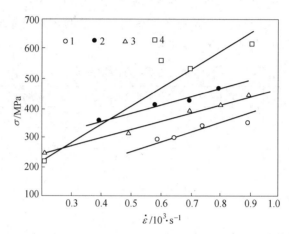

图 2-12　岩石应变率与抗压强度关系

1—条带状磁铁石英岩；2—辉石磁铁石英岩；3—厚层状块状磁铁石英岩；4—混合花岗岩

2.3.4　岩石的温度效应

温度对岩石性能的影响分为高温的影响和低温的影响两种情况。

2.3.4.1　高温的影响

随着人类对矿产资源需求量的增加，开采条件越来越严峻。目前地下矿山的开采深度已达 3000m，岩石的温度约 90℃。据统计，煤矿火区的温度通常在 40~300℃之间，少数达到 600℃。随着温度的升高，温度对岩石性质的影响却不可忽视——温度应力作用会引起岩石损伤，岩石强度和变形也随之发生变化。

（1）温度对抗压强度的影响因岩石种类不同而异。花岗岩、石灰岩这些结晶质岩石，随着温度的升高，抗压强度下降。而砂岩等非结晶质岩石的抗压强度却变化不大。凝灰岩、安山岩等岩石的抗压强度则有相当大的提高。

文献［8］以粗砂岩为研究对象，通过对不同加热温度后的粗砂岩的岩石试件进行力学性质试验，结论如下：高温过后，粗砂岩的单轴抗拉强度、弹性模量、单轴抗压强度随着温度的升高，总体趋势是以 $R/℃$（抗拉强度介于 400~500℃，弹性模量、单轴抗压强度介于 300~400℃）为界，之前逐渐增大，之后逐渐减小，总体变化不大。

（2）抗压强度和抗拉强度变化不一样。对花岗岩、石灰岩而言，抗拉强度的下降比抗压强度的下降显著；即使是非结晶质岩石，抗拉强度也几乎不增加，在 600~800℃以上的高温条件下，强度都会有较大的下降。

2.3.4.2　低温的影响

我国多年冻土分布面积为 250 平方公里，占世界第三位，主要分布在西部的青藏高原和东北的大小兴安岭等地，生态环境极其脆弱。冻土地带的温度一般为-1~-4℃。岩石在反复冻融后，其强度都有明显的降低，其原因有二：（1）构成岩石的各种矿物的膨胀系数不同，当温度变化时，由于矿物的胀、缩不均而导致岩石结构的破坏；（2）但温度降到0℃以下时，岩石孔隙中的水将冻结，其体积增大约9%，会产生很大的膨胀压力，使岩石的结构发生改变，甚至破坏。

2.3.5 岩石性质对爆破作用的影响

岩石性质主要是指岩石的物理和力学性质。

2.3.5.1 岩石强度对选取爆破参数的影响

岩石强度对于选取爆破参数的影响是不言而喻的，例如：岩石强度影响着炸药单耗及孔网参数的选取。但是，岩石的强度包括抗压强度、抗拉强度和抗剪强度，这三种强度对于爆破参数的选取所起的作用一样吗？答案是否定的。决定炸药单耗的不是岩石抗压强度，而是岩石的抗拉强度，原因包括：

（1）现代爆破理论认为：无论是冲击波拉伸破坏理论，还是爆炸气体膨胀压破坏理论，就其岩石破坏的力学作用而言，岩石破坏主要是拉伸破坏。

（2）工程实践表明，有些软弱岩石，如黑页岩和云母页岩抗压强度并不高，但却很难爆，为什么？对于多数岩石来说，抗压强度与抗拉强度具有正比关系，尤其是当抗压强度大幅度升高时，其对应的抗拉强度一般都呈增加状态，但增幅却有差别，有些岩石的抗压强度虽很高，其抗拉强度却较低，各类岩石强度如表2-16所示。

表2-16 各类岩石强度一览表

岩石名称	$\sigma_{拉}$/MPa	$\sigma_{压}$/MPa	$\sigma_{压}/\sigma_{拉}$	备 注
花岗岩	2.1~5.7	70~200	33.33~35.08	岩浆岩
闪长岩	5.7~7.1	200~250	35.08~35.21	
石英岩	2.5~10.2	87~360	34.8~35.29	变质岩
大理岩	2.0~4.0	70~140	35.00	
白云岩	1.1~4.0	40~140	35.00~36.36	沉积岩
石灰岩	0.6~11.8	10~200	16.66~16.94	
软页岩	1.4	20	14.28	
黑页岩	4.7~9.1	66~130	14.04~14.28	
云母页岩	4.3~8.6	60~120	13.95	

从表2-16看出，岩浆岩和变质岩的抗压强度和抗拉强度基本上是成正比的，其比值在35.29~35.33之间；而沉积岩的抗压强度与抗拉强度的比值却在13.95~36.36之间，变化较大。石英岩、闪长岩和花岗岩是各类岩石中比较硬的岩石，石英岩的抗压强度达到87~360MPa，而其抗拉强度为2.5~10.2MPa，其抗压强度与抗拉强度比值极为近似，分别为34.8~35.29；而作为软质岩石的黑页岩和云母页岩的抗压强度只有66~130MPa，仅是硬质岩石石英岩、闪长岩和花岗岩抗压强度的1/2~1/3，而其抗拉强度却和这些硬质岩石的抗拉强度近似。从这里不难得出，为什么作为软质岩石的黑页岩和云母页岩的硬度要

比石英岩和闪长岩的硬度小得多，但却比一般岩石更不容易破碎。这主要是因为造岩矿物结晶颗粒粗细不同，结构致密程度、形成地质年代、胶结情况及胶结物都有差异，有些岩石抗压强度很大，但由于胶结物弹性不足，产生的允许弹性变形量较小，很快就产生塑性变形，导致岩体破坏，而有些岩石恰恰相反。所以工程上一般的硬岩较一般的软岩难爆的本质并不是其抗压强度大，而是它的抗拉强度较软岩高出许多所致。

2.3.5.2　岩石密度和孔隙率对应力波传播速度的影响

应力波在岩石中传播时，岩石的密度和孔隙率对应力波的传播速度有很大的影响。通过对固定水深中的不同砂岩进行试验，得到波速与密度及波速与孔隙率的关系如图 2-13和图 2-14 所示。

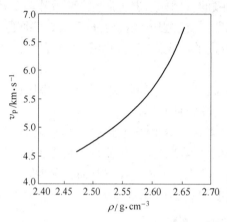

图 2-13　波速 v_p 与密度 ρ 的关系曲线

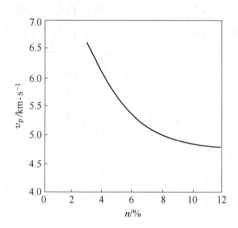

图 2-14　波速 v_p 与孔隙率 n 的关系曲线

由图看出，当岩石密度 ρ 增加时，波速 v_p 迅速增大，在密度小的范围内，如当 $\rho \leqslant 2.5 \text{g/cm}^3$ 时，v_p 是按指数函数关系增长，而在 $\rho > 2.5 \text{g/cm}^3$ 时，v_p 按对数函数关系增长。波速 v_p 随着孔隙率 n 的加大呈下降趋势。近似呈倒指数关系，即岩石的密度越大，孔隙率越小，则应力波的传播速度越快，能量损失越小。

2.3.5.3　岩石弹性模量、泊松比对爆堆形态的影响

通常以爆堆轮廓、水平扩展率和松散系数来衡量爆堆隆起程度。为了比较方便，A. J. 罗克[7]以原工作面位置以外隆起的破碎岩石百分率作为隆起的标志。利用隆起模拟模型确定不同弹性模量 E 和泊松比 μ 时的隆起轮廓。模拟参数如下：

炸药种类	铵油炸药
单轴抗拉强度	10MPa
岩石密度	2.75g/cm³
炮孔直径	75mm
最小抵抗线/孔间距	2.5m/3.5m
台阶高度	10m
装药高度	8.5m
超深	0.5m
炮孔排列方式	矩形和 V 形

模拟结果如图 2-15 和图 2-16 所示。图 2-15 中的五条曲线表示不同的弹性模量：线 A

为 200GPa；线 B 为 150GPa；线 C 为 100GPa；线 D 为 50GPa；线 E 为 25GPa。图 2-16 中的四条曲线代表不同的泊松比。线 A 为 0.4；线 B 为 0.3；线 C 为 0.2；线 D 为 0.1。

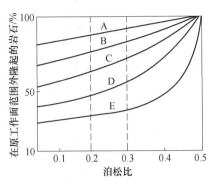

图 2-15　泊松比对爆堆隆起的影响

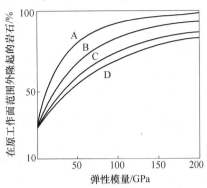

图 2-16　弹性模量对爆堆隆起的影响

图 2-15 和图 2-16 说明，若采用上述爆破参数，不同 E、μ 值时对爆堆轮廓的影响。在图 2-15 中，若 E 值不变，小于 0.3 的泊松比 μ 对爆堆的隆起无明显影响，但是当 μ 大于 0.3 时，尤其当 E 小于 50GPa 时，泊松比 μ 稍有增大，即会引起爆堆隆起量的大增。

在图 2-16 中，爆堆的隆起量与弹性模量的关系极为密切，弹性模量小于 100GPa 时的岩石尤为如此。此时弹性模量稍有增大即会引起隆起量大增。采矿工程开采的大部分岩石，其 E 值均小于 100GPa。

2.4　岩体力学性质及其对爆破作用的影响

岩体力学性质与岩体中的结构面、结构体（岩石）密切相关。结构面是在岩体中存在的各种地质界面，包括物质分界面和不连续面，例如：断层、层理、节理和裂隙等。结构体是被结构面切割而成的岩石块体。结构体对岩体力学性质和力学作用具有控制作用，当结构体强度很高时，结构面的力学性质决定了岩体的力学性质。所以，结构面的力学性质在一定程度上反映了岩体的力学性质。

2.4.1　结构面的力学性质

2.4.1.1　结构面的类型及其特征

A　结构面的类型

（1）按结构面的成因包括：

1）原生结构面：在成岩过程中形成的结构面，分为沉积结构面、岩浆结构面、变质结构面。

2）构造结构面：各类岩体在构造运动作用下形成的各种结构面，如：劈理、节理、断层等。

3）次生结构面：在地表条件下，由于外力（风化、地下水、卸荷、爆破等）的作用而形成的界面，如卸荷裂隙、爆破裂隙、风化裂隙、风化夹层等。

（2）按结构面受力条件包括：

1）压性结构面：简称挤压面，由压应力挤压而成，其走向与最大主应力方向垂直，如片理面、褶皱轴面、压性节理面等。

2）张性结构面：简称张裂面，在拉应力作用下参数的节理面，其走向与最大主应力方向一致。结构面是张开的，如张断裂面、张性节理面。

3）扭性结构面：简称扭裂面，由纯剪或压张应力引起的剪应力所形成的结构面，结构面较光滑，张口和闭口往往成对出现，如 X 形断层面、X 形节理面。

4）压扭性结构面：简称压扭面，由压应力和扭应力综合作用的结果。兼具有二者的特性。

5）张扭性结构面。简称张扭面，兼有张性和扭性结构面的双重特征，往往成锯齿状。

根据受应力作用岩石的组构类型和产生的应力矿物特征，可以推断结构面的应力特征。

B　结构面的状态

结构面的产状、形态、延展尺度、密集程度、胶结与充填情况对岩石强度和稳定性有着重要的影响。例如：胶结面随胶结物的成分不同，其力学效应差异很大。

2.4.1.2　结构面的变形特征

结构面的变形分为法向变形和剪切变形。

A　节理的法向变形

a　节理的弹性变形

节理面光滑，受压力后成面接触，节理面粗糙则成点接触。每一接触面会产生压缩变形，其压缩量 δ 可按弹性理论中的布辛涅斯克解求得：

$$\delta = \frac{mQ(1 - \mu^2)}{E\sqrt{A}} = \frac{m\sigma d^2(1 - \mu^2)}{nhE} \tag{2-21}$$

节理闭合弹性变形值 $\delta_0 = 2\delta$，则

$$\delta_0 = \frac{2m\sigma d^2(1 - \mu^2)}{nhE} \tag{2-22}$$

式中　m——与荷载面积形状有关的系数；

　　　d——块体的边长；

　　　E——弹性模量；

　　　n——接触面的个数；

　　　h——每个接触面的面积；

　　　σ——作用于节理上的压缩荷载。

b　节理的闭合变形

古德曼（Goodman）于 1974 年通过试验，得出法向应力 σ 与结构面闭合量 ΔV 有如下关系：

$$\frac{\sigma - \xi}{\xi} = A\left(\frac{\Delta V}{V_{max} - \Delta V}\right)^t \tag{2-23}$$

式中　ξ——原位压力，由测量法向变形的初始条件确定；

　　　V_{max}——最大可能的闭合量；

A，t——与结构面几何特征、岩石力学性质有关的参数。

当 $A=1$，$t=1$ 时，上式为：

$$\Delta V = V_{\max} - \xi V_{\max} \frac{1}{\sigma} \tag{2-24}$$

由式（2-24）看出 ΔV 与 $\frac{1}{\sigma}$ 呈直线关系。

当 $A \neq 1$ 及 $t \neq 1$ 时，可由试验确定曲线方程。

B　节理的切向变形

受一定的法向应力的作用，结构面在剪切作用下产生切向应变，其变形特征用试验时施加的剪应力 τ 和剪切位移 δ 的关系来描述。τ-δ 曲线特征取决于结构面的基本特征，如：粗糙度、充填物性质与厚度。切向变形通常有两种形式：

（1）结构面粗糙无充填物。随着剪切变形发生，剪切力相对上升较快，当达到剪切力峰值后，结构面抗剪能力出现较大的下滑，并产生不规则的峰后变形或滞滑现象，如图 2-17 中曲线 A 所示。

（2）平坦的结构面或结构面有充填物。初始阶段的剪切变形曲线呈下凹型，随着剪切变形的发展，剪切应力逐渐升高，但无明显的峰值出现，最终达到恒定值。如图 2-17 曲线 B 所示。

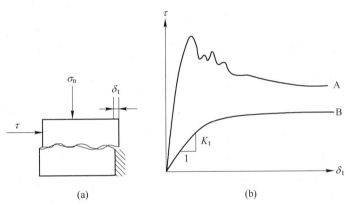

图 2-17　结构面剪切变形曲线

剪切变形曲线从形式上可分为"弹性区"（峰前应力上升区）、剪应力峰值区和"塑性区"（峰后应力降低区或恒应力区）（Doodman，1974）。在结构面剪切过程中，伴随有微凸体的弹性变形、劈裂、磨粒的产生与迁移、结构面的相对错动等多种力学过程。因此，剪切变形一般是不可恢复的，即使是"弹性区"，也是如此。

2.4.1.3　结构面的抗剪强度

结构面最重要的力学性质之一是抗剪强度，影响结构面抗剪强度的因素很多，试验结果表明，结构面抗剪强度可用莫尔—库仑准则表示：

$$\tau = c + \sigma_n \tan\varphi \tag{2-25}$$

式中　σ_n——作用在结构面上的法向正应力；

c，φ——分别表示结构面上的黏结力和摩擦角，

$$\varphi = \varphi_b + \beta \tag{2-26}$$

φ_b ——岩石平坦表面基本摩擦角；

β ——结构面的爬坡角。

2.4.1.4　影响结构面力学性质的因素

A　尺寸效应

结构面的力学性质具有尺寸效应。Barton 和 Bandis（1982）用不同尺寸的结构面进行了试验。研究结果表明：当结构面的试块长度从 5~6cm 增加到 36~40cm 时，平均峰值摩擦角降低约 8°~12°。随试块面积的增加，平均峰值剪应力呈减小趋势。结构面的尺寸效应体现在以下几方面：（1）随着结构面尺寸的增大，达到峰值强度的位移量增大；（2）随着尺寸的增加，剪切破坏形式由脆性破坏向延性破坏转化；（3）随着结构面粗糙度减小，尺寸效应也减小。

B　前期表现历史

自然界中结构面在形成过程中和形成以后，大多经历过位移变形。结构面的抗剪强度与变形历史密切相关，即新鲜结构面的抗剪强度明显高于受过剪切作用的结构面的抗剪强度。

C　后期充填性质

结构面在长期地质环境中，由于风化和分解，被水带入泥沙以及构造运动时产生的冲屑和岩溶产物充填。

充填物性质对岩体的强度影响很大：泥质胶结强度最低；钙质胶结强度较高；硅质胶结强度最高，且力学性能稳定。

2.4.2　岩体的力学性质

2.4.2.1　岩体的变形特性

岩体变形特性通常采用变形曲线及相关参数来描述。岩体的变形曲线可分为法向变形性质和切向变形性质。前者主要是由承压板法、狭缝法、环形试验法、原位三轴试验法获得压力（或荷载）与应变（或位移）的关系曲线，后者是由原位直剪试验得到剪应力与剪位移的关系曲线。

应该指出的是，岩体，特别是工程范围的岩体，通常被一组或多组节理裂隙切割成不连续体。由于结构面的成因、尺寸、产状、密度以及力学性质不同，所处应力环境的变化，岩体力学性质不仅取决于岩石本身的力学性质，在很大程度上还取决于结构面的裂隙性质和结构面的空间组合。

A　岩体的单轴和三轴压缩变形特征

现场岩体的单轴和三轴压缩试验的应力-应变全过程曲线如图 2-18 所示。其压缩变形特征如下：

（1）在加载过程，结构面压密与闭合，应力-应变曲线呈上凸型。

（2）中途卸载有弹性后效现象和不可恢复残余，这是结合面闭合、滑移、错动造成的。

（3）完全卸载，在加载形成形式上的"开环型"曲线，这也是弹性后效造成的。

（4）峰值强度后，岩体开始破坏，应力下降较缓慢，仍有残余应力，这是岩体结构效应。

图 2-18　现场岩体压缩试验的应力-应变全过程曲线

B　岩体剪切变形特征

在岩体工程中，剪切变形屡见不鲜，如水利工程中坝基底部剪滑、巷道拱肩失稳、边坡滑坡等。图 2-19 示出了岩体剪切变形的曲线，其特征如下：

（1）在屈服点前，变形曲线与抗压变形相似，呈上凸型。

（2）屈服点后，某个结构面或结构体首先剪坏，随之出现一次应力下降。峰值前可能发现多次应力升降。升降程度与结构面或结构体强度有关，岩体越破碎，应力降反而不明显。

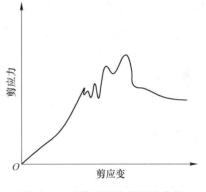

图 2-19　岩体原位抗剪试验曲线

（3）当应力增加到一定应力水平时，岩体剪切变形已积累到一定程度，尚未剪破的部位以瞬间破坏方式出现，并伴有一次大的应力降。

（4）随后产生稳定滑移。

2.4.2.2　岩体的强度特性

岩体的强度是指岩体抵抗外力破坏的能力。包括：岩体抗压强度、岩体抗拉强度和岩体抗剪强度。

A　岩体破坏及其方式

岩体的破坏形式包括：挠曲、剪切、拉伸和压缩。由于岩体受力条件是多种多样的，加之岩体自身的物质组成、结构特征和力学性质各异以及复杂的环境因素等不同程度影响，所以任何单一的岩体破坏形式均不会居于主导地位。

（1）挠曲系指由于岩体弯曲而产生拉伸张裂，并且这种张裂逐渐发展扩大，从而导致岩体破坏。这种破坏形式经常发生于矿井及其他地下硐室顶部层状围岩中。

（2）剪切系指由于剪切力达到或超过岩体极限抗剪强度时而形成剪切裂面。当破坏后的岩体沿着剪切破裂面滑动时，剪切力便随之消灭。

（3）拉伸系指由于拉应力（张应力）超过岩体极限抗拉强度时而形成的张性破裂面。

（4）压缩的破坏工程包括：由于拉伸裂缝、挠曲、剪切作用引起裂缝的增长，以及它们之间的相互影响等。例如：1）地下硐室开挖，在切向上由于加载有时会发生压缩破坏；2）在矿井中，过分开采拓宽空间，致使上覆荷载及自重力超过其极限抗压强度；3）大型或特大型建筑物或构筑物岩石地基，当实际承受的荷载超过其极限抗压强度时。

B 岩体强度的测定

岩体强度试验时在现场原位切割较大尺寸试件进行单轴、三轴压缩和抗剪强度试验。为了保持岩体的原有力学条件，在试件附近不能爆破，只能使用钻机、风镐等机械破岩。试件尺寸通常为 $0.5 \sim 1.3 m^3$，加载设备为千斤顶和液压枕。

C 岩体强度估算

（1）准岩体强度：引用某种简单的试验指标来修正岩块强度，作为岩体强度的估算值。

$$K = \left(\frac{v_{ml}}{v_{cl}} \right)^2 \implies \begin{matrix} \sigma_{mc} = K\sigma_c \\ \sigma_{mt} = K\sigma_t \end{matrix} \qquad (2\text{-}27)$$

式中 K——岩体完整性系数，列于表 2-17；

v_{ml}——岩体中弹性波纵波传播速度；

v_{cl}——岩块中弹性波纵波传播速度。

表 2-17 岩体完整性系数 K

岩 体 种 类	岩体完整性系数 K
完整	>0.75
块状	0.45~0.75
碎裂状	<0.45

（2）裂性岩体强度的经验估算：Hoek-Brown 经验强度准则。

Hoek-Brown 根据岩体性质的理论和实践，用试验法导出了岩块和岩体破坏时主应力之间的关系：

$$\sigma_1 = \sigma_3 + \sqrt{m\sigma_c\sigma_3 + s\sigma_c^2} \qquad (2\text{-}28)$$

式中 m，s——岩石结构 1 面有关参数。

令 $\sigma_3 = 0$，可得到岩体的单轴抗压强度 σ_{mc}，

$$\sigma_{mc} = \sqrt{s}\,\sigma_c \qquad (2\text{-}29)$$

对于完整岩块来说，$s = 1$，则 $\sigma_{mc} = \sigma_c$，即为岩块的抗压强度；对于裂隙岩体来说，必有 $s < 1.0$。

2.4.3 结构面对爆破作用的影响

大量的工程实践表明，除岩性与爆破有关外，地质构造（褶皱、断层、节理构造等）对药包布置和爆破效果的影响不容忽视，有时甚至是爆破成败的关键。

2.4.3.1 结构面对台阶爆破影响的五种作用

A 应力集中作用

由于软弱带或软弱面的存在，使岩石的连续性遭到破坏。当岩石受力时，岩石便从强度最小的软弱带或软弱面处首先裂开，在裂开的过程中，在裂缝尖端发生应力集中，特别是岩石在爆破应力作用下的破坏是瞬时的，来不及进行热交换，且处于脆性状态，结果使应力集中现象更加突出。因此，在岩石中软弱面较发育的爆破地区，其单位炸药消耗量 q

应相应降低。

B　应力波的反射增强作用

由于软弱带的密度、弹性模量和纵波速度均比两侧岩石的值小，当波传至两者的界面处，便发生反射，反射回去的波与随后继续传来的波相叠加，当其同相位时，应力波便会增强，使软弱带迎波一侧岩石的破坏加剧。对于张开的软弱面，这种作用亦较明显。但是，应该说明，哪一级软弱带或软弱面足以产生明显的反射增强作用，这与爆破规模有关，也就是取决于压缩应力波传播过程中引起的岩石压缩变形，足以使张开的软弱面紧密闭合，或者使软弱带的密度增大到和两侧岩石相差不大时，软弱面或软弱带对应力波的反射增强作用可忽略不计。因此，软弱带和软弱面对爆破效果的影响问题，必须视爆破规模区别对待，对于施工开挖小炮，不大的裂隙面即可影响其效果，对于大规模的群药包爆破，小的断层破碎带对其影响也不会很显著。

C　能量吸收作用

由于界面的反射作用和软弱带介质的压缩变形与破裂，使软弱带背波侧应力波因能量被吸收而减弱。它与反射增强作用同时产生。因而，软弱带可保护其背波侧的岩石，使其破坏减轻。同样，空气充填的张开裂隙，也有能量吸收作用，例如，图 2-20 中张开裂隙背波侧的岩石未发生破坏。

D　泄能作用

当软弱带或软弱面穿过爆源通向临空面，且由爆源到临空面间软弱带或软弱面的长度小于爆破药包最小抵抗线 W 的某个倍数时，炸药的能量便可以"冲炮"或其他形式泄出，使爆破效果明显降低。

在爆破作用范围以内，如果有大溶洞存在，亦会发生泄能作用，例如，图 2-21 中的 A、B 两药包的爆破效果远较 C、D、E 药包为小，由于爆炸气体经过软弱面或软弱带泄入溶洞，使炮孔（或硐室）的爆破压力迅速降落，从而导致其他方向的爆破径向裂隙停止继续扩展。

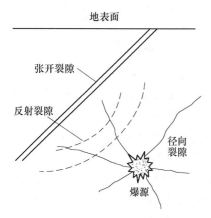

图 2-20　张开裂面两侧爆破破坏的差异性

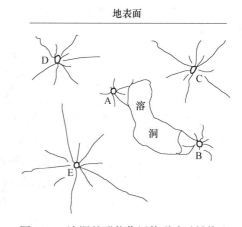

图 2-21　溶洞的泄能作用使裂隙过早终止

E　楔入作用

在高温高压爆炸气体的膨胀作用下，爆炸气体沿岩体软弱带高速侵入时，将使岩体沿软弱带发生楔形块裂破坏。

2.4.3.2 结构面对深孔台阶爆破的影响

A 结构面影响台阶爆破的传爆和炮孔质量

当岩体中存在发育较大结构面且岩性较软，如风化岩中含发育泥化夹层面。前排先引爆的药包对后排岩体产生强烈扰动，易使周边岩体沿断裂面发生较大位移错动，若前后排药包延期时间间隔较大，导致后排柱状药包在雷管起爆前被错断而中断了局部药柱传爆，发生局部拒爆现象。此外，倾斜结构面对炮孔的钻凿和炮孔质量也有一定的影响，如图 2-22 所示。

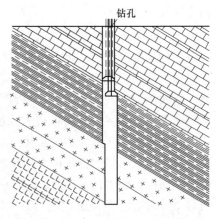

图 2-22 结构面导致炮孔偏斜甚至卡钻

B 结构面对爆破岩块的破裂特征和块度形态影响

岩体的强度受岩石强度和结构面强度的控制，在更多的情况下，主要受结构面强度的控制，所以岩块的破裂面大多数是沿岩体内部的结构面形成的。爆后岩块特征的统计表明，凡是沿结构面形成的爆块表面，均呈风化状态；凡是由岩石断裂形成的岩块表面，均呈新鲜状态。据某个工程的统计，爆块表面的风化面数占统计面数的 79%~90%，而新鲜面数仅占 10%~21%。爆破块径愈大，风化面数占的比例也愈大（表 2-18）。

表 2-18 不同块径岩块上风化面所占比例统计表

平均粒径/cm	50~80	30~50	20~30	10~20	8~10	6~8	4~6	2~4	1~2	0.5~1
比例/%	75.7	72.6	63.7	45.8	33.9	31.4	21.6	22.2	13.0	10.3

研究表明，结构面的分布不仅对岩块的破裂特征有重要影响，而且对爆堆的块度分布规律也有重要影响。中国水利水电科学研究院的研究表明，结构面发育程度对较大粒径的块度分布有控制性影响，而 2cm 以下的粒径块度分布主要受岩石力学强度的影响。因此要想得到准确的爆破块度预报，进行详细的工程地质勘察非常必要，尤其必须进行节理裂隙的统计分析。

C 岩体结构面对爆破作用方向及爆破漏斗形状的影响

岩体结构面对爆破作用方向及爆破漏斗形成的影响取决于岩体结构面的类型、产状和黏结力、岩体结构面和药包之间的相互位置等。当层理面与最小抵抗线平行时，抛掷方向不会改变，但爆破漏斗的形状和方量都有变化，如图 2-23 所示。当层理面与最小抵抗线垂直时，爆破漏斗的形状没有改变，但爆破漏斗的方量有所增加，如图 2-24 所示。而当层理面与最小抵抗线斜交时，爆破漏斗的形状和抛掷方向都有所变化，如图 2-25 所示，结构面间距越大，应力波引起岩体内部层裂作用越弱；爆破阻力越大；当结构面间距中等或偏小时，岩体破碎受弱面的影响较大。此时，若抵抗线>最大允许碎块尺寸>结构面间距，则炸药单耗较小，且可减少二次破碎。

2.4.3.3 断裂构造对公路建设的影响

A 节理裂隙对公路建设影响

岩体中的节理裂隙，在工程上除有利于开挖外，对岩体的强度和稳定性均有不利的影

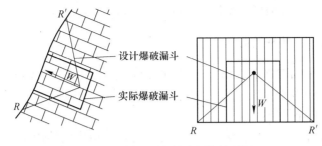

图 2-23　层理面与最小抵抗线平行

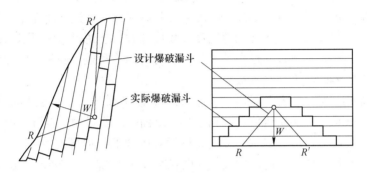

图 2-24　层理面与最小抵抗线垂直

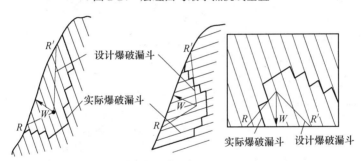

图 2-25　层理面与最小抵抗线斜交

响。岩体中存在节理裂隙，破坏了岩体的整体性，促进岩体风化速度，增强岩体的透水性，因而使岩体的强度和稳定性降低。当节理裂隙主要发育方向与路线走向平行，倾向与边坡一致时，不论岩体的产状如何，路堑边坡都容易发生崩塌等不稳定现象。在路基施工中，如果岩体存在裂隙，还会影响爆破作业的效果。因此，当节理裂隙构造可能成为影响工程设计的重要因素时，应当对节理裂隙进行深入的调查研究，详细论证节理裂隙对岩体工程建筑条件的影响，采取相应措施，以保证建筑物的稳定和正常使用。

　　B　断层对公路建设影响

　　断层的存在，从总体上说破坏了岩体的完整性，断层面或破碎带的抗剪强度远低于岩体其他部位的抗剪强度。由此，断层一般从以下几个方面对工程建筑产生影响：

　　(1) 断层破碎带力学强度低，压缩性增大，会发生较大沉陷，易造成建筑物断裂或倾斜，断裂面是极不稳定的滑移面，对岩质边坡稳定性及桥墩稳定常有重要影响。

　　(2) 断裂构造带不仅岩体破碎，而且断层上、下盘的岩性也可能不同，如果在此处进行建筑工程，有可能产生不均匀沉陷。

（3）隧道工程通过断裂破碎带地段，易发生坍塌，甚至冒顶。

2.4.4　结构体对应力波传播的影响

根据结构面和结构体的组成形式，尤其是结构体的性状可将岩体分为如下的几种结构类型：整体状结构、块状结构、层状结构、碎裂状结构、散体状结构。不同的岩体结构对应力波传播的影响差异很大：

（1）整体状结构。岩体可按理想均质弹性体考虑，应力波的传播不受影响。

（2）块状结构岩体。例如岩体为均一坚硬的火成岩、厚层沉积岩和变质岩，其构造简单，岩性完整，仅节理发育，裂隙一般闭合。且其间没有低速介质充填，裂隙两侧岩体相互紧密接触，应力波的波长 λ 与裂隙宽度 L 相比甚大，这使得岩体可以被认为是均匀介质。这种情况下，只要岩体尺寸远大于波长，应力波的传播规律服从均匀介质中波的传播一般规律，这类岩体的应力波衰减最小。

（3）层状结构岩体。例如层状或薄层状沉积岩或变质岩、软弱岩和软硬相间的互层状岩体，它们呈板状、片状结构体，互相叠合，层面基层面错动面发育，沿层面方向的线度与波长相比相差甚大，即可以认为各层面是无限延伸的，但各层的声学特性相互不同，则以某一角度入射到岩体上去的应力波传播路径将发生弯曲（图 2-26），这类岩体中的应力波存在着明显的各向异性。垂直于层面方向的应力波传播速度比第一类岩体低，衰减也大。

（4）碎裂状结构岩体。对于风化破碎岩体、岩脉穿插破碎岩体、压碎岩带、断裂密集带等，其裂隙张开并充填泥水，岩石破碎成碎块或板片状，其间有夹泥耦合，局部夹有块状岩矿结构体。对于这类岩体，若每个块体的尺寸远大于波长，那么在这块岩体内，可按无限均质来考虑应力波的传播规律。

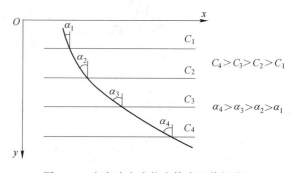

$$C_4 > C_3 > C_2 > C_1$$

$$\alpha_4 > \alpha_3 > \alpha_2 > \alpha_1$$

图 2-26　应力波在成状岩体中的传播路径

（5）散体结构岩体。对于强风化破碎岩体，区域性或工程区的大断裂带、软弱岩层挤压错动带、胶结不良的断层交叉带，而且岩体极度破碎成碎块、岩粉、碎屑状，有大量断层泥充填，呈松散堆积和压密状态。在这种情况下，频率高、波长短的应力波传播时，必然会出现折射、多次反射和散射。应力波无法按原有射线方向传播，衰减也加快，应力波传播速度极低。此时，切割岩体的各种薄弱面的形状、位置、数量对爆破效果的影响最大。

2.5　岩石分级、爆破性分区与工程岩体分级

2.5.1　岩石（体）分级的发展

随着人们对工程目的认识的转变，岩石（体）分级方法得到不断的发展和完善。主要分为以下三个阶段。

2.5.1.1 从施工角度出发，为施工服务阶段

早在 18 世纪末，俄国人维尔聂尔就提出将岩石分为坚硬岩、次坚硬岩、软岩、破碎岩和松散岩五级的分级方法。随后，1861 年欧洲人霍夫曼又提出按开采工具将岩石分为六级的分级方法。

2.5.1.2 将岩体视为载荷，为爆破设计确定参数、为支护设计确定地压力的分级阶段

1926 年苏联人普罗托吉雅可诺夫提出的"普氏分级"。1946 年泰沙基（Terzaghi）提出岩体载荷指标分级方法。依据坚硬程度、完整性、风化程度和膨胀性，将岩体分为九级，给出了各级别岩体载荷系数和支护措施。

至今，普氏分级仍然是我国爆破行业、采矿界普遍采用的岩石分级方法。

2.5.1.3 以岩体稳定性评价和支护方式为目的的分级阶段

20 世纪 50 年代以后，陆续出现以岩体稳定性评价和支护方式为目的的分级方法。大约 60 年代末或 70 年代初开始，我国很多部门都提出了结合本行业特点的岩石（体）的分级方法。例如：针对地下工程岩体，公路部门有"公路隧道围岩分级"；铁路部门有"铁路隧道围岩分类"；水利水电部门有"水利水电工程围岩工程地质分类"。针对边坡工程岩体，《建筑边坡工程技术规范》给出了"岩质边坡的岩体分类"。针对工业与民用建（构）筑物地基，《岩土工程勘察规范》和《建筑地基基础设计规范》都给出了相应的岩体分级方法。

1994 年我国推出了国标《工程岩体分级标准》（GB 50218—1994）作为国内适用于各类工程岩石分级的统一方法和全国性文件。最近，根据新发展，住房和城乡建设部与国家质量监督检验检疫总局，又联合发布了《工程岩体分类标准》（GB/T 50218—2014）。

2.5.2 岩石分级

2.5.2.1 岩石分级的目的

岩石可爆性分级，亦称岩石爆破性分级，是爆破优化设计和施工的基础，并为加强企业的科学管理和正确制定爆破定额提供依据。

合理、简便、明了具有实用价值的岩石分级法，应当根据具体的工程目的，采用一个或几个指标或判据来划分。

2.5.2.2 普氏分级亦称岩石坚固性分级

A 基本观点

苏联学者 M. M. 普洛托吉雅可诺夫通过长期观察和大量统计认为：岩石的坚固性是一个综合性的概念，是各种物理力学性质的总和，表征着各种不同方法下岩石破碎的难易程度。

岩石坚固性在各方面的表现是一致的。例如：难以凿岩的岩石，也同样难以爆破。岩石坚固性系数 f（又称普氏系数）就是坚固性的定量指标。普氏根据 f 值的不同，对岩石进行了具体分级。

B 分级方法

在确定岩石坚固性系数 f 值时，普氏曾采用过岩石极限抗压强度、凿碎岩石单位体积

所消耗的功、凿岩速度、单位炸药消耗量以及采掘生产率等指标，以求得一个综合平均的坚固性系数。由于生产技术的飞速发展及生产条件的不断改变，原来采用的方法早已不能适应新的情况而被废弃了。目前只剩下一种方法，即用岩石试块的单轴抗压强度来大致确定岩石坚固性系数 f：

$$f = \frac{R}{100} \tag{2-30}$$

式中 R——岩石试块的单轴抗压强度，kg/cm^2。

岩石坚固性分级如表 2-19 所示。

表 2-19 土壤及岩石（普氏）分类表

定额分类	普氏分类	土壤及岩石名称	天然湿度下平均容重 /kg·m⁻³	极限压碎强度 /MPa	用轻型钻孔机钻进1 m耗时 /min	开挖方法及工具	坚固系数 f
一、二类土壤	I	砂 砂壤土 腐殖土 泥炭	1500 1600 1200 600			用尖锹开挖	0.5~0.6
一、二类土壤	II	轻壤土和黄土类土 潮湿而松散的黄土，软的盐渍土和碱土 平均粒径 15mm 以内的松散而软的砾石 含有草根的密实腐殖土 含有直径在 30mm 以内根类的泥炭和腐殖土 掺有卵石、碎石和石屑的砂和腐殖土 含有卵石或碎石杂质的胶结成块的填土 含有卵石、碎石和建筑碎料杂质的砂壤土	1600 1600 1700 1400 1100 1650 1750 1900			用锹开挖并少数用镐开挖	0.6~0.8
三类土壤	III	肥黏土其中包括石炭纪，侏罗纪的黏土和冰黏土 重壤土、粗砾石，粒径为 15~40mm 的碎石和卵石 干黄土和掺有碎石或卵石的自然含水量黄土 含有直径大于 30mm 根类的腐殖土或泥炭 掺有碎石或卵石和建筑碎料的土壤	1800 1750 1790 1400 1900			用尖锹并同时用镐开挖（30%）	0.8~1.0
四类土壤	IV	土含碎石重黏土，其中包括侏罗和石炭纪的硬黏土 含有碎石、卵石、建筑碎料和重达 25kg 以内的顽石（总体积 10% 以内）等杂质的硬黏土和重壤土 冰碛黏土，含有重量在 50kg 以内的巨砾，其含量为总体积 10% 以内 泥板岩 不含或含有重达 10kg 的顽石	1950 1950 2000 2000 1950			用尖锹并同时用镐和撬棍开挖（30%）	1.0~1.5
松石	V	含有重量在 50kg 以内的巨砾（占体积 10% 以上）的冰碛石 硅藻岩和软白垩岩 胶结力弱的砾岩 各种不坚实的片岩 石膏	2100 1800 1900 2600 2200	小于 20	小于 3.5	部分用手凿工具，部分用爆破来开挖	1.5~2.0

定额分类	普氏分类	土壤及岩石名称	天然湿度下平均容重 /kg·m⁻³	极限压碎强度 /MPa	用轻型钻孔机钻进 1 m 耗时 /min	开挖方法及工具	坚固系数 f
次坚石	VI	凝灰岩和浮石 松软多孔和裂隙严重的石灰岩和泥质石灰岩 中等硬度的片岩 中等硬度的泥灰岩	1100 1200 2700 2300	20~40	3.5	用风镐和爆破法来开挖	2~4
	VII	石灰质胶结的带有卵石和沉积岩的砾石 风化的和有大裂缝的黏土质砂岩 坚实的泥板岩 坚实的泥灰岩	2200 2000 2800 2500	40~60	6.0	用爆破方法开挖	4~6
次坚石	VIII	花岗质砾岩 泥灰质石灰岩 黏土质砂岩 砂质云母片岩 硬石膏	2300 2300 2200 2300 2900	60~80	8.5	用爆破方法开挖	6~8
普坚石	IX	强风化的软弱的花岗岩、片麻岩和正长岩 滑石化的蛇纹岩 致密的石灰岩 含有卵石、沉积岩的硅质胶结的砾岩 砂岩 砂质石灰质片岩 菱镁矿	2500 2400 2500 2500 2500 2500 3000	80~100	11.5	用爆破方法开挖	8~10
	X	白云石 坚固的石灰岩 大理岩 石灰质胶结的致密砾石 坚固砂质片岩	2700 2700 2700 2600 2600	100~120	15.0	用爆破方法开挖	10~12
特坚石	XI	粗粒花岗岩 非常坚硬的白云岩 蛇纹岩 石灰质胶结的含有岩浆岩之卵石的砾石 石英胶结的坚固砂岩 粗粒正长岩	2800 2900 2600 2800 2700 2700	120~140	18.5	用爆破方法开挖	12~14
	XII	具有风化痕迹的安山岩和玄武岩 片麻岩 非常坚固的石灰岩 硅质胶结的含有岩浆岩之卵石的砾石 粗面岩	2700 2600 2900 2900 2600	140~160	22.0	用爆破方法开挖	14~16

定额分类	普氏分类	土壤及岩石名称	天然湿度下平均容重 /kg·m⁻³	极限压碎强度 /MPa	用轻型钻孔机钻进1 m耗时 /min	开挖方法及工具	坚固系数 f
特坚石	XIII	中粒花岗岩 坚固的片麻岩 辉绿岩 玢岩 坚固的粗面岩 中粒正长岩	3100 2800 2700 2500 2800 2800	160~180	27.5	用爆破方法开挖	16~18
	XIV	非常坚固的细粒花岗岩 花岗片麻岩 闪长岩 高硬度的石灰岩 坚固的玢岩	3300 2900 2900 3100 2700	180~200	32.5	用爆破方法开挖	18~20
	XV	安山岩、玄武岩、坚固的角页岩 高硬度的辉绿岩和闪长岩 坚固的辉长岩和石英岩	3100 2900 2800	200~250	46.0	用爆破方法开挖	20~25
	XVI	拉长玄武岩和橄榄玄武岩 特别坚固的辉长辉绿岩、石英岩和玢岩	3300 3000	>250	>60	用爆破方法开挖	>25

C 评价

由于这种分级方法比较简单,所以在采矿界、爆破界应用相对普遍。然而,用岩石试块的单轴抗压强度来概括岩石所有的物理力学性质是不妥当的。例如:难爆破的岩石并不一定同样也难凿岩。而且,岩石试样的抗压强度同原岩的抗压强度也不一致,因此,普氏分级法显得有些片面和笼统。

2.5.2.3 Б.Н.库图涅佐夫的岩石爆破性分级

Б.Н.库图涅佐夫根据岩石的坚固性,同时考虑了岩体的裂隙性、岩体中大块构体的不同含量,提出了如表 2-20 的岩石爆破性分级。

表 2-20 Б.Н.库图涅佐夫岩石爆破性分级表

爆破性分级	爆破单位炸药消耗量/kg·m⁻³		岩体自然裂隙平均间距/m	岩体中大块构体含量/%		抗压强度 /MPa	岩石密度 /t·m⁻³	岩石坚固系数 f
	范围	平均		>500mm	>1500mm			
I	0.12~0.18	0.15	<0.10	0~2	0	10~30	1.4~1.8	1~2
II	0.18~0.27	0.22	0.10~0.25	2~16	0	20~45	1.75~2.35	2~4
III	0.27~0.38	0.32	0.20~0.50	10~52	0~1	30~65	2.25~2.55	4~6
IV	0.38~0.52	0.45	0.45~0.75	45~80	0~4	50~90	2.50~2.80	6~8
V	0.52~0.68	0.60	0.70~1.00	75~98	2~15	70~120	2.75~2.90	8~10

续表 2-20

爆破性分级	爆破单位炸药消耗量/kg·m⁻³		岩体自然裂隙平均间距/m	岩体中大块构体含量/%		抗压强度/MPa	岩石密度/t·m⁻³	岩石坚固系数 f
	范围	平均		>500mm	>1500mm			
Ⅵ	0.68~0.88	0.78	0.95~1.25	96~100	10~30	110~160	2.85~3.00	10~15
Ⅶ	0.88~1.10	0.99	1.20~1.50	100	25~47	145~205	2.95~3.20	15~20
Ⅷ	1.10~1.37	1.23	1.45~1.70	100	43~63	195~250	3.15~3.40	20
Ⅸ	1.37~1.68	1.52	1.65~1.90	100	58~78	235~300	3.35~3.60	20
Ⅹ	1.68~2.03	1.85	≥1.85	100	75~100	≥285	≥3.55	20

2.5.2.4 东北大学（原东北工学院）岩石爆破性分级

东北大学（原东北工学院）于 1984 年提出的岩石可爆性分级法，是以爆破漏斗试验的体积及其实测的爆破块度分布率作为主要判据，并根据大量统计数据进行分析建立一个爆破性指数 N 值，见式（2-31），按 N 值的级差将岩石的可爆性分成五级十等。

$$N = \ln\left[\frac{e^{67.22} \times K_1^{7.42} (\rho c_p)^{2.03}}{e^{38.44V} K_2^{4.75} K_3^{1.89}}\right] \quad (2-31)$$

式中　N——岩石爆破性指数；

　　　　V——爆破漏斗体积，m^3；

　　　　K_1——大块率（>30cm），%；

　　　　K_2——小块率（<5cm），%；

　　　　K_3——平均合格率，%；

　　　　ρ——岩石密度，kg/m^3；

　　　　e——自然对数的底；

　　　　c_p——岩石纵波声速，m/s。

因此，该分级法亦称为"岩石爆破指数"分级法（表 2-21）。

表 2-21　东北大学（原东北工学院）岩石爆破性分级表

爆破等级		爆破性指数 N	爆破性程度	代表性岩石
Ⅰ	Ⅰ₁	<29	极易爆	千枚岩、破碎性砂岩、泥质板岩、破碎性白云岩
	Ⅰ₂	29~38		
Ⅱ	Ⅱ₁	38~46	易爆	角砾岩、绿泥岩、米黄色白云岩
	Ⅱ₂	46~53		
Ⅲ	Ⅲ₁	53~60	中等	石英岩、煌斑岩、大理岩、灰白色白云岩
	Ⅲ₂	60~68		
Ⅳ	Ⅳ₁	68~74	难爆	磁铁石英岩、角闪岩、斜长片麻岩
	Ⅳ₂	74~81		
Ⅴ	Ⅴ₁	81~86	极难爆	矽卡岩、花岗岩、矿体浅色砂岩
	Ⅴ₂	>86		

2.5.2.5 白云鄂博铁矿矿岩可爆性分级

包头钢铁学院于 1995 年根据矿山岩体裂隙参数（岩体裂隙长度和岩体裂隙宽度）、纵波速度、爆破漏斗试验确定的炸药单耗、钻机的穿孔速度对矿岩可爆性的影响做出了客观的评价，并以此为可爆性指标将白云鄂博铁矿矿岩分为 6 个级别，如表 2-22 所示[2]。

表 2-22 白云鄂博铁矿矿岩可爆性分级

岩性及区域	岩体裂隙长度 /m·m^{-2}	岩体裂隙宽度/m	岩体纵波速度/m·s^{-1}	炸药单耗/kg·m^{-3}	穿孔速度/m·h^{-1}	可爆性等级	爆破难易程度
西南部及 1570 以上的板岩和 1582 以上的白云岩	3.8~7.0	<0.45	1500~2000	0.6~0.7	>13.3	I	易爆
赤铁矿石	3.3~4.0	0.45~0.5	2400~2700	0.75~0.8	8.6~10.0	II	较易爆
东南帮及 1570 水平以下的板岩	2.6~3.3	0.5~0.65	2700~2900	0.75~0.85	10.0~12.0	III	中等
东北部及 1582 水平以下白云岩	3.0~3.6	0.5~0.55	2800~3000	0.85~0.95	9.2~11.0	IV	较难爆
矿化白云岩及中低品位磁铁矿	1.5~2.0	0.65~0.75	2900~3200	0.95~1.1	7.5~8.6	V	难爆
高品位磁铁矿石	<1.0	0.75~0.8	>3200	1.1~1.3	<7.5	VI	很难爆

2.5.3 岩石爆破性分区（岩石可爆性分级的发展和进一步完善）

2.5.3.1 岩石爆破性分区的特征

传统的岩石分级，包括岩石可爆性分级都是以岩石为对象或以岩石为抽样单元，根据实测的不同指标加以综合评判，确定某些指标作为划分等级的标准。例如：普氏分级就是一个典型的实例。但是，露天矿的生产爆破是以爆区为单元进行的，为了准确地确定不同爆区的孔网参数、材料消耗定额和进行优化爆破就必须以区域为中心对岩石的爆破性进行分区。其次，为了保持爆破性分区在一定时间内的稳定性，例如：露天矿，在已知生产台阶爆破分区的同时，还希望知道下一台阶不同地段的爆破难易程度，这一点传统的岩石爆破性分级是难以做到的。

岩石爆破性分区是岩石可爆性分级的发展和进一步完善，更有利于在生产上应用，是爆破优化的基础工作。它与岩石可爆性分级的最主要的区别在于：在分区对象上，是以爆区为采样单元——样本，而不是以岩石为样本。在分区准则和采用何种数学方法进行指标的评判时可以各有差异。

2.5.3.2 岩石爆破性分区采用的数学方法

岩石爆破性分区的准则不同，每种分区的指标又是多项的。目前处理多项指标的数学方法有：回归分析、模糊综合评判、灰色联度分析、人工神经网络系数、加权聚类分析法等。每种方法各有优缺点，各有一定的应用范围。由于岩石的复杂性和爆炸过程的瞬时性，导致了影响岩石爆破性的因素很多，其中不少是不确定因素，难以用精确的数学公式来描述。这就产生了像模糊综合评判、灰色联度分析这样的方法。这类方法虽然也考虑了一些定性描述，但权值、隶属函数、功效函数需要靠统计方法或人为而定，仍然无法摆脱人为因素的影响。应用人工神经网络系统，采用机械学习方法，建立岩石可爆性指数与岩体的爆破漏斗体积、大块率、平均合格率、小块率和波阻抗之间的非线性映射关系，并将其用神经网络、网络连接权值矩阵、节点阈值向量分布式表达出来[5]。加权聚类分析法可以在采用多个指标时，有效地衡量岩体的可爆性[6]。方法虽然先进，但计算复杂，影响了广泛应用。

2.5.3.3 首钢水厂铁矿的岩石爆破性分区

北京科技大学于1989年首次提出了岩石爆破性分区的概念，并采用高应变率下的岩石动载特性、岩体节理裂隙、岩石爆破块度组成作为爆破性分区的准则，在数学处理上采用灰色系统决策理论，建立了各分区指标的基本数学模型，完成了水厂铁矿的岩石爆破性分区（表2-23）。并且在矿山采掘综合平面图上划出了各分区的范围[8]。

表 2-23 水厂铁矿的岩石爆破性分区

爆破分区区域概述			难爆区	较难爆区	易爆区	极易爆区
爆破区域类别			IV	III	II	I
分区指标	地质构造	单元内裂隙长度/m	<3.5	3~7	5~9	>9
		裂隙间距/cm	>90	60~90	30~70	<30
	岩石强度	动抗压强度/MPa	>400	230~400	200~250	<200
		动弹性模量/GPa	>80	65~80	50~70	<50
	破碎特性	大块率/%	>1.2	1.0~1.2	0.5~1.0	<0.5
		平均块度/mm	>300	230~300	200~230	<200

在爆破分区的基础上，根据爆区地质条件、爆破效果、爆破成本、爆破安全、爆破施工五统一的原则确定合理的爆破参数。使爆破设计和施工更加标准化。

2.5.3.4 海南省铁炉港采石场岩体的块度分区

广东宏大爆破股份有限公司在海南省铁炉港采石场施工中，对岩体爆破性分区进行了深入的研究，提出了影响岩体爆破最大块度及平均块度的因素主要包括：

（1）岩体结构特性（其中包括各种结构面、弱面的分布情况以及结构面内充填物质的性质）；

（2）岩石特性（包括岩石的动态抗压强度、岩石波阻抗等）；

（3）炸药特性（炸药的爆速、密度、波阻抗）；

（4）钻爆参数（底盘抵抗线、孔距、炮孔密集系数、超深、堵塞长度）、装药结构（不耦合系数、上部装药线密度及长度、下部装药线密度及长度）。

该工程以岩石坚固性系数、岩石种类、裂隙平均距离、炸药单耗、爆破漏斗体积和爆破块度分布指数作为指标对采矿场进行爆破性块度分区。将铁炉港采石场分为粉块区（<10kg）、小块区（10~200kg）、中块区（200~800kg）、大块区（>800kg），如表2-24所示。

表 2-24　采区岩石按爆破难易程度分类表

块度描述		大块	中块	小块	粉块
岩石种类		花岗岩	花岗岩	花岗岩	花岗岩，辉绿岩
风化程度		弱风化，微风化	弱风化	强风化	全风化
节理裂隙状况	$130°\angle 80°$	间隔 $40 \sim 70$cm	间隔 $70 \sim 200$cm	间隔 $10 \sim 50$cm	
	$60°\angle 60° \sim 80°$	间隔 >50cm	间隔 >50cm 或 >100cm	间隔 50cm 之间	
f		>12	$8 \sim 12$	$4 \sim 8$	<4
爆破漏斗体积/m^3		<0.03	$0.03 \sim 0.10$	$0.10 \sim 0.20$	>0.20
区域所处位置		平台西部	$+115$m 平台以下各平台中部	$+115$m 平台以下各平台东部	$+115$m 平台以上各平台

2.5.4　工程岩体分级

工程岩体系指岩石工程影响范围内的岩体，它明确地指出其对象是与岩石工程有关的岩体，是工程结构的一部分。工程岩体与工程结构共同承受荷载，是工程整体稳定性评价的对象。一般包括：地下工程岩体、工业与民用建（构）筑物地基、大坝基岩、边坡岩体等。

2.5.4.1　工程岩体分级的目的

工程岩体分级有如下三个目的：

（1）为岩石工程建设的设计、施工和编制定额提供依据。

（2）岩体质量评价。对各类岩体的承载力及稳定性作出评价，以指导地面工程的设计、施工及基础处理。

（3）给出各类工程适合的参数或应采取的技术措施。

2.5.4.2　影响岩体工程性质的主要因素

影响岩体工程性质主要有如下三因素：

（1）因素强度和质量。包括：因素的强度（软、硬程度）和变形性（结构上的致密、疏松）。

（2）岩体的完整性。软弱面、软弱带和其间充填的原生或次生物质的性质。

（3）水的影响。岩石的物理力学性质恶化、强度削弱；沿裂隙形成渗流影响岩体的稳定性。

2.5.4.3　工程岩体分级的种类

根据用途不同，工程岩体的分级有通用分级和专用分级两种。通用的分级方法是对各类岩体都适用，不针对具体工程而采用的分级。如：国标《工程岩体分级标准》（GB/T 50218—2014）就是一项适用于各行业、各种类型岩体工程的基础性标准。

专用的分级方法是对各种不同类型工程而制定的分级方法，如硐室、边坡、岩基等岩体分级。

2.5.4.4 国家标准《工程岩体分级标准》（GB/T 50218—2014）

（1）分级指标：

1）岩体基本质量：由岩石的坚硬程度和岩体的完整性程度所决定，是岩体所固有的属性，是有别于工程因素的共性。

2）工程因素：地下水、初始应力、软弱结构面等。

（2）分级方法：

1）初步定级：从定性判别与定量测试两个方面分别确定岩石的坚硬程度和岩体的完整性，计算岩体基本质量指标 Q。

2）详细定级：结合工程特点，考虑地下水、初始应力以及软弱结构面走向与工程结构轴线关系等因素，对岩体的基本质量指标进行修正，以修正后的岩体基本质量<Q>作为划分工程岩体级别的依据。

（3）初步分级（岩体基本质量分级的确定）：

岩体基本质量分级如表 2-25 所示。

表 2-25 岩体基本质量分级

基本质量级别	岩体基本质量的定性特征	岩体基本质量指标（BQ）
Ⅰ	坚硬岩，岩体完整	>550
Ⅱ	坚硬岩，岩体较完整；较坚硬岩，岩体完整	550~451
Ⅲ	坚硬岩，岩体较破碎；较坚硬岩或软硬岩互层，岩体较完整；较软岩，岩体完整	450~351
Ⅳ	坚硬岩，岩体破碎；较坚硬岩，岩体较破碎~破碎；较软岩或软硬岩互层，且以软岩为主，岩体较完整~较破碎；软岩，岩体完整~较完整	350~251
Ⅴ	较软岩，岩体破碎；软岩，岩体较破碎~破碎；全部极软岩及全部极破碎岩	≤250

（4）详细分级。岩体基本质量分级是各类岩体工程分级以及选择工程参数的基础。在工程可行性研究或初步设计阶段，可作为工程岩体的初步分级。

工程岩体除与岩体基本质量好坏有关外，还受初始应力、地下水、工程尺寸及施工方法等因素的影响。按国标，应结合工程特性修正岩体基本质量指标。

$$[BQ] = BQ - 100(K_1 + K_2 + K_3) \qquad (2-32)$$

式中　BQ——岩体基本质量指标；

K_1——地下工程地下水影响修正系数（表 2-26）；

K_2——地下工程主要软弱结构面产状影响修正系数（表 2-27）；

K_3——初始应力状态影响修正系数（表 2-28）。

2.5.4.5 国家标准《工程岩体分级标准》（GB/T 50218）的应用情况

国家标准《工程岩体分级标准》（GB/T 50218）已广泛地应用于各个行业，起到了良好的作用。

表 2-26 地下工程地下水影响修正系数

地下水出水状态	BQ				
	>550	550~451	450~351	350~251	≤250
潮湿或点滴状出水 $p \leqslant 0.1$ 或 $Q \leqslant 25$	0	0	0~0.1	0.2~0.3	0.4~0.6
淋雨状或线流状出水 $0.1 < p \leqslant 0.5$ 或 $25 < Q \leqslant 125$	0~0.1	0.1~0.2	0.2~0.3	0.4~0.6	0.7~0.9
涌流状出水 $p > 0.5$ 或 $Q > 125$	0~0.1	0.2~0.3	0.4~0.6	0.7~0.9	1.0

注：p 为地下工程围岩裂隙水压，MPa；Q 为每 10m 洞长出水量，$\dfrac{L}{\min \cdot 10m}$。

表 2-27 地下工程主要软弱结构面产状影响修正系数

结构面产状及其与洞轴线的组合关系	结构面走向与洞轴线夹角 <30°； 结构面倾角 30°~75°	结构面走向与洞轴线夹角 >60°； 结构面倾角 >75°	其他组合
K_2	0.4~0.6	0~0.2	0.2~0.4

表 2-28 初始应力状态影响修正系数

围岩强度应力比 $\dfrac{R_c}{\sigma_{\max}}$	BQ				
	>550	550~451	450~351	350~251	≤250
<4	1.0	1.0	1.0~1.5	1.0~1.5	1.0
4~7	0.5	0.5	0.5	0.5~1.0	0.5~1.0

（1）水电部门。水电工程的应用主要有：三峡船闸边坡及地下厂房、清江水布垭地下厂房及煤板堆石坝趾板基础、高坝洲坝基岩体、皂市坝基岩体、周公宅拱坝坝肩岩体、岩滩扩建工程地下厂房等。

（2）地下（露天）矿山。武钢程潮铁矿、大冶铜绿山矿和丰山铜矿、庞庞塔煤矿、安太堡露天矿边坡工程等。

（3）交通隧道。八达岭高速公路隧道、沪蓉高速扁担山隧道、大亚湾隧道工程、广州地铁 3 号线隧道、南京-杭州高速公路宜兴段边坡岩体、重庆轻轨等市政工程地基岩体。

参 考 文 献

[1]《采矿手册》编辑委员会. 采矿手册（1）[M]. 北京：冶金工业出版社，1988.

[2]《采矿手册》编辑委员会. 采矿手册（2）[M]. 北京：冶金工业出版社，1988.

[3] 蔡美峰. 岩石力学与工程 [M]. 北京：科学出版社，2002.

[4] Hoek E and Brown E T. Underground excavations in rock. The Institute of Mining and Metallurgy, Lon-

don. 1980.

[5] 戴俊. 爆破工程 [M]. 北京：机械工业出版社，2005.

[6] 戴长冰，等. 岩性因素对岩石爆破的影响 [J]. 东北大学学报，2003，24（7）：696~698.

[7] A. J. 罗克. 岩石特性对爆破设计方法的影响（一）[J]. 国外金属矿山，1989（3）：60~65.

[8] 李小双. 高温后粗砂岩力学性质试验研究 [D]. 河南理工大学硕士学位论文，2008.

[9] 钮强，等. 我国岩石爆破性分级 [J]. 西部探矿工程，1996，8（4）：57~58.

[10] 张建平，雷化南. 白云鄂博铁矿矿岩可爆性分级 [J]. 包头钢铁学院学报，1995，14（3）：21~26.

[11] 于亚伦，王德胜，璩世杰. 水厂铁矿的岩石爆破性分区 [J]. 岩石力学与工程学报，1990，9（3）：195~201.

[12] 广东宏大爆破股份有限公司. 多种规格石料高强度开采技术研究 [G]. 2008. 4.

[13] 邬爱清，柳斌净. 国标《工程岩体分级标准》的应用与进展 [J]. 岩石力学与工程学报，2012，31（8）：1514~1523.

[14] 尹红梅，等. 工程岩体分级研究综述 [J]. 长江科学院院报，2011，28（8）：59~66.

[15] K Kovari, et al. ISRM suggested methods for determinging the strength of rock material in triaxial compression, J. Rock Mech. Min. Sci. & Abstr., 20：285~290, 1983.

[16] Broch E and Franklin J A. The point load strength test Int. J. Rock Mech. Min. Sci. 9：669~697, 1972.

[17] Goodman R E. Introduction to Rock Mechanich. New York：John wiley and sons, 1980.

[18] Bandis S C. Lumsden A C and Barton N R. Fundamentals of rock joint deformation. Int. J. Rock Mech. Min. Sci. & Geomech Abstr., 20：249~268, 1983.

3 爆炸与工业炸药

3.1 爆炸及其分类

爆炸是某一物质系统在有限空间和极短时间内发生迅速的物理变化或化学反应，系统本身的能量借助于气体的急剧膨胀而转化为对周围介质做机械功，同时伴随有强烈放热、发光和声响的效应。

爆炸是宇宙中普遍存在的一种自然现象。伴随着星体的形成与演化，曾发生过许多不同类型爆炸，如超新星的爆发、小行星或陨石的高速碰撞；在我们地球上见到的闪电、火山爆发、原子弹与氢弹的爆炸、锅炉的爆炸、鞭炮燃放、汽车或自行车的轮胎"放炮"等。分析比较各种爆炸现象，通常可以将其归纳为物理爆炸、化学爆炸和核爆炸三大类。

3.1.1 物理爆炸

发生物理爆炸时，仅仅是物质形态发生变化，而物质的化学成分和性质没有改变的爆炸现象，称为物理爆炸。

锅炉的爆炸是典型的物理爆炸，其原因是过热的水迅速蒸发出大量蒸汽，使蒸汽压不断提高，当压力超过锅炉的极限强度时，就会发生爆炸。又如，氧气钢瓶受热升温，引起气体压力增高，当压力超过钢瓶的极限强度时即发生爆炸。发生物理爆炸时，气体或蒸汽等介质潜藏的能量在瞬间释放出来，会造成巨大的破坏和伤害。例如：锅炉、氧气瓶等爆炸后产生许多碎片，飞出后会在相当大的范围内造成危害。一般碎片在 100~500m 内飞散。

3.1.2 化学爆炸

发生爆炸时，不仅物质形态发生变化，而且物质的化学成分和性质也发生了变化的爆炸现象，称为化学爆炸。例如，各种炸药、瓦斯、煤尘爆炸以及鞭炮燃放等均属于化学爆炸。

化学爆炸时，炸药能量以爆炸冲击波和爆炸气体形式释放出来，冲击波的破坏作用主要是由其波阵面上的超压引起的。在爆炸中心附近，空气冲击波波阵面上的超压可达几个甚至十几个大气压，在这样高的超压作用下，建筑物被摧毁，机械设备、管道等也会受到严重破坏。当冲击波大面积作用于建筑物时，波阵面超压在 20~30kPa 内，足以使大部分砖木结构建筑物受到强烈破坏。超压在 100kPa 以上时，除坚固的钢筋混凝土建筑外，其余部分将全部破坏。此外，爆破振动、爆破冲击波、爆破噪声等有害效应也是不可忽视的。

爆破工程是利用炸药的爆炸能量对介质做功，以达到预定工程目标的作业。可见，在工程爆破中研究应用最广泛的是炸药的化学爆炸，因此本书只涉及化学爆炸及其相关的问题。

3.1.3 核爆炸

核爆炸是剧烈核反应中能量迅速释放的结果，它是由于原子核裂变（U^{235} 的裂变）、核聚变（如氘、氚、锂的聚变）或者是这两者的多级串联组合所引发的连续反应而引起的爆炸现象，称为核爆炸，如原子弹、氢弹的爆炸等。

核爆炸与炸药爆炸相比，化学反应所释放出来的能量大得多，核爆炸时可形成数百万到数千万度的高温，在爆心区形成数百亿大气压、强烈的光和热的辐射以及各种高温粒子的贯穿辐射。因此，比炸药爆炸具有更大的破坏力。

核爆炸由于具有巨大的能量在造福人类的同时，若失于防护也会造成严重的安全事故，苏联切尔诺贝利核事故就是一例。

由上述分析得知，爆炸过程表现为两个阶段，在第 1 阶段中，物质的潜在能以一定的方式转化为强烈的压缩能；第 2 阶段，压缩急剧膨胀，对外做功，引起周围介质的变形、移动和破坏。不管由何种能源引起的爆炸，它们都同时具备两个特征：能源具有很大的能量密度和很大的能量释放速度。

3.2 炸药爆炸的基本条件

3.2.1 变化过程释放大量的热

爆炸变化过程释放出大量的热能是产生炸药爆炸的首要条件。热是爆炸做功的能源。同时，如果没有足够的热量放出，化学变化本身就不能供给继续变化所需要的能量，化学变化就不可能自行传播，爆炸也就不能产生。例如：草酸盐的分解反应，如表 3-1 所示。

表 3-1 草酸盐的爆炸性

名 称	反 应 式	热效应/$kJ \cdot mol^{-1}$	爆炸性
草酸锌	$ZnC_2O_4 \longrightarrow 2CO_2 + Zn$	−20.53	不爆
草酸铅	$PbC_2O_4 \longrightarrow 2CO_2 + Pb$	−70	不爆
草酸铜	$CuC_2O_4 \longrightarrow 2CO_2 + Cu$	+23.86	不爆
草酸汞	$HgC_2O_4 \longrightarrow 2CO_2 + Hg$	+72.5	爆
草酸银	$AgC_2O_4 \longrightarrow 2CO_2 + Ag$	+123.6	爆

表 3-1 中的 5 个分解反应，虽然都生成气体，反应速度也很迅速，但前两个分解反应是吸热的，反应过程很平静，显然不是爆炸反应。第三个反应虽属放热反应，但反应热很小，仍不足以使反应自动加速和传播，因此也不是爆炸反应。唯有第四和第五个反应在分解时能够放出大量的热，使反应得以迅速进行并稳定传播。无疑，这样的分解变化过程就具有化学爆炸的特征。

3.2.2 变化过程必须是高速的

只有高速的化学反应，才能忽略能量转换过程中热传导和热辐射的损失，在极短的时间内将反应形成的大量气体产物加热到数千度，压力猛增到几万乃至几十万个大气压，高温高压气体迅速向四周膨胀做功，便产生了爆炸现象。

从能量的观点来看，和一般的可燃物相比，炸药并非是高能物质。表3-2列举的反应热清楚地说明了这点。然而，一般可燃物（如煤）的燃烧过程进行得十分缓慢，反应放出的热量大部分由于热的传导和辐射而损失掉了，不能将产物加热到很高的温度，更不能形成很大的压力，所以不能形成爆炸。相反，炸药的爆炸反应通常是在数十万分之一至数百万分之一秒内完成的。例如，1kg球状梯恩梯药包完全爆炸的时间仅为十万分之一秒左右。在如此极为短暂时间内，反应释放出的能量来不及散失而高度集中于有限的空间内，因而爆炸反应可以达到很高的能量密度，这也是形成化学爆炸的重要特征。

表3-2 一些物质的反应热

物质名称	反应形式	释放的热量	
		kJ/kg	kJ/L
煤（C）	与氧按化合量燃烧	8960	17.16
氢（H_2）	与氧按化合量燃烧	13524	4.18
硝化甘油	爆炸反应	6217	9965
硝化棉	爆炸反应	4291	5581
梯恩梯	爆炸反应	4187	6808
黑火药	爆炸反应	2784	3341
硝铵炸药	爆炸反应	4228	7117
雷汞	爆炸反应	1733	6067
迭氮化铅	爆炸反应	1536	4760

3.2.3 变化过程应能生成大量的气体产物

炸药爆炸时所生成的气体产物是做功的功质。由于气体具有很大的可压缩性和膨胀系数，在爆炸的瞬间处于强烈的压缩状态，而形成很高的势能。该势能在气体膨胀过程中，迅速转变为机械功。如果反应产物不是气体而是固体或液体，那么，即使是放热反应，也不会形成爆炸现象。例如，铝和氧化铁的反应，即铝热剂反应：

$$2Al+Fe_2O_3 = Al_2O_3+2Fe+829kJ$$

反应放出的热很高，可使生成物加热到3000℃左右，但由于反应中没有大量气体生成，因而不是爆炸反应。

上述三点是炸药爆炸的基本特征，热是能源，气体是做功的介质，其他为做功的条件。这也是炸药爆炸不同于一般化学反应的三个重要条件。

3.3 炸药化学变化的基本形式

根据化学反应的激发条件、炸药性质和其他因素的不同，炸药化学变化过程可能以不同的速度进行传播，同时在性质上也具有重大的区别。按照其传播性质和速度的不同，可将炸药化学变化的基本形式分为四种：热分解、燃烧、爆炸和爆轰。

3.3.1　热分解

炸药和其他物质一样，在常温下也要进行分解作用，但分解速度很慢，不会形成爆炸。例如：梯恩梯炸药在常温时的分解速度都难以察觉。但是，当温度升高时，分解速度加快，温度继续升高到某一定值（爆发点）时，热分解就能转化为爆炸。

不言而喻，炸药的热分解性能影响炸药的贮存。例如，库房的温度和药箱堆放数量与方式都会对炸药热分解产生影响。一般地说，在炸药库房内，药箱不应过多，堆放不应过紧，要随时注意通风，防止温度升高时热分解加剧而引起爆炸事故。

3.3.2　燃烧

炸药不仅能爆炸，而且在一定的条件下，绝大多数炸药都能够稳定地燃烧而不爆炸。研究表明，炸药的燃烧过程与爆轰过程是不同的，其基本特点如下：

（1）燃烧时反应区的能量是通过热传导、气体产物的扩散辐射而传入原始炸药的。但在爆轰时，能量与炸药的连续传爆是借助于爆轰波沿炸药的传播来实现的。

（2）燃烧的传播速度大大低于爆轰波的传播速度。燃烧速度总是小于原始炸药的声速，通常是每秒几毫米至数十厘米，最大也不超过每秒数百米（黑火药的最大燃烧传播速度约为 400m/s）。而爆轰的过程则恰恰相反，它的速度总是大大地超过原始炸药的声速，速度一般高达数千米，如注装梯恩梯炸药爆轰速度约为 6900m/s（$\rho_0 = 1.60g/cm^3$）。

（3）燃烧过程中燃烧反应区内产物质点运动方向与燃烧波阵面传播方向相反。在最初的一瞬间，火焰波后的燃烧产物是向后运动的，而在爆轰过程中则恰恰相反。因此，在火焰区域内燃烧产物的压力大大低于在爆轰波后面的压力。

（4）燃烧过程的传播容易受外界条件的影响，特别是受环境压力的影响。例如，低氮硝化纤维素及其他某些复杂的硝酸酯在相当低的压力下（$3 \times 10^3 \sim 5 \times 10^3 kPa$）燃烧时，会产生一氧化碳和甲醛，而在较高的压力（大约几千到几万兆帕）下就不会产生上述情况。

3.3.3　爆炸

与燃烧相比较，爆炸在传播的形态上与之有着重大的本质区别。炸药爆炸的特点是在爆炸点的压力急剧地发生突变时，传播速度很快而且可变，通常每秒达数千米，但是这种速度与外界条件的关系不大，即使是在敞开容器中也能进行高速度爆炸反应。一般地说，爆炸过程是很不稳定的，不是过渡到更大爆速的爆轰，就是衰减到很小爆速的爆燃直至熄灭。因此，爆炸只是爆炸变化过程中的一种过渡状态。

3.3.4　爆轰

炸药以最大而稳定的爆速进行传爆的过程叫做爆轰。它是炸药所特有的一种化学变化形式，并且与外界的压力、温度等条件无关。各种不同炸药爆轰的传播速度一般为每秒数千米直至万米。对于任何一种炸药来说，在给定的条件下，爆轰速度均为常数。在爆轰条件下，爆炸具有最大的破坏作用。

爆炸和爆轰并无本质上的区别，只不过传播速度不同而已。爆轰的传播速度是恒定的，爆炸的传播速度是可变的。就这个意义上讲，也可以认为爆炸就是爆轰的一种形式，即不稳定的爆轰。

尚应指出，炸药化学变化的上述四种基本形式在性质上虽有不相同之处，但它们之间却有着非常密切的联系，在一定的条件下是可以互相转化的。炸药的热分解在一定的条件下可以转变为燃烧，而炸药的燃烧随温度和压力的增加又可能发展转变为爆炸，直至过渡到稳定的爆轰。毫无疑问，这种转变所需的外界条件是至关重要的。了解分析这些变化形式就在于针对各种不同的实际情况，有目的地控制外界条件，使其按照人们的需要来"驾驭"炸药的变化形式。

3.4　炸药的氧平衡

3.4.1　氧平衡的基本概念

众所周知，从元素组成来说，炸药通常是由碳（C）、氢（H）、氧（O）、氮（N）四种元素组成的。其中碳、氢是可燃元素，氧是助燃元素，氮是一种载氧体。炸药的爆炸过程实质上是可燃元素与助燃元素发生极其迅速和猛烈的氧化还原反应的过程。反应结果是氧和碳化合生成二氧化碳（CO_2）或一氧化碳（CO），氢和氧化合生成水（H_2O），这两种反应都放出了大量的热。每种炸药里都含有一定数量的碳、氢原子，也含有一定数量的氧原子，发生反应时就会出现碳、氢、氧的数量不完全匹配的情况。氧平衡就是衡量炸药中所含的氧与将可燃元素完全氧化所需要的氧两者是否平衡的问题。所谓完全氧化，即碳原子完全氧化成二氧化碳、氢原子完全氧化生成水。根据所含氧的多少，可以将炸药的氧平衡分为下列三种不同的情况：

（1）零氧平衡。系指炸药中所含的氧刚够将可燃元素完全氧化。

（2）正氧平衡。系指炸药中所含的氧将可燃元素完全氧化后还有剩余。

（3）负氧平衡。系指炸药中所含的氧不足以将可燃元素完全氧化。

实践表明，只有当炸药中的碳和氢都被氧化成 CO_2 和 H_2O 时，其放热量才最大。零氧平衡一般接近于这种情况。负氧平衡的炸药，爆炸产物中就会有 CO、H_2，甚至会出现固体碳；而正氧平衡炸药的爆炸产物，则会出现 NO、NO_2 等气体。这两种情况，都不利于发挥炸药的最大威力，同时会生成有毒气体。如果把它们用于地下工程爆破作业，特别是含有矿尘和瓦斯爆炸危险的矿井，就更应引起注意。因为 CO、NO、N_xO_y 不仅都是有毒气体，而且能对瓦斯爆炸反应起催化作用，因此这样的炸药就不能应用于地下矿井的爆破作业。

由上述不难得出，氧平衡不仅具有理论意义，而且是设计混合炸药配方、确定炸药使用范围和条件的重要依据。

3.4.2　氧平衡值的计算

一般地说，对于含碳、氢、氧、氮的单质炸药或混合炸药，其实验式可用下面通式表示：

$$C_a H_b O_c N_d$$

式中，a、b、c、d 分别代表在一个炸药分子中碳、氢、氧、氮的原子个数。

发生爆炸反应时，可燃元素碳、氢的完全氧化是按下式进行的：

$$C + O_2 \longrightarrow CO_2$$

$$H_2 + \frac{1}{2}O_2 \longrightarrow H_2O$$

也就是说，a 个原子碳变成二氧化碳，需要消耗 $2a$ 个原子氧，b 个原子氢变成水，需要消耗 $1/2b$ 个原子氧。而炸药本身所含有的氧的原子数是 c，因此 c 与 $\left(2a + \dfrac{1}{2}b\right)$ 的差值，就反映了上述三种氧平衡的情况：

(1) $c - \left(2a + \dfrac{1}{2}b\right) > 0$ 的炸药，为正氧平衡炸药；

(2) $c - \left(2a + \dfrac{1}{2}b\right) = 0$ 的炸药，为零氧平衡炸药；

(3) $c - \left(2a + \dfrac{1}{2}b\right) < 0$ 的炸药，为负氧平衡炸药。

在实际计算中，氧平衡值往往用每克炸药内多余或不足的氧的克数来表示，这时 $C_aH_bO_cN_d$ 炸药的氧平衡可按下式计算：

$$氧平衡值 = \frac{\left[c - \left(2a + \dfrac{1}{2}b\right)\right] \times 16}{M} \tag{3-1}$$

式中　16——氧的原子量；

　　　M——炸药的分子量。

氧平衡值也可用百分数来表示，系指每 100g 炸药所含的多余或不足的氧的克数。习惯上，在正氧平衡数值前冠以"+"号，在负氧平衡数值前冠以"–"号。

诚然，式（3-1）对于计算含碳、氢、氧、氮体系炸药的氧平衡值是十分方便有效的，可是在乳化炸药、浆状炸药等现代矿用炸药中，除了含有碳、氢、氧、氮等元素外，还可能含有铝、钠、钾、铁、硫等其他的元素。因此在实际计算时是应该将后面几种元素考虑在内的。实践已经表明，乳化炸药、浆状炸药的组分较复杂，以至用上述的氧平衡公式已不能直接计算，需要作适当修正。

对于组分比较复杂的乳化炸药、浆状炸药除了考虑将碳氧化为 CO_2，氢氧化为 H_2O 之外，对一些金属元素还应考虑生成金属的氧化物。而硫一般作为可燃剂处理，生成 SO_2。这样，各种元素的氧化最终产物大致如下：

$C \longrightarrow CO_2$；$H \longrightarrow H_2O$；$Na \longrightarrow Na_2O$；$Al \longrightarrow Al_2O$；$Fe \longrightarrow Fe_2O_3$；$Si \longrightarrow SiO_2$；$S \longrightarrow SO_2$；…

如果在这些炸药中还可能有含氯的化合物，如氯酸钾、高氯酸铵（钠）等，在计算其氧平衡值时，是将氯考虑为氧化性元素，应生成氯化氢和金属氯化物等产物，而剩余的其他可燃元素则按完全氧化而予以计算。此外，对于乳化炸药、浆状炸药中所含的乳化剂、胶凝剂，则应根据具体所用物质确定实验式来予以考虑。例如，田菁胶、古尔胶等植物胶可采用的实验式为 $C_6H_{20}O_5$。

确定了上述原则之后，若以 $C_aH_bO_cN_dX_e$ 表示含铝、硫等炸药的实验通式（X 表示任意一种可燃元素），那么这些炸药的氧平衡值可用下式计算：

$$氧平衡值 = \frac{\left[c - \left(2a + \frac{1}{2}b + m \times e\right)\right] \times 16}{M} \qquad (3\text{-}2)$$

式中　e——该元素的原子量；

　　　m——该元素完全氧化时，氧原子数与该原子数之比。

如，$Al \rightarrow Al_2O_3$ 时，其 $m = 3/2$，$Na \rightarrow Na_2O$ 时，$m = 1/2$，$S \rightarrow SO_2$ 时，$m = 2$；a，b，c 分别代表在一个炸药分子中碳、氢、氧的原子个数。

对于一个比较复杂的混合体系来说，虽然可以以一定量为基础，写出实验通式，然后按照式（3-2）进行计算，但仍比较复杂。若采用各组分的百分比含量与其氧平衡值的乘积的总和来计算，则比较简便，即：

$$氧平衡值 = m_1 M_1 + m_2 M_2 + \cdots + m_n M_n \qquad (3\text{-}3)$$

式中　m_1，m_2，$\cdots$，m_n——浆状炸药或乳化炸药各组分的氧平衡值；

　　　M_1，M_2，$\cdots$，M_n——浆状炸药或乳化炸药各组分的百分比含量。

由式（3-3）可知，知道一些常用炸药和物质的氧平衡值，对于计算比较复杂体系的氧平衡值是十分必要的。表3-3列述了一些常用炸药和物质的氧平衡值。

表3-3　一些常用炸药和物质的氧平衡值

物质名称	分子式	原子量或分子量	氧平衡值/$g \cdot g^{-1}$
硝酸铵	NH_4NO_3	80	+0.200
硝酸钠	$NaNO_3$	85	+0.471
硝酸钾	KNO_3	101	+0.396
硝酸钙	$Ca(NO_3)_2$	164	+0.488
抗水硝酸铵			+0.185
高氯酸铵	NH_4ClO_4	117.5	+0.340
高氯酸钠	$NaClO_4$	122.5	+0.523
黑索今	$C_3H_6O_6N_6$	222	−0.216
奥克托金	$C_4H_8O_8N_8$	296	−0.216
二硝基甲苯	$C_7H_6O_4N_2$	182	−1.142
二硝基甲苯磺酸钠	$C_7H_5O_7N_2SNa$	284	−0.680
三硝基萘	$C_{10}H_6O_4N_2$	218	−1.393
硝化甘油	$C_3H_5O_9N_3$	227	+0.035
硝化二乙二醇	$C_4H_8O_6N_2$	196	−0.408
高氯酸钾	$KClO_4$	138.5	+0.462
氯酸钾	$KClO_3$	122.5	+0.392
重铬酸钾	$K_2Cr_2O_7$	295	+0.163
梯恩梯	$C_6H_2(NO_2)_3CH_3$	227	−0.740
特屈儿	$C_7H_5O_8N_5$	287	−0.474
太安	$C_5H_8O_{12}N_4$	316	−0.101

物质名称	分子式	原子量或分子量	氧平衡值/g·g⁻¹
铝粉	Al	27	-0.889
镁粉	Mg	24.31	-0.658
硅粉	Si	28.09	-1.139
木粉	$C_{15}H_{22}O_{10}$	362	-1.370
纤维素	$(C_6H_{10}O_5)_n$	162	-1.185
石蜡	$C_{18}H_{38}$	254.5	-3.460
矿物油	$C_{12}H_{26}$	170.5	-3.460
轻柴油	$C_{18}H_{32}$	224	-3.420
复合蜡-1	$C_{18}H_{38}$	254.5	-3.460
复合蜡-2	$C_{22\sim28}H_{46\sim58}$	~392	-3.470
司盘-80	$C_{22}H_{42}O_6$	428	-2.39
M-201	$C_{22}H_{42}O_5$	398	-2.49
十二烷基硫酸钠	$C_{12}H_{25}SO_4Na$	288	-1.83
十二烷基磺酸钠	$C_{12}H_{25}SO_3Na$	272	-2.00
微晶蜡	$C_{39\sim50}H_{80\sim120}$	550~700	-3.43
沥青	$C_8H_{18}O$	394	-2.76
硬脂酸	$C_{18}H_{36}O$	284.47	-2.925
硬脂酸钙	$C_{36}H_{70}O_4Ca$	607	-2.74
凡士林	$C_{18}H_{38}$	254.5	-3.46
铁	Fe	55.85	-0.286
锰	Mn	54.94	-0.582
乙二醇	$C_2H_4(OH)_2$	62	-1.29
丙二醇	$C_3H_6(OH)_2$	76.09	-1.68
尿素	$CO(NH_2)_2$	60	-0.80
木炭	C	—	-2.667
煤	$C_{55}H_{34}O_6S$，含碳86%	822.82	-2.559
石墨	C	—	-0.727
松香	$C_{19}H_{39}COOH$	312.52	-2.97
硝基胍	$NH_2CN_4NHNO_2$	145.1	-0.346
苦味酸	$C_6H_2(NO_2)_3OH$	213.11	-0.454
硝酸肼	$N_2H_5NO_3$	95	+0.084
硝酸一甲胺	$CH_3NH_2HNO_3$	94.1	-0.34
硝酸三甲胺	$C_3H_{10}N_2O_3$	122.1	-1.04
亚硝酸钠	$NaNO_2$	69	+0.348
硫	S	32.0	-1.00
田菁胶	$(C_6H_{10}O_5)_n$	162	-1.185
古尔胶	$(C_6H_{10}O_5)_n$	162	-1.185

3.4.3　氧平衡值的计算实例

3.4.3.1　单一物质的氧平衡值计算

（1）硝酸铵。将硝酸铵写成炸药通式应为：$C_0H_4O_3N_2$，$M=80g$，将各数据代入式（3-1）即得：

$$硝酸铵氧平衡值 = \frac{\left(3 - \frac{1}{2} \times 4\right) \times 16}{80} = +0.20(g/g) \tag{3-4}$$

（2）梯恩梯。梯恩梯写成通式为：$C_7H_5O_6N_3$，$M=227g$，将其代入式（3-1）便得：

$$梯恩梯氧平衡值 = \frac{\left[6 - \left(2 \times 7 + \frac{1}{2} \times 5\right)\right] \times 16}{227} = -0.74(g/g) \tag{3-5}$$

3.4.3.2　混合炸药的氧平衡值计算

正如前述，混合炸药的氧平衡值可按式（3-2）计算，此时需以某一定数量的炸药为基础，求出 C、H、O、N 等元素的摩尔数，然后再代入式中求算其氧平衡值，比较繁杂。也可按式（3-3）计算。此时只需查出或算出炸药中各成分的氧平衡值和百分比，将其代入式（3-3）即算出其氧平衡值。因此，在计算混合炸药，特别是乳化炸药、浆状炸药的氧平衡值时，一般采用后一种方法较好。

（1）计算 4 号浆状炸药的氧平衡值。4 号浆状炸药的组分配比和各组分的氧平衡值（可由表 3-3 查得）如表 3-4 所示。

表 3-4　4 号浆状炸药的组分配比与氧平衡值

组分名称	含量/%	氧平衡值/$g \cdot g^{-1}$
硝酸铵	60.2	+0.20
水	16.5	0
梯恩梯	17.5	-0.74
白芨胶	2.0	-1.066
尿素	3.0	-0.80
硼砂	1.3	0

将表中的各数据代入式（3-3）便得：

$$氧平衡值 = 60.2\% \times (+0.20) + 17.5\% \times (-0.74) + 2.0\% \times$$
$$(-1.066) + 3.0\% \times (-0.80)$$
$$= 0.1204 - 0.1295 - 0.0213 - 0.0240$$
$$= -0.0544　(g/g)$$

（2）计算 EL-102 乳化炸药的氧平衡值。EL-102 乳化炸药的大致组分配比和各组分的氧平衡值列于表 3-5 中。

表 3-5 EL-102 之组分配比与氧平衡值

组分名称	含量/%	氧平衡值/$g \cdot g^{-1}$
硝酸铵	70.0	+0.200
硝酸钠	10.0	+0.471
水	12.0	0
司盘-80	1.0	−2.39
柴油	1.5	−3.420
复合蜡	2.5	−3.470
硫	1.0	−1.00
铝	2.0	−0.889

将表中数据代入式（3-3）得：

氧平衡值 = 70.0%×(+0.200) +10.0%×(+0.471) +1.0%×(−2.39) +1.5%×

$\qquad$(−3.420) +2.5%×(−3.470) +1.0%×(−1.00) +2.0%×(−0.889)

$\qquad$= 0.140−0.0471−0.0239−0.0521−0.0865−0.01−0.018

$\qquad$=−0.0029 （g/g）

3.5 爆炸过程的热化学

3.5.1 热化学的基本知识

在所有化学反应过程中，都伴随有能量的变化，而且通常多以热的形式表现出来。热化学就是研究化学反应二维效应的科学。热化学与热力学密切相关，并以热力学第一定律为基础。

3.5.1.1 热力学第一定律

热力学第一定律实际上是能量守恒定律，它说明热能和机械功是守恒的，可以互相转换。热力学第一定律表明：在任何过程中，一个系统的内能 ΔE 的变化量等于系统所得的热量 Q 和系统所做的功 A 之差。

$$\Delta E = Q - A \tag{3-6}$$

式中　ΔE——反应前、后系统内能的变化，内能应包括化学能；

$\qquad Q$ ——化学反应的热效应；

$\qquad A$ ——系统对介质所做的膨胀功，

$$A = \int_{V}^{V+\Delta V} p \mathrm{d}V \tag{3-7}$$

由式（3-6）可知，定容过程（ $\Delta V = 0$ ， $A = 0$ ）的热效应为

$$Q_{V} = \Delta E \tag{3-8}$$

就是说，定容过程放出的热量等于系统内能的减少，或吸收的热量等于系统内能的增加。炸药的爆炸过程可视为在定容条件下完成的，所以炸药爆炸反应的热效应（爆热），通常系指定容热效应，并且用 Q_{V} 表示。

内能 E 是在热力学第一定律中引入的一个新的状态量，在物理学中，内能的概念为系统内所储存的总能量，包括：系统内分子的移动、旋转以及分子内原子群在振动时的动

能；分子之间相互作用的势能，原子内各层电子的旋转运动能及所在电子层的位势能，原子核内所含的核能等。在一般过程中，系统内分子的电子能和核能是很难用一般的方法激发的，所以系统的内能主要是由分子热运动的动能和分子相互作用的势能所构成。在热力学中的内能我们所考虑的也仅仅是这两方面的能量。

3.5.1.2 热力学第二定律

热力学第一定律给出能量守恒条件下功能相互转化的关系式，但并未涉及这种转化与过程性质的关系，也未涉及过程进行的可能性、方向和限度，而热力学第二定律回答了这些问题。

热力学第二定律最通俗的说法是"热量不能由温度较低的物体自动地流向温度较高的物体"。其理论性的定义是在任何一种与外界无能量交换的隔离系统中所发生的过程若是可逆过程，则熵始终保持不变。然而一旦发生了不可逆过程，系统的熵就要增大，其数学表达式为

$$ds \geqslant \frac{dq}{T} \tag{3-9}$$

这个结论是显而易见的，因为一切不可逆过程中总有不可逆的机械功转化为热，使得量 $\frac{dq}{T} > 0$，从而使系统的熵值增大。

熵是在热力学第二定律中引入的一个状态参数，它在系统的某一过程中的变化只与系统的始态和终态有关，而与过程的路径无关。熵是确定系统的状态是否处于稳定平衡的一个状态参数。它可以成为判断一个过程能否自动进行，是可逆还是不可逆，以及过程进行的限度的一种判据。熵在一切热力学过程的研究中获得了广泛的应用。

3.5.2 炸药的热化学参数

炸药的热化学参数主要包括：爆热、爆温、爆容、爆压和爆速。是衡量炸药爆炸性能的重要指标。

3.5.2.1 爆热

1mol 炸药爆轰时所放出的热量称为爆热。在实际使用中，为了比较各种炸药，一般不以 1mol 炸药为单位，而是以 1kg 炸药为单位。这就是说，爆热系指在定容条件下所测出的单位质量炸药的热效应，通常用 Q_V 表示。

A 爆热的测定

爆热的测定通常用量热弹测量，其装置如图 3-1 所示。它的主要部分是一个用优质合金钢制成的量热弹，其规格为：直径 270mm，高 400mm，重 137.5kg，容积 5.8L。它被置于一个不锈钢制成的量热桶中，其外是保温桶，最外层是木桶，层间填以保温材料。

测定的操作方法是：一般取 100g 炸药卷并插入一只电雷管，将其悬吊在弹盖上，接出雷管脚线，安好弹盖后，随即将弹内空气抽出，并用氮气置换剩余的气体，再抽成真空，然后把弹体放入量热桶中，桶内注入一定数量蒸馏水，使其全部淹没弹体。恒温 1h 后，记录水温 T_0，接着引爆炸药，水温随即上升，记下最高温度 T，被测炸药的爆热 Q_V 可按下式求出：

$$Q_V = \frac{(C_水 + C_仪) \cdot (T - T_0) - q}{m} \qquad (3-10)$$

式中　Q_V——被测炸药的爆热，kJ/kg；

　　　$C_水$——采用蒸馏水的总热容，kJ/℃；

　　　$C_仪$——试验装置的热容，以当量水的热容表示，kJ/℃；

　　　q——雷管爆热，kJ；

　　　T——炸药爆炸后水的最高温度，℃；

　　　T_0——炸药爆炸前水的温度，℃；

　　　m——被测的炸药量，kg。

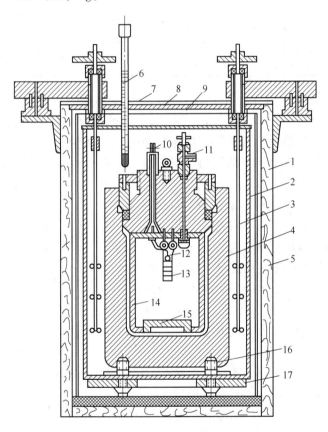

图 3-1　爆热测定装置

1—水桶；2—量热桶；3—搅拌浆；4—量热弹体；5—保温桶；6—贝克曼温度计；7~9—盖；
10—电极接线柱；11—抽气口；12—电雷管；13—药柱；14—内衬桶；15—垫块；16—支撑螺栓；17—底托

由于各种条件的影响，用上述方法测出的爆热只是一个近似值。几种常见炸药的爆热实验值如表 3-6 所示。

B　爆热的计算

在许多情况下，对炸药的爆热进行理论计算是非常必要的。这种计算的理论基础是炸药爆炸变化反应式的确立和盖斯定律，即通过炸药的生成热，利用盖斯定律求算其爆热。

表 3-6 几种常见炸药的爆热实验值

炸药名称	装药密度 /g·cm⁻³	爆热 /kJ·kg⁻¹	炸药名称	装药密度 /g·cm⁻³	爆热 /kJ·kg⁻¹
梯恩梯	0.85	3389.0	特屈儿	1.0	3849.3
梯恩梯	1.50	4225.8	特屈儿	1.55	4560.6
黑索今	0.95	5313.7	硝酸铵/梯恩梯 (80/20)	0.9	4100.3
黑索今	1.50	5397.4	硝酸铵/梯恩梯 (80/20)	1.30	4142.2
泰安	0.85	5690.2	硝酸铵/梯恩梯 (40/60)	1.55	4184.0
泰安	1.65	5690.2	硝化甘油	1.60	6192.3

1840 年瑞士化学家盖斯（G. H. Hess）在总结大量实验的基础上提出：化学反应的热效应与反应进行的路径无关；当热力学过程一定时，热效应只决定于系统的始态与终态。

盖斯定律实质上是热力学第一定律在热化学中的具体应用。

图 3-2 中三角形各角相当于系统的不同状态。在确定生成热或爆热时，状态 1（初态），2、3（终态）分别代表元素、炸药、燃烧或爆炸的产物。系统由状态 1 过渡到状态 3，从理论上讲有两种途径。其一是先由元素得到炸药，此时的反应热效应为 Q_{1-2}（炸药生成热），然后炸药燃烧或爆炸过渡到状态 3，并放出热量 Q_{2-3}（炸药燃烧或爆热）；其二是由元素和当量的氧反应直接得到与炸药燃烧或爆炸相同的产物，亦即系统由状态 1 直接过渡到状态 3，同时放出热量 Q_{1-3}（炸药燃烧或爆热产物的生成热）。

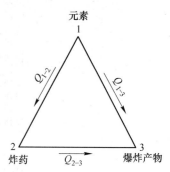

图 3-2 盖斯三角形

根据盖斯定律，系统沿第一条途径由状态 1 转变到状态 3 时，反应热的代数和等于系统沿第二条途径转变时所放出的热量，即：

$$Q_{1-3} = Q_{1-2} + Q_{2-3} \tag{3-11}$$

因此炸药的生成热 Q_{1-2} 有下列关系式：

$$Q_{1-2} = Q_{1-3} - Q_{2-3} \tag{3-12}$$

亦即炸药生成热等于燃烧或爆炸产物生成热减去炸药本身的燃烧或爆炸热。炸药的爆热或燃烧热 Q_{2-3} 应有：

$$Q_{2-3} = Q_{1-3} - Q_{1-2} \tag{3-13}$$

亦即炸药爆热等于爆炸产物生成热减去炸药本身的生成热。生成热是指由单纯物质（元素）生成 1mol 化合物时所吸收或放出的热量。炸药的爆炸反应是在瞬间完成的，可以认为在反应过程中药包的体积未变化，爆热可按定容条件计算。

3.5.2.2 爆温

炸药爆炸时所放出的热量将爆炸产物加热达到的最高温度称为爆温。它取决于炸药的爆热和爆炸产物的组成。在爆炸过程中温度变化极快而且极高，单质炸药的爆温一般为 3000~5000℃，矿用炸药的爆温一般为 2000~2500℃。不言而喻，在如此变化极快，温度极高的条件下，用实验方法直接测定爆温是极为困难的，一般采用理论计算。

A 爆温的理论计算（卡斯特法）

假设：（1）炸药爆炸过程视为定容过程。（2）爆炸过程是绝热的，爆炸过程中所放出的热量全部用于加热爆炸产物。（3）爆炸产物的热容只是温度的函数，而与爆炸所处的压力无关。以此，建立下列方程式：

$$Q_V = C_{v, m} \cdot t \tag{3-14}$$

式中 Q_V——定容下的爆热，J/mol；

$C_{v, m}$——在温度由 0℃ 到 t℃ 范围内全部爆炸产物的平均热容量，J/mol；

t——所求的炸药的爆温，℃。

平均热容量是温度的函数，该函数一般可用级数的形式表示，即：

$$C_{v, m} = a + bt + ct^2 + dt^3 + \cdots \tag{3-15}$$

在实际计算爆温时，此级数一般只取前两项，认为平均热容量与温度呈直线关系，即：

$$C_{v, m} = a + bt \tag{3-16}$$

将此式代入式（3-15）中，便得：

$$Q_V = (a + bt)t \tag{3-17}$$

移项后得：

$$bt^2 + at - Q_V = 0$$

求解方程式（3-17），得

$$t = \frac{-a + \sqrt{a^2 + 4bQ_V}}{2b} \tag{3-18}$$

用式（3-18）计算爆温时，应该知道爆炸产物的成分或爆炸变化方程式和爆炸产物的热容量。由于计算爆炸产物的热容量非常困难，因此在实际运算时，往往利用下列卡斯特的平均分子热容量式（J/(mol·℃)）：

对于双原子气体 $C_v = 20.1 + 18.8 \times 10^{-4}t$

对于水蒸气 $C_v = 16.7 + 90 \times 10^{-4}t$

对于 CO_2 $C_v = 37.7 + 24.3 \times 10^{-4}t$

对于四原子气体 $C_v = 41.8 + 18.8 \times 10^{-4}t$

对于 C $C_v = 25.12$

爆温也是炸药的重要爆炸参数之一，在实际使用炸药时，需根据具体条件选用不同爆温的炸药。例如，在金属矿山的坚硬矿岩和大抵抗线爆破中，通常希望选用爆温较高的炸药，从而获得较好的爆破效果。而在软岩，特别是煤矿爆破中，常常要求爆温控制在较低的范围内，以防止引起瓦斯、煤尘爆炸，同时又保证能获得一定的爆破效果。

B 实例

计算 TNT 的爆温，并测知其爆炸变化方程式为

$$C_6H_2(NO_2)_3CH_3 = 2CO_2 + CO + 4C + H_2O + 1.2H_2 + 1.4N_2 + 0.2NH_3 + 266.08kJ/mol \tag{3-19}$$

先计算爆炸产物的热容量：

对于双原子气体 $\quad C_{v,m} = (1 + 1.2 + 1.4) \times (4.8 + 0.00045t) = 17.28 + 0.00162t$

对于水 $\quad C_{v,m} = 1 \times (4.0 + 0.00215t) = 4.0 + 0.00215t$

对于 CO_2 $\quad C_{v,m} = 2 \times (9.0 + 0.00058t) = 18.0 + 0.00116t$

对于 NH_3 $\quad C_{v,m} = 0.2 \times (10.0 + 0.00045t) = 2.0 + 0.00009t$

对于 C $\quad C_{v,m} = 4 \times 6 = 24$

所有爆炸产物的热容量 $\sum C_{v,m} = 65.28 + 0.00502t$

因此，得知 $a = 65.28$；$b = 0.00502$，并将此值代入式（3-19）中，则

$$t = \frac{-65.28 \pm \sqrt{65.28^2 + 4 \times 0.00502 \times 266.08 \times 1000}}{2 \times 0.00502} = 3260℃$$

或 $\qquad\qquad T = 3260 + 27 = 3533K$

3.5.2.3 爆压

爆压系指爆炸结束，爆炸产物在炸药初始体积内达到热平衡后的流体静压力。也有人将其定义为炸药在密闭容器中爆炸时，其爆炸产物对器壁所施的压力。爆压的计算方法如下：

（1）炸药在密闭容器中爆炸时所产生的压力可以利用理想气体的状态方程式（因爆炸气体近似于理想气体）来计算：

$$pV = nRT \quad 或 \quad p = \frac{nRT}{V} \tag{3-20}$$

式中 R——理想气体常数；

$\quad n$——气体爆炸产物的量，mol；

$\quad V$——密闭容器的容积，L；

$\quad T$——爆温，K。

（2）固体或液体炸药爆炸时，其生成的气体密度很大，因此不能再利用理想气体的状态方程了，而用阿贝尔方程式进行计算：

$$p = \frac{nRT}{V - \alpha} = \frac{n\rho}{1 - \alpha\rho}RT \tag{3-21}$$

式中 α——气体分子的余容，每 1kg 炸药生成气体产物的余容取决于炸药密度，如图 3-3 所示；

$\quad nR$——可用爆容来表示。因为爆容是标准状态下的体积，可由理想气体的状态方程得知：

$$nR = \frac{p_0 V_0}{T_0} = \frac{V_0}{273} \tag{3-22}$$

将式（3-22）代入式（3-21），可得

$$p = \frac{\rho f}{1 - \alpha \rho}$$

式中　f——炸药力或比能，$f = \dfrac{V_0 T}{273}$，是衡量炸药做功能力的一个指标，L/kg。

严格地讲，阿贝尔方程式只能用来计算装填密度不太大的炸药在密闭容积中爆炸的压力。例如，火药装药从火炮中射出所产生的压力。猛炸药在装填密度比较大时，则不用此式计算。因为给出的结果常常是没有物理意义的。分析一下公式本身就不难发现这样的问题。

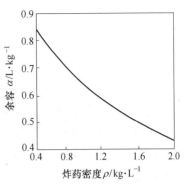

图 3-3　炸药密度与余容

1）当装填密度接近 $1/\alpha$ 时，则 $\alpha \cdot \Delta \approx 1$，计算的压力值 p 趋于无限大。

2）如 $\Delta > 1/\alpha$ 时，计算的 p 则为负值。无疑，这两种情况给出的结果都是没有物理意义的。

（3）在炸药的爆炸产物中，除了气体以外，有时还存在固体或液体的残渣，因此阿贝尔式变换为：

$$p = \frac{F \cdot \Delta}{(1 - \alpha' + \alpha'') \Delta} \tag{3-23}$$

式中　α'——气态爆炸产物的范德华不可压缩体积；

　　　α''——凝缩爆炸产物的体积，等于其重量被其密度除。

显然，要利用式（3-23）进行计算，就要先知道 F，α'，α''。这些数值可查表得之。

3.5.2.4　爆速

A　定义

爆轰波在炸药药柱中的传播速度称为爆轰速度，简称为爆速，通常以 m/s 或 km/s 表示之。必须指出，炸药的爆速与炸药的爆炸化学反应速度是本质不同的两个概念，即爆速是爆轰波阵面一层一层地沿炸药柱传播的速度，而爆炸化学反应速度是指单位时间内反应完成的物质的质量，其度量单位是 g/s。

B　爆速的计算——康姆莱特（Kamlet）经验计算

康姆莱特等人从炸药爆轰的主要影响因素如密度、气体产物、爆轰化学性能出发，导出了计算爆速的经验公式。

$$D = 1.01 \varphi^{\frac{1}{2}} (1 + 1.3 \rho_0) \tag{3-24}$$

$$\varphi = N M^{\frac{1}{2}} Q^{\frac{1}{2}} \tag{3-25}$$

式中　D——爆速，km/s；

　　　ρ_0——炸药的装药密度，g/cm³；

　　　N——每 1g 炸药爆炸后所形成的气体产物的平均摩尔数，mol；

　　　φ——炸药的特征值；

　　　Q——装药的爆热，J/g。

N、M、Q 的值可根据反应式（3-26）依次计算：

$$C_aH_bN_cO_d \longrightarrow \frac{1}{2}cN_2 + \frac{1}{2}bH_2O + (\frac{1}{2}d - \frac{1}{4}b)CO_2 + (a - \frac{1}{2}d + \frac{1}{4}b)C \quad (3\text{-}26)$$

$$N = \frac{2c + 2d + b}{48a + 4b + 56c + 64d} \quad (3\text{-}27)$$

$$M = \frac{56c + 88d - 8b}{2c + 2d + b} \quad (3\text{-}28)$$

$$Q = \frac{120.9b + 197.7(d - \frac{1}{2}b) + \Delta H_f}{12a + b + 14c + 16d} \quad (3\text{-}29)$$

式中 ΔH_f ——炸药的生成热焓（J/g），可查表。

式（3-26）~式（3-29）用于计算一般的 C-H-N-O 系列的炸药是比较精确的，但是用于硝酸酯及叠氮化物两类炸药的爆速计算会产生较大的误差。

C   爆速的测定

炸药爆速的检测技术与仪器已发展得比较成熟，其检测方法可以概括地分为两类：直接测时法和高速摄影法等。直接测时法包括：道特里什法和测时仪法。

（1）道特里什法。又称导爆索法，这是一种古老而简便的爆速测定方法，具体装置如图 3-4 所示。

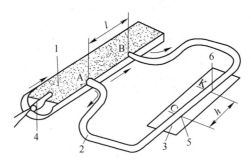

图 3-4   导爆索法测爆速装置
1—被测炸药；2—导爆索；3—铅（或铝）板；4—雷管；5—导爆索中点；6—爆轰波相遇点

将被测炸药装在某一直径（雷管敏感者为 25~40mm，非雷管敏感者一般为 60~110mm）和长度（雷管敏感者为 200~300mm，非雷管敏感者为 800~1500mm）的钢（塑料）管或纸筒中，其两端封闭，一端留有小孔将雷管插入。在药包上留两个小孔 A 和 B。A、B 间距离为 200mm，将 1~2.5m 长（视不同品种而异）的导爆索固定在铅板上，并使导爆索的中点对准铅板上的 C 处刻线，然后起爆。其传爆过程是：当爆轰波传到 A 处时，分两路传爆，一路由 A 处经导爆索 AC 段向前传爆，另一路由 A 处经炸药 AB 段而传入导爆索，两个方向的爆轰波在 K 处相遇，留下显著的爆痕。爆炸后测出 CK 间的距离 h。按下述方法计算出爆速

$$D = \frac{D_0 L}{2h} \quad (3\text{-}30)$$

式中 D——被测炸药的爆速，m/s；

D_0——导爆索的爆速，m/s；

L——插入导爆索两点间（A、B 间）的距离，m；

h——导爆索中点至爆痕间的距离，m。

（2）测时仪法。

1）原理。测试系统构成框图如图 3-5 所示。其基本原理是利用炸药爆轰波阵面的电离导电特性或压力突变，测定波阵面依次通过药柱各探针所需的时间从而求得平均速度。用电子测时仪测出由安装在炸药药段两端的一对传感元件给出的两个信号之间的时间间隔 t，便可求得炸药的平均爆速。

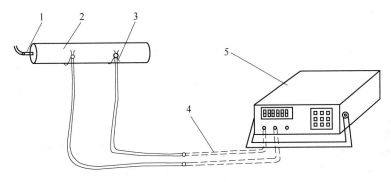

图 3-5 测试系统构成框图
1—雷管；2—试样；3—传感元件；4—母线；5—爆速仪

2）试验方法。将漆包线制作成探针，插入药卷，并固定在试样上。安装好后，两引出线应在电性能上保持断开状态。取探针间距 l，靠近起爆端的测点距离应不小于 60mm，靠近末端的测点距离应不小于 20mm。爆速仪处于待测状态，起爆后，记下仪器测得的资料，然后计算平均爆速值。

3）结果计算。按式（3-31）计算各段爆速值 D_i

$$D_i = \frac{l}{t_i} \times 10^3 \tag{3-31}$$

式中 D_i——第 i 段爆速值，m/s；

l——测距，mm；

t_i——仪器测得的第 i 段时间间隔值，μs。

按式（3-32）计算均值 $\overline{D}$

$$\overline{D} = \sum_{i=1}^{n} \frac{D_i}{n} \tag{3-32}$$

式中 $\overline{D}$——爆速均值，m/s；

D_i——第 i 段爆速值，m/s；

n——测试数据个数，$n = 5$。

按式（3-33）计算标准差 s：

$$s = \sqrt{\frac{1}{n-1} \sum_{i=1}^{n} (D_i - \overline{D})^2} \tag{3-33}$$

式中 s——标准差，m/s；

$\overline{D}$，D_i 和 n 意义同前。

（3）高速摄影法。

1）原理。利用爆轰波阵面传播时的发光现象，用转鼓式或转镜式高速摄影机将爆轰波阵面沿药柱移动的光迹拍摄记录在胶片上，得到爆轰波传播时间-距离扫描曲线，然后用工具显微镜或光电自动读数仪测量曲线上各点的瞬时传播速度。

2）高速摄影机的分类。一种是按摄影频率将高速摄影机分为低高速、中高速、高速和超高速4类，其划分范围如表3-7所示。

表 3-7 高速摄影机按摄影频率分类

序号	分类等级	摄影频率/幅·秒$^{-1}$
1	低高速	$24 \sim 300$
2	中高速	$300 \sim 10^4$
3	高速	$10^4 \sim 10^5$
4	超高速	$>10^5$

另一种是按高速摄影机的原理和结构形式分为：间歇式高速摄影机、转镜式高速摄影机、狭缝式高速摄影机、光学补偿式高速摄影机等，比较典型的为前两类：

①间歇式高速摄影机。摄影时，胶片在输片机构带动下做间歇运动，曝光时胶片静止不动，曝光后快门遮断光路，胶片在输片结构带动下移动一个画幅，快门开启，再行曝光，如此使胶片从前往后一幅幅曝光。这类摄影机结构简单，成像质量高。但是，输片速度低，使用35mm胶片时，摄影频率被控制在360幅/秒左右。

②转镜式高速摄影机。在摄影过程中，胶片固定不动，而是利用光线机械装置使反射镜旋转，把被拍摄的对象成像在胶片上。它与胶片间歇运动或连续运动的摄影机相比，因不受胶片强度的限制，摄影频率取决于旋转反射镜的转速，可以使摄影频率达到每1s数百万幅至数千万幅。转镜式高速摄影机按其画幅情况，可分为扫描型和分幅型两种。

3）用扫描高速摄影机测量炸药的爆轰速度。测量炸药爆轰速度的典型方法是采用扫描高速摄影机，将炸药爆轰过程的光点位移连续地记录在胶片上，再通过计算，即可得到被测炸药的瞬时爆速和平均爆速。测试方法如图3-6所示。

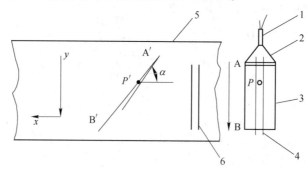

图 3-6 爆轰波狭缝扫描摄影图像

1—雷管；2—平面波发生器；3—被测药柱；4—狭缝对准部位；5—胶片；6—狭缝静态像；
A，B—被测段标志点；A′-B′—爆轰扫描轨迹

首先将摄影机狭缝对准炸药柱的中心部位，当扫描摄影机的同步信号引爆雷管后，被

测炸药起爆，爆轰波沿 y 方向从 A 点传到 B 点，与此同时，摄影机高速旋转，是狭缝沿 x 方向在胶片上扫描，爆轰波的反射像光点由 A′移至 B′，形成一条由 A′至 B′的扫描轨迹。这条轨迹就记录了炸药柱沿 y 方向爆轰随时间变化的过程。当爆轰稳定时，A′B′为直线；当爆轰不稳定时，A′B′一般是一条近似直线的曲线。

扫描轨迹 A′B′与爆轰波传播路线 AB，在水平方向上为互相对应的关系。为求得某一点 P 的瞬时爆速，可在曲线 A′B′的对应点 P' 处量出切线的斜率 $\tan\alpha$，并利用式（3-34）进行计算：

$$D_p = \frac{\nu_2}{\beta}\tan\alpha \tag{3-34}$$

式中　D_p——P 点出的瞬时爆速；

ν_2——狭缝扫描线速度；

β——摄影机光学系统的横向放大倍率；

$\tan\alpha$——切线的斜率。

由多点的瞬时爆速，即可求得 AB 段的平均爆速。根据各点的瞬时爆速，还可得知爆轰波的变化情况。

3.5.3　评估炸药爆炸威力的参数

3.5.3.1　炸药的做功能力

A　炸药做功能力及其特性

炸药做功能力亦称爆力，是相对衡量炸药威力的重要指标之一。它反映了爆炸气体产物膨胀做功的能力。通常以爆炸产物做绝热膨胀直到其温度降至炸药爆炸前的温度时，对周围介质所做的功来表示。炸药的爆力取决于爆热及气体爆炸产物的体积。图 3-7 示意性地表达了炸药做功的理想过程。求算炸药所做的功值，一般均假设炸药在做功过程中没有热量损失，热能全部转变成机械功。按照热力学的定律，此种功值 A 可按下式计算：

$$A = \eta Q_V \tag{3-35}$$

$$\eta = 1 - \left(\frac{V_1}{V_0}\right)^{K-1}$$

式中　Q_V——炸药的爆热，J/mol；

η——热转变成功的效率；

V_1——爆炸产物膨胀前的体积，即等于爆炸前炸药的体积，L；

V_0——爆炸产物膨胀到常温时的体积，约等于炸药的比容，L/kg；

K——绝热指数。

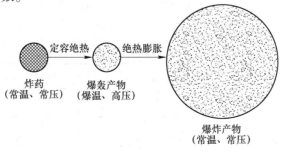

图 3-7　炸药爆炸做功示意图

上述关系式所表述的物理意义可以概括如下：

（1）炸药的爆力与炸药爆热有关，它随爆热的增大而增大；

（2）炸药的实际爆力，除爆热 Q_V 外，还与比容 V_0 有关。比容越大，效率越高；

（3）绝热指数

$$K = \frac{C_p}{C_v} = \frac{C_v + R}{C_v} = 1 + \frac{R}{C_v} \tag{3-36}$$

其实，进行爆破作业时，实际的有效功只占其中很小部分，这是由于：

（1）炸药爆炸的侧向飞散，带走部分未反应的炸药。这部分损失叫化学损失，装药直径越小，化学损失相对越大。

（2）爆炸过程有热损失。如爆炸过程中的热传导、热辐射及介质的塑性变形等等，都造成热损失。这部分热损失往往占炸药总放热量的一半左右。

（3）一部分无效机械功消耗在岩石的振动、抛掷和在空气中形成空气冲击波上。

所以，剩下来的有效机械功一般只占炸药总能量的 10% 左右。

B　炸药做功能力的测定方法

（1）铅堮扩孔法。又称特劳茨铅柱试验。铅柱是用精铅熔铸成的圆柱体，其尺寸规格如图 3-8（a）所示。试验时，称取 $10g \pm 0.001g$ 炸药，装入 $\phi24mm$ 锡箔纸筒内，然后插入雷管，一起放入铅柱孔的底部，上部空隙用干净的并且经每 $1cm^2$ 144 个孔的筛机筛过的石英砂填满。爆炸后，圆孔扩大成如图 3-8（b）所示的梨形。用量筒注水测出爆炸前后孔的体积差值，以此数值来比较各种炸药的威力。在规定的条件下测得扩孔值大的炸药，其爆力就大。习惯上，将铅柱扩孔值称为爆力。为了便于统一比较，量出的扩孔值要作如下修正，即试验时规定铅柱温度为 15℃，若不在该温度下试验时，可按表 3-8 修正。

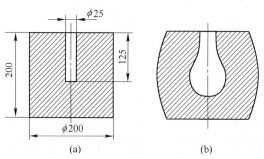

图 3-8　炸药爆炸前后的铅柱形状与尺寸
（a）爆炸前的铅柱；（b）爆炸后的扩孔示意图

表 3-8　铅柱试验修正值

温度/℃	-10	0	5	8	10	15	20	25	30
修正量/%	10	5	3.5	2.5	2	0	-2	-4	-6

雷管本身的扩孔量应从扩孔值中扣除，可先用一个雷管在相同条件下作空白试验。

应该指出，这种试验方法所测得的值，并非炸药做功的数值，而是一个用毫升表示的只有相对比较意义的数值。由于铅柱对爆炸的抵抗力随壁厚减薄而减少，这个扩大值并不与炸药的威力成正比。威力小的炸药的爆力常偏小，大的却偏高。如黑火药仅约 30mL，而黑索今则高达 500mL，其实彼此间的做功能力并不相差 17 倍。此外，铅柱的铸造质量对试验结果影响也较明显。尽管如此，由于试验方法简单方便，所以在生产上仍普遍采用。

（2）爆破漏斗法。试验时在均匀的介质中设置一个炮孔，将一定量的被试炸药以相同的条件装入炮孔中，并进行填塞，引爆后形成一个如图 3-9 所示的爆破漏斗。然后在地平面沿两个互相垂直的方向测量漏斗的直径，取其平均值，并同时测量漏斗的可见深度。爆破漏斗的容积可按下式计算：

$$V = \frac{1}{3}\pi \left(\frac{d}{2}\right)^2 h = 0.2618d^2 h$$

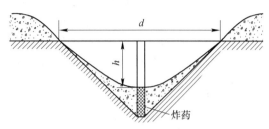

$$(3-37)$$

式中 V——爆破漏斗容积，m^3；

d——爆破漏斗底圆直径，m；

h——爆破漏斗的可见深度，m。

（3）弹道抛掷法。

图 3-9 爆破漏斗试验

1）原理。弹道抛掷法是近年来发展的一种新型的大药量做功能力测试方法。目前在淮北民用爆破器材检验检测中心建设了国内第一套弹道抛掷试验设施并确立了试验方法，特点是试验药量大、精度高。其基本原理是：将待测炸药试样放在特种钢制弹道抛掷装置的钢筒内，并固定在混凝土基座上，钢筒轴线与地平面呈 45°，筒上盖有一个已知质量圆形钢盖，被测炸药试样引爆后，钢盖在炸药爆炸能量的作用下按弹道轨迹抛出，测出钢盖被抛出的水平距离。在抛射角和钢盖质量一定的条件下，据此距离来衡量炸药做功能力。如图 3-10 所示。钢体由钢盖、钢筒和钢底座三部分构成，如图 3-11 所示。

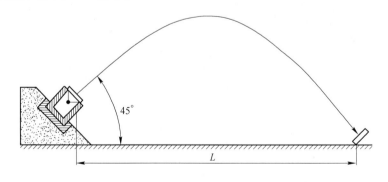

图 3-10 抛掷距离示意图

2）试样制备。称取被测炸药 300.0g±0.1g，装入纸筒中，再在炸药上放一个带圆孔纸板，然后压药，控制密度在炸药密度范围内。拔去冲子，在炸药装药中心孔内插入雷管壳，插入深度为 15mm，然后退模。再将纸筒上边缘摺边。

3）试验方法。用棉纱、毛刷将钢筒内杂物清理干净，将雷管插入雷管座，用橡皮筋将药柱固定在 L 形的支架的指定位置上，将支架放入钢筒内，保持药柱在钢筒中心。雷管脚线由钢盖边沿的导线孔引出。启动电动葫芦，缓慢地将钢盖盖上。接好引线，起爆。用卷尺测量钢盖落地点距离钢盖中心（抛掷前）的水平距离。炸药做功能力值用钢盖抛掷距离 L 表示，并注明钢盖质量和炸药试样密度。试验平行做两次测定，取其平均值。

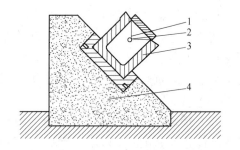

图 3-11　弹道抛掷测试装置示意图
1—引爆线；2—炸药试样；3—钢体；
4—钢筋混凝土基座

3.5.3.2　猛度

A　猛度及其特性

炸药的猛度系指炸药爆炸瞬间爆轰波和爆炸气体产物直接对与之接触的固体介质局部产生破碎的能力。炸药的猛度大小与炸药爆炸时能量能否集中释放出来有关，而炸药爆炸完成的时间长短取决于爆速。因此，猛度的大小主要取决于爆速，爆速愈高，猛度愈大，岩石被粉碎得越厉害。

B　猛度的测试方法——铅柱压缩法

铅柱压缩法的试验装置如图 3-12（a）所示。试验操作步骤是：在钢板中央，放置 $\phi40\times60\text{mm}$ 铅柱，上放 $\phi41\times10\text{mm}$ 圆钢片一块。猛炸药的试验量，一般为 50g，猛度大者，如黑索今、太安等，用 25g，装入 $\phi40\text{mm}$ 纸筒内，控制其密度为 1g/cm^3，药面放一中心带孔的厚纸板，插入雷管，插入深度为 15mm。将这个药柱正放在钢片上，用线绷紧，然后引爆。爆炸后，铅柱被压缩成蘑菇形，如图 3-12（b）所示，量出铅柱压缩前后的高度差（mm），即可用来表示该炸药在受试密度下的猛度。由于这个方法简单易行，只要试验条件相同，试验结果就可供比较，所以在生产实际中普遍采用。缺点是：铅柱压缩值与炸药实际猛度之间没有精确的比例关系。

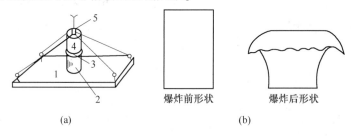

爆炸前形状　　　　爆炸后形状
(a)　　　　　　　　　(b)

图 3-12　铅柱压缩试验
1—钢板；2—铅柱；3—圆钢片；4—药柱；5—雷管

3.5.3.3　殉爆

A　炸药的殉爆及其产生的原因

一个药包（卷）爆炸后，引起与它不相接触的邻近药包（卷）爆炸的现象，称为殉爆。殉爆在一定程度上反映了炸药对冲击波的感度。通常将先爆炸的药包称为主发药包，被引爆的后一个药包称为被发药包。前者引爆后者的最大距离叫做殉爆距离，一般以 cm 计，它表示一种炸药的殉爆能力。在工程爆破中，殉爆距离对于确定分段装药，盲炮处理和合理的孔网参数等都具有指导意义。在炸药厂和危险品库房的设计中，它是确定安全距离的重要依据。

B 殉爆距离的测试方法

先将砂土地面捣固，然后用与药径相同的圆木棒在此地面压出一半圆形槽，将两药卷放入槽内，中心对正，主发药包的聚能穴与被发药包的平面端相对，量好两药包的距离，随后起爆主发药包，如果被发药包完全爆炸（不留有残药和残纸片），改变距离，重复试验，直到不殉爆为止。取连续三次发生殉爆的最大距离，作为该炸药的殉爆距离。炸药殉爆示意图如图 3-13 所示。

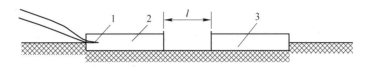

图 3-13 炸药殉爆示意图
1—雷管；2—主发药包；3—被发药包

C 影响殉爆距离的因素

（1）装药密度。密度对主发药包和被发药包的影响是不同的。实践证明，主发药包的条件给定后，在一定范围内，被发药包密度小，殉爆距离增加。如图 3-14 所示，炸药品种为膨托尼特，药量 50g。线 1 的主发药包密度为 $1.5g/cm^3$，线 2 为 $1.0g/cm^3$。

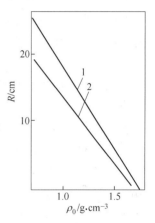

图 3-14 被发药包密度对殉爆距离的影响

按"热点理论"的观点，可以认为炸药密度小，空隙多，在主发药包冲击波绝热压缩下，便于形成热点，也有利于主发药包的爆炸产物进入被发药包的表层内，容易导致被发药包的爆炸。

一般地说，随着主发药包密度增高，殉爆距离也增大。这是由于爆速和与之相关的产物流及冲击波的强度都随药包密度的加大而增大，而这些正是引爆被发药包的能源。

（2）药量和药径。试验表明，增加药量和药径，将使主发药包的冲击波强度增大，被发药包接收冲击波的面积也增加，殉爆距离也就可以提高。

（3）药包约束条件和连接方式。如果主发药包有外壳，甚至将两个药包用管子连接起来，由于爆炸产物流的侧向飞散受到约束，自然会增大被发药包方向的引爆能力，显著增大殉爆距离，而且随着外壳、管子材质强度的增加而进一步加大。

（4）装药的摆放形式。药包的摆放涉及冲击波与爆炸产物流的打击方向，对殉爆极有影响。在主发药包与被发药包轴线对正的情况下殉爆效果最好，如图 3-15（a）所示。轴线垂直效果最差，可降低 4~5 倍之多，如图 3-15（b）所示。

（5）装药间惰性介质的性质。在不易压缩的介质中，冲击波容易衰减，因而殉爆距离较小。介质越稠密，冲击波在其中损失的能量越多，殉爆距离也就越小。

以上 3 个参数，即爆炸做功能力、猛度和殉爆是评价炸药威力的主要参数。另外，由于爆速这个参数定义明确，测试方法简单，也被爆破工程界所青睐。故爆破工程上通常用这 4 个参数来评价炸药威力。

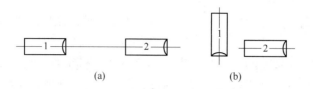

图 3-15　药包摆放位置对殉爆的影响
1—主发药包；2—被发药包

3.6　工业炸药

3.6.1　工业炸药的定义及分类

3.6.1.1　工业炸药的定义

根据《民用爆破器材术语》（GB/T 14659—2015）给出的定义，炸药是指在一定的外界能量作用下，能发生快速化学反应，生成大量的热和气体产物，对周围介质做功的化学物质。

工业炸药是相对于军工炸药而言，是用于矿山开采和其他工程目的的爆破作业所使用的炸药。

工业炸药和雷管、导爆索等统称爆破器材。《爆破安全规程》（GB 6722—2015）规定：爆破器材是工业炸药、起爆器材和器具的统称。《民用爆破器材术语》（GB/T 14659—2015）也规定：民用爆破器材是指用于非军事目的的各种炸药及其制品和火工品的总称，包括各类工业炸药、工业雷管、工业索类火工品及其他爆破器材。

民用爆破器材与民用爆炸物品所指的内容是相同的，是同一内容的不同表述。

国防科工委和公安部于 2006 年 11 月 9 日联合发布的第 1 号公告《民用爆炸物品品名表》中规定，民用爆炸物品分为以下 5 大类：（1）工业炸药；（2）工业雷管；（3）工业索类火工品；（4）其他民用爆炸物品；（5）主要原材料。

3.6.1.2　工业炸药的分类

A　按组分分类

（1）单质炸药。是一种化合物，有明确的分子结构。单体炸药在一定的外界作用下能导致分子内化学键的断裂，发生迅速的爆炸变化，生成热力学稳定的化合物。常用的单质炸药有：梯恩梯、泰安、奥克托今等。

（2）混合炸药。是一种混合物，是由两种以上化学性质不同的组分组成的混合物。混合炸药有气态、液态、固态之分。工业炸药中主要是固态的混合炸药。

B　按作用特点（用途）分类

（1）起爆药。起爆药的特点是极其敏感，受外界较小能量作用立即发生爆炸反应，反应速度在极短的时间内增长到最大值。工业上通常用它来制造雷管，用以起爆其他类型的炸药。最常用的起爆药有二硝基重氮酚 $C_6H_2(NO_2)_2N_2O$（简称 DDNP）、雷汞（$Hg(CNO)_2$）、叠氮化铅（$Pb(N_3)_2$）等，其中 DDNP 由于原料来源广泛、生产工艺简单、安全性好、成本较低，且具有较好的起爆性能，为目前国产雷管的主要起爆药。

（2）猛炸药。与起爆药不同，这类炸药具有相当大的稳定性。也就是说，它们比较钝感，需要有较大的能量作用才能引起爆炸。在工程爆破中多数是用雷管或其他起爆器材起爆。猛炸药按组分又分为单质猛炸药和混合炸药。

工业上常用的单质猛炸药有 TNT、RDX、PETN、HMX、硝化甘油等，常用于做雷管的加强药、导爆索和导爆管药芯以及混合炸药的敏化剂等。

工业上常用的混合炸药有粉状硝铵类炸药（如铵油炸药、膨化硝铵炸药、粉状乳化炸药等）、含水硝铵类炸药（如乳化炸药、水胶炸药、重铵油炸药）等。

（3）发射药。发射药的特点是对火焰极其敏感，可在密闭条件下，进行有规律的快速燃烧，而燃烧产生的高温、高压气体对弹丸作抛射作用，或对火箭作推进作用。常用的发射药有黑火药，它可用于制造导火索和矿用火箭弹。黑火药也可用于对于花岗岩等石材的爆破切割。

（4）烟火药。烟火药基本上也是由氧化剂与可燃剂组成的混合物，其主要变化过程是燃烧，在极个别的情况下也能爆轰。一般用来装填照明弹、信号弹、燃烧弹等。

C　按使用条件分类

（1）第一类炸药。准许在一切地下和露天爆破工程中使用的炸药，包括有瓦斯和矿尘爆炸危险的矿山。又称安全炸药或煤矿许用炸药。

（2）第二类炸药。一般可在地下或露天爆破工程中使用，但不能用于有瓦斯或煤尘爆炸危险的地方。

（3）第三类炸药。专用于露天作业场所工程爆破的炸药。

用于地下作业场所工程爆破的炸药，对有害气体生成量有一定的限制，我国现行标准规定 1kg 井下炸药爆炸所产生的有毒气体不超过 80L。

D　按化学成分分类

（1）硝铵类炸药。以硝酸铵为主要成分，加入适量的可燃剂、敏化剂及其他添加剂的混合炸药均属此类。这是目前国内外工程爆破中用量最大、品种最多的一类混合炸药。硝铵类炸药的品种很多，如：乳化炸药（含粉状乳化炸药）、铵油炸药、水胶炸药、膨化硝铵炸药等。

硝酸铵是硝铵炸药的主要原料，硝酸铵的分子式为 NH_4NO_3，可缩写为 AN，在炸药爆炸反应中提供氧。常温常压下，纯净硝酸铵为白色无结晶水晶体，工业硝酸铵通常由于含有少量铁的氧化物而略呈淡黄色。硝酸铵可以制成多种形状，工业炸药一般用粉状、粒状和多孔粒状硝酸铵。

硝酸铵本身是一种弱爆炸物，在强烈爆炸能作用下可以起爆。引爆后的爆速为 2000～2700m/s，爆力为 165～230mL。当迅速对其加热温度高于 400～500℃时，硝酸铵分解并产生爆炸。硝酸铵具有强烈的吸湿作用，极易吸潮变硬，固结成块。

（2）硝化甘油类炸药。以硝化甘油为主要爆炸成分，加入硝酸钾、硝酸铵作氧化剂，硝化棉为吸收剂，木粉为疏松剂，多种组分混合而成的混合炸药。就其外观来说，有粉状和胶状之分。掺入硝化乙二醇可增强其抗冻性能。硝化甘油炸药具有爆炸威力大，感度高，装药密度大等特点，适于小直径炮孔、坚硬矿岩和水下的爆破作业，但其安全性较差，炸药有毒，爆后生成的有毒气体量大，不易加工，且生产成本较高。

（3）芳香族硝基化合物类炸药。凡含有苯及其同系物，如甲苯、二甲苯的硝基化合物以及苯胺、苯酚和萘的硝基化合物的炸药均属此类，如 TNT 等。这类炸药在我国工程爆破中用量不大。

E　按炸药的物理状态分类

按照炸药的物理状态又可将工业炸药分为粉状炸药、粒状炸药、乳化炸药和胶质炸药。

3.6.2　常用的工业炸药

3.6.2.1　铵油炸药

A　产生背景

1943 年底加拿大的康索利德台多矿山冶炼公司（Consolidated Mining & Smelting Co.）研究生产了称为普里尔（Prill）的多孔粒状硝酸铵。它在生产过程中通过添加少量的硅藻土作为包覆层以防止硬化结块，这为铵油炸药的制造和炮孔装填机械化提供了方便的条件。

1954 年在美国的一个矿山，铵油炸药以 3.8L 柴油和 36kg 多孔粒状硝酸铵的配比第一次试验成功，但直到 1955 年才将它作为一类工业炸药大规模用于矿山爆破中。1955 年美国克里夫兰·克里夫矿山公司（Cleveland-Cliff Mining Co.）在密萨比和密歇根（Mesabi and Michigan）铁矿区进行了第一批大规模的粒状铵油炸药现场爆破。

在国内，20 世纪 60 年代采用结晶硝酸铵作为主要原料配制粉状铵油炸药，70 年代末期研制成功多孔粒状硝酸铵，为多孔粒状铵油炸药的推广应用创造了条件。

B　原材料

（1）硝酸铵。它是一种非常钝感的爆炸性物质。用于制备炸药的工业硝酸铵有结晶状和非结晶状之分。结晶状通常为白色晶体，具有 5 种晶形，代号为 α（四面晶系）、β（斜方晶系）、γ（斜方晶系）、δ（四方晶系）、ε（正方晶系），其晶形随温度的不同而变化。在晶形改变时晶体体积也随之而变；当温度在 32℃ 左右时，硝酸铵的晶形由 α 菱形变成 β 菱形，体积增大 3% 左右。硝酸铵的熔点为 169.6℃，温度为 300℃ 时发生燃烧，高于 400℃ 时可转为爆炸。非结晶状有细粉状、粉状和多孔粒状之分，其性能如表 3-9 所示。

表 3-9　几种硝酸铵的性能

种　类	外　观	含水率/%	堆积密度/g·cm^{-3}	吸油率/%
细粉状	白色细结晶粉	<0.5	0.85~0.90	18~20
粉状	白色致密颗粒	<0.5	0.85~0.90	3~5
多孔粒状	白色多孔颗粒	0.05~0.1	0.80~0.85	7~10

硝酸铵具有强烈吸湿作用，易结块硬化。这是造成硝铵类等粉粒状炸药结块硬化导致爆炸性能降低的根本原因。实践表明，添加适量的有机或无机添加剂（如：石蜡、松香、沥青、凡士林、硬脂酸锌、硬脂酸钙、硫酸高铁铵、硅藻土等）可使硝酸铵或粉状炸药的结块性能获得一定的改善。生产多孔粒状硝酸铵并用于制备多孔粒状铵油炸药，就是人们为克服硝酸铵的吸湿结块缺点进行长期研究的一项重要成果。

硝酸铵在水中溶解度随着温度的降低迅速下降，也就是说硝酸铵溶解度的温度梯度很大，这一特性对于乳化炸药等含水炸药是十分不利的，添加硝酸钠等无机氧化剂形成混合氧化剂盐水溶液，可使析晶点明显降低。

干燥的硝酸铵同金属的化学作用很缓慢，有水时其作用速度加快。熔融的硝酸铵与铜、铅、锌都能起作用而形成极不稳定的亚硝酸盐，然而硝酸铵与铝、锡不起化学作用，因此在硝铵类炸药生产过程中通常都用铝制工具。

（2）柴油。在柴油品种中，以轻柴油最为适宜。轻柴油黏度不大，易被硝酸铵吸附，混合均匀性好，挥发性较小，闪点不很低，有利于安全生产和产品质量。

表3-10是我国各种牌号轻柴油的质量标准。

表3-10　我国各种牌号轻柴油的质量标准

项　目	质　量　标　准				
	10 号	0 号	−10 号	−20 号	−35 号
十六烷值（不小于）	50	50	50	45	43
恩氏黏度（20℃）	1.2~1.67	1.2~1.67	1.2~1.67	1.15~1.67	1.15~1.67
灰分（不大于）/%	0.025	0.025	0.025	0.025	0.025
硫含量（不大于）/%	0.2	0.2	0.2	0.2	0.2
机械杂质	无	无	无	无	无
水分（不大于）/%	痕迹	痕迹	痕迹	痕迹	无
闪点（闭口，不低于）/℃	65	65	65	65	50
凝点（不高于）/℃	+10	0	−10	−20	−35
水溶性酸或碱	无	无	无	无	无

夏天混制铵油炸药，一般选用10号轻柴油。在低温情况下，宜选用−10号、−20号，并应保温，防止凝固。此外，为了改善铵油炸药的爆炸性能。常在铵油炸药中加入某些添加剂。例如，为了提高粉状铵油炸药的爆轰感度，加入木粉、松香等；为了提高威力，加入铝粉、铝镁合金粉，为了使柴油和硝酸铵混合均匀，进一步提高炸药的爆轰稳定性，加入一些阴离子表面活性剂（十二烷基磺酸钠，十二烷基苯磺酸钠）。

（3）木粉。木粉在粉状硝铵炸药中主要是作为可燃剂，亦起松散和防结块作用。木粉是木材加工厂制材时锯下的木屑，经过过筛至0.83~0.38mm（20~40目），干燥后使用。

C　铵油炸药品种

（1）粉状铵油炸药。

1）组分与性能。粉状铵油炸药中的粉状硝酸铵、柴油和木粉的含量按炸药爆炸反应的零氧平衡原则计算确定。考虑到制造设备条件和工程爆破作业的具体要求，各组分在一定的范围内可以调整。几种粉状铵油炸药的组分及性能指标见表3-11所示。

表3-11　几种粉状铵油炸药的组分、性能

成分与性能		1号铵油炸药	2号铵油炸药	3号铵油炸药
成分/%	硝酸铵	92±1.5	92±1.5	94.5±1.5
	柴油	4±1	1.8±0.5	5.5±1.5
	木粉	4±0.5	6.2±1	—

续表 3-11

成分与性能		1 号铵油炸药	2 号铵油炸药	3 号铵油炸药
性能指标	药卷密度/g·cm^{-3}	0.9~1.0	0.8~0.9	0.9~1.0
	水分含量（不大于）/%	0.25	0.80	0.80
	爆速（不小于）/m·s^{-1}	3300	3800	3800
	爆力（不小于）/mL	300	250	250
	猛度（不小于）/mm	12	18	18
	殉爆距离（不小于）/cm	5	—	—

注：1 号铵油炸药的测试药包的约束为内径 40mm、长 300mm 的双层牛皮纸管。2 号和 3 号铵油炸药的测试药包的约束为 ϕ40mm 的普通钢管（钢管光-40，YB 234—1964）。

2）生产工艺。粉状铵油炸药的生产工艺比较简单，一般采用混碾热加工法，其工艺流程如图 3-16 所示。生产规模较大的炸药厂可采用气流式混合工艺，即先将硝酸铵径破碎机破碎后输送到风速 25~30m/s，温度 100~120℃ 的热风管道内进行干燥，再径旋风分离器使干燥的硝酸铵与热风分离，最后在立式混药机中混入定量的木粉和柴油。

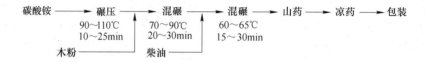

图 3-16　粉状铵油炸药的生产工艺流程

铵油炸药的生产过程应力求做到"干、细、匀"，即水分含量要低，粒度要细，混合药均匀，以保证质量。

（2）多孔粒状铵油炸药。

1）组分与性能。多孔粒状铵油炸药是由 94.5% 的多孔粒状硝铵和 5.5% 柴油混合而成，考虑到加工过程中柴油可能有部分挥发和损失，通常加 6% 的柴油。柴油一般采用 6号、10 号及 20 号轻柴油。北方严寒地区可用-10 号柴油。

多孔粒状铵油炸药性能指标见表 3-12。

表 3-12　多孔粒状铵油炸药性能指标

项　目		性 能 指 标	
		包装产品	混装产品
水分/%		≤0.30	—
爆速/m·s^{-1}		≥2800	≥2800
猛度/mm		≥15	≥15
做功能力/mL		≥278	—
使用有效期/d		60	30
炸药有效期内	爆速 m/s	≥2500	≥2500
	水分/%	≤0.50	

2）加工工艺。多孔粒状铵油炸药主要有以下几种加工工艺：

①渗油法：按比例将柴油注入装有多孔粒状硝酸铵的袋子中，放置两天后可供使用。该方法简单易行，但混合不均。

②人工混拌法：将一定数量的多孔粒状硝酸铵放在平板上（可在爆破现场，亦可在固定工房），按比例喷洒柴油，用铝锹或木锹翻混2~3次，直接装入炮孔或装袋备用，此法混合均匀，但人工操作劳动强度大，效率低。

③机混法：采用圆盘给料机以及特制的混合机械按比例将多孔粒状硝酸铵与柴油混拌。该方法混合效率高且均匀。

④混装车制备法：采用粒状铵油炸药混装车在爆破现场直接混制并装孔。此法经济效益好，非常适用于大中型露天作业场所，可以大大提高装药生产率，降低成本。

多孔粒状硝酸铵因具有较高的吸油能力、良好的流动性、较低的吸湿结块性和良好的稳定性，因而采用冷加工即可满足要求。其性能优于粉状铵油炸药。

（3）改性铵油炸药。

1）组分与含量。改性铵油炸药与铵油炸药配方基本相同，主要区别为其将组分中的硝酸铵、燃料油和木粉进行改性，使炸药的爆炸性能和储存性能明显提高。硝酸铵改性主要是利用表面活性技术降低硝酸铵的表面能，提高硝酸铵颗粒与改性燃料油的亲和力，从而提高了改性铵油炸药的爆炸性能和储存稳定性。燃料油的改性是将复合蜡、松香、凡士林、柴油等与少量表面活性剂按一定比例加热熔化，配制成改性燃料油。

改性铵油炸药的组分、含量如表3-13所示。

表3-13 改性铵油炸药的组分、含量

组 分	硝酸铵	木粉	复合油	改性剂
质量分数/%	89.8~92.8	3.3~4.7	2.0~3.0	0.8~1.2

注：1. 制造改性铵油炸药的硝酸铵应符合GB2945的要求；2. 木粉可用煤粉、碳粉、甘蔗渣粉等代替。

2）性能指标。改性铵油炸药的性能指标如表3-14所示。

表3-14 改性铵油炸药性能指标

炸药名称	有效期/d	殉爆距离/cm		药卷密度/g·cm⁻³	猛度/mm	爆速/m·s⁻¹	做功能力/mL	可燃气安全度（以半数引火量计）/g	炸药爆炸后有毒气体含量/L·kg⁻¹	抗爆燃性	煤尘-可燃气安全度（以半数引火量计）/g
		浸水前	浸水后								
岩石型改性铵油炸药	180	≥3	—	0.90~1.10	≥12.0	≥3.2×10³	≥298	—	≤100	—	—
抗水岩石型改性铵油炸药[①]	180	≥3	≥2	0.90~1.10	≥12.0	≥3.2×10³	≥298	—	≤100	—	—

炸药名称	有效期/d	殉爆距离/cm		药卷密度/g·cm⁻³	猛度/mm	爆速/m·s⁻¹	做功能力/mL	可燃气安全度（以半数引火量计）/g	炸药爆炸后有毒气体含量/L·kg⁻¹	抗爆燃性	煤尘-可燃气安全度（以半数引火量计）/g
		浸水前	浸水后								
一级煤矿许用改性铵油炸药	120	≥3	—	0.90~1.10	≥10.0	≥2.8×10³	≥228	≥100	≤80	合格	≥80
二级煤矿许用改性铵油炸药	120	≥2	—	0.90~1.10	≥10.0	≥2.6×10³	≥218	≥180	≤80	合格	≥150

①抗水岩石型改性铵油炸药与非抗水岩石型改性铵油炸药的油相含量相同，仅油相成分不同。

3.6.2.2 含水炸药

含水炸药包括浆状炸药、水胶炸药和乳化炸药。水胶炸药是在浆状作业的基础上发展起来的。而乳化炸药则是 20 世纪 60 年代发展起来的新型含水炸药。目前浆状炸药在我国已停止使用。

A 水胶炸药

a 产生背景

谈论水胶炸药的发展历程，就不能不提浆状炸药。

针对铵油炸药抗水性差和体积威力低的缺点，1956 年 12 月美国犹他大学 M. A. 库克（Cook）教授和加拿大铁矿公司 H. E. 法南姆（Farmam）发明了的浆状炸药，其极好的抗水性是通过下述独特思想实现的，即将水添加到铵油炸药混合物中，然后使体系胶凝，以防止水的侵入或氧化剂的沥滤。无疑，它的出现集中了现代化学和物理学的精华，打破了炸药基本理论中"水火不相容"的传统观念，使人们对于炸药的认识有了一个新的飞跃，是继达纳迈特之后，工业炸药发展史上又一次重大革命。因此，库克荣获了美国 1968 年诺贝尔金质奖章。

我国从 1959 年开始研制浆状炸药，60 年代中期在矿山爆破作业中获得应用，其代表品种是 4 号浆状炸药。70 年代初期，全国浆状炸药发展十分迅速，首先是胶凝剂（田箐胶、槐豆胶）和交联技术获得重要突破，继而品种不断增加，其典型代表有田箐 10 号浆状炸药、槐 1 号无梯浆状炸药、5 号浆状炸药和聚 1 号浆状炸药等。1988 年以后浆状炸药逐渐被水胶炸药和乳化炸药所代替。

1972 年美国杜邦公司的 G. R. Cattermole 首次提出了水胶炸药。它是在浆状炸药的基础上，利用有机胺硝酸盐作敏化剂，同时进一步改进了化学交联技术，生产出具有雷管感度的炸药，即水胶炸药。水胶炸药的出现，使含水炸药又前进了一步。随着水胶炸药和乳化炸药的出现，浆状装药逐步被淘汰。

1980 年安徽雷鸣科化股份有限公司首次从美国杜邦公司引进了水胶炸药专利技术和

全套生产线，并由煤炭工业部沈阳设计院进行了工程设计，为水胶炸药生产技术在国内的推广应用奠定了基础。

b 组分与性能

水胶炸药也是由氧化剂、胶凝剂、敏化剂和水等组成。它以硝酸甲胺为主要敏化剂，由硝酸甲胺、氧化剂、辅助敏化剂、辅助可燃剂、密度调节剂等材料溶解、悬浮于有胶凝剂的水溶液中，再经化学交联而制成的凝胶状含水炸药。水胶炸药与浆状炸药的主要区别在于水胶炸药用硝酸甲胺为主要敏化剂，而浆状炸药敏化剂主要用非水溶性的火炸药成分、金属粉和固体可燃物。

水胶炸药的优点是：爆炸反应较完全，能量释放系数高，威力大；抗水性好；爆炸后有毒气体生成量少；机械感度和火焰感度低；储存稳定性好；成分间相容性好；规格品种多，特别是煤矿许用型可用于高瓦斯地区。但水胶炸药也有缺点：不耐压；不耐冻；易受外界条件影响而失水解体，影响炸药的性能；原材料成本较高，炸药价格较贵。

根据国家标准规定的水胶炸药主要性能指标如表 3-15 所示。

表 3-15 水胶炸药主要性能指标（GB 18094—2000）

项目	指标					
	岩石水胶炸药		煤矿许用水胶炸药			露天水胶炸药
	1 号	2 号	一级	二级	三级	
炸药密度 /g·cm^{-3}	1.05~1.30		0.95~1.25			1.15~1.35
殉爆距离/cm	≥4	≥3	≥3	≥2	≥2	≥3
爆速/m·s^{-1}	≥4.2×10^3	≥3.2×10^3	≥3.2×10^3	≥3.2×10^3	≥3.0×10^3	≥3.2×10^3
猛度/mm	≥16	≥12	≥10	≥10	≥10	≥12
做功能力/mL	≥320	≥260	≥220	≥220	≥180	≥240
炸药爆炸后有毒气体含量 /L·kg^{-1}	≤80					—
可燃气安全度	—		合格			—
撞击感度	爆炸概率≤8%					
摩擦感度	爆炸概率≤8%					
热感度	不燃烧不爆炸					
使用保证期/d	270		180			180

注：1. 不具雷管感度的炸药可不测殉爆距离、猛度、做功能力。

2. 以上指标均采用 φ32mm 或 φ35mm 的药卷进行测试。

表 3-16 列出几种国产水胶炸药的性能。表 3-17 为美国杜邦公司水胶炸药性能。

c 加工工艺

水胶炸药的生产工艺流程如图 3-17 所示。

表 3-16 我国几种水胶炸药的性能

	炸药名称	SHJ-K	1 号	3 号	W-20 型
组分 /%	硝酸盐	53~58	55~75	48~63	71~75
	水	11~12	8~12	8~12	5.0~6.5
	硝酸甲胺	25~30	30~40	25~30	12.9~13.5
	柴油或铝粉	3~4（铝）	—	—	2.5~3.0（柴）
	胶凝剂	2	—	0.8~1.2	0.6~0.7
	交联剂	2	—	0.05~0.1	0.03~0.09
	密度调节剂	—	0.4~0.8	0.1~0.2	0.3~0.9
	氯酸钾	—	—	—	3~4
	延时剂	—	—	0.02~0.06	—
	稳定剂	—	—	0.1~0.4	—
性能 指标	密度/g·cm⁻³	1.05~1.30	1.05~1.30	1.05~1.30	1.05~1.30
	爆速/m·s⁻¹	3500~4000	3500~4600	3600~4400	
	殉爆距离/cm	≥8	≥7	12~25	6~9
	爆力/mL	350	—	330	350
	猛度/mm	>15	14~15	12~20	16~18
	爆热/kJ·kg⁻¹	4205	4708	—	5006
	临界直径/mm	—	12	—	12~16

表 3-17 美国杜邦公司水胶炸药性能

商标	直径/mm	密度/g·cm⁻³	爆速/m·s⁻¹	抗水性	炮烟等级	雷管感度
Tovex 90	25.4~38.1	0.90	4300	好	1	有
Tovex 100	25.4~4.5	1.10	4500	极好	1	有
Tovex 200	25.4~44.5	1.10	4800	极好	1	有
Tovex 300	25.4~38.1	1.02	3400①	好	A	有
Tovex 500	44.5~102	1.23	4300	极好	1	有
Tovex 650	44.5~102	1.35	4500	极好	1	有
Tovex 700	44.5~102	1.20	4800	极好	1	有
Tovex 800	44.5~102	1.20	4800	极好	1	有
Tovex T-1	25.4	—	6700	好	3	有
Tovex P	51~102	1.10	4800	极好	1	有
Tovex C	袋装	—		极好	1	有
Tovex extra	102~204	1.33	5700	极好	—	无
Pourvex extra	89 和灌装	1.33	4900	极好	—	无
Drivex	38.1 和泵送	1.25	5300	极好	1	无

①无约束，其他为有约束。

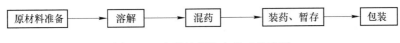

图 3-17 水胶炸药的生产工艺流程

（1）原材料准备。现场操作人员将称量好的田箐粉和预混用硝酸钠在铝斗或其他容器内混合均匀备用。投料用硝酸钠、降温硝酸铵、铝粉、珍珠岩称量好备用。催化剂、敏化剂、交联剂配制好后用量筒称取规定量备用。

（2）溶解。硝酸甲胺入料前检查是否有结晶析出，若无结晶方可加料。硝酸铵加入前必须破碎且块度不大于 20cm，加入硝酸铵前应打开蒸汽阀门，保证溶解温度不低于 50℃，以防溶液结晶堵塞管路。待硝酸铵大部分溶解后加入硝酸钠，继续溶解直至溶液均匀清澈无固体颗粒。

（3）混药。先将硝酸甲胺混合液送入混合罐，加入田箐粉和硝酸钠后，再加备用的降温硝酸铵、铝粉、珍珠岩、催化剂、敏化剂。混合均匀后取样测量温度、密度，密度通过珍珠岩调节合格后方可加入交联剂。

（4）装药机暂存。采用灌肠装药机装药。装满药的药管应及时盖好盖子，装入中转箱，每箱 150 支（24kg）。装满一箱后及时运入保温室，保温室温度保持在 35~40℃。

（5）包装。在保温室保温交联好的装药第二天入库。按规定数量及质量装箱。

目前，我国水胶炸药的生产厂家主要有安徽雷鸣科化股份有限公司、淮南舜泰化工有限责任公司、阜新圣诺化工有限责任公司、青海海西东诺化工有限公司、山西江阳兴安民爆有限公司为数不多的几个厂家。

从目前国内的水胶炸药生产线的现状来看，大部分生产厂家的硝酸甲胺生产工艺仍采用人工控制的间断式生产工艺，尚无一家企业实现整个生产工艺过程的全连续自动化，这给水胶炸药生产的本质安全带来了隐患。因此，实现水胶炸药生产线全连续自动化石今后一段时间水胶炸药的发展目标。其中，首要解决的问题是硝酸甲胺中和工序的连续化和自动化，这也是目前的技术难点所在。

B 乳化炸药

a 产生背景

乳化炸药是国外 20 世纪 60 年代发展起来的新型含水炸药。早在 1969 年由美国阿特拉斯化学工业公司的 H. F. 布鲁姆（Bluhm）于 3447978 号美国专利中首次透露。因其具有优良的爆炸性能、抗水性能、原料来源广、工艺较简单、生产与使用安全性好、生产成本较低、不含梯恩梯、环境污染小，以及爆破炮烟低等一系列优点因而得到各国爆破界的重视并竞相研究。

1972 年美国杜邦公司的 G. R. 卡特莫尔（Cattermole）叙述了利用有机胺硝酸盐提高爆轰敏感度的配方和制造工艺，提供了一种能在小直径（1~3in）炮孔内稳定传播的乳化炸药。

1973 年英国帝国化学公司美国有限公司的查尔斯 . G. 韦德（Charles. G. Wade）先后公布了含有吸硫气体的乳化炸药和含有锶离子催爆剂的乳化炸药两个专利，虽然改进了乳化炸药的爆轰敏感度，但需要添加爆炸性配料或催爆剂。

1973 年 11 月杜邦公司的 E. A. 托米克（Tomic）发表了以硬脂酸铵或碱金属硬脂酸盐作乳化剂制备不黏袋的油包水型乳化炸药的专利。

1977 年阿特拉斯火药公司的查尔斯 . G. 韦德提出了不添加炸药类敏化剂及其他有机胺硝酸盐敏化剂，可用一只 6 号雷管引爆的乳化炸药，并向美国、日本等国申请、获得了专利。

1978 年查尔斯 . G. 韦德获准公布了关于油包水型乳化炸药的连续生产工艺和设备的美国专利。应该说，这个专利的发表和查尔斯 . G. 韦德关于"差别万岁"（Emulsions-Viva La Difference）一文在美国第四届炸药与爆破技术年会（1978 年）上的发表，标志着乳化炸药进入了工业化生产和现场应用阶段。

我国的乳化炸药研制始于 20 世纪 70 年代，北京矿冶研究总院引入乳化技术。首先发明了全国第一代乳化炸药——EL 系列乳化炸药，并于 1980 年 9 月通过了冶金部组织的技术鉴定，开创了中国现代含水炸药技术和产品的新时代。

为了改变乳化炸药间断式生产线存在生产规模小、设备陈旧、技术含量不高、安全隐患比较多的缺点，20 世纪 90 年代后期，我国各研究院（所）以及有研究实力的企业对乳化炸药技术和设备不断地进行改进和完善，原始的间断式生产作业方式已被先进的连续化生产线所代替。目前，我国乳化炸药生产厂家已遍布全国 24 个省、市和自治区，产量逐年增加，并出口国外。

b 乳化炸药组分

为满足乳化体系稳定性的要求、保证良好的爆炸性能和安全性能，乳化炸药的组分中含有无机氧化剂盐水溶液、油、蜡、乳化剂、密度调节剂、少量添加剂等多种原料，可以归纳为氧化剂、燃烧剂、乳化剂和密度调节剂（敏化剂）四个主要部分，呈现为一个连续相（油相）、两个分散相（水相、敏化气泡或颗粒）。

（1）氧化剂水溶液。绝大多数乳化炸药的分散相是由氧化剂水溶液构成，乳化炸药中氧化剂水溶液的主要作用是：1）形成乳化炸药的分散相；2）改善炸药的爆炸性能；3）提高乳化炸药的密度；4）增强使用的灵活性。通常使用硝酸铵和其他硝酸盐的过饱和溶液作氧化剂，它在乳化炸药占的重量百分率可达 90% 左右。加入其他硝酸盐如硝酸钠、硝酸钙的目的主要是增大硝酸铵等无机含氧酸盐在给定的温度下溶解量，降低氧化剂溶液的"析晶点"，增大供氧量。水作为一种填充剂，使氧化剂以溶液形式与可燃剂均匀混合，极大地增加了彼此之间接触面积，缩短了相互之间的接近程度。使爆炸效果得到充分发挥。水的含量对炸药的能量及性能有明显的影响，过多的水分使炸药的爆热值因水分汽化而有所降低。经验表明，雷管感度的乳化炸药的水分含量宜控制在 8%~12% 左右；露天大直径炮孔使用的可泵送的乳化炸药的水分含量一般为 15%~18%。

（2）油相材料。乳化炸药的油相材料可广义的理解为一种不溶于水的有机化合物，当乳化剂存在时，可与氧化剂水溶液一起形成 W/O 型乳化液。油相材料是乳化炸药中的关键成分，其作用主要是：1）形成连续相；使炸药具有良好的抗水性；2）既是燃烧剂，又是敏化剂；3）良好的抗水性能；4）同时对乳化炸药的外观、贮存性能有明显影响。可供选择的油相材料很多，一般认为，凡是黏度合适的碳氢化合物都可以选作乳化炸药的油相材料，包括全部的蜡、油和各种聚合物。作为油相材料的蜡类有：从石油中提取的蜡，如：凡士林蜡、微晶蜡和石蜡；矿蜡如地蜡和褐煤蜡；动物蜡等。任何黏度合适的液体石油产品都可以作油相材料使用，如各种品牌的柴油、机油和白油等。聚合物常用来增稠油相材料，改进产品的外观状态，如构成天然橡胶、合成橡胶丁二烯-苯乙烯的共聚物等。含量为 2%~6% 为宜。

（3）乳化剂。油包水形乳化剂是乳化炸药的关键组分，其种类、性能和含量均对乳化体系的质量、内相粒子大小、稳定性、爆轰性能有很大影响。乳化剂作用使油水相互相紧密吸附，形成比表面积很高的乳状液并使氧化剂同还原剂的耦合程度增强。乳化剂的种类有三：1）山梨糖醇通过酯化去掉 1mol 水形成的衍生物；2）聚异丁烯丁二酰亚胺类及其衍生物；3）复合乳化剂。比较常用的乳化剂有：失水山梨醇单油酸酯（Span-80）、聚异丁烯丁二酰亚胺类乳化剂、复合乳化剂和硬脂酸盐乳化剂。乳化炸药可含有一种乳化剂，也可以含有两种或两种以上的乳化剂。乳化剂的含量一般为乳化炸药总量的 1%~2%。

（4）敏化剂。用在其他含水炸药中的敏化剂也可用在乳化炸药中，如单质猛炸药（梯恩梯、黑索今等）、金属粉（铝、镁粉等）、发泡剂（亚硝酸钠等）、珍珠岩、空心玻璃微球、树脂微球等都可以用作乳化炸药的敏化剂。因发泡剂、玻璃微球、树脂微球、珍珠岩的加入可调整炸药密度，所以又称密度调节剂。

（5）其他添加剂。为了进一步改善乳化炸药的性能，还需添加少量的添加剂，包括乳化促进剂、晶形改性剂和稳定剂等。其中，乳化促进剂对提高乳化炸药的稳定性，增加乳化炸药的乳化能力，降低乳化剂的使用量，进而降低乳化炸药的成本是非常有益的。晶形改性剂是为有效控制硝酸铵等无机氧化剂盐的溶剂⇔析晶平衡而添加的，其添加量为炸药总质量的 0.1%~0.3%。稳定剂主要指磷脂类化合物（如大豆卵磷脂）和固体微细粉末。

c　乳化炸药的性能特点

（1）爆轰敏感度。通常，乳化炸药不含猛炸药敏感剂，组分中含有 10% 左右的水分。这些条件对于炸药的爆轰敏感度是不利的。但是，爆轰敏感度很高这一特性对于小直径乳化炸药产品在寒冷的北方矿山使用又十分有利。

在配方基本保持不变的情况下，适当变换工艺条件、乳化混合程度和密度控制等，可以使乳化炸药的爆轰感度保持多种多样，既可在相当宽的温度范围内保持雷管感度，也可以对一定量的起爆药包保持敏感。例如：炸药密度变化于 $0.8~1.45g/cm^3$ 之间，可根据工程爆破的实际需要制成不同密度的品种。

（2）爆速和猛度较高。乳化炸药的爆速一般可达 4000~5500m/s，猛度可达 17~20mm。然而，由于乳化炸药含有较多的水，其爆力比铵油炸药低，故在硬岩中使用的乳化炸药大都加有热值较高的物质如铝粉、硫磺粉等。

（3）起爆感度高。乳化炸药通常可用 8 号雷管起爆。

（4）临界直径小。由此为光面爆破和其他控制爆破创造了良好的条件。例如：直径 20mm，长 500mm 的 EL 乳化炸药药卷，在天津引滦入津隧道掘进工程光面爆破中使用，不需要添加导爆索起爆，效果良好，半孔率达到 85% 以上。

（5）抗水性强。乳化炸药的抗水性比浆状炸药和水胶炸药更强。

（6）安全特性高。实践表明：不含猛炸药的各类乳化炸药的冲击、摩擦、枪击和燃烧感度都相当低，有毒气体生成量也较少。

表 3-18 中列出部分国产乳化炸药的组分与性能。表 3-19 为国家标准规定的乳化炸药性能指标。表 3-20 为澳大利亚澳瑞凯公司乳化炸药性能指标。

表 3-18　几种乳化炸药的组分与性能

炸药名称		EL 系列	RL—2	RJ 系列	MRY—3	CLH
组成成分 /%	硝酸铵	63~75	65	53~80	60~65	50~70
	硝酸钠	10~15	15	5~15	10~15	15~30
	油相材料	2.5	2.8~5.5	2~5	3~6	2~8
	水	10	10	8~15	10~15	4~12
	乳化剂	1~2	3	1~3	1~2.5	0.5~2.5
	尿　素	—	2.5	—	—	—
	铝　粉	2~4	—	—	3~5	—
	密度调节剂	0.3~0.5	—	0.1~0.7	0.1~0.5	—
	添加剂	2.1~2.2	—	0.5~2.0	0.4~1.0	0~4；3~15
性能	猛度/mm	16~19	12~20	16~18	16~19	15~17
	爆力/mL	—	302~304	—	—	295~330
	爆速/m·s^{-1}	4500~5000	3500~4200	4500~5400	4500~5200	4500~5500
	殉爆距离/cm	8~12	5~23	>8	8	—

表 3-19　国家标准规定的乳化炸药主要性能指标

项　　目	指　标							
	露天乳化炸药			岩石乳化炸药		煤矿许用乳化炸药		
	现场混装无雷管感度	无雷管感度	有雷管感度	1 号	2 号	一级	二级	三级
药卷密度 /g·cm^{-3}	—	—	0.95~1.25	0.95~1.30		0.95~1.25		
炸药密度 /g·cm^{-3}	0.95~1.25	1.00~1.35	1.00~1.25	1.00~1.30		1.00~1.25		
爆速/m·s^{-1}	≥4.2×10^3	≥3.5×10^3	≥3.2×10^3	≥4.5×10^3	≥3.5×10^3	≥3.2×10^3		
猛度/mm	—	—	≥10.0	≥16.0	≥12.0	≥10.0	≥10.0	≥8.0
殉爆距离/cm	—	≥2	≥4	≥3	≥2	≥2	≥2	
作功能力/mL	—	≥240	≥300	≥260	≥220	≥220	≥210	
摩擦感度 (爆炸概率)/%	—	≤8						
撞击感度 (爆炸概率)/%	—	≤8						
热感度	—	不燃烧不爆炸						
炸药爆炸后有毒气体含量 /L·kg^{-1}	—	≤60						

项 目	指 标							
	露天乳化炸药			岩石乳化炸药		煤矿许用乳化炸药		
	现场混装无雷管感度	无雷管感度	有雷管感度	1 号	2 号	一级	二级	三级
抗爆燃性	—			—		合格		
可燃气安全度	—			—		合格		
使用保证期/d	15	30	120	180		120		

表 3-20 澳大利亚澳瑞凯公司乳化炸药性能指标

项 目	包装产品						散装产品
	Senatel™ Magnum™	Senatel™ Magnafrac™	Senatel™ Powerfrag™	Powergel™ Buster™	Fortel™ Tempus™	Subtek™ Charge	Gold GT
炸药颜色	灰色	灰色	白色	白色	白色	—	—
密度/$g \cdot cm^{-3}$	1.23	1.10~1.19	1.21	1.21	1.20~1.25	0.8~1.2	1.20
相对重量威力[1]	132%	111%	121%	121%	113%	75%~101%	115%
相对体积威力[1]	201%	162%	183%	183%	177%	75%~151%	172%
爆速[2]/$m \cdot s^{-1}$	>4000	>3600	>3400	>3800	4300~6600	—	4400~6500
CO_2生成量[3]/$kg \cdot t^{-1}$	139	163	184	184	84	156~114	160
感度	雷管感度	雷管感度	雷管感度	雷管感度	起爆弹感度	起爆弹感度	起爆弹感度
储存期/月	12	6	12	12	12		
最大预装药时间/d						7	7

①相对于 $0.8 g/cm^3$、有效能量为 $2.30 MJ/kg$ 的铵油炸药而言;
②爆速是由炸药密度、炮孔直径、温度及约束条件决定,最低爆速是基于无约束条件下被引爆时测得的;
③CO_2是一种主要的温室气体,表中数据是理想爆轰下计算值。

d 生产工艺流程

乳化炸药是一类多组分的混合炸药。实践表明,合理的生产工艺安排及其条件控制是获得良好的乳化炸药爆炸性能的关键。一般说来,乳化炸药的生产工艺流程包括炸药混制和药卷装填包装两部分。炸药混制基本上包括制备氧化剂水溶液和油相混合液、乳化与混拌等工序。药卷装填包装的关键设备是药卷装药机。通常,凡是能装浆状炸药的装药机(如 Chub-Pak 型装药机)都能用于装填乳化炸药。直径较大的塑料薄膜药卷除一般采用泵送装药外,通常还采用压气装药,金属(铝)卡子箍口。这种设备结构简单,装药效率高。

根据乳化和混拌工程是否连续进行，分为间断式生产工艺和连续式生产工艺。

（1）间断式生产工艺系指将一批生产原料按投料顺序加入反应器（罐），让其进行一定时间的制备（反应），然后全部取出（排料），再进行下一工序的生产。从水、油相的制备到乳化、敏化、装药包等工序，各个设备单独完成某一工艺单元操作，设备和物料之间不发生直接的有机联系，自然凉药。一般采用搅拌式反应设备，依靠搅拌桨的高速转动制成乳胶基质。转速越高，胶粒越细，爆轰感度也越好，同时胶体黏度也越大，储存性能也相对稳定。但切记转速不能过高（超过 1600r/min），以免引入空气气泡，增加生产过程的不安全因素。较为理想的搅拌速度为 800r/min，图 3-18 为 EL 系列乳化炸药间断生产工艺流程图。

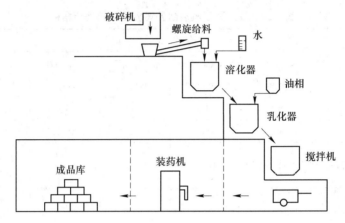

图 3-18   EL 系列乳化炸药间断生产工艺布置图

（2）连续式生产工艺是指将融化、乳化、泵送、冷却、敏化和装药等主要工序连成一体，使各部位的设备衔接起来进行产能调节，相互匹配，形成一个完整的连续进料和出料的系统，即将全部生产设备按工艺条件和控制的不同要求，合理地布置于生产车间（平台），在一个工厂内完成从进料至出产品的生产全过程。与间断生产线相比，连续式生产工艺具有占地面积小、耗能少、设备布置紧凑、生产效率高、产品性能稳定、操作人员少等优点。不仅工人劳动强度低，而且无废料、废水、废气排放，保护了环境免受污染。

乳化炸药的连续生产工艺包括 4 个工序：预混合溶液的制备、乳胶基质的制备、冷却敏化工序和装药包装工序。图 3-19 为微机控制的乳化炸药连续生产工艺流程图。

具有典型意义的是北京矿冶研究总院提供技术并设计建成的蒙古国额尔登特乳化炸药厂生产线。该厂于 1994 年 10 月 7 日全面投产。它将既满足了年产 1 万吨炸药的数量要求，又满足了对多品种高性能炸药生产的质量要求。该乳化炸药厂的两个独立的生产系统——连续乳化系统和间断乳化系统是两个既互相独立，又有联系的系统。它们应用公用的备料系统，每个乳化过程均直接从水相储存罐和油相制备罐接受水相溶液和油相溶液，然后应用各自的乳化设备和出料设备，进行乳胶基质和乳化炸药的生产。

该乳化炸药厂主要包括：备料过程、连续乳化生产乳胶基质过程、混装车现场制备炸药并装填炮孔。间断乳化生产乳胶基质及生产多品种乳化炸药的过程，其大部分产品是在装药车上进行敏化的。备料过程完成硝酸铵、水等水性溶液的计算、输送、溶化好储存；

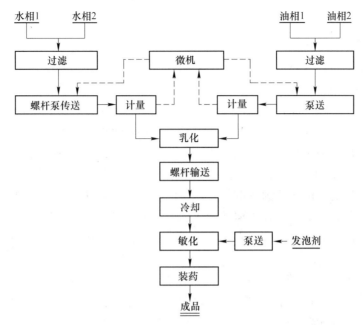

图 3-19 微机控制的乳化炸药连续生产工艺流程图

乳化剂、柴油等油相溶液的计算、溶化、储备等工作。

连续乳化生产时，分别通过水相计量泵和油相计量泵将制备好的水相溶液和油相溶液泵送入连续乳化器，连续不断地生产出乳胶基质，并由乳胶输送泵泵入装药车运走或排入乳胶储存罐保存。装药车将乳胶基质运送到现场，加入多孔粒状硝酸铵、柴油、微量元素等在现场合成乳化炸药后，直接装入炮孔。

间断乳化生产时，油相计量泵首先将一定量的、制备好的油相溶液泵送入一台间断乳化器中，然后水相计量泵将制备好的相应数量水相溶液慢慢地送入该间断乳化器中，同时开动间断乳化器，经过一定时间的强烈搅拌制成乳胶基质。然后将乳胶基质与多孔粒状硝酸铵、柴油、微量元素等在混拌机中合成各种乳化炸药。图 3-20 为额尔登特乳化炸药厂

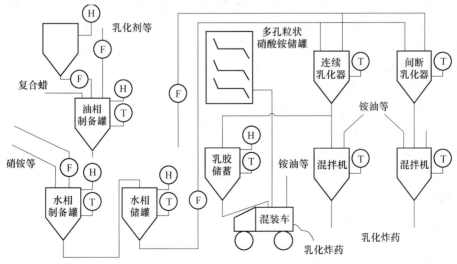

图 3-20 额尔登特乳化炸药厂生产过程工艺流程图

生产过程工艺流程图。

3.6.2.3　粉状乳化炸药

A　产生背景和特点

尽管乳化炸药脂膏状的形态，使其既可以泵送又可以装填成不同规格的药卷。但是，人们发现在生产、运输、储存和使用工程中，乳化炸药存在着药态比较软、装药困难、使用不便、威力较铵梯炸药小等缺点。工程实际要求将乳化炸药的形态变为固体状态，研究出一种既有乳化炸药的优良特性又具有粉、粒状形态的炸药新品种。在此形势下，粉状乳化炸药应运而生。20 世纪 80 年代发展起来的粉状乳化炸药又称乳化粉状炸药，它以含水较低的氧化剂溶液的细微液滴为分散相，特定的碳质燃料与乳化剂组成的油相溶液为连续相，在一定的工艺条件下通过强力剪切形成油包水型乳胶体，通过雾化制粉或旋转闪蒸使胶体雾化脱水，冷却固化后形成具有一定粒度分布的新型粉状硝铵炸药。粉状乳化炸药的特点如下：

（1）属于含水工业炸药类。由于装药的配方、工艺不同，故外观形态也不同。一般脂膏状乳化炸药含水量在 10% 左右，粉状乳化炸药含水量为 2%~5%，而传统的粉状工业炸药含水量均小于 0.5%。

（2）其显微结构仍具有油包水型的乳化炸药的结构特征。

（3）由于乳化体系中氧化剂和可燃剂具有高度的均匀性和紧密接触，粉状乳化炸药的原材料组分中虽然不含爆炸物作敏化剂，但其爆炸性能优良。

（4）粉状乳化炸药具有较好的抗水性能和存储稳定性。

（5）其生产线既可生产普通乳化炸药，又可生产粉状乳化炸药，且生产不受季节影响。

B　组分与性能

粉状乳化炸药的组分包括：形成乳胶基质的连续相和分散相的物质和促进固化结晶的物质。

（1）氧化剂。通常，它的分散相是由水和无机氧化剂盐组成的，凡是能在爆炸环境下以较高的速率释放出足够量的氧的氧化剂均可满足这些要求。例如：硝酸铵、硝酸钠、硝酸钾、硝酸锂、硝酸钙等，实践证明，硝酸铵是这类物质中最基本的氧化剂盐，其用量至少为供氧盐的 50% 以上。

（2）水。常规乳化炸药要求其含氧剂相在冷却使用条件下不结晶或少结晶，因而氧化剂相中需要含有一定量的水以降低氧化剂相的溶解温度并有利于乳化，含水量为 8%~15%，有时高达 20%。粉状乳化炸药则由于其终态为固态，反而要求氧化剂相结晶和固化，因此其含水量远低于常规乳化炸药，一般低于炸药总质量的 5%，甚至可以完全无水。值得注意的是，水含量的减少在一定范围内会使炸药的变相速度加快，但太少会带来乳化时间长、乳化困难、乳化效果差等不利因素，因此有一个最佳含水量，表 3-21 给出水含量对变相速度的影响。

（3）油相材料和乳化剂一起构成粉状乳化炸药乳胶基质的连续相，为炸药提供可燃剂和敏化剂。连续相的质量占炸药总质量的 5%~15%，最佳含量为 8%~10%。连续相的材料有：柴油、石蜡油、石蜡、微晶蜡、乳化剂等。

表 3-21 水含量对变相速度的影响

水含量（质量分数）/%	4	5	6	7	8	9	10	11	12
变相速率				→渐慢					
固化效果			→不易固化→						
殉爆距离/mm	100	100	80	80	60	60			

（4）乳化剂。乳化剂对于形成优良的乳胶基质，尤其是在加入成粉剂或成核剂后仍能保证乳胶基质的高质量是必不可少的。与常规乳化炸药相比，粉状乳化炸药的油相和氧化剂的熔点均较高，所采用的乳化剂应具有良好的耐高温性能，以利于与油相材料一起构成包裹于氧化剂相微晶粒外并在常温下呈固态的高强度极薄油膜。通常选用高分子乳化剂或混合乳化剂作为粉状乳化炸药的乳化剂，例如：单一聚异丁烯丁二酰亚胺、双一聚异丁烯丁二酰亚胺以及聚异丁烯丁二酰亚胺和 Span-80 的复配物。

（5）成粉剂或成核剂。乳胶基质在冷却结晶固化时，如果氧化剂相结晶速度太慢，会造成油膜的破坏，从而造成大部分结晶微粒连接成片而形成固体阵列，导致粉状乳化炸药爆炸性能、防潮及抗水性能的下降。为了加快氧化剂盐的结晶，有时还需要向乳胶中添加成粉剂或成核剂。这种物质在乳胶冷却时会加速氧化剂相的结晶，保证其可靠地固化，使氧化剂相微晶粒较完全地封闭于油膜中。同时还有助于乳胶的成粉。

成粉剂一般呈固体微粒状，其成分可以是一种物质也可以是几种微粒的混合物。它必须是不溶于乳胶的，但可以与已制成的乳胶相混合。例如：胶态的二氧化硅或二氧化钛均可与已形成的乳胶相混合。也可以在制备乳胶之前与某一单独组分相结合，但以加入到硝酸盐水溶液中为佳。

（6）辅助燃料。向乳胶中加入一些固体辅助燃料可以提高粉状乳化炸药的爆炸性能，如：煤粉、石墨、炭黑、木粉、硫磺粉等。通常，固体辅助燃料的添加量不超过炸药总质量的5%。

粉状乳化炸药作功能力大于乳化炸药，其主要性能指标见表 3-22。

表 3-22 粉状乳化炸药的性能指标

炸药名称	药卷密度/g·cm⁻³	殉爆距离（不小于）/cm	猛度（不小于）/mm	爆速（不小于）/m·s⁻¹	做功能力（不小于）/mL	炸药爆炸后有毒气体含量（不大于）/L·kg⁻¹	可燃气安全度（以半数引火量计，不小于）/g	抗爆燃性	撞击感度（不大于）/%	摩擦感度（不大于）/%
岩石粉状乳化炸药	0.85~1.05	5	13.0	3.4×10³	300	80			15	8
一级煤矿许用粉状乳化炸药	0.85~1.05	5	10.0	3.2×10³	240	80	100	合格	15	8
二级煤矿许用粉状乳化炸药	0.85~1.05	5	10.0	3.0×10³	230	80	180	合格	15	8
三级煤矿许用粉状乳化炸药	0.85~1.05	5	10.0	2.8×10³	220	80	400	合格	15	8

C 工艺流程

粉状乳化炸药的生产过程包括制备油包水型乳胶基质和固化分散成微细结晶粉末两部分。首先，制备乳胶基质，或不含水的燃料包溶化物；其次是将所得到的乳胶冷却粉化成微细的氧化剂盐结晶粉末，利用不同型号的装药机将其装填包装成不同直径的药卷产品，入库备用。工艺流程方框图如图 3-21 所示。

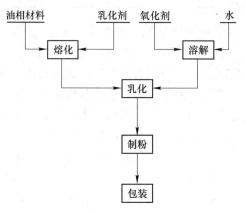

图 3-21 粉状乳化炸药的生产工艺流程图

3.6.2.4 重铵油炸药

A 产生背景

铵油炸药的主要缺点是密度低和不抗水。为此先后出现了浆状炸药、乳化炸药和水胶炸药。但是，它们的共同缺点是成本高，能否有一种炸药兼备这两方面的优点：既有乳化炸药或浆状炸药的高密度和抗水性；又有铵油炸药的低成本。1977 年美国罗勃特 . B. 克莱尔（Robert. B. Claly）成功地发明了重铵油炸药，80 年代初在采矿工业中逐步获得推广应用。由于该炸药具有密度大、爆能较高、成本低、抗水性能可以调节、配比灵活等一系列优点，兼备了乳化炸药和铵油炸药的优点，引起了业界人士的关注。我国重铵油炸药的研究始于 1983 年，1986 年才广泛在冶金矿山的水孔爆破中应用。

B 组成与特性

重铵油炸药又称乳化铵油炸药，是以铵油炸药为主，掺入密度较大的乳胶体遂使原铵油炸药的密度增加。在掺和过程中，高密度的乳胶基质填充多孔粒状硝酸铵颗粒间的空隙并涂覆于硝酸铵颗粒的表面。这样，既提高了粒状铵油炸药的相对体积威力，又改善了铵油炸药的抗水性能。乳胶基质在重铵油炸药中的比例可由 0~100%之间变化，炸药的体积威力及抗水能力等性能也随着乳胶含量的变化而变化。图 3-22 为重铵油炸药的相对体积威力与乳胶含量的关系。

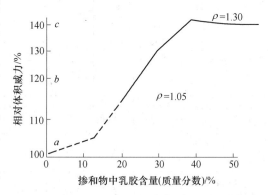

图 3-22 重铵油炸药的体积威力与乳胶含量的关系
a—100%铵油炸药的体积威力；b—含 5%铝粉的铵油炸药
的相对威力；c—含 10%铝粉的铵油炸药的相对体积威力

图 3-23 为重铵油炸药的临界直径与乳胶含量的关系。由图示可知，随着重铵油炸药中乳胶含量的增加，炸药的临界直径逐渐增大，即炸药的起爆感度降低了。

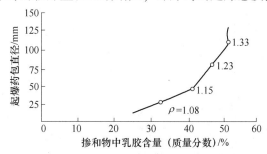

图 3-23 重铵油炸药的临界直径与乳胶含量的关系

重铵油炸药的组分与性能如表 3-23 所示。

表 3-23 重铵油炸药的组分与性能的关系

项 目	组分（质量分数）/%										
乳胶基质	0	10	20	30	40	50	60	70	80	90	100
ANFO	100	90	80	70	60	50	40	30	20	10	0
密度/g·cm^{-3}	0.85	1.0	1.10	1.22	1.31	1.42	1.37	1.35	1.32	1.31	1.30
爆速（药包直径 127mm）/m·s^{-1}	3800[①]	3800	3800	3900	4200	4500	4700	5000	5200	5500	5600
膨胀功/J·g^{-1}	3383	3751	3705	3663	3605	3538	3446	3362	3279	3212	3145
冲击功/J·g^{-1}						3458					3136
气体生成量 /mol·kg^{-1}	43.8	43.3	42.8	42.3	41.4	41.4	40.9	40.4	39.9	39.4	39.0
相对重量威力	100	99	98	96	95	93	91	89	86	85	83
相对体积威力	100	116	127	138	146	155	147	171	133	131	127
抗水性	无	同一天内可起爆			在无约束包装下，可保持 3 天起爆					无包装保持 3 天	
最小直径/mm	100	100	100	100	100	100	100	100	100	100	100

①系实测值，其余为估算值。

重铵油炸药密度、爆热及体积威力与乳胶含量的关系见图 3-24。

C 重铵油炸药的制备

重铵油炸药的现场混制的基本过程是先分别制备乳胶基质和铵油炸药，然后将二者按设计比例掺和，所制备的乳胶基质可泵送至固定的储罐中存放，亦可用专用罐车运至现场，还可在车上直接制备。多孔粒状硝铵与柴油可铵 94∶6 的比例在工厂等固定地点混拌，亦可在混装车上混制。

3.6.2.5 膨化硝铵炸药

A 膨化硝酸铵

膨化硝铵炸药是以膨化硝酸铵为氧化剂，复合油（燃料与石蜡的混合物）和木粉为

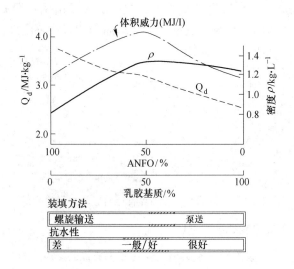

图 3-24 重铵油炸药密度、爆热及体积威力与乳胶含量的关系

可燃剂，并铵一定比例均匀混合制得的工业炸药。由于膨化硝酸铵比普通硝酸铵的吸油性好，故用来制成的工业炸药爆炸性能更稳定。

所谓膨化硝铵，是具有多微孔（直径 $10^{-5} \sim 10^{-2}$ mm）和片状结构的白敏化的改性硝酸铵，它是由硝酸铵饱和溶液在膨化剂（由表面活性剂、发泡剂、憎水剂和硝酸铵晶相稳定剂等组成的混合物）作用和减压条件下快速晶析形成的多微孔状硝酸铵。

膨化硝酸铵的关键技术是硝酸铵的膨化敏化改性，膨化硝酸铵颗粒中含有大量的"微气泡"，颗粒表面被"歧性化"、"粗糙化"，当其受到外界强力激发作用时，这些不均匀的局部就可能形成高温高压的"热点"进而发展成为爆炸。

B　膨化硝铵炸药的组分和性能

膨化硝铵炸药的组分和性能指标分别见表 3-24 和表 3-25。膨化硝铵炸药与常用工业炸药的主要组成及感度指标对比见表 3-26。

表 3-24　膨化硝铵炸药的组分

炸　药　名　称	组分含量（质量分数）/%			
	硝酸铵	油相	木粉	食盐
岩石膨化硝铵炸药	90.0~94.0	3.0~5.0	3.0~5.0	—
露天膨化硝铵炸药	89.5~92.5	1.5~2.5	6.0~8.0	—
一级煤矿许用膨化硝铵炸药	81.0~85.0	2.5~3.5	4.5~5.5	8~10
一级抗水煤矿许用膨化硝铵炸药	81.0~85.0	2.5~3.5	4.5~5.5	8~10
二级煤矿许用膨化硝铵炸药	80.0~84.0	3.0~4.0	3.0~4.0	10~12
二级抗水煤矿许用膨化硝铵炸药	80.0~84.0	3.0~4.0	3.0~4.0	10~12

注：1. 抗水煤矿许用膨化硝铵炸药与非抗水煤矿许用膨化硝铵炸药的油相含量相同，仅油相成分不同。
　　2. 岩石、露天膨化硝铵炸药的木粉可用煤粉替代。

表 3-25 膨化硝铵炸药的性能指标

炸药名称	性能指标											
	水分（质量分数）/%	殉爆距离/cm		猛度/mm	药卷密度/g·cm^{-3}	爆速/km·s^{-1}	做功能力/mL	保质期/d	保质期内		有害气体含量/L·kg^{-1}	可燃气安全度	抗爆燃性
		浸水前	浸水后						殉爆距离/cm	水分/%			
岩石膨化硝铵炸药	≤0.30	≥4	—	≥12.0	0.80~1.00	≥3.2	≥298	180	≥3	≤0.50	≤80	—	
露天膨化硝铵炸药	≤0.30	—		≥10.0	0.80~1.00	≥2.4	≥228	120	—	≤0.50	—	—	—
一级煤矿许用膨化硝铵炸药	≤0.30	≥4	—	≥10.0	0.85~1.05	≥2.8	≥228	120	≥3	≤0.50	≤80	合格	合格
一级抗水煤矿许用膨化硝铵炸药	≤0.30	≥4	≥2	≥10.0	0.85~1.05	≥2.8	≥228	120	≥3	≤0.50	≤80	合格	合格
二级煤矿许用膨化硝铵炸药	≤0.30	≥3	—	≥10.0	0.85~1.05	≥2.6	≥218	120	≥2	≤0.50	≤80	合格	合格
二级抗水煤矿许用膨化硝铵炸药	≤0.30	≥3	≥2	≥10.0	0.85~1.05	≥2.6	≥218	120	≥2	≤0.50	≤80	合格	合格

表 3-26 膨化硝铵炸药与常用工业炸药的主要组成及感度指标对比

炸药名称	主要成分/%	含水量/%	密度/g·cm^{-3}	殉爆距离/cm	雷管起爆感度
膨化硝铵炸药（岩石）	硝酸铵 92，复合油相 3~5，木粉 3~5	≤0.50	0.80~1.00	6~9	能被一发 6 号雷管起爆
膨化硝铵炸药（一级煤矿）	硝酸铵 83，复合油相 2.5~3.5，木粉 4.5~5.5	≤0.50	0.85~1.05	5~7	
膨化硝铵炸药（二级煤矿）	硝酸铵 82，复合油相 3.0~4.0，木粉 3.0~4.0	≤0.50	0.85~1.05	5~6	
乳化炸药	硝酸铵 83，油相 6~8	8~11	0.95~1.25	3~6	
水胶炸药	硝酸铵 50~57，其他 30~40	8~13	0.95~1.25	3~6	

由表 3-24 看出，膨化硝铵炸药（岩石）的硝酸铵含量稍高于其他炸药，殉爆距离指标高于乳化炸药、水胶炸药。

3.6.2.6　煤矿许用炸药

我国的大多数煤矿均为瓦斯矿井，尤以高瓦斯矿井和瓦斯突出矿井居多。

A　煤矿许用炸药的特点

（1）炸药本身的能量应有一定的限制，在保证做功能力的条件下，使其爆热、爆温、爆压和爆速都要求低一些，以保证爆炸后不致造成矿井混合气体局部升温到发火点。

（2）炸药应有较高的起爆敏感度和较好的传爆能力，以保证其爆炸的完全性和传爆的稳定性，炸药爆炸过程中爆轰不至于转化为爆燃。良好的传爆能力还可使爆炸产物中未反应的炽热固体颗粒和爆炸瓦斯的量大大减少，从而提高其安全性。

（3）有毒气体的生成量应符合国家标准。炸药的氧平衡应接近于零氧平衡，以确保其爆炸后生成较少的有毒气体。

（4）煤矿许用炸药的组分中不能含有金属粉末，以防爆炸后生成炽热固体粒子。

为使炸药具有上述特性，应在煤矿许用炸药组分中添加一定量的消焰剂，消焰剂主要是碱金属卤化物，如食盐、氯化钾、氯化铵或其他类似的物质。它们具有较强的极性和活性，能够有效地破坏或者束缚链反应中的活泼中心——自由基，破坏反应链传递。

B　煤矿许用炸药的分级

我国煤矿许用炸药按所含瓦斯安全性分为五级，各个级别许用炸药瓦斯安全性（巷道试验）的合格标准如下：

一级煤矿许用炸药：100g 发射臼炮检定合格，可用于低瓦斯矿井；

二级煤矿许用炸药：180g 发射臼炮检定合格，一般可用于高瓦斯矿井；

三级煤矿许用炸药：试验法 1：400g 发射臼炮检定合格；试验法 2：150g 悬吊检定合格；可用于瓦斯与煤突出矿井；

四级煤矿许用炸药：250g 悬吊检定合格；

五级煤矿许用炸药：450g 悬吊检定合格。

C　煤矿许用炸药的常用种类

根据炸药的组成和性质，煤矿许用炸药可分为五类。

（1）粉状硝铵类许用炸药。通常以硝酸铵为氧化剂，梯恩梯为敏感剂等组成的爆炸性混合物，多为粉状。

（2）许用含水炸药。这类炸药包括许用乳化炸药和许用水胶炸药。前者多数是二、三级品，少数可达四级煤矿许用炸药的标准。后者只有淮北矿务局 910 厂生产，是从美国杜邦公司引进的。

煤矿许用含水炸药是近 30 年来发展起来的新型许用炸药。由于它们组分中含有较大量的水、爆温较低，有利于安全，同时调节余地较大，具有良好的发展前景。

（3）离子交换炸药。含有硝酸钠和氯化铵的混合物，称为交换盐或等效混合物。在通常情况下，交换盐比较安全，不发生化学变化，但在炸药爆炸的高温高压条件下，交换盐就会发生反应，进行离子交换，生成氯化钠和硝酸铵：

$$NaNO_3 + NH_4Cl \longrightarrow NaCl + [NH_4NO_3] \longrightarrow 2H_2O + N_2 + \frac{1}{2}O_2 \qquad (3\text{-}38)$$

在爆炸瞬间生成的氯化钠，作为消焰剂高度弥散在爆炸点周围，有效地降低爆温和抑制瓦斯燃烧；与此同时生成硝酸铵，则作为氧化剂加入爆炸反应。

（4）被筒炸药。用含消焰剂较少、爆轰性能较好的煤矿硝铵炸药作药芯，其外再包覆一个用消焰剂做成的"安全被筒"。这样的复合装药结构，就是通常所说的"被筒炸药"。当被筒炸药的药芯爆炸时，安全被筒的食盐被炸碎，并在高温下形成一层食盐薄雾，笼罩着爆炸点，更好地发挥消焰作用。因而这种炸药可用在瓦斯和煤尘突出矿井。被筒炸药整个炸药的消焰剂含量可高达5%。

（5）当量炸药。盐量分布均匀，而且安全性与被筒炸药相当的炸药称为当量炸药。当量炸药的含盐量要比被筒炸药高，爆力、猛度和爆热远比被筒炸药低，正常爆轰时具有很高的安全性。几种当量炸药的配方和性能如表3-27所示。

表3-27　几种当量炸药的配方和性能

	炸药品种	1	2	3	4	5
组成 /%	硝酸酯	8.0	10.0	5.0		
	胶棉	0.1	0.1	0.05		
	硝酸铵	44.9	41	56.95	48.0	56.0
	梯恩梯	3.0		5.0	4.0	7.4
	木粉	4.0	4.9	3.0	4.0	3.3
	食盐	40.0	44	30.0	40.0	33.3
	黑索今				4.0	
爆炸 性能	爆速/m·s⁻¹	1650	1700			2340
	猛度/mm	7.5	6.7	9.8	8.5~9.1	8~9
	殉爆距离/cm	8	12	12	4~6	4~6
	爆力/mL	177	161	171	140~145	190

3.6.3　现场混装炸药

现场混装炸药是指不经过专门厂家生产，或只生产半成品（如乳胶基质），在爆破现场直接利用原材料的水相和油相溶液或乳胶基质混合、输送、装填到炮孔中，进而进行爆破作业。现场混装炸药的主要设备是现场装药机械，是使用炸药原料及半成品，在爆破现场混制成炸药并装入炮孔的一种设备，主要用于露天和地下矿山、井巷掘进及其他各种爆破工程中的炮孔。现场混装炸药的主要设备在露天称为装药车或混装车。在地下矿称为装药器和地下装药车。由于装药车或装药器的使用，炸药充填密度好，钻孔利用率更高。露天矿使用的混装炸药车实现了装药机械化，制作炸药的原料分装在车上各个料仓，到达爆破现场后才进行炸药的混制及装填，提高了作业安全性。还可根据岩石的不同特性选择装药车，配置不同威力的炸药，提高爆破效率。在地下爆破工程作业，特别是地下矿山的上向中、深孔爆破中，采用装药车装药，可节省人力、提高装药效率、改善爆破质量、减轻劳动强度。

3.6.3.1　混装炸药车的发展

现场混装炸药的主要设备是混装车，混装炸药车的出现与炸药新品种的研制密不可分。20 世纪 50~60 年代，美国、加拿大研制出了多孔粒状硝酸铵，只要将多孔粒状硝酸铵和一定比例的柴油简单的混合即成为炸药——多孔粒状铵油炸药。由于多孔粒状硝酸铵不结块，流动性好，又具有足够的孔隙，吸油率高、不含 TNT、这样为机械化创造了良好的条件。与此同时，美国埃列克公司、AM 公司、加拿大的 ICI 公司以及苏联利用这一炸药工艺简单的特点，把混制、装填放在一起，这样就出现了铵油炸药现场混装车，并很快得到了推广应用。

混装车也随着炸药的发展而发展，含水炸药——浆状炸药、水胶炸药、乳化炸药一经出现，与之配套的混装车也相继出现。1963 年美国埃列克公司研制成功了浆状炸药混装车，把各种原料装在车上的各容器内，现场混制并装入孔内。20 世纪 70 年代，美国、加拿大、瑞典等国家又开始研制乳化炸药现场装药车，并于 1982 年推出成功产品。1983 年美国埃列克公司又研制成功了重铵油炸药现场混装车。

国内这方面的研究始于 20 世纪 80 年代初期，1984 年经国家计划委员会、国家经济委员会、机械工业部批准，由山西惠丰特种汽车有限公司（长治矿山机械厂）引进国外混装车制造技术，1986 年在北京与美国埃列克公司签订了引进粒状铵油炸药混装车、乳化炸药混装车、重铵油炸药混装车和配套的地面输送设备（即地面站）技术引进合同。1990 年在本钢南芬露天铁矿通过部级鉴定，并先后应用于德兴铜矿、平朔煤矿等国内大型露天矿山。从此我国的露天矿爆破作业混装车技术实现了飞跃，在引进的基础上创新与发展。目前，我国乳化炸药的现场混制装药技术已经成熟起来，有了专业的混制装药车制造工厂，并在一批大中型露天矿山爆破作业中获得通过应用。

3.6.3.2　现场装药机械分类

爆破装药机械按用途，可分为露天爆破装药机械和地下爆破装药机械。按装药车生产的炸药种类，可分为现场混装重铵油炸药车、现场混装粒状铵油炸药车和现场混装乳化炸药车等。

露天爆破装药机械，包括现场混装重铵油炸药车、现场混装粒状铵油炸药车和现场混装乳化炸药车三大类。

地下爆破装药机械，包括装药器和装药车两类。装药器又分为传统装填黏性粒状炸药（还有少数矿山装填粉状炸药）的压气装药器和新型现场混装乳化炸药装药器。装药车也分地下压气装药台车和地下现场混装乳化炸药车。压气装药器、压气装药台车的工作动力均为压缩空气。地下现场混装乳化炸药装药器、装药车则为电-液工作系统。

地面站是为现场混装炸药车进行原材料储存、半成品加工等而设置的地面辅助配套设施，有固定式地面站和移动式地面站两种形式。

3.6.3.3　露天爆破装药机械

A　现场混装重铵油炸药车

a　现场混装重铵油炸药车简况

由山西惠丰特种汽车有限公司（长治矿山机械厂）研制成功的 BCZH-15 现场混装车是一种多功能炸药的现场混装车，可混制乳化炸药、多孔粒状铵油炸药和重铵油炸药，这种混装车水孔和干孔都适用，可满足不同爆破工程要求。其总体结构如图 3-25 所示。

混装重铵油炸药车输药效率：采用螺旋送药时为 450kg/min，采用 MONO 泵送药时为

200~280kg/min。目前有 8t、12t、15t、20t、25t 等多种规格。现场混装重铵油炸药车具有自动计量功能。

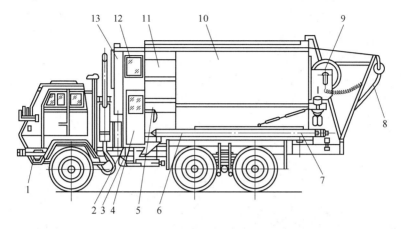

图 3-25 BCZH-15 现场混装车总体结构图

1—汽车底盘；2—动力输出系统；3—电源总开关；4—前操纵室；5—浆状输药系统；
6—螺旋输送系统；7—微量元素系统；8—输药软管；9—软管卷筒；10—干料箱；
11—乳胶浆状箱；12—电气液压控制系统；13—燃油系统

根据我国机械行业标准《现场混装铵油炸药车》（JB/T 8432.1—2006）的规定，现场混装重铵油炸药车的基本参数应符合表 3-28 的规定。使用性能为：水孔直径 100mm 以上、深 25m 以内，干孔直径 100mm 以上、孔深不限；输药软管的外径应适应炮孔的要求，最大工作压力为 1.2MPa；液压系统中液压油的工作温度为 38~50℃。

表 3-28 现场混装重铵油炸药车基本参数

型　号	参　数		
	装载量/t	装药效率/kg·min^{-1}	计量误差/%
BCZH-8	8	干孔：450 水孔：200	±2
BCZH-12	12		
BCZH-15	15		
BCZH-20	20		
BCZH-25	25		

b　主要技术参数

BCZH-15 现场混装重铵油炸药车主要技术参数如表 3-29 所示。

表 3-29 BCZH-15 现场混装重铵油炸药车主要技术参数

适用范围	多孔粒状铵油炸药	重铵油炸药	乳化炸药
	直径≥90mm 的露天下向炮孔	直径≥90mm 的露天下向炮孔	
载药量/t	15		
装药效率/kg·min^{-1}	450	200~450	200~280
计量误差/%	≤±2		

B 现场混装粒状铵油炸药车

a 现场混装粒状铵油炸药车简况

BCLH 系列现场混装粒状铵油炸药车结构如图 3-26 所示。主要由汽车底盘、动力输出系统、干料箱、燃油箱、输送螺旋、电器装置等组成。适用于大直径（一般 80mm 以上）干孔装药。现场混装粒状铵油炸药车工作前先在地面站装入柴油和多孔粒状硝酸铵。装药车驶到作业现场，由车载系统将多孔粒状硝酸铵与柴油按配比均匀掺混，并装入炮孔。现场混装粒状铵油炸药工艺简单、成本低，但炸药体积威力相对较低。

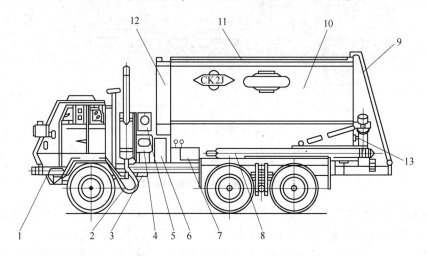

图 3-26 BCLH 系列现场混装粒状铵油炸药车结构

1—汽车底盘；2—排烟管总成；3—动力输出系统；4—液压操作台；5—散热器总成；6—液压油箱；7—电器操作箱；
8—螺旋输送系统；9—梯子；10—干料箱；11—走台板；12—燃油箱；13—燃油快速接头

粒状铵油炸药现场混装车输药效率为 200～450kg/min，目前有 4t、6t、8t、12t、15t、20t、25t 等多个规格可供选择。现场混装粒状铵油炸药车具有自动计量功能。

根据我国机械行业标准《现场混装粒状铵油炸药车》（JB/T 8432.2—2006）的规定，基本参数应符合表 3-30 的规定。使用性能为：装药车适应炮孔直径 100mm 以上、孔深不限；液压系统中，液压油的工作温度为 38～50℃。

表 3-30 现场混装粒状铵油炸药车基本参数

型 号	参 数		
	装载量/t	装药效率/kg·min⁻¹.	计量误差/%
BCLH-4	4	200	±2
BCLH-6	6	200	±2
BCLH-8	8	200	±2
BCLH-12	12	200～450	±2
BCLH-15	15	200～450	±2
BCLH-20	20	200～450	±2
BCLH-25	25	200～450	±2

b 主要技术参数

表 3-31 和表 3-32 分别列出了几种现场混装粒状铵油炸药车的主要技术参数。

表 3-31 BCLH 系列现场混装多孔粒状铵油炸药车主要技术参数

型 号	BCLH-15	BCLH-12	BCLH-8	BCLH-6	BCLH-4
载药量/t	15	12	8	6	4
装药效率/ kg·min⁻¹	450	400	350	300	250
液体箱容积/m³	1.06	0.86	0.55	0.40	0.27
硝酸铵料仓容积/m³	14.6	13.7	9.1	6.9	4.6
计量误差/%	≤±2	≤±2	≤±2	≤±2	≤±2
发动机功率/kW	206	188	154	118	99

表 3-32 BC 系列多孔粒状铵油炸药现场混装车主要技术参数

型 号	BC-4	BC-7	BC-12
使用范围	直径≥100mm，残水深≤250mm 的露天下向炮孔		
原料	多孔粒状硝酸铵，轻柴油		
载药量/t	4	7	12
柴油含量/%	4.5~6		
装药效率/kg·min⁻¹	≥150	≥240	≥400
机械臂回转范围/(°)	345		
机械臂工作半径/m	5	5~7.2	5~7.6
汽车底盘	解放 CA1070；$P=120$ 马力	ZZ1163N4646F；$P=197$ 马力	ZZ1256N3846F；$P=280$ 马力
外形尺寸（长×宽×高）/mm×mm×mm	BC-4 解放：7250×2500×3400	8350×2500×3620	9690×2500×3695

C 现场混装乳化炸药车

a 现场混装乳化炸药车简况

BCRH 系列现场混装乳化炸药车是山西惠丰特种汽车有限公司（长治矿山机械厂）引进美国埃列克公司的混装车技术，径消化吸收设计制造的，共有 8t、12t、15t、25t 四种吨位的车型，现场混装乳化炸药车具有自动计量功能。其总体结构如图 3-27 所示。

BCRH 系列现场混装乳化炸药车可现场混装乳化炸药和最大加 30% 干料的两种乳化炸药。水相、油相、敏化剂的配制在地面站进行，而乳胶基质的敏化、干料的混合、敏化在车上进行。炸药主要有水相（硝酸铵溶液）、油相（柴油和乳化剂的混合物）、干料（多孔粒状硝酸铵或铝粉）和微量元素（发泡剂）四大部分混制而成。现场混装乳化炸药车在爆破现场将车载乳胶基质装填进入炮孔，敏化后形成具有起爆感度的乳化炸药。装载的乳胶基质，本身是一种非常稳定的半成品材料，不具备雷管感度。现场混装车装填的乳化炸药，密度高、炸药体积威力大。

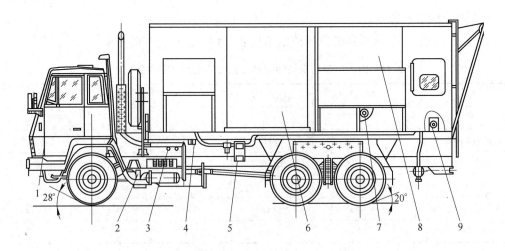

图 3-27 BCRH 系列现场混装乳化炸药车
1—汽车底盘；2—动力输送系统；3—液压系统；4—电气控制系统；5—燃油（油箱）系统；
6—乳化（油箱）系统；7—水气清洗系统；8—干料配料系统；9—水暖系统

乳化炸药车装药效率为 200~280kg/min。根据我国机械行业标准《现场混装粒状铵油炸药车》（JB/T 8432.3—2006）的规定，现场混装乳化炸药车的基本参数应符合表 3-33 的规定。使用性能为：装药车适应直径 100mm 以上、深 25m 以内的炮孔；输药软管的外径应适应炮孔的要求，最大工作压力为 1.2MPa；液压系统中液压油的工作温度为 38~50℃。

表 3-33 现场混装乳化炸药车基本参数

型 号	参 数		
	装载量/t	装药效率/kg·min⁻¹	计量误差/%
BCRH-8	8	低速：200 高速：280	±2
BCRH-12	12		
BCRH-15	15		
BCRH-20	20		
BCRH-25	25		

b 主要技术参数

表 3-34 和表 3-35 列出了几种现场混装乳化炸药车的主要技术参数。

表 3-34 BCRH 系列露天现场混装乳化炸药车主要技术参数

型 号	BCRH-15B	BCRH-15C	BCRH-15D	BCRH-15E
载药量/kg	15000	15000	15000	15000
装药效率/kg·min⁻¹	200~280	200~280	200~280	200~280
装填炮孔直径（向下孔）/mm	≥120	≥120	≥120	≥120
装填炮孔深度/m	20	20	20	20

续表3-34

型　号	BCRH-15B	BCRH-15C	BCRH-15D	BCRH-15E
行驶速度/km·h⁻¹	70	70	70	70
工作动力	汽车发动机	汽车发动机	汽车发动机	汽车发动机
备　注	装载油、水相热溶液	装载油、水相热溶液，可添加20%多孔粒状硝酸铵	装载热乳胶基质	装载热乳胶基质，可添加20%多孔粒状硝酸铵

表 3-35　BCJ-3 露天现场混装乳化炸药车主要技术参数

载药量/t	装药效率 /kg·min⁻¹	装填炮孔直径（下向孔）/mm	装药密度 /g·cm⁻³	装填炮孔深度 /m	最大行驶速度 /km·h⁻¹	外形尺寸（长×宽×高）/mm×mm×mm
10~15	80~240	≥80	0.95~1.20	5~40	70	7520×2470×3600

3.6.3.4 地下爆破装药机械

A　地下爆破装药机械类别

（1）压气装药器：在地下爆破工程作业，特别是地下矿山向上的中深孔生产爆破中，采用装药器装药，可节省人力、提高装药效率、改善爆破质量、减轻劳动强度。

（2）压气装药台车：将压气装药器系统安装在自行式地下矿山通用底盘上的专用爆破装药作业台车。适用于无轨运输的大型地下矿山和其他地下大型硐库开挖爆破工程。

（3）现场混装乳化炸药装药车：由现场混装乳化炸药上盘系统和地下低矮汽车或铰接式台车底盘组成，是一种正在发展兴起的地下矿山等爆破装药机械，安全性好、作业效率高。

B　地下现场混装炸药车、装药器主要技术参数

表 3-36~表 3-39 列出几种地下现场混装炸药车、装药器的主要技术参数。

表 3-36　BCJ-5、BCJ-5（M）多品种现场混装炸药车主要技术参数

型　号	BCJ-5	BCJ-5（M）
载药量/kg	100~200	100~200
装药效率/kg·min⁻¹	15~50	15~50
装填炮孔范围	（φ25~70mm）×360°	（φ25~70mm）×360°
装填炮孔深度/m	3~40	3~40
装药密度/g·cm⁻³	0.95~1.20	0.95~1.20
行驶速度/km·h⁻¹	20~30	40~60
工作动力	车载电机或汽车发动机	汽车发动机
外形尺寸（长×宽×高）/mm×mm×mm	1200×1200×1000	1200×1200×1000
备　注	适于非煤地下矿山	适于井下煤矿

表 3-37　BCJ 系列地下现场混装乳化炸药车主要技术参数

型　号	BCJ-1	BCJ-2	BCJ-4
载药量/kg	600~1000	600~2000	600~2000
装药效率/kg·min^{-1}	15~20	15~80	15~80
装填炮孔范围	(φ25~50mm)×360°	(φ25~50mm)×360°	(φ25~90mm)×360°
装填炮孔深度/m	3~40	3~40	3~40
装药密度/g·cm^{-3}	0.95~1.20	0.95~1.20	0.95~1.20
行驶速度/km·h^{-1}	20~30	40~60	
工作动力	车载电机或汽车发动机	汽车发动机	车载电机
外形尺寸（长×宽×高）/mm×mm×mm	4300×2450×2600	7000×2430×3500	8900×1850×2500

表 3-38　BQ 系列粒状铵油炸药装药器

型　号	BQ-100	BQ-50
载药量/kg	100	50
药桶容积/dm^3	130	65
工作风压/MPa	0.25~0.4	0.25~0.4
承受最大风压/MPa	0.7	0.7
使用输药软管内径/mm	φ25 及 φ32	φ25 及 φ32
外形尺寸(长×宽×高)/mm×mm×mm	676×676×1350	750×750×1100
自重/kg	65	55
备　注	为无搅拌装药器，主要用于地下矿山、隧道、硐室爆破	

表 3-39　抬杠式装药器

产品型号	载药量/kg	工作压力/MPa	输药管内径/mm	适用炮孔直径/mm	装药效率/kg·h^{-1}	自重/kg	装药密度/g·cm^{-3}
Howda-100	100	0.3~0.4	25~32	40~70	600	85	0.95~1
Howda-100J	100	0.3~0.4	25~32	40~70	600	65	0.95~1

注：Howda-100 抬杠式为无搅拌装药器；Howda-100J 抬杠式为有搅拌装药器，适用于矿山井下大型硐室中深孔装药。

3.6.3.5　现场装药地面站

A　地面站类别

a　按使用期限分

（1）固定式地面站。固定式地面站是现场混装车的地面配套设施，用于原材料储存、半成品加工等。露天矿山开采等作业面相对固定、工期较长的爆破工程，适宜建固定式地面站。以年产 5000t/a 露天矿用乳化炸药生产规模为例，厂内布置的明细如表 3-40 所示。

表 3-40 地面站明细表

序号	名　称	数量	建筑面积/m²	主要功能
1	原料仓库	2	600	储存硝酸铵
2	原料仓库	2	200	油料材料、乳化剂
3	生产车间	1	90~110	破碎、溶化、乳化、泵送
4	办公值班室	2	36	
5	配变电	1	18	
6	锅炉房	1	90	
7	柴油站车库	1		
8	车库	1	60~80	

（2）移动式地面站。公路、铁路、大中型水利水电工程等，由于爆破作业面分散、工期短，为装药车提供半成品及原料，适宜设置移动式地面站。移动式地面站移动方便，建设用地少、投资小，能适应流动性大、环境复杂的爆破作业，经济效益显著。移动式地面站通常由四辆主体车，两辆辅助车组成。主体车有：原料运输车、生产制备车、动力车、生活车。制备车设有水相制备输送系统、油相输送系统、发泡剂输送系统、乳胶输送系统。动力车设有配电屏、发电机、蒸汽锅炉、地表水处理装置、化验室、乳化剂储存保温室等。辅助车主要配置加油车和工具车。

b　按混装车类型分

现场装药地面站按其混装车类型可分为现场混装重铵油炸药车地面站；现场混装粒状铵油炸药车地面站；现场混装乳化炸药装药车地面站等。

B　现场混装粒状铵油炸药车地面站

铵油炸药地面站宜选在离爆破工地较近，其周围200m内无居民和其他保护对象。混装炸药的主体设备应布置在能防潮、防雷的地方。多孔粒状铵油炸药地面站的主要设施如图3-28所示。

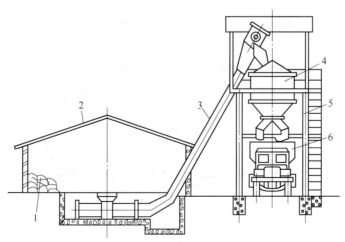

图 3-28 多孔粒状铵油炸药地面站的主要设施

1—多孔粒状硝酸铵；2—库房；3—输送机；4—储料罐；5—上料架；6—混装车

C 现场混装重铵油炸药车地面站

现场混装重铵油炸药所用的乳胶基质,应在取得生产许可证的乳化炸药厂生产的,有产品合格证,质量符合行业标准的乳胶基质。当乳胶基质在车上制作时,地面站由水相硝酸铵制备系统、油相制备系统和敏化剂制备系统组成,当乳胶基质在地面站制作时,在上述三个系统的基础上,再增加一套乳化装置。

D 现场混装乳化炸药装药车地面站

车制乳化炸药的生产包括地面站和混制装药车两部分。地面站的主要任务是完成炸药半成品的制备,包括:水相制备、油相制备、乳化剂制备和混合发泡剂制备。

根据我国机械行业标准《现场混装炸药车地面辅助设施》(JB/T 8433—2006)的规定,辅助设施的地面站由油相系统、水相系统、微量元素系统、粒状硝酸铵上料系统和地面乳化装置等组成,系统配置情况和适用车种见表3-41。现场混装炸药车地面站基本参数应符合表3-42的规定。

表 3-41 地面站系统配置情况和适用车种

地面站形式	所需系统					适用的装药车
	油相系统	水相系统	微量元素系统	粒状硝铵上料系统	地面乳化装置	
BDR	○	○	○	○	×	BCRH 系列
BDZ	○	○	○	○	○	BCZH 系列
BDL	○	×	×	○	×	BCLH 系列

注:"○"为对应地面站所需设备,"×"为不需要。BDL地面站中,油相系统只需柴油罐。地面站形式尾数字母为形式代号:R 为适用于 BCRH 系列装药车,Z 为适用于 BCZH 系列装药车,L 为适用于 BCLH 系列装药车。

表 3-42 地面站基本参数

型号	BD□-20	BD□-10	BD□-5	BD□-2	BD□-1
年生产能力/kt	20	10	5	2	1

注:型号中的□为形式代号。

E 地面站主要技术性能参数

表3-43和表3-44列出两种地面站主要技术性能参数。

表 3-43 BYD 型移动式地面站主要技术性能参数

水相制备罐 /m³	水相储存罐 /m³	油相制备罐 /m³	敏化剂制备罐 /m³	溶化效率 /m³·h⁻¹	制乳装置效率 /t·h⁻¹	年产量 /t
6.5	9	2	0.3	5	12~18	4000~8000

表 3-44 BD 型固定式地面站主要技术性能参数

水相制备(储存)罐 /m³	油相制备罐 /m³	敏化剂制备罐 /m³	制乳装置效率 /t·h⁻¹	破碎机型号	螺旋上料机型号	除尘器型号
10, 15, 25, 45	2, 3, 5	0.3, 0.5	12~18	400、500、600	219、299	CJ/5, CJ/7

注:可组合形成年产4000~45000t多种产能的地面站。

参 考 文 献

[1] 汪旭光. 爆破设计与施工 [M]. 北京：冶金工业出版社，2011.

[2] 于亚伦. 工程爆破理论与技术 [M]. 北京：冶金工业出版社，2004.

[3] 潘晓三. 混合炸药爆热与配方关系式的计算机推导 [J]. 矿业研究与开发，2001，22 (4)：54~56.

[4] 黄寅生，等. 工业炸药热化学参数程序化计算 [J]. 爆破器材，2010 (4)，5~9.

[5] 陆明. 工业炸药配方设计 [M]. 北京：北京理工大学出版社，2002.

[6] 黄寅生. 炸药理论 [M]. 北京：兵器工业出版社，2009.

[7] 惠君明，陈天云. 药爆炸理论 [M]. 南京：江苏科学技术出版社，1995.

[8] 张宝铧，等. 爆轰物理学 [M]. 北京：兵器工业出版社，2001.

[9] 孟吉复，惠鸿斌. 爆破测试技术 [M]. 北京：冶金工业出版社，1992.

[10] 高全臣，刘殿书. 岩石爆破测试原理与技术 [M]. 北京：煤炭工业出版社，1996.

[11] 汪旭光. 乳化炸药 [M]. 第 2 版. 北京：冶金工艺出版社，2008.

[12] 汪旭光. 汪旭光院士论文选集 [M]. 北京：科学出版社，2009.

[13] 汪旭光. EL 系列乳化炸药的研制 [J]. 爆破器材，1981，10 (3)：1~6.

[14] 汪旭光，李国仲. BGRIMM 乳化炸药技术新进展 [J]. 矿业工程，2003，1 (1)，10~15.

[15] 王肇中，等. 粉状乳化炸药乳化工序的工艺和设备安全性研究 [J]. 矿冶，2005，14 (2)：1~3.

[16] 汪旭光，等. 乳化粉粒状炸药的研究及其应用 [J]. 工程爆破，2000，6 (3)：74~77.

[17] 葛韬武. 重铵油炸药的应用现状及其前景 [J]. 金属矿山，1992 (8).

[18] Ｗ Ｂ 埃文斯. 重铵油炸药 [J]. 矿业工程，1989 (5).

[19] 李玉清. 重铵油炸药的改进及其在黑岱沟露天煤矿爆破中的应用 [J]. 科技创新与应用，2012，23：26~27.

[20] 冯有景. 现场混装装药车 [M]. 北京：冶金工业出版社，2014.

[21] 冯有景，秦启胜，贺长庆. 露天矿现场混装装药车的发展和应用 [J]. 金属矿山，2009 (11 增刊，第 S1 期)：473~479.

[22] 张国顺. 民用爆炸物品及安全 [M]. 北京：国防工业出版社，2007.

[23] 开俊俊. 现场混装民爆一体化发展的探讨 [J]. 广东化工，2014，41 (278)：132 转 124.

[24] 佟彦军，等. 炸药现场混装车发展面临的障碍探究 [J]. 科技资讯，2011 (3)：48.

[25] P. A. Persson，Holmberg J. Lee. Rock blasting and explosives engineering [M]. New York，CRC Press，1998.

[26] Cook M A. The science of high explosives. ACS Monograph No. 139，Reinhold Publishing Company 1958.

[27] Sawada Telsuya，Kurokawa Koichi，Sumiya Fumihiko，Kato Yukio. Development of heat resistant emulsion explosives. Proceedings pf the Annual Symposium on explosives and Blasting Research Puhl by International Society of Explosivesengineers. 1992：73~82.

[28] Chattopadhyay A K，Shah D O，Ghaicha L. Double-tailed surfactants and their chain length compatibility in water in oil emulsions. Langmuir，1992，8 (1)：27~30.

[29] Villamagna F，Whitehead M A. Chattopadhyay A K，Mobility of surfactants at the water-in-oil emulsion interface . Journal of Dispersion Science and Technology. 1995，16 (2)：105~114.

[30] FORSBERG，John W，Pearson，Nils O. Cross-linked emulsion explosive composition. U. S. P，5401431.

[31] Chattopadhyay，Arun K. Emulsion explosive. U. S. P. 5500062.

[32] McKenzic，Lee F，Lawrence，Lawrence D. Emulsion explosicontaining organicmicrospheres，U. S. P. 4820361.

4 起爆器材与起爆技术

4.1 起爆器材

4.1.1 起爆器材的定义

起爆器材系指激发炸药爆炸反应的装置或材料，它能安全可靠地按要求的时间和顺序起爆炸药，即它包括了进行爆破作业引爆工业炸药的一切点火和起爆工具。

4.1.2 起爆器材的分类

根据作用不同，起爆器材可分为起爆材料和传爆材料。各种雷管属于起爆材料，导爆管属于传爆材料。继爆管、导爆索既属起爆材料又可用于传爆。

4.1.3 工程爆破对起爆器材的基本要求

工程爆破中使用的起爆器材必需使用安全可靠，简单方便，并满足：
（1）具有足够的起爆能力和传爆能力；
（2）能适应各种作业环境；
（3）延时精确；
（4）便于贮存和运输。

4.1.4 起爆器材设计的基本原则

起爆器材的设计必需遵循如下的基本原则：
（1）安全性原则。要求尽可能低的安全失效率。
（2）可靠性原则。一般要求有高的作用可靠性。
（3）协调性原则。除单个产品的性能外，还要考虑传爆序列和相关系统要求。
（4）继承和创新融合性原则。要尽量采用成熟技术或多数成熟技术与少数新技术结合。
（5）最佳效费比原则。效能/费比要高。
（6）标准化原则。通用化、序列化、模块化、制式药剂。
具体的要求是要满足：合适的感度、足够的威力、适应环境能力、适度的使用期限和经济性。

4.1.5 工业雷管

4.1.5.1 工业雷管的定义

工业雷管是指在管壳内装有起爆药和猛炸药的工业火工品，是采矿和工程爆破作业中常用的起爆器材。最早的雷管是由于在管壳内装有雷酸汞的起爆药，故称雷管。

4.1.5.2 工业雷管的分类

工业雷管可以有如下的分类方式：

（1）按行业标准《工业雷管分类与命名规则》（WJ/T 9031—2004）规定，工业雷管按引爆雷管的初始冲能分为：工业火雷管、工业电雷管、磁电雷管、导爆管雷管、继爆管、其他雷管。

（2）按发火方式分为：瞬发雷管、延期雷管、延期雷管又分为：秒延期雷管、半秒延期雷管和毫秒延期雷管。

（3）按起爆能力顺序编号分为：1~10 号雷管，其中最常用的是 6 号雷管和 8 号雷管。

数码电子雷管和磁电雷管是新近发展起来的工业电雷管的新品种，代表着当今工业雷管的发展方向，应该引起我们的注意。

4.1.5.3 对工业雷管的要求

一般地说，工业雷管是爆炸危险品，为满足使用的准确性、多样性和生产运输的安全性，对工业雷管提出了如下两个方面的要求。

A 技术条件方面的要求

（1）足够的灵敏度和起爆能力。工业雷管必须有足够的灵敏度以保证雷管在使用时准确按要求起爆，并保证具有足够的起爆能力以使被引爆的炸药能达到正常的爆轰。

（2）性能均一。雷管的技术参数要求有均一性，以保证使用时的一致性。

（3）延时精度高。能够突破不同段别的 25ms 等间隔延时。

（4）制造安全和使用安全。在保证足够的起爆能力的前提下，感度要适宜，以保证制造、装配、运输和使用过程中的安全。

（5）长期储存的稳定性。雷管生产后不能立即使用，有一个入库、出库、运输、现场使用的过程，在时间和空间上都有一些变化。工业雷管在贮存期内，应不发生变化和变质的现象。

B 生产经济条件方面的要求

（1）结构简单，易于大批生产。

（2）制造与使用方便。

（3）原料来源丰富，价格低廉。

4.1.5.4 火雷管（基础雷管）

通过导火索点燃后，喷出火星引爆的雷管称为火雷管。在工业雷管中，火雷管是最简单的品种，但是其他各种雷管的基本部分，故又称基础雷管。

A 火雷管的结构

火雷管的结构如图 4-1 所示，它由以下几个部分组成。

（1）管壳。保护起爆药和加强药；为炸药提供密闭空间，以减少其受外界的影响；同时可以增大起爆能力和提高抗振性能。火雷管的管壳通常采用金属铜、铝、

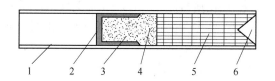

图 4-1 火雷管结构示意图
1—管壳；2—传火孔；3—加强帽；
4—DDNP；5—加强药；6—聚能穴

铝合金、纸制成，呈圆管状。管壳必需具有一定的强度，以减小正、副起爆药爆炸时的侧向扩散和提高起爆能力，管壳还可以避免起爆药直接与空接触，提高雷管的防潮能力。管壳一端为开口端，以供插入导火索之用；另一端密闭，做成圆锥形或半球面形聚能穴，以提高该方向的起爆能力。

（2）正起爆药。火雷管中的正起爆药在导火索火焰作用下，首先起爆。所以其主要特点是感度高。它通常由二硝基重氮酚（DDNP）或叠氮化铅制成。

（3）副起爆药。副起爆药也称为加强药。它在正起爆药的爆轰作用下起爆，进一步加强了正起爆药的爆炸威力。所以它一般比正起爆药感度低，但爆炸威力大，通常由黑索金（RDX）、特屈儿或黑索金-梯恩梯药柱制成。

（4）加强帽。加强帽是一个中心带小孔的小金属罩。它通常用铜皮冲压制成。加强帽的作用为：减少正起爆药的暴露面积，增加雷管的安全性；在雷管内形成一个密闭小室，促使正起爆药爆炸压力的增长，提高雷管的起爆能力；可以防潮。加强帽中心孔的作用是让导火索产生的火焰穿过此孔直接喷射在正起爆药上。中心孔直径 2mm 左右。为防止杂物、水分的浸入和起爆药的散失，中心孔常垫一小块丝绢以起封闭作用。

B 火雷管按起爆药量分级

火雷管按其起爆药量的多少分为 10 个等级，号数愈大，其起爆药量愈多。

工程爆破中常用的是 8 号雷管。表 4-1 列出火雷管的管壳规格。

表 4-1 火雷管的管壳规格

雷管品种	管 壳	内径/mm	长度/mm	加强帽至管口距离（不小于）/mm
6 号	金属壳	6.18~6.22	36±0.5	10
8 号	金属壳	6.18~6.22	40±0.5	10
	纸壳	6.18~6.30	45±0.5	15
	塑料壳	6.18~6.30	49±0.5	15

C 火雷管制作的工艺过程（以 LH 火雷管为例）

（1）检查雷管壳、加强帽、绸垫、清扫模具。

（2）将合格的绸垫装入加强帽中，再将此加强帽装入模具中。

（3）在万分之一天平上称重 0.06g 斯蒂酚酸铅，通过漏斗倒入加强帽中，再用冲头点平。

（4）在千分之一天平上称重 0.20g 叠氮化铅，通过漏斗倒入加强帽中，再用 0.02g 黑索金通过漏斗倒入加强帽中，放上冲头。

（5）用压机压药，压药压力为 47.5MPa。

（6）在专用防护设备中拔冲头、退模，取出已压好的加强帽，轻扫浮药，放到专用防护设备中备用。

（7）将合格雷管壳放入模具中，称量黑索金 0.06g 通过漏斗倒入雷管壳中，放入冲头。

（8）用压机压药，压药压力为 60MPa。

（9）在专用防护设备中拔冲头、轻扫浮药，再称量黑索金 0.04g 通过漏斗倒入压好药的雷管壳中，然后将已压好药的加强帽装入上述雷管壳中，放入冲头压合，压合压力为 50MPa。

（10）在专用防护设备中拔掉冲头、退模、拿出雷管，轻扫浮药，雷管制成后放入库房备用。模具清扫干净备用。

D 火雷管的引爆过程

火雷管的引爆过程是：

导火索火焰→起爆药起爆→加强药起爆→引爆炸药起爆

火雷管虽然具有使用方便、价格低廉的优点，但由于安全可靠性和环保方面存在的问题，根据国防科工委和公安部联合发布的《关于做好导火索、火雷管、铵梯炸药相关工作的通知》（科工委〔2008〕203 号）：2008 年 1 月 1 日起，停止生产导火索、火雷管、铵梯炸药；2008 年 3 月 31 日后停止销售导火索、火雷管、铵梯炸药；2008 年 6 月 30 日后停止使用导火索、火雷管、铵梯炸药。

4.1.5.5 工业电雷管

A 普通瞬发电雷管

瞬发电雷管也称即发电雷管，是指在电能的直接作用下立即起爆的雷管。

a 瞬发电雷管的结构

瞬发电雷管的结构如图 4-2 所示。它的装药部分与火雷管相同。不同之处在于其管内装有电点火装置。电点火装置由脚线、桥丝和引火药组成。

（1）脚线。脚线是用来给电雷管内的桥丝输送电流的导线，有铜脚线和镀锌铁脚线，外皮用塑料绝缘。铜脚线直径 0.45mm，每 1m 电阻为 0.1~0.12Ω；铁脚线直径为 0.5mm，每 1m 电阻为 0.55~0.60Ω。脚线长度一般为 2m，也可依用户的要求而定制。脚线要求具有一定的绝缘性和抗拉、抗挠曲和抗折断的能力。

（2）桥丝。是焊接在两根脚线端部的细金属丝，在通电时产生灼热，以点燃桥丝引火药。桥丝一般采用镍铬丝

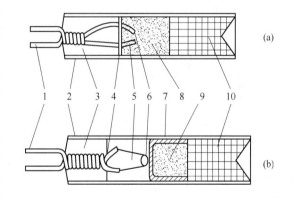

图 4-2 瞬发电雷管的结构示意图
(a) 直插式；(b) 引火头式
1—脚线；2—管壳；3—密封塞；4—纸垫；5—线芯；
6—桥丝（引火药）；7—加强帽；8—散装 DDNP；
9—正起爆花；10—副起爆药

（φ0.035~0.04mm）或康铜丝（铜镍合金，φ0.045~0.05mm）两种，长度为 2~6mm。

（3）引火药。电雷管的引火药一般都是可燃剂和氧化剂的混合物。目前国内使用的引火药成分有三类：1）氯酸钾-硫氰酸铅类，多用硝化棉胶作黏结剂；2）氯酸钾-木炭（或外加 15%二硝基重氮酚）类，多用骨胶或桃胶作黏结剂；3）在第二类的基础上再加上某些氧化剂和可燃剂，如：氯酸钾 17%：金属梯粉 78.5%：乙炔炭黑 1.7%：石墨 2.3%等。将配制好的引火药涂抹在桥丝的周围呈球状。通电后桥丝发热点燃引火药头，

引火药头燃烧的火焰再引爆雷管。

(4) 塑料封口塞。为了固定脚线和封住管口，在管口灌以硫磺或装上塑料塞。若灌以硫磺，为防止硫磺流入管内，还安装了厚纸垫或橡皮圆垫。使用金属管壳时，则在管口装一塑料塞，再用卡钳卡紧，外面涂以不透水的密封胶。

b 分类

根据电点火装置的不同，瞬发电雷管有两种结构。图 4-2（a）为直插式。其特点是正起爆药 DDNP 是松散的，取消了加强帽。点火装置的桥丝上没有引火药。桥丝直接插入松散的 DDNP 中，DDNP 既是正起爆药，又是点火药，即

通电→桥丝温度升高→点火药头引燃→起爆药起爆→加强药起爆→引爆炸药爆炸

当电流经脚线传至桥丝时，灼热的桥丝直接引燃 DDNP，并使之爆轰。

图 4-2（b）为引火头式，桥丝周围涂有引火药，做成一个圆珠状的引火头，即

通电→桥丝温度升高→点火药头引燃→起爆药起爆→加强药起爆→引爆炸药爆炸

当桥丝通电灼热，引起引火药燃烧，火焰穿过加强帽中心孔，即引起正、副起爆药的爆炸。

c 主要技术参数

(1) 电雷管电阻。电雷管在电流作用下爆炸是由于电流通过桥丝使其发热，灼热的桥丝点燃引火头，从而导致起爆炸药爆炸。根据焦耳-楞次定律，电流通过灼热的桥丝产生的热量与桥丝的电阻值、电流强度和通电时间有关，如式（4-1）所示：

$$Q = I^2 R t \qquad (4-1)$$

式中 Q——电流通过桥丝放出的热量，J；

  I——电流强度，A；

  R——桥丝电阻值，Ω；

  t——桥丝通电时间，s。

从式（4-1）可以看出，当 I 和 t 为定值时，若 R 不同，则所放出的热量不一样。如果在电雷管组成的起爆网路中，有某一发电雷管的电阻过大，它可能过早点燃起爆药，早爆的雷管会造成起爆网路失效；电阻小的雷管发热量不够，来不及点燃引火头雷管出现拒爆。因此在电起爆网路设计时，在同一电爆网路中的电雷管应选择同厂、同批、同型号的产品。尽量选用电阻值相差小的雷管。康铜桥丝电雷管的电阻值差不得超过 0.3Ω，镍铬桥丝电雷管的电阻值差不得超过 0.8Ω。

电雷管的电阻值是指桥丝电阻与脚线电阻之和，又称电雷管的全电阻。国产电雷管采用镍铬合金细丝作桥丝，桥丝电阻上下限差值不大于 0.8Ω。电雷管脚线由两根不同颜色的聚氯乙烯绝缘爆破线组成，脚线材料有铜芯和镀锌钢芯两种，铜脚线直径为 0.45mm，镀锌钢芯脚线直径为 0.5mm。脚线一般长度为 2.0m±0.1m，镀锌钢芯脚线电雷管全电阻不大于 6.3Ω，上下限差值不大于 2.0Ω；铜脚线电雷管全电阻不大于 4.0Ω，上下限差值不大于 1.0Ω。

电雷管在使用前，应先测定每发电雷管的电阻，电雷管的电阻值差不得大于产品说明书的规定，即镍铬桥丝雷管的电阻值差不得超过 0.8Ω。

电爆网路导通和测量电雷管电阻值，只准使用专用导通器和爆破电桥。电阻测量仪分

辨力不小于 0.1Ω，测量电流不大于 30mA。

（2）安全电流（最高安全电流）。安全电流亦称最高安全电流，系指给单发电雷管通以恒定直流电，通电时间 5min，受试电雷管均不会起爆的电流值。这是反映电雷管被引爆前在贮存、运输、使用中安全性能的重要指标。电雷管的安全电流应符合表 4-2 规定。以前镍铬桥丝电雷管的最高安全电流规定为 0.125A，后提高至 0.18A，现在已规定电雷管的安全电流必须在 0.20A 以上，说明现在使用的电雷管比过去使用的电雷管安全性能要好得多。

表 4-2　工业电雷管的电性能指标要求（摘自《工业电雷管》（GB 8031—2015））

项　　目	技　术　指　标			
	普通电雷管、煤矿许用电雷管			地震勘探用电雷管
	Ⅰ 型	Ⅱ 型	Ⅲ 型	
最大不发火电流/A	**≥0.20**	**≥0.30**	**≥0.80**	**≥0.20**
最小发火电流/A	≤0.45	≤1.00	≤2.50	≤0.45
发火冲能/A^2·ms	≥2.0	≤18.0	80.0~140.0	0.8~5.0
串联起爆电流/A	≤1.2	≤1.5	≤3.5	≤3.5
静电感度①/kV	**≥8**	**≥10**	**≥12**	**≥25**

注：表中粗体字为强制性内容。

　　①静电感度以脚线与管壳间耐静电压表示。

（3）最小发火电流。最小发火电流亦称最低准爆电流，系指对电雷管通以恒定直流电流，其最小发火电流应符合表 4-2 规定。试验中按通电时间为 30ms 时发火概率为 0.9999 的电流值作为最小发火电流值。它反映了电雷管在引爆时的感度指标，过去单发电雷管的最低准爆电流标准为不大于 0.7A，现在标准为不大于 0.45A，说明引爆电雷管所需的电流小了，准爆性能更好了。

（4）发火冲能。发火冲能也叫点燃电流冲能。点燃电流冲能的倒数表示电雷管的敏感度，点燃电流冲能越小，电雷管的敏感度越高。发火冲能的测定如下：先对电雷管通以恒定直流电流，通电时间 100ms，求出发火概率为 0.9999 的电流值，为百毫秒发火电流；再以两倍百毫秒电流的恒定直流电流 I（A）向电雷管通电，求出发火概率为 0.9999 的通电时间 t（ms），则发火冲能 K（A^2·ms）为：

$$K = I^2 \cdot t \tag{4-2}$$

电雷管的发火冲能应符合表 4-2 规定。即普通电雷管的发火冲能不大于 7.9A^2·ms。

（5）静电感度。在电容为 2000pF、串联电阻为 0Ω 及表 4-1 要求的充电电压条件下，对工业电雷管的脚线-管壳放电，不应发火。

（6）耐温性能。工业电雷管在 100℃ 的环境中保持 4h 不应发生爆炸。

（7）抗拉性能。在 19.6N 的静拉力作用下持续 1min，封口塞和脚线不应发生目视可见的损坏和移动。

（8）抗水性能。普通型。侵入压力为 0.01MPa 的水，保持 1h，取出后作发火试验，应爆炸完全。抗水型：侵入压力为 0.2MPa 的水，保持 24h，取出后作发火试验，应爆炸完全。

B 秒和半秒延期电雷管

秒和半秒延期电雷管是段间隔以秒或半秒计的延期电雷管。

（1）秒和半秒延期电雷管的结构。结构如图 4-3 所示。电引火元件与起爆药之间的延期装置是用精制导火索段或在延期体壳内压入延期药构成的，延期时间由延期药的装药长度、药量和配比来调节。索式结构的秒或半秒延期雷管的管壳上钻有两个起防潮作用的排气孔，排出延期装置燃烧时产生的气体。起爆过程是：通电后引火头发火，引起延期装置燃烧，延迟一段时间后雷管爆炸。国产秒或半秒延期雷管的延期时间和标志如表 4-3 和表 4-4 所示。

（2）使用范围。主要用于巷道和隧道掘进、采石场采石、土方开挖等爆破作业作业。在有瓦斯和煤尘爆炸危险的工作面不准使用秒延期电雷管。

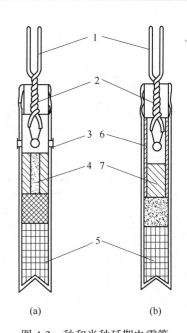

图 4-3 秒和半秒延期电雷管
（a）索式结构；（b）装配式结构
1—脚线；2—电引火线；3—排气孔；4—精制导火索；
5—火雷管；6—延期体壳；7—延期药

表 4-3 秒延期电雷的段别、秒量及脚线颜色

段 别	延期时间/s	脚线标志颜色
1	0	灰红
2	1.2	灰黄
3	2.3	灰蓝
4	3.5	灰白
5	4.8	绿红
6	6.2	绿黄
7	7.7	绿蓝

表 4-4 半秒延期电雷管的段别与秒量

段 别	延期时间/s	标 志
1	0	
2	0.5	
3	1.0	
4	1.5	
5	2.0	雷管壳上印有段别标志，每发雷管还有段别标签
6	2.5	
7	3.0	
8	3.5	
9	4.0	
10	4.5	

C 毫秒延期电雷管

毫秒延期电雷管简称为毫秒电雷管,它通电后爆炸的延期时间是以毫秒数量级来计量的。

a 毫秒电雷管的结构

毫秒电雷管的结构如图4-4所示。

毫秒延期电雷管的组成基本上与秒和半秒延期电雷管相同。不同点在于延期装置。毫秒电雷管的延期装置是延期药,常采用硅铁(还原剂)和铅丹(氧化剂)的混合物,并掺入适量的硫化锑,以调节

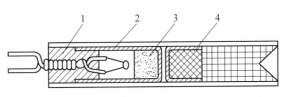

图4-4 毫秒延期电雷管
1—塑料塞;2—延期内管;3—延期药;4—加强帽

药剂的反应速度。为了便于装置,常用酒精、虫胶等做黏合剂造粒。通过改变延期药的成分、配比、药量及压药密度可以控制延期时间。毫秒延期药反应时气体生成量很少,反应过程中的压力变化也不大,所以反应速度很稳定,延期时间比较精确。

毫秒电雷管中还装有延期内管,它的作用是固定和保护延期药,并作为延期药反应时气体生成物的容纳室,以保证延期时间压力比较平稳。

b 毫秒延期电雷管的段别和延期时间

目前国产的电雷管段别及其延期时间如表4-5所示,但是,每家工厂可以根据用户的要求,对产品的规格予以变动。因此,在具体使用时,要注意查看产品说明书。

表4-5 工业电雷管延期时间系列(录自《工业电雷管》(GB 8031—2015))

段别	第1毫秒系列 ms			第2毫秒系列 ms			第3毫秒系列 ms			第4毫秒系列 ms			1/4秒系列 s			半秒系列 s			秒系列 s		
	名义延期时间	下规格限	上规格限	名义延期时间	下规格限	上规格限	名义延期时间	下规格限	上规格限	名义延期时间	下规格限	上规格限	名义延期时间	下规格限	上规格限	名义延期时间	下规格限	上规格限	名义延期时间	下规格限	上规格限
1	0	0	12.5	0	0	12.5	0	0	12.5	0	0	0.6	0	0	0.125	0	0	0.25	0	0	0.50
2	25	12.6	37.5	25	12.6	37.5	25	12.6	37.5	1	0.6	1.5	0.25	0.126	0.375	0.50	0.26	0.75	1.00	0.51	1.50
3	50	37.6	62.5	50	37.6	62.5	50	37.6	62.5	2	1.6	2.5	0.50	0.376	0.625	1.00	0.76	1.25	2.00	1.51	2.50
4	75	62.6	92.5	75	62.6	87.5	75	62.6	87.5	3	2.6	3.5	0.75	0.626	0.875	1.50	1.26	1.75	3.00	2.51	3.50
5	110	92.6	130.0	100	87.6	112.4	100	87.6	112.5	4	3.6	4.5	1.00	0.876	1.125	2.00	1.76	2.25	4.00	3.51	4.50
6	150	130.1	175.0	—	—	—	125	112.6	137.5	5	4.6	5.5	1.25	1.126	1.375	2.50	2.26	2.75	5.00	4.51	5.50
7	200	175.1	225.0	—	—	—	150	137.6	162.5	6	5.6	6.5	1.50	1.376	1.625	3.00	2.76	3.25	6.00	5.51	6.50
8	250	225.1	280.0	—	—	—	175	162.6	187.5	7	6.6	7.5	—	—	—	3.50	3.26	3.75	7.00	6.51	7.50
9	310	280.1	345.0	—	—	—	200	187.6	212.5	—	—	—	—	—	—	4.00	3.76	4.25	8.00	7.51	8.50
10	380	345.1	420.0	—	—	—	225	212.6	237.5	—	—	—	—	—	—	4.50	4.26	4.74	9.00	8.51	9.50
11	460	420.1	505.0	—	—	—	250	237.6	262.5	—	—	—	—	—	—	—	—	—	10.00	9.51	10.49

段别	第1毫秒系列 ms			第2毫秒系列 ms			第3毫秒系列 ms			第4毫秒系列 ms			1/4秒系列 s			半秒系列 s			秒系列 s		
	名义延期时间	下规格限	上规格限	名义延期时间	下规格限	上规格限	名义延期时间	下规格限	上规格限	名义延期时间	下规格限	上规格限	名义延期时间	下规格限	上规格限	名义延期时间	下规格限	上规格限	名义延期时间	下规格限	上规格限
12	550	505.1	600.0	—	—	—	275	262.6	287.5	—	—	—	—	—	—	—	—	—	—	—	—
13	650	600.1	705.0	—	—	—	300	287.6	312.5	—	—	—	—	—	—	—	—	—	—	—	—
14	760	705.1	820.0	—	—	—	325	312.6	337.5	—	—	—	—	—	—	—	—	—	—	—	—
15	880	820.1	950.0	—	—	—	350	337.6	362.5	—	—	—	—	—	—	—	—	—	—	—	—
16	1020	950.1	1110.0	—	—	—	375	362.6	387.5	—	—	—	—	—	—	—	—	—	—	—	—
17	1200	1110.1	1300.0	—	—	—	400	387.6	412.5	—	—	—	—	—	—	—	—	—	—	—	—
18	1400	1300.1	1550.0	—	—	—	425	412.6	437.5	—	—	—	—	—	—	—	—	—	—	—	—
19	1700	1550.1	1850.0	—	—	—	450	437.6	462.5	—	—	—	—	—	—	—	—	—	—	—	—
20	2000	1850.1	2149.9	—	—	—	475	462.6	487.5	—	—	—	—	—	—	—	—	—	—	—	—
21	—	—	—	—	—	—	500	487.6	512.4	—	—	—	—	—	—	—	—	—	—	—	—

注：1. 表中第2毫秒系列为煤矿许用毫秒延期电雷管时，该系列为强制性。

2. 除末段外，任何一段延期电雷管的上规格限为该段名义延期时间与上段名义延期时间的中值（精确到本表中的位数），下规格限为该段名义延期时间与下段名义延期时间的中值（精确到本表中的位数）加一个末位数；末段延期电雷管的上规格限为本段名义延期时间与本段下规格限之差，再加上本段名义延期时间。

c 延期标志

毫秒延期电雷管以脚线的颜色为延期标志。表示的方法为：1~10段毫秒延期电雷管的脚线颜色如表4-6所示，分别代表着不同的段别。11~20段毫秒延期电雷管则在每发雷管上贴上相应的段别标签。但在实际生产中，也有1~5段有颜色区分段别，其他段别则贴上相应的段别标签。

表4-6 毫秒延期电雷管的段别标志

段别	1	2	3	4	5	6	7	8	9	10
脚线颜色	灰红	灰黄	灰蓝	灰白	绿红	绿黄	绿白	黑红	黑黄	黑白

D 工业电雷管的主要危险特性

工业电雷管的主要危险是对意外通电、静电、射频电、冲击波、撞击、挤压和热辐射有引爆的危险。堆积在一起的雷管有整体爆炸和抛射危险。雷管爆炸将产生冲击波、飞片和灼热颗粒。雷管爆炸还会产生铅蒸汽以及重金属污染环境问题。

E 工业电雷管的应用范围

（1）普通型电雷管（普通瞬发、普通秒、半秒、毫秒延期电雷管）只适用于无瓦斯、煤尘、粉尘爆炸危险的作业场所和非金属矿山。

（2）许用型电雷管（许用瞬发电雷管、许用毫秒延期电雷管1~5段）适用于除金属矿山以外的所有作业场所。

（3）不宜在有水的作业环境中使用。

4.1.5.6 导爆管雷管

用塑料导爆管和基础雷管组成以导爆管冲能作为激发能量的雷管叫导爆管雷管，也常称为非电雷管。导爆管雷管管壳用的材料为铜、覆铜钢、铝合金、铁等，导爆管长度有3m、5m、15m等。基础雷管与导爆管用橡胶或塑料连接套连接，结合应牢固，不允许脱出或松动。

导爆管雷管具有抗静电、抗雷电、抗射频电、抗水、抗杂散电流的能力，使用安全可靠，简单易行。

A 塑料导爆管

塑料导爆管是内壁附有极薄层炸药和金属粉末的空心塑料软管。导爆管受到一定强度的激发冲能作用后，管内出现一个向前传播的爆轰波。爆轰波使得前沿炸药粉末受到高温高压作用发生爆炸，爆炸的能量一部分用于剩余炸药的反应，一部分用于维持爆轰波的温度和压力，使其稳定地向前传播。导爆管可以从轴向引爆，也可以从侧向引爆。轴向引爆是指把引爆源对准导爆管管口，侧向引爆是指把爆炸源设置在导爆管管壁外方，工程中常用的引爆方式是侧向引爆。

（1）导爆管分类和代号。不同型号的导爆管所用塑料材料不尽相同，颜色也不同。导爆管按其抗拉性能分为普通导爆管和高强度导爆管两大类，导爆管的代号如图4-5所示。

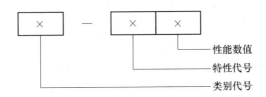

图4-5　导爆管代号

普通导爆管的类别代号为DBGP。高强度导爆管的类别代号为DBGG，一般由类别代号、特性代号和性能数值组成，其中类别代号和特性代号之间用"—"隔开。特性代号用特性名称前两个字汉语拼音的第一个字母（大写）表示，常用特性代号如表4-7所示。

表4-7　导爆管常用特性代号示例

特性	耐温	耐硝酸铵溶液	耐乳化基质	抗油	变色
代号	NW	NX	NR	KY	BS

（2）导爆管装药结构。涂抹在塑料导爆管内壁上的混合粉末通常为奥克托金、黑索今等猛炸药，少量铝粉和少量变色工艺附加物组成的混合粉末。每米导爆管药量为14~18mg，爆速为1600~2000m/s。

（3）高强度导爆管。与普通型导爆管相比，高强度导爆管主要从两个方面进行改进：一是对管壁材料进行改性，提高管壁材料强度；二是利用复合层管壁材料。其中复合层管壁导爆管主要有双层导爆管（如图4-6所示）、三层导爆管和多层导爆管（如图4-7所示）。同时多层导爆管在抗水性能、抗油性能和耐温性能上也会有相应提高。

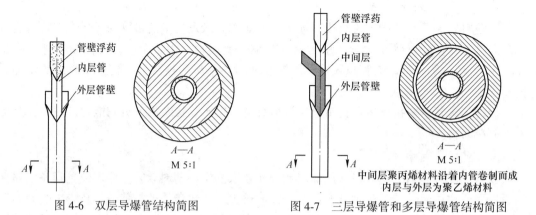

图 4-6　双层导爆管结构简图　　　　图 4-7　三层导爆管和多层导爆管结构简图

（4）导爆管使用注意事项：

1）不得在有瓦斯、煤尘等易燃易爆气体和粉尘的场合使用；

2）连接导爆管网路时，导爆管簇被雷管激爆的根数应不超过 20 根，具体根数依相应雷管的起爆能力而定，网路连接前应做实验确定；

3）导爆管簇被捆扎雷管激爆时，宜采用反向起爆，或者正向起爆时在聚能穴上用胶布或炮泥堵上，以减少飞片对前方导爆管的损伤；

4）爆区太大或延期较长时，防止地面延时网路被破坏；

5）高寒地区塑料硬化会影响导爆管的传爆性能。

B　导爆管雷管

导爆管雷管是指利用导爆管传递的冲击波能直接起爆的雷管，由导爆管和雷管组装而成。导爆管雷管是瑞典诺贝尔炸药公司首先提出的塑料导爆管系统而出现的。导爆管受到一定强度的激发能作用后，管内出现一个向前传播的爆轰波，当爆轰波传递到雷管内时，导爆管端口处发火，火焰通过传火孔点燃雷管内的起爆药（或火焰直接点燃延期体，然后延期体火焰通过传火孔点燃起爆药），起爆药在加强帽的作用下，迅速完成燃烧转爆轰，形成稳定的爆轰波，爆轰波再起爆下方猛炸药，从而引爆雷管。导爆管雷管具有抗静电、抗雷电、抗射频、抗水、抗杂散电流的能力，使用安全可靠，简单易行，因此得到了广泛应用。

（1）导爆管的起爆：导爆管需用击发元件来起爆。起爆塑料导爆管的击发元件有各种雷管、导爆索、击发枪或专用激发笔等。

（2）导爆管雷管结构。导爆管雷管主要由导爆管、卡口塞、加强帽、起爆药、猛炸药、管壳组成。瞬发导爆管雷管结构如图 4-8 所示，延期导爆管雷管结构如图 4-9 所示。

（3）导爆管雷管分类和命名。导爆管雷管按抗拉性能分为普通型导爆管雷管和高强度型导爆管雷管；按延期时间分为毫秒延期导爆管雷管，1/4 秒延期导爆管雷管，半秒延期导爆管雷管和秒延期导爆管雷管。导爆管雷管的命名按《工业雷管分类与命名规则》（WJ/T 9031—2004）的规定执行。

（4）导爆管雷管的起爆性能测试。6 号导爆管雷管应能炸穿厚度为 4mm 的铅板，8 号导爆管雷管应能炸穿厚度为 5mm 的铅板，穿孔直径应不小于雷管外径。

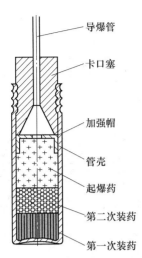

图 4-8 瞬发导爆管雷管结构简图

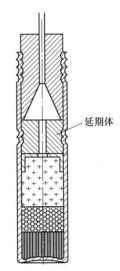

图 4-9 延期导爆管雷管结构简图

（5）导爆管雷管检验：

1）检验分类。导爆管雷管的检验分为型式检验和出厂检验。

2）检验项目。检验项目如表 4-8 所示。

表 4-8 检验项目

序　号	检验项目	型式检验	出厂检验	
			逐批检验	周期检验
1	外观	✓	✓	—
2	导爆管长度	✓	✓	—
3	抗震性能	✓	✓	—
4	起爆能力	✓	✓	—
5	抗水性能	✓	—	✓
6	抗拉性能	✓	—	✓
7	延期时间	✓	✓	—
8	抗油性能	✓	—	✓

注："✓"表示必检项目；"—"表示不检项目。

3）组批规则。提交检验组批应由以基本相同的材料、结构、工艺、设备等条件制造的产品组成，批量应不超过 35000 发。

C　导爆管雷管的主要危险特性

导爆管雷管的主要危险是对冲击波、撞击、挤压和热辐射有引爆的危险。堆积在一起的雷管有整体爆炸和抛射危险。雷管爆炸将产生冲击波、飞片和灼热颗粒。雷管爆炸还会产生铅蒸汽以及重金属污染环境等问题。

D　导爆管雷管的应用范围

导爆管雷管主要适用于无瓦斯、无煤尘或其他无可燃气及粉尘爆炸危险的爆破环境，用于起爆炸药、导爆管、导爆索等。

4.1.5.7　数码电子雷管

数码电子雷管是利用电子控制模块对起爆过程进行控制的雷管产品。其中电子控制模块是指置于数码电子雷管内部，具备雷管起爆延期时间控制、起爆能量控制功能，内置雷管身份信息码和起爆密码，能对自身功能、性能以及雷管点火元件的电性能进行测试，并能和起爆控制器及其他外部控制设备进行通信的专用电路模块。

A　数码电子雷管的结构

数码电子雷管是一种可以任意设定并准确实现预期发火时间的新型的起爆器材，其本质是采用一个微电子芯片取代普通电雷管中的化学延期药与电点火元件，不仅大大地提高了预期精度，而且控制了通往引火头的电源，从而最大限度地减小了因引火头能量需求所引起的延期误差。数码电子雷管实物剖面数码如图 4-10 所示，电子雷管的结构简图如图 4-11 所示。

图 4-10　数码雷管实物剖面

由图 4-11 可知电子雷管与传统雷管的不同之处在于延期结构和点火头的位置，传统雷管采用化学物质进行延期，电子雷管采用具有电子延时功能的专用集成电路芯片进行延期；传统雷管点火头位于延期体之前，点火头作用于延期体实现雷管的延期功能，由延期体引爆雷管的主装药部分，而电子雷管延期体位于点火头之前，由延期体作用到点火头上，再由点火头作用到雷管主装药上。

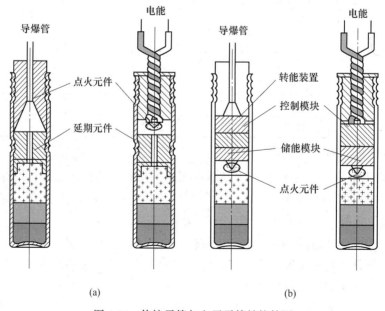

(a)　　　　　　　　　　　　(b)

图 4-11　传统雷管与电子雷管结构简图
(a) 传统雷管；(b) 电子雷管

B i-KON 数码电子雷管系统的组成

数码电子雷管的组成主要由雷管、编码器、起爆器三部分组成。

编码器的主要功能：电子部件和元件的自检、200 发电子雷管编码、不同的编码方式如自动化、数量化、手动、编辑和存储延期时间、可以上传/下载爆破设计、测试单发或连接线上的所有雷管、持续检测线路漏电情况以及只在何起爆连接状态下对电子雷管进行编程。

初始能量来自于外部设备加载在雷管脚线上的能量，电子雷管的操作过程（如：写入延期时间、检测、充电、启动延期等）由外部设备通过加载在脚线上的指令进行控制，如：隆芯 1 号电子雷管、ORICA 的 i-KON 等。

起爆器的主要功能：部件和元件的自检、Blaster 400 控制 2 台编码器、Blaster 2400S 控制 12 台编码器、Blaster 2400S 可以实现同步功能，通过 24 台编码器进行 4800 发电子雷管爆破、错误报告、密码锁控制非授权下使用、通过编码器对电子雷管进行充电起爆、起爆后爆破记录打印。

C 数码电子雷管工作原理

通常电子雷管控制原理有两种结构，如图 4-12 所示，其区别在于储能电容和控制雷管点火的安全开关的数量不同。数码电子雷管主要包括以下功能单元：

（1）整流电桥：用于对雷管的脚线输入极性进行转换，防止爆破网路连接时脚线连接极性错误对控制模块的损坏，提高网路的可靠性。

（2）内储能电容：通常情况下为了保障储存状态电子雷管的安全性，电子雷管采用

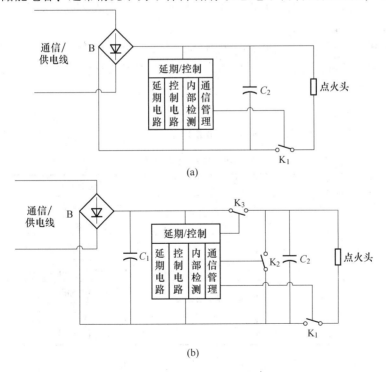

图 4-12 电子雷管原理框图

(a) 采用单储能结构；(b) 采用双储能结构

无源设计，即内部没有工作电源，电子雷管的工作能量（包括控制芯片工作的能量和起爆雷管的能量）必须由外部提供。电子雷管为了实现通信数据线和电源线的复用，以及保障在网路起爆过程中，网路干线或支线被炸断的情况下，雷管可以按照预定的延期时间正常起爆雷管，其采用内储能的方式，在起爆准备阶段内置电容存储足够的能量。图 4-12 (a) 中电子雷管工作需要的两部分能量均由电容 C_1 存储；图 4-12 (b) 中电容 C_1 用于存储控制芯片工作的能量，在网路故障的情况下，其随工作时间的增加而逐渐衰减；电容 C_2 雷管起爆需要的能量，其在点火之前基本保持不变。因此图 4-12 (b) 的点火可靠性要高于图 4-12 (a) 的点火可靠性。

（3）控制开关：用于对进入雷管的能量进行管理，特别是对可以到达点火头的能量进行管理，一般来说对能量进行管理的控制开关越多，产生误点火的能量越小，安全性越高，图 4-12 (b) 的安全性通常要比图 4-12 (a) 高几个数量级。图 4-12 (b) 中 K_3 用于控制对储存点火能量的充电；K_2 用于故障状态下，对 C_2 的快速放电，使雷管快速转入安全工作模式；K_1 用于控制点火过程，把电容 C_2 储存的能量快速释放到点火头上，使点火头发火。

（4）通信管理电路：用于和外部起爆控制设备交互数据信息，在外部起爆控制设备的指令控制下，执行相应的操作，如延期时间设定、充电控制、放电控制、启动延期等。

（5）内部检测电路：用于对控制雷管点火的模块进行检测，如点火头的工作状态、各开关的工作状态、储能状态、时钟工作状态等，以确保点火过程是可靠的。

（6）延期电路：用于实现电子雷管相关的延期操作，通常情况下其包含存储雷管序列号、延期时间或其他信息的存储器、提供计时脉冲的时钟电路以及实现雷管延期功能的定时器。

（7）控制电路：用于对上述电路进行协调，类似于计算机中央处理器的功能。

两种原理的电子雷管各有优点：单储能结构电子雷管的原理结构简单、成本较低，双储能结构电子雷管结构复杂，但安全性和可靠性高。

D 数码电子雷管分类

数码电子雷管的分类如表 4-9 所示，并简要介绍如下。

表 4-9 电子雷管分类

按输入能量区分	导爆管电子雷管
	数码电子雷管
按延期编程方式区分	固定延期（工厂编程）电子雷管
	现场可编程电子雷管
	在线可编程电子雷管
按使用场合区分	隧道专用电子雷管
	煤矿许用电子雷管
	露天使用电子雷管

（1）导爆管电子雷管。导爆管电子雷管的初始激发能量来自于外部导爆管的冲击能，由换能装置把冲击能转换为电子雷管工作的电能，从而启动电子雷管的延期操作，延期时间预存在电子延期模块内部，如：EB 公司的 DIGIDET 和瑞典 Nobel 公司的 ExploDet 雷管。

（2）数码电子雷管。数码电子雷管的初始能量来自于外部设备加载在雷管脚线上的能量，电子雷管的操作过程（如：写入延期时间、检测、充电、启动延期等）由外部设备通过加载在脚线上的指令进行控制，如：隆芯1号电子雷管、澳瑞凯公司的 i-KON 等。

（3）固定延期电子雷管。固定延期电子雷管是在控制芯片生产过程中，延期时间直接写入芯片内部，如 EEPROM、ROM 等非易失性存储单元中，依靠雷管脚线颜色或线标区分雷管的段别，雷管出厂后不能再修改雷管的延期时间。

（4）现场可编程电子雷管。现场可编程电子雷管的延期时间是写入芯片内部的电可擦除（如 PROM、EEPROM）存储器中，延期时间可以根据需要由专用的编程器，在雷管接入总线前写入芯片内部，一旦雷管接入总线后延期时间即不可修改。

（5）在线可编程电子雷管。在线可编程电子雷管的内部并不保存延期时间，即雷管断电后回到初始状态，无任何延期信息，网路中所有雷管的延期时间保存在外部起爆设备中，在起爆前根据爆破网路的设计写入相应的延期时间，即延期时间在使用过程中，可以根据需要任意修改，国内外的大多数数码电子雷管属于这一种类型。

（6）煤矿许用电子雷管。煤矿许用电子雷管必须符合延期时间小于煤矿许用电子雷管的两个基本要求：一是不含铝；二是延期时间需小于130ms。由于煤矿掘进具有简单重复的特点，延期时间序列一旦确定，无需再进行调整，因此煤矿许用电子雷管基本采用固定编程的电子雷管。

（7）隧道专用电子雷管。隧道掘进中，延期时间基本固定，但在局部地方（例如靠近建筑物等）具有降振的要求，而且岩层特性会出现变化，需要一定程度上可以调整雷管的延期时间，因此隧道专用电子雷管采用现场编程的电子雷管。

E 国内数码电子雷管应用情况

国内数码电子雷管虽然起步较早，但是发展比较缓慢。1985年冶金部安全环保研究院与多家单位联合，开始数码电子雷管的研发工作，于1988年成功研制出我国第一代数码电子雷管。从而填补了我国在数码电子雷管研制领域的空白。随后数码电子雷管的研制工作归于沉寂，直到1996年，云南燃料一厂又重新进行数码电子雷管的研发工作。2001年12月该厂实现了数码电子雷管的设计定型和技术鉴定。其后，贵州久联民爆集团也开展了数码电子雷管的研发工作，历时两年多的时间，研发出自主知识产权的数码电子雷管，并于2006年5月26日通过了原国防科工委的技术鉴定。2006年1月赣州9394厂与南京理工大学合作，共同研制数码电子雷管及其全部系统，经过两年多的方案设计和性能试验，并通过了技术鉴定，开始小批量的生产。2007年1月，北京北方邦杰公司研发的"隆芯1号"数码电子雷管通过了国防科研基础项目验收，验收专家组认为："隆芯1号"数码电子雷管的主要技术指标处于国际先进水平。表4-10列出"隆芯1号"数码电子雷管与国外最具代表性的 i-KON 数码电子雷管的性能参数。2007年7月山西壶化集团经工信部许可，从国外引进了数码电子雷管的生产工艺和设备，完成了国内第一条数码雷管装配线的建设工作。

国内先后共有8家企业在研发数码电子雷管技术，其中多家企业的技术和产品通过了技术鉴定或生产定型。以久联民爆集团和北方邦杰为首的公司都拥有自主知识产权的数码电子雷管，并进行了工业化的生产。推动了我国爆破行业的发展。

目前，国内数码电子雷管总用量已突破100万发，末端用量以每年近100%的速度持续快速增长。数码电子雷管的应用已覆盖隧道掘进、露天爆破、拆除爆破、排危爆破、水利工程、城镇地基爆破、地质勘探等各种领域。

表 4-10　"隆芯 1 号"数码电子雷管与国外 i-KON 电子雷管性能参数

项　目	"隆芯 1 号"数码电子雷管	i-KON 数码电子雷管
延期时间范围/ms	0~16000	0~15000
延期时间设置方式	孔内在线延期时间编程	孔内在线延期时间编程
最小延期间隔/ms	1	1
延期精度	0~100ms：0.5ms 101~16000ms：0.5%	0~100ms：±0.1ms 101~15000ms：±0.1ms
使用温度/℃	−40~+75℃	−20~+70℃
雷管起爆密码	有	无
抗直流电压/V	50	60
断线起爆能力	有	无
可测性	全功能可在线检测	可在线检测
网路完整性检测	有	无
安全监管性	有	无

4.1.5.8　无起爆药雷管

凡不使用起爆药实现雷管起爆的均可称为无起爆药雷管。无起爆药雷管和起爆药雷管最终都是通过起爆猛炸药实现雷管起爆能的输出，而无起爆药雷管的关键是在不使用起爆药的前提下实现猛炸药的爆轰。

A　问题的提出

1867 年诺贝尔发明用雷汞制造单一装药的雷管，这是最初的工业雷管。1926 年杜邦用雷汞作初始装药，特屈儿为底药，制成由起爆药和猛炸药两种炸药的复合雷管。其后底药特屈儿由泰安和黑索金所代替；起爆药也历经由雷汞、斯蒂酚酸铅、氮化铅演变为目前我国通用的二硝基重氮酚（DDNP）。起爆药的主要特点是感度高，它的优点是可在微弱的外界能量下发生爆炸；其缺点则是不安全。给雷管的制造、运输、储存和使用带来危险性。同时，制造起爆药排出大量的酚、铅、汞等毒物废水和药尘，导致严重的环境污染和尘毒危害。目前使用的 DDNP，其制取回收率仅为 50%，多年来各国都在研究不用起爆药的雷管。

B　我国无起爆药雷管的研制过程

我国无起爆药雷管技术研究起步较晚，始于 20 世纪 70 年代：（1）1967 年冶金部安全技术研究所根据炸药由燃烧转变为爆轰的原理，以薄壁无缝管只装猛炸药制成无起爆药瞬发电雷管，并成功地起爆了 2 号岩石炸药。（2）1970~1976 年，该所与西安 804 厂协作用冲压件装配无起爆药瞬发电雷管；1979 年转与江西 803 厂合作研制成无起爆药毫秒 1~17 段电雷管，产品试研量 1 万发。1980 年 3 月通过了部级设计定型鉴定。（3）1981 年云南东川矿务局引进上项技术，建立了我国第一条无起爆药雷管试生产线。1987 年 7 月通过了冶金部和中国有色金属总公司主持的生产定型鉴定。（4）1987 年 8 月云南燃料一厂研制成功无起爆药纸壳、金属壳火雷管、瞬发电荷导爆管雷管、25ms 等间隔 1~10 段电雷管和导爆管延期雷管等 6 种产品，经省国防科工办主持通过了设计定型鉴定。（5）1987 年，华东工学院研制成功 KCH-1 型安全雷管。它以高能量不含爆炸物为引燃剂取代了起爆药。（6）与此同时，淮南矿业学院及中国科技大学另辟蹊径，研制的简易飞片式无起爆药雷管获得了多项国家专利。

目前，有代表性的无起爆药雷管是：武汉安环院发明的安全工业雷管、中国科技大学发明的飞片式无起爆药雷管。这两种雷管均去掉了起爆药，用炸药代替了起爆药，既保证安全，又消除了污染。但是，无起爆药雷管还不能完全取代有起爆药雷管。

C 无起爆药雷管的机理

a 武汉安环院发明的安全工业雷管机理

有起爆药雷管的起爆，主要借助于起爆药的爆轰成长期短的特性引爆底部猛炸药，起爆药 DDNP 的稳定爆速为 5400m/s（假密度 1.3g/cm³）。无爆药雷管只有在一定条件下才能要使猛炸药能在短时间完成转爆过程，这些条件包括：（1）燃烧气体平衡受到破坏；（2）炸药装入壳体中受到强约束；（3）燃烧面的扩大，可破坏燃烧的稳定性；（4）选用燃烧反应快的猛炸药，易由燃烧转变为爆轰。

无起爆药雷管结构如图 4-13 所示。

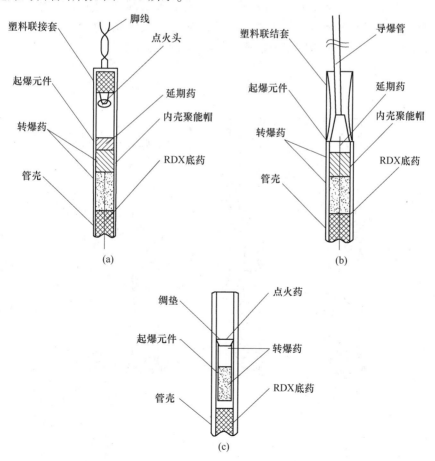

图 4-13 无起爆要雷管结构图

（a）无起爆药毫秒电雷管；（b）无起爆药非电（导爆管）延期雷管；（c）无起爆药火雷管

雷管由外壳、内壳和内壳聚能帽组成。内壳是钢质冲压件，一端敞口，另一端带 φ2.5mm 小孔。内壳中装药顺序从孔端起：点火药-延期药-造粒猛炸药-内壳聚能帽，构成起爆元件。内壳是强约束体，内壳聚能帽不通孔而端面减薄，起能量叠加作用。炸药燃烧的传播是以传导、热辐射和燃烧气体扩散作用而实现，其传播速度比爆轰低得多，通常以 915m/s 的速度作为"爆燃"与爆轰间的速度分界线。爆轰是靠爆轰波对未爆炸药冲击压缩来实现。炸药在上述金属件中，使其在密闭和半密闭条件下产生气体受阻，必然使燃烧反应区压力增高、燃速加快，超过了临界值就转变为爆轰。于是又从初始的弱冲击波形成强冲击波，从而使底部药得到爆轰的能量。图 4-13 (a) 和 (b) 是安技所和东川矿务局的产品结构示意图，图 4-13 (c) 是该所与西安八〇四厂合作研制的火雷管结构示意图。

b 飞片式无起爆药雷管机理

飞片雷管是以飞片激发装置代替传统的起爆药，在激发装置内产生的高压气体作用下，形成高速飞片，冲击压缩管内钝感装药，产生热点，通过绝热压缩钝感装药，并在极短时间内完成爆轰，松散装药的爆轰波引爆下方高密度的钝感猛炸药，从而引爆高安全雷管下部装药。

飞片雷管由管壳、卡口塞、点火装置、激发装置、底部主装药构成。

(1) 点火装置。能将外界起爆信号传递到雷管内部，常见的点火装置有：雷管通用的电引火药头导爆管或者激光起爆方式中用到的光纤导入激光，如图 4-14 所示。三种点火方式各有优缺点，可根据实际工况需要，选择合适的点火装置。

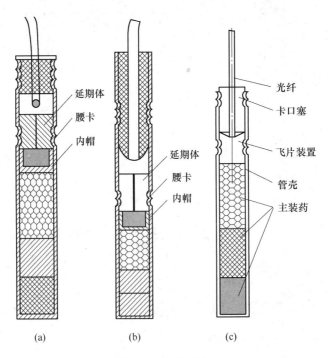

图 4-14 飞片雷管

(a) 延期电雷管；(b) 延期非电雷管；(c) 瞬发激光雷管

(2) 激发装置。即飞片装置，用来形成高速飞片，冲击压缩雷管底部装药，产生爆轰；底部装药与传统雷管的装药方式相同。激发装置由内帽及四次装药（点火药延期体等）组成。内帽一般由铜、铁、铝等材料制成，内帽底部要进行弱化处理，以降低底部约束，有利于内帽底部在高压气体作用下形成高速运动的飞片。四次装药具有易点燃稳定安全的特性，反应后能够在短时间内形成大量气体并放出大量热，使内帽中压力瞬间增大，压裂内帽底部，形成飞片并使其加速，飞片速度受内帽材料、侧向约束强度、激发药组分、激发药药量等因素影响。高速运动的飞片冲击压缩雷管底部主装药形成局部热点，随后局部反应放出的热诱导周围炸药参与反应，最后由爆燃发展为爆轰。激发装置可分为无点火药结构和有点火药结构两种类型，可根据需要选择激发装置的种类。图 4-15 是飞片雷管的两种激发装置的结构示意图。

（3）延期技术。由于铅具有熔点低、性能柔软、易加工的特点，被广泛用于雷管中的延期元件。传统的延期体是通过铅芯拉拔形成的，即将装有延期药的粗铅管进行多次拉拔，直至其外径与雷管内径能松动配合，然后根据延期时间的长短切成合适的长度。在无起爆药雷管中，为减小雷管的含铅量，同时提高延期精度，故用延期纤维代替传统的铅延期体。现延期元件是在传统延期体的基础上，经过进一步拉拔直至直径减小到 1.4mm，然后插入普通导爆管内制作而成，如图 4-16 所示。与传统的延期技术一样，延期纤维的切长也是

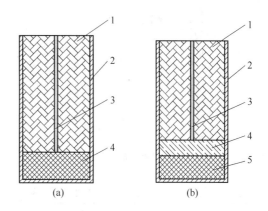

图 4-15　延期激发装置结构示意图
(a) 无点火药结构；(b) 有点火药结构
1—延期体；2—内帽；3—延期药；4—四次药；5—点火药

由延期时间确定的。将传统延期体改进为延期纤维，使得延期元件从雷管内转移到导爆管内。与传统的延期技术相比，不但降低含铅量，而且提高了延期精度。图 4-17 是采用远期纤维技术的非电延期雷管结构图。

4.1.5.9　工业雷管编码与管理

对工业雷管进行编码是为了加强民用爆炸物品的管理，了解民用爆炸物品的社会流向，遏制利用爆炸物品破坏社会安定的一种强制性措施。

A　工业雷管编码的基本原则

（1）每发工业雷管出厂时必须有编码，且编码必须在 10 年内具有唯一性。

（2）在工业雷管基本包装盒内应装有《工业雷管编码信息随盒登记表》（如表 4-11 所示），其内容应包括：生产企业名称及其代号、生产日期代号、特征号和盒号登记栏、与装盒规格对应的盒内所有雷管顺序号、异常码记录栏、领用人签名栏、发放人及发放日期、审核人及审核日期以及需要说明的其他事项。

（3）盒的外边面应粘贴一张包含盒内雷管编码相关信息的一维条码、条码上应编有生产企业名称、产品、品种、装盒数量等汉字信息。

（4）在工业雷管包装箱内应装有《工业雷管编码信息随箱登记表》（如表 4-12 所示），其内容应包括：生产企业名称及其代号、生产日期号和箱号登记栏、与装箱规格对应的盒号、领用人签名栏、发放人及发放日期、审核人和审核日期以及需要说明的其他事项。

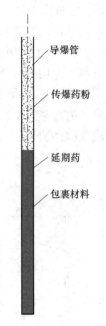

图 4-16 延期纤维

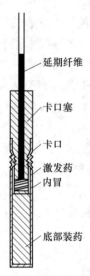

图 4-17 非典延期纤维

表 4-11 工业雷管编码信息随盒登记表示例

×××（生产企业名称）工业雷管编码信息随盒登记表

生产企业代号： 生产日期代号： 特征号： 箱号：

十位数字	个位数字									
	0	1	2	3	4	5	6	7	8	9
0										
1										
2										
3										
4										
5										
6										
7										
8										
9										
异常记录										
备注	1. 横栏个位数字"0~9"是指盒内雷管顺序号的个位数字，纵栏十位数字"0~9"是指盒内雷管顺序号的十位数字，中间空栏为领用人签名栏。 2. 本登记表由雷管保管发放员负责填写，记录是否符合规定要求由单位负责人审核，应保存 5 年以上，以备复查。									

发放人（签名）： 发放日期： 年 月 日

审核人（签名）： 发放日期： 年 月 日

表 4-12 相同日期生产的工业雷管随箱登记表示例

×××（生产企业名称）工业雷管编码信息随箱登记表

生产企业代号：　　　　　生产日期代号：　　　　　箱号：

盒号								
领用人								
盒号								
领用人								
⋮								

备注	1. 本登记表中领用人包括购买人，发放人包括销售人。 2. 本登记表由雷管保管员负责填写，记录是否符合规定要求由单位负责人审核，应保存 5 年，以备复查。

发放人（签名）：　　　　　发放日期：　年　　月　　日

审核人（签名）：　　　　　发放日期：　年　　月　　日

B　工业雷管编码方法

工业雷管编码采用 13 位字码，由生产企业代码、生产年份代码、生产月份、生产日、特征号及流水号组成。

（1）生产企业代号用"01~99"二位阿拉伯数字表示。公安部和原国防科工委联合颁布的《工业雷管编码基本规则及技术条件》（公通字〔2002〕67 号）中公布的全国雷管生产厂家统一代号。

（2）生产年份代号用"0~9"一位阿拉伯数字表示公元世纪末位年份。

（3）生产月份代号用"01~12"二位阿拉伯数字表示 1~12 月份。

（4）生产日代号用"01~31"二位阿拉伯数字表示 1~31 日。

（5）特征号用一位英文字母（小写字母 c、o、s、u、v、w、x、z 除外）表示，也可用一位阿拉伯数字表示。具体可以是编码机机台代号、雷管品种代号、雷管编码的分段号或并入盒号使用。

（6）流水号用五位阿拉伯数字表示，应连续布置，不应分割，且便于阅读和用户发放登记管理。其中前三位表示盒号，当三位数字不能满足生产需要时可将特征号并入使用，后两位表示盒内雷管顺序号。

例如：2630613190154，"26"是生产厂家代号，"3"是生产年份代号（2003 年），"06"是生产月份代号（6 月），"13"是生产日代号（13 日），"1"是特征号（第 1 号编码机），"901"是盒号（第 901 盒），"54"是盒内雷管顺序号（第 54 发雷管）。

4.1.6　工业导爆索和继爆管

4.1.6.1　工业导爆索

导爆索是用单质猛炸药黑索金或泰安作为索芯，用棉、麻、纤维及防潮材料包缠成索状的起爆器材。经雷管起爆后，以一定爆速传播爆轰波的工业索类火工品。导爆索可直接引爆炸药，也可以作为独立的爆破能源。

A　工业导爆索的分类

根据使用条件和用途的不同，导爆索分为普通导爆索、安全导爆索、震源导爆索和低能导爆索，除震源导爆索以外，其他 3 种导爆索在台阶爆破中都获得了广泛地应用：

（1）普通导爆索。普通导爆索能直接起爆炸药。但是这种导爆索在爆轰过程中，产生强烈的火焰，所以只能用于露天爆破和没有瓦斯或矿尘爆炸危险的井下爆破作业。

普通导爆索的结构如图 4-18 所示。芯药为黑索金或泰安，导爆索的爆速与芯药黑索金的密度有关。目前国产的普通导爆索芯药黑索金密度为 1.2g/cm³ 左右，药量 12～14g/m。普通导爆索的外径为 5.7～6.2mm。每 50m±0.5m 为一卷，有效期一般为 2 年。缠包层的最外层为红色。

如果导爆索使用塑料外层，图 4-18 中的内防潮层 5，外层棉纱 6 和外防潮层 7 去掉，用一层塑料层即可。

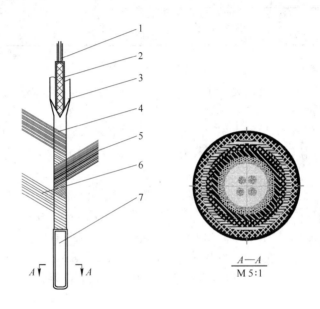

图 4-18 普通导爆索的结构

1—芯线；2—黑索今或太安药芯；3—纸条；4—内层棉纱；

5—内层防潮（沥青层）；6—外层棉纱；7—外层防潮层

（2）安全导爆索。它专供有瓦斯或矿尘爆炸危险的井下爆破作业使用。

安全导爆索与普通导爆索结构上相似。所不同的是在药芯中或缠包层中多加了适量的消焰剂（通常是氯化钠），使安全导爆索爆轰过程中产生的火焰小、温度较低。不会引爆瓦斯或矿尘。

安全导爆索的爆速大于 6000m/s，索芯黑索金药量为 12～14g/m。消焰剂药量为 2g/m。

（3）震源导爆索。震源导爆索分两种：棉线和塑料震源导爆索，外观为红色或用户要求的颜色。每卷长度为 100m±1m。抗水性能：棉线震源索在深度为 1m（或压强为 10kPa）温度 10～25℃ 的静水中浸 24h，用 8 号雷管起爆应完全爆轰。塑料震源索在深度为 2m（或压强为 20kPa）、温度 10～25℃ 的静水中浸 24h，用 8 号雷管引爆应完全爆轰。其品种、性能和用途如表 4-13 所示。

表 4-13 震源导爆索的品种、性能和用途

名 称	外 表	外径/mm	药量/g·m⁻¹	爆速/m·s⁻¹	用 途
普通导爆索	红色	≤6.2	12~14	≥6500	露天或无瓦斯、矿尘爆炸危险的井下爆破作业
安全导爆索	红色		12~14	≥6000	有瓦斯、矿尘爆炸危险的井下爆破作业
有枪身油井导爆索	蓝色或绿色	≤6.2	18~20	≥6500	油井、深水井中爆炸作业
无枪身油井导爆索	蓝色或绿色	≤7.5	32~34	≥6500	油井、深水、高温中的爆破作业
棉线震源索	红色	≤9.5	38	≥6500	地震勘探震源用

(4) 低能导爆索。低能导爆索的药芯药量很小,线装药密度仅 3.5~5.0g/m,爆速 5000~6200m/s。这种导爆索:1) 一般不能直接起爆炸药,只用以敷设炮孔外的导爆索网路;2) 在深孔爆破时,用以引爆起爆药柱,而不引爆炮孔中的炸药。因为在深孔爆破中广泛地使用铵油炸药、乳化炸药等低感度炸药,不能用雷管直接引爆,必须通过中继药包起爆。为了避免导爆索在引爆过程中引起孔内炸药爆燃,甚至爆炸,必须采用低能导爆索。

B 工业导爆索传爆原理

导爆索受到一定强度的爆炸冲击波作用后,沿索的一个方向向前传播稳定的爆轰波。爆轰波使得前沿药芯受到高温高压作用发生爆炸,爆炸的能量一部分用于激发前方炸药的反应,一部分用于维持爆轰产物的温度和压力,使得其稳定地传播。导爆索是从侧向引爆,而不是从轴向引爆。

C 工业导爆索的性能

根据国家标准《普通导爆索》(GB/T 9786—1999)的规定,工业导爆索的性能指标如表 4-14 所示。

表 4-14 普通工业导爆索的主要性能指标

项 目	性 能
尺寸	棉线导爆索:直径≤6.2mm,每索卷长度 50m±0.5m 塑料导爆索:直径≤6.0mm,每索卷长度 50m±0.5m
装药量	应不小于 10.5g/m
爆速	应不小于 6.00×10^3 m/s
传播性能	以水手结、扎结合束结等方式结成网索,用 8 号雷管起爆后应爆轰完全
起爆性能	1.5m 长的导爆索应能完全起爆一个符合 WJ85 规定的 200g 压装梯恩梯药块
耐热性能	导爆索在 50℃±2℃ 条件下爆温 6h 后,用 8 号雷管起爆后应爆轰完全
耐寒性能	导爆索在-40℃±2℃ 条件下冷冻 2h 后,按标准中 5.0 试验,棉线导爆索不应洒药及露出内层线;塑料导爆索塑料涂层不应破裂,并应爆轰完全
火焰感度	导火索的火焰喷到导爆索的端面药芯上,导爆索不应被引爆
抗拉性能	导爆索承受 500N 静拉力后,仍应爆轰完全
抗水性能	普通导爆索具有一定的防水性能和耐热性能。在 1m 深的 10~25℃ 水中,浸泡 4h 后,塑料导爆索在水压为 50kPa,水温为 10~25℃ 的静水中,浸泡 5h 后,其感度和爆炸性能仍能符合要求,在 50±3℃ 的条件下保温 6h,其外观和传爆性能不变

工业导爆索在正常状态下（量少、散开）遇火只是燃烧，但在量多、堆积状态下燃烧则可转变成爆轰。因此，销毁废导爆索时一般不采用燃烧法，而是用雷管引爆炸毁。

4.1.6.2 继爆管

继爆管是一种专门与导爆索配合使用，具有毫秒延期作用的起爆器材。导爆索与继爆管组合起爆网络，可以借助于继爆管的毫秒延期作用，实施毫秒延期爆破。

（1）继爆管的结构和作用原理。继爆管的结构如图 4-19 所示。它实质上是装有毫秒延期元件的火雷管与消爆管的组合体。较简单的继爆管是单向继爆管，如图 4-19（a）所示。当右端的导爆索 8 起爆后，爆炸冲击波和爆炸气体产物通过消爆管 1 和大内管 2，压力和温度都有所下降，但仍能可靠地点燃延期药 4，又不至于直接引爆正起爆药 DDNP。通过延期药来引爆正、副起爆药以及左端的导爆索。这样，两根导爆索中间经过一只继爆管的作用，来实现毫秒延期爆破。

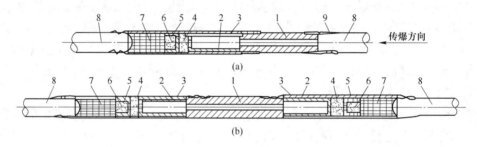

图 4-19 继爆管结构示意图

（a）单向继爆管；（b）双向继爆管

1—消爆管；2—大内管；3—外套管；4—延期药；5—加强帽；

6—正起爆药 DDNP；7—副起爆药 RDX；8—导爆索；9—连接管

继爆管有两类：单向继爆管和双向继爆管。单向继爆管在使用时，如果首尾连接颠倒，则不能传爆，而双向继爆管没有这样的问题。由图 4-19（b）可看出，双向继爆管中消爆管的两端都对称装有延期药和起爆药，因此它两个方向均能可靠传爆。

双向继爆管使用时，无需区别主动端和被动端，方便省事。但是它所消耗的元件、原料几乎要比单向继爆管多一倍，而且其中一半实际上是浪费的。单向继爆管使用时费事一些，但只要严格认真地按要求连接，效果是一样的。当然，在导爆索双向环形起爆网路中，则一定要用双向继爆管，否则就失去双向保险起爆的作用。

（2）继爆管的段别和性能。根据延期时间长短，继爆管可分成不同的段别。国产继爆管的各段延期时间列于表 4-15。

表 4-15 继爆管的延期时间

段 别	延期时间/ms		段 别	延期时间/ms	
	单向继爆管	双向继爆管		单向继爆管	双向继爆管
1	15±6	10±3	6	125±10	60±4
2	30±10	20±3	7	155±15	70±4
3	50±10	30±3	8		80±4
4	75±15	40±4	9		90±4
5	100±10	50±4	10		100±4

　　继爆管的起爆威力不低于 8 号工业雷管。在高温（40±2℃）和低温（-40±2℃）的条件下试验，继爆管的性能不应有明显的变化。继爆管采取浸蜡等防水措施后，也可用于水中爆破作业。

　　继爆管具有抵抗杂散电流和静电危险的能力，装药时可以不停电，所以它与导爆索组成的起爆网路在矿山和其他工程爆破中都得到了应用。

4.1.7　起爆具

　　起爆具亦称中继起爆药柱，是指设有安装雷管或导爆索的功能孔，具有较高起爆感度和输出冲能的猛炸药制品。在爆破施工中，将其置于雷管或导爆索与无雷管感度炸药之间，用于无雷管感度炸药的中继起爆。

　　近年来，由于普遍采用了廉价的、不敏感的铵油炸药、重铵油炸药及现场混装的乳化炸药，导致对起爆具的需求量逐年增加。

4.1.7.1　装药组成

　　目前国内外生产的起爆具其主装药是以梯恩梯为高能铸装载体，辅以黑索今或泰安作为敏化固相的混合体。主要有：以 50∶50 黑索今与梯恩梯的混合熔铸装药，或为 50∶50 泰安与梯恩梯的混合熔铸装药，也有纯梯恩梯药柱（熔装或压装）或粉状炸药做成的起爆药包。

4.1.7.2　起爆具的产品代号

　　起爆具的产品代号如图 4-20 所示。

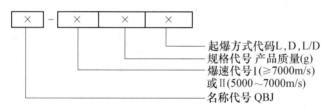

图 4-20　起爆具的产品代号

　　例如 QBJ-Ⅱ 454D11.0 表示：爆速 ≥5000m/s，且 <7000m/s 的 454g 起爆药柱，用 11.0g 导爆索起爆；QBJ-Ⅰ 340L6/D3.6 表示：爆速 ≥7000m/s 的 340g 起爆药柱，用 6 号雷管和 3.6g/m 导爆索双功能起爆方式起爆。

4.1.7.3　起爆具的性能

　　起爆具应该具备的性能是：爆速上升速度快、安全可靠、抗水、使用方便。凡是雷管或工业导爆索能直接引爆的炸药皆可制成起爆具。行业标准《起爆具》（WJ9045—2004）规定了起爆药柱的性能如表 4-16 所示。

表 4-16　起爆药柱的主要性能

项　目	性能要求	
	Ⅰ	Ⅱ
起爆感度	起爆可靠，爆炸安全	
装药密度/g·cm⁻³	≥1.50	1.20~1.50

项　目	性能要求	
	I	II
爆速/m·s^{-1}	≥7000	5000～7000
跌落安全性	12m 高处自由下落到硬土地面上，应不燃不爆，允许有几个变形和外壳损伤	
抗水性	在压力为 0.3MPa 的室温水中浸 48h 后，起爆感度不变	
耐温耐油性	在 80℃±2℃ 的 0 号轻柴油中自然降温，浸 8h 后应不燃不爆	

注：大于 0.3MPa 的抗水性要求可按用户的要求做。

4.1.7.4　国内矿山台阶爆破使用的起爆具

A　黑梯铸装起爆具

黑梯铸装起爆具是将黑索金和梯恩梯按 60∶40 或 50∶50 的比例加热到 80～90℃ 熔化后混合铸制而成，其特点是起爆性能好、起爆可靠、效果最佳，但成本较高、加工时污染较大。

B　带黑梯芯的中继铸装梯恩梯起爆具

带黑梯芯的中继铸装梯恩梯起爆具是由质量为 500～800g 的黑梯芯与铸装梯恩梯主体两部分组成。其规格如表 4-17 所示。

表 4-17　黑梯药芯铸装梯恩梯起爆具的规格

黑梯药芯			黑梯·TNT		
质量/g			质量/g		
RDX	TNT	总重	黑梯芯	TNT	总重
360	240	600	600	4400	5000
300	200	500	500	2500	3000

C　RW 型起爆具

RW 型起爆具是在乳化炸药中混入较高比例的黑索金后装在高压聚乙烯塑料筒内制成的。该种起爆具由于取消了梯恩梯，不但降低了成本，而且减少了污染。

目前，国内部分厂家起爆具的生产已实现了连续化、自动化浇注生产，各系统单元能够形成连续供料，并配有安全联锁的控制监视系统，大大提高了生产效率，改善了工人的作业环境。

4.2　起爆技术

4.2.1　起爆方法和起爆网路

4.2.1.1　起爆方法

为使炸药爆炸，需外界给予一定的激发能量，这种激发能量的供给者统称为起爆器材。根据起爆器材的不同，常用的起爆方法有：电雷管起爆法、导爆管雷管起爆法、数码电子雷管起爆法、导爆索起爆法。在工程实践中，有时根据施工条件和要求不同采用由上述不同起爆网路组成的混合起爆网路。

$$\text{药包起爆法}\begin{cases}\text{雷管起爆法}\begin{cases}\text{电雷管起爆法}\\\text{导爆管雷管起爆法}\\\text{数码电子雷管起爆法}\end{cases}\\\text{导爆索起爆法}\\\text{混合起爆法}\end{cases}$$

4.2.1.2 起爆网路

爆破工程中绝大多数都是通过群药包的共同作用实现的。通过单个药包的起爆组合，向多个起爆药包传递起爆信息和能量的系统称为起爆网路。

根据起爆方法的不同，起爆网路分为电雷管起爆网路，导爆管雷管起爆网路、数码电子雷管起爆网路、导爆索起爆网路、混合起爆网路等，导爆管雷管起爆网路、导爆索起爆网路也称非电起爆网路。

4.2.2 电雷管起爆网路

4.2.2.1 电雷管起爆网路的设计

为了确保在同一电爆网路中的所有雷管准爆，爆破前要测试每个雷管的电阻值，根据所采用的起爆电源和网路设计方式计算流经每个雷管的电流强度，其电流强度要大于准爆电流。

A 确定电爆网路的连接方式、计算网路总电阻值及计算流径每个雷管的电流值

电起爆网路的连接方式有：串联、并联、混合联（串并联、并串联、并串并联等）。

a 串联电爆网路

串联电爆网路如图 4-21 所示，串联网路是将所有要起爆的电雷管的两根脚线或端线依次串联接成一回路。

串联回路的总电阻 R 为：

$$R = R_1 + R_2 + mr \tag{4-3}$$

式中 R_1——主线电阻，Ω；

R_2——药包之间的连线电阻（不计差别），Ω；

r——每发电雷管电阻，Ω；

m——串联电雷管个数或组数。

假设通过电爆网路的总电流为 I，则

$$i = I = \frac{U}{R_1 + R_2 + mr} \tag{4-4}$$

式中 U——起爆电源的起爆电压，V。

b 并联电爆网路

并联电爆网路典型的连接方式如图 4-22 所示，它是将所有要起爆的电雷管两脚线分别连接到两主线上，然后再与电源相接。并联电爆网路总阻值 R 为：

$$R = (R_1 + R_2)/n + r/n \tag{4-5}$$

式中 n——电爆网路中并联的电雷管数目；

其他符号意义同前。

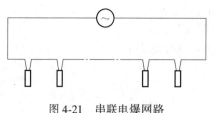

图 4-21   串联电爆网路

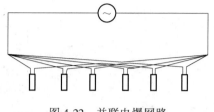

图 4-22   并联电爆网路

并联电爆网路总电流 I 为：

$$I = U/(R_1 + R_2/n + r/n) \tag{4-6}$$

通过每发电雷管的电流 i 为：

$$i = I/n \tag{4-7}$$

并联电爆网路连接要求每条支路的连接线电阻和雷管电阻相同，各支路的电阻值平衡，不然，电阻小的支路分流大，电阻大的支路电流小。尽管起爆回路中的总电流很大，如果流经雷管的电流不平衡，电流过小的雷管也可能拒爆。由于起爆回路的主线电流大，要求主线的电阻值要小，不然在主线上的大量压降将降低流经雷管的电流。因此，并联网路的主线要用断面面积大的粗的导线。

c   串并联电爆网路

串并联是先将药包内的若干发雷管串联成组，然后再将各串联组并联起来，接到起爆电源上，如图 4-23 所示。这时电爆网路的总电阻 R 为：

$$R = R_1 + \frac{R_支}{N} = R_1 + \frac{R_2 + mr}{N} \tag{4-8}$$

式中 m——串联的炮孔或药室的数目。

通过电爆网路的总电流

$$i = \frac{I}{N} = \frac{U}{NR_1 + R_2 + mr} \tag{4-9}$$

式中 N——并联支路数。

这种网路适用于电压低、功率大的工频交流电，在地下深孔爆破中常使用。网路设计时要求各条支路的电阻值平衡，并保证每个支路通过的电流大于 2.5A。

d   并串联电爆网路

并串联是先将药包内的若干发雷管并联成组，然后再将各并联组串联起来，接到起爆电源上，如图 4-24 所示。这时电爆网路的总电阻 R 为：

$$R = R_1 + R_2 + \frac{mr}{n} \tag{4-10}$$

式中 m——串联的炮孔数目；

n——并联成一组的电雷管个数（一般为两发）。

通过每个电雷管的电流

$$i = \frac{I}{n} = \frac{U}{nR_1 + nR_2 + mr} \tag{4-11}$$

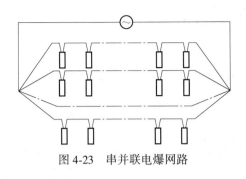

图 4-23 串并联电爆网路

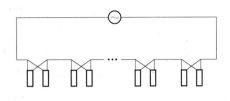

图 4-24 并串联电爆网路

e 并串并联电爆网络

将上两种电爆网路结合在一起，即串并联网路中每一条支路采用并串联连接方式（图 4-25）。这种网路在每个起爆点采用 2 发电雷管，增加了每个起爆点的准爆率和起爆能。这种网路适用于电压低、功率大的工频交流电。网路设计时要求各条支路的电阻值平衡，并保证每个支路通过的电流大于 2.5A。

这时电爆网路的总电阻 R 为：

$$R = R_1 + \frac{R_{支}}{N} = R_1 + \frac{1}{N}(R_2 + \frac{mr}{n}) \tag{4-12}$$

式中 n——通过每个电雷管的电流，$n = 2$。

$$i = \frac{I}{nN} = \frac{U}{nNR_1 + nR_2 + mr} \tag{4-13}$$

B 选择电力起爆网路的导线

电爆网路中使用的导线应遵循强度高、电阻小、绝缘良好、易敷设的原则，一般采用铜芯线。导线的电阻与构成导线的材料、导线长度和截面积有关，其电阻可用下式求得：

$$R = \rho \frac{L}{S} \tag{4-14}$$

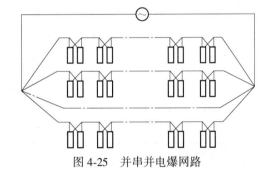

图 4-25 并串并电爆网路

式中 R——导线电阻，Ω；

ρ——导线材料的电阻率，$\Omega \cdot mm^2/m$；

S——导线的截面积，mm^2；

L——导线长度，m。

铜的电阻率 $\rho = 0.0175\Omega \cdot mm^2/m$，铝的电阻率 $\rho = 0.0283\Omega \cdot mm^2/m$，即同样断面、同样长度的导线，铝芯线的电阻要比铜芯线大出 63%，加上铝线韧性较差，多次敷设后易折断，故应尽量选择绝缘性能良好的铜芯线。

根据导线的位置和作用，可以将导线分为端线、连接线、区域线和主线。

端线是用来加长电雷管脚线使之能引出炮孔外的导线。

连接线是用来连接相邻炮孔的导线。

区域线指在同一电爆网路中包括几个分区时连接连接线与主线之间的导线。

主线指连接连接线或区域线与起爆电源之间的导线。

在露天台阶爆破中，端线、连接线多采用断面为 0.42~0.45mm² 的单芯铜质塑料皮专用爆破软线，主线则采用能重复使用的标称截面较大的多芯铜质塑料绝缘电线。

《爆破安全规程》（GB 6722—2014）规定：电爆网路的连接线不应使用裸露导线，不得利用照明线、钢轨、钢管、钢丝作爆破线路。

适用于电爆网路的常用绝缘电线型号见表 4-18，不同断面电线的电阻值见表 4-19。

表 4-18 常用绝缘电线型号

类　别	型号	名　称	截面范围/mm²
聚氯乙烯塑料绝缘电线	BV	铜芯聚氯乙烯绝缘电线	0.03~185
	BLV	铝芯聚氯乙烯绝缘电线	1.5~185
	BVV	铜芯聚氯乙烯绝缘聚氯乙烯护套电线	0.75~10
	BLVV	铝芯聚氯乙烯绝缘聚氯乙烯护套电线	1.5~10
	BVR	铜芯聚氯乙烯绝缘软线	0.75~50
	BV-105	铜芯耐热 105℃聚氯乙烯绝缘电线	0.03~185
	BLV-105	铝芯耐热 105℃聚氯乙烯绝缘电线	1.5~185
聚氯乙烯塑料绝缘软线	RV	铜芯聚氯乙烯绝缘软线	0.012~6
	RVB	铝芯聚氯乙烯绝缘平行软线	0.12~2.5
	RVS	铜芯聚氯乙烯绝缘绞型软线	0.12~2.5
	RVV	铜芯聚氯乙烯绝缘聚氯乙烯护套软线	0.12~6
	RV-105	铜芯耐热聚氯乙烯绝缘软线	0.012~6
橡皮绝缘电线	BX	铜芯橡皮电线	0.75~500
	BLX	铝芯橡皮电线	2.5~630
	BXR	铜芯橡皮软线	0.75~400
	RXS	棉纱编织橡皮绝缘绞型软线	0.2~2
	RX	棉纱总编织橡皮绝缘软线	0.2~2

表 4-19 不同截面导线电阻值

标称截面/mm²	铜芯导线电阻/Ω·km⁻¹	铝芯导线电阻/Ω·km⁻¹
0.4	43.8	70.8
0.5	35	56.6
0.75	23.3	37.7
1.0	17.5	28.3
1.5	11.7	18.6
2.0	8.8	14.2
2.5	7.0	11.3
4	4.4	7.1
6	2.92	4.7
10	1.75	2.8

C 选择起爆电源

电爆网路的起爆电源有电力起爆器、动力电、照明电、发电机和干电池。其中最常用的是电力起爆器。电力起爆器有电容式起爆器和手摇发电机起爆器两种。在实际工程中前者应用更为广泛。

a 电容式起爆器

电容式起爆器的工作原理是将干电池的低压直流电变为高频交流电，经变压器升压再整流变成高压直流电对电容器充电，当电容器的电能储存到额定电压值时，起爆器的指示灯亮或是电压表摆针显示在红线处。这时，可以启动开关接通电爆网路起爆。注意：起爆后，一定要及时将开关置于"停止"（放电）挡，把电容器的电能全部放掉，以免再次使用时将起爆网路的端线直接连接到起爆器的接线柱上，发生误爆事故。

起爆器放电的电压值高，但是放电回路设计要求放电电流不能太大，放电时间短（少于 6ms），因此起爆器不宜用作有多条支路并联组成的起爆网路。只有当起爆器处于完好状态，才有可能达到产品说明书标称的起爆能力。实际上，由于电容器的绝缘性能，干电池的内电阻的变化，都要影响起爆器的输出电压。特别是已使用了很多次的起爆器，琴键式开关触点表面因多次放电的烧蚀变得粗糙，粗糙表面的尖端放电效应在开关接通过程中不断发生，降低了起爆器的放电电压，其值低于标称放电电压。因此，实际的起爆能力要低于产品规定的线路总电阻和雷管数目。表 4-20 和表 4-21 为部分国产电容式起爆器的性能。

表 4-20　部分国产电容式起爆器的性能（一）

型号		YJ-新 400	YJ 新 600	YJ 新 1000	YJ 新 1500	YJ 新 4000	YJQL-3000
最高脉冲电压/V		2000	3000	1800	2700	3600	2700
允许最大负载电阻（串联）/Ω		1000	1350	900	1350	1800	1350
引爆电容器容量/μF		11.75	7.8	37.5	25	41.25	50
点燃冲量/$A^2 \cdot ms$		23.5	26	66	67.5		135
准爆能力/发	铜脚线	400	600	1000	1500	4000	3000
	铁脚线	200	300	500	759	2000	1500
充电时间/s		10	15	15~20	20~25	15~30	30
供电电源		1 号干电池 5 节，7.5V			1 号高能电池 9 节，13.5V		
体积/mm×mm×mm			190×100×225	190×100×210		320×180×280	265×140×260
机器重量/kg		1.75	1.9	2.0	2.5	7.5	4.3
生产厂家		营口市高能爆破仪表研究所					

表 4-21　部分国产电容式起爆器的性能（二）

型　号	KG-300	KG-200	KG-150	MFd-100[①]	MFd-200[①]
最高脉冲电压/V	3000	2500	1800	1800	2900
允许最大负载电阻（串联）/Ω	1220	920	620	620	1220
引爆电容器容量/μF				33	47
点燃冲量/$A^2 \cdot ms$	≥8.7			≥8.7	
准爆能力/发　铜脚线	300	200	150		
准爆能力/发　铁脚线	200	150	100	100	200
充电时间/s	≤20			≤20	
供电电源	1号干电池4节，6V			1号干电池4节，6V	
体积/mm×mm×mm	207×137×48			207×137×48	207×137×48
机器重量/kg	1.6			1.45	1.6
生产厂家	湖南湘西科工贸中心爆破仪器仪表厂			大石桥市防爆器厂	

① 供有沼气（甲烷）及煤尘爆炸危险的矿井使用，相同类型的发爆器有 MFd-50 型、MFd-150 型；非煤矿使用的有 SFK-500、SFK-1000、SFK-2000 型发爆器。

　　b　手摇发电机起爆器

由手摇交流发电机、整流器和存储电能的电容器组成，利用活动线圈切割固定磁铁的磁力线产生脉冲电流的发电机原理，由端钮输出直流电起爆电雷管，其优点是不用电源，操作简单，便于携带。

手摇发电机起爆器的产品有 GBP411 型和 GBP412 型发电机电容器式起爆器。其中GBP411 型发电机电容器式起爆器的性能、使用方法及注意事项介绍如下。

（1）起爆能力：充电后立即起爆（此时电压不小于 1600V），当电爆网路总电阻不超过 650Ω 时，可起爆 200 发串联电雷管；充电后在保留时间内起爆（-40~+40℃为 30min，+40~+50℃为 5min，此时电压不小于 1250V），当电爆网路总电阻不超过 350Ω 时，可起爆 100 发串联电雷管。

（2）注意事项：严禁用于有瓦斯或其他易燃气体的矿井中。充电后在起爆前严禁取下摇柄，因为取下摇柄起爆器电压将自动下降。

　　c　动力交流电源

（1）动力交流电源的分类。动力交流电源亦称工频交流电，有移动式发电站、220V的照明电和 380V 的动力电。动力交流电源电压虽然不高，但输出容量大，适用于并联、串并联和并串并联等混合电爆网路。尤其是在井下大量崩矿的有底柱结构分段崩落法、阶段崩落法、阶段矿房法、矿柱回采中都获得了广泛的应用。在井下大规模爆破中，动力交流电源以供电变压器为主，如图 4-26 所示。其供电类型有三种：

1）直流电：电压为 110V 或 250V；

2）单相交流电：电压为 127V 或 220V；

3）三相交流电：三线供电时，电压为 220V 或 380V；四线供电时（带零线），电压为 220/127V 或 380/220V（分子式中分子为线电压，分母为相电压）。

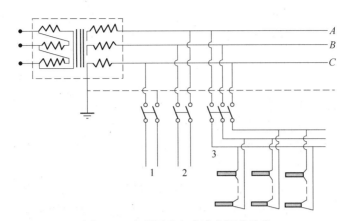

图 4-26　电爆网路与交流电源的连接

采用三相交流电时，电爆网路和电源之间有如下三种连接形式：

1）电源网路接到任何一相线和零线之间，电压为相电压，如图 4-26 中的支路 1；

2）电源网路接到两条相线之间，电压为线电压，如图 4-26 中的支路 2；

3）电源网路接到三条相线上，即用三相电源起爆，如图 4-26 中的支路 3。这种供电方式虽然可以充分利用电源的输出能力，但是也存在如下的缺点：在同一瞬间三个相线的瞬时电流值不同，有的电流值大，有的电流值小；三相刀闸合闸时，各相很难达到同时动作，各相通电时间有一定误差，各相电雷管可能产生不同时点燃，存在着拒爆的可能性。

（2）变压器容量的选择。变压器容量的选择首先是计算电爆网路的瞬时功率 P_1：

$$P_1 = \sqrt{3}\, VI\cos\varphi \tag{4-15}$$

式中　V——变压器输出端电压，V；

　　　I——电爆网路的总电流，A；

　$\cos\varphi$——功率因数。

选用的变压器容量 P_2 应满足 $P_2 > P_1$。当不能满足此要求时，也可把两台变压器并联使用。但并联使用的变压器应类型相同。

在条件允许时，变压器也可超负载使用。这是因为，上述计算是建立在变压器在额定负载条件下，长期运行的，内部耗损发热量与散热条件相适应的基础上的。而在电爆网路中，变压器供电时间极短（10ms 之内）。所以，输出电流大于额定电流的许多倍时，变压器也不会出现"发热"而损坏。各个矿山允许超载的倍数，视变压器的特性、新旧程度而异，有的矿山允许超载一倍，也有的矿山允许超过 6~8 倍。

D　电雷管的准爆条件

起爆电源能量应能保证全部电雷管准爆。用变压器、发电机作起爆电源时，流经每个电雷管的电流应满足：一般爆破，交流电不小于 2.5A，直流电不小于 2A。

4.2.2.2　电力起爆网路的施工

电力起爆网路的施工包括：起爆药包的加工，装药、填塞，电爆网路的连接、导通、网路检查、电阻平衡、合闸起爆。

A　装药、填塞

装药、堵塞过程中要注意起爆导线的保护，特别是在深孔爆破施工中，因为有的孔比较深，雷管脚线短，要另接线才能保证把起爆导线引出孔外，孔内接头要牢固结实，并作防水、防潮绝缘处理。填塞时要防止炮棍把接头碰伤或打断，防止炮棍和导线搅绕拉伤导线。

B 电爆网路的连线

(1) 电爆网路的连接只准在爆破工作面装药、填塞全部完成，无关人员已全部撤到安全地方以后进行。电爆网路的连接是电力起爆方法操作的重要环节，经验说明起爆线路的敷设和连接质量不佳都会造成延误起爆时间或产生拒爆事故。

(2) 爆破员在连线时，一定要把手上沾染的油污或泥浆擦洗干净，以免沾到接头上，增大接头处的电阻。接头是否正确，关系到导通值的准确性和电爆网路的准爆条件。接头不牢，容易断线；接头不紧密则电阻不稳定，使通过电雷管的电流不足或各个电雷管通过的电流不平衡而产生拒爆。

(3) 连线时，先用砂纸擦净或小刀刮净线芯上的氧化物和油污。如果采用的是单股导线，则多用直线型连接法，如图 4-27 所示。主线一般多用多股芯线的胶皮线或电缆，连接时，先将导线的各股单线分别扳开成伞骨形，再将每根单股线用砂纸或小刀擦净或刮光，然后参差地相向合并，用钳子将各股单线向合并的电线绕接，如图 4-28 所示。

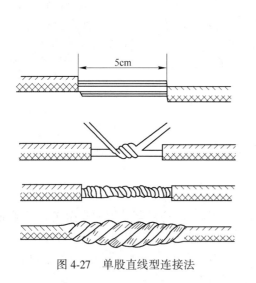

图 4-27 单股直线型连接法

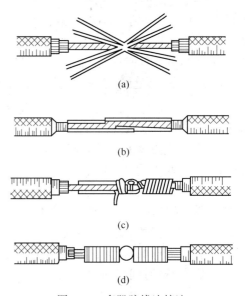

图 4-28 多股胶线连接法

(a) 两个扳开成伞骨形线头依次交互插合；(b) 插合线头压附于两边先头面上；(c) 先将一边缠绕定后依样再绕另一边；(d) 两边缠绕接完成型对称

(4) 在潮湿有水的地区，应避免导线接头接触地面或浸泡在水中。

(5) 用起爆器起爆电爆网路时，应按起爆器说明书的要求连接网路。

(6) 起爆线路连接应从爆破现场向起爆站一段一段的后退方式进行。

C 电爆网路的导通与检测

电爆网路敷设和连接完毕后，要对起爆网路进行导通与检测。要用专用的爆破欧姆表或导通器检查网路是否接通，测量网路的电阻值是否和设计值一致。有无改变。这里所说的导通就是检验线路电阻值的大小，如果电阻值比设计值大很多或是无限大时，说明网路断路，没有接通；电阻值很小甚至趋近于零时，说明有短路。发现断路或短路，要立即找出原因，排除故障。

检测不合格的网路不允许合闸起爆。

D 起爆

整个电爆网路经过导通检测后，才能将主线与电源插头进行连接，准备起爆。采用起爆器起爆，要控制充电时间。起爆口令下达后，立即合闸起爆。起爆后应立即切断电源。

4.2.2.3 电雷管起爆网路的优缺点及适用范围

（1）电雷管起爆网路的优点：

1）爆破前可以检测起爆网路的连接质量，判定起爆网路的安全可靠性；

2）起爆人员可以在危险区外的安全地点合闸起爆；可以一次同时起爆一定数量的雷管；

3）能准确地确定和控制起爆时间、延期时间和起爆顺序。

（2）电雷管起爆网路的缺点：

1）电爆网路敷设较复杂，需要有足够能量的起爆电源；

2）由于爆破用导线消耗量大，爆破成本较高；

3）在有杂散电流的地方和雷雨季节施工时，不安全性因素多。当一次起爆点很多，单响药量又受到很大限制时，电雷管起爆法无法使用。

4.2.3 导爆索起爆网路

导爆索可单独组成起爆网路。也可与继爆管组成毫秒延期起爆网路。亦可与毫秒电雷管或导爆管毫秒雷管组成毫秒延期起爆网路。

4.2.3.1 导爆索起爆网路的设计

导爆索起爆网路由主干线、支线和继爆管组成。分为齐发起爆网路和毫秒延期起爆网路两种。

A 齐发起爆网路

所有炮孔引出的导爆索与主干线导爆索连接起来的网路称齐发起爆网路。此种网路连接简单，不易产生差错。在不存在爆破振动和空气冲击波问题情况下可选择该网路。

B 毫秒延期起爆网络

（1）继爆管-导爆索毫秒延期起爆网路。把毫秒继爆管接在按预定时间间隔实行顺序起爆的各个炮孔或各组炮孔之间的支干线上，组成继爆管-导爆索毫秒延期起爆网路。如图 4-29 所示，该图是一种双向起爆的环形网路。对于间排距小的爆破，一般采用较短的时间间隔，对于间排距大的爆破，需采用较长时间间隔。为把切断爆破网路的危险减到最小限度，继爆管一般应连接在拟进行顺序爆破的两个或两排炮孔的正中间，或靠近延迟起爆炮孔的一边。

（2）塑料导爆管雷管-导爆索毫秒爆破网路。此种网路主要有两种形式：

1）同一排炮孔用导爆索连接，排间导爆索用不同段别塑料导爆管雷管或用不同段别电雷管连接，如图 4-30 所示。预裂或光爆孔很多时，可将其分成许多组，再串接 2 段或 3 段导爆管雷管分段起爆。

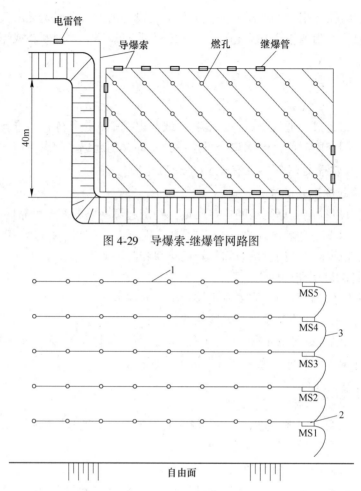

图 4-29 导爆索-继爆管网路图

图 4-30 导爆索-导爆管雷管网路图（一）

1—导爆索；2—导爆管雷管；3—导爆管

2）同排炮孔内装同段导爆管雷管，将它们连接在同一股导爆索的支线上，然后再将各排导爆索连接在不同段别的导爆管雷管上（图 4-31）。

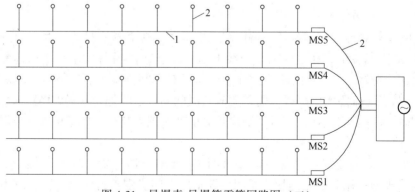

图 4-31 导爆索-导爆管雷管网路图（二）

1—导爆索；2—导爆管

（每一排炮孔装入同段导爆管雷管）

此外还有另外许多组合方式，包括前两种混合组成的网路等。

4.2.3.2 导爆索起爆网路的施工

A 导爆索的连接

在导爆索网路中，有以下几种连接方式：（1）支线与干线之间的连接；（2）炮孔与支线之间的连接；（3）导爆索长度不够时需与另外导爆索连接。它们之间连接时存在搭接长度与搭接方式这一共同问题。此外，前两种连接方式还存在传爆方向及由此而生的两根导爆索之间的夹角大小问题。

导爆索之间的搭接长度不应小于 15cm。搭接方式有平行搭接、扭接、水手接及三角形连接四种方式（图4-32）。唯水手接用得较少。因为雷管引爆导爆索后，其传爆存在方向性，炮孔出口导爆索与支线，支线与干线连接时之间的夹角必须符合图4-32（a）中所示角度。有时为了提高传爆的可靠性，可采用三角形连接法，如图4-32（d）所示。

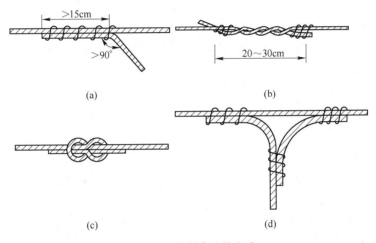

(a)   (b)

(c)   (d)

图 4-32 导爆索连接方式

(a) 平行搭接；(b) 扭接；(c) 水手结；(d) 角型连接

B 导爆索与炸药连接

将导爆索插入袋装药包内与药包捆扎结实后送入炮孔内（图4-33a）；也可将导爆索沿药包兜包扎结实后送入孔底（图4-33b）。

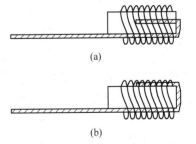

(a)

(b)

图 4-33 导爆索与炸药的连接

C 导爆索的引爆

导爆索可由炸药、电雷管或导爆管雷管引爆。当用雷管引爆时，雷管聚能穴应朝向导爆索传爆方向。起爆导爆索的雷管与导爆索捆扎端端头的距离不能小于 15cm。

D 导爆索网路的敷设

导爆索网路的敷设要严格按设计的方式和要求进行。敷设和连接必须从最远地段开始逐步向起爆点后退。在敷设和连接导爆索起爆网路时，要注意以下问题：

（1）切割导爆索应使用锋利刀具，但禁止切割已接上雷管或已插入炸药里的导爆索；

不应用剪刀剪断导爆索。

（2）搭接导爆索网路时，搭接长度不能小于 15cm，并要捆扎牢固紧密。支索搭接方向任何时候都不能与干索爆轰波方向夹角大于 90°，环形网路中，支干索之间要用三角形连接。

（3）连接导爆索中间不应出现打结或打圈；交叉敷设时，应在两根交叉导爆索之间设置厚度不小于 10cm 的木质垫块或土袋。

（4）深孔爆破露出炮孔的索头不能小于半米，填塞炮孔时，要防止导爆索跌入炮孔内。

（5）在潮湿和有水的条件下应使用防水导爆索，索头要作防水处理或密封好，防止水从索头处渗入药芯使药芯潮湿从而不能起爆。

4.2.3.3　优缺点及适用范围

导爆索网路的优点是安全性好、操作简单、使用方便、传爆稳定、快捷，一般不受外来电的影响。

缺点是：导爆索网路不能用仪表检查。

应用范围：可用于深孔爆破、预裂和光面爆破，露天爆破时噪声大，在人口稠密区不宜采用。

4.2.4　导爆管雷管起爆网路

4.2.4.1　导爆管雷管起爆系统的组成和工作原理

A　导爆管起爆系统的组成

导爆管起爆系统由三部分组成：击发元件、传爆元件（或叫连接元件）和末端工作元件。

（1）击发元件。其作用是击发导爆管，有各种工业雷管、导爆索、击发抢、电容击发器。现场爆破多用前两种。

（2）传爆元件。其作用是使爆轰波连续传递下去，它由导爆管和塑料连接块组成。

（3）工作元件。由引入炮孔中的导爆管和它末端组装的雷管组成，其作用是直接引爆炮孔的工业炸药。

B　工作原理

塑料导爆管是内壁附有极薄层炸药和金属粉末的空心塑料软管。导爆管受到一定强度的激发冲能作用后，管内出现一个向前传播的爆轰波。爆轰波使得前沿炸药粉末受到高温高压作用发生爆炸，爆炸的能量一部分用于剩余多项炸药的反应，一部分用于维持爆轰波的温度和压力，使其稳定地向前传播。导爆管可以从轴向引爆，也可以从侧向引爆。轴向引爆是指把引爆源对准导爆管管口，侧向起爆是指把爆炸源设置在导爆管管壁外方，在实际工程中多用侧向引爆。在侧向引爆中，雷管的聚能穴通常指向传爆方向的反向，以防止雷管壳的碎屑打断导爆管从而发生拒爆现象，导爆管的连接一般采用连通器或者雷管捆扎多根导爆管簇方式。

4.2.4.2　导爆管起爆网路的设计

A　导爆管起爆网路的分类

（1）按导爆管起爆网路的连接方式分为：

1）串联。串联是将传爆器件的导爆管雷管串联，形成接力网路，利用雷管延期时间的累加性，达到各传爆点不同时间爆破的目的，如图 4-34 所示。

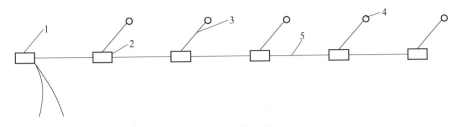

图 4-34　导爆管串联方式

1—击发雷管；2—传爆雷管；3—进入炮孔的导爆管（雷管）；4—炮孔；5—导爆管

串联时，雷管爆炸时间的累加性，构成网路分段起爆的基础。同段导爆管雷管的串联，累加组成等时间差起爆，不同段串联累加组成不等时间差的起爆。

2）并联。在一个传爆导爆管雷管上并绑多根导爆管雷管称为并联（图 4-35），又称簇联，俗名"一把抓"。并联在导爆管网路中，是组成支路不可少的连接方式。

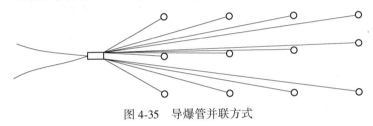

图 4-35　导爆管并联方式

3）复合起爆网路。复合起爆网路是由串联网路和并联网路发展而成，是串联网路和并联网路的组合，一般分为串并联和并串联网络。或并串并等多种形式的起爆网路。

（2）按导爆管起爆网路的爆轰波传爆方式分为：

1）导爆管接力起爆网路。导爆管接力起爆网络是一种顺序式的接力起爆网路和回路式的起爆网路。其传爆顺序是从前往后按网路节点（传爆节点）逐步传递下去，传爆过程是不可逆的，只能是前一级节点向后一级节点或上一级节点向下一级节点传爆，反之则不行。

导爆管接力起爆网路按接力方式不同又分为：孔内接力毫秒起爆网路和孔外接力毫秒起爆网路。

2）导爆管闭合起爆网路。导爆管闭合起爆网络呈回路式，传爆节点形成回路，每一个节点都可能向相邻的节点传爆，以确保网路传爆的可靠性。

3）按导爆管起爆网路的可靠度分为单一式串联起爆网路和复式串联起爆网路。

B　毫秒延期导爆管起爆网路的设计

a　导爆管接力起爆网路

这是导爆管起爆网路中最基本的一种连接方法，有多种连接方式，其中之一如图 4-36 所示。将炮孔内引出的导爆管分成若干束，分别捆扎在一发（或多发）导爆管传爆雷管上，将这些导爆管传爆雷管（或与另外一些孔内引出的导爆管）再集束捆扎在上一级传爆雷管上，直至用一发或一组起爆雷管击发即可将整个网路起爆。所谓"接力"，既可以指时间上的接力，也可以指空间上的接力。当采用瞬发雷管作传爆雷管时，接力是空间的，当采用延时雷管作传爆雷管时，接力就不仅仅是空间上的，也包含时间上的了。

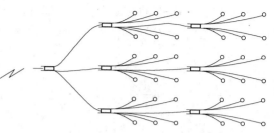

图 4-36 导爆管接力起爆网路示意图

（1）孔内接力毫秒延期起爆网路。根据炮孔起爆顺序将导爆管雷管的不同段别按顺序装入各炮孔内，进行爆破。当采用排间延期起爆时，每排炮孔内装入同段导爆管雷管时，一次爆破可以达到较多的孔。这种网路的优点是施工方便，连接不易产生错误，爆破效果也较好。缺点是：一次起爆药量过大，产生的有害效应也较大；若使用高段位的雷管因其自身的误差大，使爆破效果差，大块多，且易产生飞石。

（2）孔外接力毫秒延期起爆网路。当炮孔内的起爆雷管为同一段别时，通过孔外传爆雷管的串、并联及搭接，组成孔外接力起爆网路，如图 4-37 所示。网路采用孔内延期（高段位 15 段以上）孔口接力（接力雷管低段位 2 段）排间延期的双侧网路进行逐排起爆。图中 A-B-C-D 表示排向起爆方向，1-2-3-4 表示孔间起爆的顺序。

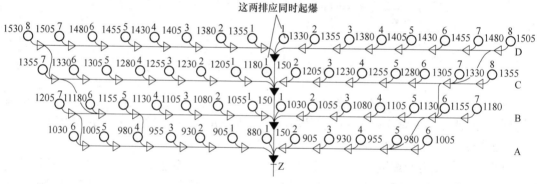

图 4-37 孔内接力起爆网路

○—孔内MS15 ▷—孔间MS32 ▶—排间MS6 ▶┼Z—激发源

当炮孔内装入不同段别的雷管，孔外接力并-串-并毫秒延期起爆网路如图 4-38 所示。

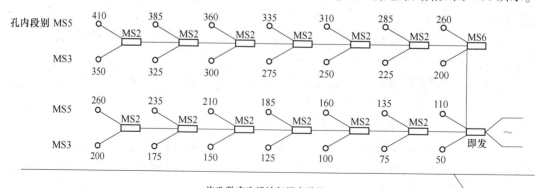

炮孔数字为设计起爆毫秒量

图 4-38 孔内、外不同接力起爆网路

b 导爆管闭合起爆网路

闭合网路与导爆管接力网路不同，它的连接元件是四通接头和导爆管，连接以插接为主。通过连接技巧，把导爆管雷管连接成网格状多通道的起爆网路，可以确保网路传爆的可靠性（图 4-39），因此也可以叫做网格式闭合网路。

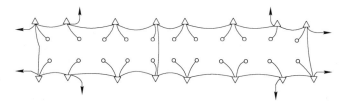

图 4-39 导爆管闭合起爆网路连接示意图

（1）导爆管闭合起爆网路的特点为：

1）闭合网路实现了网路内无雷管连接，在整个网路的连接过程中，可以采用电灯照明，不会因通讯电网、高压电网等杂电干扰引起早爆、误爆事故。传爆过程中声响小，无破坏作用。

2）由于每个导爆管雷管至少有两个方向来的爆轰波能使其引爆，相当于传爆过程有复式网路的作用。

3）整个网路是网格状多通道的，传爆方向四通八达，个别导爆管雷管或局部导爆管的缺陷不影响整个网路的准爆性，不会出现成片药包拒爆的情况。

4）在网路连接过程中，通过连接技巧可以把封闭的网格网路无限扩展，在对起爆延时段别没有特殊要求的情况下，理论上讲起爆的药包数量可以不受限制。

5）在网路上选任意点激发起爆，整个网路中的药包就全部引爆，通常可以用电雷管多点激发，提高网路激发的可靠性。在需要的时候，可使用起爆枪或激发笔激发，即整个网路包括起爆都可实现非电操作。

6）网路连接操作简单，检查方便，网路无需进行计算，只需掌握基本要领，任何爆破工都可以直接进行操作。网路的连接可以分区分片同时进行，网路清晰，检查时一目了然，能大大节省网路的连接和检查时间。

（2）闭合网路的缺点是受到导爆管雷管段别数的限制，整个爆区的分段数是有限的，这在一些炮孔数量和分段数量比较大的爆破工程中难以使用。

c 单一式串联起爆网路

所谓单一式是指起爆系统中只有一套起爆网路。优点是网路结构简单，缺点是网路中若有一处发生故障，则引起整个网路拒爆。

d 复式串联起爆网路

为了克服单一式串联起爆网路的缺点，出现了复式串联起爆网路。后者有两种形式，即合复式和单复式。

（1）合复式中结点为两个传爆导爆管雷管并绑在一起，其中一个拒爆，另一个可将它带响以保证网路正常传爆。当两个并绑的传爆雷管同时拒爆，才使网路断爆。这种在同一结点同时拒爆的概率是很低的，如图 4-40（a）所示。

（2）单复式网路中，只要一分支中的传爆雷管拒爆，该支路断爆。此后，另一支路中的传爆雷管冉拒爆，则整个网路断爆，如图 4-40（b）所示。

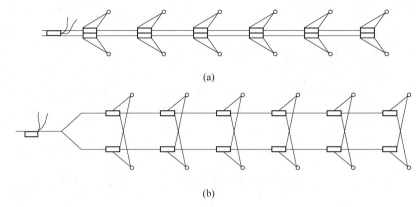

(a)

(b)

图 4-40　导爆管复式网路

4.2.4.3　导爆管起爆网路的施工

A　爆前检查

（1）施工前应对导爆管进行外观检查，用于连接用的导爆管不允许有破损、拉细、进水、管内杂质、断药、塑化不良、封口不严。在连接过程中导爆管不允许打结，不能对折，要防止管壁破损、管径拉细和异物入管。如果在同一分支网路上有一处导爆管打结，传爆速度会降低，若有两个或两个以上的死结时，就会产生拒爆；对折通常发生在反向起爆的药包处，实测表明，对折可使爆速降低，从而导致延期时间不准确，严重时可产生拒爆。

（2）根据网路中使用的各个段别的雷管，每一批雷管必须对其准爆性和毫秒延期时间进行检测。

B　爆破施工

（1）导爆管雷管网路应严格按设计进行连接，导爆管网路中不应有死结，炮孔内不应有接头，孔外相邻传爆雷管之间应留有足够的距离。

（2）用雷管起爆导爆管网路时，应遵守下列规定：

1）起爆导爆管的雷管与导爆管捆扎端的距离应不小于 15cm；

2）应有防止雷管聚能射流切断导爆管的措施和防止延时雷管的气孔烧坏导爆管的措施；

3）导爆管应均匀地分布在雷管周围并用胶布等捆扎牢固。

（3）使用导爆管连通器时，应夹紧或绑牢。

（4）用套管连接两根导爆管时，两根导爆管的端面应切成垂直面，接头用胶布缠紧或加铁箍夹紧，使之不易被拉开。

（5）采用地表延时网路时，地表雷管与相邻导爆管之间应留有足够的安全距离，孔内应采用高段别雷管，确保地表未起爆雷管与已起爆药包之间的水平距离大于 20cm。

（6）用导爆索起爆导爆管时，宜采用垂直连接。用普通导爆索击发引爆导爆管时，因为导爆索的传播速度一般在 6500m/s 以上，比导爆管的传播速度快得多，为了防止导爆索产生的冲击波击断导爆管造成引爆中断，导爆管与导爆索不能平行捆绑，而应采用正交绑扎或大于45°以上的绑扎。

C 施工管理

（1）网路连接开始时，应停止爆破区域内一切与爆破网路敷设无关的施工作业，无关人员必须撤离爆区以外。

（2）装药警戒范围由爆破技术负责人确定，装药时应在警戒区边界设置明显标志并派出岗哨。

（3）只有所有人员、设备撤离爆破危险区，具备安全起爆条件，才能在主起爆导爆管上连接起爆雷管。

（4）爆后检查。经检查确认爆破地点安全后，经当班爆破班长同意后，方准许作业人员进入爆区。

4.2.4.4 导爆管起爆网路的优缺点及应用范围

（1）导爆管起爆网路的优点：

1）操作简单；使用安全、准确、可靠；能抗杂散电流、静电和雷电。

2）起爆网路主要原料是塑料，来源方便。

3）导爆管运输安全。

（2）导爆管起爆网路的缺点：

1）爆前不能用仪表检测网路的施工质量。

2）爆炸时产生较大的冲击波。

（3）应用范围。无论是露天爆破还是地下爆破都获得了广泛的应用，但是在有瓦斯、煤尘爆炸危险的矿山不能使用。

4.2.5 数码电子雷管起爆网路

数码电子雷管起爆网路亦称电子雷管起爆网路，数码电子雷管起爆网路可以圆满地实现逐孔起爆。

4.2.5.1 逐孔起爆技术的特点

顾名思义，逐孔起爆就是爆区内的所有炮孔逐个地、按一定顺序地单孔延期起爆，即爆区内处于同一排的炮孔按照设计好的延期时间从起爆点依次起爆。同时，爆区排间炮孔按另一延期时间向后排传爆，使爆区内相邻炮孔的起爆设计错开，起爆顺序呈分散的螺旋状。因此，逐孔起爆技术具有以下特点：

（1）先爆炮孔为后爆炮孔多创造一个自由面；

（2）爆炸应力波因自由面的反射作用，加强了岩石的破碎能量；

（3）相邻炮孔互相碰撞、挤压，增强岩石二次破碎；

（4）同段起爆药量小，有效地控制了爆破振动强度。

4.2.5.2 数码电子雷管起爆网路设计

（1）确定起爆点。在爆区第一排自由面多，且适合爆堆整体移动的位置选择一个炮孔为起爆点，如图4-41所示。

（2）确定爆区的排与列。沿着第一排炮孔为控制排，这个控制排为爆破建立孔间延期顺序，以后的起爆顺序由后返式雁形线上的地表延期控制，地表采用单管连接，孔内采用双管延期。值得注意的是，控制排传爆方向和各传爆列传爆方向相反，它们之间的夹角必须大于90°，逐孔起爆网路如图 4-42 所示。

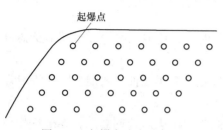

图 4-41 起爆点选取示意图

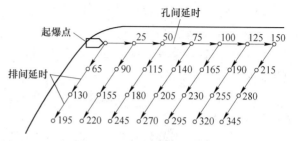

图 4-42 逐孔起爆网路示意图

（3）确定排内孔间延期时间及排间延期时间：

1）延期间隔时间对爆破振动效应的影响。研究结果表明[12]：当延期间隔时间 $\Delta t <$ 3.5ms 时，各段爆破地震波叠加后的地震幅值明显增加，随着 Δt 减小，地震幅值增加明显；当 $3.5\mathrm{ms} < \Delta t < 100\mathrm{ms}$ 时，爆破地震波叠加后的地震幅度时而增加，时而减小，各段爆破地震间出现明显的干扰效应，但要通过选取合适的延期间隔时间才能起到降振的作用。在这段时间内，存在一个最优的延期间隔时间，这个时间需要通过综合考虑地形、地质因素、爆破参数等因素来设置。最优的延期间隔时间并不是一个固定的值，而是一个时间段。当 $\Delta t > 100\mathrm{ms}$ 时，出现各段爆破地震波独立作用，这种作用也能起到降震效果，即增加后的地震幅值与各段震波的幅值相同，各段震波的主振相作用阶段的最大得到分离，表现出各段地震波独立作用的效果。这个时间段内，延期间隔爆破中各段爆破地震波不会出现相互叠加干涉作用，总体地震需要是各段爆破振动独立作用的结果。地震强度取决于各分段爆破地震波本身的地震强度。

2）延期间隔时间的选取。研究资料表明，数码电子雷管的同一排炮孔最佳延期时间为每米孔距取 $3 \sim 8\mathrm{ms/m}$，对岩石脆弱、坚固性系数高的岩石取小值；反之，取大值（图 4-43）。排间最佳延期时间每 1m 孔距取 $8 \sim 15\mathrm{ms}$，若排距 $b = 4 \sim 6\mathrm{m}$ 时，则取 42ms。

在工程应用中，通常孔内采用高段位雷管，孔外采用低段位雷管。例如：孔内均采用 400ms。孔外分别采用 17ms、42ms 或孔内采用 400ms，孔外采用 9ms、17ms、42ms。

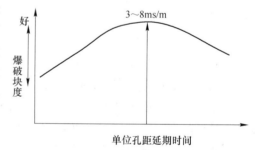

图 4-43 合理的单位孔距延期时间

（4）点燃阵面。点燃阵面是起爆网路设计中的一个重要概念。

1）问题的提出。为了改善爆破效果，扩大爆破规模、减少单段药量，已成为当今台阶爆破的发展趋势。为此，采用孔内高段位，孔外低段位的毫秒延期爆破已成为大家的共识。

由于孔内延期时间比地表接力雷管的延期时间长许多，当前排炮孔内的炸药爆炸后，起爆信号已传入后面数排炮孔内的雷管。这样，后面炮孔即使产生错位，由于孔内雷管的延期体已被点燃，也不会产生"拒爆"。

那么,为了保证全部炮孔的顺利起爆,在爆破网路设计时,孔内延期设计如何选取?地表延期雷管的延期设计与孔内延期雷管的延期时间应存在何种关系?目前国内爆破界尚无一个统一的原则可供选择。为此,引入一个点燃阵面的概念。

2)点燃阵面定义。点燃阵面系指在爆破中,由炸药正在爆轰和孔内雷管延期体正在燃烧而尚未引爆的所有孔内雷管所形成的空间几何平面。如图4-44中的第1排炮孔的炸药已被引爆,第2、3、4排炮孔内的雷管延期药已被点燃并燃烧,则前4排炮孔所构成的平面(用虚线圈出)就是一个点燃阵面。爆破时点燃阵面内的炮孔可以确保完全起爆。例如:孔内雷管的延期时间为100ms,地表接力雷管的延期时间为25ms。当前排炮孔内的炸药爆炸后,对于第2、3、4排炮孔内的雷管以及第5排炮孔的孔口接力雷管来说,其内部的延期体已经

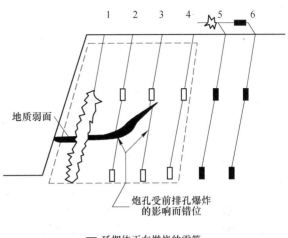

图4-44 四排炮孔点燃阵面起爆系统

被点燃,这样,即使第2、3、4排炮孔产生错位,孔底的雷管仍然可以起爆,不会导致"拒爆"。同时,地表起爆系统的引爆信号已经传到第5排炮孔,离第1排爆炸孔已有一定距离,后面的未爆地表网路不易受到已爆炮孔的破坏,从而使得起爆信号能够稳定地传爆下去。

3)点燃阵面的大小及完全点燃阵面。点燃阵面的大小用点燃阵面的排数(宽度)来表示,即炸药正在爆轰的炮孔和延期体正在燃烧的炮孔所构成的炮孔排数,就是点燃阵面的宽度。在任何一次爆破中,在任何一个炮孔内的炸药爆轰以前,所有孔内雷管的延期药已被点燃,这时所有点燃的雷管所构成的平面,就被称为完全点燃阵面。例如:在露天台阶爆破中,如果采用毫秒电雷管来实现延期爆破,整个爆破网路一旦通电,在任何炮孔内的炸药爆炸前,所有雷管的延期体被同时点燃。在这种情况下,所有延期体正在燃烧的雷管所构成的平面,就是完全点燃阵面。

使用导爆管雷管也可以实现完全点燃阵面。图4-45所示为一个21排炮孔的台阶爆破,孔内雷管的延期时间为500ms,孔外接力雷管的延期时间为25ms,则最前面一个炮孔内的炸药开始爆轰时,最后一个炮孔内雷管的延期体已被点燃,这时所有雷管构成的平面,就是一个完全点燃阵面。

4)点燃阵面在爆破网路中的应用。当采用图4-45所示的完全点燃阵面起爆系统时,未爆炮孔内的起爆系统不会受到已爆炸炮孔的破坏,从而拒爆率大大降低。但是,对于炮孔排数较多的大区爆破而言,要获得完全点燃阵面,孔内雷管的延期时间需要很长,即需要高段位的雷管。由于雷管段数越高,雷管的延期精度越差,延期离散性越大。而且地表接力雷管延期时间又比较短,这样孔内雷管就有可能出现跳段,影响了爆破效果。如果采用高精度的数码电子雷管情况会大大改观。

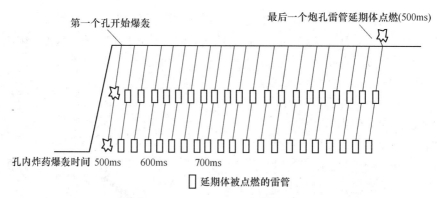

图 4-45 完全点燃阵面起爆系统

(孔内延期时间 500ms；孔间延期时间 25ms)

综上所述：

①大区、多排孔的台阶爆破，宜采用孔内高段位，孔外低段位的数码电子雷管逐孔起爆技术。由于数码电子雷管精度高，可选用完全点燃阵面设计。

②鉴于目前国产雷管的延期精度，选用 4 排炮孔宽的点燃阵面比较合适，一般孔内和孔外导爆管雷管可以按表 4-22 进行组合。在具体选取时，尚应考虑爆破体的地质状况。

表 4-22 接力网路孔内外导爆管雷管段别组合

孔外接力导爆管雷管段别	2	3	4	5
孔内导爆管雷管段别	5~6	7~8	9~11	10~13

4.2.5.3 数码电子雷管起爆网路施工

数码电子雷管起爆系统分两部分，爆前操作和起爆准备，具体过程如下：

（1）雷管发放与装孔。数码雷管的发放不同于传统延期雷管及其他型号电子雷管的发放。因为该数码电子雷管的延期是通过编码器到炮孔，根据设计的延期时间对数码电子雷管进行现场的延期设置。所以，它的发放不需要考虑段位或雷管与炮孔的对号匹配问题。该数码电子雷管脚线采用了线圈，以免装孔时发生脚线打结等不良现象。

（2）雷管编程。雷管装孔后，多名技术人员每人手持编码器对数码电子雷管进行延期设置，将雷管的信息读入并储存在编码器里。

（3）联网与分支检测。数码电子雷管网路采用并联连接，脚线末端有专门设计的线卡，打开后直接卡在连接线上。考虑到装药、填塞等可能造成网路损坏。试验时当一分支网路连接完成后，使用编码器对该分支网路进行检测，以便发现问题及时解决。

（4）数码电子雷管信息传输到起爆器。当数码器对每发数码电子雷管完成延期设置和信息读储后，将编码器里数码电子雷管的相关信息传输到起爆器里。

（5）起爆。当装药、填塞、网路连接完成后，每发数码电子良好的脚线或每分支网路通过专门设计的线卡连接在主线上。起爆器通过主线读取每发雷管，检测每发雷管是否完好。发现有问题的雷管，起爆器会显示该法雷管的信息，有人员可及时处理。检测完毕后，可充电起爆。

（6）数码电子雷管单组起爆网路的检测，系指用编码器检测该编码器名下的一组数码雷管的工作状态。单发雷管在使用前，即可用数码器对其性能进行检测；在进行一组雷管的编程过程中，可随时用该编码器的测试菜单进行系统测试。并可使用"测量泄漏"工具，连续监测电流泄漏状态。当一组雷管编码结束后，除可对该组雷管进行系统检测外，还可用该编码器测试每一发雷管的工作状态。

（7）数码电子雷管整体起爆网路的检测，系指起爆器通过各编码器与每一发数码电子雷管进行通讯，检测整体起爆网路各雷管的工作性能。

数码电子雷管单组起爆网路的检测可在现场进行。而整体起爆网路的检测，编码器应放在距爆区一定距离的安全位置，并且通过导线与起爆器连接。

4.2.5.4 数码电子雷管起爆网路的优缺点及应用范围

（1）优点：数码电子雷管起爆网路实现了逐孔起爆，降低了大块率，改善了爆破效果；降低了单位炸药消耗量；有效地控制了爆破振动，减少了爆破有害效应。可以说，数码电子雷管起爆网路在提高炸药能量利用率和爆破综合成本上具有较大的空间。

（2）缺点：目前单个雷管的成本尚偏高。

（3）应用范围：数码电子起爆网路出现的时间虽短，但发展迅速。目前在矿山爆破工程、隧道与井巷爆破工程、地下爆破工程、城镇复杂环境控制爆破工程等都有应用，应用范围正迅速扩大。

4.2.6 混合起爆网路

混合起爆网路有三种形式：电雷管-导爆管混合起爆网路；导爆索-导爆管混合起爆网路；电雷管-导爆索混合起爆网路。有时候，混合起爆网路中甚至包含有电雷管-导爆管-导爆索三种网路形式。

4.2.6.1 电雷管-导爆管混合起爆网路

在以导爆管起爆法为主的起爆网路中，利用电力起爆网路可以实现远距离起爆，准确控制起爆时间。

4.2.6.2 导爆索-导爆管混合起爆网路

导爆索-导爆管混合起爆网路在露天台阶爆破中应用较多，一般布置形式是导爆索作为主支路，导爆管依次与之连接。普通导爆索与导爆管应垂直连接，连接形式可采用 T 型结或搭结。

图 4-46 示出新疆天龙股份有限公司四号石灰石矿在中深孔、预裂孔、缓冲孔爆破中采用导爆索-导爆管混合起爆网路的实例。中深孔、缓冲孔中，孔内各采用两发导爆管雷管引爆，前后排的延期时间为 25ms，与孔内起爆体连接。

爆破作业中，在主爆区使用较小段别的导爆管雷管，实现逐孔起爆。主爆区与预裂孔之间利用孔外延期方法实现，预裂孔先爆，主爆区后爆，连接方式为：主爆区导爆管串联后引出导爆管接 6 段导爆管雷管引爆，预裂孔导爆索采用 1 段导爆管雷管引爆，从而使主爆区与预裂孔之间在起爆时形成 150ms 以上的时差，其中主爆区的缓冲孔与预裂孔之间形成 300ms 以上的时差。

4.2.6.3 低能导爆索-导爆管起爆系统

低能导爆索指每 1m 装药量在 5g 以下的导爆索。由于低能导爆索的药芯药量很小，采用低能导爆索起爆导爆管不会出现普通导爆索起爆导爆管时容易发生的由于导爆索起爆

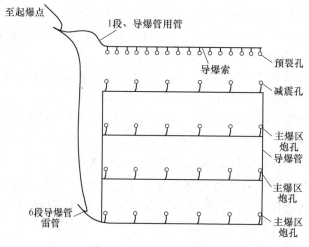

图 4-46　起爆网路示意图

力大、爆速高而损伤导爆管的问题。澳瑞凯（威海）爆破器材有限公司生产的 Exel 系列非电导爆管雷管可在导爆管尾端加装塑料 J 形钩，J 形钩也具有特定颜色，其表面印刷有雷管延期时间。通过塑料 J 形钩能快速、安全的将导爆管和低能导爆索连接在一起。这些导爆管雷管能被含有 3.6~5.0g/m 太安的低能导爆索可靠地引爆。某隧道爆破开挖中的低能导爆索-导爆管起爆网路如图 4-47 所示。

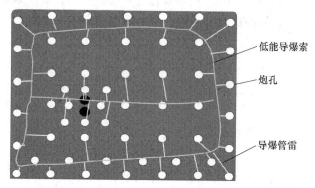

图 4-47　隧道爆破开挖中的低能导爆索-导爆管起爆网路

4.2.6.4　电雷管-导爆索混合网路

与导爆索-导爆管混合网路一样，导爆索起爆法也经常作为辅助起爆网路与电爆网路配合使用。

总之，在熟悉各种起爆网路使用特点的基础上，根据各个工程的特点和要求，可以组合出各种各具特色的混合起爆网路来。

参 考 文 献

［1］汪旭光. 爆破设计与施工［M］. 北京：冶金工业出版社，2011.
［2］于亚伦. 工程爆破理论与技术［M］. 北京：冶金工业出版社，2004.

［3］ 谢兴华. 起爆器材 ［M］. 合肥：中国科学技术大学出版社，2009.

［4］ 张国顺. 民用爆炸物品及安全 ［M］. 北京：国防工业出版社，2007.

［5］ 李国新，等. 火工品实验与测试技术 ［M］. 北京：北京理工大学出版社，1998.

［6］ 颜景龙. 中国电子雷管技术与应用 ［J］. 中国工程科学，2015，17 （1）：36~41.

［7］ 张力. 数码电子雷管的发展及应用研究 ［J］. 采矿技术，2014，14 （5）：68~69.

［8］ 田小宝，等. 澳瑞凯数码电子雷管起爆系统优势及应用案例 ［J］. 矿业装备，2012 （10）：98~101.

［9］ 高铭，等. 电子雷管及其起爆系统评述 ［J］. 煤矿爆破，2006 （3）：23~25.

［10］ 冯宝泉. 我国无起爆药安全工业雷管综述 ［J］. 云南冶金，1988 （2）：12~17.

［11］ 陈月畅，等. 飞片式无起爆药雷管的结构和工作原理 ［J］. 爆破，2013 （2）：162~166.

［12］ 白晓成. 塑料导爆管 V 型起爆网路在深孔爆破中的应用 ［J］. 爆破，2006，23 （2）：53~56.

［13］ 赵根，等. 数码雷管起爆系统在三峡三期碾压混凝土围堰拆除爆破中的应用 ［J］. 工程爆破，2007，13 （4）：72~75.

［14］ 王根涛，邹宗山. 数码电子雷管在平朔东露天矿台阶爆破中的应用 ［J］. 露天采矿，2014 （8）：23~28.

［15］ 常永刚，等. 导爆索与非电导爆管起爆网络的选择应用 ［J］. 露天采矿技术，2005 （4）：11~12.

［16］ 颜爱全. 导爆索—导爆管混合网络在某石灰石矿山边坡预裂中的应用 ［J］. 新疆有色金属，2011 （1）：7~8.

［17］ 程平. 边坡起爆网络设计中的点燃阵面 ［J］. 金属矿山，2008 （11）：31~32.

［18］ Shen Zhaowu, Ma Honghao. The key technique of high-precision high safe non-precise delay detonator ［C］//New Technology of Blasting Engineering in China Ⅱ. Beijing：Metallurgical Industry Press，2008：690~695 （in Chinese）.

［19］ Ma Honghao, Shen Zhaowu, Yao Baoxue, et al. Research on detonator system without lead ［J］. Explosive Materials，2009 （6）：18~21，24 （in Chinese）.

［20］ Orica mining services：Underground Products and Services Technic Deta Sheet，January，2008.

5 爆破力学的三大理论

台阶爆破通常采用连续柱状装药结构，无论起爆具置于孔口还是置于孔底，都有一个激发、传爆和对周围介质的爆破作用过程，阐明这三个过程的发生、发展的原理就产生了起爆、传爆和岩石破碎三大理论。

5.1 起爆理论

5.1.1 炸药的起爆和起爆能

炸药是具有一定稳定性的物质，要使其发生爆炸必须要由外界施加一定的能量，来激发或活化一部分炸药分子。激发炸药爆炸的过程称作起爆，使炸药活化发生爆炸反应所需的活化能称为起爆能。炸药一旦爆炸，反应将自动高速进行，而且释放出的能量远远超过激发炸药爆炸所需的活化能。

起爆能的形式有多种，热能、光能、电能、电磁能、机械能等，但用于工业炸药起爆的是热能和爆炸能，而导致炸药意外爆炸的是机械能。

（1）热能。利用加热的形式能使炸药形成爆炸。能够引起炸药爆炸的加热温度，称为起爆温度。热能是最基本的一种起爆能，在爆破作业中，利用导火索引爆火雷管，就是热能引爆的一个例子。

（2）爆炸能。这是爆破工程中应用最广泛的一种起爆能。顾名思义，它是利用某些炸药的爆炸能来起爆另外一些炸药。例如，在爆破作业中，利用雷管爆炸、导爆索爆炸和中继起爆药包爆炸来起爆炸药包等。

（3）机械能。通过机械作用使炸药爆炸，其机械作用的方式一般有撞击、摩擦、针刺、枪击等。机械作用引起炸药爆炸的实质是在瞬间将机械能转化为热能，从而使局部炸药达到起爆的温度而爆炸。在炸药的生产、储存、运输和使用过程中，应当注意防止因机械能引起意外的爆炸事故。

5.1.2 起爆理论的研究内容

起爆理论是研究在起爆过程中的物理、化学和力学作用过程与机制，研究过程中各个阶段诸因素的相互作用，分析验证其规律和图像，特别是解决临界起爆条件和判据的预测问题，为过程设计和实际应用奠定基础。

5.1.3 炸药起爆的基本理论

研究炸药分别在热能、爆炸能和机械能的作用下，引起炸药爆炸和爆轰的理论。有热起爆理论、爆炸能起爆理论和机械能起爆理论，这三种理论的核心均系使炸药形成局部点的热源而引起。

5.1.3.1　炸药的热能起爆理论

倡导热能起爆理论的应首推前苏联学者 N. N. 谢苗诺夫，他在 1928 年提出了热爆炸理论，首次通过对热图的数学分析，从理论上提出了定量的热爆炸判别准则。1939 年 D. A. 富兰克-卡曼尼兹（D. A. Frank-Kameenetskii）等人进一步发展了该理论，并将它应用于凝聚体炸药。这以后，热爆炸理论发展很快，比较重要的有 P. H. 托马斯（Thomas）在 1958 年把 N. N. 谢苗诺夫热爆炸理论和 D. A. 富兰克-卡曼尼兹热爆炸理论作为两个极限情况，提出了更具有普遍边界条件的热爆炸理论。

A　热能起爆理论的基本观点

炸药的热能起爆理论主要根据是放热化学反应。在室温下炸药通常是稳定的，其热分解只是微量而不易觉察的，这是由于适当的热传递使微量分解产生的热量全部传递给周围的环境，最后使其内部的温度与环境温度相同。但是，如将炸药加热到一定的温度，其热分解作用随温度的升高而变快，所释放的能量不能全部传递出去，而是积累在炸药的内部，这样就导致内部温度的自身加热，热分解自动加速，反应由缓慢而加剧到"爆炸"的程度，即热能爆炸。

B　N. N. 谢苗诺夫（Semenov）热爆炸判据

在一定的温度、压力和其他条件下，如果一个体系反应放出的热量大于热传导所散失的热量，就能使该体系——混合气体发生热积聚，从而使反应自动加速而导致爆炸。就是说，爆炸是系统内部温度渐增的结果。

下述三点假设是谢苗诺夫进行该项研究的基础：

（1）炸药各处温度相同，就是说炸药的里层和外层不存在温度差；

（2）环境温度 T_0 为常数；

（3）炸药达到爆炸时的炸药温度 T 大于 T_0，但是 T 与 T_0 的差值不大。

在此基础上，谢苗诺夫提出了满足炸药爆炸的两个条件：

第一个条件：根据均温分布定常热爆炸的热平衡方程式，即炸药在温度为 T 时的单位时间内，发生化学反应所放出的热量 Q_1，取决于化学反应速度 $W(\mathrm{g/s})$ 和单位重量炸药反应后放出的热量 $q(\mathrm{J/g})$：

$$Q_1 = W \cdot q \tag{5-1}$$

按照化学反应动力学，一级反应在开始反应时速度为

$$W = Z\mathrm{e}^{-\frac{E}{RT}} \cdot m \tag{5-2}$$

式中　Z——频率因子，与炸药分子的碰撞概率有关，Hz；

　　　E——炸药分子的活化能，J；

　　　m——炸药量，g；

　　　R——气体常数。

将式（5-2）代入式（5-1）便得：

$$Q_1 = Z\mathrm{e}^{-\frac{E}{RT}} \cdot m \cdot q \tag{5-3}$$

不言而喻，在爆炸反应释放热量的同时，由于热传导的存在，也会向四周散失热量。单位时间内因热传导散失于环境中的热量 Q_2 为：

$$Q_2 = K(T - T_0) \tag{5-4}$$

式中 K——传热系数，J/(K·s)。

由此可见，只有当 $Q_1 > Q_2$ 时，体系中才能发生热积聚，从而使其温度不断升高，化学反应迅速加快，最后导致炸药爆炸。因此炸药爆炸的临界条件之一应是：

$$Q_1 = Q_2 \tag{5-5}$$

即：
$$Ze^{-\frac{E}{RT}} \cdot m \cdot q = K(T - T_0) \tag{5-6}$$

第二个条件：放热量随温度的变化率，应满足下列条件为

$$\frac{\mathrm{d}Q_1}{\mathrm{d}T} = \frac{\mathrm{d}Q_2}{\mathrm{d}T} \tag{5-7}$$

即：
$$\frac{Z \cdot m \cdot qE}{RT^2} \cdot e^{-\frac{E}{RT}} = K \tag{5-8}$$

由式（5-6）和式（5-8）可以得到热爆炸的第二个临界条件为：

$$T - T_0 = \frac{RT^2}{E} \approx \frac{RT_0^2}{E} \tag{5-9}$$

N. N. 谢苗诺夫认为，只有满足这两个条件，才能引起炸药的热爆炸。

C   D. A. 富兰克-卡曼尼兹发展了 N. N. 谢苗诺夫的热爆炸理论

1939 年 D. A. 富兰克-卡曼尼兹提出了新的热爆炸理论，其中考虑了热传导。该理论指出，对于球对称的放热系统，若反应物边界温度等于环境温度 T_0，则系统内中心点爆炸时的升温为

$$T - T_0 = 1.61 \frac{RT_0^2}{E} \tag{5-10}$$

它是温度具有空间分布的系统的热爆炸判据。

D   点评

N. N. 谢苗诺夫热能起爆理论是一个最原始的、简单的关于炸药起爆机制的理论，但他首次提出了临界状态的概念，为现代热能起爆理论奠定了基础。促进了 20 世纪 30 年代对热爆炸的研究，N. N. 谢苗诺夫本人也被称为"热爆炸近代理论之父"。

N. N. 谢苗诺夫热能起爆理论虽然可以解释许多起爆现象，但并不能解释所有的起爆现象，例如：用冲击的方法也能起爆炸药，而起爆的起始点可能不在和炸药冲击的交界面上，而是在炸药内部距其交界面一定距离处，这种现象是热能起爆理论无法说明的。

5.1.3.2   炸药的爆炸冲击能起爆理论

20 世纪 60 年代美国学者 Campbell 等人通过实验观察创造了冲击能起爆理论，他们认为在炸药经冲击波作用后，形成了热点。此时加热是不均匀的，在某些地方可以形成比周围温度高得多的所谓"热点"。

Campbell 等人在 1961 年用透明的硝基甲烷炸药，人为地加入一个气泡，然后加以冲击，观察到爆轰确是从该处开始，这个实验奠定了不均匀炸药起爆的理论基础。

A   热点的形成途径

根据不均匀炸药起爆理论，热点的形成包括以下途径：

（1）炸药内含有空洞或气泡受到冲击波的压缩；

（2）炸药内颗粒之间受冲击波作用发生了摩擦；

（3）空洞或气泡压缩后，表面能转化为热能；

（4）炸药晶体内存在位错和缺陷，在受冲击波作用下位错移动带有的能量转变为热能。

B　炸药的爆炸冲击能起爆机理

实践表明，均相炸药（即不含气泡、杂质的液体或晶体炸药）和非均相炸药的爆炸冲击能起爆机理是不同的。

（1）均相炸药的爆炸冲击能起爆过程。所谓的均相炸药是指物理结构非常均匀，具有均一的物理与力学性质的炸药，如液态的硝基甲烷和硝化甘油、液化的梯恩梯以及黑索今、泰安炸药的单晶等皆属于均质炸药。理想的均相炸药中没有缺陷，密度连续。均相炸药的爆炸冲击能起爆过程大致是，主发装药爆炸产生的强冲击波进入均相炸药（如四硝基甲烷），经过一定的延迟以后，便开始在其表面形成爆轰波。这个爆轰波是在强冲击波通过后，在已被冲击压缩的炸药中发生的，此时爆轰波的传播速度比正常的稳定爆速大得多。虽然它开始是跟随于强冲击波的后面，但经一定的距离后，它会赶上冲击波阵面，其爆速突然降低到略高于稳定的值，往后慢慢地达到稳定爆速。一般地说，均相炸药的爆炸冲击能起爆，取决于临界起爆压力值 p_K。不同炸药的临界起爆压力值是不相同的。例如，$1.6g/cm^3$ 的硝化甘油炸药，其临界起爆压力值 $p_K = 8.5 \times 10^9 Pa$；而 $\rho_0 = 1.8g/cm^3$ 的黑索今炸药，其临界起爆压力值 $p_K = 10 \times 10^{10} Pa$。图 5-1 展示的是一幅典型的扫描照片。从照片中可以看到，自冲击波开始进入硝基甲烷时刻起（见发光 F）到出现爆轰发光，有一段延滞时间。其中，在初始阶段

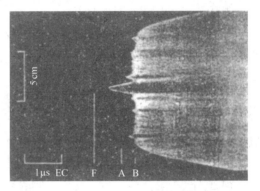

图 5-1　硝基甲烷引爆发光扫描照片
F—冲击波通过空气隙开始发光，冲击波进入
液体炸药瞬间；A—在液体硝基甲烷-PMMA
界面出爆轰发光

为在受冲击波压缩的液体炸药中的药辉光（如 A 所示），而后在某个时刻突然转变为强的爆轰发光（如 B 所示）。由于已知硝基甲烷的密度为 $1.14g/cm^3$，爆速为 6300m/s。因此，它在高速照相底片上发出的强爆轰发光时是可以预知的。

（2）非均相炸药的爆炸冲击能起爆过程。所谓非均相炸药系指物理性质不均匀的炸药。炸药在浇铸、结晶过程或压装过程所形成的炸药物理结构的不均匀性，如气泡、缩孔、裂纹、粗结晶、密度不均匀，以及种种原因在炸药中混入杂质等。正是由于这种物理结构的不均匀性，使得非均相炸药的爆炸冲击能起爆和均相炸药有很大的不同，这是由于非均相炸药反应是从局部"热点"处扩展开的，而不像均相炸药反应那样能量均匀分配给整个起爆面上，这样非均相炸药所需的临界起爆压力 p_K 值要比均相炸药小。热点起爆是整个步骤链中的第一阶段。而热点起爆后引发的化学反应发展为稳定爆轰的过程，即爆轰成长的第二阶段。两者均由冲击波引发的化学反应加强初始冲击波，并存在延滞期和起爆深度。实际上，非均相炸药的冲击能起爆是可以用灼热核理论进行解释的。

1961 年美国学者 Campbell 等做了一个非常著名的实验——气泡冲击压缩形成热点实

验。他们在硝基甲烷液体中充以不同尺寸的
氩气泡，并用平面冲击波进行冲击起爆，如
图 5-2 所示。1）其中有两个较大的气泡出发
出强烈的光，而且它比均相硝基甲烷起爆发
光早约 2μs；2）该两处发出的强光的尺寸是
随着时间而扩展的，表明在气泡处激起的爆
轰也是随着时间而扩展的；3）在较小尺寸
的气泡处没有发生起爆（如照片中的气泡
2）。

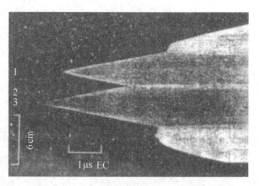

图 5-2   含空气泡硝基甲烷冲击起爆照片
1—氩气泡直径 0.75mm；2—气泡直径 0.5mm；
3—气泡直径 1.0mm

C   点评

无论是热能起爆理论还是冲击波能起爆
理论，均离不开输入一定的能量，当输入能
量大于临界能量时炸药即能起爆。

冲击波能起爆理论，一旦热点形成，以后的过程就完全和热起爆的过程相同，由热点
的温度和热传导来决定热点的发展。因此，冲击波能起爆理论除形成热点的过程外，实质
上还是热起爆理论。

5.1.3.3   炸药的机械能起爆理论——灼热核理论

通常认为灼热核理论是由英国著名学者 Bowden P P 提出的，但灼热核理论的渊源可
以追溯到 1883 年，那时 Berthelot 在他的书中已经指出，由于机械能的作用（撞击、摩
擦）而引起的炸药起爆，主要起因于机械（冲击）能量向热能的转换。这就是说，机械
能必须首先转换为热能，后来的许多实验研究支持了这一观点。20 世纪 50 年代，Bowden
在研究摩擦学的基础上，提出了灼热核理论。

A   灼热核理论的基本观点

灼热核理论认为，当炸药受到撞击、摩擦等机械能的作用时，并非受作用的各个部分
都被加热到相同的温度，而只是其中的某一部分或几个极小的部分。例如个别晶体的棱角
处或微小气泡处，首先被加热到炸药的爆发温度，促使局部炸药首先起爆，然后迅速传播
至全部。这种温度很高的微小区域，通常被称为灼热核。对于单质炸药或者含单质炸药的
混合炸药来说，其灼热核通常在晶体的棱角处形成。而对于含水炸药（乳化炸药、浆状
炸药等）来说，一般是在微小气泡处形成灼热核。这两种形成灼热核的原因是不同的。

a   灼热核的形成途径

（1）绝热压缩炸药内所含的微小气泡，形成灼热核。当炸药内部含有微小气泡时，
在机械能的作用下，被绝热压缩，此时机械能转变为热能，使温度急剧上升而达到足够高
的温度在气泡周围形成灼热核，并引起周围反应物质的剧烈燃烧或爆炸。

炸药内含有的气泡被压缩时，温度升高形成灼热核。气泡绝热压缩的温度可按下式
估算：

$$T = T_0 \left(\frac{p}{p_0} \right)^{\frac{K-1}{K}} \tag{5-11}$$

式中 p——气泡内部最终压力；

p_0——气泡内部的初始压力；

K——绝热指数，空气 $K=1.4$；

T_0——周围介质的温度。

（2）炸药受机械作用，颗粒间产生摩擦，形成灼热核。在机械能作用下，炸药质点之间或炸药与掺和物之间发生相对运动而产生的相互摩擦，也可使炸药某些微小区域首先达到爆发温度，形成灼热核。研究表明，除炸药质点摩擦外，掺和物的粒度、数量、硬度、熔点及导热性等因素都对灼热核的形成有影响。

当两层炸药或炸药与容器壁之间发生相对滑动时，摩擦生成热量将集中在一些突出点上，使温度升高而形成灼热核。灼热核升高的温度：

$$\Delta T = \frac{\mu w V}{4aJ} \cdot \frac{1}{K_1 + K_2} \tag{5-12}$$

式中 μ——摩擦系数；

w——作用于摩擦面上的荷重；

V——滑动速度；

a——按圆形折算的摩擦面半径；

J——热功当量；

K_1，K_2——相互摩擦物体的热导率。

式（5-12）表明。相互摩擦物体的热导率越差，越易于形成灼热核。若炸药组分颗粒过小，因总接触面积增大，会使热量分散而不利于灼热核的形成。但颗粒过大，不仅灼热核散热过快，而且不利于从灼热核开始的微小爆炸的扩展和汇集。

（3）高速黏性流动发热形成灼热核。对于不含气泡的液态炸药（塑性炸药或低熔点炸药）进行高速冲击，有可能因产生热量形成灼热核而使其爆炸。

b 灼热核产生的条件

研究表明，灼热核产生以后，必须具备一定的条件才能爆炸。在这里，灼热核的大小、温度和作用时间是最为重要的。具体一点说，灼热核产生必须满足下列条件：

（1）灼热核的尺寸应尽可能地细小，直径一般为 $10^{-5} \sim 10^{-3}$ cm；

（2）灼热核的温度应为 300～600℃；

（3）灼热核的作用时间在 10^{-7} s 以上。

B 点评

乳化炸药、浆状炸药等含水炸药，比较好地利用了微小气泡绝热压缩形成灼热核的理论，即引入敏化气泡。如化学气泡、玻璃空心微球、树脂空心微球、膨胀珍珠岩等，增加炸药的爆轰敏感度。

5.1.3.4 起爆的数值模拟

炸药起爆的数值模拟就是采用数值计算方法，提出合适的模型，在计算机上模拟求解带化学反应动力学的流体力学方程组，以正确反映炸药起爆过程。

流体力学方程组，即质量守恒、动量守恒和状态方程。化学反应动力学一般给出化学反应率方程（起爆函数）。化学反应率方程由于炸药反应速率很快（微秒级）以及高温、高压等原因，致使测量困难。加之反应机理不清楚，要给出正确的方程式还是很困难的。一般都是事先给出一种唯象的热力学量函数，然后再根据实验结果确定其中的参数。采用这样的反应率函数做出来的数值计算结果，一般能反映起爆过程中的某些特性，在一定程度上还能与实验结果定量地符合。但由于炸药化学反应复杂，目前的实验手段有限，因此简单的反应函数，还是不能真实地反应炸药起爆过程的全部内容，总会存在这样和那样的缺点，下面列举几种有代表性的起爆函数：

（1）Arrhenius 反应率，其形式为

$$\frac{\mathrm{d}\lambda}{\mathrm{d}t} = \lambda Z \exp\left(-\frac{E}{RT}\right) \tag{5-13}$$

式中　λ——反应物的质量分数；

　　　Z——频率因子；

　　　E——活化能；

　　　R——气体常数；

　　　T——反应物温度。

这个方程完全决定于温度。一般认为这个反应率方程不适用于不均匀的固体炸药。因为，有时冲击波只使炸药升温几十度，但也能使炸药爆炸，如按此式计算则完全可以忽略。为了避免这个缺点，有人就应用双 Arrhenius 反应率，把反应分为两个阶段：第一阶段表示诱发，第二阶段描述放热。这种两步模型适用于计算成分比较简单的气体爆轰。

$$\frac{\mathrm{d}\lambda_1}{\mathrm{d}t} = -k_1 p \exp\left(-\frac{E_1}{RT}\right) \tag{5-14}$$

$$\frac{\mathrm{d}\lambda_2}{\mathrm{d}t} = -k_2 p^2 \left[\lambda_2^2 \exp\left(-\frac{E_2}{RT}\right)\right] - (1 - \lambda_2) \exp\left(-\frac{E_2 Q}{RT}\right) \tag{5-15}$$

（2）Forest Fire 反应率，形式为

$$\frac{\mathrm{d}\lambda}{\mathrm{d}t} = -\lambda \exp\left(\sum_{i=0}^{n} a_i p^i\right) \tag{5-16}$$

式中　λ——未反应炸药的质量分数；

　　　p——压力；

　　　a_i——常数；

　　　n——常数，$n = 14 \sim 15$。

该式是以实验测出的炸药物质带化学反应的雨贡纽关系拟合得到的函数，它的最大缺点是各项没有明确的物理意义，只是一个拟合的关系式。式（5-16）项数较多，和实验符合的程度较好。美国 Mader 用它计算了大量问题，都得到了较满意的结果。

（3）Cochran 反应率函数，其形式为

$$\frac{\mathrm{d}F}{\mathrm{d}t} = (1 - F)(w_1 p^n + w_2 p^F) \tag{5-17}$$

式中　　F——反应产物的质量分数；

w_1, w_2, n——常数，由实验确定。

式（5-17）用了两项，第一项表示起爆的成核过程，第二项表示起爆的成长过程。计算效果良好。

（4）JTF 反应率函数。Johnson、Tang（唐桂荣）和 Forest（JTF）在分析 Forest-Fire 反应率、点火-成长两项式反应率、改进的 Arrhenius 反应率、多项混合物连续理论以及有

关冲击起爆实验的基础上，提出了一种考虑中间态变量的热点过程型反应率，通常称为 JTF 模型。JTF 模型的发展分为三个阶段，每个阶段都有其反应率模型，而第三个阶段的模型（带刺激过程的 JTF 模型，以后简称 TANG 模型）。在模拟爆轰波结构和爆轰波驱动时他们认为都非常成功，并且该模型的物理意义较为明确。

上述四种反应率是目前常用的模型。

5.2 传爆理论

当外界对炸药施加一定的能量，激发或活化一部分炸药分子，引起炸药起爆。炸药的起爆是从局部开始的，炸药起爆以后，爆炸反应是如何进行，如何由局部传播到整体炸药爆炸的呢，这正是炸药传爆理论要说明的内容。

5.2.1 传爆理论的发展阶段

（1）18 世纪 60~80 年代，欧洲产生了工业革命，科学技术迅猛发展。1865 年瑞典科学家诺贝尔发明了雷汞，用它可以引爆炸药高速爆轰。1881 年法国物理学家 M. 贝特洛（Berthelot），P. 维埃耶（Vielle）等人通过实验发现了爆轰现象，即爆轰波的传播现象。从此，人们对气相爆炸物（$2H_2+O_2$，CH_4+2O_2）和凝聚相爆炸物（硝基甲烷、TNT、RDX）的爆轰过程进行了大量的实验观察。实验表明，爆轰过程乃是爆轰波沿爆炸物一层一层地进行传播。同时还发现，不同的爆炸物爆轰之后，爆轰波都趋向于该爆炸物所特有的爆速进行传播。

（2）1899 年，查普曼（Chapman）创造了爆轰波的流体动力学理论，1905 年和 1917 年柔格（Jouguet）也独立地完成了相类似的理论工作。自此，建立了以他们二人命名的 C-J 爆轰理论，沿用至今。

（3）1940 年苏联的泽尔多维奇（Zeldovich）、1942 年美国的冯纽曼（Von Neumann）、1943 年德国的道尔令（Doering）均各自对 C-J 理论进行了改进，提出了 ZND 模型。ZND 模型比 C-J 理论更接近实际情况。他们认为爆轰时未反应的炸药首先经历了一个冲击波预压缩过程，形成高温区，ZND 模型首次提出了化学反应的引发机制，并考虑了化学反应的动力学过程，是 C-J 理论的重要发展。

上述两种理论均为一维理论，被称为爆轰波的经典理论。

（4）20 世纪 50~60 年代，进行了大量的爆轰实验研究。实验结果显示，反应区末端状态参数落在弱解附近，并不是 C-J 参数，说明实际爆轰比 C-J 理论和 Z-N-D 模型更为复杂。同时开展了计算机数值模拟的研究。

（5）20 世纪 50 年代，Kirwood 和 Wood 推广了一维定常反应理论，指出定常爆轰具有弱解的可能性将随着流体的复杂性增加而增加。弱解模型为实验数据与一维理论的偏离作出了一种理论解释。

（6）20 世纪 60 年代开始，Erpenbeck 提出了爆轰的线性稳定性理论，对一维爆轰定常解的稳定性（受扰动后，解是否稳定）进行了分析，后来又有人提出"方波"稳定性理论。

60 年代基本完成了爆轰波参数技术理论的研究，建立了以 B-K-W 爆轰产物状态方程、爆轰流体力学理论及确定爆轰热化学参数的最小自由能方法相结合的技术爆轰参数的程序（SIN）。

（7）70 年代以来，围绕 SDT（冲击到爆轰的转化）和 DDT（燃烧到爆轰的转化）问题开展了大量实验和理论研究，发展建立并完善了拉格朗日实验分析技术，提出了均匀加热和非均匀加热起爆模型，对与起爆阶段的非理想爆轰过程紧密相关的反应进程变量函数及其表征方面取得了有价值的研究成果，推动了爆轰数值模拟研究工作的进展。

（8）80 年代后期，Bdzil 建立了 DSD（爆轰的冲击动力学）方法。随后人们为解决爆轰波阵面参数和波后流场的耦合问题及侧面稀疏效应又提出了所谓爆轰追踪法（Front Tracking of Detonation）。在爆轰理论方面近年来发展了二维定常爆轰波理论，导出了二维定常爆轰波的声速面条件，确定了二维定常爆轰波有效反应区内的流场分布。

近年来有人提出了很有希望的计算多维爆轰波的传播方法，这是爆轰理论的最新发展。

5.2.2　波理论基础

5.2.2.1　波和波的分类

波是扰动在介质中的传播，或介质状态变化在介质中的传播。扰动就是介质状态的改变，如速度、压力、密度、体积的改变。

A　按振源不同，波分为机械波和电磁波

机械波的振源是机械的振动，如说话时发出的声波，石子投入水中形成的水波，地震时出现的地震波，炸药爆炸在空气中形成的冲击波等。机械波的传播一定要有介质，而且在不同介质中传播速度也不相同，在真空中根本不能传播。表 5-1 示出 0℃时，声波在不同介质的传播速度，单位为 m/s。

表 5-1　声波传播速度

介质	空气	纯水	盐水	橡胶	软木	铜	铁
波速/m·s^{-1}	332	1490	1531	30~50	480	3800	4900

根据质点的振动方向和波的传播方向，机械波分为纵波和横波。

（1）纵波的传播方向与质点运动方向一致的波称为纵波，纵波亦称 P 波。纵波传递垂直应力，由于垂直应力可分为拉应力和压应力，因此纵波也可分为压缩波和稀疏波。纵波可引起介质体积的变化，它可在固体、液体、气体介质中传播。

（2）横波的传播方向与质点运动方向垂直的波称为横波，横波亦称 S 波。横波引起介质形状的变化，横波不能在不能承受剪力的流体介质中传播。

纵波和横波统称为体波。体波的传播情况如图 5-3 所示。

电磁波的振源是电场或磁场发生振荡变化，如无线电台和电视台发出的电磁波，太阳辐射出的光波等。电磁波可以在真空中传播。

下面将讨论的主要是机械波。讨论之前应了解几个名词的解释：

（1）波阵面。在应力状态下，介质质点的扰动部分和未扰动部分分界面称为波阵面。

（2）波速。扰动在介质中传播的速度称为波速。它以每秒波阵面沿介质移动的距离

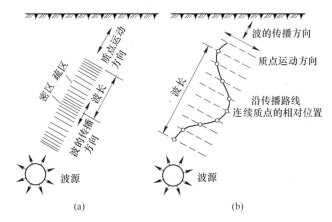

图 5-3　纵波和横波的传播情况
(a) 纵波；(b) 横波

来度量，量纲为 m/s。通常波速只与介质的特性（密度、弹性模量）有关，与应力的大小无关。

（3）质点速度。由于扰动的传播而引起介质质点的运动，质点本身的运动速度称为质点速度，与介质的声阻抗（介质密度与该介质中的波速的乘积）成反比。

扰动波的传播不可与受扰动的介质质点的运动混淆起来。例如：声带振动形成声波，它以空气中声速传至耳膜处，但不是声带附近的空气质点也移动到耳膜处了，这是两个不同的概念。

B　按波阵面形状不同，波分为平面波、柱面波和球面波

（1）平面波是一系列相互平行的平面所组成的波。在离点爆源较远处，沿波的传播方向取一局部范围来看，在这范围内的波面都是平行的。这样的波可看做平面波。如射到地面的太阳光波可看做平面波。

（2）柱状波是波阵面为同轴柱面的波。台阶爆破的柱状装药结构爆炸时产生的都是柱面波。柱面波强度或能量密度随传播距离的一次方成反比，衰减较慢，其爆炸作用比集中药包均匀，破碎效果良好。在一定爆破条件下，其爆破漏斗特征尺寸与装药量的关系符合平方根相似率。

（3）球面波是指波阵面为同心球面的波。硐室装药、药壶装药和 VCR 法爆破的爆源均为集中药包。集中药包爆炸时，所产生的冲击波以球面波的形式向四周传播。球面波强度或能量密度与其传播距离的平方成反比，衰减较快。由于药包能量集中，集中药包可以克服较大的岩石阻力，例如：硐室装药最小抵抗线可以达到几十米，甚至百米。但是，最小抵抗线过大，岩石破碎极不均匀。在一定爆破条件下，集中药包的爆破漏斗特征尺寸与装药量的关系符合立方根相似率。

5.2.2.2　压缩波和稀疏波

A　压缩波

压缩波是指介质受扰动后，波阵面上介质的状态参数，如 T(温度)、p(压力)、ρ(密度)、u(速度) 等增加的波。下面以无限长管中活塞推动气体的运动来说明压缩波性质。

如图 5-4 所示，假设圆管内充满静止的气体，当活塞以无限小的速度向右移动时，活塞右侧相邻的一层气体被压缩，其状态参数也分别升高，并与活塞以同样的速度向右运动。随后，已运动的气体又推动右边相邻的气体，如此一层一层地往右传播，即活塞的运动在静止气体中产生扰动并以一定速度在未扰动气体中传播。这种微弱扰动的传播速度等于声速。

在气体中形成的压缩波即是由一系列微幅波的传播所形成的，从波头到波尾的区域称为扰动区，因为压缩波波形各点压力的传播速度不同，波尾传播速度大于波头传播速度，故压缩波没有固定的波形。随着波的传播，扰动区越来越窄，最后形成陡峭波头并以超音速传播的冲击波。若无能量支撑（例如圆管内形成压缩波后活塞不再运动），压缩波后面就会产生稀疏波。

B　稀疏波

稀疏波是指受扰动后波阵面上介质的状态参数如 p、ρ、T、u 等均下降的波。如图 5-5 所示，在活塞内存有高压静止的气体，其状态参数为 p_0、ρ_0、T_0 和 u_0。当活塞刚启动时，在右边管内邻近活塞处形成一个抽空区域，气体开始膨胀，压力、密度等状态参数下降，这样就产生了第一道右传稀疏微幅波，以静止气体中的音速传播。随后活塞继续向左加速，形成一系列新的右传压缩微幅波。由于波前面为原有的高压状态，波后为低压状态，高压区的气体必然要向低压区膨胀，气体质点便依次向左飞散。因此，稀疏波的传播总是伴随着气体的膨胀运动，故稀疏波又称为膨胀波。

但稀疏波与压缩波不同，稀疏波通过后，气体不是在波的传播方向，而是在相反方向上增加速度。稀疏波通过后，气体压力和密度均下降，因此后到稀疏微幅波的传播速度必然小于前到稀疏微幅波的传播速度。而且，在波的传播过程中，从波头到波尾的扰动区将不断扩大。由此可见，稀疏波同压缩波一样也没有固定的波形。

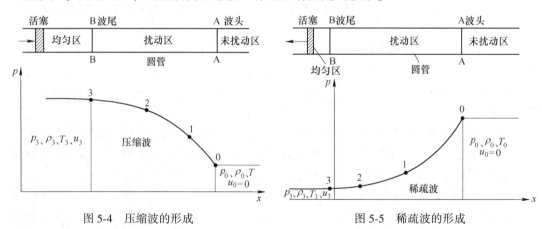

图 5-4　压缩波的形成　　　　　　图 5-5　稀疏波的形成

5.2.3　爆轰波的基本方程

5.2.3.1　爆轰波的 C-J 理论

该理论基于热力学及流体动力学理论，认为爆轰过程的化学反应在一个无限薄的间断面瞬间完成，不计爆轰波阵面和反应区的厚度，认为化学反应在无限薄的波阵面上瞬间完成。把爆轰波视为伴随有化学反应热放出的强间断面作为基点，提出并论述了爆轰波稳定传播的条件及其表达式。C-J 理论是研究爆轰产物流场、爆轰波参数的理论计算的基础，至今在工程中仍然行之有效。

A　C-J 理论的基本假设

（1）流体是平面一维的，不考虑热传导、热辐射及黏滞摩擦等耗散效应；

（2）爆轰波尾一强间断面，即冲击波；

（3）爆轰波通过后化学反应瞬间完成并放出化学反应热 Q，反应产物处于热化学平衡及热力学平衡状态；

（4）爆轰波阵面传播过程是定常的，从固连在波阵面的坐标系上看，波阵面后刚刚形成的状态是不随时间变化的，如图 5-6 所示。

B　爆轰波的基本关系式

假设：爆轰波传播速度为 D，则站在爆轰波波阵面上观察，原始爆炸物以 $D-u_0$ 的速度流入波阵面，而后 $D-u_j$ 从波阵面后流出。其中注脚 j 代表波阵面后参数。若以 U_0 和 U_j 分别代表原始爆炸物和爆轰后所形成产物单位质量总内能，以 Q_0 和 Q_j 分别代表原始爆炸物和爆轰后所形成产物单位质量含有的化学能，以 e_0 和 e_j 代表相应物质的状态内能。显然，爆轰波阵面前后单位质量的总比内能分别为

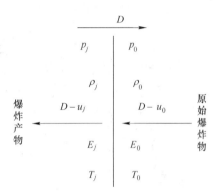

图 5-6　驻坐标下平面爆轰波面两侧的参数

$$U_0 = e_0 + Q_e$$
$$U_j = e_j + Q_j \tag{5-18}$$

而波阵面通过前后物质总比内能的变化为

$$U_j - U_0 = (e_j - e_0) + (Q_j - Q_e) \tag{5-19}$$

式中，$(Q_j - Q_e)$ 的实质是爆轰反应放出的化学能称为爆轰热。由于爆炸产物中化学能 $Q_j = 0$，故上式可改写为

$$U_j - U_0 = (e_j - e_0) - Q_e \tag{5-20}$$

鉴于爆轰波本身是一种冲击波间断面，按照质量和动量守恒定律可以写出：

$$\rho_0(D - u_0) = \rho_j(D - u_j) \tag{5-21}$$
$$p_j - p_0 = \rho_0(D - u_0)(u_j - u_0) \tag{5-22}$$

在波前爆炸物处于静止状态时，用上面两式可得到波速 D 和质点速度 u_j 的表达式：

$$D = v_0 \sqrt{\frac{p_j - p_0}{v_0 - v_j}} \tag{5-23}$$

$$u_j = (v_0 - v_j) \sqrt{\frac{p_j - p_0}{v_0 - v_j}} \tag{5-24}$$

式（5-23）又称为爆轰波的波速方程。其中，比容 $v = \dfrac{1}{\rho}$。此外按照能量守恒定律，单位时间、单位面积上从波前流入的能量等于从波后流出的能量，即

$$\rho_0(D - u_0)U_0 + p_0(D - u_0) + \frac{1}{2}\rho_0(D - u_0)(D - u_0)^2$$

$$= \rho_j(D - u_j)U_j + p_j(D - u_j) + \frac{1}{2}\rho_j(d - u_j)(d - u_j)^2 \tag{5-25}$$

在 $u_0 = 0$ 条件下，借助式（5-23）和式（5-24）可以推导出爆轰波的 Hugoniot 方程为

$$U_j - U_0 = \frac{1}{2}(p_j + p_0)(v_0 - v_j) \tag{5-26}$$

考虑到式（4-20），上式可写为

$$e_j - e_0 = \frac{1}{2}(p_j - p_0)(v_0 - v_j) + Q_e \tag{5-27}$$

可以看到，爆轰波传播过程中由于爆轰反应 Q_e 的释放，使得爆轰产物的比内能进一步提高了，故式（5-27）又称为放热的 Hugoniot 方程。

式中　p_j——C-J 面上空气产物的压力，即爆轰压力；

　　　p_0——未爆炸时炸药的压力（原始压力）；

　　　ρ_j——C-J 面上空气产物的密度；

　　　ρ_0——未爆炸时炸药的密度（初始密度）；

　　　e_j——C-J 面上单位质量气体产物的内能；

　　　e_0——未爆炸时炸药的内能；

　　　u_j——C-J 面上气体产物质点运动速度；

　　　u_0——未爆炸时炸药的质点运动速度；

　　　D——爆速；

　　　Q_e——单位质量的炸药爆炸后所释放出来的热量，即爆热。

式（5-23）、式（5-24）和式（5-27）是根据三个守恒定律建立的爆轰波的基本关系式。再加上状态方程 $e = e(p, v)$ 共有四个方程，但有五个未知量：即 p_j、ρ_j、u_j、e_j 和温度 D。欲构成方程组求知未知变量，还需补充一个方程组才能求解。查普曼（Chapman）和柔格（Jouguet）提出的爆轰波的稳定传播条件，即 C-J 条件，圆满地解决了该问题，为爆轰波参数的理论计算奠定了基础。

C　爆轰波的稳定传播条件

将爆轰波的波速方程和放热的 Hugoniot 方程（冲击波绝热方程）画在 p-v 坐标上，得到爆轰波的波速线和冲击绝热线。在同一坐标上，画出前沿冲击绝热线，如图 5-7 所示。

波速方程在 p-v 坐标上可以用 0 (p_0, v_0) 点发出的斜线来表示，不同斜率的斜线与不同的波速 D 相对应，称为爆轰波的波速线。

爆轰波放热的 Hugoniot 方程（冲击波绝热方程）在 p-v 坐标上可以用一条凹向 p-v 轴的曲线来描述，该曲线位于原始爆炸物的冲击 Hugoniot 曲线 1 的右上方。

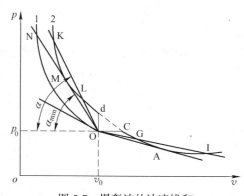

图 5-7　爆轰波的波速线和放热的 Hugoniot 曲线

根据查普曼（Chapman）和柔格（Jouguet）的研究结果，爆轰波以某一特定的速度定型传播时，化学反应终了状态（C-J面）必须与爆轰波的波速线和爆轰波的放热 Hugoniot 曲线 2 相切点 M 的状态相对应，否则爆轰波的传播时不可能稳定的。

切点 M 的状态称为 C-J 状态。该状态的一个重要特点是，爆轰波 C-J 面处产物的运动速度和爆轰波 C-J 面处产物的声速之和恰好等于爆轰波向前推进的速度（爆速），即

$$u_j + c_j = D \tag{5-28}$$

式中　u_j——爆轰波 C-J 面处产物的运动速度；

　　　c_j——爆轰波 C-J 面处产物的声速。

如果 $u_j + c_j > D$，稀疏波就会侵入反应区，减少冲击波的能量补充，使爆轰波不能稳定传播而降低爆速。

如果 $u_j + c_j < D$，稀疏波虽不能侵入反应区，但由于连续性的理由，反应区内也将有部分区域继续存在着 $u_j + c_j < D$ 的情况，而这部分区域释放出来的化学能不可能传送到冲击波前沿，故从支持冲击波前沿的观点来看，它是无效的，其结果也会使爆轰波不能稳定传播而降低爆速。因此，爆轰波的稳定传播条件必须是满足式（5-28）给出的条件，即 C-J条件。

D　点评

对于实际爆轰系统应用 C-J 理论进行计算，一般都能得到同实验爆速值相近的结果，这说明 C-J 理论基本正确。但是，对气相爆轰进行精密测量得到的爆轰压强和密度值，比用 C-J 理论得到的值约低 10%～15%；对爆轰产物实测得到的马赫数比计算的 C-J 约高 10%～15%，这说明 C-J 是一种近似理论。另外，炸药的爆轰实际上存在一个有一定宽度的反应区，而且有些反应区的宽度相当大，因此将爆轰区仅仅看做一个强间断面已不恰当。这说明还需要对爆轰波的内部结果进行深入研究。

5.2.3.2　爆轰波的 Z-N-D 模型

该模型考虑了有限厚度反应区和有限反应速率，把反应区结构成功地同流体力学理论结合起来，成为研究炸药传爆和安全等问题的基础。

A　Z-N-D 模型的基本假设

Z-N-D 模型建立的四个基本假设包括：

（1）流动是一维的；

（2）冲击波是间断面，忽略分子的输送，如：热传导、辐射、扩散、黏性等；

（3）在激波前，化学反应速度为零，冲击波后的化学反应速率为一有限值（非无限大），反应是不可逆的；

（4）在反应区内，介质质点都处于局部热力学平衡状态，但未达到化学平衡。这样爆轰波可看成是由冲击波和化学反应区构成，而且它们以相同的运动速度在炸药中传播。

B　爆轰波的 Z-N-D 模型

Z-N-D 模型将 C-J 理论中被处理成间断面的化学反应区推广到有限宽度，也就是化学反应区有一厚度，而不是 C-J 理论的一个几何间断面，从理论上看 Z-N-D 模型比 C-J 理论更接近实际情况。Z-N-D 模型的物理构像如图 5-8 所示。

图 5-8（a）表示在爆轰波面内发生的历程，即原始爆炸物首先受到冲击波的强烈冲

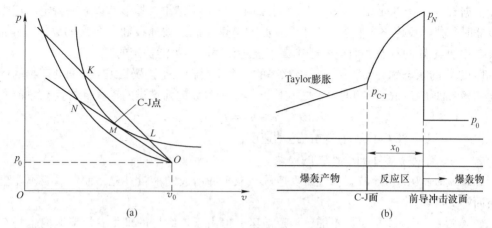

图 5-8　Z-N-D 模型的物理构像

击立即由初始状态 $O(p_0, v_0)$ 被突跃压缩到 $N(p_N, v_N)$ 点状态，温度和压力突然升高，高速的爆轰化学反应被激发，随着化学反应连续不断地展开，反应进程变量 λ 从点 $N(\lambda = 0)$ 开始逐渐增大，所释放的反应热 λQ_e 逐渐增大，状态由点 N 沿波速线逐渐向反应终态点 M 变化，直到反应进程变量 $\lambda = 1$，到达反应区的终态，化学反应热全部放出。对于稳定传爆的爆轰波，该终态点即为 C-J 点。

由此看出，爆轰波具有双层结构，前面一层是以超声速推进的激波，紧跟在后面的一层是化学反应区。激波仍作为一个强间断面，爆轰物质被瞬时地压缩到高温、高密度状态，接着开始化学反应，直到反应区末端达到 C-J 状态。

图 5-8（b）展示的是沿着爆炸物传播的爆轰波，在前导冲击波后压力突跃到 p_N，随着化学反应的进行，压力急剧下降，在反应终了断面压力降至 C-J 压力 p_j。C-J 面后为爆轰产物的等熵膨胀流动区。在该区域内压力随着膨胀而平缓地下降。显然，该模型是在上述假设的基础上建立的。

C　点评

Z-N-D 模型是一个非常理想化的爆轰波模型，它并没有完全反映出爆轰波波阵面内所发生过程的实际情况。尽管如此，爆轰波 Z-N-D 模型的提出是对 C-J 模型的修正和发展，借助于该模型，可以利用流体力学的欧拉方程与化学反应动力学方程一起组成方程组，在跟随爆轰波面一起运动的坐标系中对整个爆轰反应区的反应流动进行分析求解。

5.2.4　爆轰波参数的近似计算

工程上使用的炸药多为凝聚态炸药（固体炸药和液体炸药），凝聚态炸药爆轰参数的计算公式与理想气体的计算公式完全相同，其爆轰参数的近似公式如下所示：

爆速
$$D = \sqrt{2(k^2 - 1)Q_v} \tag{5-29}$$

C-J 面处质点速度
$$u_j = \frac{1}{k+1}D \tag{5-30}$$

爆轰压力
$$p_j = \frac{1}{k+1}\rho_0 D^2 \tag{5-31}$$

爆轰结束瞬间产物密度 $\qquad \rho_j = \dfrac{k+1}{k}\rho_0$ $\qquad\qquad$ (5-32)

爆轰结束瞬间产物温度 $\qquad T_j = \dfrac{k}{k+1}T_e$ $\qquad\qquad$ (5-33)

式中 T_e——定容条件下的爆温。

应该指出的是指数 k 由于受多因素的影响，目前尚无精确的计算公式，阿平等人认为等熵指数只与爆轰产物的组成有关，给出的经验公式为

$$k^{-1} = \sum B_i k_i^{-1} \qquad\qquad (5-34)$$

式中 B_i——第 i 个爆轰产物的摩尔分数，等于该种产物的摩尔数与爆轰产物总摩尔数的比值；

$\qquad k_i$——第 i 种爆轰产物的等熵指数，如表 5-2 所示。

表 5-2 一些爆轰产物的等熵指数

爆轰产物	H_2O	O_2	CO	C	N_2	CO_2
等熵指数 k_i	1.9	2.45	2.85	3.55	3.7	4.5

Defourneaux 认为，指数 k 仅与炸药密度有关，其经验公式为

$$k = 1.9 + 0.06\rho_0 \qquad\qquad (5-35)$$

对于高密度凝聚炸药而言，当 $\rho_0 = 1.5$ 时，可以近似地取 $k = 3$。

点评：

（1）表 5-3 列出了柔格计算的某些气体爆炸混合物的爆轰波参数。尽管柔格当时计算所用的气体热容 C_v 与温度关系的数据不甚精确，但计算的爆速 D 与实测值的符合程度却比较令人满意。

表 5-3 某些气体爆炸混合物的爆轰波参数

气体混合物	T_j/K	ρ_j/ρ_0	p_j/p_0	爆速 $D/\mathrm{m \cdot s^{-1}}$	
				计算值	实测值
$2H_2+O_2$	3960	1.88	17.5	2630	2819
CH_4+2O_2	4080	1.90	27.4	2220	2257
$2C_2H_2+5O_2$	5570	1.84	54.5	3090	2961
$(2H_2+O_2)+5O_2$	2600	1.79	14.4	1690	1700

应该指出的是上述爆轰波参数的计算公式都是一些近似公式。在工程上一般以爆速为已知条件，估算其他参数。

（2）从爆轰波参数的近似计算公式可以看出以下问题：

1）反应产物质点速度比爆速小，但随爆速的增大而增大；

2）爆轰反应结束瞬间产物的压力取决于炸药的爆速和密度；

3）爆轰刚结束时，产物的密度比原炸药的密度大；

4）爆轰结束瞬间产物温度不是爆温，它比爆温高。爆温是假定爆轰产物在定容条件下加热升温，而爆轰结束瞬间产物温度（T_j）除此以外还包含爆轰产物体积被压缩时造成的温升，故较爆温为高。

（3）应该指出的是上述爆轰波参数的计算公式都是一些近似公式。在现代技术条件下，爆速 D 可以直接准确地测出，在工程上一般以爆速为已知条件，估算其他参数。

（4）爆轰波参数的计算公式无单位。方程式是一种等式，方程两边无论是数还是量都是相对的，因此两边的单位名称可同时约去。求方程解的过程就成了数的恒等变形的过程，最后的结果是没有单位名称的，只需在答案中把单位名称写清即可。

5.2.5 工业炸药的传爆理论

炸药的传爆过程实际上是炸药在冲击波作用下连续发生化学反应的过程。在一定的条件下炸药起爆后以爆轰波的形式继续传播。然而在不利条件下，爆炸也可以中止或者转变为燃烧或爆燃；反之，在密闭情况下或者大量炸药的燃烧时，也可因热量不断积聚而由燃烧转变为爆炸。在其他条件一定时，爆轰波是以与反应区释出的能量相对应的参数进行传播的。

5.2.5.1 反应区化学反应机理

炸药爆炸以后，首先在前沿冲击波的冲击压缩作用下，使得炸药的压力、温度急剧升高。但是各类炸药的化学结构及其装药的物理状态不同，激发爆轰化学反应的机理也不相同，概括起来可分为三类：

（1）整体均匀灼热反应机理。该反应机理适合于均质炸药，即在炸药装药的任一体积内其成分和密度都是相同的。例如不含气泡或其他掺和物的液体炸药、致密的固体单质炸药（注装 TNT、单晶泰安）。在冲击波作用下，邻接波阵面的炸药薄层均匀地受到强烈的绝热压缩，受压缩的炸药层各处的温度都迅速上升，产生急剧化学反应。由于整个薄层炸药均需均匀受压缩、灼热而发生反应，这就需要有较强的冲击波来提供较高的压力。例如：硝化甘油高速爆轰时，压缩区炸药薄层的温度可达 1000℃ 以上，在这样高的温度下，化学反应可以在 $10^{-5} \sim 10^{-7}$ 的时间内完成。

（2）局部灼热反应机理。与上述整体均匀灼热机理不同，在不均质炸药中，由于冲击波的作用，化学反应首先是围绕热点开始的，然后进一步发展至整个炸药薄层。因为冲击能量首先集中在一定数量的热点处，所以为引起炸药薄层化学反应所必需的冲击波压力比均匀灼热时要低。换言之，较低的冲击波压力也可以引起爆炸反应。但是，由热点形成到全部炸药爆炸反应需要经历一定时间，这样就导致不均质炸药化学反应区宽度大而爆速低，炸药颗粒、密度等各种物理因素对爆轰波传播和爆轰波参数变化的影响更为显著。这种反应机理适用于粉状炸药、含有大量气泡的液体炸药和胶体装药等不均匀的炸药。

（3）混合反应机理。工业炸药多为混合炸药，而混合炸药往往含有多种不同性质的成分，特别是氧化剂和可燃物构成的机械混合炸药发生爆轰时所特有的化学反应就属于这种类型。这种反应不是在化学反应区整个体积内进行，而是在一些分界面上进行的。

这种多成分带来的不均匀性决定其反应区中反应具有多阶段的特点。在冲击波阵面压力作用下，首先是炸药中各成分的分解，即第一次反应。然后，分解产物互相作用，或与尚未分解或尚未汽化的成分（如铝粉）发生反应，生成最终爆轰产物，即第二次反应。

5.2.5.2 影响工业炸药爆轰传播的因素

炸药起爆以后，爆轰波能否稳定地传播，不仅取决于炸药本身的性质，还受到外界多种因素的影响。

A 爆速和直径的影响

爆速是爆轰波的一个重要参数，人们往往通过它来分析炸药爆轰波传播过程。这一方面是因为爆轰波的传播要靠反应区释出的能量来维持，爆速的变化直接反映了反应区结构以及能量释出的多少和释放速度的快慢；另一方面则是因为在现代技术条件下，爆速是比较容易准确测定的一个爆轰波参数。

图 5-9 表示炸药爆速随药包直径变化的一般规律。它表明，随着药包直径的增大，爆速相应增大，一直到药包直径增大到 $d_{极}$ 时，药包直径虽然继续增大，爆速将不再升高而趋于一恒定值，亦即达到了该条件下的最大爆速。$d_{极}$ 称为药包极限直径。随着药包直径的减小，爆速逐渐下降，一直到药包直径降到 $d_{临}$ 时，如果继续减小药包直径，即当 $d<d_{临}$ 时，爆轰完全中断。$d_{临}$ 称为药包临界直径。

当任意加大药包直径和长度而爆轰波传播速度仍保持稳定的最大值时，称为理想爆轰。图 5-9 中 $d_{极}$ 右边的区域属于这一类爆轰。若爆轰波以低于最大爆速的定常速度传播时，则称为非理想爆

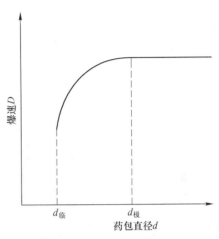

图 5-9　炸药爆速随药包直径变化

轰。非理想爆轰又可分为两类。图 5-9 中 $d_{临}$ 至 $d_{极}$ 之间的爆轰属于稳定爆轰区，在此区间内爆轰波以与一定条件相对应的定常速度传播。在药包直径小于 $d_{临}$ 的区域属于不稳定爆轰区。稳定爆轰区和不稳定爆轰区合称非理想爆轰区。

炸药临界直径和极限直径同爆速一样，都是衡量炸药爆轰性能的重要指标。从工程爆破角度来看，显然必须避免不稳定爆轰的发生而应力求达到理想爆轰。亦即，药包直径不应小于 $d_{临}$，而尽可能达到或大于 $d_{极}$。然而，由于技术或其他条件的限制，矿山实际采用的药包直径往往都比 $d_{极}$ 小，即 $d<d_{极}$，尤其在使用低感度混合炸药时更加突出。在这种情况下，不可避免地出现非理想爆轰，尽管达到了稳定爆轰，然而化学反应过程中炸药能量没有完全充分释放出来，能量损失较大。

B 侧向扩散对反应区结构的影响

药包直径小于极限直径时，药包直径减小，爆速随之下降。当 $d<d_{临}$ 时，爆轰即完全中断。这是因为药包直径缩小时，由于侧向扩散的损耗使得用以维持爆轰波传播的能量急剧减少。

为什么会发生能量的侧向扩散，它怎样影响爆轰波传播过程呢。当冲击波阵面抵达之处的炸药薄层会受到强烈压缩而产生急剧化学反应，形成化学反应区。化学反应生成的高温高压气体产物自反应区侧向向外扩散。在扩散强大气流中，不仅有反应完全的爆轰气体产物，而且还有来不及发生反应或反应不完全的炸药颗粒以及其他中间产物。由于这些炸药颗粒的逸散，化学反应的热效应降低而造成能量损失。

图 5-10 说明在不同炸药包直径条件下，侧向扩散对反应结构的影响。

就同一种炸药而言，随着药包直径的减少，有效反应区宽度也相应缩小。如图 5-10

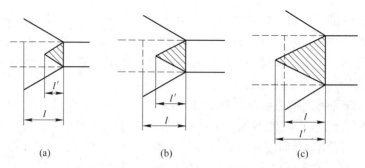

图 5-10 不同药包直径侧向扩散对反应结构影响示意图

(a) 不稳定传播；(b) 非理想爆轰稳定传爆；(c) 理想爆轰

l—反应区宽度；l'—有效反应区宽度

(a) 所示，当 $d<d_{临}$ 时，侧向扩散影响严重，有效反应区大大缩小，成为不稳定传爆。图 5-10 (b) 表示当 $d_{临}<d<d_{极}$ 时，侧向扩散仍有明显影响，有效反应区宽度比炸药固有化学反应区宽度略小，不过这时有效反应区内释出的能量还足够维持爆轰波以定常速度传播，成为非理想稳定爆轰。图 5-10 (c) 表示当 $d>d_{极}$ 时，药包中心部分不受侧向扩散影响，爆轰波以最大速度传播，为理想爆轰。

综上所述，药包爆轰时是否能达到稳定爆轰甚至理想爆轰，取决于 t_1 同 t_2 之间的相对关系。炸药爆轰反应速度高，反应终了所需时间 t_2 小，则 t_1 值可以相应减少，即可以采用较小的药包直径。

图 5-11 示出几种不同炸药的爆速随药包直径变化的实测图，由曲线图可看出：临界直径和极限直径均不相同。爆速越高，临界直径和极限直径越低。反之越高。在实际爆破工程中，必须使药包直径大于临界直径，尽量达到极限直径，处于理想爆轰状态。欲做到这一点也不是很容易的。例如：铵油炸药，当药包直径 $d = 200mm$ 时仍未达到理想爆轰。

C 药包外壳的影响

药包有无外壳对稳定爆轰有着直接的影响。有外壳时，可以减小径向扩散造成的能量损失，致使炸药的临界直径减小。外壳材料越坚固，越不易扩散，有效反应区比例越大，临界直径越小。例如：硝酸铵装在壁厚为 200mm 的钢管中，临界直径由 100mm 减小到 7mm。不同药包外壳的临界直径如表 5-4 所示。

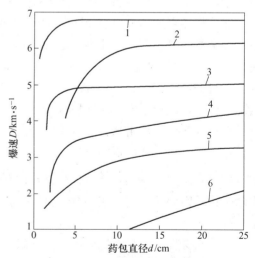

图 5-11 药包直径对爆速影响的实测图

1—TNT（$\rho_0 = 1.6g/cm^3$）；2—TNT/硝酸比（50/50，$\rho_0 = 1.53g/cm^3$）；3—TNT（$\rho_0 = 1.0g/cm^3$）；4—TNT/硝酸比（$\rho_0 = 1.0g/cm^3$）；5—硝酸铵/硝化甘油（$\rho_0 = 0.98g/cm^3$）；6—硝酸铵（$\rho_0 = 1.04g/cm^3$）

表 5-4 不同药包外壳的临界直径

炸药名称	临界直径/mm	
	玻璃外壳	纸质外壳
叠氮化铅	0.01~0.02	—
泰安	1.0~1.5	—
黑索今	1.0~1.5	4
特屈儿	—	7
苦味酸	6	—
梯恩梯	8~10	11
铵梯炸药（79%AN，21%TNT）	10~12	12
铵梯炸药（90%AN，10%TNT）	15	—
铵铝（80%AN，20%AL）	12	—
硝酸铵	100	—

D 装药密度的影响

装药密度对临界直径的影响，依炸药类型不同而异。

对于单质猛炸药，随着装药密度的增加，爆速增大。当 $\rho_0 > 1.0 \, \text{g/cm}^3$ 时，爆速随密度的增加而呈线性增长。梯恩梯的爆速与密度的关系曲线如图 5-12 所示。

混合炸药的爆速与密度的关系曲线如图 5-13 所示。爆速随装药密度的增加而增大，当密度超过某个值时，密度进一步增大，爆速下降。装药密度超过某一极限值时，就会发生所谓"压死"现象，即不能发生爆轰。所以，存在两个特点密度，爆速达到最大值时的密度称为最佳密度。稳定爆轰的最大密度称为临界密度，超过此密度则发生拒爆。

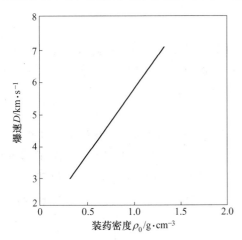

图 5-12 梯恩梯的爆速与密度的关系曲线

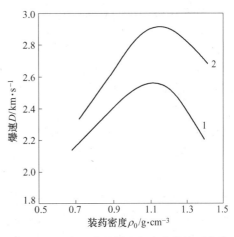

图 5-13 混合炸药的爆速与密度的关系曲线
1—药包直径 200mm；2—药包直径 40mm

混合炸药装药密度对爆速的影响可用混合反应机理来解释。首先，当炸药的密度不大时，随着密度的增加，单位时间内放出的热量增加，单位时间内反应的炸药量增多，温度上升，爆速增大。由于混合炸药具有多阶段性，反应自"热点"开始，随着密度的增加，孔隙变小，形成热点需要的热量减小，"热点"较易形成；然后，当密度增大到一定程度时，孔隙越来越小，如果变得几乎没有时，就很难形成"热点"。密度太大，炸药颗粒之间相互移动变得困难，很难由于摩擦形成"热点"，反应需要的能量加大，反应速度下降。

E　炸药粒度的影响

混合炸药的各种组分的颗粒越细，混合越均匀，炸药分解反应速度越高，降低反应区宽度，增大有效反应区比例，有利于爆轰波的传播。从而减小临界直径，提高了爆速。

但某些混合炸药中不同组分的粒度对临界直径的影响也不完全一样。例如：硝酸铵和梯恩梯组成的混合炸药，临界直径随梯恩梯粒度增大而增加，但增大硝酸铵粒度，临界直径增大到某一限度后反而减小，如图 5-14 所示。

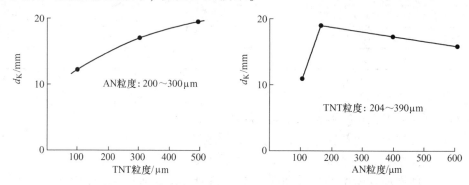

图 5-14　混合炸药中不同组分的粒度对临界直径的影响

5.3　岩石爆破理论

5.3.1　岩石爆破理论的发展阶段

爆破理论作为一个学科，划分其发展的不同阶段，在时间上是很难划分清楚的，但就其发展过程来说，又必然存在着不同的发展阶段。即爆破理论萌生阶段、爆破岩石力学理论的确立阶段和爆破理论的最新发展阶段（岩石的损伤断裂理论）。

5.3.1.1　爆破理论的萌生阶段

1613 年和 1627 年在奥地利和匈牙利分别将黑火药用于矿山爆破，开创了采矿爆破的历史。应该说从炸药用于爆破作业起，人们就有了计算炸药量的方法，也就出现了早期爆破理论。直到 20 世纪 60 年代日野熊雄的冲击波拉伸破坏理论的出现，标志着早期爆破理论发展阶段的结束。这一阶段比较著名的理论有以下几种：炸药量与岩石破碎体积成比例理论、C. W. 利文斯顿爆破漏斗理论和流体动力学理论。

A　炸药量与岩石破碎体积成比例理论

该理论首先给出了集中药包标准抛掷爆破漏斗的装药量计算公式

$$Q = q \cdot W^3 \tag{5-36}$$

式中　Q——标准抛掷爆破的装药量，kg；

　　　q——破碎单位体积岩石的炸药消耗量，kg/m^3；

　　　W——最小抵抗线，m。

当装药深度不变，改变装药量的大小，破碎半径及破碎顶角的数值也要变化。因此，根据几何相似原理得出非标准抛掷漏斗的装药量计算公式

$$Q = f(n) \cdot q \cdot W^3 \tag{5-37}$$

式中 n——爆破作用指数。

关于 $f(n)$ 的具体计算有许多经验公式，应用较多的是

$$f(n) = 0.4 + 0.6n^3 \tag{5-38}$$

该假说只是通过装药量与岩石破碎体积成比例的关系，来计算爆破时的参数（装药量），对爆破作用的各种物理现象以及岩石是受到何种作用力而破坏的爆破过程并未作实质性的说明。在计算中没有考虑岩石的物理力学性质，但是由于计算公式比较简单，并且应用效果良好，所以该式仍是工程爆破时计算装药量的基本公式。

B C.W. 利文斯顿爆破漏斗理论

C.W. 利文斯顿爆破漏斗理论是建立在大量的爆破漏斗试验和能量平衡准则基础上形成的。在不同的岩性、不同炸药量、不同埋深条件下进行的大量试验表明：炸药在岩体爆炸时，传递给岩石的能量取决于岩石性质、炸药性质、药包质量和药包埋深等因素。当岩石性质一定时，爆破能量的多少取决于炸药质量和埋藏深度。在地下深处埋藏的药包，爆炸后其能量几乎全部被岩石吸收。

当岩石吸收的能量达到饱和状态时，岩石表面开始产生位移、隆起，破坏以及抛掷。在此基础上，C.W. 利文斯顿建立了爆破漏斗的最佳药量和最佳埋深公式：

$$L_j = \Delta_0 E Q_0^{1/3} \tag{5-39}$$

式中 L_j——最佳埋深，m；
E——弹性变形系数；
Q_0——最佳药包质量，kg；
Δ_0——最佳深度比。

C.W. 利文斯顿爆破漏斗理论仅对爆破结果进行了定量的描述，而没有涉及岩石的爆破过程和爆破机理，因而仍属于实用爆破学范畴。它已广泛地应用于地下和露天矿山。

C 流体动力学理论

流体动力学理论是假设在坚硬介质中，爆破作用具有瞬时性以及爆炸介质具有不可压缩性，把介质视为理想流体。因此，爆炸作用可视为爆炸气体以动能形式将爆炸能量瞬间传给岩石介质。

由于爆炸能量以动能的形式瞬间传递给岩石，那么该瞬间中被爆介质各点位移为零，即应力分布特性可认为与不可压缩的理想流体中应力分布特性等同，并可由不可压缩的理想流体方程式求出，即炸药爆炸在岩石介质中产生的速度势分布与电解液电位分布都遵守着相同的数学规律——拉普拉斯方程：

$$\frac{\partial^2 \phi}{\partial x^2} + \frac{\partial^2 \phi}{\partial y^2} + \frac{\partial^2 \phi}{\partial z^2} = C \tag{5-40}$$

求解的结果可获得反映爆炸能量分布规律以及应力分布特性的势速的分布特点及其大小，通过水电动态相似模拟法可以方便地求出岩石破碎块分布。

综上所述，三种具有代表性的早期爆破理论各有不同，但其共同点是均未涉及爆破过程的物理实质，仅仅是一些经验计算公式而已。

5.3.1.2　现代爆破理论的确立阶段——爆破岩石力学理论

这一阶段从 20 世纪 60 年代初日本的日野熊雄和美国矿业局戴维尔（Duvall W L）提出冲击波拉伸破坏理论和日本的村田勉提出爆炸气体膨胀压破坏理论开始，到 70 年代 L. C. 朗（L. C. Long）明确提出爆破作用三个阶段为止，历时十余年，这一阶段的特征是：

（1）冲击波拉伸破坏理论；爆炸气体膨胀压破坏理论；冲击波和爆炸气体综合作用理论已经确立。

（2）在爆炸破坏主因是冲击波压力还是爆炸气体膨胀压方面展开激烈的争论，在争论中各派都在不断完善和发展自己的观点。

（3）争论的结果，冲击波和爆炸气体综合作用理论，爆破过程的三个阶段论逐步得到多数人的承认。

（4）这一阶段各派理论的研究都脱离了经验的总结，力图从力学角度探讨爆破岩石的物理实质，研究岩石对其周围物理环境中力场的反应。但是，上述各派的研究均把岩石看成固体力学中的一种材料，忽略了它的复杂地质结构和赋存条件。现代爆破理论的确立阶段实质是爆破岩石力学理论的形成和发展阶段。

5.3.1.3　爆破理论的最新发展——岩石的损伤断裂理论

爆破理论的最新发展阶段起始于 20 世纪 80 年代，标志之一是裂隙介质爆破机理的产生。随着实验技术和相关学科的发展，爆破理论和爆破技术的研究呈现一派蓬勃发展的新景象。

纵观国内外研究现状，可以看出：这一阶段各学派虽然仍在不断完善自己的观点，但这已不是研究的主流，代表该阶段的主要特征是：

（1）裂隙岩体爆破理论的深入研究和岩体结构面对岩石爆破的影响和控制。

（2）断裂力学和损伤力学的引入，形成了岩石的损伤断裂理论。

（3）计算机模拟和再现爆破过程，用以研究裂纹的产生、扩展；预测爆破块度的组成和爆堆形态；供计算机模拟用的爆破模型不断涌现。

（4）一些新的思想，新的研究方法开始进入爆破理论的研究。20 世纪 60 年代出现的信息论、控制论。70 年代发展起来的突变论、协同学理论，耗散结构论，分形理论和非线性理论。80 年代以后发展起来的混沌学和分叉理论，使爆破理论的研究出现了一个崭新的局面。

5.3.2　爆破岩石力学理论

5.3.2.1　岩石爆破破碎的主因

破碎岩石时炸药能量以两种形式释放出来，一种是冲击波，另一种是爆炸气体。但是，岩石破碎的主要原因是冲击波作用的结果，还是爆炸气体作用的结果呢？由于各人认识和掌握资料不同，便出现了不同的结果。

A　冲击波拉伸破坏理论

该理论的代表人物包括：日野熊雄（Kunao Nino）和美国矿业局的戴威尔（Duvall W L）。

a 基本观点

当炸药在岩石中爆轰时，生成的高温、高压和高速的冲击波猛烈冲击周围的岩石，在岩石中引起强烈的应力波，它的强度大大超过了岩石的动抗压强度，因此引起周围岩石的过度破碎。当压缩应力波通过粉碎圈以后，继续往外传播，但是它的强度已大大下降到不能直接引起岩石的破碎。当它达到自由面时，压缩应力波从自由面反射成拉伸应力波，虽然此时波的强度已很低，但是岩石的抗拉强度大大低于抗压强度，所以仍足以将岩石拉断。这种破裂方式亦称"片落"。随着反射波往里传播，"片落"继续发生，一直将漏斗范围内的岩石完全拉裂为止。因此岩石破碎的主要部分是入射波和反射波作用的结果，爆炸气体的作用只限于岩石的辅助破碎和破裂岩石的抛掷。

b 观点的依据

(1) 固体应力波的研究成果提供了可贵的借鉴。

1) 玻璃板内的爆炸冲击波。1947 年，K. M. 贝尔特（K. M. Baird）用高速摄影机实测了冲击波的速度。用电力引爆直径 0.25mm 的铜丝在玻璃板中爆炸，产生的冲击波速度为 5600~11900m/s、破坏的顺序是：爆源附近→边界端→玻璃板中部。这个结果与日野氏提出的"粉碎圈""从自由面反射波拉断岩片"的论述相同。

2) 日野氏等吸收了 H. 考尔斯基（Kolsky）对固体应力波研究最主要的成果，例如：炸药爆轰在固体内激发的冲击波；冲击波在自由面反射形成介质的拉伸破坏；多自由面反射波的重复作用等观点。

(2) 脆性固体抗拉强度。

1) 抗拉强度的重要性。岩石的抗压强度决定着爆源附近粉碎圈的半径。由于岩石的抗压强度很高，通常粉碎圈半径很小。一般岩石可视为脆性固体，即抗压强度远远大于抗拉强度的固体，很容易在拉应力作用下破坏，抗拉强度和抗压强度一样都是岩石的主要物理力学性质，是影响岩石破碎程度的重要因素。

2) 破裂论提供了裂隙发展的原理和计算方法。1921 年，A. A. 格里菲斯（Griffith）研究脆性物体破坏时指出，脆性物体的破坏是由物体内部存在的裂隙引起的。由于固体内微小裂隙的存在，在裂隙尖端产生应力集中，从而使裂隙沿着尖端继续扩张。

日野氏吸收了脆性固体抗拉强度的观点，无论在基本理论的建立，还是冲击波拉伸理论的应用，拉断层数量和厚度的计算上，都有明显的痕迹。

c 对冲击波拉伸破坏理论的评述

(1) 冲击波拉伸破坏理论的重要意义。日野氏吸收了当时其他学科的研究成果，首次系统地提出了冲击波拉伸破坏理论，给爆破理论的研究注入了新的血液，使爆破理论的研究进入了新阶段。

尽管这种理论还有许多不尽如人意的地方，但仍不失为岩石爆破理论的重要组成部分。在自由面附近岩石是被拉伸破坏的这一点已被世人所公认。

(2) 冲击波拉伸破坏理论的不足。限于当时的技术条件，许多问题冲击波拉伸破坏理论还不能完全解释，例如：

1) 对烈性炸药来说，冲击波所携带的能量只占理论估算的炸药总能量的 5%~15%，而真正用于破碎岩石的能量比此值还小。根据 D. E. 福吉尔逊（Fogelson）等人测量炮孔附近的冲击波强度，推算出的冲击波中的能量，只占炸药总能量的 9%。如果冲击波围绕炮孔均匀分布的话，至少有三分之二的能量没有作用在破裂角小于 120°的单炮孔的岩石破碎上。这就意味着在破裂角内冲击波分配的能量只占炸药总能量的 3%。这样小的能量要将岩石完全破碎是令人难以置信的。

2) 根据日野的爆破漏斗试验证明，单位炸药消耗量达到 5kg/m³时，才会由反射的应力波引起岩石的片落破碎。而 J. 弗尔特（Field）的研究也证明了这一点。根据计算：只有炮孔的装药量为 5kg/m³的量级或更大，才能在花岗岩中产生足以产生片落的拉伸应力。而在一般的台阶爆破中，装药量都较小，在这种情况下片落是不会发生的，或者发生了也是微不足道的。

3) 在破碎大块时，外部装药（裸露药包）与内部装药（炮孔内装药）比较，单位炸药消耗量要高 3~7 倍，这充分说明爆炸气体膨胀压对破碎岩石的重要作用。

4) 根据日野氏的试验，在压碎带与片裂带之间，存在一个非破碎带，这部分岩石是由什么原因引起破碎的，冲击波理论无法解释。

B　爆炸气体膨胀压理论

该理论的代表人物包括村田勉等。

a　基本观点

1953 年以前，这派观点在爆破界极为流行。从静力学观点出发，认为药包爆炸后，产生大量高温、高压气体，这种气体膨胀时所产生的推力作用在药包周围的岩壁上，引起岩石质点的径向位移，由于作用力不等引起的不同径向位移，导致在岩石中形成剪切应力。当这种剪切应力超过岩石的极限抗剪强度时就会引起岩石的破裂。当爆炸气体的膨胀推力足够大时，还会引起自由面附近的岩石隆起、鼓开并沿径向方向推出。它在很大程度上忽视了冲击波的作用。

后来经过村田勉等人的努力，采用近代观点重新做了解释，形成了一个完整的体系。但是各个学者在机理解释上又有不同。

b　观点的依据

（1）岩石发生破碎的时间是在爆炸气体作用的时间内。

（2）炸药中的冲击波能量（动能）仅占炸药总能量的 5%~15%。这样少的能量不足以破碎整体岩石。

c　对爆炸气体膨胀压理论的评述

（1）该理论全面地阐述了爆炸气体在岩石破碎中的作用，这是可取之处。

（2）该理论的不足之处：

1) 从用裸露药包破碎大块来看，岩石破碎主要依靠冲击波的动压作用。因为在这种条件下，爆炸的膨胀气体都扩散到大气中去了并没有对大块破碎起到应有的作用，这就充分说明了岩石破碎不能单独由爆炸气体来完成。

2) 爆炸膨胀气体的准静态压力只有冲击波波阵面压力的 1/2~1/4。单独由这样低的准静态压力能否在岩石中引起初始破裂是令人怀疑的。

C　冲击波和爆炸气体综合作用理论

冲击波拉伸破坏理论和爆炸气体膨胀压破坏理论是基于对破碎岩石的两种能源——冲击波能和爆炸气体膨胀能的不同认识而提出来的，各有一定的理论基础和试验依据，但又都有一定的不足之处。这一方面是由于爆炸过程的"三性"（瞬发性、复杂性和模糊性）

造成的，另一方面也受当时的技术水平和测试手段的限制。在这种条件下综合两派的论点吸收所长，结合各人的研究成果，便提出了冲击波和爆炸气体综合作用理论。

倡导和支持这种观点的学者有 C.W. 利文斯顿、Φ.A. 鲍姆、伊藤一郎、P.A. 帕尔逊、H.K. 卡特尔、L.C. 朗和 T.N. 哈根等。

持这种观点的学者认为：岩石的破碎是由冲击波和爆炸气体膨胀压力综合作用的结果。即两种作用形式在爆破的不同阶段和针对不同岩石所起的作用不同。爆炸冲击波（应力波）使岩石产生裂隙，并将原始损伤裂隙进一步扩展；随后爆炸气体使这些裂隙贯通、扩大形成岩块，脱离母岩。此外，爆炸冲击波对高阻抗的致密、坚硬岩石作用更大，而爆炸气体膨胀压力对低阻抗的软弱岩石的破碎效果更佳。

但是，岩石破碎的主要原因是爆炸冲击波，还是爆炸气体至今仍有不同的观点。这种争论一直贯穿着爆破理论发展的整个阶段，今后也还会持续相当长的一段时间。

5.3.2.2 炸药在岩石中的爆破作用范围

A 炸药的内部作用

假设岩石为均匀介质，当炸药置于无限均质岩石中爆炸时，在岩石中将形成以炸药为中心的由近及远的不同破坏区域，分别称为粉碎区、裂隙区及弹性振动区。图 5-15 为炸药在有机玻璃中爆炸时所产生的裂纹状态图。透明的甲基丙烯酸玻璃板厚 2cm。图 5-16 则表示在无限介质中球状或柱状药包的爆炸断面图。这些区域表明炸药爆炸后，岩石破坏状态的空间分布。

图 5-15 有机玻璃板爆炸裂纹状况
（根据 U. 兰格福斯的研究）

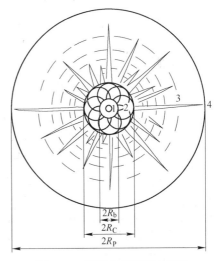

图 5-16 爆破内部作用示意图
1—装药空腔；2—压碎区；3—裂隙区；4—振动区

a 压碎区

炸药爆炸后，爆轰波和高温、高压爆炸气体迅速膨胀形成的冲击波作用在孔壁上，都将在岩石中激起冲击波或应力波，其压力高达几万兆帕、温度达 3000℃ 以上，远远超过岩石的动态抗压强度，致使炮孔周围岩石呈塑性状态，在数毫米至数十毫米的范围内岩石熔融。尔后随着温度的急剧下降，将岩石粉碎成微细的颗粒，把原来的炮孔扩大成空腔，称为粉碎区。如果所处岩石为塑性岩石（黏土质岩石、凝灰岩、绿泥岩等），则近区岩石被压缩成致密的、坚固的硬壳空腔，称为压缩区。也有人将粉碎区和压缩区统称为压碎区。由于压碎区是处于坚固岩石的约束条件下，大多数岩石的动态抗压强度都很大，冲击波的大部分能量已消耗于岩石的塑性变形、粉碎和加热等方面，致使冲击波的能量急剧下降，其波阵面的压力很快就下降到不足以粉碎岩石，所以压碎区半径很小，只为药包直径的几倍距离。

（1）根据冲击波理论计算压碎区半径。在岩体中传播的冲击波，其峰值压力随距离而衰减：

$$p_s = \frac{p_1}{\overline{r}^3} \tag{5-41}$$

式中 p_1——冲击波作用在岩体上的最大初始冲击压力；

$\overline{r}$——比距离，$\overline{r} = \dfrac{r}{r_b}$，其中 r_b 为炮孔半径。

在压碎区界面上，冲击波衰竭为应力波，其峰值应力为

$$\sigma_{rc} = \rho_m c_p v_{rc} \tag{5-42}$$

式中 v_{rc}——压碎区界面上的质点速度。

已知岩石内冲击波波速 D_2 与质点速度 u_2 之间存在下列关系：

$$D_2 = a + b u_2 \tag{5-43}$$

假定在压碎区界面上，冲击波波速衰减为弹性波波速 c_p，此时的质点速度应为：

$$u_2 = v_{rc} = \frac{c_p - a}{b} \tag{5-44}$$

将式（5-44）代入式（5-43），得

$$\sigma_{rc} = \rho_m c_p \frac{c_p - a}{b} \tag{5-45}$$

以 σ_{rc} 代替式（5-41）中的 p_s，解出 r 即冲击波的作用范围或压碎区半径

$$\rho_m c_p \frac{c_p - a}{b} = \frac{p_s}{\overline{r}^3} \tag{5-46}$$

$$\overline{r} = \left[\frac{b p_s}{\rho_m c_p (c_p - a)} \right]^{\frac{1}{3}} \tag{5-47}$$

或

$$r = R_c = \left[\frac{b p_s}{\rho_m c_p (c_p - a)} \right]^{\frac{1}{3}} r_b \tag{5-48}$$

只要通过实验求得两个常数 a 和 b。即可根据式（5-48）求出压碎区半径。某些岩石的 a、b 值如表 5-5 所示。

表 5-5   某些岩石的 a、b 值

岩石名称	$\rho_m / g \cdot cm^{-3}$	$a / mm \cdot \mu s^{-1}$	b
花岗岩	2.63	2.1	1.63
	2.67	3.6	1.00

岩石名称	$\rho_m/\mathrm{g}\cdot\mathrm{cm}^{-3}$	$a/\mathrm{mm}\cdot\mu\mathrm{s}^{-1}$	b
玄武岩	2.67	2.6	1.60
辉长岩	2.98	3.5	1.32
钙钠斜长石	2.75	3.0	1.47
纯橄榄岩	3.30	6.3	0.65
橄榄岩	3.00	5.0	1.44
大理岩	2.70	4.0	1.32
石灰岩	2.60	3.5	1.43
	2.50	3.4	1.27
页岩	2.00	3.6	1.34
岩盐	2.16	3.5	1.33

（2）根据公式估算压碎区半径

$$R_c = \left(\frac{\rho_m c_p^2}{5\sigma_c}\right)^{\frac{1}{2}} R_k \tag{5-49}$$

式中 R_c——压碎区半径;

R_k——空腔半径的极限值;

σ_c——岩石的单轴抗压强度;

ρ_m——岩石密度;

c_p——岩石纵波传播速度。

虽然压碎区的半径不大，但由于岩石遭受到强烈粉碎，消耗大量的能量，故应尽量减小压碎区的范围。

b 裂隙区

当冲击波通过粉碎区以后，继续向外层岩石中传播。随着冲击波传播范围的扩大，岩石单位面积的能流密度降低，冲击波衰减为压缩应力波。其强度已低于岩石的动抗压强度，不能直接压碎岩石。但是，它可使压碎区外层的岩石遭到强烈的径向压缩，使岩石的质点产生径向位移，因而导致外围岩石层中产生径向扩张和切向拉伸应变，如图5-17所示。假定在岩石层的单元体上有两点 A 和 B，它们的距离最初为 $X(\mathrm{mm})$，受到径向压缩后推移到 C 和 D，它们彼此的距离变为 $X+\mathrm{d}X(\mathrm{mm})$。这样就产生了切向拉伸应变 $\dfrac{\mathrm{d}X}{X}$。如果这种切向拉伸应变超过了岩石的动抗拉强度的话，那么在外围的岩石层中就会产生径向裂隙。这种裂隙以 0.15~0.4 倍压缩应力波的传播速度向前延伸。当切向拉伸应力小到低于岩石的动抗拉强度时，裂隙便停止向前发展。此时，便会产生与压缩应力波作用方向相反的向心拉伸应力。使岩石质点产生反向的径向移动，当径向拉伸应力超过岩石的动抗拉强度时，在岩石中便会出现环向的裂隙。图5-18是径向裂隙和环向裂隙的形成原理示意图。径向裂隙和环向裂隙的相互交错，将该区中的岩石割裂成块，如图5-18所示。此区域叫做裂隙区。

图 5-17 径向压缩引起的切向拉伸

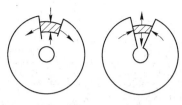

图 5-18 径向裂隙和环向裂隙的形成原理

一般说来，岩体内最初形成的裂隙是由应力波造成的，随后爆炸气体渗入裂隙起着气楔作用。并在静压作用下，使应力波形成的裂隙进一步扩大。

衡量矿山爆破，特别是矿山台阶爆破的质量，爆破块度的分布极为重要，而块度分布与裂隙区的范围密切相关。水利水电工程爆破开挖更关注裂隙区的范围，因此确定裂隙区的范围对于实际工程具有重要意义。

裂隙区的计算方法：

（1）假设炸药爆炸的爆轰波与孔壁作弹性碰撞。孔壁上的初始应力可按弹性波理论近似计算（声学近似）。在耦合装药情况下，应力波初始径向峰值应力为：

$$p_2 = \frac{\rho_0 D_1^2}{4} \times \frac{2}{1 + \dfrac{\rho_0 D}{\rho_m c_p}} \tag{5-50}$$

已知，应力波应力随距离衰减式为：

$$\sigma_r = \frac{p_2}{\bar{r}^\alpha} \tag{5-51}$$

在比距离 r 处，切向方向产生的拉应力，可按下式计算：

$$\sigma_\theta = b\sigma_r = \frac{bp_2}{\bar{r}^\alpha} \tag{5-52}$$

若以岩石抗拉强度 S_T 代替 σ_θ，由式（5-51）解出裂隙区半径 r，

$$r = R_p = \left(\frac{bp_2}{S_T}\right)^{\frac{1}{\alpha}} r_b \tag{5-53}$$

式中 r_b——装药半径；

p_2——孔壁初始压力；

α——压缩波衰减系数。

此式在矿岩爆破中获得广泛地应用。

（2）武汉岩土力学研究所根据现场实验得到压缩波衰减系数与介质波阻抗的关系，用此衰减指数计算裂隙区半径

$$r = \left(\frac{bp_2}{S_T}\right)^{\frac{1}{\beta}} r_b \tag{5-54}$$

式中，β 为 $-4.11 \times 10^{-8} \rho_m c_p + 2.92$，其中：岩石密度、纵波速度的单位和拟合系数未作换算，ρ_m 的单位为 kg/m^3，c_p 的单位为 m/s。

（3）南京工程兵工程学院根据裂隙区的体积大小正比于集团装药能量的假定，通过

大量不同介质中的耦合装药封闭爆炸试验结果引入比例系数，得出下列经验公式：

$$r = 1.65K_p \sqrt[3]{C} \tag{5-55}$$

式中　r——裂隙区半径，m；

　　　K_p——介质材料的破坏系数（岩石材料的破坏系数按表5-6选取）；

　　　C——等效 TNT 装药量，kg。

表5-6　岩石材料的破坏系数

岩石单轴抗压强度 R_c/MPa	破坏系数 K_p
100	0.51
80	0.53
60~40	0.56
30	0.57
20	0.58

此式为防护工程常用的公式，一般计算值偏小。

c　弹性振动区

裂隙区以外的岩体中，由于应力波引起的应力状态和爆轰气体压力建立起的准静应力场均不足以使岩石破坏，只能引起岩石质点作弹性振动，直到弹性振动波的能量被岩石完全吸收为止，这个区域叫弹性振动区。

通常认为装药量与振动波的传播距离成正比，振动区半径 R_s 可按下式计算：

$$R_s = (1.5 \sim 2.8) \sqrt[3]{Q} \tag{5-56}$$

式中　Q——装药量。

B　炸药的外部作用

当集中药包埋置在靠近地表的岩石中时，药包爆破后除产生内部的破坏作用以外，还会在地表产生破坏作用。在地表附近产生破坏作用的现象称为外部作用。

根据应力波反射原理，当药包爆炸以后，压缩应力波到达自由面时，便从自由面反射回来，变为性质和方向完全相反的拉伸应力波，这种反射拉伸应力波可以引起岩石"片落"和引起径向裂隙的扩展。

a　反射拉伸波引起自由面附近岩石的"片落"

当压缩应力波到达自由面时，产生了反射拉伸应力波，并由自由面向爆源传播。由于岩石抗拉强度很低，当拉伸应力波的峰值压力大于岩石的抗拉强度时，岩石被拉断，与母岩分离。随着反射拉伸波的传播，岩石将从自由面向药包方向形成"片落"破坏，其破坏过程如图5-19所示。这一点还可由霍金逊效应引起的破坏进一步说明，图5-20（a）表示应力波的合成过程。而图5-20（b）表示霍金逊效应对岩石的破坏过程。图5-20（a）中的（1）表明压缩应力波刚好达到自由面的瞬间。这时，波阵面的波峰压力为 p_a。图5-20（a）中的（2）表示经过一定的时间后，如果前面没有自由面，则应力波的波阵面必然到达 $H_1'F_1'$ 的位置。但是，由于前面存在有自由面，压缩应力波经过反射后变成拉伸应力波，反射回到 $H_1''F_1''$ 的位置，在 $H_1''H_2$ 平面上，在受到 $H_1''F_1''$ 拉伸应力作用的同时，又受到 H_2F_1'' 的压缩应力的作用。合成的结果，在这个面上受到合力为 $H_1''F_1''$

的拉伸应力的作用，这种拉伸应力引起岩石沿着 $H_1'' H_2$ 平面成片状拉开。片裂的过程如图 5-20（b）所示。

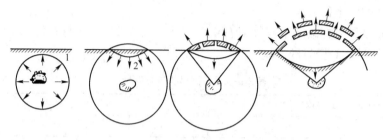

图 5-19　反射拉应力波破坏过程示意图
1—入射压力波波前；2—反射拉应力波波前

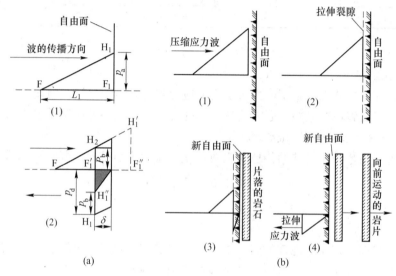

图 5-20　霍金逊效应的破碎机理
（a）应力波合成的过程；（b）岩石表面片落过程

应该指出的是"片落"现象的产生主要与药包的几何形状，药包大小和入射波的波长有关。对装药量较大的硐室爆破易于产生片落，而对于装药量小的深孔和浅孔爆破来说，产生"片落"现象则较困难。入射波的波长对"片落"过程的影响主要表现在随着波长的增大，其拉伸应力就急剧下降。当入射应力波的波长为 1.5 倍最小抵抗线时，则在自由面与最小抵抗线交点附近的岩体，由于霍金逊效应的影响，可能产生片裂破坏。当波长增到 4 倍最小抵抗线时，则在自由面与最小抵抗线交点附近的霍金逊效应将完全消失。

b　反射拉伸波引起径向裂隙的延伸

从自由面反射回岩体中的拉伸波，即使它的强度不足以产生"片落"，但是反射拉伸波同径向裂隙梢处的应力场相互叠加，可使径向裂隙大大地向前延伸。裂隙延伸的情况与反射应力波传播的方向和裂隙方向的交角 θ 有关。如图 5-21 所示，当 θ 为 90°时，反射拉伸波将最有效地促使裂隙扩展和延伸；当 θ 小于 90°时，反射拉伸波以一个垂直于裂隙方向的拉伸分力促使径向裂隙扩张和延伸，或者在径向裂隙末端造成一条分支裂隙；当径向裂隙垂直于自由面时即 $\theta=0$，反射拉伸波再也不会对裂隙产生任何拉力，故不会促使裂隙继续延伸发展，相反地，反射波在其切向上是压缩应力状态，使已经张开的裂隙重新闭合。

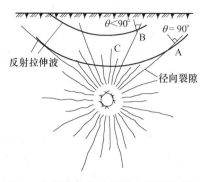

图 5-21 反射拉伸波对径向裂隙的影响

5.3.2.3 炸药在岩石中爆破破坏过程

从时间来说，将岩石爆破破坏过程分为三个阶段为多数人所接受。

第一阶段为炸药爆炸后冲击波径向压缩阶段。炸药起炸后，产生的高压粉碎了炮孔周围的岩石，冲击波以 3000~5000m/s 的速度在岩石中引起切向拉应力，由此产生的径向裂隙向自由面方向发展，冲击波由炮孔向外扩展到径向裂隙的出现需 1~2ms，如图 5-22（a）所示。

第二阶段为冲击波反射引起自由面处的岩石"片落"。第一阶段冲击波压力为正值，当冲击波到达自由面后发生反射时，波的压力变为负值。即由压缩应力波变为拉伸应力波。在反射拉伸应力的作用下，岩石被拉断，发生"片落"，如图 5-22（b）所示。此阶段发生在起爆后 10~20ms。

第三阶段为爆炸气体的膨胀，岩石受爆炸气体超高压力的影响，在拉伸应力和气楔的双重作用下，径向初始裂隙迅速扩大，如图 5-22（c）所示。

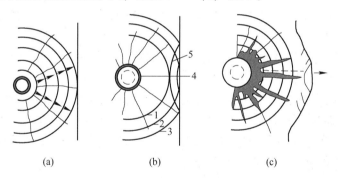

图 5-22 爆破过程的三阶段

（a）径向压缩阶段；（b）冲击波反射阶段；（c）爆炸气体膨胀阶段

当炮孔前方的岩石被分离、推出时，岩石内产生的高应力卸载如同被压缩的弹簧突然松开一样。这种高应力的卸载作用，在岩体内引起极大的拉伸应力，继续了第二阶段开始的破坏过程。第二阶段形成的细小裂隙构成了薄弱带，为破碎的主要过程创造了条件。

应该指出的是：（1）第一阶段除产生径向裂隙外，还有环状裂隙的产生。（2）如果从能量观点出发，第一、二阶段均是由冲击波的作用而产生的，而第三阶段原生裂隙的扩大和碎石的抛出均是爆炸气体作用的结果。

5.3.2.4 岩石中爆破作用的五种破坏模式

综上所述，炸药爆炸时，周围岩石受到多种载荷的综合作用，包括：冲击波产生和传播引起的动载荷；爆炸气体形成的准静载荷和岩石移动及瞬间应力场张弛导致的载荷释放。

在爆破的整个过程中，起主要作用的是五种破坏模式。

(1) 炮孔周围岩石的压碎作用；

(2) 径向裂隙作用；

(3) 卸载引起的岩石内部环状裂隙作用；

(4) 反射拉伸引起的"片落"和引起径向裂隙的延伸；

(5) 爆炸气体扩展应变波所产生的裂隙。

无论是冲击波拉伸破坏理论，还是爆炸气体膨胀压破坏理论，就其岩石破坏的力学作用而言，主要的仍是拉伸破坏。

5.3.3 裂隙岩体的爆破理论

5.3.3.1 裂隙的分类

岩石是在漫长的地质历史发展过程中，在相应的各种地质作用下形成的固体产物。不同岩石在其形成过程中经历了不同的成因特点；在形成之后的漫长地质年代中又遭受了不同的地质作用。使得各种岩石的受荷历史、成分和结构特征都各有差异，从而使岩石具有明显的非线性、不连续性和各向异性。为了研究的方便，人们根据节理、裂隙、断层等几何不连续缺陷的尺度不同，将裂纹分为宏观裂纹、细观裂纹和微观裂纹。

(1) 宏观裂纹系指在野外岩体中普遍发育的、直接影响岩体力学性质的、大于毫米级别的裂纹；

(2) 细观裂纹系指发育在岩石结构中，直接影响岩石性质的、毫米至微米级别的裂纹；

(3) 微观裂纹是指发育在岩石中矿物晶体内部，一般对岩石的宏观力学性质没有直接影响的微裂纹、位错等。

法国学者 Lamaitre 根据裂纹或缺陷的大小，将材料分为损失体和断裂体。裂纹宽度小于 1mm 的材料介质称为损失体，属于损伤力学的范畴；而裂纹宽度大于 1mm 的材料介质称为断裂体，属于断裂力学研究范畴。由此可见，岩体既是断裂体，又是损伤体。

5.3.3.2 裂隙岩体与均质岩体的差别

爆破的对象是岩体，岩体是地质体。它经过多次地质作用，经受过变形、破坏，形成一定的要素成分、一定的结构、赋存于一定的地质环境中，保留着各种各样的构造形迹。岩体内有众多被称之为结构面的贯通的和非贯通的节理、裂隙、层理等薄弱面。被薄弱面切割的岩块称为结构体。

结构面的存在构成了裂隙岩体与均质岩体的本质差别。

5.3.3.3 研究内容和研究方法

A 研究内容

裂隙岩体爆破理论研究的内容，包括：岩体宏观裂纹的形成与发展；裂隙岩体结构面对应力波传播的影响；节理对爆破块度的控制等。

B 研究方法

(1) 研究方法局限于室内，多为层状模型。系统性、规模性不够。进入 20 世纪 80

年代以后，由于广泛采用高速摄影机、动光弹、超动态应变测量等现代测试手段，才使岩体结构面对爆破影响的研究进入一个新阶段。

（2）在判断岩体在复杂应力状态下是否破坏的判据上，仍然采用经典的岩石强度理论，经典强度理论属于传统固体力学研究范畴。它只说明了宏观裂隙的形成和发展，并未揭示细观裂纹的产生和发展的全过程。

5.3.3.4 裂隙岩体爆破破碎规律的概括

概括裂隙岩体爆破破碎规律有如下几项：

（1）裂隙岩体的破碎主要是应力波作用的结果。在应力波到达自由面的同时，初始的岩块尺寸已被划定。应力波不止使岩石在自由面产生片落，而且通过岩体原生裂隙激发出新的裂隙，或者促使原生裂隙进一步扩大。上述作用，在气体膨胀压作用之前即已完成。

（2）与均匀均质爆破相比，裂隙岩体的爆炸气体膨胀压对岩石破碎作用很小，只是当应力波将岩石破碎成块以后，起到促使岩石碎块分离的作用。

（3）应力波在裂隙岩体的传播过程中，在裂隙之间传播的扰动将会产生新的破裂。在应力波作用阶段的破碎过程是：

1）原有裂隙的触发；

2）裂隙生长；

3）裂隙贯通；

4）破裂（破碎）。

（4）由于裂隙的发展速度有限，载荷的速率对裂隙的成长有很大的作用。缓慢的作用载荷，有利于裂隙的贯通和形成较长的裂隙，而高应变率载荷容易产生较多的裂隙，却抑制了裂隙的贯通，只产生短裂隙。

（5）在裂隙岩体的破碎过程中，应力波的作用是非常重要的。但是，也不能低估爆炸气体的膨胀作用。若没有爆炸气体的膨胀作用，岩体可能只破裂而不破碎、分离。

应该说，这一阶段裂隙岩体爆破理论的研究与爆破岩石力学理论的研究相比，只是在研究的对象上有所不同，由均匀岩石变为裂隙岩体，向工程实际迈进了一大步。但是从研究方法和岩石强度理论上并没有什么变化。

5.3.4 岩石的损伤断裂理论

5.3.4.1 岩石断裂力学和损伤力学的发展

岩石断裂力学是研究含裂纹物体的强度和裂纹扩展规律的科学。它萌芽于20世纪20年代 A. A. 格里菲斯对玻璃低应力脆断的研究。当时 A. A. 格里菲斯为了研究玻璃、陶瓷等脆性材料的实际强度比理论强度低的原因，提出了固体材料中或在材料的运行过程中存在或产生裂纹的设想，计算了当裂纹存在时，板状构件中应变能变化进而得出一个十分重要的结果：

$$\delta_c \sqrt{a} \equiv 常数$$

其后，国际上发生了一系列重大的低应力脆断灾难性事故，即构件在远低于屈服应力的条件下发生脆断，促进这方面的研究，并于20世纪50年代开始形成断裂力学。其中，欧文作出了重大贡献：他提出的应力场强度因子概念、断裂韧性的概念和建立的测量材料断裂韧性的实验技术，为断裂力学的建立打下了基础[13,14]。

断裂力学是从研究脆性材料开始的，而岩石几乎都含有裂纹或具有缺陷，可视为脆性材料，岩石断裂力学是研究岩石断裂韧性和断裂力学在岩体中应用的科学。

断裂强度理论根据裂尖应力场的奇异性以及裂纹扩展的能量平衡关系，采用断裂韧性作为判据法去解释岩石的强度特性。但由于应力强度因子 K 或裂纹能量释放率 G 计算上存在困难，而且断裂力学理论对于裂纹群的耦合作用并没有很好的解决，从而导致了岩石强度评价计算上的不准确性。随着对岩石本质认识的不断深入，20 世纪 60 年代损伤力学开始出现、1958 年苏联学者 Kachanov 在研究蠕变断裂时首先提出了"连续性因子"与"有效应力"概念。1963 年苏联学者 Robotnov 又在此基础上提出"损伤因子"的概念，此时的工作多限于蠕变断裂。20 世纪 70 年代后期，法国的 Lemaitre 和 Chaboche、瑞典的 Hult、英国的 Hayhurst 和 Leckie 等人利用连续介质力学的方法，根据不可逆过程热力学原理，把损伤因子进一步推广为一种场变量，逐步建立起"连续介质损伤力学"这一门新的学科。1976 年第一个提出岩石损伤力学的是 Dougill。

断裂力学研究的对象是已有宏观裂纹的材料，没有涉及宏观裂纹形成以前的微细观缺陷的力学效应，并忽略了裂纹扩展过程中材料性能的劣化及应力的最新分布。损伤力学研究的是材料内部微缺陷产生、扩展和汇合所产生的力学效应，通过引入一个损伤变量 D 来描述材料性能的劣化，当损伤值达到其临界值时，宏观裂纹就会形成。与断裂力学相比，损伤力学更关注缺陷的群体效应。因此，损伤力学和断裂力学既有联系又有区别，材料的损伤和断裂反映了材料变形破坏的物理全过程。

岩石断裂力学和损伤力学的出现，使强度理论的研究进入了新阶段。

5.3.4.2 岩石强度理论的分类

强度理论是判断材料在复杂应力状态下是否破坏的理论。强度理论是一个总称，它包括：屈服准则、破坏准则、多轴疲劳准则、多轴蠕变条件以及计算力学和计算程序中的材料模型。岩石强度理论分为三大类：经典强度理论、断裂强度理论、损伤强度理论。

（1）经典强度理论。材料在外力的作用下有两种不同的破坏形式：1）在不发生显著塑性变形时的突然断裂，称之为脆性破坏；2）因发生显著塑性变形而不能继续承载的破坏，称之为塑性破坏。

常用的强度理论有四种：

第一强度理论，即最大拉应力理论，仅适用于脆性材料受拉的情况。

第二强度理论，即最大伸长线应变理论，主要适用于脆性材料在单向和双向以压缩为主的情况。

第三强度理论，即最大切应力理论，主要适用于塑性材料在单向和二向应力的情况，形式简单，应用广泛。

第四强度理论，即畸变能密度理论，主要适用于脆性材料在单向和双向受力情况。适用于大多数塑性材料，计算精度比第三强度理论准确。

总之，第一和第二强度理论适用于：石料、混凝土、玻璃等，通常以断裂形式失效的脆性材料。第三和第四强度理论适用于：碳钢、铜、铝等，通常以屈服形式失效的塑性材料。

（2）断裂强度理论。由于岩石受地质构造的影响，组织机构极不均匀，孔隙、节理、裂隙大量缺陷充斥其中，因此，均匀连续假设与岩石的实际情况并不相符，建立在连续介质统一力学基础上的岩石强度理论受到了严重挑战。随着对岩石本质认识的不断深入，岩石强度理论的研究逐渐由经典强度理论向断裂强度理论、损伤强度理论发展。

断裂强度理论从宏观的连续介质力学角度出发，研究含缺陷或裂纹的物体在外界作用下宏观裂纹的扩展、失稳开裂、传播和止裂规律。断裂强度理论根据裂尖应力场的奇异性以及裂纹扩展的能量平衡关系，采用断裂韧性作为判据法去解释岩石的强度特性。但由于应力强度因子 K 或裂纹能量释放率 G 计算上存在困难，而且断裂力学理论对于裂纹群的耦合作用并没有很好的解决，从而导致了岩石强度评价计算上的不准确性。

（3）损伤强度理论。断裂力学是以实际固体中不可避免地存在裂纹这一客观事实为前提的。它的任务是通过对裂纹周围的应力、应变分析，着重解决材料的失稳问题。但是大多数材料与结构，在宏观裂纹出现之前，已经产生了微观裂纹与微观空洞，将材料与结构中的这些微观缺陷的出现与扩展称为损伤。

损伤强度理论从某种程度上弥补了断裂力学的不足，它主要是在连续介质力学和热力学的基础上，采用固体力学的方法，研究材料宏观力学性能的演化直至破坏的全过程。

点评：在物体的破坏过程中，往往同时存在损伤（分布缺陷）和裂纹（奇异缺陷），而且在裂纹尖端附近的材料必然具有更严重的分布缺陷，其力学性质必然与距裂纹尖端稍远处不同。因此，为了更切合实际，就必须把损伤力学与断裂力学结合起来研究物体的破坏过程。以便建立宏—细—微多层次耦合的岩石强度理论。

岩石强度理论的特点如表 5-7 所示。

表 5-7 岩石强度理论的特点

岩石的描述与特点	经典强度理论	断裂韧性强度理论	损伤强度理论
岩石描述	不含缺陷的均匀连续介质	包含有限裂纹的均匀介质	包含大量损伤的非均匀介质
研究内容	在复杂应力条件下，材料能否破坏的条件	1. 裂纹的起裂条件；2. 裂纹在外部载荷作用下的扩展过程；3. 裂纹扩展到什么程度物体会发生断裂	建立损伤变量和损伤扩展本构关系，这就涉及岩石材料的损伤检测和识别问题
理论方法	弹塑性理论	断裂理论	损伤理论
破坏机理	宏观拉、剪模式	裂纹扩展机理	损伤演化机理
强度准则	$\sigma_r \leqslant [\sigma]$	$\sigma_e = \dfrac{\sigma}{1 - D_c} = \sigma_u$，式中，$D_c$ 为临界损伤	

5.3.4.3 岩石损伤断裂过程的两个阶段

岩石损伤断裂过程实质上是岩石内部微裂纹成核、扩展、连通的过程，包括两个阶段：

（1）爆炸应力波作用下的裂纹形成与扩展。炸药爆炸以后，爆炸应力波 1）在压碎区产生宏观裂纹；2）在裂隙区产生新的裂纹或使微裂纹被扩激活和扩展，致使岩石产生损伤，其损伤值的大小可由 K-G 爆破损伤模型求得；在振动区应力波衰减为弹性波，致使岩石质点在其平衡位置产生振动。

（2）爆生气体作用下的裂纹扩展。在爆炸应力波造成损伤场的基础上，爆生气体的作用有二：1）使压碎区的裂纹扩展，气体可以渗入岩石内部的裂纹中，裂纹的扩展以气体驱动下的模式扩展，裂纹扩展的解可由经典的断裂力学求得；2）在爆生气体压力作用下，使裂隙区的微裂纹进一步扩展。在裂隙区微裂纹的扩展是以气体膨胀的压力场和原岩应力作用下发生的。

5.3.4.4 岩石的损伤断裂机理

炸药爆炸后，炸药的能量以两种形式释放出来，一种是爆炸冲击波，一种是爆炸气体。从时间上来看，爆炸冲击波在前，爆炸气体在后。从空间来看，在爆破区域岩体中形成了压碎区、裂隙区和弹性振动区。在不同的爆破作业范围内，冲击波（应力波）和爆炸气体所起的作用是不同的。

A 压碎区

药包爆炸后，炮孔周围的爆炸冲击波的峰值压力远远超过了岩石的动态抗压强度，随之而到的高温、高压爆炸气体又对岩石产生强烈的压缩破坏，岩石产生塑性变形或粉碎。在爆炸冲击波的作用下，岩石质点获得速度沿径向位移，形成一个爆破空腔。爆炸冲击波衰减很快，压碎区的范围很小，由于计算方法和所取参数的不同，其计算结果差异也很大，有人认为是孔径的 2~3 倍，或 3~7 倍；也有人认为对于球形装药压碎区半径约为药包半径的 1.28~1.75 倍；对于柱状装药压碎区半径约为药包半径的 1.65~3.05 倍。

压缩区的破碎过程可用经典的流体动力学方法来求解，不必考虑损伤问题。冲击波的峰值压力可用下式计算：

$$p_r = \frac{2\rho_r c_r}{\rho_e D + \rho_r c_r} p_e \tag{5-57}$$

式中　　p_r——岩体中冲击波的峰值压力，kPa；

　　　　ρ_r——岩石密度，kg/m³；

　　　　c_r——岩体中的纵波传播速度，m/s；

　　　　ρ_e——炸药密度，kg/m³；

　　　　D——炸药的爆速，m/s；

　　　　p_e——炸药的爆轰压力，kPa。

从式（5-57）可以看出，同一种炸药在不同的岩石中爆轰时，激发出冲击波的峰值压力是不同的。波阻抗越大的岩石，在炮孔壁上产生的压力也越大。给予岩石的峰值压力越大，岩石的变形也越大。

爆炸冲击波过后，爆生气体将楔入由爆炸应力波产生的宏观裂纹中，裂纹在气体压力的驱动下参数扩展，裂纹扩展的解可由经典的断裂力学获得。

B 裂隙区

爆炸冲击波在压碎区使岩体压碎。当爆炸冲击波随着距离的传播而急剧衰减，到达裂隙区时已衰减为应力波。在裂隙区岩体受到爆炸应力波和爆生气体的综合作用。

a 岩石在爆炸应力波作用下的损伤破坏

研究损伤问题或建立损伤模型首先要定义一个合适的损伤变量；其次要根据外载情况，确定研究对象在外载作用下的损伤演化方程和考虑损伤的本构关系。

（1）损伤变量的确定。微观裂纹被激活和扩展的结果使岩石产生损伤，其损伤值的大小可由 K-G 爆破损伤模型求得。K-G 爆破损伤模型是由美国学者 Kipp 和 Grady 提出的[22]，该模型认为岩石中含有大量的随机分布的原生裂纹，在外载作用下，其中一些裂纹被激活并扩展。裂纹一旦被激活就影响了周围的岩石，并使周围岩石释放拉应力。同时假定：在一定应变波的作用下，被激活的裂纹数 N 服从双参数的 Weibull 分布。并引用损伤变量 D 表示岩石的劣化状态：当 D=0 时，岩石无损伤；当 D=1 时，岩石完全破坏。

$$C_{d} = \beta N a^{3} , \quad N = k\varepsilon^{m} \tag{5-58}$$

式中　C_{d}——裂纹密度；

　　　　N——被激活的裂纹数；

　　　　ε——体积拉伸应变；

　k，m——分布系数；

　　　　β——系数，可近似取 1；

　　　　a——在爆炸应力波作用下的微裂纹平均半径，其式可由 Grady 表达式确定[23,24]：

$$a = \frac{1}{2}\left(\frac{\sqrt{20}K_{IC}}{\rho c \dot{\varepsilon}_{max}}\right)^{\frac{2}{3}} \tag{5-59}$$

　　K_{IC}——断裂韧性；

　　　　ρ——密度；

　　　　c——纵波速度；

　$\dot{\varepsilon}_{max}$——最大体积拉伸应变率。

根据 Budiansky 和 O'Connell 的研究[25,15]，损伤变量 D 由开裂引起的岩石强度降低所致，可用介质的体积模量 K_{v} 定义：

$$D = \frac{K_{ev}}{K_{v}} \tag{5-60}$$

并给出一个有裂纹固体的有效体积模量表达式

$$\frac{K_{ev}}{K_{v}} = 1 - \frac{16}{9}\frac{1 - \mu_{e}^{2}}{1 - 2\mu_{e}}C_{d} \tag{5-61}$$

式中　K_{ev}——岩石的有效体积模量；

　　　　K_{v}——岩石的原始体积模量；

　　　　μ_{e}——岩石的有效泊松比。

将式（5-60）和式（5-61）联立，把损伤变量 D 与裂纹密度 C_{d} 联系起来，定义损伤变量为

$$D = \frac{16}{9}f(\mu_{e})C_{d} \tag{5-62}$$

Throne 等[26]采用了 Englman 和 Jaeger 的有效体积模量关系式，得到的损伤变量表达式为

$$D = f(\mu_{e})\left[1 - \exp\left(-\frac{16}{9}C_{d}\right)\right] \tag{5-63}$$

（2）岩石动态损伤的本构关系。将以上定义的损伤变量耦合到线弹性应力应变关系

中去，可得到拉伸状态下的岩石动态本构关系

$$p = 3K(1 - D)\varepsilon$$
$$S_{ij} = 2G(1 - D)e_{ij}$$

(5-64)

式中　p——体应力；

ε——体应变；

S_{ij}——偏应变；

e_{ij}——应变偏量；

G——剪切模量。

（3）裂纹平均间距的确定。根据 Weibull 分布，

$$N = k\varepsilon^m$$

(5-65)

式中　N——被激活的裂纹数；

ε——体积应变；

k，m——介质的 Weibull 常数。

裂纹的激活速率是式（5-65）的导数乘以系数（1-D），D 为损伤变量，表示已发生的开裂引起的岩石强度的降低。以便计入那些被掩盖的已开裂的裂纹，即激活率应考虑 D 所引起的减小[27]：

$$N = n(\varepsilon)\dot{\varepsilon}(1 - D)$$

(5-66)

式中　$n(\varepsilon)$——被激活的裂纹数。

设裂纹扩展速度 c_g 为常数，则单条裂纹所影响的球形体积 $V(t)$ 为

$$V(t) = \frac{4}{3}\pi(c_g t)^3$$

(5-67)

损伤变量 $D(t)$ 是激活的裂纹数 N 和影响体积 $V(t)$ 的乘积：

$$D(t) = \int_0^t \dot{N}(\tau)V(t - \tau)\mathrm{d}\tau$$

(5-68)

由此可得

$$D(t) = \frac{4}{3}\pi c_g^3 km \int_0^t \dot{\varepsilon}(1 - D)(t - \tau)^3 \mathrm{d}\tau$$

(5-69)

同理，设每条裂纹的影响面积 $a(t)$ 为

$$a(t) = 2\pi(c_g t)^2$$

(5-70)

则总破坏面积 $A(t)$ 等于

$$A(t) = \int_0^t \dot{N}(\tau)a(t - \tau)\mathrm{d}\tau$$

或

$$A(t) = 2\pi c_g^2 km \int_0^t \varepsilon^{m-1}\dot{\varepsilon}(1 - D)(t - \tau)^2 \mathrm{d}\tau$$

(5-71)

设 $a(t)$ 和 $V(t)$ 的中值分别为 $\bar{a}(t)$，$\bar{V}(t)$，则有：

$$A(t) = \int_0^t \dot{N}(\tau)\bar{a}(t)\mathrm{d}\tau = \bar{a}(t)N(t)$$

(5-72)

$$D(t) = \int_0^t \dot{N}(t)\bar{V}(\tau)\mathrm{d}\tau = \bar{V}(t)N(t)$$

(5-73)

设 $\bar{R}$ 为裂纹平均半径，并近似认为：

$$\bar{a}(t) = 2\pi\overline{R}^2 , \quad \overline{V}(t) = \frac{4}{3}\pi\overline{R}^3 \tag{5-74}$$

则有: $$1/N^{1/3} = (9\pi/2)^{1/3}(D^{2/3}/A) \tag{5-75}$$

式中 $1/N^{1/3}$——裂纹的平均间距。亦可认为平均破坏块度尺寸与之相等。

（4）损伤断裂准则。岩石在爆炸载荷作用下，其脆性随加载速率的增加而增大，岩石的损伤可视为脆性损伤。在此区域的岩石损伤断裂准则采用纯脆性损伤断裂准则。其中比较著名的是 Lemaitre J 损伤断裂准则，它从等效应力的概念出发，当等效应力 σ_e 达到岩石的动态断裂应力时，损伤达临界值，岩石发生断裂，从而得到损伤断裂准则的表达式[28]：

$$\sigma_e = \frac{\sigma}{1 - D_c} = \sigma_u \tag{5-76}$$

式中 σ_u——岩石的极限应力。

通常情况下，临界损伤 $D_c = 0.2 \sim 0.5$，对于纯脆性损伤 $D_c = 0$，$\sigma_e = \sigma = \sigma_u$。

b 爆炸气体作用下的微裂纹的二次扩展

由于爆炸应力波的作用在裂隙区产生了大量的随机分布的微裂纹，这些微裂纹在爆生气体膨胀压力作用下产生二次扩展，使岩石进一步损伤。

在裂隙区，爆生气体渗入岩石内部的宏观裂纹中，产生气楔作用，裂纹在气体的驱动下扩展，这个过程可用经典的断裂力学进行解答。出现微裂纹二次扩展的主要原因是由于爆生气体的存在。岩石中的微裂隙在爆炸应力波的作用下发生扩展至一定范围后，停止扩展。在滞后一段时间后，爆生气体再次对微裂纹加载，在扩展范围内，微裂纹发生损伤局部化，并使微裂纹发生二次扩展。

炮孔间准静态爆生气体驱动的裂纹控制模型如图5-23所示[24]。图中 $L(t)$ 为爆生气体的裂纹总长度。$L_1(t)$ 为爆生气体在裂纹中的贯入长度，L_0为应力波作用下产生的径向裂纹初始长度。则裂纹在爆生气体驱动下尖端的应力强度因子为：

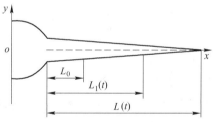

图 5-23 爆生气体驱动裂纹扩展模型

$$K_1 = 2\left[\frac{L(t) + R}{\pi}\right]^{\frac{1}{2}} \int_0^{L(t)+R} \frac{p(x, t) - \sigma}{\{[L(t) + R]^2\}^{\frac{1}{2}}} \mathrm{d}x \tag{5-77}$$

式中 $p(x,t)$——沿裂纹长度方向的气体压力分布；

σ——无限远处的岩石应力。

爆破的实际工程要求必须反映出动作用的影响，因此采用有效应力强度因子来描述裂纹的扩展更符合实际。

岩石受损后，有效应力 $\sigma_e^* = \dfrac{\sigma_e}{1 - D}$，有效应力强度因子 $K_1^* = \dfrac{K_1}{1 - D}$。其中，$\sigma_e$ 为岩石应力，K_1 为未受损时的应力强度因子。$K_1^* = \dfrac{K_1}{1 - D} > K_1$ 表明，爆生裂纹可以在比以往理论预测值更低的气体压力作用下起裂和稳定传播，从而使气体的作用表现得更有效。

点评：从物理机制上看，损伤力学和断裂力学是有本质联系的，介质材料的损伤和断裂反映了材料变形破坏的物理全过程。但是，用损伤力学研究岩石的爆破损伤问题的关键是如何定义材料损伤变量、损伤演化规律，以及如何正确地给出损伤变量和演化规律的材料动态本构关系。这些问题还有待我们去深入研究。

5.3.5　台阶爆破机理

5.3.5.1　柱状装药与柱面波波动方程

柱状装药是指长度与直径之比大于 6 的装药结构。通常台阶爆破，无论是浅孔台阶爆破，还是深孔台阶爆破均属于柱状装药爆破。硐室爆破的条形药包也属于柱状装药[32]。

柱状装药用导爆索瞬间同时起爆，其波阵面为同轴柱面的波（不包括药柱两端），亦称柱面波。柱面波是对称的扰动波，波动参数在柱面坐标系同样依赖于矢量 r 和时间 t_0，利用柱面坐标系的拉普拉斯算子[33]：

$$\Delta = \frac{1}{r}\frac{\partial}{\partial r} + \frac{\partial^2}{\partial r^2} \tag{5-78}$$

可将波动方程改写为

$$\frac{\partial^2 \varphi}{\partial t^2} = c^2\left(\frac{\partial^2}{\partial r^2} + \frac{1}{r}\frac{\partial \varphi}{\partial r}\right) \tag{5-79}$$

$u_r = \dfrac{\partial \varphi}{\partial r}$，方程两边求导，得：

$$\frac{\partial^2 u_r}{\partial t^2} = c_r^2\left(\frac{\partial^2 u_r}{\partial r^2} + \frac{1}{r}\frac{\partial u_r}{\partial r} - \frac{u_r}{r^2}\right) \tag{5-80}$$

式（5-80）即为位移函数所满足的柱面波波动方程。

5.3.5.2　柱状装药应力场特性

柱状装药应力场是认识柱状装药爆破作业原理的基础，研究方法有两类。

A　分解球形药包后再叠加求和原理

将柱状装药沿轴向分成若干个集中药包，各个集中药包先后爆破时都视为一个球面应力波，再用波的向量合成原则，求出岩石中各点各个时刻的应力状态。

在图 5-24 中，有一个垂直自由面的柱状装药药包，根据药包横截面的直径将它分为长度为 x_1、x_2、x_3、x_4、x_5 的五个短药柱，每一个短药柱以恒定的时间间隔（$t_a = d/D$，其中，d 为药包直径；D 为药包爆速）进行爆轰，全部短药柱爆轰时间的总和等于整个药柱爆轰的时间。假定雷管从孔底起爆，且认为每一个短药柱爆轰产生的应力波波长和 t_a 都相等。并设炸药的爆速 D 和在岩体中应力波的传播速度 c_1 之比为 2：1。当柱状装药完全爆轰后，围绕药包周围岩体中的压

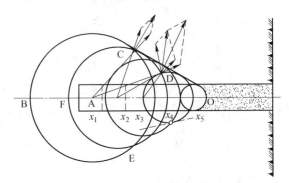

图 5-24　柱状装药爆破时的应力分布

力分布如图 5-24 所示，从图中可以看出，在 AB 方向上的各点，由于应力波波速是假定的，且药包的爆轰时向相反方向进行的，所以不存在各短药柱引起的应力波的叠加作用。在 AC 方向上的各点，由 x_1、x_2 引起的应力波在 C 点叠加，因此该处的应力高于 AC 线上其他点的应力。在 AD 线上的 D 点应力是由 x_2、x_3、x_4 产生的应力波引起的应力叠加的，则 D 点的应力又高于 C 点的应力。同理可知，在被 C、O、E 和 CE 弧所圈定的区域内，由于药包各部分产生应力波的叠加，而造成了高应力区；相反地，由 C、B、E 和 CFE 弧所圈定的区域为低应力区。

根据计算，D 点周围的应力可达 AB 方向上的应力的 20 倍；C 点的应力约为 AB 方向上的 15 倍。因此，一端起爆的柱状装药爆轰在岩体中引起的应力是不均匀的。一般来说，应力高的区域易造成岩石的破碎。

该法的缺点是端部及近区应力值计算误差较大。

B 利用 EPIC2 数值模拟计算法

杨年华利用 EPIC2 数值计算原理分析无限介质中条形药包爆破作用场的特性，对弹塑性介质中波的传播考虑了非线性材料强度和可压缩性，计算时把无限介质中条形药包处理成轴对称的旋转体，然后当做二维问题处理。

根据计算结果，结合条形药包爆炸的动光弹和动云纹试验研究和土中压力波测试的对比分析，得到条形药包爆炸应力场的特性如下：

（1）通过线性起爆的条形药包爆炸应力波阵面形状呈轴对称分布。波阵面在药包径向范围内是柱形，而两端基本是半圆形。

（2）波阵面形状虽然规则，单波阵面上应力强度的分布并不均匀。药包中部径向的应力强度最大，向端部延伸径向的应力强度逐渐下降，进入端部后，应力强度明显衰弱，随着与药包轴线的夹角减小，端部应力强度再次降低，药包端部轴线方向应力强度最小，其应力峰值等值线分布如图 4-25 所示。

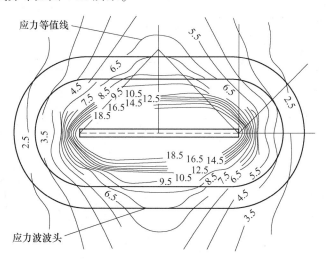

图 5-25　条形药包爆炸应力场分布状态

（3）从峰值应力等值线分布情况得知，在爆源近区等值线为近似的椭圆形分布，椭圆的长轴与药包轴线重合。远区逐渐向圆形发展。随后继续向远区，并非像原来有人设想的等值线就可近似为圆形分布了，而还是近似的椭圆形分布，只是椭圆的长轴变为垂直于条形药包的轴线方向了。

以上从应力峰值等值线的分布特征可以说明，条形药包爆破作用力具有良好的定向性、条形药包爆破作用范围和形式与药包长度和作用距离的比值有关。

5.3.5.3   柱状装药作用下的爆炸能量分布

岩石中装药爆破产生的爆炸能量可分为爆炸冲击波能量和爆生气体能量。研究爆炸能量分布也是爆破理论的内容之一，它对合理地利用爆炸能量、改进爆破设计有重要的指导作用。但是，至今尚未得到统一的认识，特别是对于柱状装药的爆炸能量分布的论述更是少见。

A   球形装药作用下的爆炸能量分布

Langfors U 认为，冲击波所含能量占爆炸能量中很小一部分，爆炸能量的绝大部分储存在爆后产生的高温高压气体中。

张奇[29]通过球形装药与岩石爆破装药的力学分析，用数值分析方法给出爆炸能量利用率。认为以破碎为主要目的的岩石爆破工程，爆破能量的利用率为50%。

颜事龙将岩石的爆破工程分为两个阶段[30]：（1）装药爆炸在围岩中产生冲击波，使介质产生径向和环状裂隙，破碎成块；（2）爆生气体压缩装药周围的岩石形成空腔，随后作用于破碎的岩石，以一定的速度向外抛掷。计算结果表明：冲击波能量消耗为10%~20%；爆生气体膨胀消耗的能量为50%~60%。

B   柱状装药作用下的爆炸能量分布

炸药爆炸以后，炸药的能量是通过爆炸冲击波和爆炸气体传递给岩石的。张峰涛[31]通过冲击波和爆生气体对岩石做功分析得出了二者的做功计算式及其所做功占总能量的比率算式。并通过对花岗岩、玄武岩、大理岩和辉长岩四种不同的岩石进行分析，得到了柱状装药的冲击波做功消耗的能量约占总能量的28%；爆生气体用于扩腔和抛掷岩石的能量约占总能量的50%；剩余22%的能量由于驱裂和耗散在空气中。

5.3.5.4   柱状装药作用下的台阶爆破机理

台阶爆破具有两个自由面，其爆炸应力波形呈圆柱状，如图5-26所示。在炸药爆炸冲击波作用下，药包附近孔壁呈塑性变形或剪切破碎成压缩粉碎区。当爆炸冲击波衰减成为压应力波作用在孔壁岩石时，径向方向产生压应力和压缩变形，形成径向裂隙，并以0.15~0.4倍的应力波传播速度发展。当压应力波传到自由面，形成反射拉应力波，将加速径向裂隙的发展，随之爆炸气体的膨胀楔劈作用，进一步使径向裂隙发展，到达自由面。

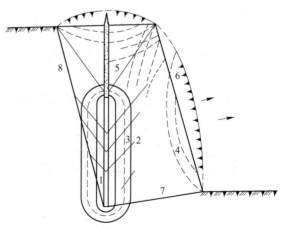

图 5-26   露天台阶中深孔爆破作用示意图
1—压缩粉碎区；2—径向裂隙；3—切向（环向）裂隙；
4—断裂裂隙；5—复合裂隙；6—表面裂隙；
7—底部径向裂隙；8—边坡径向裂隙

当压缩粉碎区爆炸空腔形成瞬间及压应力波通过之后，积蓄在岩体内的一部分弹性变形能得到释放，产生与径向压应力作用相反的向心拉应力，当此径向拉应力超过岩石的抗拉强度，岩石质点产生反向的径向位移，形成切向（环向）裂隙。

自由面的反射作用，使压应力波变为拉应力波，当拉应力超过岩石的抗拉强度时，则形成断裂裂隙。对于具有两个自由面的台阶爆破，两个反射波的共同作用，形成复合裂隙。它的形成有利于减少台阶顶部大块的产生。同时，爆炸气体的膨胀作用，使得台阶表面隆起（鼓包作用），形成表面裂隙。足够的超深有利于提高孔底炸药爆炸能量利用率，可以形成克服底盘抵抗线——"根底"的爆破漏斗下破裂线的底部径向裂隙，同时可以构成爆破漏斗上破裂线的边坡径向裂隙，减轻爆破"后冲"的危害。可见，台阶爆破的破碎机理与一个自由面爆破的破碎机理是基本相同的，只是由于台阶爆破具有两个自由面，更有利于岩石的破碎。

参 考 文 献

[1] Ф. А. 鲍姆，К. П. 斯达纽柯维奇，Б. И. 谢赫捷尔. 爆炸物理系 [M]. 北京：科学出版社，1963.

[2] 李翼祺，马素贞. 爆炸力学 [M]. 北京：科学出版社，1992.

[3] J. 亨利奇. 爆炸动力学及其应用 [M]. 北京：科学出版社，1987.

[4] 张宝钚，等，爆轰物理学 [M]. 北京：兵器工业出版社，2001.

[5] 范文忠. 爆轰理论与爆炸应力波 [M]. 鞍山钢院学报，1984 (6).

[6] 齐金铎. 现代爆破理论 [M]. 北京：冶金工业出版社，1995.

[7] 王金贵. 气体炮及其常规测试技术（一）[J]. 爆炸与冲击，1988，8 (1)：89~98.

[8] 于亚伦. 高应变率下的岩石动载特性对爆破效果的影响 [J]. 岩石力学与工程学报，1993，12 (4)：345~352.

[9] 宗琦. 岩石内爆炸应力波破裂区半径的计算 [J]. 爆破，1994 (2)：15~17.

[10] 钱七虎. 防护结构计算原理 [M]. 南京：工程兵工程学院，1981.

[11] 王文龙. 钻眼爆破 [M]. 北京：煤炭工业出版社，1984.

[12] 严东晋，孙传怀. 岩体中爆炸破碎区半径计算方法讨论 [J]. 爆破，2010，27 (2)：29~31.

[13] 蔡美峰. 岩石力学与工程 [M]. 北京：科学出版社，2002.

[14] 谢和平，等. 基于断裂力学与损伤力学的岩石强度理论研究进展 [J]. 自然科学进展，2004 (14) (10)：1086~1091.

[15] 李志宏. 爆生气体作用下岩石裂纹扩展机理与数值模拟 [D]. 西安理工大学，2006.

[16] 王辉. 爆炸荷载下岩石爆破损伤断裂机理研究 [D]. 西安科技大学，2003.

[17] 张志呈，等，岩石动态损伤断裂机理与损伤变量 [J]. 矿业研究与开发，2006，26 (4)：75~78.

[18] Lemaitre. 预测结构中的塑性破坏或蠕动疲劳破坏的损伤模型 [J]. 余天庆，译. 固体力学学报，1981 (4).

[19] Lemaitre J. 损伤力学教程（中译本）[M]. 北京：科学出版社，1996.

[20] 林英松，等. 爆炸载荷作用下的岩石损伤断裂研究 [J]. 工程爆破，2005，11 (3)：14~18.

[21] 余永强，等. 层状岩体爆破损伤断裂机理分析 [J]. 煤炭学报，2004，29 (4)：410~412.

[22] Grady D E, Kipp M E. Continuum Modeling of Explosive Fracture in Oil Shale [J]. Int. J. Rock

Mechanics and Mining Sci & Geomech. Abstr, 1980 (17): 147~157.

[23] Englman R, Jaeger Z. Theoretical aids for the improvement of blasting efficiencies in oil shale and rocks. APTR-12/87 [J]. Soreq Nudear Research Center, Yavne, Isiael, 1987, 6 (2): 98~119.

[24] 汪旭光. 爆破设计与施工 [M]. 北京: 冶金工业出版社, 2011.

[25] Budiansky B, O'Connell R J. Elastic Moduli of Cracked Solid [J]. Int. J. Solids, 1977 (12): 81~87.

[26] Throne B J. Experimental and Computational Investigation of the Fundmental Mechanics of Cratering: in 3nd Int. Sympom Rock Fragment by blasting, Brisbane 1990: 117~124.

[27] 刘殿书, 等, 岩石爆破损伤模型及其研究进展 [J]. 工程爆破, 1999, 15 (4): 78~87.

[28] [俄] 科恰诺夫 A H, 奥金采夫 B H. 地下爆破表面预裂区半径的理论估算 [J]. 工程爆破, 2015 (6): 51~54.

[29] 张奇. 岩石爆破能量分析的树枝模拟 [J]. 岩土力学, 1991, 12 (2): 49~56.

[30] 颜事龙, 陈叶青. 岩石集中装药爆炸能量分布的计算 [J]. 爆破, 1993 (12) 1~5.

[31] 张峰涛. 岩石在柱状耦合装药作用下的炸药能量分布 [D]. 华中科技大学, 2007.

[32] 汪旭光, 郑炳旭. 工程爆破名词术语 [M]. 北京: 冶金工业出版社, 2005.

[33] 张志呈. 爆破基础理论与设计施工技术 [M]. 重庆: 重庆大学出版社, 1994.

[34] 郑炳旭, 等, 条形药包硐室爆破 [M]. 北京: 冶金工业出版社, 2009.

[35] 卢文波, 陶振宇. 爆破气体驱动裂纹扩展速度研究 [J]. 爆炸与冲击, 1994, 14 (3): 264~268.

6 金属矿山及煤矿的露天台阶爆破

6.1 露天台阶爆破的特点与应用

6.1.1 露天台阶爆破的特点

随着穿孔钻机和铲运设备的不断改进，爆破技术的不断完善和爆破器材的日益发展，台阶爆破，特别是深孔台阶爆破的优越性更加突出，其特点表现在：

(1) 露天开采生产规模大。世界上年产 1000 万吨以上矿石的各类露天矿有 80 多座，其中年产量 4000 万吨，采剥总量 8000 万吨以上的特大型露天矿有 20 多座。最大的露天矿年矿石生产量超过 5000 万吨，采剥总量超亿吨，最深的露天矿达 800m。

(2) 可采用大型机械设备，开采强度大，尤其是牙轮钻机、大型电铲、电动轮汽车的配套使用，大大提高了开采强度和矿石产量。

(3) 劳动生产率高，比地下开采的劳动生产率高 2~10 倍。

(4) 开采成本低，一般为地下开采的 1/4~1/3。

当然，露天台阶爆破也有需要改进的地方，例如：

(1) 在开采过程中，穿爆、采装、运输、卸装以及排土时粉尘较大，对环境污染较大。

(2) 露天开采要把大量剥离物往排土场排弃，占用土地和农田。

(3) 气候条件对生产有一定影响。

6.1.2 露天台阶爆破的应用比重

目前大部分国家的采矿业均以露天爆破为主，每年从地壳上采出的矿石量有 2/3 来自露天爆破。据统计：我国近年来非煤矿床露天爆破的产量比重如表 6-1 所示。

表 6-1 非煤矿床露天爆破的产量比重

矿床种类	铁矿石	有色金属矿石	化工原料	建筑材料
露天爆破应用比重/%	84	52	70	约 100

我国煤层埋藏普遍较深，故煤炭的开采以井下开采为主，露天开采仅占 9%。但是，我国煤炭储量中适合露天开采的储量有 641 亿吨，储量较大，经过了几十年的发展，露天煤矿产量占全国煤矿产量比重也将逐渐增加。据统计：美国露天开采所占比例为 61%，德国占 77%，俄罗斯为 60.9%，澳大利亚为 73.8%，印度为 75%。

6.2 露天台阶爆破的基本概念

6.2.1 露天采场

6.2.1.1 定义

进行露天采剥的工作场所称为露天采场，露天采场是露天开采所形成的采坑、台阶和露天沟道的总称（图6-1）。

图6-1 白云鄂博露天采场

6.2.1.2 露天采场分类

由于矿体的赋存条件的多样性，有的矿体地处高山，有的地处平地或缓丘，这就使露天矿山形成了山坡和凹陷两种形态。据此，露天采场分为两类：即山坡露天矿和凹陷露天矿。

6.2.1.3 露天采场构成要素

露天采场的构成（参见图6-2）要素有：

（1）BA，CD——由结束开采工作的台阶组成的露天矿边帮称为非工作帮。它是露天开采结束时的最终边帮。在此进行邻帮控制爆破（图6-2）。位于矿体下盘一侧的边帮称为底帮，位于矿体上盘一侧的边帮称为顶帮。

（2）KD——由若干工作台阶组成的露天矿边帮称为工作帮坡面；工作帮坡面与水平面的夹角称为工作帮坡角（图6-2中的 φ 角）。

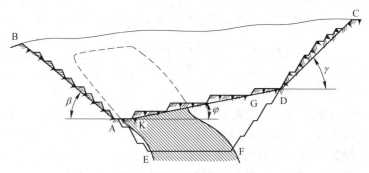

图6-2 露天采场构成要素

6.2.1.4 台阶构成要素及其开采

A 台阶构成要素

要素是构成事物必不可少的因素，是组成系统的基本单元。露天采场内的矿岩通常划分为一定高度的分层，自上而下逐层开采，在开采过程中上下分层间保持一定的超前关系，构成了阶梯状，每一个阶梯就是一个台阶或梯段。台阶构成要素包括：台阶上部平盘、台阶下部平盘、台阶坡面、台阶坡顶线、台阶坡底线、台阶高度、台阶坡面角。图6-3为台阶构成要素三面投影图。

B 台阶的命名

台阶的命名通常是以台阶下部平盘（装运设备站立平盘）的标高表示，如××水平。台阶的上部平盘和下部平盘是相对的，一个台阶的上部平盘同时又是其上一个台阶的下部平盘，如图6-4所示。

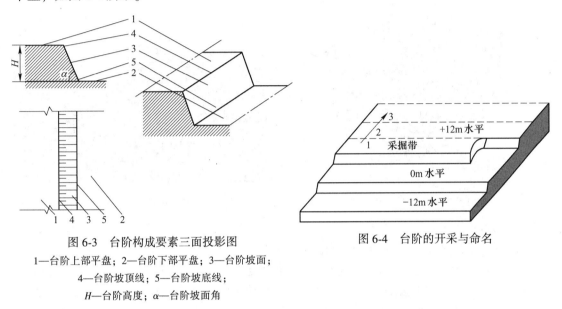

图6-3 台阶构成要素三面投影图

1—台阶上部平盘；2—台阶下部平盘；3—台阶坡面；
4—台阶坡顶线；5—台阶坡底线；
H—台阶高度；α—台阶坡面角

图6-4 台阶的开采与命名

开采时又将台阶划分为一定宽度的采掘带，逐条顺序进行开采。采掘带的宽度为挖掘机一次采掘实方岩体的宽度，由挖掘机的挖掘半径、卸载半径和爆破参数来确定。

6.2.2 露天矿生产顺序

6.2.2.1 穿孔作业

穿孔作业是露天开采的首道工序。按照破岩方式穿孔作业主要由钻孔机械来完成，露天浅孔钻机是凿岩机，深孔钻机有潜孔钻机和牙轮钻机（见图6-5）。我国现在主要生产YZ和KY两个系列牙轮钻机。例如衡阳有色冶金机械厂开发的YA-55A型钻机，最大孔径380mm。直流电机驱动回转机构，大风量螺杆空压机。主要钻进参数由微机控制。

6.2.2.2 爆破作业

根据岩石性质和使用的爆破器材，选取合理的爆破参数、装药结构和起爆方式，使岩石破碎成一定的块度，形成良好的爆堆。为采装、运输和粗碎提供合格的矿岩（图6-6）。

6.2.2.3 铲装作业

用铲装设备将破碎的矿岩装入运输容器，露天矿的铲装设备通常是挖掘机和前装机。前装机是一种自装自运的多用设备，由于设备强度不够，只能用于中小型露天矿的装载工作，而在大型露天矿只能临时代替挖掘机进行装车作业，但是作为其他辅助作业（清理工作面场地、堆积落矿和低爆堆的矿岩、移动电缆等）在大型露天矿也是不可缺少的设备。图 6-7 为电铲铲装作业工作图。

图 6-5 牙轮钻机穿孔作业

图 6-6 露天台阶爆破作业

6.2.2.4 运输作业

露天矿的运输是将爆落的矿岩运输到破碎机的受矿仓或排土场，以及将生产人员、设备和材料运送到工作地点的作业。目前，大中型露天矿采用的运输方式有单一运输和联合运输两类。单一运输有公路、铁路运输，联合运输有铁汽联合、铁汽与卷扬、平硐溜井、胶带联合等方式，如图 6-8 所示为汽车运输作业图。

图 6-7 铲装作业

图 6-8 运输作业

6.3 露天深孔台阶爆破

6.3.1 露天深孔台阶爆破设计

露天台阶爆破是在地面上以台阶形式推进的石方爆破方法。台阶爆破按照孔径、孔深不同，分为深孔台阶爆破和浅孔台阶爆破。通常将炮孔孔径大于 50mm，孔深大于 5m 的台阶爆破统称为露天深孔台阶爆破。

露天深孔台阶爆破广泛地用于矿山、铁路、公路和水利水电等工程。

6.3.1.1 钻孔形式

露天深孔爆破的钻孔形式一般分为垂直钻孔和倾斜钻孔两种（图6-9）。只在个别情况下采用水平钻孔。垂直深孔和倾斜深孔的使用条件和优缺点列于表6-2。

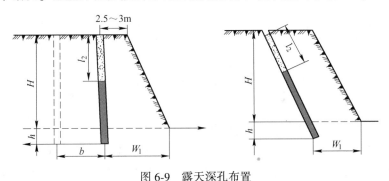

图 6-9 露天深孔布置

H—台阶高度；h—超深；W_1—底盘抵抗线；l_2—填塞长度；b—排距

表 6-2 垂直深孔与倾斜深孔比较

深孔布置形式	采用情况	优　点	缺　点
垂直深孔	在开采工程中大量采用，特别是大型矿山	1. 适用于各种地质条件（包括坚硬岩石）的深孔爆破； 2. 钻凿垂直深孔的操作技术比倾斜孔简单； 3. 钻孔速度比较快	1. 爆破岩石大块率比较多，常常留有根坎； 2. 梯段顶部经常发生裂缝，梯段坡面稳固性比较差
倾斜深孔	中小型矿山、石材开采、建筑、水电、道路、港湾及软质岩石开挖工程	1. 布置的抵抗线比较均匀，爆破破碎的岩石不易产生大块和残留根坎； 2. 梯段比较稳固，梯段坡面容易保持； 3. 爆破软质岩石时，能取得很高效率； 4. 爆破堆积岩块的形状比较好，而爆破质量并不降低	1. 钻凿倾斜钻孔的技术操作比较复杂，容易发生钻凿事故； 2. 在坚硬岩石中不宜采用； 3. 钻凿倾斜深孔的速度比垂直深孔慢

6.3.1.2 布孔方式的选取

A　布孔方式的种类

布孔方式有单排布孔和多排布孔两种。多排布孔又分为方形，矩形及三角形（梅花形）三种，如图6-10所示。方形布孔具有相等的孔间距和抵抗线，各排中对应炮孔呈竖直线排列。

矩形布孔的抵抗线比孔间距小，各排中对应炮孔同样呈竖直线排列。

三角形布孔时可以取抵抗线和孔间距相等，也可以取抵抗线小于孔间距，后者更为常用。

B　布孔方式的选取

（1）尽量采用三角形交错布置。采用三角形交错布置的优点：1）炸药能量分布均

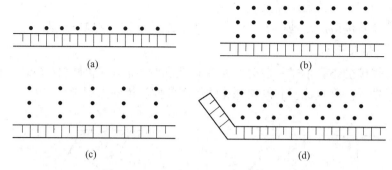

图 6-10 深孔布置方式

（a）单排布孔；（b）方形布孔；（c）矩形布孔；（d）三角形布孔

匀，减少根底、大块；2）能更好地调整孔网参数中的邻近系数 m，合理的爆破邻近系数有利于改善爆破效果，一般 $m = a/W = 2 \sim 3$，由图 6-11 看出，三角形布孔邻近系数 m 值比矩形布孔更大，一般软岩石 m 值应大些，硬岩 m 值应该小些。为使爆区两端的边界获得均匀整齐的岩石面，三角形排列常常需要补孔。从能量均匀分布的观点看，等边三角形更为理想。

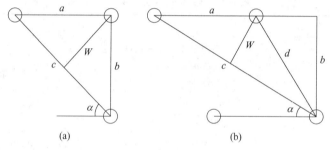

图 6-11 不同布孔方案的抵抗线大小示意图

（a）矩形布孔；（b）三角形布孔

（2）在矩形布孔中，通常最后一排比前一排孔少 2 个。布孔要受到地质条件及开采条件的影响，前者主要指地质构造，矿岩性质，地形（台阶坡面角的陡、缓及台阶坡面的凹凸），留碴爆破，靠帮控制爆破等因素。后者指采场作业面的限制，布孔不可能按爆破参数千篇一律，要因地制宜采取不同的布孔方法。在矩形布孔中通常最后一排比前一排孔少 2 个，见图 6-12，因为 A、B 孔爆破时，夹制力大，如有孔

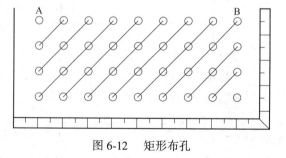

图 6-12 矩形布孔

位爆破时往往后冲、旁冲较大，对邻近地段破坏性较大，导致下一循环的爆破条件恶劣，且易出现大块。而减小了 A、B 两孔，后排孔自由面增大，对爆破有利。

（3）复杂条件布孔，因地而异。对于比较整齐的工作面，按一定的孔网参数往往比较好布孔，而对于地形比较复杂的工作面，不能简单地以一定的孔网参数布孔，既不好起

爆，又不好穿孔，复杂地形的布孔要注意以下两点：

1）第一排孔位置要布置在难爆位置上，由于同一爆区台阶坡面凹凸不平，坡面角陡缓各不相同，而装药量以底盘抵抗线为计算基础，爆破方向往往沿着最弱面方向，因此孔位要布在相对难爆的位置上。

2）最后一排孔要基本上保持一条直线，才能保证取得完整的爆破面，保证"整齐"。否则会产生参差不齐的坡面，影响下一循环的爆破作业。

（4）对于存在断层带的炮孔布置应特别注意，断层对台阶爆破安全的影响主要是断层裂隙。当爆破方向同断层走向一致或基本一致时最容易发生安全事故，因为爆破时的超压气体沿着裂隙高速冲出，必然导致产生飞石，同时，断层局部形成破碎带，大多破碎带内部有大小不一的空洞，爆炸气体像气泡一样突然破裂将岩石抛掷出去，见图 6-13。在无法改变爆破方向的情况下，如断层同目前的爆破方向一

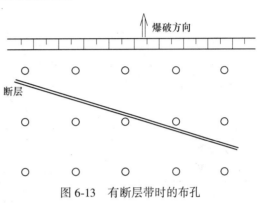

图 6-13　有断层带时的布孔

致，炮孔应尽量避开在断层裂隙上，并做到在断层裂隙两侧对称而又均匀地布孔，同时，采用 V 形起爆时，掏槽孔不要布在断层裂隙上。

（5）对于压碴爆破，由于底部阻力大，布孔时第一排应向前而且加密，同时应适当提高炸药单耗，适当缩小孔网参数，且排数不能太多。

（6）如果一个爆区的岩层可爆性有变化时，应针对不同的可爆性岩石采用不同的孔网参数，调整孔距和排距，如工作面内岩石性质变化复杂，地质构造发育，则应取保险孔网参数。

优化布孔设计，应该在爆破设计的第一步就严格地控制爆破质量及穿爆效率，降低大块率和根底率，提高延米爆破量。

6.3.1.3　深孔台阶爆破参数

露天深孔台阶爆破参数包括：孔径、孔深、超深、底盘抵抗线、孔距、排距、填塞长度和单位炸药消耗量等。

（1）孔径 d。露天深孔爆破的孔径主要取决于钻机类型，台阶高度和岩石性质。我国大型金属露天矿多采用牙轮钻机，孔径 250mm 和 310mm；中小型金属露天矿以及化工、建材等非金属矿山则采用潜孔钻机，孔径 100~200mm；铁路、公路路基土石方开挖常用的钻孔机械其孔径为 76~170mm 不等。一般来说钻机选型确定后，其钻孔直径就已确定下来。表 6-3 示出国产潜孔钻机的钻孔直径和钻孔深度；表 6-4 示出国产牙轮钻机部分参数。国内常用的深孔直径有 76~80、100、150、170、200、250、310mm 几种。

与各类金属和非金属矿山不同的是，路堑深孔爆破的孔径相对较小，多为 80~150mm，且以 80~110mm 占据主导地位，如国产 100 型简易支架钻机的孔径为 90~110mm；CM200、CM351（368）等中、高风压履带钻机的孔径为 100~140mm。

（2）孔深 L 与超深 h。孔深是由台阶高度和超深确定。台阶高度的确定应考虑为钻孔、爆破和铲装创造安全和高效率的作业条件，主要取决于挖掘机的铲斗容积和矿岩开挖

技术条件。目前，金属矿山的台阶高度多为 12m。煤矿台阶高度为 10~15m；岩石台阶高度 15~20m。水利水电工程，一般部位爆破开挖的台阶高度为 8~15m。

表 6-3   国产潜孔钻机的钻孔直径和钻孔深度

型号	钻孔直径/mm	钻孔深度/m	型号	钻孔直径/mm	钻孔深度/m
KQY90	80~130	20.0	KQLI20	90~115	20.0
KSZ100	80~130	20.0	KQCI20	90~120	20.0
KQD100	80~120	20.0	KQLI50	150~175	17.5
CLQ15	100~115	20.0	CTQ500	90~100	20.0
KQLG115	90~115	20.0	HCR-C180	65~90	20.0
KQLG165	155~165	水平 70	HCR-C300	75~125	20.0
TC101	105~115	20.0	CLQ80A	80~120	30.0
TC102	105~115	20.0	CM-220	105~115	
CLQG15	105~130	20.0	CM-351	110~165	
TC308A	105~130	40	CM-120	80~130	

表 6-4   国产牙轮钻机部分参数

型号	孔径/mm	孔深/m	生产厂家	型号	孔径/mm	孔深/m	生产厂家
YZ-35D	250	18.5	衡阳重型机械有限公司	KY-250C	250	18	南昌凯马有限公司
YZ-55A	310~380	19	衡阳重型机械有限公司	KY-310	310	17.5	洛阳矿山机械厂
KY-250B	240	18	衡阳重型机械有限公司	KY-380	380	17.0	洛阳矿山机械厂
KY-310	310	17.5	南昌凯马有限公司				

国内矿山的超深值一般为 0.5~3.6m。后排孔的超深值一般比前排小 0.5m。超深值取决于岩体的性质和结构，并且与炮孔直径有一定的比例关系，如：

$$h = (5 \sim 10)d \tag{6-1}$$

垂直深孔孔深

$$L = H + h \tag{6-2}$$

倾斜深孔孔深

$$L = H/\sin\alpha + h \tag{6-3}$$

（3）底盘抵抗线 W_1：

1）根据钻孔作业的安全条件计算底盘抵抗线：

$$W_1 \geqslant H\cot\alpha + B \tag{6-4}$$

式中 W_1——底盘抵抗线，m；

α——台阶坡面角，一般为 60°~75°；

H——台阶高度，m；

B——从钻孔中心至坡顶线的安全距离，对大型钻机，$B \geqslant 2.5 \sim 3.0\text{m}$。

2）按台阶高度和孔径计算底盘抵抗线：

$$W_1 = (0.6 \sim 0.9)H \tag{6-5}$$

$$W_1 = Kd \tag{6-6}$$

式中 K——系数，参见表 6-5 所示；

d——孔径，mm。

表 6-5 *K* 值范围

装药直径/mm	清碴爆破 *K* 值	压碴爆破 *K* 值
200	30~35	22.5~37.5
250	24~48	20~48
310	35.5~41.9	19.4~30.6

3）按每孔装药条件（巴隆公式）计算底盘抵抗线：

$$W_1 = d\sqrt{\frac{7.85\Delta\tau L}{mqH}} \tag{6-7}$$

式中 d——炮孔直径，dm；

  Δ——装药密度，g/m³；

  τ——装药系数，$\tau=0.35~0.65$；

  L——炮孔深度，m；

  q——单位炸药消耗量，kg/m³；

  m——炮孔密集系数（即孔距与排距之比），一般 $m=1.2~1.5$；

  H——台阶高度，m。

说明：

1）上述公式均为在一定条件下总结出的经验公式，各有一定的适用范围，例如：式（6-4）和式（6-5）更适用于 $d\geqslant200$mm 的大孔径；

2）底盘抵抗线受许多因素影响，变动范围较大。除了要考虑上述因素外，控制坡面角也是调整底盘抵抗线的有效途径。

（4）孔距 *a* 和排距 *b*。孔距 *a* 是指同一排深孔中相邻两钻孔中心线间的距离。孔距按下式计算：

$$a = mW_1 \tag{6-8}$$

式中 m——炮孔密集系数。

密集系数 *m* 值通常大于 1.0。在宽孔距小抵抗线爆破中则为 3~4 或更大。但是第一排孔往往由于底盘抵抗线过大，应选用较小的密集系数，以克服底盘的阻力。

排距 *b* 是指多排孔爆破时，相邻两排钻孔间的距离，它与孔网布置和起爆顺序等因素有关。计算方法如下：

1）采用等边三角形布孔时，排距与孔距的关系为

$$b = a\sin60° = 0.866a \tag{6-9}$$

式中 b——排距，m；

  a——孔距，m。

2）多排孔爆破时，孔距和排距是一个相关的参数。在给定的孔径条件下，每个孔都有一个合理的负担面积，即：

$$S = ab$$

或

$$b = \sqrt{\frac{S}{m}} \tag{6-10}$$

式（6-10）表明，当合理的钻孔负担面积 *S* 和炮孔密集系数 *m* 已知时，即可求出排距 *b*。

（5）填塞长度 l_2。填塞长度是指装药后炮孔的剩余部分作为填塞物充填的长度。合理的填塞长度和良好的填塞质量，对改善爆破效果和提高炸药利用率具有重要作用。

合理的填塞长度应能降低爆炸气体能量损失和尽可能增加钻孔装药量。良好的填塞质量是尽量增加爆炸气体在孔内的作用时间和减少空气冲击波、个别飞散物和降低噪音的危害。

填塞长度 $l_2(\mathrm{m})$ 按下列公式确定：

$$l_2 = (0.7 \sim 1.0)W_1 \tag{6-11}$$

其中，垂直深孔取 $(0.7 \sim 0.8)W_1$；倾斜深孔取 $(0.9 \sim 1.0)W_1$，或

$$l_2 = (20 \sim 30)d \tag{6-12}$$

式中 d——炮孔直径，mm。

应该指出的是填塞长度与填塞质量、填塞材料密切相关。填塞质量好和填塞物的密度大也可减小填塞长度。

矿山大孔径深孔的填塞长度一般为 5~8m，当采用尾砂堵塞时，也可减少到 4~5m。

（6）单位炸药消耗量 q。影响单位炸药消耗量的因素主要有岩石的可爆性、炸药特性、自由面条件、起爆方式和块度要求。因此，选取合理的单位炸药消耗量 q 往往需要通过多次试验或长期生产实践来验证确定。各个爆破工程都有根据自身生产经验总结出来的合理炸药单耗值。例如：冶金矿山单耗一般在 0.1~0.35kg/t 之间。对于水利水电工程的岸坡开挖、铁路和公路的路基开挖，为了将部分岩石向坡下抛出，也可将炸药单耗增加 10%~30%。在设计中可以参照类似矿岩条件下的实际单耗值选取，也可以按表 6-6 选取。该表数据以 2 号岩石硝铵炸药为标准。

表 6-6 单位炸药消耗量 q 值表

岩石坚固性系数 f	0.8~2	3~4	5	6	8	10	12	14	16	20
$q/\mathrm{kg} \cdot \mathrm{m}^{-3}$	0.40	0.45	0.50	0.55	0.61	0.67	0.74	0.81	0.88	0.98

（7）每孔装药量 Q。单排孔爆破或多排孔爆破的第一排孔的每孔装药量按下式计算：

$$Q = qaW_1H \tag{6-13}$$

式中 q——单位炸药消耗量，$\mathrm{kg/m^3}$；

a——孔距，m；

H——台阶高度，m；

W_1——底盘抵抗线，m。

多排孔爆破时，从第二排孔起，以后各排孔的每孔装药量按下式计算：

$$Q = kqabH \tag{6-14}$$

式中 k——考虑受前面各排孔的矿岩阻力作用的增加系数，$k = 1.1 \sim 1.2$；

b——排距，m；

其余符号意义同前。

我国部分露天铁矿（石灰石矿）深孔爆破参数列于表 6-7。我国部分水利水电工程深孔爆破参数列于表 6-8。

确定露天深孔爆破参数，除参照上述国内外有关数据外，尚可通过室内试验、计算机数值模拟和生产实际不断完善，以达到最优的爆破效果。

表 6-7 我国部分露天铁矿（石灰石矿）深孔爆破参数表

矿山名称	矿岩种类	岩石坚固性系数 f	孔径 /mm	段高 /m	底盘抵抗线 /m	排距 /m	孔距 /m	炮孔密集系数 前排/后排	孔深 /m	填塞高度 /m	后排孔药量增加系数	单位炸药消耗量 /kg·m⁻³	延米爆破量 /t·m⁻¹
首钢水厂铁矿	块状磁铁矿	>14	250		7~8	5~6	7.5~8.5	1.1/1.5	14~15	4.5~5.5	1.2	0.5~0.6	130~140
	层状磁铁矿	12~14	250	12	7~8	5.5~6	8~9	1.1/1.4	13.5~14.5	5.5~6.5	1.2	0.4~0.5	140~150
	混合花岗岩	8~10			7~9	6~7	9~10	1.1/1.4	13.5~14.5	6~6.5	1.2	0.3~0.35	150
南芬铁矿	硅酸铁	16~20	310		12	6.5	5~6.5	0.42/1.0	14.5~15.5	6~7	1.15~1.2	1.2	117
	绿泥角闪岩	8~10		12	12	7.5	5.5~7.5	0.46/1.0	13.5~14.5	6~7	1.15~1.2	0.88	
歪头山铁矿	二层铁	12~16	250		10	4	7~10	0.7/2.5	14.5~15	6~8	不增加	0.68	110~120
	角闪片岩石英岩	8~12		12	11	5	7.5~11	0.7/2.2	13.5~14	7~8	不增加	0.4	110
大冶铁矿	硅岩岩大理岩	8~12	170~200		6	3.5~4	3.5~4	0.6/1.0	14.5~15.5	7~8	1.3~1.5	0.5~0.6	37~40
	花岗闪长岩	10~12		12	6	4~4.5	3~3.5	0.5/0.8	14.5~15	7~8	1.3~1.5	0.5~0.6	37~40
	磁铁矿	10~14			6	3~3.5	3~3.5	0.5/1.0	14.5~15	7~8	1.3~1.5	0.8	37~40
南京吉山铁矿	磁铁闪长岩	12~14	200	12	7	5	8	1.1/1.6	14	5.5~6.5	1.2	0.4	90
大连石灰石矿	白云岩	6~8	250	12~13	9~10	6~6.5	10~11	1.1/1.7	14.5~15.5	6~6.5	不增加	0.3~0.4	160~165
南京白云石矿	白云岩	6~8	150	12	6~7	4.0	6~7	1/1.6	14~14.5	4~5	1.2	0.4~0.5	50~60

表 6-8　我国部分水利水电工程深孔爆破参数

工程名称		岩性	台阶高度/m	孔深/m	底盘抵抗线/m	孔距/m	排距/m	孔斜/(°)	孔径/mm	炸药直径/mm	填塞长度/m	单位炸药消耗量/kg·m⁻³
三峡工程	左岸大坝二期厂房	花岗岩	7~10	10	2.5	3.5	2.5		105	80	3	0.77
	右岸基础开挖	花岗岩	10~13		2.0~2.6	2.5~3.5	2.0~2.6		89	70		0.5~0.7
									105	80		
葛洲坝工程	爆破试验	砂岩、黏土砂岩	6	6.2	4.25	3.5	4.25		170	130		0.39
	掏槽爆破	砂岩、黏土砂岩	4~8	4~8	中心线掏槽	2	1.5~2.6	60、75、90	170	90		1.4
	坝端进掏槽	砂岩、黏土砂岩	5.5	6.0	端进掏槽	2~2.5	1.5	75	170	55		0.53
东江水电站边坡开挖工程		花岗岩	10	10	—	2.5	3	60、75、80	100	100		0.31~0.45
乌江渡水电站边坡开挖工程		灰岩	30	30	3.5~4.0	3.5	3.5	73	91~100	80~85		0.35
龙羊峡水电站边坡开挖工程		花岗岩	8.0	8.5	3.0	3.0	3.0	75	150	100		0.6
东风水电站坝肩开挖工程		白云岩灰岩	10	10~12	3.0	3.0	2.5	80	115	—	2.5	0.7
水布垭水电站溢洪道开挖工程		灰岩	10	11	2.5~3.5	5.0	3.5	85	—	—	3.8	0.45
小湾水电站边坡开挖工程		片麻岩	15	15	3.0~3.5	2.0~2.5	3.0~3.5	75	89	70、60	1.4~3.4	0.50~0.60
									105	90		
溪洛渡水电站边坡开挖工程		玄武岩	10~15	10~15	3.0	4.0	3.0	75	90	70	2.0~3.0	0.40~0.50
									105	80		
拉西瓦水电站边坡开挖工程		花岗岩	15	15	2.0~2.5	3.0~4.0	2.0~2.5	—	89	70	2.0~2.5	0.50~0.65
									120	80		

6.3.1.4　装药结构

装药结构是指炸药在装填时的状态。在露天深孔爆破中，分为连续装药结构，分段装药结构，孔底间隔装药结构和混合装药结构。

（1）连续装药结构。炸药沿着炮孔轴向方向连续装填，当孔深超过 8m 时，一般布置两个起爆药包（弹），一个放置距孔底 0.3~0.5m 处，另一个置于药柱顶端 0.5m 处。优点是操作简单；缺点是药柱偏低，在孔口未装药部分易产生大块。

（2）分段装药结构。将深孔中的药柱分为若干段，用气体，岩碴或水隔开（图6-14）。优点是提高了装药高度，减少了孔口部位大块率的产生；缺点是施工稍麻烦。

（3）孔底间隔装药结构。在深孔底部留出一段长度不装药，以空气作为间隔介质；此外尚有水间隔和柔性材料间隔。在孔底实行空气间隔装药亦称孔底气垫装药（图6-15）。

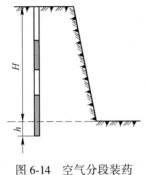

图 6-14　空气分段装药

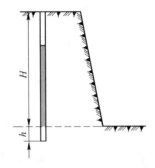

图 6-15　孔底间隔装药

（4）混合装药结构。所谓混合装药结构系指孔底装高威力炸药，上部装普通炸药的一种装药结构。在分段装药结构中，如果用空气进行间隔称为空气间隔装药。空气的作用有三：

1）降低了爆炸冲击波的峰值压力，减少了炮孔周围岩石的过粉碎。

2）岩石受到爆炸冲击波的作用后，还受到爆炸气体所形成的压力波和来自炮孔孔底的反射波作用。当这种二次应力波的压力超过岩石的极限破裂强度（表示裂隙进一步扩展所需的压力）时，岩石的微裂隙将得到进一步扩展。

3）延长了应力的作用时间。冲击波作用于填塞物或孔底后又返回到空气间隔中，由于冲击波的多次作用，使应力场得到增强的同时，也延长了应力波在岩石中的作用时间（作用时间增加 2~5 倍）。若空气间隔置于药柱中间，炸药在空气间隔两端所产生的应力波峰值相互作用可产生一个加强的应力场。

正是由于空气间隔的上述三种作用，使岩石破碎块度更加均匀。

如果是水间隔，由于水是不可压缩介质，具有各向压缩换向并均匀传递爆炸压力的特征，在爆炸作用初始阶段不仅炮孔孔壁，而且充水孔壁同样受到冲击载荷作用，峰值压力下降较缓；到爆炸作用后阶段，伴随爆炸气体膨胀做功，水中积蓄的能量释放加强了岩石的破碎作用。

如果是孔底柔性材料间隔（柔性垫层可用锯末等低密度、高孔隙率的材料做成，其孔隙率可达到 50%以上）。孔内炸药爆炸后所产生的冲击波和爆炸气体作用于孔壁产生径向裂隙和环状裂隙的同时，通过柔性垫层的可压缩性及对冲击波的阻滞作用，大大减少了对炮孔底部的冲击压力，减少了对孔底岩石的破坏。这种装药结构主要用于对孔底以下基岩需要保护的水利水电工程。

应该指出的是在分段装药结构和孔底间隔装药结构的应用中，必须合理地确定：间隔长度、间隔位置和应用条件。

6.3.1.5 起爆顺序

尽管多排孔布孔方式只有方形、矩形和三角形，但是起爆顺序却变化无穷，归纳起来有以下几种：

（1）排间顺序起爆。亦称逐排起爆（图6-16）。此种起爆顺序又分为排间全区顺序起爆和排间分区顺序起爆。主要优点是设计、施工简便、爆堆比较均匀整齐。

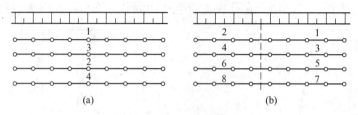

图 6-16 排间顺序起爆

（a）排间全区顺序起爆；（b）排间分区顺序起爆

（2）排间奇偶式顺序起爆。从自由面开始，由前排至后排逐步起爆，在每一排里均按奇数孔和偶数孔分成两段起爆（图6-17）。其优点是实现孔间毫秒延期，能使自由面增加。爆破方向交错，岩块碰撞机会增多，破碎较均匀，减振效果好。适用于压碴较少，或3~4排孔的爆破。缺点是向前推力不足。

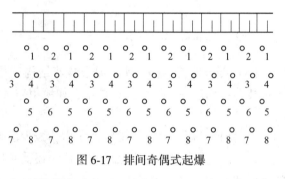

图 6-17 排间奇偶式起爆

（3）波浪式顺序起爆。即相邻两排炮孔的奇偶数孔相连，同段起爆，其爆破顺序犹如波浪。其中多排孔对角相连，称之为大波浪式（图6-18）。它的特点与奇偶式相似，但可减少毫秒延期段数，且推力较奇偶式为大，破碎效果较好。

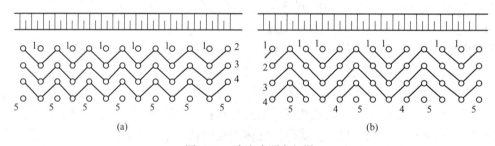

图 6-18 波浪式顺序起爆

（a）小波浪式；（b）大波浪式

（4）V形顺序起爆。即前后排孔同段相连，其起爆顺序似 V 字形（图6-19）。起爆时，先从爆区中部爆出一个 V 字形的空间，为后段炮孔的爆破创造自由面，然后两侧同段起爆。该起爆顺序的优点是岩石向中间崩落，加强了碰撞和挤压，有利于改善破碎质量。由于碎块向自由面抛掷作用小，多用于挤压爆破和掘沟爆破。

（5）梯形顺序起爆。即前后排同段炮孔联线似梯形（图6-20）。该种起爆顺序碰撞挤压效果好，爆堆集中，适用于拉槽路堑爆破。

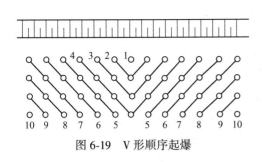

图6-19　V形顺序起爆

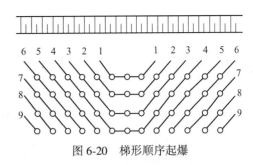

图6-20　梯形顺序起爆

（6）对角线顺序起爆。亦称斜线起爆，从爆区侧翼开始，同时起爆的各排炮孔均与台阶坡顶线相斜交，毫秒延期爆破为后爆炮孔相继创造了新的自由面。其主要优点是在同一排炮孔间实现了孔间延期，最后的一排炮孔也是逐孔起爆，因而减少了后冲，有利于下一爆区的穿爆工作。适用于开沟和横向挤压爆破（图6-21）。

（7）径向顺序起爆。如图6-22所示，这种起爆顺序有利于爆破挤压。

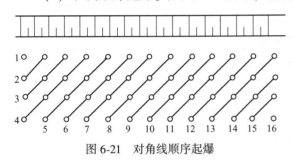

图6-21　对角线顺序起爆

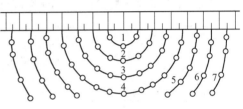

图6-22　径向顺序起爆

（8）组合式顺序起爆。是两种以上起爆顺序的组合，如图6-23所示。

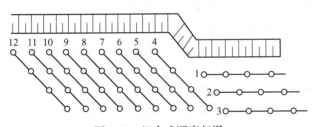

图6-23　组合式顺序起爆

6.3.1.6　露天深孔台阶爆破设计说明书的内容

露天深孔台阶爆破技术设计内容包括设计基础数据和设计工作内容两部分，前者是设计依据，后者是具体参数确定。

（1）设计基础数据：

1）工程任务数据。包括工程目的、任务、技术要求和与工程相关的合同、文件等。

2）地形地质资料。包括爆区地形图、周边环境图（爆破影响范围内建筑物、村庄、高压线路、铁路、公路等），爆区基本地质数据、岩石基本物理力学性质等。

3）试验数据。包括爆破器材种类、合格证及检测结果；爆破漏斗试验等。

（2）设计工作内容：

1）爆破方案确定；

2）确定合理的台阶要素；

3）选择钻孔形式，钻机类型，布孔方式；

4）爆破参数设计，包括：孔径与孔深、超深、底盘抵抗线、填塞长度；孔网参数（孔距、排距、炮孔密集系数）；装药结构；单位炸药消耗量，单孔装药量及总装药量计算；起爆网络设计等；

5）爆破安全计算和校核；

6）安全警戒范围确定；

7）施工组织设计；

8）技术经济分析；

9）主要附图，包括台阶投影图、爆区周围环境平面图、起爆网络图、安全警戒范围图等。

其中，主要附图包括台阶投影图、爆区周围环境平面图、起爆网路图、安全警戒范围图等。

6.3.2　露天深孔台阶爆破施工工艺

深孔台阶爆破施工工艺流程如图 6-24 所示。

图 6-24　深孔台阶爆破施工工艺流程

6.3.2.1　施工准备

施工准备工作包括：

（1）覆盖层清除。按照"先剥离、后开采"的原则，根据施工区的特点，安排机械进行表土清除、风化层剥离，为爆破施工创造条件。

（2）施工道路布置。施工道路主要服务于钻机就位和道路运输。

布置钻机就位的道路施工时，要尽量兼顾随后的运输需要。运输道路布置应尽可能利用已有的道路，以便缩短基建工期。应尽量减少上山公路的工程量，以便缩短上山公路的施工周期。上山公路选线应有利于整个开采期内的石料及废石运输，尽可能降低公路纵坡，以保证上山公路具有足够的通过能力并保证雨天运输。

（3）台阶布置。将道路修上山后，应在道路与设计的台阶平台交叉处向两侧外拓，为钻机和汽车工作创造条件，向两侧外拓采用挖掘机械与爆破相结合的办法。爆破法开挖台阶通常采用以下几种方法：

1）均匀布孔爆破法。该法类似于正常的台阶爆破，使用垂直炮孔，只不过是前排的炮孔较浅，爆破孔间排距较小；后排炮孔较深。

2）扇形布孔爆破法。该法采用倾斜炮孔，钻机不用移动到边缘打孔，钻机移动少。

3）准集中药包法。该法采用垂直炮孔，钻机也不用移动到前缘打孔，钻机前后基本不移动，一般进行左右移动，炮孔基本布置在一条直线上，炮孔间距较小。

6.3.2.2　钻孔

（1）钻机平台修建。无论是一次性爆破，还是台阶式爆破，都应为钻机修建钻孔平台。平台的宽度不得小于 6~8m，保证一次布孔不少于 2 排。平台要平整，便于钻机行走和作业。在施工时，可采用浅孔爆破，推土机整平的方法。对于分层台阶式爆破平台应根据设计的爆破台阶，从上到下逐层修建，上层爆破后为下层平台的修建创造了条件，上一层的下平台是下一层的上平台。

（2）钻孔方法。

1）钻孔要领。司机应掌握钻机的操作要领，熟悉和了解设备的性能、构造原理及使用注意事项，熟练的操作技术，并掌握不同性质岩石的钻凿规律。钻孔的基本要领："软岩慢打，硬岩快打；小风压顶着打，不见硬岩不加压；勤看勤听勤检查"。

2）钻孔基本方法：

①开口：对于完整的岩面，应先吹净浮碴，给小风不加压，慢慢冲击岩面，打出孔窝后，旋转钻具下钻开孔。当钻头进孔后，逐渐加大风量至全风全压快速凿岩状态。对于表面有风化的碎石层或由于上层爆破使下层表面裂隙增多甚至松散时，若开口不当，会形成喇叭口，碎石随时都可能掉进孔内，造成卡孔或堵孔。因此，开口时应掌握一定的技术。首先，应使钻头离地给高风高压，吹净浮碴，按"小风压顶着打，不见硬岩不加压"的要领开口；其次，为了防止孔口坍塌应采用泥浆护壁技术，即将黄泥浆注入孔内，旋转钻具下钻，用一压一转的方法将黄泥挤入石缝，然后上下提放钻杆，使黄泥牢固，孔口圆顺，孔口上部可人工用黄泥护壁，使松散的碎石牢固，不会受到振动影响而掉进孔内。

②钻进技巧：孔口开好后，进入正常钻进时，也应掌握一定的技巧。对于硬岩，应选用高质量高硬度的钻头，送全风加全压，但转速不能过高，防止损坏钻头；对于软岩，应送全风加半压，慢打钻，排净碴，每进尺 1.0~1.5m 提钻吹孔一次，防止孔底积碴过多而卡孔；对于风化破碎层，应风量小压力轻，勤吹风勤护孔。为了防止塌孔现象，每进尺 1m 左右就用黄泥护孔一次。

③泥浆护孔方法。对于孔口岩石破碎不稳固段，应在钻孔过程中采用泥浆进行护壁，一是避免孔口形成喇叭状容易影响钻屑冲出；二是在钻孔、装药过程中防止孔口破碎岩石掉落孔内，造成堵孔。泥浆护壁的操作程序是：炮孔钻凿 2~3m；在孔口堆放一定量的含水粘黄泥；用钻杆上下移动，将黄泥带入孔内并侵入破碎岩缝内；检查护壁是否达到要求，在终孔前钻杆上下移动，尽量能将岩粉吹出孔外，保证钻孔深度，提高钻孔利用率。

3）炮孔验收与保护。炮孔验收主要内容有：

①检查炮孔深度和孔网参数；

②复核前排各炮孔的抵抗线；

③查看孔中含水情况。

炮孔深度的检查是用软尺（或测绳）系上重锤（球）来测量炮孔深度，测量时要做好记录。为防止堵孔，应该做到：

①每个炮孔钻完后立即将孔口用木塞或塑料塞堵好，防止雨水或其他杂物进入炮孔；

②孔口岩石清理干净，防止掉落孔内；

③一个爆区钻孔完成后尽快实施爆破。

在炮孔验收过程中发现堵孔、深度不够，应及时进行补钻。在补孔过程中，应注意周边炮孔的安全，保证所有炮孔在装药前全部符合设计要求。

6.3.2.3 装药方法

装药主要有两种形式，即机械装药和人工装药。对于矿山、大型土石方工程，用药量很大，一般采用机械装药。机械装药与人工装药相比，安全性好，效率高，且较为经济。

(1) 装药过程主要注意事项：

1) 结块的铵油炸药必须敲碎后放入孔内，防止堵塞炮孔，破碎药块只能用木棍、不能用铁器；乳化炸药在装入炮孔前一定要整理顺直，不得有压扁等现象，防止堵塞炮孔；

2) 根据装入炮孔内炸药量估计装药位置，发现装药位置偏差很大时立即停止装药，并报爆破技术人员处理；

3) 装药速度不宜过快，特别是水孔装药速度一定要慢，要保证乳化炸药沉入孔底；

4) 放置起爆药包时，雷管脚线要顺直，轻轻拉紧并贴在孔壁一侧，以避免脚线产生死弯而造成芯线折断、导爆管折断等，同时可减少炮棍捣坏脚线的机会；

5) 要采取措施，防止起爆线（或导爆管）掉入孔内；

6) 装药超量时采取的处理方法。其一，装药为铵油炸药时往孔内倒入适量水溶解炸药，降低装药高度、保证填塞长度符合设计要求；其二，装药为乳化炸药时采用炮棍等将炸药一节一节提出孔外，满足炮孔填塞长度。处理过程中一定要注意雷管脚线（或导爆管）不得受到损伤，否则应在填塞前报爆破技术人员处理。

(2) 装药过程中发生堵孔时采取的措施。首先了解发生堵孔的原因，以便在装药操作过程中予以注意，采取相应措施尽可能避免造成堵孔。发生堵孔主要原因有：

1) 在水孔中由于炸药在水中下降速度慢，装药过快易造成堵孔；

2) 炸药块度过大，在孔内卡住后难以下沉；

3) 装药时将孔口浮石带入孔内或将孔内松石碰到孔中间，造成堵孔；

4) 水孔内水面因装药而上升，将孔壁松石冲到孔中间堵孔；

5) 起爆药包卡在孔内某一位置，未装到接触炸药处，继续装药就造成堵孔。

堵孔的处理方法是：起爆药包未装入炮孔前，可采用木制炮棍（禁止用钻杆等易产生火花的工具）捅透装药，疏通炮孔；如果起爆药包已装入炮孔，严禁用力直接捅压起爆药包，可请现场爆破技术人员提出处理办法。

6.3.2.4 填塞

填塞材料一般采用钻屑、黏土、粗沙，并将其堆放在炮孔周围。水平孔填塞时应用报纸等将钻屑、黏土、粗沙等制作成炮泥卷，放在炮孔周围待用。

(1) 填塞方法：

1) 将填塞材料慢慢放入孔内。

2) 炮孔填塞段有水时，采用粗沙等填塞。每填入 30~50cm 后用炮棍检查是否沉到位，并压实。重复上述作业完成填塞，严防炮泥卷悬空、炮孔填塞不密实。

3) 水平孔、缓倾斜孔填塞时，采用炮泥卷填塞。炮泥卷每放入一节后，用炮棍将炮泥卷捣烂压实。

(2) 填塞作业注意事项：

1) 填塞材料中不得含有碎石块和易燃材料；

2) 炮孔填塞段有水时，应用粗沙或岩屑填塞，防止在填塞过程中形成泥浆或悬空，使炮孔无法填塞密实；

3）填塞过程要防止导线、导爆管被砸断、砸破。

6.3.2.5 起爆网路的连接

爆破网路连接是一个关键工序，一般应由工程技术人员或有丰富施工经验的爆破工来操作，其他无关人员应撤离现场。要求网路连接人员必须了解整个爆破工程的设计意图、具体的起爆顺序和能够识别不同段别的起爆器材。

如果采用电爆网路，因一次起爆孔数较多，必须合理分区进行连接，以减小整个爆破网路的电阻值，分区时要注意各个支路的电阻配平，才能保证每个雷管获得相同电流值。实践表明：电爆网路连接质量关系到爆破工程的成败，任何诸如接头不牢固、导线断面不够、导线质量低劣、联结电阻过大或接头触地漏电等，都会造成起爆时间延误或发生拒爆。在网路联结过程中，应利用爆破参数测定仪随时监测网路电阻。网路联结完毕后，必须对网路所测电阻值与计算值进行比较，如果有较大误差，应查明原因，排除故障，重新联结。这里特别强调所有接头应使用高质量绝缘胶布缠裹，保证接头质量；监测网路必须使用专用爆破参数测试仪器。

如果采用非电爆破网路，由于不能进行施工过程的监测，要求网路联结技术人员精心操作，注意每排和每个炮孔的段别，必要时划片有序连接，以免出错和漏连。在导爆管网路采用簇联（大把抓）时，必须两人配合，一定捆好绑紧，并将雷管的聚能穴作适当处理，避免雷管飞片将导爆管切断，产生瞎炮。在采用导爆索与导爆管联合起爆网路时，一定注意用内装软土的编织袋将导爆管保护起来，避免导爆索的冲击波对导爆管产生不利影响。

6.3.2.6 起爆

起爆前，首先检查起爆器是否完好正常，及时更换起爆器的电池，保证提供足够电能并能够快速充到爆破需求的电压值；在连接主线前必须对网路电阻进行检测；当警戒完成后，再次测定网路电阻值，确定安全后，才能将主线与起爆器连接，并等候起爆命令。起爆后，及时切断电源，将主线与起爆器分离。

6.3.2.7 爆后检查

爆后由爆破工程技术人员和爆破员先对爆破现场进行检查，只有在检查完毕确认安全后，才能发出解除警戒信号和允许其他施工人员进入爆破作业现场。

爆破后不能立即进入现场进行检查，应等待一定时间，确保所有起爆药包均已爆炸以及爆堆基本稳定后再进入现场检查。

爆后检查等待时间规定如下：露天深孔爆破，爆后应超过15min，方准检查人员进入爆区。一般岩土爆破爆后检查的内容为：

（1）露天爆破爆堆是否稳定，有无危坡、危石；
（2）有无危险边坡、不稳定爆堆、滚石和超范围塌陷；
（3）最敏感、最重要的保护对象是否安全；
（4）爆区附近有隧道、涵洞和地下采矿场时，应对这些部位进行有害气体检查。

爆后检查如果发现或怀疑有拒爆药包，应向现场指挥汇报，由其组织有关人员做进一步检查；如果发现有其他不安全因素，应尽快采取措施进行处理；在上述情况下，不应发出解除警戒信号。

6.3.3 工程实例——哈尔乌素露天矿 1077.5m 水平深孔土岩爆破设计

6.3.3.1 工程概况

A 概述

准格尔煤田位于内蒙古自治区鄂尔多斯市准格尔旗东部,其范围东起煤层露头,西至 6 号煤层 600m 底板等高线,东西宽 21km,北至煤层露头,南至黄河之滨,南北长 65km, 面积 1022km²。哈尔乌素露天矿位于准格尔煤田中部,与已经建成的黑岱沟露天煤矿毗邻,如图 6-25 所示。

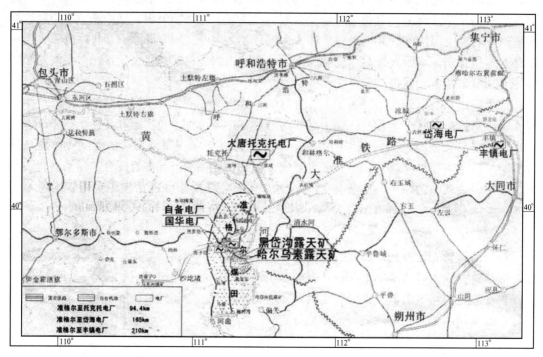

图 6-25 哈尔乌素露天矿交通图

B 岩土工程地质概况

黄土、红土为轻亚黏土。黄土自然坡角为 36°,沟壁自然坡角为 45°~60°。黄土垂直节理发育,沿节理面崩落现象普遍,常形成沟深壁陡的冲沟。黄土在水的作用下沿相对隔水层面重力滑坡现象较多。

岩石为半坚硬—坚硬岩石,抗压强度 8.14~50.80MPa,一般大于 9.81MPa,大部分大于 19.61MPa。岩石坚固性系数 f=1.93~5.90。抗剪强度为 10.10~46.15MPa。煤的抗压强度为 6.47MPa,岩石坚固性系数 f=1~3。

岩石裂隙微构造裂隙和构造风化裂隙,主要有两组,EW 向一组和 NE 向一组,倾角 75°~90°,裂隙率 0.0112%~0.49%。

C 矿区交通概况

薛家湾镇是准格尔旗政府和神华准格尔能源有限责任公司所在地,位于煤田北部中间位置，北距呼和浩特市 127km，东南距黄河万家寨水利枢纽工程 49km，西距鄂尔多斯市 120km。均有 2 级、3 级公路相通。大（同）准（格尔）电气化铁路全长 264km，向东与大（同）秦（皇岛）线接轨；准（格尔）—东（胜）铁路东起大准铁路薛家湾站，西接包（头）—神（木）铁路巴图塔站，全长 145km。矿区内公路、铁路交通已形成网络，交通十分方便。

D 爆破区域工程概况

爆破区位于采场中部，周围 500m 范围内无建筑物，爆破中心距永久边坡 150m。岩石性质自上而下微粗粒砂岩、沙质泥岩。爆区长度 240m，宽度 40m。台阶高度 17.5m。

6.3.3.2 爆破方案

为提高电铲铲装效率，设计确定岩石台阶采用深孔加强松动爆破；为提高爆破效率、降低大块率，采用大孔距小抵抗线的三角形布孔，连续柱状装药。

6.3.3.3 爆破参数设计

爆破参数设计内容包括：

（1）孔径 d。哈尔乌素露天矿用于松动爆破台阶穿孔的钻机有直径 310mm 的 1190E 型牙轮钻机和钻孔直径 200mm 的 D245S 牙轮钻机。

（2）孔深 L 和超深 h：

$$L = H + h \tag{6-15}$$

式中　H——台阶高度，m；

　　　h——超深，m，取 2.5m。

所以，$L = 17.5 + 2.5 = 20$m。

（3）底盘抵抗线 W_d。　根据钻孔作业的安全条件，

$$W_d \leqslant H\cot\alpha + B \tag{6-16}$$

式中　α——台阶坡面角，取 70°；

　　　H——台阶高度，取 17.5m；

　　　B——从前排钻孔中心至坡顶线的安全距离，取 4m。

所以，$W_d = 17.5\cot70° + 4 = 10.36$m。

根据上述计算结果和参考爆区岩石性质和结构特征，底盘抵抗线 W_d 取 10m。

（4）孔距 a 与排距 b：

$$a = mW_d \tag{6-17}$$

式中　m——炮孔密集系数，$m = 1.2$。

所以，$a = 1.2 \times 10 = 12$m。

采用等边三角形布孔，

$$b = a\sin60° = 12 \times 0.866 = 10.3\text{m}$$

根据上述计算结果和参考爆区岩石性质和结构特征，取 $a = 12$m，$b = 8$m。

（5）填塞长度 L_t

$$L_t = (20 \sim 30)d = (20 \sim 30) \times 0.31 = 6.2 \sim 9.3\text{m}$$

取 $L_t = 7$m。

（6）单位炸药消耗量 q。根据爆区砂岩的岩石坚固性系数 $f = 4\sim6$ 和砂页岩的 $f = 3\sim5$，

并结合以往的爆破经验，取单位炸药消耗量 $q = 0.46\mathrm{kg/m^3}$。

（7）单孔装药量 Q：

$$\begin{aligned}Q &= q \times a \times W_\mathrm{d} \times H \\ &= 0.46 \times 12 \times 8 \times 17.5 \\ &= 772.8\mathrm{kg}\end{aligned} \qquad (6\text{-}18)$$

爆破参数如图 6-26 所示。

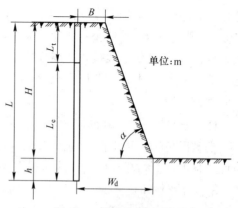

图 6-26　爆破参数示意图

L—炮孔深度；L_e—装药高度

6.3.3.4　爆破网路设计

起爆方式为排间逐孔起爆，主控排采用 42ms 延期雷管连线，雁行列孔与孔之间延期时间 100ms，孔内延期设计 400ms。地表网路连线见图 6-27，地表网路各孔起爆时间示于图 6-28。爆破器材使用量如表 6-9 所示。

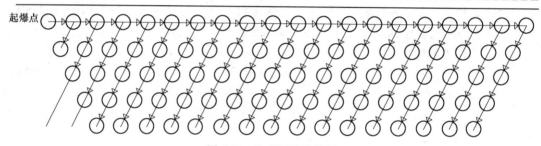

图 6-27　地表网路连线图

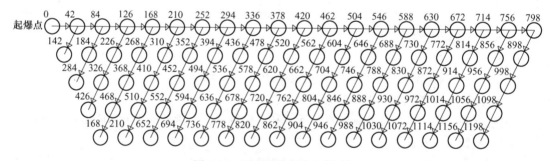

图 6-28　地表网路各孔起爆时间

表 6-9　爆破器材使用量

顺序号	品　　种	数　　量
1	铵油装药	70 发
2	延期时间 42ms 的非电毫秒雷管	19 发
3	延期时间 100ms 的非电毫秒雷管	70 发
4	延期时间 400ms 的非电毫秒雷管	180 发
5	起爆药柱	180 发
6	普通瞬发雷管	3 发（100m）

6.3.3.5　爆破安全距离

爆破安全距离计算包括：

（1）爆破个别飞散物的飞散距离。按硐室爆破公式计算：

$$R_F = 20K_F n^2 W \tag{6-19}$$

式中　R_F——个别飞散物的安全距离，m；

　　　K_F——安全系数，取 1.5；

　　　n——最大一个装药的爆破装药指数，取 0.8。

计算结果，$R_F = 153.6$m，此计算仅供参考；根据以往爆破经验，个别飞散物的飞散距离远小于 200m。

（2）爆破振动安全允许速度：

$$v = K \left(\frac{Q^{\frac{1}{3}}}{R} \right)^{\alpha} \tag{6-20}$$

式中　v——保护对象所在地面质点振动速度，cm/s；

　　　Q——延时爆破最大一段装药量，取 2100kg（延时时间在 ±8ms 之间的起爆药量，参阅图 6-28）；

　　　R——爆心至永久性边坡的距离，取 150m；

　　　$K = 350$；

　　　$\alpha = 1.99$。

计算结果，$v = 0.026$cm/s，小于永久性边坡允许的质点振动速度。

6.3.3.6　警戒

警戒内容包括：

（1）安全范围和岗哨布置如图 6-29 所示。爆区范围 240m×40m。根据《爆破安全规

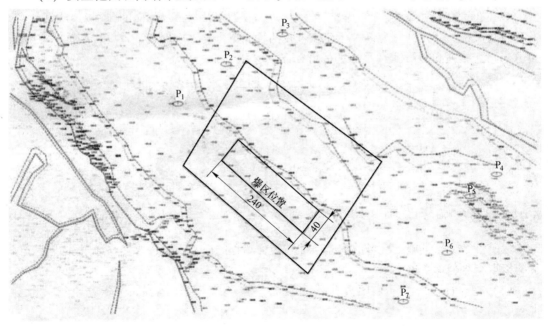

图 6-29　爆区位置和安全范围、岗哨布置图（单位：m）

程》（GB 6722—2014）的规定：爆破个别飞散物对人员的最小安全距离不小于 200m（深孔台阶爆破），故岗哨位置 $P_1 \sim P_7$ 均布置在距爆区 200m 以外。

（2）爆破前警戒工作应对设计确定的危险区进行实地勘察，全面掌握爆区警戒范围的情况，核定警戒点和警戒标志的位置，确保能够封闭一切通道。

（3）各个岗哨由指挥部统一编号，岗哨之间和岗哨与指挥部之间都建立通讯联络，警戒人员应将本岗位警戒监视情况随时向指挥部报告。

（4）警戒人员在起爆前至少 1h 到达指定地点，按设计警戒点和规定时间封闭通往或经过爆区的通道，使所有通向爆区的道路处于被监视之下，并在爆破危险区边界设立明显的警戒标志（警示牌、路障等）。在道路路口和危险区入口，应设立警戒岗哨，在危险区边界外围设立流动监视岗哨。

6.4　露天浅孔台阶爆破

浅孔爆破是指孔深不超过 5m，孔径在 50mm 以下的爆破。浅孔爆破法设备单一，方便灵活，工艺简单。浅孔爆破在露天小台阶采矿、沟槽基础开挖、石材开采、地下浅孔崩矿、井巷掘进等工程中得到较广泛的应用。

露天浅孔爆破应采用台阶法爆破。

露天浅孔台阶爆破与露天深孔台阶爆破，二者的基本原理是相同的，工作面都是以台阶的形式向前推进，不同点仅仅是孔径、孔深、爆破规模等比较小。浅孔台阶爆破台阶高度一般不超过 5m，炮孔直径多在 50cm 以内。在某些情况下，由于设备的限制，小台阶爆破也可以采用较大的炮孔直径，但不宜超过 75cm。

6.4.1　炮孔排列

浅孔爆破一般采用垂直孔，为了保持边坡的平整性不宜采用平行孔。

炮孔布置方式和爆破设计方法与深孔台阶爆破类似，只不过相应的孔网参数较小。浅孔台阶爆破的炮孔排列分为单排孔和多排孔两种，单排孔一次爆破量较小。多排孔排列又可分为平行排列和交错排列，如图 6-30 所示。

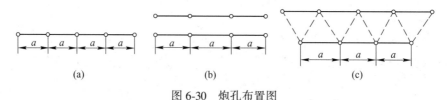

图 6-30　炮孔布置图

(a) 单排孔；(b) 多排孔平行排列；(c) 多排孔交错排列

6.4.2　爆破参数

爆破参数应根据施工现场的具体条件和类似工程的成功经验选取，并通过实践检验修正，以取得最佳参数值。

（1）炮孔直径。由于采用浅孔凿岩设备，孔径多为 36～42mm，药卷直径一般为 32～35mm。

（2）炮孔深度和超深：

$$L = H + \Delta h \tag{6-21}$$

式中 L——炮孔深度，m；

$\quad H$——台阶高度，m；

$\quad \Delta h$——超深，m。

浅孔台阶爆破的台阶高度 H 视一次起爆排数而定，一般不超过 5m。故超深 Δh 一般取台阶高度的 10%～15%，即

$$\Delta h = (0.10 \sim 0.15)H \tag{6-22}$$

如果台阶底部辅以倾斜炮孔，台阶高度尚可适当增加，如图 6-31 所示。

（3）炮孔间距：

$$a = (1.0 \sim 2.0)W_1 \tag{6-23}$$

或 $\quad a = (0.5 \sim 1.0)L \tag{6-24}$

（4）底盘抵抗线：

$$W_1 = (0.4 \sim 1.0)H \tag{6-25}$$

在坚硬难爆的岩石中，或台阶高度较高时，计算时应取较小的系数。

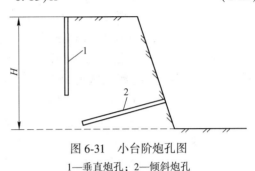

图 6-31　小台阶炮孔图
1—垂直炮孔；2—倾斜炮孔

（5）单位炸药消耗量。与深孔台阶爆破单位炸药消耗量相比，浅孔台阶爆破的炸药单耗值应大一些，一般 $q = 0.5 \sim 1.2 \text{kg/m}^3$。

6.4.3　起爆顺序

浅孔台阶爆破由外向内顺序开挖，由上向下逐层爆破。一般采用毫秒延期爆破，当孔深较小、环境条件较好时也可采用齐发爆破。

采用浅孔爆破平整场地时，应尽量使爆破方向指向一个临空面，并避免指向重要建（构）筑物。

6.5　几个问题的探讨

6.5.1　台阶高度的确定

为了便于主要的采、装、运设备作业，通常把采场划分为具有一定高度的水平台阶。台阶高度是露天开采重要的技术经济指标，直接影响穿孔、铲装等露天开采生产工艺的效率和经济效益。台阶高度大，台阶数目减少有利于降低成本，但露天边坡稳定性降低。因此，必须综合考虑经济、技术、安全因素，确定合理的台阶高度。

6.5.1.1　影响台阶高度的因素

影响台阶高度的因素是多方面的，例如：挖掘机的工作参数、矿岩性质和埋藏条件、穿孔爆破作业要求、矿藏开采强度及运输条件等。

（1）挖掘机工作参数对台阶高度的影响。挖掘机直接在台阶下挖掘矿岩，要求台阶高度既要保证作业安全，又要提高挖掘机工作效率。

1）平装车时台阶高度：

①台阶高度不能过高。爆破后的台阶高度不应大于挖掘机的最大高度。当爆破的块度

不大、无黏结性,又不需要分采时,爆堆高度可为最大挖掘机高度的1.2~1.3倍。采用多排孔延期挤压爆破时,爆堆的最大高度一般大于台阶高度。因此,台阶高度也不应大于最大挖掘高度。

②台阶高度不能过低。如果台阶高度过低,从挖掘机工作的角度来看,造成铲斗挖不满,降低挖掘机效率;从运输角度看,因整个矿山台阶数增多,尤其是铁路运输时,增加了运输线路的敷设和维修工作量。无论是松软岩土的台阶高度,还是坚硬岩石爆堆高度都不应低于挖掘机推压轴高度的2/3。

2) 上装车时台阶高度。上装车即运输设备位于台阶上部平盘,如图6-32所示。

为使矿岩装入运输设备,台阶高度则按挖掘机的最大卸载高度和最大卸载半径来确定。即

$$h \leqslant H_{xmax} - h_c - e_x \qquad (6-26)$$
$$h \leqslant (R_{xmax} - R_{wz} - C)\tan\alpha \qquad (6-27)$$

式中 h——上装车时的台阶高度,m;

H_{xmax}——最大卸载高度,m;

h_c——台阶上部平盘至车辆上缘高度,m;

e_x——铲斗卸载时铲斗下线至车辆上线间隙,一般为0.5~1.0m;

R_{xmax}——最大卸载半径,m;

R_{wz}——站立水平挖掘半径,m;

C——线路中心至台阶坡顶线的间隙,与台阶岩土稳定性有关,m;

α——台阶坡面角,(°)。

上装车得台阶高度取式(6-26)和式(6-27)中的较小值。

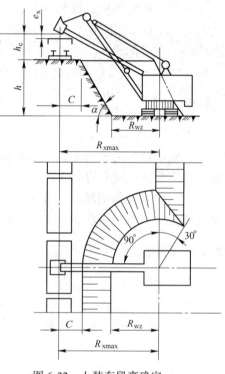

图6-32 上装车段高确定

(2) 矿岩性质对台阶高度的影响。合理的台阶高度必须保证台阶的稳定性,以便矿山生产能安全进行。因此,对于松软岩石,从安全角度考虑,台阶高度不宜过大。

(3) 开采强度对台阶高度的影响。当台阶高度增加时,工作线推进速度随之降低,新水平的准备工作也将会推迟。同时掘沟速度随台阶高度的加高而显著降低,使新水平准备时间延长,影响延伸速度。因此,在矿山建设期间,往往采用较小的台阶高度,加快水平推进速度,缩短新水平的准备时间,尽快投入生产。

(4) 台阶剥岩量对台阶高度的影响。无论是山坡露天矿,还是凹陷露天矿,其采场内剥岩量都是随着台阶高度的增加而减少。因此,增加台阶高度是减少剥离量的有效措施之一。

(5) 矿石损失与贫化对台阶高度的影响。开采矿岩接触带时,由于矿岩混杂而引起矿石的损失与贫化。在矿体倾角和工作推进线方向一定的条件下,矿岩混合开采的宽度随台阶高度的增加而增加,矿石的损失与贫化也增大。

(6) 运输功对台阶高度的影响。矿岩运输是露天开采的关键环节,以卡车运输为例,

其费用占原矿生产成本的50%~60%，而矿岩运输的经济效益又受台阶高度的影响。研究表明：山坡露天矿采场内运输功随着台阶高度的增加而增加；凹陷露天矿采场内运输功随着台阶高度的增加而减少。

6.5.1.2 台阶高度的确定

目前，金属矿山的台阶高度多为12~14m，煤矿台阶高度10~15m，水利水电工程台阶高度一般为8~15m。随着钻机和施工机械的发展，台阶高度有增大的趋势。

（1）根据设备类型确定台阶高度。关于台阶高度的确定现在尚无一个公认的方法。但是，确定的台阶高度必须与主要设备的选型相适应。例如：台阶高度与挖掘机斗容关系如表6-10所示。

表6-10 台阶高度与挖掘机斗容关系

挖掘机斗容/m³	台阶高度/m
4	12~13
6~8	16~17
10	16~18
15以上	18~20

（2）马鞍山矿山研究院结合国家"八五"科技攻关项目，对台阶高度进行了系统研究，通过试验建立台阶高度与穿孔、爆破、铲装、运输、修养路、损失、贫化、边邦结构、新水平准备之间关系的数学模型，并结合高台阶开采工艺，建立了矿山开采系统中的境界自动生成、模拟开采、生成剥采比、合理台阶高度决策数学模型，在此基础上，编制了确定台阶高度优化软件。利用该软件对南芬露天矿进行了台阶高度的优化计算，计算结果表明：在采用该矿开采设备的条件下，采用18m高的台阶开采是合理的，技术、经济效益显著。

6.5.2 一次爆破规模的确定

6.5.2.1 现状

露天矿山的生产能力在很大程度上是由一次爆破规模来保证的，据统计：独联体国家、美国、澳大利亚、秘鲁、南非、瑞典13个大型露天铁矿和铜矿，年产量在950万吨以上的，平均一次爆破量为110万吨（包括：5个以上台阶同时爆破）。而我国相应矿山的爆破规模却比较低。南芬露天铁矿最大一次爆破量为81.1万吨矿量，其爆破规模最大的几次爆破列于表6-11。水厂铁矿爆破规模最大的几次爆破列于表6-12。

表6-11 南芬露天铁矿爆破规模最大的爆破

日期	矿岩性质	孔径/mm	孔数/段数	药量/t	爆破量/10⁴t	单耗/kg·m⁻³	延米爆破量/t·m⁻¹
1987.10	混合岩	250	368/54	176.6	59.9	0.78	113.8
1988.5	矿岩	310	280/44	192.1	51.7	1.19	124
1988.5	混合岩	250	367/56	195.4	52.8	0.98	100.6
1989.3	矿岩	310	321/52	221.6	58.4	1.03	118.9

日期	矿岩性质	孔径/mm	孔数/段数	药量/t	爆破量/10^4t	单耗/kg·m^{-3}	延米爆破量/t·m^{-1}
1989.4	混合岩	250	367/64	150.6	55	0.73	104.1
1989.4	矿岩	310	283/25	198.6	50	1.21	115.5
1990.4	混合岩	250	505/104	276	81.1	0.9	108.5
1990.5	矿岩	310	314/72	216.5	65	1.09	141.8

表 6-12   水厂铁矿爆破规模最大的爆破

日期	矿岩性质	孔径/mm	孔数/段数	药量/t	爆破量/10^4t	单耗/kg·t^{-1}	台阶高度/m	孔网参数 $a×b$/m×m
1988.10	易爆岩石	250	$\frac{256}{3\sim11}$	89.2	69.3	0.13	14.6	2.0×3.5
1989.6	较难爆矿岩	310	$\frac{256}{3\sim9}$	134.0	74.7	0.17	13.0	11.1×6.9
1990.5	较易爆岩石	310	$\frac{251}{3\sim8}$	156.0	72.4	0.20	13.0	$(10.8\sim11.8)×(6.4\sim7.0)$

继南芬露天铁矿、水厂铁矿之后,2005 年 3 月 30 日太原钢铁公司峨口铁矿也进行了大区多排毫秒爆破。共有炮孔 871 个,使用炸药 398.7t,矿岩爆破量 130.3 万吨。成为目前我国金属矿山爆破规模最大的一次台阶爆破。但是,目前我国大中型露天矿一次爆破规模仅仅 10 万吨~20 万吨。

6.5.2.2   一次爆破规模的计算方法

(1) 按装药车台数和预装药时间计算。装药时间、装药车台数和爆破量的关系式如下:

$$2T_m - t_1 \geq V \cdot q \cdot v^{-1} \cdot n_m^{-1} \tag{6-28}$$

式中 T_m——每班工作时间,$T_m = 8h$;

t_1——敷设检查网路和设置警戒时间,$t_1 = 4h$;

V——爆破量,m^3;

q——单位炸药消耗量,t/m^3;

v——一台装药车每小时装药量,t/h;

n_m——装药车台数。

以南芬露天铁矿为例,如果提前一天装药,装药时间都在白天,纯工作时间为 12 小时。每台车包括路途行驶及自原料溶液罐泵入车内时间在内,12 小时可装药 50t(5 趟),敷设检查网路和设置警戒时间 $t_1 = 4h$。设:$q = 0.84kg/m^3$;岩石密度为 2.65t/m^3;使用装药车台数 $n_m = 4$ 台。代入上式计算之,

$$12 > \frac{600000}{2.65} × \frac{0.84}{1000} × \left(\frac{50}{12}\right)^{-1} × (4)^{-1} = 11.41 \tag{6-29}$$

即合理的爆破规模为 $W = 60$ 万吨。

(2) 以矿山年产量定一次爆破规模的计算:

1）计算公式：

$$M = \frac{w_n}{T_n} \times N_y \qquad (6\text{-}30)$$

式中　M——合理的爆破规模，万吨；

　　　w_n——铁矿石的年产量，万吨；

　　　T_n——除节假日、机械维修、自燃条件因素的影响，每年实际的工作时间，10个月；

　　　N_y——每月爆破次数，每个循环（穿孔、爆破、铲装）时间为 7 天，每月爆破4 次。

以某铁矿为例：年矿石产量 500 万吨。矿石为磁铁矿，密度 3.3t/m³，岩石坚固性系数 $f = 14 \sim 18$。围岩为角闪片岩、绿泥角闪片岩和含铁石英岩，密度 2.78t/m³，岩石坚固性系数 $f = 10 \sim 12$，台阶高度 $H = 12$m：

$$M = \frac{w_n}{T_n} \times N_y = \frac{500}{10} \times (4)^{-1} = 12.5 \text{ 万吨} \qquad (6\text{-}31)$$

折合土方量为 $\frac{125000}{3.3} = 37879 \text{m}^3$。

2）保证条件：

由于台阶高度 $H = 12$m，所以每次爆破爆区面积 S_1 不小于 3157m²。

假设爆区尺寸 $S_2 = 100 \times 35 = 3500$m²。据此爆区的爆破参数列于表 6-13。

表 6-13　爆破参数

参　数	单　位	数　值	参　数	单　位	数　值
孔径	mm	250	超深 h	m	2.5
孔距 a	m	5~6	填塞高度 l_2	m	6.6
排距 b	m	7	底盘抵抗线 W	m	7.5
孔深 L	m	14.5	炸药单耗 q	kg/t	0.27

为此，炮孔布置为每排炮孔数为 18 个，共 5 排，需爆破孔数 90 个，总延米量为 1305m，取炸药单耗 $q = 0.27$kg/t，则总炸药量 $Q = 12.5$ 万吨×0.27kg/t = 33750kg。

按钻机的台班效率 30m 计算，每天 3 个台班，一天进尺 90m。按每周一个循环，每循环钻孔时间为 5 天，需要牙轮钻机 3 台。

铲装作业可与钻孔作业交叉进行。

（3）有足够的爆破储备量。露天开采中一般以采装工作为中心组织生产，为了保证挖掘机连续作业，要求工作面每次爆破的矿岩量，至少能满足挖掘机 5~10 昼夜的采装要求。近年来，随着大型设备的应用储备量已超过此数字。

我国南芬露天铁矿、大孤山铁矿、德兴铜矿和水厂铁矿使用的挖掘机斗容已分别达到 11.5m³、12m³、13m³ 和 16.8m³。其他矿山仍然使用斗容为 6~8m³ 和 4~4.6m³ 的挖掘机。各类挖掘机的台年效率为：13m³ 挖掘机，按作业率 70% 计算，为 600 万吨；7m³ 挖掘机为 325 万吨，最高达 360 万吨；4~4.6m³ 挖掘机，与汽车运输配合为 200 万吨。

6.5.3　多排孔毫秒延期时间的确定

毫秒延期爆破是指相邻炮孔或排间孔以及深孔内以毫秒级的时间间隔顺序起爆的一种爆破技术。大区和多排孔是表示毫秒爆破的规模。在矿山多用爆破区域范围（爆破量）；在铁路、公路土石方工程中利用爆破排数来衡量爆破规模的大小。

6.5.3.1　多排孔毫秒爆破的特点

多排孔毫秒爆破特点包括：

（1）爆破规模大、爆破技术复杂、难度大；

（2）参加爆破施工的人数较多，工期较长，对施工组织和管理要求更高；

（3）由于爆破规模大，爆破有害效应（爆破振动、空气冲击波、噪声、飞石等）相对更严重些，要求采取更加严密的防护措施。

6.5.3.2　多排孔毫秒爆破作用原理

多排孔毫秒爆破原理包括：

（1）应力波叠加作用。如图 6-33 所示，先爆的炮孔产生的压缩应力波，使自由面方向及孔与孔之间的岩石强烈变形和移动，随着裂隙的产生和爆炸气体的扩散，孔内空腔压力下降，作用力减弱。这时相邻药包起爆，后爆药包是在相邻先爆药包的应力尚未完全消失时起爆的，两组深孔的爆炸应力波相互叠加，加强了爆炸应力场的做功能力。

（2）增加自由面的作用。如图 6-34 所示，先爆的深孔刚好形成了爆破漏斗，新形成的爆破漏斗侧边以及漏斗体外的细微裂隙对后爆的炮孔来说，相当于新增加的自由面。

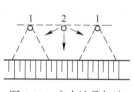

图 6-33　应力波叠加法

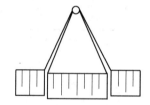

图 6-34　形成自由面法

（3）岩块相互碰撞作用。根据南芬露天铁矿高速摄影观测结果，爆后 150ms 左右岩石解体，岩块开始进入弹道抛掷和塌落阶段。而岩块移动的初速度为 14.6~25m/s，平均速度为 11.3~12m/s。这样，当第一响炮孔起爆后，破碎岩块尚未回落到地表时，相邻第二响、第三响炮孔已经起爆，岩块在空中相遇，产生了补充破碎作用。

（4）减少爆破振动作用。由于毫秒爆破显著地减少了单响药量，因此无论在时间上，还是空间分布上都减少了爆破振动的有害作用。如果毫秒延期间隔时间选择得当，错开主震相的相位，即使初震相和余震相叠加，也不会超过原来主震相的最大振幅。

实测资料表明：毫秒爆破与一般爆破相比，其振动强度可降低 1/3 ~ 2/3。图 6-35 形象地表示了炮孔延期时间对爆破效果的影响。

6.5.3.3　多排孔毫秒爆破间隔时间的确定

确定合理的毫秒延期间隔时间是实现毫秒爆破的关键。但是，如何确定？采用什么样的公式计算？目前尚缺乏统一的认识。以下计算公式仅供参考：

（1）应力波干涉原理。炸药起爆后，应力波将在两个药包中间的位置上产生相互干

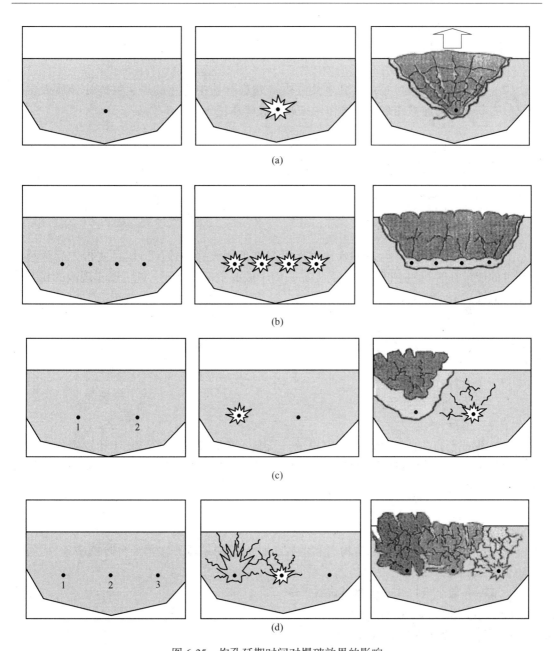

图 6-35 炮孔延期时间对爆破效果的影响

（a）单个炮孔起爆时的状态；（b）多个炮孔同时起爆时的状态；（c）炮孔间延时过长时的状态；
（d）炮孔间延时合理时的状态

涉，产生无应力区或应力降低区。如果相邻两药包起爆时间间隔恰到好处，即后续药包在
先爆药包引爆的压缩波从自由面反射为拉伸波后再起爆，就可以消除无应力区，同时还可
以增大该区的拉应力，

$$\Delta t = \frac{\sqrt{a^2 + 4W^2}}{v_p} \tag{6-32}$$

式中 a——药包之间的距离；

W——最小抵抗线；

v_p——纵波传播速度。

（2）残余应力原理。后爆炮孔利用先爆药包在介质中产生的爆生气体使介质处于准静压应力状态，而建立残余应力场作用来改善破碎质量，

$$\Delta t = \frac{L}{V_c} + KW_d \qquad (6-33)$$

式中 L——补充自由面形成所需的裂隙宽度；

V_c——平均裂隙张开速度；

K——与药包抵抗线、介质性质、药包直径等有关的常数；

W_d——药包底盘抵抗线。

（3）降振效应原理。合理的延期时间可以降低爆破振动效应，如果使得先后两药包所产生的能量在时间和空间上错开，尤其是两个波的主振相错开，就可以实现波的相互干扰而降低爆破振动强度。

$$\Delta t = \frac{50d_c}{q}\sqrt{P_c r} \leqslant 1.1\left(\frac{a}{d_c}\right)_{\min} \qquad (6-34)$$

式中 q——单位炸药消耗量；

d_c——药包直径；

r——装药作用直径；

P_c——装药密度。

（4）形成新自由面原理。根据大量统计资料，从起爆到岩石被破坏和发生位移的时间，大约是应力波传到自由面所需时间的 5~10 倍，即岩石的破坏和移动时间与最小抵抗线（或底盘抵抗线）成正比，

$$\Delta t = kW \qquad (6-35)$$

式中 Δt——毫秒延期间隔时间，ms；

k——与岩石性质，结构构造和爆破条件有关的系数，在露天台阶爆破条件下，k 值为 2~5；

W——最小抵抗线或底盘抵抗线，m。

（5）按抵抗线和岩石性质确定：

1）长沙矿山研究院提出的公式：

$$\Delta t = (20 \sim 40)W/f \qquad (6-36)$$

式中 f——岩石坚固性系数；

W——底盘抵抗线，m。

清碴爆破时，W 取其实际抵抗线；

压碴爆破时，W 取底盘抵抗线与压碴折合抵抗线之和。

通常，露天深孔台阶爆破时，毫秒延期间隔时间为 15~75ms，常用 25~50ms，随着排数的增加，排间毫秒延期间隔时间依次加长。

2）U. 兰格弗斯（Langefors）等人提出公式：

$$\Delta t = kW \quad (\text{ms}) \qquad (6-37)$$

式中 k——与岩石台阶有关的系数，坚硬岩石取 $k=3$；中硬以下岩石 $k=5$；

　　　W——底盘抵抗线，m。

　　多排孔毫秒爆破由于受到岩石性质和结构特征、炸药性能、爆破工艺的影响，延期间隔时间的计算差异很大。目前在工程上仍多用经验公式，每个国家根据具体条件不同，延期间隔时间选取各异。例如：美国多取 $\Delta t=9\sim12.5\text{ms}$；瑞典多取 $\Delta t=3\sim10\text{ms}$；加拿大多取 $\Delta t=50\sim75\text{ms}$；法国变化范围较大取 $\Delta t=15\sim60\text{ms}$；英国取 $\Delta t=25\sim30\text{ms}$；独联体和我国多取 $\Delta t=25\text{ms}$。

6.6 压碴爆破

6.6.1 何谓压碴爆破

　　压碴爆破是多排孔毫秒延期压碴爆破的简称，即在工作面的爆堆没有清理完毕，在有残留碴堆的情况下进行后续爆破的一种爆破技术（图 6-36）。残留碴堆的作用主要有三：（1）延长爆破作用时间、提高了炸药能量的利用率，从而改善爆破效果；（2）残留的堆碴受到后排爆破岩块的冲击，使矿岩进一步破碎；（3）控制爆堆宽度，缩短了矿岩抛掷距离，提高了铲装效率。

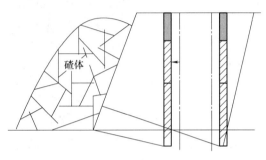

图 6-36　压碴爆破示意图

6.6.2 压碴爆破参数的确定

6.6.2.1 残留碴堆厚度 B

A　计算法

残留碴堆厚度亦称碴堆厚度、压碴厚度，其计算公式较多，下面仅列出二式供参考：

$$B = K_c W_d \left(\frac{\sqrt{2\varepsilon q E E_0}}{\sigma} - 1 \right) \tag{6-38}$$

式中　B——碴堆厚度，m；

　　　K_c——矿岩松散系数；

　　　W_d——底盘抵抗线，m；

　　　ε——爆炸能量利用系数，通常取 0.04～0.20；

　　　q——单位炸药消耗量，kg/m^3；

　　　E——岩体弹性模量。kg/m^2；

　　　E_0——炸药的热能，kJ·m/kg；

　　　σ——岩体挤压强度，kg/m^2。

中国矿业大学推荐公式：

$$B = \frac{W \times K_s}{2} \left(1 + \frac{\rho_2 \times C_2}{\rho_1 \times C_1} \right) \tag{6-39}$$

式中　W——底盘抵抗线，m；

$\quad\quad K_s$——爆堆松散系数，$K_s = \dfrac{\rho_1}{\rho_2}$；

ρ_1，ρ_2——分别为岩石与碴堆密度，t/m^3；

C_1，C_2——分别为岩石与碴堆中的弹性波波速，m/s：

$$C_2 = 500(3 + d_n) \tag{6-40}$$

$\quad\quad d_n$——碴堆中岩块的平均尺寸，m。

通常 $B = 10 \sim 25m$，其中软岩时，$B = 10 \sim 15m$；硬岩时，$B = 20 \sim 25m$。

B　查表法

碴堆厚度直接影响爆后的爆堆宽度，随着碴堆厚度的增加，爆堆前冲距离减少。为了保护台阶工作面线路，可参照表 6-14 选取碴堆厚度。

表 6-14　碴堆厚度对爆堆宽度的影响

岩石坚固性系数	单位炸药消耗量/kg·m⁻¹	下述碴堆厚度时爆堆前移距离/m						
		10m	15m	20m	25m	30m	35m	40m
17~20	0.70~0.95	31	27	20	15	10	5	0
13~17	0.50~0.80	27	21	13	5	0		
8~13	0.30~0.60	15	11	0				

C　经验法

根据一些矿山的实际经验，当碴堆松散系数 $K_c > 1.15$ 时，爆破效果良好；$K_c < 1.15$ 时，爆破效果不佳，第一排钻孔处容易产生"硬墙"。

通常，碴堆厚度以小于底盘抵抗线为宜。

6.6.2.2　单位炸药消耗量 q

多排孔毫秒延期压碴爆破与清碴爆破相比，其单位炸药消耗量要大 20% ~ 30%。爆破成败的关键是第一排炮孔的布置。由于它紧贴碴堆，会产生较大的透过波损失，而且还要推压碴堆为后续的爆破创造空间，因此需要增大第一排炮孔的药量。同时，缩小抵抗线和孔间距约 10%、适度增大超深值是必要的。最后一排炮孔，由于它涉及下一循环爆破的松散系数，为了使这部分岩碴松散，同样需要适当地增加单位炸药消耗量。

6.6.2.3　孔网参数

多排孔毫秒延期压碴爆破孔网参数的选取与多排孔毫秒延期爆破选取的原则基本相同，其不同点仅仅是第一排和最后一排的参数宜小一些。

6.6.2.4　延期间隔时间

由于压碴爆破要推压前面的碴堆，因而它的起爆时间比清碴延期间隔爆破长些。如果间隔时间过短，推压作用不够，则爆破受到限制；如果延期间隔时间过长，则推压出来的空间被破碎的矿岩充填，起不到应有的作用。实践表明，多排孔压碴爆破的延期间隔时间与常规爆破相比应增大 30% ~ 60%。当矿岩坚硬且碴堆较密时，取大值。我国露天矿常用 50 ~ 100ms。

白云鄂博铁矿根据本矿的实测数据：岩石爆破后，裂隙发展速度为 1900m/s，岩石移动时间每 m 抵抗线 3~5m/s，岩石破碎后开始向外移动速度为 15~300m/s，考虑这些因素，压碴爆破延期间隔时间取 50~75ms。

6.6.2.5 爆破排数和起爆顺序

多排孔毫秒延期压碴爆破一次起爆的排数，以 3~7 排为宜。各排的起爆顺序与多排孔清碴爆破基本相同。表 6-15 列出国内某些露天矿多排孔毫秒延期压碴爆破的参数[7]。

表 6-15 国内某些露天矿多排孔毫秒延期压碴爆破的参数

矿山名称	齐大山铁矿	眼前山铁矿	大孤山铁矿	大连石灰石矿	珲春金铜矿
岩石坚固性系数	10~18	16~18	12~16	6~8	8~12
台阶高度/m	12	12	12	12	12
孔深/m	15	14~15	14~15	14~15	14
孔径/m	250	250	250	250	150
底盘抵抗线/m	6~9	10~14	7~8	7.5~9	6~7
孔间距/m	5~6	5.5	5~5.5	10~12	4.5~5
排间距/m	5~5.5	5.5	5~5.5	6~7	3.5~4
炸药单耗/kg·m^{-3}	0.7~1.0	0.77	0.55~0.57	0.12	0.56~0.60
碴堆厚度/m	10~12	6~22	15~20	10~15	>6
延期间隔时间/ms	50	50	50	25	50

6.6.3 逐孔起爆压碴爆破

北京滦平建龙矿业有限责任公司在逐孔起爆和压碴爆破的基础上，将二者结合起来构成了逐孔起爆压碴爆破，在清碴爆破和压碴爆破中使用逐孔起爆技术获得了良好的爆破效果。

6.6.3.1 逐孔起爆技术

起爆网路选择地表和孔内延期相结合的逐孔起爆技术，即主控制排孔内使用高段位雷管，并以 50ms 的延期间隔依次增加雷管段别，地表分列孔间延期时间为 25ms 如图 6-37 所示。

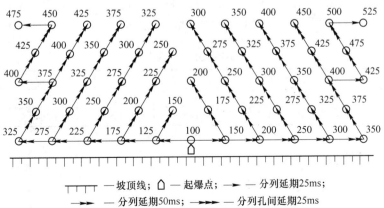

图 6-37 滦平建龙矿业公司采用的逐孔起爆网路

6.6.3.2 压碴爆破技术

（1）碴堆厚度。依经验公式计算：

$$B = \frac{\dfrac{2.83 \times 1000D}{h\rho} - W_d}{1.75} \tag{6-41}$$

式中　D——孔径，m；

　　　h——前冲距离，$h = 4 \sim 6$m；

　　　ρ——岩石密度，t/m³；

　　　W_d——底盘抵抗线，取 $W_d = 5$m。

结合该矿具体情况，取 $B = 8 \sim 14$m。

（2）孔网参数和炸药单耗。按下式计算孔网参数：

$$a = mW_d \tag{6-42}$$

$$b = 0.87a \tag{6-43}$$

式中　a——孔间距，m；

　　　b——排间距，m；

　　　m——邻近系数，取 $m = 0.75$。

清碴爆破时，孔网参数为 $a \times b = 3.75\text{m} \times 3.26\text{m}$；

压碴爆破时，孔网参数为 $a \times b = 3.6\text{m} \times 3.0\text{m}$。

采用压碴爆破时其装药量比清碴爆破时增加 10% ~ 15%。压碴爆破时的炸药单耗为 0.275kg/t。

（3）装药结构。第一排孔的装药结构为连续装药，第二排孔和第三排孔改为间隔装药结构，如图 6-38 所示。炸药参数见表 6-16 。

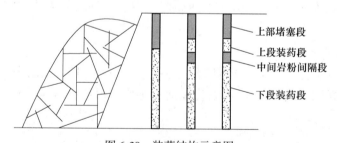

图 6-38　装药结构示意图

表 6-16　炮孔装药参数　　　　　　　　　　　　　　　　　　　（m）

炮孔排	台阶高度	孔深	填塞长度	上药段长度	间隔段长度	下药段长度
第一排	12.0	13.5	3.5			10.0
后排	12.0	13.5	2.0~2.5	1.0~1.5	1.0~1.5	8.5~9.0

6.7 露天采场的掘沟爆破

6.7.1 掘沟爆破的作用

在露天开采中，为使采矿场保持正常持续生产，需及时储备出新的工作水平。新水平的准备是露天矿基建和生产中的控制性工程，是露天矿延伸和持续生产必须进行的开拓准备工作。包括：掘进出入沟、开段沟和为掘沟而在下一个新水平准备掘进出入沟所需要的扩帮工作。掘沟爆破的作用就是为扩帮创造条件。

新水平准备的及时与否，关键在于掘沟速度，它不仅在很大程度上影响露天开采强度，而且影响正常生产的连续性。因此，应正确地选择掘沟工艺、计算爆破参数，以提高掘沟设备效率，加快掘沟速度。

6.7.2 新水平准备程序

新水平掘沟爆破程序如图 6-39 所示，随着采掘工作的进行，工作线不断向前推进。例如：

（1）当+154m 水平扩帮推进一定距离后，即可挖掘下一水平+142m 水平的出入沟，然后掘进开段沟，如图 6-39（a）所示；

（2）当整个段沟形成后，沿工作帮一侧或两侧的段沟向水平方向推进，以便为再下一个开采水平+130m 挖掘出入沟创造条件，如图 6-39（b）所示；

（3）当+142m 水平扩帮推进一定距离后，即可挖掘下一水平+130m 水平的出入沟，如图 6-39（c）所示，如此发展下去。

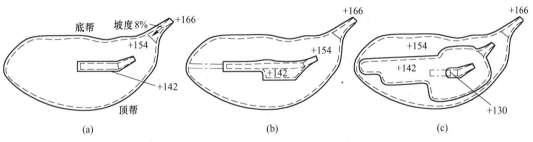

图 6-39 新水平掘沟爆破程序（单位：m）

6.7.3 掘沟爆破的特点

掘沟爆破有如下特点：

（1）掘沟爆破的地点均在断面狭窄的尽头处，自由面少，爆破时两帮夹制力大。

（2）由于工作面狭窄，运输效率低，尤其是雨季沟内积水，不但影响运输出碴，而且影响穿爆效率。

（3）为了保证扩帮爆破不堵沟，要充分考虑爆堆的前冲距离。

因此，掘沟作业往往成为露天矿生产的薄弱环节。

6.7.4 掘沟方法分类

6.7.4.1 按有无运输环节分类

按有无运输环节掘沟方法可分为：

（1）有运输掘沟。用于凹陷露天矿掘进梯形横断面的双壁沟。

（2）无运输掘沟。多用于沿山坡地形掘进三角形横断面的单壁沟，用挖掘机将沟内的岩石直接倒至沟旁的山坡堆积，如图 6-40 所示；或者采用定向抛掷爆破将沟内岩石的大部分抛至沟外的山坡，如图 6-41 所示。

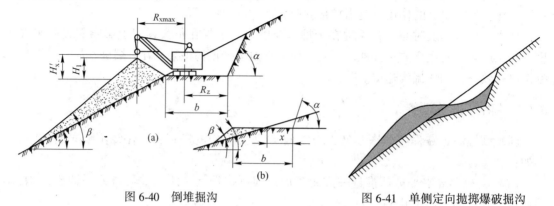

图 6-40　倒堆掘沟　　　　　　　　　　图 6-41　单侧定向抛掷爆破掘沟

6.7.4.2　按沟道断面的采掘程序分为

按沟道断面采掘程序掘沟方法可分为：

（1）半断面穿爆法。根据出入沟的设计坡度，按不同的孔深穿爆，爆堆挖掘、铲装结束后，出入沟自然形成，其多用于固定斜坡路堑的掘沟。

（2）全断面穿爆法。台阶的全段高穿爆时，根据设计出入沟的坡度和长度挖掘、铲装形成出入沟，沟底留有一半的爆破量。在临时或短期斜坡路堑的掘沟中，全断面穿爆法一次穿孔量大，不仅克服了半断面穿爆法形成的出入沟下部基岩仍需二次爆破的不足，而且能保证出入沟的掘沟质量。

6.7.5　掘沟工序

掘沟工序包括：穿孔、爆破、采装、运输、二次爆破。在有涌水的露天矿尚需进行排水工作。

6.7.6　沟的断面形状和几何参数的确定

6.7.6.1　沟的断面形状

当采用双壁沟时，沟的断面形状多为梯形。

6.7.6.2　双臂沟的主要参数

双臂沟的主要参数包括：沟底宽度、沟深、沟帮坡面角、沟的纵向坡度、沟的长度。

（1）沟的底宽。出入沟的底宽取决于汽车的技术规格和在沟内调车方法，开段沟的底宽除此以外，还要考虑初始扩帮的爆堆基本上不要掩埋运输道路。

1）以调车方式确定的最小底宽。当采用回返式调车时，如图 6-42（a）所示：

$$b_{\min} = 2\left(R_{\mathrm{cmin}} + \frac{b_{\mathrm{c}}}{2} + e\right) \tag{6-44}$$

式中　$b_{\min}$——沟底最小宽度，m；

　　　R_{cmin}——汽车最小转弯半径，m；

　　　b_{c}——汽车宽度，m；

e——汽车边缘至沟帮底线的距离，m。

当采用单折返式调车时，如图 6-42（b）所示，沟底最小宽度

$$b_{\min} = \left(R_{\mathrm{cmin}} + \frac{l_{\mathrm{c}}}{2} + \frac{b_{\mathrm{c}}}{2} + 2e \right) \tag{6-45}$$

式中　l_{c}——汽车长度，m。

2）以爆堆要求确定的最小底宽。如图 6-43 所示，开段沟沟底的最小宽度

$$b_{\min} = b_{\mathrm{B}} + b_{\mathrm{D}} + W_{\mathrm{D}} \tag{6-46}$$

式中　b_{B}——爆堆宽度，m；

$\quad\quad b_{\mathrm{D}}$——道路宽度，m；

$\quad\quad W_{\mathrm{D}}$——爆破带底盘抵抗线，m。

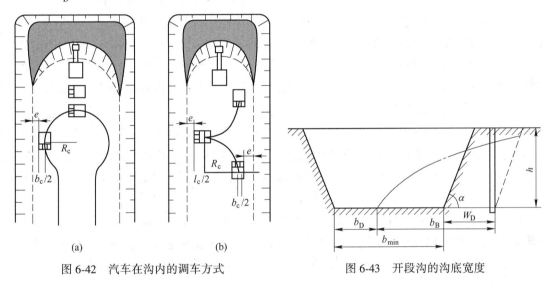

图 6-42　汽车在沟内的调车方式　　　　图 6-43　开段沟的沟底宽度

（2）沟深。对于双臂沟而言，出入沟因有纵向坡度，其沟深最小值为零，最大值为台阶高度。开段沟的沟深为台阶高度。

（3）沟帮坡面角。采用固定坑线开拓时，沟帮的一侧作为露天开采境界的最终边邦，其沟帮坡面角为矿山设计的最终帮面角。进行扩帮一侧的沟帮直面角为工作台阶坡面角。

采用移动坑线开拓时，其沟帮坡面角为工作台阶坡面角。

（4）沟的纵向坡度。出入沟的纵向坡度一般按运输设备类型、技术性能并结合生产实际来确定。开段沟是水平的，为便于排水通畅坡度采用 3‰~5‰。

（5）沟的长度。出入沟的长度取决于台阶高度和纵向坡度。开段沟的长度一般和该准备水平的采矿长度大致相等。

6.7.7　掘沟爆破设计

掘沟工作与采剥工作若从生产工艺环节比较并无大的区别，但是由于掘沟工作具有自身的特点，因此在设计方法和参数选取上仍有较大的差异。

6.7.7.1　爆破方案

通常为多排孔毫秒延期挤压爆破。多排孔是指一次起爆排数在 10 排以上，孔深 6m

以上，孔径一般为 76~150mm，前后排时差为 25~250ms。多排孔爆破与 3~5 排炮孔爆破的不同点在于：

（1）一次爆破的排数多；

（2）后排孔采用间隔加强装药，形成"挤压"爆破，有利于岩块的破碎。3~5 排炮孔爆破是可以充分发挥临空面的作用。而对于多排孔爆破，当爆破到第 7~8 排炮孔时，由于补偿空间受限，爆堆无法向前推移，有可能产生"挤死"现象。为此，每隔 3~4 排有意增加排间起爆时差外，尚可采取间隔加强装药爆破，即挤压爆破。

6.7.7.2　单位炸药消耗量

掘双壁沟，由于只有一个自由面，爆破夹制作用大，爆堆松散性差，容易产生大块和根底。因此，在选取炸药单耗时要比一般中深孔爆破的单耗高，至于高多少要取决于爆区内矿岩性质。以攀钢矿业公司朱家包包铁矿为例，该矿中深孔爆破炸药单耗一般为 0.4~0.5kg/m^3，而在掘沟爆破时合理的炸药单耗为 0.8~1.0kg/m^3 之间，即双壁沟掘进中的炸药单耗为通常中深孔爆破的 2 倍。采用高单耗进行爆破虽然增加了爆破的投入，但大大改善了爆破质量，减少了大块、根底产出量，提高了铲装效率，开沟效率能够大大提高。

6.7.7.3　爆破孔网参数

掘沟爆破，夹制性大，只有一个向上的自由面，在这种条件下，孔网参数要比正常生产爆破的参数小。朱家包包铁矿采用牙轮钻钻孔，孔径 250mm，生产爆破时的孔网参数一般为孔距 $a=10m$、排距 $b=5m$，每孔担负面积 $S=50m^2$。而掘沟爆破时将孔网参数缩小，改为 $a \times b = 4m \times 5m$，取得了良好的爆破效果。

在靠近非工作帮掘沟时，为保护边坡的稳定性，应进行控制爆破。位于最终边帮平台部分的钻孔，宜采用较小的孔网参数和孔径，钻孔不超深或少超深，适当减少钻孔的装药量。在沟帮坡面上加一行孔径小的垂直浅孔，或布置与沟帮坡面相平行的钻孔。

6.7.8　实例 1——酒泉钢铁公司西沟石灰石矿

6.7.8.1　概述

西沟石灰石矿是一座年产 95 万吨石灰石的中型山坡露天矿。台阶高度 12m，采用电铲-自卸车平装车的采装运输方式。现有两台 KQX-150 型潜孔钻机、一台 KQ-200 型潜孔钻。炮孔直径分别为 150mm 和 200mm，炮孔倾角 75°。爆破采用铵松蜡炸药、非电导爆管雷管起爆系统实现毫秒延期爆破。

该区石灰岩矿体呈似层状或透镜状，以单斜构造产出，矿体走向为北 70° 西、倾向西南南西、倾角 50°~60°，矿石坚固性系数 $f=6~8$，矿石和围岩密度 2.7t/m^3。

6.7.8.2　掘沟方法

掘沟方法通常分为半断面穿爆法和全断面穿爆法。该矿掘进的出入沟属短期路堑，故采用全断面穿爆法。

6.7.8.3　爆破方法的选择

对于掘沟爆破，两侧沟帮的夹制性大，为了提高掘沟速度，通常采用多排孔毫秒延期压碴爆破。

6.7.8.4　沟宽和沟长的确定

该矿采用 WK-4 型电铲最小回转半径为 10.6m，沟的两边特留 4m 安全距离及架设高压线杆的需要，掘沟的宽度确定为 20m；根据采场移动设备爬坡能力的要求，沟长定为 100m。

6.7.8.5　孔网参数的确定

根据采场设备状况，采用 KQX-150 型潜孔钻机穿孔，炮孔倾角 75°，按掘沟宽度、抵抗线、炸药单耗的要求和以往的实践经验，同时考虑掘沟方向与矿体走向基本一致的条件，掘沟爆破时孔距 5m、排距 4.5m。各炮孔除掘沟掏槽孔和第一排的孔深为 15m（超深 2.5m）外，其余均为 14.5m（超深 2m）。

6.7.8.6　药量计算

根据国内冶金矿山和该矿以往掘沟爆破的实际经验，该次设计的炸药单耗以 0.25kg/t 作为参考基数。

掘沟爆破实际布孔 85 个，实测爆破量 6.2 万吨。为了增大爆破补偿空间，加大第一排 5 个孔的药量，均为 200kg。同时为了克服沟两帮的夹制力和加强掏槽孔的爆破作用，掏槽爆破中心一列孔每孔装药 200kg，其余孔装药均为 160kg。总装药量 14567kg，炸药单耗 0.235kg/t。

6.7.8.7　起爆网路

多排孔延期爆破能否实施，关键在于网路的设计能否按延期时间全部起爆。从起爆到岩石开始移动的时间一般是冲击波自炮孔到达自由面传播时间的 5～10 倍，随抵抗线的增加而增大。因此，合理的延期爆破时间间隔一般采用下式计算：

$$t = KW \tag{6-47}$$

式中　t——毫秒延期间隔时间，ms；

K——与岩体结构、岩石性质及爆破条件等有关的系数，对于裂隙发育地带，K 取 10ms/m；

W——底盘抵抗线，m。

多排孔毫秒延期爆破因爆破时要推压前面的堆碴，所以比一般延期间隔时间大 30%～50%。

本设计掘沟的底盘最抵抗线为 3.35m，经计算多排孔延期间隔时间分别为 43.55～50.25ms，本设计取 50ms。根据该矿现有雷管段数，孔内选用 7 段毫秒雷管，每排蔟联采用 2 段毫秒雷管，地表采用 3 段毫秒雷管接力来实现排间 50ms 的延期间隔时间（见图 6-44）。这样，当第一排孔起爆时，地表传爆网路已经引爆了第 6 排孔的传爆雷管，2～5 排孔内雷管已进入延时状态，确保网路的安全起爆。

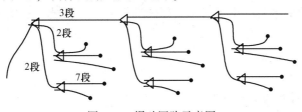

图 6-44　爆破网路示意图

6.7.8.8　爆破效果

爆破后，爆堆规整，凸出约 5m。从铲装情况看，无大块、无根底，爆破效果良好。

6.7.9　实例 2——攀钢矿业公司朱家包包露天矿

6.7.9.1　概述

朱家包包铁矿（简称朱矿）是我国目前大型露天开采的矿山之一，也是攀钢（集团）公司铁矿石的主要生产基地，年产矿石约 450 万吨。矿区长 212km、宽 111km，面积 2142km²，矿体走向 NE、倾向 NW、倾角一般为 50°~60°，呈层状、似层状、条状产出。矿体最深达 480m，最高标高 1510m，最低标高 1030m。目前，采场已进入封闭圈以下，运输采用铁路、公路联合运输系统，主要台阶高度 15m。矿石为钒钛磁铁矿，坚固性系数 $f = 16~20$。

以下重点介绍 1210m 水平出入沟的掏槽爆破的爆破参数和起爆网路。

6.7.9.2　爆破参数的选取

A　炮孔孔径与超深

长期以来朱矿开沟钻孔采用效率较高的 YZ-35 型牙轮钻机，孔径为 250mm。

炮孔超深的目的在于降低药柱的中心位置，以便有利于克服台阶底部阻力。其值主要取决于岩石性质、构造，并与底盘抵抗线、钻孔直径以及炸药特性等因素有关。若超深过大，则会造成超爆，不仅浪费炮孔、增加穿孔费用，而且使底盘产生过多的裂隙，不利于下次穿爆；若超深过小，台阶底部爆破作用不足，容易产生根底。一般情况超深 $h = (8~12)D$，其中 D 为钻孔直径。由于开沟采用掏槽爆破夹制性大，并在矿石部位，其坚固性系数较大，应加大超深，但实际上设计时减小了掏槽孔的孔距，超深与其他孔一样，取 2~3m。

B　孔网参数

掏槽爆破采用的是全段高一次钻孔中间掏槽爆破，爆破后电铲从爆堆上部下挖形成联络道，故爆堆的松散系数及大块率直接影响电铲的铲装效率和新水平的形成速度。按正常爆破，中间掏槽孔受到夹制性较大，孔间距比正常孔缩小 20%。为了保证爆破质量，根据朱矿以前开沟爆破实践，提高了炸药单耗、缩小了孔网参数，中间一排掏槽孔孔距为 5m，正常孔孔距 $a = 6~7m$，排距 $b = 5m$。出入沟经掏槽爆破挖掘后形成双壁沟，汽车在沟内折返调车时最小宽度即为爆区的最小宽度 B，按式（6-41）计算得：$B \geqslant 25.9m$。

根据确定的排间距，最少需 5 排孔才能满足电铲作业的基本要求。为了加快掘沟速度，提前完成掘沟工程，按满足掘沟最小爆区宽度设计取 5 排孔的要求，又考虑到满足掏槽爆破后要进行扩帮，为避免以后扩帮爆破的爆堆充塞联络道，本次设计在掘沟工程还未完时，按采场推进方向准备一个爆区压碴爆破进行新水平扩帮。按形成联络道的要求，爆区长度 L 应满足：

$$L \geqslant H/i \tag{6-48}$$

式中　H——台阶高度，为 15m；

　　　i——联络公路坡度，取 8%。

故 $L \geqslant 187.5m$，这里取 $L = 200m$。

C 装药结构和充填高度 h

由于炮孔几乎都是水孔，装药结构采用高密度乳化炸药进行连续柱状耦合装药，如图6-45所示。

充填长度应当满足台阶爆破防止发生冲天炮，减少个别飞石以及在台阶顶部不产生或少产生大块。炮孔采用连续装药时，充填高度

$$l = (20 \sim 30)D \tag{6-49}$$

式中 D——炮孔直径。

根据实践经验，一般炮孔充填高度 $l = 6 \sim 7m$，掏槽孔 $l = 6.5 \sim 7.5m$。

6.7.9.3 炮孔装药量计算

根据朱矿以往爆破实践，采用余高控制法计算单孔药量 q：

$$q = (H + h - l)r \tag{6-50}$$

式中 H——台阶高度，为15m；

h——超深，取 $2 \sim 3m$；

l——余高（充填高度），取 $l = 6 \sim 7m$；

r——装药线密度，取 50kg/m。

由于掏槽孔受夹制较大，参数相对减小，单耗取得稍高一些，相对药量也比正常孔大。

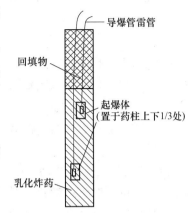

图6-45 装药结构示意图

6.7.9.4 起爆网路

朱矿以往开沟掏槽爆破起爆网路都按传统的方法采用排间延期起爆，即中间掏槽孔先起爆，然后再起爆两侧各排孔，各排延期时间在 $50 \sim 100ms$。实践表明，这种起爆方式爆破效果不错，但是爆破振动较大，因为单段起爆炮孔有10多个，按单孔药量490kg计算，同段起爆药量至少有5000kg。考虑朱矿自投产以来，相继形成 $85 \sim 220m$ 的固定边坡，特别是南帮地质构造复杂、岩体破碎、断层发育，加上地下水和生产爆破振动影响，在2003年10月发生了一次较大滑坡。为此，朱矿在1210水平开沟工程掏槽爆破中使用澳瑞凯高精度雷管，孔内采用400ms延期雷管，地表孔间选用42ms延期、排间选用65ms延期雷管搭配使用，从中间掏槽孔起爆后，两边炮孔对称延期爆破，实现整个网路"逐孔起爆"。起爆网路如图6-46所示。

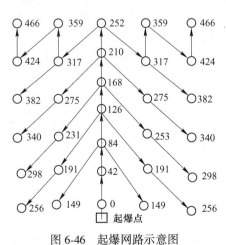

图6-46 起爆网路示意图

6.7.9.5 爆破效果评价

爆破后爆堆形状规则，隆出地面 $3 \sim 5m$，爆堆上部大块很少。侧后冲线在 $2 \sim 3m$ 较为明显，局部微有后翻。只是其中第2炮，爆堆后翻较严重。整个掏槽爆破过程中无一冲孔和飞石。据电铲铲装显示，爆堆的松散性较好，电铲作业率较高，根底、大块率产出率较低，取得了理想的爆破效果。

6.8　特殊环境下的露天台阶爆破

6.8.1　高温火区爆破

高温系指炮孔温度较高，火区是井下发生火灾后被封闭的区域，火区是供给高温炮孔的热能的源泉。高温和火区是因果关系，二者密不可分，高温火区爆破亦简称高温爆破。

6.8.1.1　高温爆破定义

高温爆破是指炮孔温度在 40~80℃ 的爆破作业，80℃ 以上严禁在未采取任何有效措施下实施爆破。

《爆破安全规程》（GB 6722—2014）规定：高温爆破温度低于 80℃ 时，应选用耐高温爆破器材或隔热防护措施，温度超过 80℃ 时，必须对爆破器材采取隔热防护措施。各国对于高温爆破的定义不尽相同，例如：澳大利亚国家标准 AS2187.2—1993 定义高温地表爆破是地表温度大于或等于 55℃ 但小于 100℃。

《爆破安全规程》（GB 6722—2014）关于高温爆破以 80℃ 作为分界线的根据是：

（1）据统计，煤矿火区温度通常在 40~300℃ 之间，少数曾达到 600℃，在温度低于 80℃ 时，就应选用耐高温爆破器材或隔热防护措施。

（2）浆状炸药虽然在 120℃ 以内仍具有雷管感度，但在超过 80℃ 时开始失去其胶体结构。

（3）煤矿作业规程规定，孔温超过 80℃ 严禁进行爆破作业。

6.8.1.2　高温火区的危害

A　破坏煤炭资源

目前全国共有 56 个煤炭火区，主要分布在新疆、宁夏、内蒙古等七个北方地区，这一地区煤炭资源储量占全国储量的 80% 以上，煤田火区的燃烧面积累计达 720km²（平方公里），正在燃烧的火区面积 17~20km²，已烧失的煤炭为 4.2Gt 以上。目前每年因自燃直接损失的煤炭资源达 10~13.6Mt。表 6-17 列出我国北方主要煤田自燃火区分布。

表 6-17　我国北方主要煤田自燃火区分布

省区	新疆	甘肃	青海	宁夏	陕西	内蒙古	山西	合计
数量/个	38	3	2	1	2	9	1	56
面积/km²	10~13	0.5	0.5	2.21	0.5	3.0	0.012	17~29
年煤炭损失量/10⁴t	326~685	38.45	7~15	115	33~35	270.11	32~52	821.45~1210.56
累积煤炭损失量/10⁴t	2024.65	16.03	—	45.12	1510	62.4	—	4219.80

B　危害煤炭生产安全

煤田火区不仅直接烧掉了宝贵的煤炭资源，而且还破坏煤层的赋存条件，危及煤炭的安全生产。在我国中西部地区，由于自燃导致煤矿井下发火的事故频频发生，造成人员伤亡、设备破坏、被迫封闭井口，矿井报废。煤层自燃导致矿井温度升高，危及矿工人身安全，有的引发煤矿瓦斯爆炸，严重地危害了矿山的安全生产。

C 污染大气环境

据估算我国北方地区的煤田自燃，每年向大气中排放 CO、SO_2、NO_2 及粉尘 1.05Mt，释放热量 $30920×10^{10}$MJ；另有大量的 CO_2、H_2S 排入空气之中，造成区域性污染。据测定在自燃区附近低空（离地面高度 1.6m）有害气体超标达 70 多倍。严重污染矿坑及附近的大气环境，危害工人的身体健康。

D 破坏生态环境

煤田自燃过程中，上覆岩石被烘烤烧变，在地表形成一片焦土，寸草不生。燃烧后煤层消灭形成大范围的地裂缝、滑坡、塌陷、沉陷坑，并促成一定规模的泥石流，所以煤田自燃从根本上破坏了当地的国土资源，危害着当地的生态环境，大大影响社会经济的可持续发展。

图 6-47 示出内蒙古乌达煤矿地下燃烧了 50 年不灭的情景。

图 6-47 乌达煤矿地下燃烧了 50 年不灭

6.8.1.3 火灾成因

煤田火灾的成因有内因和外因，内因是煤炭具有自燃的倾向，而外因（包括：通风强度、湿度、断层和裂隙和热量易于积聚，且能持续一段时间）是引起煤田火灾的导火线。内因是根本，外因是促进剂。

A 煤田具有自燃的倾向

（1）影响煤田自燃的主要因素是煤的含硫量、水分、煤化程度、煤岩组分，这些因素的共同作用，使煤具有自燃的倾向性。含硫量和水分均对煤炭自燃影响较大，可以使煤体缓慢氧化，积聚热量，最终导致煤田自燃。当煤炭吸收了空气中的氧气，使煤的组成物质氧化产生热量，再被水湿润，就放出更多的湿润热，更会加速煤的自燃。通常，含氧量高、水分大、挥发性高的褐煤自燃倾向性比烟煤、无烟煤大，比较容易发生自燃。

煤化程度是影响煤炭自燃的重要因素。随着煤化程度的增大，结构单元中芳香环数增加，结构致密，煤的抗氧能力增强。不同的煤岩组分，吸附氧的能力不同，氧化性也不相同。

（2）影响煤田自燃的因素还有地质构造、倾角、煤层厚度。断层和裂隙有利于空气与煤接触，增加了煤发生氧化的机会和水的吸附率，断层和裂隙增加了煤田自燃的危险性。煤层顶板若为孔隙度较大的砂岩，可为煤层自燃提供良好的漏风供氧条件；如果煤体局部上覆岩层为致密的泥岩、铝土岩，则增强了煤体的蓄热能力。

B　通风强度、温度、人类开采活动也促进了煤炭的自燃

（1）氧气的存在是煤发生自燃的必要条件。只有含氧量较高的风流持续稳定的情况下，煤层才有可能自燃。我国的煤田自燃多分布于干旱少雨的北方地区。气候干燥多风，降水稀少，蒸发强烈。火区煤层多位于侵蚀基准面以上，煤层氧化燃烧通风供氧条件好。

（2）煤的自燃从本质上来说是煤的氧化过程。这种氧化过程还与环境温度有关。随着温度的升高，煤的耗氧速率增大。因此，环境温度越高，煤的自燃发火期越短，自燃倾向性越大。如新疆大黄山及硫磺沟地区，夏季煤层露头温度达 65℃ 以上，为煤层露头自燃创造了条件。

（3）人类以往的开采活动加快了煤的自燃过程。采煤活动使得地表开裂、塌陷、给煤层燃烧提供了通风供氧通道，加快了煤的自燃过程。例如：内蒙古桌子山煤田 20 世纪 80 年代末，沿煤层露头开了很多的小煤矿（窑），一般在垂深 50m 左右。采矿方法多为房柱法，回采率低，工作面残煤多。由于落地残煤的比表面积远远大于实体煤。因此，有利于煤的氧化蓄热发火燃烧。虽然小煤矿已关停，但采空塌陷区均未处理，使得供氧管道畅通，进一步加剧了煤的燃烧。

C　热量易于积聚，且能持续一段时间

煤在氧化过程中如果环境不利于热量积聚，煤体就不会产生明显的升温而发生自燃。煤氧化产生的热量能否积聚主要取决于风流速度和持续时间。风速过小，供氧量不足，煤不能氧化自燃；反之，风速过大，热量也不易积聚，煤氧化升温过程难以持续稳定地发展，同样不能产生自燃。一般认为风速达到 $0.1 \sim 0.24 \mathrm{m/min}$ 时，煤最容易发生自燃。关于热量积累的时间不等，自燃发火期一般为十几天、几个月甚至长达十几个月。

6.8.1.4　灭火降温的主要方法

A　煤层露头明火的灭火

（1）采挖阻断法。将正在燃烧的煤炭和剥离物，以及将要被烧到的煤炭沿煤层底板一次全部采出、挖空，阻断火种，再辅以注水降温，从而达到扑灭明火，保护整个矿床的目的。

（2）压覆窒息法。对于大面积的表层明火可采用压覆窒息法熄火，即在表面覆盖一定厚度的剥离物料或湿粘土，然后注水夯实，使火源与大气隔绝，最终使火区因缺氧而熄灭。

B　采场火区灭火降温

（1）均压通风法。均压通风法是采用通风的方法减少自燃危险区域漏风通道两端的压差，使漏风量趋于零，从而断绝氧源起到防灭火的作用。常用的风压调节技术有：风门、风窗调节法；风机调节法；风机、风窗调节法；风机、风筒调节法；气室调节法；调节通风系统法等。

（2）地表注水法。对于大面积平坦地形的表层明火，采用大面积注水，利用大区地表裂隙的自燃渗透能力，使水逐渐渗入地下，最终达到灭火目的。

（3）钻孔注水降温法。对于地层深处的自然明暗火可采用钻孔注水降温。即在火区范围打一定数量的钻孔，孔深一般达到着火煤层的顶板，然后向孔内大量注水，使水流顺

煤层节理、裂隙渗透，最后使火熄灭，并降低温度。这种方法用水少、灭火块、效率高、降温效果好。降温后可立即进行穿孔作业。

(4) 钻孔注浆法。通过钻孔注入泥浆，降低温度，切断煤与氧气的接触，达到灭火的目的。

近年来通过钻孔注胶的防灭火技术也取得了很好的效果，注入的胶体主要是无机凝胶、稠化胶体和复合胶体。

(5) 综合灭火法，即剥离+注水+灌浆+黄土覆盖。

C 爆破作业时的灭火方法

(1) 炮孔注水。对超过爆破温度要求的炮孔用细水流注入炮孔进行降温，一般200℃以下的炮孔经过30min的注水降温处理后，孔孔内温度可降到80℃以下。采用此方法降温要求每次放炮区内的高温炮孔不要超过10个，温度不要超过200℃；单个炮孔的注水量不宜太多以免冲塌炮孔。

(2) 水药花装法。对于炮孔内温度不太高（60~80℃）或高温区位于炮孔上部，流水不能发挥作用的炮孔，可在装药的同时进行降温，即在装药时，将装有水的圆柱形的塑料袋与炸药间隔装入孔内，塑料袋入孔时摔破，水流入孔内，从而达到暂时降温效果，然后快速填塞，联机起爆。根据大峰矿的经验，孔温不超过80℃的炮孔，从装药到起爆控制在3min以内，则可安全起爆。

(3) 流水作业法。对于孔温在80~200℃的炮孔一般采用流水作业进行降温。

1) 先将炮孔药量分配好，堆放在孔口，制作好起爆药包，敷设好起爆网路；

2) 构筑小水沟连接各孔口，向孔内连续浇筑适量流水，水量以能压住孔内水蒸气为准，数分钟后迅速测量孔温，低于80℃即可装药；

3) 然后迅速充填、撤离人员、点火起爆。整个装药到起爆控制在3min以内，一次起爆的炮孔数目不超过6~8个。

6.8.1.5 高温爆破器材

A 高温工业炸药

(1) 目前国内使用的工业炸药主要有含水类的乳化炸药、水胶炸药以及干态的铵油类炸药，例如：粉状铵油炸药、粉状乳化炸药、多孔粒状铵油炸药等，水胶炸药由于含有敏感的硝酸甲胺，不宜用于高温爆破。铵油类炸药遇水易结块，也不宜作为高温爆破的主爆药。目前，生产上多使用乳化炸药。

(2) 一般爆破器材的耐高温性能没有国家标准，以下的试验数据可以作为工程参考。宁煤集团大峰露天矿针对地下火区的高温岩石做了大量的爆破器材的耐高温试验，试验表明：

1) 2号岩石乳化炸药放置在相同温度（80℃）下、不同时间（4h、8h和12h）之后，用雷管能正常引爆，其爆速随时间的增长而减小，如图6-48所示，在初期时间的0~4h内爆速下降较快，平均爆速下降986m/s；在4~8h内爆速下降较慢，平均

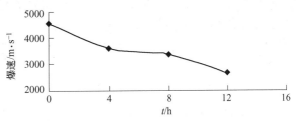

图6-48 80℃时乳化炸药平均爆速与时间关系

爆速下降 284m/s；在 4~8h 爆速下降再次变快，平均爆速下降 711m/s。2 号岩石乳化炸药在 130℃的高温下，经 6h 后失效；

2）2 号岩石胶状乳化炸药和雷管做成的起爆体在高于 138℃的高温下经不同的时间雷管发生自爆，而起爆体的乳化炸药不能被引爆，乳化炸药失效。

B　高温起爆器材

（1）宜采用导爆索起爆网路。高温爆破中，常用的起爆网路是导爆索起爆网路，主要原因是由于导爆索中炸药为 RDX（黑索金），其熔点为 204℃，爆发点为 230℃，相对较为可靠和耐热，在高温条件下只会发生燃烧不会发生爆炸。与导爆索起爆网路相比，电爆网路和导爆管雷管起爆网路往往不可靠。因为，①在电爆网路中，普通雷管中含有敏感的起爆药（大部分工业雷管的起爆药为 DDNP，其爆发点为 160~170℃），同时电雷管的脚线为金属线并不耐热。②导爆管雷管起爆网路中的导爆管也不耐热，安全性差。

（2）普通导爆索耐热性能并不高，高温时易燃烧中断。应该指出的是，普通导爆索耐热性能并不高，高温时易燃烧中断，适用范围有一定限度。根据安徽理工大学的试验结果，普通导爆索在 150℃高温下两分钟内即可发生燃烧，虽然燃烧的导爆索不会对人身安全造成伤害，但由于其在高温下可燃烧的特点，在温度超过 150℃的高温爆破时由于其燃烧中断，容易产生盲炮。

（3）宁煤集团大峰露天矿针对地下火区的高温岩石做了大量的爆破器材的耐高温试验，试验表明：1）电雷管在孔内发生自爆的温度均高于 125℃，当温度低于 125℃时电雷管不发生自爆，没有自爆的雷管可正常爆；2）当温度高于 125℃时，雷管在孔内自爆的时间与温度的高低成反比，温度越高在孔内发生自爆的时间越短，随着试验次数的增加，这种趋势更加明显。

C　爆破器材的隔热包装

爆破器材的隔热包装必须得到关注。

（1）隔热包装的必要性。在高温爆破中，对爆破器材进行隔热包装是非常有效的安全措施。高温火区的温度有时可以达到 500℃，而耐温性能最好的炸药爆发点也只有 300℃左右，因此高温爆破作业中，必须对爆破器材进行隔热保护。

（2）现行的隔热包装材料。目前国内使用的隔热防护材料有石棉板、石棉橡胶板并辅以耐火泥、PVC 管及海泡石。这些隔热材料都可达到一定的防高温目的，尤其是海泡石的隔热性能更加突出，海泡石其矿产品为黏土矿物海泡石——属非金属矿，呈白色，化学成分主要有 SiO_2、Al_2O_3、Fe_2O_3、CaO、MgO 等，加工后呈白色毛毡状，其厚度有 1~8cm 多种规格。实验表明海泡石甚至可以在 400℃高温下起到良好隔热作用。

（3）有待进一步改进的隔热包装问题。国内高温矿山的爆破孔径一般在 120~220mm，孔深在 8~12m，在如此孔径和孔深的情况下装药量一般比较大，爆破的孔数比较多，采用隔热材料对爆破器材进行包装工艺复杂；同时高温矿山岩石受热后，钻孔孔壁不光滑，包装后的炸药形状不规整，装药过程中常发生卡孔现象，影响了推广使用，有待进一步改进。

6.8.1.6　高温爆破测温方法

A　高温爆破测温方法的分类

高温爆破的温度测量一般按其是否与岩石直径接触分为接触式和非接触式测温法两大

类，如图 6-49 所示。

a 接触式测温法

接触式测温法就是传感器与被测物体直接接触的测温方法。当传感器与被测物体达到热平衡时，此时传感器的温度就指示了被测物体的温度。例如：利用介质受热膨胀原理的水银温度计、压力式温度计和双金属温度计等。还有利用物体电气参数随温度变化的特性来检测温度。例如热电阻、热敏电阻、电子式温度传感器和热电偶等。

在接触式光电测温中，光电管式和光纤维直接测温的测温范围不适合火区测温，而且光纤机配套系统的价格有数百万之多，体积庞大，限制了其在煤矿火区的

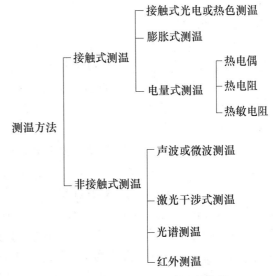

图 6-49 高温爆破测温方法的分类

应用。热色测温中的示温器和示温液晶缺点较多，难以用于火区测量。

膨胀式测温响应时间长，热损失大，难以修理，不能远程读数，精度较低，受外界影响大，一般不用于狭窄空间测温，在火区测温中也较少使用。

接触式测温仪表比较简单、可靠，测量精度较高；但因测温组件与被测介质需要进行充分的热交换，需要一定的时间才能达到热平衡，所以存在测温的延迟现象，同时受耐高温材料的限制，不能应用于很高的温度测量。

高温爆破测温中，用得较多的是热电偶测温。

b 非接触式测温法

测温是通过热辐射原理来测量温度的，测温组件不需与被测介质接触。实现这种测温方法可利用物体的表面热辐射强度与温度的关系来检测温度。

在非接触式测温中，声波或微波测温受到外界影响大，不适合用于火区测温。

激光干涉式测温方法测量的炮孔内激光传输路径上的平均温度，且造价昂贵，不方便携带，也难以在火区测温中使用。

光谱测温方法一般用于测量高温燃烧流场、等离子体、火焰等复杂流场的测量，所测温度比较高，受外界环境影响比较大，且价格昂贵，在火区测量中很少应用。

非接触式仪表测温的测温范围广，不受测温上限的限制，也不会破坏被测物体的温度场，反应速度一般也比较快；但受到物体的发射率、测量距离、烟尘和水汽等外界因素的影响，其测量误差较大。

高温爆破测温中，用得较多的是红外测温。

B 接触式热电偶测温

热电偶、热电阻和热敏电阻温度测量均属于电量式测温，主要是利用材料的电势、电阻或其他电性能与温度的单值关系原理来进行测温的。

a 热电偶测温原理

热电偶是有两种不同的金属丝组成闭合电路，如图 6-50 所示。由于两接点处温度不

同（T_1和T_2）而产生电势差，用此电势差的大小来衡量温度的高低。

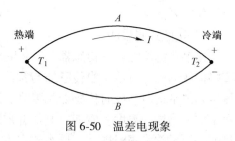

图 6-50　温差电现象

所以，产生热电势的条件是两种金属的电子密度不同（$n_A \neq n_B$），且两端温度不相等（$T_1 \neq T_2$），使用时应选择$n_A > n_B$的两种材料搭配，以便在同样的温差下，得到较大的热电势，即具有较高的灵敏度。

热电偶温度计由三部分组成：热电偶；测量仪表；连接热电偶和测量仪表的导线（补偿导线和铜线），如图 6-51 所示。直接测量端称为热端（测量端），连接端子端称为冷端（参比端）。当热端与冷端存在温差时，就在回路中产生热电势。热电势的大小与被焊接的材料和热电偶两侧的温度差有关。一定属性的材料，其两端的温度和热电势之间的函数关系是固定的，利用这个函数关系能够测量出温度数值。随着温度的不断上升，热电势不断增大；反之，随着温度的不断下降，热电势也会不断减小。接上显示仪表，从仪表上就会读出热电偶所产生的热电势的温度。

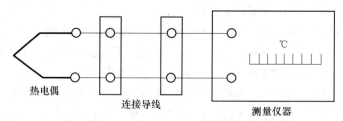

图 6-51　热电偶测温系统

b　高温测量中常用的热电偶

热电偶有 300 余种，常用的有 7 种，列于表 6-18 供参考。

表 6-18　常用的热电偶

热电偶名称	分度型式	常用的测量范围/℃	特　点
铜-康铜	T	$-200 \sim +200$	稳定性好，灵敏度高，而且价格低廉，在贱金属中它的准确度最高。是低温下应用很普遍的热电偶
镍铬-康铜	E	$+200 \sim +900$	热电动式大，灵敏度高，宜制成热电堆，测量微小的温度变化。抗氧化性能优于铜-康铜、铁-康铜热电偶。价格便宜。应用广泛
铁-康铜	J	$\sim +750$ $\sim +900$	正极为纯铁（JP），负极为铜镍合金-康铜（TN）。既可用于氧化气氛（使用温度上限750℃），也可用于还原气氛（使用温度上限950℃），在含碳条件下也很稳定。价格便宜
镍铬-镍硅	K	$-40 \sim +1200$	化学稳定性较好，抗氧化、耐高温。灵敏度高，线性信号。是工业中常用的热电偶
镍铬硅-镍铬镁	N	$0 \sim +1300$	在1300℃以下，高温抗氧化能力强；热电动势的长期稳定性及短期热循环的复现性好。在550~1050℃范围内，N型与K型热电偶几乎无差异，但在30~1500℃范围内，N型有可能全面替代其他金属热电偶，并有部分取代S型热电偶的趋势
铂铑$_{10}$-铂	S	$0 \sim +1600$	在1300℃以下，耐高温，抗氧化，物化性能稳定测量精度高，一般用于准确度要求较高的高温测量，但材料较贵，灵敏度低
钨铼$_3$钨铼$_{25}$	WR_{e3}-WR_{e25}	$0 \sim +2300$	热电极丝的熔点高、强度大；极易氧化；热电动势大，灵敏度高

由表6-18看出，T、E、J型热电偶属于贱金属，常被一般工业所常用。而其他几种热电偶多用于航天和军事工业。

c 热电偶测温的特点

（1）测温精度高，不受中间介质影响；

（2）构造简单，使用方便，稳定性好；

（3）测量温度范围广，但500℃以上的较高温度精度较高，500℃以下温度受到的干扰较大；

（4）耐腐蚀性差，易损坏。

C 非接触式红外测温

a 红外测温原理

通过对岩石发射的红外线能量的测定，能以极快的速度测出岩石的表面温度。用检测器检测出辐射的能量，特别是辐射光谱的红外线部分，然后变换成电信号，再在电子电路部分进行运算处理，最后以温度显示或$1mV/℃$，等输出形式输出。

b 红外测温特点

与接触式测温相比，红外测温有如下特点：

（1）响应速度快，能测出过渡温度变化；

（2）不发生由于传感器与岩石间的接触电阻而引起的测量误差，即不发生由于欠充分接触而引起的测量误差；

（3）即使被测岩石的热容量小，也不会因为与传感器接触而产生温度变化，所以能正确测定温度；

（4）不会由于被测对象——岩石的热量而导致传感器性能劣化，因而降低了运行成本；

（5）结构相对简单，能测量全波段的温度，成本低。

D 高温火区测温方法的选择

火区温度一般在500℃以下，空间狭窄，经常能遇到明火。非接触式测温的红外测温仪体积小、重量轻、电池供电，可随时进行温度检测和记录、操作简单，基本上能满足火区要求。但是，由于易受到外界的影响，且不能定点，在炮孔烟雾较少，深度较浅的条件下，能粗略地测得火区温度。

接触式测温中的热电偶测温比非接触式测温中的红外测温，效果好，测温准确，可以满足火区的要求，可以大规模使用。

图6-52为美国Raytek公司生产的便携式红外测温仪外形，图6-53为大峰矿的操作图。Raytek便携式有ST、PH、SI、IP四大系列，22个品种。测量温度-46～+3000℃（分段实现）。

E 高温孔的测温步骤

（1）采用两套独立的温度测量仪，典型的选择是一个热电偶温度计，一个红外温度计。两种不同仪器测得的炮孔温度差别超过10℃时，重新检查两个仪器

（2）高温爆破装药前，要对炮孔的温度进行严格检查，经检测，孔内各部分温度不超过60℃为合格孔，否则为不合格孔。不合格炮孔要做好标记，并采取降温措施。

图 6-52 Raytek 便携式红外测温仪外形

图 6-53 大峰矿使用 Raytek 便携式
红外测温仪的操作图

（3）测温需要两个人同时进行，测温后要做好记录。

（4）孔温检测的三段平行验收制度必须坚持：

第一阶段测温在钻孔工序结束后进行，确定中、高温孔，以便下步降温；

第二阶段测温在降温 6h 后，测定孔温，做好记录，确定孔温是否合格，孔温低于 60℃的视为合格，给予验收；

第三阶段测温在爆破前 8~10min，复测温度，两组同类测温仪同步检测的温度相对误差不超过 5℃，且温度回升不高于 60℃的视为合格，可以进行爆破作业。

6.8.1.7 高温（火区）爆破设计与施工

A 高温爆破装药前的准备工作

（1）高温爆破前一天必须测量孔温，高温爆破装药前应提前将中温孔、高温孔在现场标注清楚。

（2）每次高温爆破装药前，应先对温度高于 60℃的炮孔进行降温，对回温较快的炮孔采取进一步的降温措施，例如：撒入少量食盐进行消焰，并及时观测温度变化。

（3）每次高温爆破降温后、装药前必须重新测量孔深，如果孔深由于注水或其他原因变浅或坍塌时，应及时根据具体情况调整该炮孔的装药量和周围炮孔的装药量。

（4）装药前，爆破技术人员要对炮孔的温度、孔深进行测量并做好记录。

B 高温爆破设计

（1）高温爆破的穿孔作业。目前高温爆破使用的钻机为潜孔钻机和牙轮钻机，孔径 120~250mm。在高温矿山爆破时的温度常达 500℃，很多情况下可看见孔内的明火，作业环境恶劣，为钻机的钻孔作业带来了困难。同时，由于高温岩体的易碎和不完整性，钻出的炮孔孔壁不规整，常出现"卡孔"现象。因此要求：

1）当班打成的炮孔当班必须封死，打成的孔要现打现放，以免孔内温度回升。

2）尽量采用测孔温、注水降温容易的垂直深孔布置。

（2）孔网参数。由于岩石受到高温作用后强度降低，孔网参数应比常温条件下的孔网参数大一些，以减少炸药单耗，降低爆破振动强度。

（3）起爆网路。高温爆破时采用导爆索起爆网路，导爆索要放到孔底，以防装药时发生漏药现象使导爆索放不到炸药中。导爆索放到孔底的端头可绑一块小石头，以方便将导爆索沉入孔底。导爆索要先做一主线，孔内拉出的导爆索绑在主导爆索上面，主导爆索拉出爆区，用电雷管起爆，如图6-54所示。

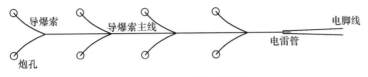

图 6-54　电雷管起爆网络

C　高温爆破施工与操作规范

高温爆破施工工艺流程如图6-55所示。

与常规的施工工艺不同，高温深孔爆破施工工艺流程为：钻孔→装药→填塞→联网→警戒→起爆（图6-56）改变为钻孔→联网→警戒→装药→填塞→起爆（图6-57），这个新流程称为反程序深孔高温爆破施工工艺。该工艺把联网和警戒工作提前到装药工作前面，同时加快装药、填塞的速度，就可大大减少装药在高温孔中的时间，危险时间段就可大大缩短，显著地提高了高温爆破的安全性。

反程序深孔高温爆破施工工艺流程如下：

（1）孔口填塞物的准备。钻孔检测完毕后，需在装药孔口备碴，碴料颗粒不大于5mm，以防砸断导爆索。碴料要备在编织袋内，碴料的多少要依孔口填塞长度确定。

（2）钻孔药量的量分。根据孔深、填塞长度，准确地计算出每孔的装药量。对于粉状乳化炸药，每米炸药量为12.8kg，将分好的炸药摆放在孔口。并做好防堵措施，以防在装药过程中发生堵孔。

（3）高温爆破的装药。在爆破指挥下达装药命令后，方准装药、操作人员在得到装药命令后，应迅速完成装药及充填工作，并迅速撤离爆破区域。装填过程中应先装温度正常的炮孔，后装温度高的炮孔。在装填过程中，装药人员负责装药充填，爆破区域负责人负责起爆网路的检查。

（4）填塞。在装药过程中如发生堵孔现象，应立即用炮杆进行处理，若在2min之内处理不了，立即放弃该孔。已入孔内的炸药如发生燃烧冒烟等异常现象，应立即停止装药工作，并向指挥人员汇报。指挥人员应立即发出撤离命令，人员迅速进入安全掩体，点火员点火后迅速撤离炮区。

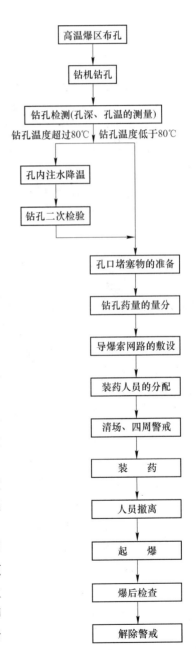

图 6-55　高温爆破施工工艺流程

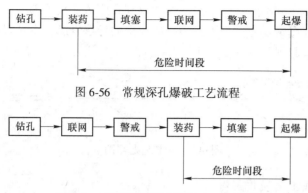

图 6-56　常规深孔爆破工艺流程

图 6-57　反程序深孔高温爆破工艺流程

（5）起爆。指挥人员在确定装药无误，作业人员全部撤出炮区后，下达点火命令后立即点火，并同指挥人员、网路检查人员一起迅速撤出炮区。

（6）爆后检查。爆破后 10min 待炮烟散去后，爆破员可开始检查炮区，检查内容包括：爆破效果、有无盲炮、爆堆是否稳定等。如发生盲炮，要立即上报高温爆破领导小组，制定具体措施。处理前，设备、人员必须撤出高温爆破最小警戒距离以外。

（7）每次放炮后放炮班必须记载放炮日志，日志包括内容：时间、地点、岩石种类、孔数、孔温及爆破量；爆破技术参数；爆破效果；火工品种类、数量；装药人员、警戒人员、点火人员、炮区检查人员、充填人员。

6.8.1.8　高温火区爆破工程实例——宁夏大峰露天煤矿剥离爆破工程

A　工程概况

由广东宏大爆破股份有限公司 2007 年承接的宁煤大峰露天煤矿剥离工程地处贺兰山腹地，属大陆性干旱气候，地势陡峭，气候干旱少雨，属于以裂隙岩层为主的，水文地质条件简单类型。岩石为半坚固——坚固细砂岩岩石，抗压强度 $654 \sim 932 kgf/cm^2$。由于煤层自燃，造成部分剥离区温度高达 300℃以上，对钻爆工作造成很大的安全隐患，影响了施工进度。

B　爆破设计

根据采矿设计，台阶高达 $H = 6 \sim 7m$；

选用粉状乳化炸药；

根据岩石性质和工程要求选择爆破参数如下：

钻孔直径 $D = 140mm$；

孔网参数 $a \times b = 4m \times 5m$；

钻孔超深 $l_2 = 1.0m$；

装药长度 $L_2 = 4 \sim 4.8m$；

填塞长度 $L_3 = 3.0 \sim 3.2m$；

每米装药量 $q = 11.5 kg/m$；

单位炸药消耗量 $q = 0.40 kg/m^3$。

为确保安全，火区爆破的炮孔排数一般不超过 2 排，每次爆破孔数 8 个。

C 火区范围的确定

工程施工过程中，在钻孔完毕后用红外线测温仪对炮孔进行测温，火区爆破的炮孔按温度分为低温区（50℃以下）、中温区（50~80℃以上）和高温区（80℃以上）。按照对爆破工作面温度测量结果，确定火区范围，并标注在现场和施工图上。

每次火区爆破，炮孔温度不超过80℃的炮孔为合格孔，超过80℃高温孔必须进行注水降温，使炮孔温度降至80℃以下，并在10min之内炮孔温度仍在80℃以下，方可进行爆破。

D 火区爆破技术

（1）钻孔。根据爆破时间，在测量号的位置上进行钻孔。考虑火区岩石过火后岩性会发生变化，应做好在高温火区钻孔的卡钻和塌孔等的防护工作，以保安全。

（2）炮孔的验收。钻孔完毕后，由技术部、质安部。钻爆队对炮孔进行验收，并做好标定牌，标明每个孔的温度，确认高温孔、中温孔和低温孔。

（3）高温孔的降温处理。先对高温孔进行注水降温，对回升较快的炮孔可撒入少量食盐进行消燃。注水和装药前，爆破技术人员要对炮孔的温度、孔深进行测量并做好记录。

每次爆破注水后、装药前，必须重新测量孔深，如果孔深由于注水或其他原因变浅或塌陷时，可及时根据具体情况调整该炮孔的装药量。若孔深小于4m，视为弃孔。

（4）清场、警戒、装药、填塞。各装药人员按照不少于2人一个组进行分组，固定搭配。装药前要对火区进行清场，无关人员和设备一律清场。撤离记录按下列规定执行：

电铲、钻机不小于140m；

内燃设备不小于150m；

高压电缆不小于50m；

人员不小于300m。

待爆破指挥人员确认警戒到位后，下达装药命令。操作人员在得到装药命令后，应迅速完成装药及填塞工作，孔温不超过80℃的炮孔，从装药到爆破的整个过程不超过3min。每个炮孔由2人负责装药，装药炮孔不超过6~8个。

爆区负责人负责起爆网路的检查。

（5）联网。考虑到火区爆破的特殊性，联网方式采用：先将导爆索绑扎在事先立好的木棒上，保证不与地面接触；再将起爆雷管放置在离导爆索5m以外的安全位置处，并将母线短路。

（6）起爆。指挥人员在确认装药无误，作业人员全部撤离爆区后，总指挥下达起爆命令，起爆。

（7）观察、监视。为了确保安全，指派有经验的专业人员，对火区爆破的全过程进行观察、监视。一旦发现异常，立即撤离危险区域。

（8）按照爆破程序进行爆后检查，做好爆破记录。爆破记录包括以下内容：

1）时间、地点、岩种、孔数、孔温及爆破量；

2）爆破参数和爆破效果；

3）火工品种类、数量；

4）装药人员、警戒人员、起爆人员、炮区检查人员、填塞人员。

E 施工效果

在整个施工过程中没有发生质量安全事故，爆破效率达到预期要求，大块率不超过3%；爆破振动强度和爆破飞石距离均被控制在安全范围内。

6.8.1.9 高温爆破技术发展趋势

2012年10月15日由国家安全生产监督管理局规划科技司和中国工程爆破协会共同牵头和主办的"煤炭高温爆破研究项目论证会"在宁夏回族自治区银川市召开。会议探讨和研究了高温火区煤炭安全开采的理论和关键技术。根据与会专家的发言，展示了我国高温爆破技术的发展趋势。

（1）基本理论研究上将会出现重大的技术突破：

1）高温火区的成因、分布发展规律机理，包括：

①煤田火区燃烧与放热特性。

②煤田火灾范围圈定，绘制火区立体分布图。

③煤田火区的动态演化全过程。

2）炸药在高温炮孔中爆炸危险性研究，包括：

①研究火区的温度总体分布，准确测量炮孔的温度随时间和空间的变化规律。这一研究将为火区爆破安全提供基础性条件和数据。

②研究爆破器材（工业炸药与起爆器材）在不同加热模式下（如加热速率、加热方式、不同加热温度等以及模拟现场条件和现场实验验证）热爆炸行为。这一研究将为各种爆破器材的热危险性提供基础性数据，从而实现对爆破器材热安全行为以及高温爆破的其他技术手段和措施科学评价。

（2）通过开展耐高温爆破器材——炸药研发，提高现有爆破器材的耐高温性能。耐高温工业炸药的研发主要是通过加入某些热分解抑制剂和惰性组分来提高炸药的耐热性能。对于火区深孔爆破可以适当降低炸药的爆炸威力，从而实现耐热的目标。

现有导爆索中炸药为 RDX（黑索金），其熔点为204℃，耐热性能并不高。为满足生产需要，研发耐高温（或耐热）的导爆索。耐高温性能比现有普通导爆索提高30~50℃，爆炸性能不低于现有普通导爆索，生产安全性能满足导爆索生产厂的需求。

（3）通过研究有效的隔热方法和材料，实现对爆破器材有效隔热。目前使用的隔热防护材料有石棉板、石棉橡胶板并辅以耐火泥、PVC管及海泡石。这些隔热材料都可达到一定的防高温目的，尤其是海泡石的隔热性能更加突出。在此基础上可以研发更为有效的隔热方法和材料。

（4）实现现场操作工艺的精细化：

1）高温火区的探测与圈定，便捷、准确，可探测地表以下一定深度（20~30m）。

2）高温炮孔孔内温度的准确探测，全孔深（孔口至孔底各点温度）、全过程（装药前、装药中、装药后）。

3）高温爆破安全技术，现有爆破器材的采区防护措施、施工工艺以及确保安全的爆破温度，特殊爆破器材在高温爆破中的使用以及确保安全的爆破温度。

4）高温爆破起爆网路的阻断技术，确保在单孔引爆情况下整个网路的安全。

（5）实现装药机械化。本着快速、高效和优质的原则研发一种简便、快捷和易操作的集装药与填塞为一体的装药机械，实现装药与填塞机械化，从而降低炸药在高温炮孔中的持续时间。

（6）实现高温爆破安全技术和工艺的规范化：

1）确定合理的爆破设计参数，在安全准爆条件下研究确定准确可控制的装药爆破技术参数、作业工艺、时间和流程。

2）编制涉及高温火区爆破操作规程和安全技术措施，形成高温火区安全爆破技术，包括：

①高温火区爆破设计技术规范。

②高温炮孔测温操作规范。

③高温炮孔降温和温度控制技术措施。

④高温炮孔爆破作业程序和操作规范。

⑤高温火区爆破安全技术措施及应急预案。

6.8.2 冻土爆破

6.8.2.1 冻土的定义与分类

（1）定义：温度在0℃或0℃以下，并含有冰的土类和岩石均称为冻土。冻土是由固体矿物颗粒、黏塑性包裹体、未冻水以及气体包裹体组成的四相体。

（2）分类：按冻结状态持续时间，分为季节性冻土和多年冻土。多年冻土层，地壳表层由于每年夏季融化、冬季冻结，产生了季节融化层。季节融化层底板的埋藏深度，称为多年冻土上限。多年冻土的底板称为多年冻土下限。下限以下是融土。上限与下限之间的距离称为冻土的厚度。青藏铁路穿越的青南藏北地区正是多年冻土最发育的地区，基本上呈连续或大片分布，温度低、地下冻层厚。

6.8.2.2 国内外冻土分布

全球多年冻土的面积约占陆地面积的20%~25%，主要分布在极地和极地附近的区域以及低纬度高山区。此外，在北美、中亚等地的山区有零星分布。独联体、加拿大、中国和美国是多年冻土分布最广的国家。独联体多年冻土分布面积1000平方公里，约占国土面积的48%，是多年冻土分布最大的国家。其次为加拿大，多年冻土分布面积490平方公里，约占国土面积的50%。

我国多年冻土分布面积250平方公里，占世界第三，主要分布于西部的青藏高原和东北的大小兴安岭等地。

青藏高原多年冻土区是世界中低纬度地带海拔最高、面积最大的多年冻土区，它的面积占我国多年冻土面积的70%。

图6-58~图6-61为青海省木里聚乎更露天煤矿待剥离的冻土层。

6.8.2.3 青藏高原多年冻土的物理力学性质

（1）冻土的密度和含水量。冻土的密度和含水量是研究冻土的重要物理力学性质。密度有干、湿之分，干密度为1.637g/cm^3，湿密度为1.791g/cm^3，总含水量22%~42%。

（2）冻土的强度。冻土的强度特性是冻土力学领域研究最为深入的课题之一。冻土强度包括：冰的强度、土颗粒骨架的强度及冰土相互作用的强度三个方面。由于冰相和未冻水膜的存在，即使在冻结砂土中颗粒的直接接触也并不多，冰的力学性质在变形的初期起到至关重要的作用。

图 6-58 冻土层的远摄照

图 6-59 冻土层的表面照

图 6-60 冻土层表面局域照

图 6-61 冻土层断面照

冻土的抗压强度如表 6-19 所示。

表 6-19 冻土的抗压强度

冻土地带的划分	少冰冻土地带	多冰冻土地带	富冰冻土地带
冻土的抗压强度/kPa	800	800	640

研究表明，当冻土温度从 -17 ~ -7℃ 变化时，冻结黏土抗压强度从 3.5MPa 增加到 7.08MPa，冻结砂土抗压强度从 5.54MPa 增加到 10.37MPa，增加幅度近乎一倍。

（3）冻土温度。冻土温度随季节、冻土厚度、最大季节融深不同而异，表 6-20 列出青藏高原北部多年冻土温度值。

表 6-20 青藏高原北部多年冻土温度

位置	松散堆积			山地基岩		
	冻土厚度/m	最大季节融深/m	年平均地温/℃	冻土厚度/m	最大季节融深/m	年平均地温/℃
昆仑山	40~100	1.0~4.0	-4.0~-1.0	50~400	3.2	-1.2~-1.0
风火山	70~155	1.1~4.5	-4.4~-1.5	70~155	1.3	-4.4~-1.5
唐古拉山	20~130	1.5~3.2	-4.5~-1.7	130~300		-9.0~-4.0

昆仑山地段地表植被稀疏，植被覆盖率为 10%，其粉土底层厚度>20m。冻土上限 1.4~1.7m，季节融化后硬塑。砾砂厚度 0.1m，融后稍湿至潮湿，不冻胀。多年冻土年平均低温低于−2℃，属地湿稳定区。

风火山地处多年冻土腹部，其具有典型的多年冻土特征，其季节融化层最大厚度，即上限为 1.3m 左右，大约在每年 5 月初开始融化，到当年 10 月底又冻结。上限以下为永冻层，永冻层地下冰极为发育，即在砂土、粘砂土中不但含有碎石或块石，而且还含有"冰"。

(4) 冻土纵波传播速度。冻土纵波传播速度为 2680~3770m/s。

6.8.2.4 冻土爆破的施工技术

冻土爆破有 3 个难点：高原、冻土和脆弱的生态环境。据此，爆破开挖可采用浅孔松动爆破、深孔台阶爆破。由于冻土区路基基地换填过程中的开挖量小，且为了减少对原冻土地质环境的外界扰动，故多用浅孔松动爆破。而对于露天矿的开采则多用深孔台阶爆破。

A 施工前的准备

施工前先将爆破范围内的地表草皮铲下，移植至别的地方堆积养护。挖除草皮后的地面，采取临时遮阳保温措施，以防止铲去草皮后的冻土融化。

B 钻孔机械设备的选择

(1) 选择的原则：对冻土扰动最小；成孔效率高；成本低；环保效果好。

(2) 冻土钻机类型的选择：

1) 不稳定表层冻土钻机类型选择。在开挖不稳定表层冻土时，可采用风钻和煤电钻相结合的方式。冻土表土层可钻性变化大，冻结强度较低的土层或遇到黏性的软弱夹层宜采用煤电钻钻孔。对于冻结后强度大，呈脆性的土层，可用风动冲击钻钻孔。

2) 浅层开挖钻机类型的选择。浅层爆破可选择麻花钻，钻孔深度不超过 2m。该钻机功率 2kW，钻孔直径 40mm，用发电机供电，钻孔效率 2.0~2.5m/h。

3) 中深层开挖钻机类型选择。中深层开挖爆破可选择冲击钻，钻孔深度 2~7m 较合适，特别适合于含碎石的冻土中钻孔。如简易潜孔冲击钻机，钻孔直径 100mm，钻孔效率 0.2~0.5m/min，钻 6m 深的孔需时 40~50min。生产实践表明，该钻机可以在含碎石冻土中钻孔，适合于冻土爆破方量小，孔深不大的爆破区。

4) 深层开挖钻机类型的选择。开挖深度大于 5m，且开挖方量比较集中的地区，可选择牙轮冲击回转式钻机，如 201SZ 沙漠钻车在青藏线昆仑山口段 (DK984+183 ~ DK984+660) 高含冰量冻土路堑爆破中应用，钻孔直径为 80mm 时，钻孔速度可达 1~2m/min，孔深小于 20m 时，单日可钻机 1000m 以上。另外，该钻机越野能力强，轮胎接地比压小，很适合高原冻土层钻孔作业。

在作业地点固定的大中型矿山，则采用大孔径的潜孔钻机或牙轮钻机。例如：青海省天峻义海能源有限公司下属的聚乎更—露天煤矿采用阿特拉斯颗普柯液压钻机 ROC D9 和国产分体式潜孔钻机都获得了较好的效果。前者孔径 115mm，钻速 1.0~1.2m/min；后者孔径 115mm，钻速 0.6~0.8m/min。

5) 季节性冻土钻机类型选择。开挖季节性冻土时，可采用直径 60~140mm，钻深 2~

3m 的钻机。

C 爆破器材的选择

（1）高原冻土区对爆破器材的要求有如下方面考虑：

1）抗冻性。矿山的开采是不分季节的，特别是在寒季气温均在零度以下，满足抗冻性的要求是显而易见的。

2）防水性。冻土在钻进热熔作用下，部分冻结冰溶化成水存在孔内或与钻碴生成泥浆存于孔底，爆破器材浸水后都会降低爆破效果。

3）防止外来电流影响。有些地区气象灾害是地滚雷较多，要求爆破器材的储运应有较好的防雷避雷设施。

（2）工业炸药的选择。目前国内可供选择的防水抗冻炸药有：

1）钝感水胶炸药（如，山西兴安化学工业（集团）有限公司生产），属于含退役火药露天钝感水胶炸药。密度大（1.4g/cm³），在含水炮孔中下沉快，容易装到炮孔底。防水性能好，储存期可达 0.5～1 年。抗冻性能好，在 -50～-30℃ 时爆速达 6400～6500m/s （药卷直径 60mm）。由于是钝感炸药，运输、储存和使用非常安全。缺点是不能用 8 号雷管直接引爆炸药，必须采用起爆弹起爆。

2）乳化炸药。乳化炸药防水性能好，但普通乳化炸药抗冻性只能在 -15～-10℃ 时有效，可满足暖季施工要求。但高原地区日夜温差较大，通常夜间达 -10℃ 左右，中午可升高到 +10℃ 左右的温度，在如此大温差和强紫外线的条件下，乳化炸药破乳加快，敏化气泡迅速减少，爆炸性能快速衰减，所以必须缩短乳化炸药储存期（一个月左右），以保证乳化炸药的质量。

北京矿冶研究总院研制的 KDW 型抗严寒乳化炸药在 -50～-45℃ 时不结冻，起爆可靠。炸药密度 1.10～1.15g/cm³，猛度 19.2mm。在 -45℃ 时用 8# 雷管可引爆，爆速达 4500～4900m/s。该产品在蒙古国和哈萨克斯坦建立了专门生产线。

山西兴安化学工业（集团）有限公司生产的含退役火药露天钝感乳化炸药也适用于露天冻土爆破。耐低温、抗冻性能好，在 -50～-30℃ 时爆速达 5600～6000m/s （药卷直径 60mm）。密度大（1.30～1.37g/cm³）。储存期可达 9 个月。缺点是不能用雷管直接起爆。

3）泵送乳化炸药（即用装药车装药）。泵送乳化炸药采用液压装药机械将炸药直径泵入炮孔，实现爆破装药机械化。一是提高了装药速度（15～50kg/min）；二是实现了炮孔完全耦合装药，减少了炮孔回淤回冻问题，提高了炮孔利用率；三是装入炮孔内的乳化炸药随产随用，不但炸药性能最优，而且提高了安全性。

（3）起爆器材的选择。采用高强复合型导爆管和导爆管雷管组成的起爆网路具有很好的防水、抗冻性能。

D 爆破方法和爆破参数的确定

高原冻土的组成及其所处地域环境和气候特点决定了高原冻土的力学性质与正常条件下的岩土性质有着较大的差异，因此必须在新的条件下，根据试验确定合理的爆破方法和爆破参数。

（1）深孔台阶爆破参数：

台阶高度 H： 8.0m ≤ H ≤ 15.0m；

炮孔直径 d： d = 80～120mm；

孔间距 a：　　　　　　　　$a = (20 \sim 35)d$，台阶高度大时取大值；

前排抵抗线 W：　　　　　　$W = (0.8 \sim 1.2)a$；

排间距 b：　　　　　　　　$b = (0.8 \sim 1.0)a$；

超深 h：　　　　　　　　　$h = (0.1 \sim 0.15)H$ 或 $h = (0.15 \sim 0.25)b$；

孔深 L：　　　　　　　　　$L = H + h = (1.1 \sim 1.15)H$；

松动爆破炸药单耗 q：　　　$q = 0.30 \sim 0.60$，冻土温度较高时取小值，kg/m^3；

装药量 Q：　　　　　　　　$Q = qabH$，kg；

填塞长度 l_0：　　　　　　　$l_0 = (0.80 \sim 1.2)b$。

（2）浅孔台阶爆破参数：

台阶高度 H：　　　　　　　$2.0m \leqslant H \leqslant 2.5m$；

炮孔直径 d：　　　　　　　$d = 38 \sim 42mm$；

孔间距 a：　　　　　　　　$a = (25 \sim 35)d$，台阶高度大时取大值；

排间距 b：　　　　　　　　$b = (0.8 \sim 1.0)a$；

超深 h：　　　　　　　　　$h = (0.1 \sim 0.15)H$；

孔深 L：　　　　　　　　　$L = H + h = (1.1 \sim 1.15)H$；

松动爆破单耗 q：　　　　　$q = 0.25 \sim 0.40$，冻土温度较高时取小值，kg/m^3；

装药量 Q：　　　　　　　　$Q = qabH$，kg；

填塞长度 l_0：　　　　　　　$l_0 = (0.80 \sim 1.0)b$。

（3）预裂爆破参数。为了减少爆破对永久边坡的破坏，在邻近边坡地段通常采用预裂爆破。预裂爆破的爆破参数可通过现场试验确定，也可参考表 6-21 推荐的数字，在施爆中调整。

表 6-21　预裂爆破主要参数

炮孔直径 d/mm	预裂孔间距/cm	单位长度装药量 q/kg·m^{-1}
80	0.6~0.9	0.30~0.50
100	0.8~1.2	0.50~0.70

E　施工原则

（1）遵循快速施工原则。冻土爆破给施工带来的困难有三点：1）在冻土中钻凿炮孔时，由于热力作用使冰融化和冻土热融，改变了冻土的强度等力学性质。2）钻孔完毕后，一旦热力消失会马上出现回淤、回冻现象。严重破坏了炮孔的成型效果，进而导致卡孔、降低了炮孔利用率。3）爆破后的冻土爆碴如果未能及时装运和清理，爆碴又会回冻而重新冻结，再处理极为困难。最佳的解决办法就是尽量缩短爆破施工循环时间，加快施工速度。

（2）确定合理的爆破规模。为使爆破规模合理，路堑开挖爆破应分段施工，分段长段一般以路堑冻土暴露时间不超过 7 天为宜。一次爆破规模应根据工程地质条件及施工力量确定，力争在一天内完成钻-爆-清挖-地基处理一次循环进尺。

（3）采用先进的爆破施工技术。冻土爆破施工时，首先应选用合适的钻孔机械以提高钻孔速度；其次，还应因地制宜地选择爆破方法，应用新技术，采用浅孔、深孔、松动爆破等综合爆破方法，对开挖方量小、地形较复杂工地可采用浅孔爆破；对方量比较集中、台阶高度大于 5m 时，采用深孔爆破；挖深不超过 15m 的路堑，宜一次爆破成型。为保护开挖边界外的植被和减轻对原状冻土的扰动，应以松动爆破为主。地质条件恶劣地段，清运机械能力强时宜采用弱松动爆破法，严格控制超挖欠挖。为提高边坡质量和方便铺设隔热层，宜采用光面爆破或预裂爆破。

（4）选取合理的爆破参数。单位炸药消耗量与地温和冻土含冰量有关，一般松动爆破的单耗为 0.45~0.65kg/m^3，弱松动爆破为 0.25~0.45kg/m^3。炮孔直径一般取 80~100mm，最小抵抗线 $W = 1.5 \sim 3.0$m，孔距 $a = 2.0 \sim 3.0$m，排距 $b = 1.5 \sim 3.0$m。在冻土中钻孔易发生塌孔、回淤、回冻现象，因此钻孔超深对浅孔和药壶取 $h = 0.20 \sim 0.30$m，深孔取 $h = 0.40 \sim 0.50$m。

（5）保护生态环境。高原冻土地带天寒缺氧、土地荒漠，导致生态极其脆弱，一经破坏就难以恢复。因此，爆破开挖施工尽量减少对环境的影响，贯彻"预防为主，保护优先，开发与保护并重"的原则。具体施工中，要严格在界限内进行爆破开挖；路堑边坡采用光面爆破或预裂爆破；主体冻岩采用松动爆破等。避免爆破对周围生态环境的影响。爆破开挖后，边坡面、基地面要采用特制的防紫外线的遮阳篷布覆盖。暴露的冰结冻土在遮盖篷布前，应先用干土进行覆盖。暖季施工时，爆破开挖边界外，宜设排水沟截留地表水。

F　施工工艺

冻土爆破施工工艺流程如下：

（1）清理作业面。用机械配合人工清理作业面上的覆盖层、松石碴等，为测量布孔、钻孔做好准备。

（2）测量布孔。测量人员按爆破设计准确标出炮孔位置，绘制出实际炮孔布置图。

（3）钻孔。钻孔司机按标出的炮孔位置、设计的炮孔深度、方向钻孔，其孔位、钻孔角度及孔深误差应符合设计要求。

（4）检查清空。钻孔完毕后，须对钻孔质量进行检查，不合格或漏转炮孔应补钻，并清除孔内泥水和石碴。

（5）核算药量。由爆破技术人员根据实际钻孔参数和冻土性质对装药量进行核算调整。

（6）装药填塞。爆破员根据爆破技术人员提供的调整后的炮孔装药量及雷管段别进行装药作业，应严格按设计填塞长度填塞。

（7）连接起爆网路。每一施工循环的钻孔、装药、填塞完成后，由爆破技术人员或爆破班长按设计要求进行网路连接，并有专人检查。

（8）安全警戒。爆破前做好人员、车辆、设备的撤离工作，安全警戒距离由设计确定。

（9）起爆。警戒开始后，爆破技术人员将起爆主导线引至起爆点，确认警戒完成后在规定的时间内准时起爆。

（10）爆后检查处理。爆破完毕并在规定的时间后，先由爆破技术人员进入现场检查，确认安全后解除警戒。若发现有盲炮，应按《爆破安全工程》（GB 6722—2014）有关盲炮处理的规定及时处理。

（11）清碴。经检查确认安全以后，开始机械清碴运输作业。

（12）保温处理和换填。清理出设计基底和边坡后，按设计要求对基底和边坡面进行保温处理，需要换填时应及时用符合规定的填料进行换填。

（13）爆破效果分析。根据爆破和清碴情况，爆破技术人员应及时对爆破效果进行分析，并记录在案。

6.8.2.5 工程实例——青藏铁路冻土爆破

A 工程概况

青藏铁路 DK1087+630~DK1089+250 段位五道梁地区多年冻土挖方换填段，地势较平坦，略有起伏，植被覆盖率 10%~30%，属于低温稳定冻土区，冻土上限 1.6~4.5m。该处地质情况为：粉质黏土，层状分布于局部地层中，厚 0.5~2.5m，土质不均上体多为层状冰结构，含粒状冰，夹含土冰层透镜状，冻土上限以上中密、潮湿，Ⅱ级普通土，$\sigma_0 = 150$kPa，弱冻胀；上限以下为富冰、饱冰冻土，Ⅳ级软石，$\sigma_0 = 250$kPa，融沉。砾砂，厚 1.0~8.0m。含粒冰状。角砾土，厚 1.0~8.0m。泥岩夹砾岩，含层状和网状冰，局部夹含冰层透镜体，富冰、饱冰冻土，全风化~强风化，Ⅳ级软石，$\sigma_0 = 250$kPa，融沉。

B 爆破设计

遵循保护多年冻土的原则，将原冻土挖除换填粗颗粒土，换填深度 4m，开挖底宽 8m，开挖总方量 55760m³。

根据图纸提供的资料、现场的实际情况和试验结果，该段路堑采用深孔松动爆破和浅孔爆破相结合的方案。

（1）基底预留保护层浅孔松动爆破。台阶高度不超过 2m，采用上海八一电机厂生产的 SD—16 煤电钻钻孔，炸药为 2 号岩石乳化炸药。孔径 $d = 42$mm，炮孔间距 $a = 1.3$m，排间距 $b = 1.1$m，孔深 $L = 1.5$m，每孔装药量 $Q = 0.9$kg，炸药单耗 $q = 0.42$kg/m³，填塞长度取 0.9m。

装药结构为孔底采用洁净中粗砂缓冲结构。每钻完一个炮孔立即进行装药填塞，每次爆破 10 排共 70 个炮孔，选用导爆管雷管起爆网路，逐排延期起爆。

主要经济指标：钻孔效率 20 米/台班，最大可达 30 米/台班。爆破产量 26 立方米/台班，最大可达 40 立方米/台班。

（2）上层边缘深孔松动爆破。采用 WTZ-100M/s 型宽轮胎式沙驼牌地质钻机，炸药为 2 号岩石乳化炸药。孔径 $d = 100$mm，炮孔间距 $a = 2.5$m，排间距 $b = 2.5$m，孔深 $L = 4.4$m，每孔装药量 $Q = 9$kg，炸药单耗 $q = 0.60$kg/m³，填塞长度取 2m。

每钻完一个炮孔立即进行装药填塞，每次爆破 20 排共 80 个炮孔，选用导爆管雷管起爆网路，逐排延期起爆。

主要经济指标：钻孔效率 230 米/台班，最大可达 330 米/台班。爆破产量 110 立方米/台班，最大可达 160 立方米/台班。

6.9 降低大块率和根底率的措施

6.9.1 何谓大块率，何谓根底率

6.9.1.1 何谓大块率

露天深孔台阶爆破普遍存在着大块（不合规格大块）产出率和根底率偏高的问题，

它不仅影响铲装效率，加速设备的磨损，而且增加了二次爆破的工作量，提高了爆破成本。

大块的标准主要取决于铲装设备和初始破碎设备的型号和尺寸，因此，其标准的制定是因地、因时而异的。通常，爆破后的合格块度，既要小于挖掘机铲斗允许的块度，又要小于粗碎机入口的允许块度，即：按挖掘机要求

$$a \leqslant 0.8\sqrt[3]{V} \tag{6-51}$$
$$a \leqslant 0.8A \tag{6-52}$$

式中　a——允许的矿岩最大块度，m；

　　　V——挖掘机斗容，m^3；

　　　A——粗碎机入口最小尺寸，m。

6.9.1.2　何谓根底率

所谓根底就是爆破后电铲难以挖掘的凸出采掘工作面一定高度的硬坎、岩埂。对于台阶高度 12m 的矿山，凸出采掘工作面标高 1.5m 以上的硬坎、岩埂、称为根底。

6.9.2　产生的部位和原因分析

6.9.2.1　大块率产生的部位

大量的统计资料表明，不合格大块主要产自台阶上部和台阶的坡面；同一爆区软、硬岩的分界处；爆区的后部边界。其原因是：

（1）为了克服底盘抵抗线的阻力，炸药主要置于炮孔的中、底部、使其沿炮孔轴线方向的炸药能量分布不均。孔口部分能量不足，岩石破碎不均匀。

（2）台阶前部，即邻近台阶坡面的一定范围内，岩石受前次爆破的破坏，原生弱面张裂，甚至被切割成"块体"，爆破时这部分"块体"易整体振落，形成大块。

（3）同一爆区硬岩和软岩分界部分，有时从爆区表面就可看到大块条带，易于垮落。

（4）爆区的后部与未爆岩石相交处（沿爆破塌落线）也会产生一些因爆破而振落的大块。

6.9.2.2　根底率产生的部位及原因

根据峨口铁矿现场统计资料表明[47]，采用多排孔延期爆破时，爆区前排孔位置是产生根底的主要部位，其他部位次之。根底产生的原因是：

（1）孔网参数选择不当、起爆顺序和毫秒间隔时间不合理。通常，同一爆区由于地质构造的影响，岩层产状多变，而且相邻岩层的岩性差别很大，设计时由于未能根据上述特点合理地布孔，再加上起爆顺序和毫秒延期时间选择不当，使得各炮孔内的炸药能量不足以有效地破碎该炮孔负担的岩石体积而产生根底。

（2）炮孔深度不够，底部装药不足是产生根底的主要原因。在实际工作中，常常会遇到设计的炮孔位置由于地质条件极差，多次穿孔而不成孔或当时成孔，但过一段时间孔口或孔内塌孔，炮孔深度不够；或超深值偏小，都会造成炮孔底部装药不足而产生根底。

（3）岩层产状造成底盘抵抗线过大，致使根底频现。当岩层与台阶坡面呈顺坡倾角 40°～50°时，爆破后台阶坡面沿层面滑落，造成底盘抵抗线过大如图 6-62（a）所示，或逆坡倾斜，倾角为 70°～90°时，如图 6-62（b）所示，由于前一次爆破后裂垮塌，钻机不

能靠前作业，也会形成底盘抵抗线过大。

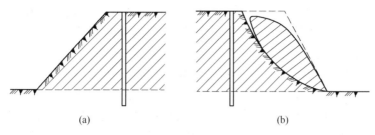

图6-62 岩层产状造成底盘抵抗线过大
(a) 顺坡倾斜；(b) 逆坡倾斜

（4）穿爆施工质量差。由于台阶工作面地形地质条件差、或夜间施工，钻孔司机不能按布孔要求定位作业，形成的孔网参数不均匀，个别炮孔的孔网面积过大，爆后必然产生根底；爆破施工过程中，人为地造成堵孔而未及时发现和处理，造成炮孔填塞高度不足，形成"冲天炮"，使炸药能量不能有效地破碎岩石，也会产生根底。

6.9.3 降低大块率和根底率的措施

降低大块率，根底率的措施是多方面的，归纳起来包括三条：（1）正确的设计；（2）严格的施工；（3）科学的管理。

6.9.3.1 正确的设计就是要确定合理的爆破参数

（1）选准前排孔抵抗线。爆破参数很多，首要的是选准前排孔的底盘抵抗线，包括：

1）测量的图纸要准确；

2）在清碴爆破时，坡底线能挖动的矿岩或浮石一定要挖净，否则影响抵抗线的准确性；

3）由于前次爆破造成台阶坡面角过缓，可采用三角孔或对孔爆破；

4）前排孔装药高度和药量分布是多排孔爆破的关键。难爆区可缩小前排孔孔间距。为减小前排孔药柱过低，前排孔相邻炮孔装药高度可高低交错布置。

（2）控制最后一排孔的装药高度。控制好最后排孔的装药高度，能为随后的爆区创造较好的底盘抵抗线。最后一排炮孔药柱过高，必然使后续爆区的抵抗线过大。根据峨口铁矿的经验，对于12m的台阶高度，后排孔填塞高度控制在7~8m，效果较好。

（3）控制合理超深和填塞高度。合理的超深有助于采场平整。超深值大小与岩石爆破性、爆破参数有关。一般前排孔超深2.5~3.0m；后排孔超深1.5~2.0m。缓坡爆破时，单靠增大孔深，效果并不理想。

（4）控制合理的填塞高度。填塞高度过小易产生"冲炮"；填塞高度过大上部易形成"硬盖"、大块增多。合理的填塞高度范围可参考下式估算：

$$22D < L < 28D \tag{6-53}$$

式中 L——余高，m；

D——炮孔直径，m。

（5）选取与岩石特性相匹配的炸药，增强底部炸药威力。在坚硬岩石部位，孔底装高威力炸药（乳化炸药），上部装铵油炸药。在易爆区、无水炮孔可全部装铵油炸药，而在大抵抗线炮孔则相反。

（6）选取合理的毫秒延期间隔时间。选取毫秒延期间隔时间的原则是：前排孔爆破要为后排孔爆破创造良好的自由面；爆破振动要小；保证未爆炮孔的安全起爆等。具体的方法有：计算法、试验法。

（7）在适宜地点采用大孔距、小抵抗线爆破和压碴爆破。理论和实践都表明，大孔距、小抵抗线爆破是改善爆破质量、提高延米爆破量的一个有效的措施。因此，采用菱形炮孔布置方式和排间延期顺序起爆技术，逐步调整孔网参数，适当增大炮孔间距、减小排距不失为一项有效措施。

为了更好地减少表面大块，在有条件的地段也采用压碴爆破。

6.9.3.2　严格施工

（1）严格布孔和穿孔作业。穿孔作业是爆破的先头作业，它的好坏直接影响爆破效果。

1）布孔作业：

①根据采场采掘计划平面图和地形，在确保下水平采掘高程的条件下，设计孔深。对于12m高度的台阶爆破，孔深为12m，超深2.0~2.5m。

②布孔时，"以尺代步"，孔位偏差小于±0.5m，合格率在90%以上。

③布孔后下达"穿孔指令"，尽量做到一个爆区，一次下达，并附施工图。

2）穿孔作业：

①钻机作业必须按指令行事，孔位偏差小于±0.5m，合格率在85%以上；孔深偏差小于±0.5m，合格率在80%以上。

②搞好炮孔维护，杜绝开车压孔；电缆刮碴入孔，确保成孔不废。

③穿孔作业中，应每天对炮孔质量进行检查，发现不合格炮孔时应及时返工。

④在节理、裂隙发育地段，可用黄泥糊孔以防止塌孔和堵孔。

⑤浅孔爆破应采用湿式凿岩，深孔爆破凿岩机应配收尘设备；在残孔附近钻孔时应避免凿穿残留炮孔，在任何情况下均不许钻残孔。

（2）严格爆破施工。

1）装药前，首先要将孔口附近的碎石和杂物清除。

2）装药前，必须检查孔口炸药是否与孔口标签上的炸药品种、数量相符。

3）装药前，应测量孔深是否合格。

4）炮孔装填两个起爆具时，第一个起爆具应放在药柱的1/3处（距孔底），第二个起爆具应放在药柱的2/3处（距孔底）。

5）装药完毕后，必须保证填塞质量，填塞物不得混有石块和易燃材料，填塞物的粒度以不超过30mm为佳，尽量采用密度大的填塞料。

6）各种起爆网路均应使用合格的爆破器材。

7）起爆网路的连接应严格按设计要求进行。

8）起爆网路的连接应由有经验的爆破员或爆破技术人员实施，并实行双人作业制。

9）起爆网路检查，应由有经验的爆破员组成的检查组担任，检查组不得少于2人，大型或复杂起爆网路检查应由爆破工程技术人员组织实施。

10）爆破警戒和信号按《爆破安全规程》（GB 6722—2014）执行。

6.9.3.3　科学的管理

爆破技术和科学的管理是一个有机的整体。前者是基础，后者是保证。在爆破管理上要实行分层管理，逐层考核、责任到人。严格执行质量管理体系，质量监控网络。

参 考 文 献

[1] 汪旭光. 爆破手册 [M]. 北京：冶金工业出版社，2010.

[2] 汪旭光. 爆破设计与施工 [M]. 北京：冶金工业出版社，2011.

[3] 汪旭光. 汪旭光院士论文选集 [M]. 北京：科学出版社，2009.

[4] 于亚伦. 工程爆破理论与技术 [M]. 北京：冶金工业出版社，2004.

[5] 陈晓青. 金属矿床露天开采 [M]. 北京：冶金工业出版社，2010.

[6] 蔡美峰. 岩石力学与工程 [M]. 北京：科学出版社，2002.

[7] 杨军，熊代余. 岩石爆破机理 [M]. 北京：冶金工业出版社，2004.

[8] 李夕兵，古德生. 岩石冲击动力学 [M]. 长沙：中南工业大学出版社，1994.

[9] 张宗贤. 岩石破坏原理及其应用 [M]. 北京：冶金工业出版社，1994.

[10] 北京理工大学，北京理工北阳爆破工程有限责任公司，北京工业大学. 精确延时起爆控制爆破地震效应研究 [C]. 鉴定材料，2012.6.28.

[11] 施建俊，等. 逐孔起爆技术及其应用 [J]. 黄金，2006 (4)：25~28.

[12] 沈珊珊. 某矿山爆破地震效应检测与分析 [J]. 有色金属，2000，6 (1)：7~10.

[13] 赵改昌，汪旭光. 起爆网路设计中的一个重要概念——点燃阵面 [J]. 工程爆破，1999，5 (4)：8~11.

[14] 采矿手册编辑委员会，采矿手册 [M]. 3卷. 北京：冶金工业出版社，1991.

[15] 胡福祥，蔡鸿起. 露天矿台阶高度的优化 [J]. 金属矿山，1998，260 (2)：1~7.

[16] 陈广平，刘琦. 台阶高度与矿岩运输功含量的关系 [J]. 中国矿业，1993，2 (1)：41~44.

[17] 董香山. 台阶高度影响露天矿经济效益的综合分析 [J]. 承钢技术，2005 (1~2)：11~17.

[18] 冶金工业部科学技术司矿山处. 国家"七五"科技攻关大型露天铁矿开采技术成果汇编 (1986~1990) [G]，1991.7.

[19] 谭永杰. 中国煤田自然灾害及其防治对策 [J]. 煤田地质与勘探，2000，28 (6)：8~10.

[20] 周俊峰. 露天矿火区爆破灭火降温方法 [J]. 露天采矿技术，2004 (4)：8~9.

[21] 尹晓丹. 煤为什么会自燃 [N]. 中国能源报，第023版，2010年8月30日.

[22] 朱志宇，赵浩，刘光伟. 浅析露天煤矿煤炭自燃 [J]. 露天采矿技术，2011 (1)：29~32.

[23] 李洁莹. 煤田火灾的成因、危害和治理技术 [J]. 能源技术与管理，2011 (4)：89~90.

[24] 刘贝，等. 我国煤炭自燃影响因素分析 [J]. 煤炭科学技术，2013，41 (8)：218~221.

[25] 梁运涛，罗海珠. 中国煤矿火灾防治技术现状与趋势 [J]. 煤炭学报，2008，33 (2)：126~130.

[26] 郑炳旭. 中国高温介质爆破研究现状与展望 [J]. 爆破，2010，27 (3)：13~17.

[27] 蔡建德. 露天煤矿高温区爆破安全作业交上研究 [J]. 工程爆破，2013，19 (1~2)：92~95.

[28] 李战军，郑炳旭. 矿用火工品耐热性现场试验 [J]. 合肥工业大学学报 (自然科学版)，2009，32 (10)：1499~1500.

[29] 傅建秋，等. 胶状乳化炸药和电雷管的耐高温性能试验研究 [J]. 爆破，2008，25 (4)：7~11.

[30] 史秀志，等. 高温控制爆破工艺及新型隔热材料的试验研究 [J]. 矿业研究与开发，2005，25 (1)：68~71.

[31] 齐俊德. 宁夏煤田火灾的危害及综合治理研究 [J]. 能源环境保护, 2007, 21 (2)：36~39.

[32] 余明高. 我国煤矿防灭火技术的最新发展与应用 [J]. 矿业安全与环保, 2000, 27 (1)：21~23.

[33] 田晓华. 内蒙古桌子山煤田火灾特征及灭火方法探讨 [J]. 中国煤炭地质, 2008, 20 (11)：12~14.

[34] 束学来, 等. 测温技术在煤矿火区爆破中的应用 [J]. 煤炭技术, 2014, 33 (08)：299~301.

[35] 赖学江, 等. 热电偶高温测量应注意的问题 [J]. 化工装备技术, 2001, 22 (4)：45~47.

[36] 赵琪. 高温测量技术 (1) [J]. 物理, 1982, 11 (4)：237~241.

[37] 齐吉琳, 马巍. 冻土的力学性质及研究现状 [J]. 岩土力学, 2010, 31 (1)：133~143.

[38] 马巍, 王大雁. 中国冻土力学研究50a回顾与展望 [J]. 岩土力学学报, 2012, 34 (4)：625~640.

[39] 马英. 西藏嘉黎县蒙亚啊露天矿高原冻土爆破剥离浅析 [J]. 有色矿冶, 2008, 24 (4)：17~18.

[40] 付洪贤, 冯叔瑜, 张志毅. 青藏高原冻土爆破特性的试验研究 [J]. 岩土工程学报, 2007, 29 (6)：927~931.

[41] 张俊兵, 潘卫东, 付洪贤. 青藏铁路多年高含冰量爆破漏斗的试验研究 [J]. 岩石力学与工程学报, 2005, 24 (6)：1077~1081.

[42] 高嵩, 冻土爆破钻孔机械的选用 [J]. 铁道建筑技术, 2005 (4).

[43] 张建平, 高荫桐, 于亚伦. 冻土层下球状药包爆破方法 [J]. 工程爆破, 2004, 10 (3)：15~18.

[44] 王焕. 青藏高原多年冻土爆破施工技术研究 [J]. 通道建筑, 2004 (11)：49~51.

[45] 高嵩, 多年冻土爆破施工技术应用研究 [D]. 西南交通大学硕士学位论文, 2006.

[46] 许兰民, 等. 青藏铁路冻土爆破施工技术探讨 [G]. 见：2006年中国交通土建工程学术论文集：812~816.

[47] 北京科技大学矿业研究所, 太原钢铁公司峨口铁矿. 提高峨口铁矿爆破质量综合技术措施的研究与实践 [R]. 1993.

[48] 戚文革, 等. 矿山爆破技术 [M]. 北京：冶金工业出版社, 2010.

[49] 顾春雷, 等. 露天矿深孔压碴挤压爆破效果分析 [J]. 现代矿业, 2013 (12)：91~93.

[50] 吕艳奎, 高文明. 逐孔微差压碴爆破技术的应用 [J]. 现代矿业, 2013 (11)：113.

[51] 陈晓青. 金属矿床露天开采 [M]. 北京：冶金工业出版社, 2010.

[52] 谢代洪. 双壁沟掘进中的问题及对策 [J]. 攀枝花科技与信息, 2008, 33 (4)：39~41.

[53] 吕向东, 等, 西沟石灰石矿在降段与掘沟爆破中的经验 [J]. 工程爆破, 1998, 4 (2)：42~46.

[54] 杨勇. 掏槽爆破在朱家包包露天矿掘沟工程中的应用 [J]. 工程爆破, 2005, 11 (3)：52~54.

[55] Hopler, Robert B. Blasts' Handbook. 17th Edition. Cleveland, Ohio. USA. International Society of Explosives Engineers. 1998.

[56] Roger Holmberg, Explosives & Blasting Technique, Netherlauds：A. A. Balkema, 2000.

[57] Per-Anders Persson, Roger Holmberg, Jaimin Lee, Rock Blasting and Explosives Engineering. CRC Press, 1993.

[58] T. N. Hagan, Rock Breakage by Explosives, National Symposium on Rock Fragmentation, Paper sydey, The Institution of Engineers, 1973.

7 高台阶抛掷爆破

7.1 抛掷爆破与无运输倒堆工艺系统

7.1.1 抛掷爆破与无运输倒堆工艺系统的关系

抛掷爆破是指按工程要求将岩石脱离原地、抛掷到比常规爆破块石位移量大得多的一种爆破技术。具体到露天矿的抛掷爆破是指利用爆破将剥离物直接排到排土堆上而不再需要往返搬运的爆破技术，高台阶抛掷爆破与大型机械铲和吊斗铲相结合，组成无运输倒堆工艺系统。无运输倒堆工艺系统是指将矿物上部的土岩由采掘设备挖掘后直接排放至采空区的剥离工艺。因其采掘、运输和排卸三项作业由同一设备完成，与其他露天矿开采系统相比，具有设备数量少、单位斗容效率高、剥离物转运工序少、生产能力大、生产可靠性高等特点。

抛掷爆破是一种爆破技术，而无运输倒堆工艺系统是一种露天开采的工艺系统。抛掷爆破是无运输倒堆工艺系统的一部分或者说是一个重要组成部分，抛掷爆破和专门的倒堆设备（倒堆用大型机械铲或吊斗铲）共同组成了无运输倒堆工艺系统。

7.1.2 无运输倒堆工艺系统专用设备——吊斗铲

吊斗铲或其他倒堆用大型机械铲能独立地完成对覆盖废石的挖掘、运输和排土等各项作业环节，而不需要在整个工艺系统中另行配置运输和排土设备。因此，大型吊斗铲的出现和完善是无运输倒堆工艺系统成功的关键。

大型倒堆吊斗铲的勺斗容积为 $23 \sim 90m^3$，最大已达 $168m^3$，卸载半径最大达 $120m$，倒堆厚度最大已达 $60m$，剥离采宽为 $40 \sim 60m$。实践表明，大型吊斗铲的生产效率超过其他工艺的 $40\% \sim 60\%$。生产成本是其他工艺的 $1/2 \sim 2/3$。

7.1.3 抛掷爆破效果直接影响吊斗铲的效率

采用吊斗铲无运输倒堆工艺系统对中等硬度以上的岩石进行倒堆剥离，需对倒堆台阶进行预剥离爆破，其爆破块度、爆堆形状、沉降率、有效抛掷率、台阶坡面的平直程度等爆破效果的好坏直接影响到吊斗铲的效率。

图 7-1 列出吊斗铲生产能力与爆破块度、钻孔直径和单位炸药消耗量 q 的关系曲线。从图 7-1 看出，吊斗铲的生产能力随爆破块度的增大而减小；随钻孔直径的增大而减小；随单位炸药消耗量的增加而增加。

目前，抛掷爆破和无运输倒堆工艺系统只用来进行剥离覆盖于煤层（有用矿物）上部的剥离物以暴露煤层，然后用其他的工艺方法开采煤层或其他有用矿物。从这个含义上讲，无运输倒堆工艺系统仅是露天采场整个生产系统的一部分。

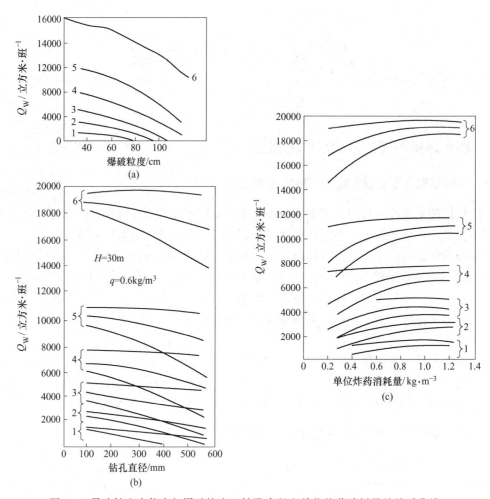

图 7-1　吊斗铲生产能力与爆破块度、钻孔直径和单位炸药消耗量的关系曲线

7.2　高台阶抛掷爆破（无运输倒堆工艺系统）产生的背景

　　露天矿的高台阶开采是前苏联采矿学者 M. F. 诺沃日洛夫提出，20 世纪 60 年代初期，深孔抛掷爆破技术在美国的 McCoy Coal 矿进行试验，该矿覆盖物厚度为 18.3～24.3m（60～80 英尺），抛掷爆破把 40% 的覆盖物跑到采空区。到了 20 世纪 80 年代初期，美国、澳大利亚等国家的许多露天矿面临剥采比增加，剥离费用升高，煤价又年复一年的降低，再加上石油、天然气行业的激烈竞争，露天煤矿开采有失去竞争能力的危险。为了降低成本，提高竞争能力，研究发现采用廉价的炸药实施抛掷爆破剥离技术，可将 30%～65% 的覆盖物抛掷到采空区，不再进行二次处理，剥离费用降低 30% 以上，具有明显的经济效益。

　　大型吊斗铲的出现，使无运输倒堆工艺系统如虎添翼。自第一台吊斗铲问世以来，世界上共制造出 776 台各种型号的吊斗铲，其中美国生产 506 台，俄罗斯生产 270 台，用户遍及数十个国家。美国露天煤矿使用的拉斗铲已有 100 多台，其完成的煤炭产量占全美煤炭总产量的 1/2。美国西部波德河煤田是世界上最大的煤炭产区，为了降低成本，至 1994 年已有 19 台斗容 23～122m³ 吊斗铲在作业，矿区露天煤矿全员效率达 243 吨/工。澳大利亚也有 60 台以上大型吊斗铲，勺斗容积范围在 $23\sim90m^3$，完成的煤炭产量占全国煤炭产量的 1/3 多。目前，加拿大、南非、印度、约旦等许多国家的露天矿业也采用了抛掷爆破剥离技术。美国和其他国家吊斗铲使用情况如表 7-1 和表 7-2 所示。

表 7-1　美国吊斗铲使用情况

勺斗容积级别 /m³	使用数量 /台	勺斗总容积 /m³	勺斗总容积所占百分比 /%
30	19	581	10.0
38	7	268	4.6
50	17	845	14.5
61	30	1835	31.5
80	26	2087	35.8
107	2	214	3.6
总　计	101	5830	100.0

表 7-2　世界部分国家吊斗铲使用情况

国　家	使用吊斗铲个数 /个	露天煤矿总产量 /Mt	吊斗铲总数 /台	吊斗铲剥离煤炭产量/Mt	占比/%
澳大利亚	25	355.0	61	134.0	38
南　非	10	222.0	25	76.0	34
加拿大	12	75.0	22	40.0	53
印　度	9	323.0	17	73.0	23
其　他	13	133.0	17	57.0	43
合　计	69	1108.0	142	380.0	47.5

目前，无运输倒堆工艺系统已发展到了一个新阶段，剥离物的排放厚度越来越大，用无运输倒堆工艺系统剥离的煤层数越来越多，出现了许多不同的工作面布置方式及剥离程序。无运输倒堆工艺系统无论在理论研究，还是在生产实践方面都达到了一个新高度。与此同时，高台阶抛掷爆破理论、抛掷爆破设计与施工、露天煤矿抛掷爆破炸药制备及装药机械化等方面也有了长足的发展。

随着国民经济的发展，国家对能源需求激增。在我国一次性能源中，煤炭占据 70% 左右，煤炭在国家能源安全中的战略核心地位异常显著。为满足煤炭市场的需求量，经过近 10 年的建设，1999 年 11 月 20 日神华准格尔能源有限公司黑岱沟露天煤矿正式移交生产。2003 年又对该矿进行扩能建设改造——采用抛掷爆破拉斗铲倒堆工艺，工作线长度由 1200m 增加到 2000m，生产能力达到 2000 万吨/年。

黑岱沟露天煤矿从 2007 年 3 月 1 日第一次抛掷爆破开始截止到 2009 年 6 月 18 日，历时 2 年 5 个月的时间，共进行了 30 次抛掷爆破，爆破总方量 $45499770m^3$，炸药总消耗量 32195.1t。目前已成为我国最大的煤炭生产基地。

经过近 20 年的试验研究，已形成抛掷爆破→吊斗铲、抛掷爆破→推土机、抛掷爆破→电铲→卡车等多种联合剥离工艺。

7.3   黑岱沟露天煤矿是我国无运输倒堆工艺应用的典范

7.3.1   黑岱沟露天煤矿的含煤地层

黑岱沟露天煤矿设计开采的煤层为二叠纪 6 号复合煤层，煤层平均厚度 28.8m，属长焰煤种，近水平分布。其地层层位如图 7-2 所示，上部为黄土，厚度约 50m；中部为岩层，厚度 50~70m；下部为 28m 厚的煤层。该矿含煤地层的多样性决定了开采工艺的综合性。

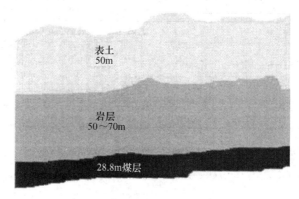

图 7-2   地质层位特征示意图

7.3.2   依岩层不同采用不同的开采工艺

黑岱沟露天煤矿开采属于综合开采工艺，不同岩层采用不同的开采工艺，黄土采用轮式连续开采工艺；下部黄土和抛掷爆破台阶以上的岩石采用单斗-卡车开采工艺；煤层上部 45m 岩石台阶采用吊斗铲倒堆开采工艺；吊斗铲倒堆开采工作线长 2110m，采用抛掷爆破，其余岩石和煤层采用松动爆破；煤层采用单斗-卡车-地面半固定破碎站带式输送机的半连续开采工艺，如图 7-3 所示。

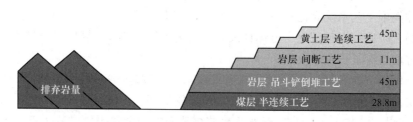

图 7-3   黑岱沟露天煤矿的综合开采工艺

7.3.3   吊斗铲倒堆开采工艺

7.3.3.1   倒堆开采工艺

煤层上部 45m 岩石台阶采用吊斗铲倒堆开采工艺；吊斗铲倒堆开采工作线长 2110m，采用抛掷爆破。倒堆是指将矿物上部覆盖层或岩土剥挖后，经短距离移运，直接排放到采空区的剥离矿岩方法。吊斗铲倒堆剥离工艺集采掘、运输与排土 3 项作业于一体，将剥离物直接倒堆排弃于采空区内，适用于近水平埋藏的矿床，由于该工艺将剥离物直接倒堆排弃于采空区，减少了运输设备，缩短了运距，经济效益显著。抛掷爆破技术应用于倒堆剥离工艺，将相当大一部分剥离岩层直接抛入采空区，其中不需倒堆剥离的部分可达30%~60%，这就进一步提高了剥离工作效率，大幅度降低了剥离成本，使吊斗铲倒堆剥离工艺获得了日益广泛的应用，倒堆工艺如图7-4所示。

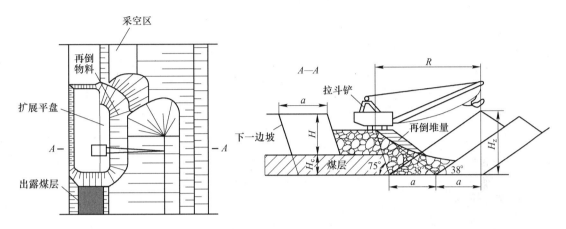

图 7-4 吊斗铲倒堆示意图

7.3.3.2 吊斗铲特点

以吊斗铲为主的大型电铲倒堆剥离工艺尤其适于近水平埋藏的矿床。由于吊斗铲具有较大的线性尺寸，对剥离岩性适应性强，生产能力大，获得了日益广泛的应用。吊斗铲倒堆剥离与单斗电铲-卡车工艺之比较，其优点是：

（1）吊斗铲生产能力巨大；

（2）吊斗铲剥离成本最低；

（3）简化了生产管理环节，便于集中管理。

其缺点是：

（1）吊斗铲初始投资高；

（2）吊斗铲剥离作业灵活性差。

近20年来，抛掷爆破技术用于倒堆剥离工艺，将剥离岩层相当大部分抛入采空区，其中不需倒堆剥离的部分可达30%~60%，进一步提高了剥离工作效率，大幅度降低剥离成本，使倒堆剥离工艺如虎添翼。美澳经验表明，采用抛掷爆破+倒堆剥离工艺，剥离成本仅为单斗一卡车工艺时的1/3~2/3。

黑岱沟露天煤矿选用比塞洛斯公司生产的8750-65型吊斗铲，其外形如图7-5所示。

图 7-5 吊斗铲的外形

7.3.3.3 吊斗铲的性能参数

斗容	90m³
工作半径	100m
悬臂长度	109.7m
悬臂高度	68.0m
悬臂倾角	35°
底盘直径	24.40m
行走步长	2.3m
行走速度	3.5m/min
行走允许坡度	
纵向	10%
横向	5%
空斗重量	124.5t
满斗系数	0.95
最大悬拉载荷	274.6t
平均铲斗装载量	
松方	85.5m³
实方	61.04m³
最大挖掘深度	71.0m
最大卸载高度	45.1m
工作重量	5600t
工作循环时间	47s
平均小时生产能力	3938±5%m³
平均日生产能力	86600±5%m³
平均月生产能力	2655700±5%m³
平均年生产能力	25597000±5%m³

7.3.3.4 倒堆台阶工作面参数

(1) 倒堆台阶工作面参数包括倒堆台阶高度、煤台阶高度、采掘带宽度、倒堆台阶坡面角、采煤台阶坡面角、倒堆内排台阶高度、倒堆内排台阶坡面角、爆堆沉降高度、有效抛掷系数、爆堆形状、内排土场松散系数等。合理的设计倒堆工作面参数可以提高拉斗铲的作业效率, 主要参数见表7-3。

表7-3 倒堆工作面参数

台阶高度/m	煤台阶高度/m	采掘带宽度/m	倒堆台阶坡面角/(°)	采煤台阶坡面角/(°)	倒堆内排土场坡面角/(°)	有效抛掷系数/%	倒堆排弃物的松散系数	倒堆排土场高度/m	爆堆沉降高度/m
40	28.8	80	65	75	38	30	1.35	72.5	13.5

(2) 抛掷率与剥离台阶参数的关系。露天煤矿抛掷爆破一般能把 30%~60% 的岩石抛

抛到采空区，其中不需要二次倒堆的有20%～40%的岩石直接排入倒堆内排土场。抛掷率的大小与台阶高度、台阶宽度、炸药性能及岩石裂隙发育程度有关。抛掷爆破前后的岩体状态如图7-6所示。

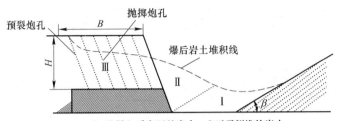

图7-6 抛掷爆破前后的岩体状态

抛掷爆破的抛掷率P与被抛掷岩层台阶高度H、台阶宽度B之比有直接关系（见图7-7）。其关系函数可表达为

$$P = f(H/B) \tag{7-1}$$

式中　P——抛掷率，%；

　　　H——台阶高度，m；

　　　B——台阶宽度，m。

从图7-7可以看出抛掷率大致与H/B成正比关系：当H/B增加时，抛掷到采空区的岩土就增加，当宽度一定时，台阶越高抛掷率越大。

7.3.3.5　吊斗铲作业方式

吊斗铲的作业方式直接影响露天煤矿的年生产能力 如何保证吊斗铲作业行走时间最短，作业回转角度最小，吊斗铲的台时工作效率达到最大，推土机扩展平台推土量最小及运距最短，是十分复杂的运筹学问题。图7-8示出黑岱沟露天煤矿的作业程序图：

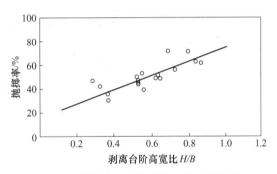

图7-7 抛掷率与台阶高宽比关系回归图

（a）抛掷爆破实施以前的台阶，在完成穿孔装药等工作后，即可实施抛掷爆破；

（b）实施抛掷爆破后形成的爆堆，在检查完炮区后，推土机进行降段推弃作业；

（c）推土机降段推弃作业，在降段的同时也为吊斗铲做扩展平盘；

（d）推土机平整出一定宽度的平盘，为单斗电铲准备出作业场地后，单斗电铲进行刷帮作业，具备卡车通行条件时，卡车所运物料也做扩展平盘，不具备卡车通行条件时，单斗电铲倒堆作业；

（e）推土机+单斗电铲为吊斗铲做完的作业平盘，吊斗铲走铲到位后即可倒堆作业；

（f）吊斗铲在高段台阶一侧进行拉沟作业，排弃物料先做扩展平盘，扩展平盘宽度达到设计宽度后，排弃至内排土场；

（g）当扩展平盘达到设计宽度后，吊斗铲进行正常倒堆作业；

（h）吊斗铲作业完成后，露出煤台阶，在靠近排土场一侧拉出煤沟。

按此方式作业可以保证推土机推土量最小，运距最短，同时可以满足吊斗铲作业的正常接续。

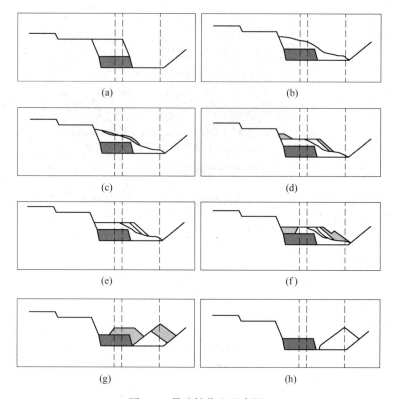

图 7-8 吊斗铲作业程序图

（a）抛掷爆破前；（b）抛掷爆破后爆堆；（c）推土机作业量；（d）电铲刷帮作业位置；
（e）推土机+电铲完成扩展平台即吊斗铲初始作业平台；（f）吊斗铲高段下拉沟作业；
（g）吊斗铲清理正前方；（h）吊斗铲作业完成

7.3.4 抛掷爆破设计

采用多排孔毫秒延期抛掷爆破加预裂爆破技术。

7.3.4.1 台阶高度和采宽

露天矿深孔抛掷爆破的效果与台阶高度 H 和采掘带宽度 B 有密切关系。在抛掷爆破中，合理的 $H/B = 0.4 \sim 0.85$，即

$$\frac{H}{B} = \varepsilon \tag{7-2}$$

式中 ε——抛掷爆破台阶高度于采区宽度之比值。

若已知 H 与 B 中任一个值，另一值即可按式（7-2）求出。

7.3.4.2 钻孔形式

露天矿深孔台爆破的钻孔形式一般分为：垂直钻孔和倾斜钻孔。二者各有优缺点和应用范围。在抛掷爆破中，倾斜钻孔的优点是：

（1）炮孔的抵抗线分布比较均匀，爆破后不易产生大块和残留根底。

（2）炸药能量的有效利用率较高，台阶底部岩石阻力的减小和上部填塞部位周围岩石体积的减少，提高了破碎效果。

（3）台阶边坡更加稳定，有利于作业人员和设备的安全。

（4）利用倾斜炮孔能取得更好的抛掷效果。

（5）可减少钻孔费用。由于钻孔长度的增加，可提高炮孔装药量，在炸药单耗不变的情况下，可增加孔距和排距。

（6）爆堆形状比较好，有利于吊斗铲的高效作业。

德拉蒙德矿通过现场试验发现，炮孔与垂直线的夹角为18.8°时，抛掷效果较好。如果夹角在增大，装药会发生困难。

黑岱沟露天煤矿采用的倾斜炮孔，其倾角的大小与台阶坡面角相一致。

7.3.4.3 钻机的选择

黑岱沟露天煤矿按其炮孔的作用分为抛掷孔和松动孔。穿孔设备的类型和用途如表7-4所示。用于岩石高台阶抛掷爆破穿孔的钻机主要是DM-H2型和1190E型电力驱动牙轮钻机。

表7-4 穿孔设备的类型与用途

驱动方式	型号	台数	用途
电力驱动牙轮钻机	DM-H型	2	岩石台阶松动爆破穿孔
	DM-H2型	4	岩石高台阶抛掷爆破穿孔
	1190E型	1	岩石高台阶抛掷爆破穿孔
柴油驱动牙轮钻机	DM-45型	3	煤台阶松动爆破穿孔
	CDM-75型	2	

DM-H2型和1190E型牙轮钻机主要用于岩石高台阶抛掷爆破穿孔，DM-H2型钻机的外形如图7-9所示。

7.3.4.4 抛掷爆破参数

抛掷爆破（预裂爆破）的孔网布置如图7-10所示。

A 炮孔直径 D

炮孔直径是控制炮孔的爆炸能量达到预定爆破作用的一个基本因素，增大炮孔直径不仅能提高炸药的传爆性能，而且可以提高爆炸威力和爆破效率。通常炮孔直径 $D = 270 \sim 310mm$，预裂孔直径 $D = 160mm$。

B 孔距 a 与排距 b

根据矿山岩石情况、钻孔设备参数、炸药参数、台阶高度和抛掷距离确定炮孔孔距、排距。一般孔距取 $a = 7m$，排距 $b = 8m$。预裂孔的孔间距为3m。

图7-9 DM-H2型钻机的外形

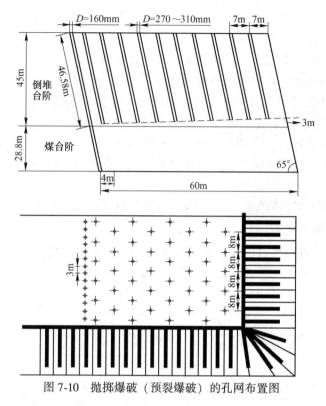

图 7-10　抛掷爆破（预裂爆破）的孔网布置图

C　最小抵抗线 W

在给定孔径和炸药类型的情况下，最小抵抗线的长度最好能达到最大的抛射速度和理想的破碎块度，下面介绍 3 个相对简单而较实用的公式：

$$W = Kd/1000 \qquad (7\text{-}3)$$

$$W = a/k \qquad (7\text{-}4)$$

$$W = 1.087 q_1^{1/2} \qquad (7\text{-}5)$$

式中　K——系数，$K = 30 \sim 40$；

　　　d——炮孔直径，mm；

　　　a——孔距，m；

　　　k——系数，$k = 1 \sim 6$；

　　　q_1——线装药密度，kg/m。

D　填塞长度 l

$$l = (0.9 \sim 1.0) W \qquad (7\text{-}6)$$

$$l = (20 \sim 30) d \qquad (7\text{-}7)$$

填塞长度取决于填塞材料和填塞质量，填塞质量好和填塞物密度大时，可适当减少填塞长度。

E　排间延时间隔 t_p、孔间延时间隔 t_k

目前抛掷爆破采用逐孔斜线起爆的方法，孔间延时间隔 t_k 一般为 $9 \sim 17$ms，效果最佳为 $9 \sim 13$ms；排间延时间隔 t_p 一般为 $100 \sim 200$ms，其中第一排至第二排为 100ms，第二排至第三排为 150ms，第三排至第八排为 200ms，第八排至第九排为 150ms，第九排至第十排为

100ms，预裂孔先于主爆孔 500~600ms。如图 7-11 所示。

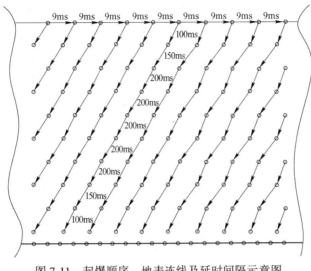

图 7-11　起爆顺序、地表连线及延时间隔示意图

F　炸药及其单耗

a　对炸药性能的要求

黑岱沟露天煤矿高台阶抛掷爆破规模大，每次起爆 500~700 个炮孔，需要装填各种炸药 1000~1500t，对炸药的品种、性能、生产工艺技术、预装药时间等方面都有严格的要求：

（1）黑岱沟露天煤矿大孔径、多排孔、倾斜深孔抛掷爆破需要使用性能可调的铵油炸药、重铵油炸药和乳化炸药。预裂爆破需要使用性能可调的超低密度装药。

（2）由于抛掷爆破炮孔数目多，总装药量大、装药周期长，必须采用预装药技术。因此，要求预装入炮孔内的炸药稳定性高，炮孔内装填的多品种炸药不产生拒爆。

（3）抛掷爆破装药要求炸药生产工艺系统自动化程度高、安全性高、效率高。

（4）在生产过程中实现集中控制，在安全上实现自动连锁保护，采用自动化、智能化程度高的炸药地面生产工艺技术及爆破现场快速多功能炸药混装技术。

b　炸药品种的选取

黑岱沟露天煤矿松动爆破和抛掷爆破常用的炸药有 3 种，即铵油炸药、重铵油炸药和乳化炸药；预裂爆破一般用超低密度装药。铵油炸药是由 94.5% 的多孔粒状硝酸铵和 5.5% 的柴油组成的，由多功能现场混装炸药车内螺旋搅拌装置将多孔粒状硝酸铵和柴油按照比例关系均匀混合而成后输入炮孔。其炸药性能和爆轰参数示于表 7-5。

表 7-5　铵油炸药性能及爆轰参数

铵油炸药性能参数	数　据	铵油炸药性能参数	数　据
密度/g·cm^{-3}	0.8~0.9	特征爆速/km·s^{-1}	2.50~4.80
最小孔径/mm	76	相对单位重量爆力	100
最大孔深/m	80	相对单位体积爆力	100
最大装药深度/m	75	CO_2产量/kg·L^{-1}	182
炮孔类型	干孔	预装药时间/d	42
输药系统	Augered 螺旋输送混合系统		

重铵油炸药是由乳胶基质、多孔粒状硝酸铵和柴油组成的,由多功能现场混装炸药车内螺旋搅拌装置,按照比例关系均匀混合而成后输入炮孔。其炸药性能和爆轰参数如表7-6所示。

表 7-6 重铵油炸药性能及爆轰参数

重铵油炸药性能参数	10 号重铵油炸药	11 号重铵油炸药	12 号重铵油炸药	13 号重铵油炸药
密度/$g \cdot cm^{-3}$	1.00	1.10	1.20	1.30
最小孔径/mm	115	115	127	150
最大孔深/m	80	80	80	80
最大装药深度/m	75	75	75	75
炮孔类型	干孔			抽干水孔
特征爆速/$km \cdot s^{-1}$	2.5~5.8	2.5~5.8	2.8~6.1	3.1~6.3
相对单位重量爆力/mL	107	112	116	118
相对单位体积爆力/mL	134	154	174	190
CO_2产量/$kg \cdot L^{-1}$	172	172	163	158
预装药时间/d	21			

乳化炸药是由69.8%的乳胶基质加入0.2%敏化剂溶液与30%多孔粒状硝酸铵组成的,由多功能现场混装炸药车内螺旋搅拌装置,按照比例关系均匀混合与产品泵输送系统将乳胶基质、敏化剂溶液和多孔粒状硝酸铵按照比例关系混合而成后输入炮孔。其炸药性能和爆轰参数如表7-7所示。

表 7-7 乳化炸药性能及爆轰参数

乳化炸药性能参数	数 据	乳化炸药性能参数	数 据
密度/$g \cdot cm^{-3}$	1.15~1.25	特征爆速/$km \cdot s^{-1}$	1.7~6.4
最小孔径/mm	115	相对单位重量爆力/mL	103~110
最大孔深(依赖于孔径)/m	50	相对单位体积爆力/mL	148~172
最大装药深度(依赖于孔径)/m	30~45	CO_2产量/$kg \cdot L^{-1}$	140~135
炮孔类型	干孔、湿孔、含水孔	预装药时间/d	21
输药系统	螺旋、软管输送		

超低密度乳化炸药是由非敏化的乳胶基质和聚苯乙烯组成的,由多功能混装装药车再按照一定比例混合而成输入炮孔,超低密度炸药性能及爆轰参数如表7-8所示。

表 7-8 超低密度炸药性能及爆轰参数

超低密度炸药性能参数	数 据	超低密度炸药性能参数	数 据
密度/$g \cdot cm^{-3}$	0.2~0.4	特征爆速/$km \cdot s^{-1}$	1.7~2.2
最小孔径/mm	—	相对单位重量爆力/mL	—
最大孔深/m	—	相对单位体积爆力/mL	—
最大装药深度/m	—	CO_2产量/$kg \cdot L^{-1}$	—
炮孔类型	干孔、湿孔	预装药时间/d	21
输药系统	螺旋输送混合系统		

抛掷爆破一般用重铵油炸药，重铵油炸药装药密度大，抛掷效果好，在潮湿或水孔条件下，需装入乳化炸药。

露天煤矿的剥离岩石松动爆破，炸药单耗 q 一般取 $0.32 \sim 0.45 \mathrm{kg/m^3}$，抛掷爆破炸药单耗取 $0.64 \sim 0.86 \mathrm{kg/m^3}$。

G 单位爆破面积 S_0

单位爆破体积 $V = abH$，由 $q = Q/V$ 可得出 $S_0 = abW = Q/qH$。

7.3.4.5 装药结构

（1）在同一炮孔中，根据不同深度、不同岩石性质、所处爆破区域的爆破控制目标，分别装填不同品种、不同密度、不同能量的铵油炸药、重铵油炸药、乳化炸药。如图 7-12 所示。

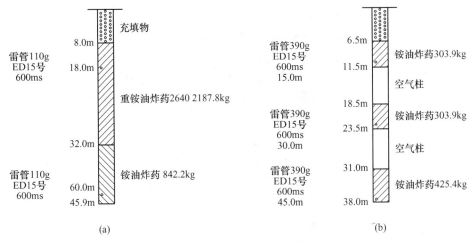

图 7-12 装药结构图

（a）正常装药结构；（b）分段装药结构

（2）大区毫秒延期爆破中，不同排的炮孔根据所确定的炸药单耗，调整各排炮孔内炸药的品种和装药结构，使得前 5 排炮孔内只装重铵油炸药且炸药比重逐渐减少。从第 6 排开始，只装铵油炸药，且单孔装药量逐渐减小。最后一排和侧面最后两排采用空气间隔器分段装药，以达到控制爆堆形状、减少后冲和侧冲、保护高台阶坡面稳定之目的，如图 7-13 所示。

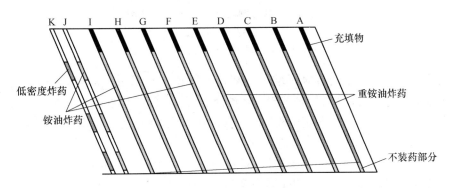

图 7-13 爆区剖面图

7.3.4.6 起爆网路的试验与设计

黑岱沟露天煤矿平时采用高精度非电导爆管雷管起爆系统。为了比较数码电子雷管逐孔起爆技术与高精度非电导爆管雷管起爆系统的优劣以及优化数码电子雷管逐孔起爆技术的参数，进行了 4 次现场试验。试验雷管均使用澳瑞凯（威海）爆破器材有限公司生产的非电导爆管雷管（Exel）和数码电子雷管（i-kon），考察的指标是露天抛掷爆破的关键绩效指标——抛掷率（KPI）。

（1）对比爆破试验 目的是比较数码电子雷管（i-kon）逐孔起爆技术与高精度非电导爆管雷管（Exel）起爆系统的优劣。

在对比使用中，爆区一半使用非电导爆管雷管（Exel），另一半使用数码电子雷管（i-kon）。由于是在同一种岩体上实施的爆破，爆破参数基本相同，确保了在爆破中（爆破后）从每一半爆区采集的数据的一致性

在数码电子雷管（i-kon）。爆区：同排炮孔的起爆延期时间是 9ms，前排每排孔之间起爆定时为 350ms，后排每排孔之间起爆定时减少至 184ms。整个爆区的起爆顺序由 i-kon 起爆区首先点火。非电导爆管雷管（Exel）起爆区采用的起爆顺序与黑岱沟露天煤矿在平时抛掷爆破中使用的 Exel 雷管起爆顺序一致。起爆顺序如图 7-14 所示。

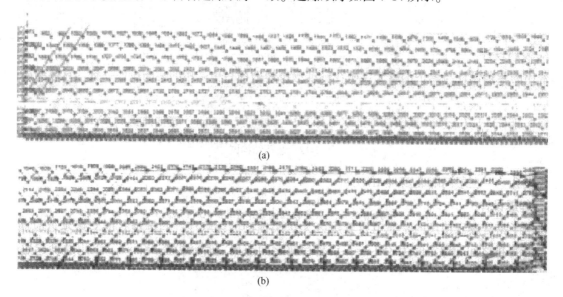

(a)

(b)

图 7-14 爆破试验起爆顺序设计示意图

（设计图各孔标注延期时间）

（a）i-kon 起爆区；（b）Exel 起爆区

爆破后，根据激光扫描仪对爆堆进行测量的数据，利用 Shotplus-ipro SV 爆破设计软件对各爆区的抛掷率计算的结果，非电导爆管雷管（Exel）爆区的抛掷率为 33%，数码电子雷管（i-kon）。爆区的平均抛掷率为 38%。在对比爆破试验的基础上，为了优化爆破参数又进行了 3 次电子雷管抛掷爆破试验。

（2）第一次电子雷管起爆系统抛掷爆破试验——优化前排抵抗线。

参数优化：将前排抵抗线由 8m 缩小至 7m。

起爆设计：采用与对比试验中 i-kon 起爆区相同的起爆顺序，前排每排孔之间起爆延期

定时为 350ms，后排每排孔之间起爆延期定时减少至 184ms，起爆延期时间如图 7-15 所示。

爆破效果较好，爆堆表面的岩石看上去非常破碎，爆堆沉降高度 10~15m，实际抛掷率 37%。

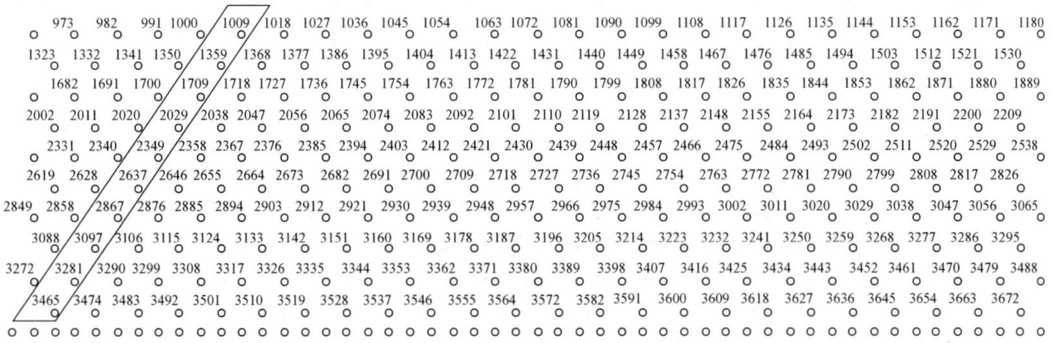

973 982 991 1000 1009 1018 1027 1036 1045 1054 1063 1072 1081 1090 1099 1108 1117 1126 1135 1144 1153 1162 1171 1180
1323 1332 1341 1350 1359 1368 1377 1386 1395 1404 1413 1422 1431 1440 1449 1458 1467 1476 1485 1494 1503 1512 1521 1530
1682 1691 1700 1709 1718 1727 1736 1745 1754 1763 1772 1781 1790 1799 1808 1817 1826 1835 1844 1853 1862 1871 1880 1889
2002 2011 2020 2029 2038 2047 2056 2065 2074 2083 2092 2101 2110 2119 2128 2137 2148 2155 2164 2173 2182 2191 2200 2209
2331 2340 2349 2358 2367 2376 2385 2394 2403 2412 2421 2430 2439 2448 2457 2466 2475 2484 2493 2502 2511 2520 2529 2538
2619 2628 2637 2646 2655 2664 2673 2682 2691 2700 2709 2718 2727 2736 2745 2754 2763 2772 2781 2790 2799 2808 2817 2826
2849 2858 2867 2876 2885 2894 2903 2912 2921 2930 2939 2948 2957 2966 2975 2984 2993 3002 3011 3020 3029 3038 3047 3056 3065
3088 3097 3106 3115 3124 3133 3142 3151 3160 3169 3178 3187 3196 3205 3214 3223 3232 3241 3250 3259 3268 3277 3286 3295
3272 3281 3290 3299 3308 3317 3326 3335 3344 3353 3362 3371 3380 3389 3398 3407 3416 3425 3434 3443 3452 3461 3470 3479 3488
3465 3474 3483 3492 3501 3510 3519 3528 3537 3546 3555 3564 3572 3582 3591 3600 3609 3618 3627 3636 3645 3654 3663 3672

图 7-15 第 1 次爆破试验起爆延期时间图

（3）第二次电子雷管起爆系统抛掷爆破试验——完全预裂爆破、优化前排抵抗线、提高单耗。

参数优化：

1）为了控制爆破振动速度，将中间预裂爆破更改为完全预裂爆破。

2）将前排抵抗线由 7m 在缩小至 6m。

3）提高单位炸药消耗量，将前 6 排炮孔装药由前两次爆破使用的单耗 1.1g/cm³ 重铵油炸药改为单耗 1.2g/cm³ 的重铵油炸药，后几排炮孔中的铵油装药量不变。

4）为了平衡钻孔数量和炸药用量，将炮孔间距增大至 12m。

起爆设计：此次爆破起爆设计的最大变化是将中间预裂爆破改为完全预裂爆破。即预裂爆破以每 20 个孔为一组，每组延期间隔 10ms。第一个主炮孔爆破与最后一组预裂孔爆破延期间隔 410ms。主炮孔起爆的延期间隔为同排间隔 9ms，与前两次爆破的情况相同。然而，由于此次前排抵抗线只有 6m，因此将前排每排孔之间的起爆延期由 350ms 减至 330ms。后排每排孔之间的起爆延期由 184ms 减至 180ms。起爆延期时间如图 7-16 所示。

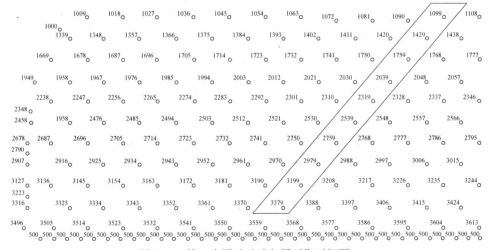

图 7-16 第 2 次爆破试验起爆延期时间图

（4）第三次电子雷管起爆系统抛掷爆破试验——继续优化前排抵抗线。

参数优化：将前排抵抗线由 6m 进一步减小至 5m。

起爆设计：在主炮孔起爆前实施完全预裂爆破，预裂爆破以每 20 个孔为一组，每组延期间隔 10ms。第一个主炮孔爆破与最后一组预裂孔爆破延期间隔 410ms。前排每排孔之间的起爆延期为 330ms。后排每排孔之间的起爆延期为 180ms。起爆延期时间如图 7-17 所示。

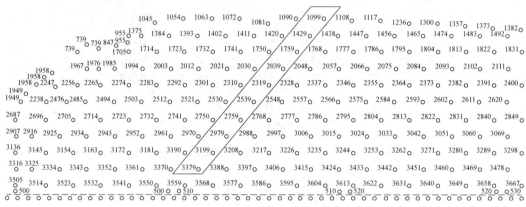

图 7-17　第 3 次爆破试验起爆延期时间图

（5）抛掷爆破试验汇总。试验结果表明，采用 i-kon 数码电子雷管、创新的孔网设计、起爆和装药设计以及高质量装药和起爆操作，是提高抛掷率的有效措施。若以抛掷率为指标，在非电导爆管雷管和数码电子雷管的对比试验中，Exel 爆区的抛掷率为 42%，而第二次和第三次采用 i-kon 电子雷管起爆系统抛掷爆破试验取得的抛掷率高达 40% 和 42%，即抛掷率提高了 8%~9%。采用电子雷管起爆系统进行抛掷爆破完全可以实现"逐孔起爆技术"，既降低了爆破振动速度、改善了破碎质量，又提高了抛掷率，4 次爆破试验采用的爆破参数和取样的爆破效果如表 7-9 所示。

表 7-9　4 次爆破试验采用的爆破参数和取样的爆破效果对比表

爆破序号	1	2	3	4
起爆类型	对比爆破：50%非电雷管；50%i-kon 雷管	i-kon	i-kon	i-kon
爆破时间	2010. 02. 21	2010. 04. 19	2010. 07. 16	2010. 10. 26
爆破位置	西1	东2	东3	东6
平均台阶高度/m	34	48	32	41. 61
抵抗线/m	8	8	6	6
平均前排抵抗线/m	8	7	6	5
炮孔间距/m	11	11	12	12
填塞长度/m	6	6	6	6
炮孔数量/个	831	502	823	477
爆破量/Mm³	1. 798	1. 526	1. 708	1. 242
数码雷管数量/发	1030	1143	1756	993

续表 7-9

爆破序号	1	2	3	4
延期时间	非电雷管区：标准延期时间 i-kon 雷管区：控制排 9ms，雁形列从 350ms 递降至 184ms	控制排 9ms，雁形列从 350ms 递降至 184ms	控制排 9ms，雁形列从 330ms 递降至 180ms	控制排 9ms，雁形列从 350ms 递降至 180ms
炸药单耗/kg·m⁻³		0.69	0.78	0.84
炮孔排数	10 炮主爆+1 排预裂	10 炮主爆+1 排预裂	11 炮主爆+1 排预裂	11 炮主爆+1 排预裂
装药参数	1~5 排：1.1g/cm³ 重铵油+0.8 g/cm³ 铵油 6~8 排：0.8 g/cm³ 铵油 9~10 排：两层间隔铵油 11 排：预裂孔 2~3 层间隔铵油	1~5 排：1.1g/cm³ 重铵油+0.8 g/cm³ 铵油 6~8 排：0.8 g/cm³ 铵油 9~10 排：两层间隔铵油 11 排：预裂孔 2~3 层间隔铵油	1~6 排：1.15g/cm³ 重铵油 7~9 排：0.8 g/cm³ 铵油 10~11 排：两层间隔铵油 12 排：预裂孔 2~3 层间隔铵油	1~6 排：1.15g/cm³ 重铵油 7~9 排：0.8 g/cm³ 铵油 10~11 排：两层间隔铵油 12 排：预裂孔 2~3 层间隔铵油
爆破振动			300m：41.2mm/s 四队部：9.66mm/s	300m：31mm/s 四队部：10.2mm/s
抛掷率/%	Exel：33；i-kon：38	37	40	42

7.3.4.7 欠深

为了防止被爆破对煤层的破坏，造成开采时岩石对煤层的污染，需要留一定的保护层，其方法是对钻到煤层顶板倾斜炮孔的最后一排进行回填，回填深度为 1~3m，如图 7-18 所示。

7.3.4.8 爆破振动安全允许速度的计算

A 仪器的选择

爆破振动测试系统一般包括三部分，即传感器、爆破振动记录仪和计算机。传感器将原始振动信号变换为所需信号（如电压、电荷等）。爆破振动记录仪的作用是参数设定、信号输入、数据处理和信号输出。计算机进行数据处理分析计算。爆破振动测试系统示意图如图 7-19 所示。

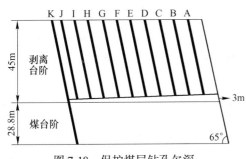

图 7-18 保护煤层钻孔欠深

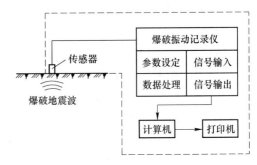

图 7-19 爆破振动测试系统示意图

　　黑岱沟露天煤矿爆破振动测试仪器采用加拿大 Instantel 公司生产的 Minimate Plus 振动监测仪和国内生产的 UBOX-20016-Ⅳ 爆破振动记录仪。二者的技术性能分别如表 7-10 和表 7-11 所示。

表 7-10　Minimate Plus 振动监测仪的技术性能

指　标	数　值
量程	最高达 254mm/s
分辨率	0.127mm/s 或 0.0159mm/s（使用内置的前置放大增益）
精度（ISEE/DIN）	±5%或 0.5mm/s（0.01in/s），取较大值
换能器密度	3.13g/mL
频响范围（ISEE/DIN）	2~250Hz，理想平滑（反映在 0~-3db/1~315Hz）
最大电缆长度（ISEE/DIN）	75/1000m
尺寸	81mm×91mm×160mm
质量	1.4kg

表 7-11　UBOX-20016-Ⅳ爆破振动记录仪的技术性能

指　标	数　值
接口	USB2.0 或 RS-232
采集方式	并行
模拟输入通道	四通道/台，可多台并行扩展
最高采样率	200ks/ch
信号分辨率	16B（量程的 1/65536）
SBAM 缓存深度	64 KB/ch（可扩至 128 KB/ch）
输入方式	BNC 单端电压信号输入
量程	±1V、±2V、±5V、±10V，4 挡程控
输入阻抗	1M Ω
输入电容	≤25pF
输入信号带宽	0~100kHz
直流精度误差	≤0.2%
信噪比	≥76dB
触发方式	信号上升沿/下降沿触发、软件触发、光隔行触发
外部尺寸	125mm×50mm×145mm
质量	1.1kg

　　传感器（拾振器）采用 CD-21 型磁电式振动速度传感器，其技术参数如表 7-12 所示。

表 7-12　CD-21 型磁电式振动速度传感器技术参数

指　标	数　值
灵敏度	20~50mV/s ±1%（根据用户调整）
频率响应	5~100Hz；10~500Hz；10~1000Hz

续表 7-12

指　标	数　值
固有频率	约 10Hz
振幅极限	2mm
最大加速度	10g
温度范围	−30~120℃
相对湿度	至 95% 不冷凝
外形尺寸	$\phi35×78mm$
质量	350g

B　测点布置方案

(1) 第一次抛掷爆破测点布置方案：

1) 为确定爆破地震波在爆区侧向的传播规律，在爆区的东南侧同一台阶上布置 4 个测点。4 个测点在一条直线上，处于爆区起爆方向的侧向。测点编号分别为 1 号、2 号、3 号、4 号。

2) 为确定断层对爆破地震波的影响，在爆区侧后方（爆区的西侧）的一个断层处布置 2 个测点，编号为 5 号和 6 号。

3) 为确定预裂缝对爆破地震波的影响及传播规律，在爆区的后方同一条直线上布置 6 个炮孔，其编号为 7 号、8 号、9 号、10 号、11 号、12 号。这些测点分别布置在不同的台阶上。测点位置如图 7-20 和图 7-21 所示。

(2) 第二次及以后各次抛掷爆破测点布置方案。各次测点的爆炸方案与同第一次抛掷爆破。

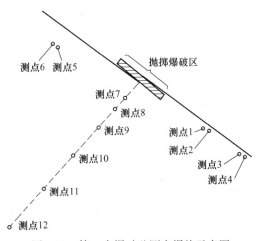

图 7-20　第一次爆破监测点爆炸示意图

图 7-21　爆区后方测点布置示意图

C　爆破振动测试结果

(1) 三次爆破振动试验的药量对比。三次爆破振动试验的药量对比如表 7-13 所示。

表 7-13　三次爆破振动试验的药量对比

项　目	第一次爆破试验	第二次爆破试验	第三次爆破试验
日期	2007. 3. 1	2007. 4. 19	2007. 7. 1
总装药量/t	960	780	1300
单孔装药量/t	2	2	2
单响药量（8ms 内起爆药量)/t	10	15	15

（2）第一次爆破振动实测数据如表 7-14 所示。

表 7-14　第一次爆破振动实测数据

测点编号	振速峰值/mm·s⁻¹			矢量合速度/mm·s⁻¹	爆心距/m	单响药量/kg	备注
	横向	垂直	径向				
1-1 号	28.6	13.5	29.1	30.3 (43.3)	525	10000	右侧
1-2 号	19.6	12.1	30.6	31.1 (38.3)	555	10000	右侧
1-3 号	12.6	5.59	12.4	14.5 (18.5)	800	10000	右侧
1-4 号	8.51	3.05	8.51	10.9 (12.4)	850	10000	右侧
1-5 号	20.7	15.0	43.3	45.9 (50.3)	584.6	10000	断层
1-6 号	24.9	11.4	29.2	38.3 (40.0)	599.9	10000	断层
1-7 号	24.5	26.8	19.0	30.7	209	10000	后侧
1-8 号	14.1	11.1	10.8	17.4	350	10000	后侧
1-9 号	10.4	16.8	7.8	17.9	550	10000	后侧
1-10 号		4.3	9.9	10.0	800	10000	后侧
1-11 号	1.7	2.3	3.8	3.9	1215	10000	后侧
1-12 号	1.1	1.9	2.8	2.9	1800	10000	后侧

注：矢量合速度一栏括号内数字为最大合速度。

（3）第二次爆破振动实测数据如表 7-15 所示。

表 7-15　第二次爆破振动实测数据

测点编号	振速峰值/mm·s⁻¹			矢量合速度/mm·s⁻¹	爆心距/m	单响药量/kg	备注
	垂直	径向	横向				
2-1 号	104.7	149.7	134.3	181.3	100	15000	后侧
2-2 号	31.7	56.5	32.7	55.0	200	15000	后侧
2-3 号	11.8	17.3	16.3	20.4	300	15000	后侧
2-4 号	10.8	13.9		18.7	500	15000	后侧
2-5 号	4.5	3.9	3.7	7.9	800	15000	后侧
2-6 号	4.2	2.5	2.3	5.4	1000	15000	后侧
2-7 号	17.4	30	22	41.1	380	15000	右侧
2-8 号	11.8	20.3	15.0	27.9	500	15000	右侧

（4）第三次爆破振动实测数据如表 7-16 所示。

表 7-16 第三次爆破振动实测数据

测点编号	振速峰值/mm·s⁻¹			矢量合速度 /mm·s⁻¹	爆心距 /m	单响药量 /kg	备注
	垂直	径向	横向				
3-1 号	65.6	70.9	70.8	118.0	200	15000	侧侧
3-2 号	23.3	28.0	25，5	50.7	350	15000	侧侧
3-3 号	66.7	69.4	59.8	87.4	162	15000	后侧
3-4 号	10.1	5.8		17.5	550	15000	侧侧
3-5 号	6.5	2.4	3.7	10.7	650	15000	侧侧
3-6 号					800	15000	侧侧

D 测试结果分析

a 爆破振动速度峰值衰减规律。根据《爆破安全规程》（GB 6722—2014）规定：

$$v = k \left(\frac{\sqrt[3]{Q}}{R} \right)^a \tag{7-8}$$

式中 v ——地面质点峰值振动速度，cm/s；

Q ——炸药量（齐爆时为总装药量，延迟爆破时为最大一段装药量），kg；

R ——观测（计算）点到爆源的距离，m；

k，a ——与爆破点至计算点间的地形、地质条件有关的系数和衰减系数。

黑岱沟露天煤矿通过对试验数据进行回归分析，得出本地区的 k、a 值。

爆区后侧振动速度衰减规律为

$$v = 85.1 \left(\frac{Q^{1/3}}{R} \right)^{1.31} \tag{7-9}$$

爆区右侧振动速度衰减规律为

$$v = 238.8 \left(\frac{Q^{1/3}}{R} \right)^{1.47} \tag{7-10}$$

b 爆破振动速度计算。根据式（7-9）和式（7-10）计算出的相同距离测点处后向和侧向爆破振动速度计算结果（$Q=15t$）如表 7-17 所示。

表 7-17 相同距离测点处后向和侧向爆破振动速度计算结果（$Q=15t$）

测点位置	距离 R/m						
	200	400	600	800	1000	1200	1400
后向爆破振动速度 /cm·s⁻¹	5.48	2.21	1.30	0.89	0.66	0.52	0.43
侧向爆破振动速度 /cm·s⁻¹	11.01	3.97	2.18	1.43	1.03	0.79	0.63

通过监测得到的爆破振动速度的主频在 4~10Hz 范围内，根据《爆破安全规程》（GB 6722—2014）的规定：其对应的最大允许爆破振动速度取小于 10Hz 挡的最大值。对于一般民用建筑物安全允许振速为 1.5~2.0cm/s。

可以认为，该矿深孔抛掷爆破对 800m 以外的保护物引起的爆破振动影响符合《爆破安全规程》（GB 6722—2014）的安全规定。只要在施工工程中，严格控制每次爆破的一次最大起爆药量不超过现有值、爆破网路正确、爆破对周围环境就不会造成破坏。

7.3.5　抛掷爆破施工

7.3.5.1　采用带有 GPS 定位系统的 DM-H2 型牙轮钻机进行精确穿孔

A　通常的抛掷爆破钻孔工作模式

（1）生产技术部利用激光设备扫描掌子面的地貌及地表面的高程，形成地貌扫描图，然后根据扫描图、以往的经验和布孔软件设计抛掷孔，包括：孔距、排距、孔深、位置等。

（2）将设计好的每个孔位坐标导入到手持测量仪器中，布孔人员使用测量仪器，通过点放样的方式，找到设计的孔位，生产技术部爆破设计人员根据现场实际情况和以往经验调整孔的具体位置和深度，在相应的孔位上打钉子，钉上红布，上面标记有每个孔位的编号。

（3）生产技术部将穿孔任务单交给钻机司机，钻机司机根据穿孔任务单和布孔组布好的孔位打孔，将孔编号与任务单对照获取每个孔的属性信息。

（4）验孔人员对钻机打完的孔进行检测：检查钻孔深度、孔内积水、坍塌、堵塞情况。

松动孔布孔模式与抛掷孔类似，布孔组依据生产技术部给出的穿孔任务单及现场实际情况布孔。第 1 排孔根据经验布置，第 2 排孔及以后的孔位保持直线依次布孔，以爆破时不出现大块，不出现喷药为原则。

B　GPS 定位系统在穿孔作业中的应用

（1）GPS 系统的目标。GPS 系统具有以下 3 个主要目标：

1）炮孔的定位。无需地测人员现场布孔，引导钻机导航到设计孔位。通过 GPS 的动态监测，进行实时的定位钻机所在位置，最后通过钻机系统的导航功能，将钻机引导到设计的孔位点。

2）孔深监测。通过钻机系统，提示司机钻孔的深度。通过硬件监测设备和软件系统的自动化流程控制，精确的监测钻机打孔的深度，统计出进米尺数。

3）钻机体态定位。通过 GPS 的动态监测，进行实时的定位钻机所在的位置，并且通过系统实时计算，最终确定钻机的体态定位方向。

（2）系统架构。GPS 系统主要有以下几方面组成：全球卫星定位系统（GPS）；宽带无线通讯网络系统；计算机网络系统；车载移动数据终端机；各种应用软件；数据库软件、车载终端软件等．系统架构如图 7-22 所示。

1）GPS 在本系统中的主要作用是实现钻机导航，测量实时位置坐标、距离和时间等数据。

2）无线网络通讯系统选择了无线 MESH 技术。它适用于复杂地形的移动环境，如覆盖面积大；地形起伏不平；设施布置复杂；随时间推移不断变化的露天矿山。通讯系统由固定基站、移动基站和钻机终端构成移动无线宽带网络，实现钻机终端与布孔人员之间的信息传输、数据采集以及差分数据的发布等。

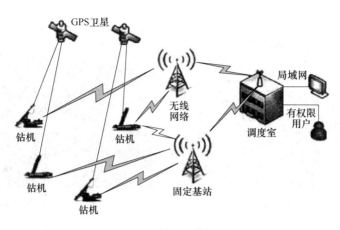

图 7-22 钻机系统架构

3）钻机上安装的设备及应用软件。在钻机上安装的设备有高精度 GPS 接收器、GPS 接收天线、车载终端、数字倾角仪、终端应用软件、编码器。数字倾角仪用于测量钻机与水平面的倾角；编码器，用于测量回转小车行走的距离，并换算成钻孔的深度。钻机司机室布置如图 7-23 所示。

（3）系统功能的实现。为加强对钻机工作的规范化管理，有效实现钻机的高精度定位，本系统采用的方法是：

图 7-23 钻机司机室布置

1）单个钻机使用 2 个高精度双频 GPS 接收机；

2）在钻机上选择合适的位置安装 2 个高精度 GPS 接收机，经计算求出钻孔的 GPS 坐标；

3）接收 GPS 差分基站的差分码，进行解算。

C GPS 钻机导航系统是高精度 GPS 在钻机作业中的应用

它的水平定位精度小于 2cm，垂直定位精度小于 5cm。考虑司机的操作误差，钻机的水平定位精度小于 20cm，垂直定位精度小于 50cm。系统的应用将免去人工测量炮孔布置、检测炮孔参数和重复钻孔等工作实现布孔、钻机穿孔的实时性监控，在降低成本的同时，也提高了孔位精度和工作效率。

7.3.5.2 实现了装药和填塞作业的机械化

穿孔完成后，利用炸药混装车现场进行预装药，预装药时间20天，所装炸药为多品种（铵油炸药、重铵油炸药、乳化炸药）高质量炸药。图7-24 为多功能装药车正在装药，图7-25 为乳胶基质补给车。后者为远距离补给乳胶基质的专用车辆，它扩大了装药服务半径，实现了多矿点乳化炸药车不间断装药，大大提高了装药效率。

图 7-24　装药车工作图　　　　　　　　　图 7-25　乳胶基质补给车

为了提高爆破工作效率，减轻工人劳动强度，采用填塞机进行机械化填塞，如图 7-26 所示。

填塞机的主要构造是在机械车辆前部安装由液压驱动的双臂刮板，双臂刮板铰接连接在支架上，在支架梁两端与该侧的刮板中部铰接有液压缸，液压缸与机械车辆的液压系统油管相连接，支座通过销轴固定在机械车辆的执行机构上。双臂刮板直接由车辆的液压系统驱动，完成刮板的合拢与张开。

图 7-26　填塞机工作状况

使用填塞机后大大提高了填塞效率。炮孔人工填塞，干孔时每孔需 7min，水孔每孔需 15~30min（水越多时间越长）。使用填塞机后干孔仅需 1min。水孔仅需 3~5min。实践表明，填塞机填塞阶段总耗时相比人工填塞缩短了 20%~30%。

7.3.5.3　利用 MDL 公司三维激光扫描仪对爆破区进行扫描，可迅速得出爆堆沉降高度和有效抛掷率

装药填塞完成后，由专业技术人员进行连线工作，并进行逐孔检查，以保证连线正确、完好；连线完成后，利用 BlastPED 遥控起爆系统进行起爆；爆破后，由专业技术人员进行炮区检查确定有无拒爆现象；在确保安全的情况下，利用 MDL 公司三维激光扫描仪对爆破区进行扫描（图 7-27），对数据进行分析，得出爆堆沉降高度和有效抛掷率，并与爆破设计模拟数据进行对比，以指导下一次的抛掷爆破。

三维激光扫描仪是通过激光测距原理，瞬时测得空间三维坐标值的测量仪器，利用三维激光扫描技术获取的空间点云数据，可快速建立机构复杂、不规则场景的三维可视化模型，既省时又省力，是观测的三维建模软件所不可比拟的。

7.3.5.4　辅助设备的大型化和重型化

对于大型露天矿山，除了提高穿孔、爆破、铲装、运输生产过程的机械化水平以外，还要注意配套设备的机械化。采用大钻机、大电铲、大汽车固然是大型矿山的发展方向，同时辅助设备的大型化也不可偏废。这也是我们和国外大型矿山机械化水平的差距之一。试想没有大型的运输设备,牙轮钻机的移场只能靠缓慢的自行。黑岱沟露天煤矿辅助设备的大型化、重型化标志着生产过程的机械化整体水平的提高。图7-28为辅助设备之一,即大型平板车。

7.3.6　预裂爆破

在露天煤矿高台阶抛掷爆破剥离过程中,为了准确地界定抛掷爆破范围,达到抛掷爆破后的边坡整齐,增加边坡安全性,必须率先进行预裂爆破。同时通过预裂爆破炸出的裂隙还可起到排水疏干作用,以保证抛掷爆破的炮孔在装药前是干燥的,通过预裂爆破可减小后冲,提高抛掷率。

图 7-27　MDL 公司三维激光扫描仪

预裂爆破的炮孔布置,炮孔深度、炮孔角度以及采用的炸药性质、装药量、装药结构均会因煤与岩体的赋存情况、岩性不同而有所差异。预裂炮孔合适的间距一般取 3~6m,深度一般至煤层底板。

图 7-28　大型平板车

7.3.6.1　预裂孔孔径

黑岱沟露天煤矿目前采用的钻机为:DM-H(钻孔直径:250mm),DM-H2(钻孔直径:310mm)和1190E(钻孔直径:310mm)的钻机,属于大孔径钻机,适合预裂爆破穿孔。对于特大型的露天煤矿,预裂炮孔直径采用310mm为宜。

7.3.6.2　预裂孔倾角

预裂爆破的目的是为了保护下一台阶的完整,减轻爆破振动,因此预裂炮孔的倾角一般与主炮孔的倾角相同。根据国内外经验,采用倾斜钻孔的爆破 倾角一般为 65°~75°。

7.3.6.3　炸药单耗

根据抛掷爆破台阶的岩石物理力学性质,选取不同的炸药单耗,如泥岩:1.53kg/m^3;砂岩:0.61~0.77kg/m^3;黏土岩:0.15~0.18kg/m^3。

7.3.6.4 孔间距

预裂孔的孔间距为 8~12 倍孔径，硬岩取大值，松软的风化岩取小值。当预裂孔孔径为 310mm 时，孔间距合理范围为 2.84~3.72m。黑岱沟露天煤矿选取孔间距为 3.5m。

7.3.6.5 距离主炮孔的距离

预裂爆破形成的连续裂缝阻断了主炮孔产生的冲击波和爆轰气体对周围岩体的破坏，主爆区炮孔离预裂面需要一定的距离，太近或太远都难以达到阻断的目的，一般预裂孔与主爆区炮孔之间的最佳距离为最小抵抗线的 0.3~0.5 倍黑岱沟露天矿抛掷爆破最小抵抗线为 9m，预裂抵抗距离为 2.7~4.5m。

7.3.6.6 超深

进行多台阶爆破时，各排预裂孔不应有超钻，如果预裂孔钻凿到下个台阶基准面以下，将对下部台阶的顶部岩层造成损坏。对于黑岱沟露天煤矿抛掷台阶，因为爆破台阶的下一层台阶即为煤台阶，煤层全部采完不留煤柱，因此可以将预裂孔的深度打到煤层底板，这样可以更好的保持边坡的完整性如图 7-29 所示。

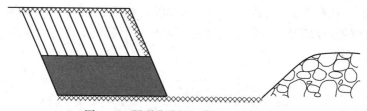

图 7-29 预裂孔孔深至煤层底板示意图

7.3.6.7 径向不耦合装药和横向不耦合装药结构

不耦合装药，最大限度减少了爆破对孔壁周围岩石的破碎。不耦合装药分为径向不耦合装药和轴向不耦合装药。黑岱沟露天煤矿采用轴向不耦合气囊式空气间隔连续分段超低密度装药的方法，实现预裂爆破装药。

径向不耦合装药系数 m 等于炮孔直径 D 与药包直径 d 之比，即 $m = D/d$。若 $m = 2.1$，$D = 310$mm，则 $d = D/m = 150$mm。那么，轴向不耦合装药结构的不耦合系数如何计算？黑岱沟露天煤矿提出了一种直观的描述方法，即认为沿炮孔长度方向连续装药的药柱部分高度为"药包直径"，分段时使用的气囊形成的空气柱与"药包直径"之和称为"炮孔直径"。轴向不耦合装药系数等于带引号的"炮孔直径"与"药包直径"之比。

7.3.6.8 装药量计算

相对于传统的径向不耦合线装药密度而言，采用连续超低密度炸药的轴向不耦合装药量 Q，可根据炮孔爆破切割岩石面积的方法来确定：

$$Q = q_s S \tag{7-11}$$
$$S = a \times L$$

式中 q_s ——预裂坡面单位面积炸药消耗量，kg/m^2；

  S ——每个炮孔负担的预裂坡面积，m^2；

  a ——孔距，m；

  L ——孔深，m。

根据现场试验总结的数据，给出下列条件下的单位面积炸药消耗量的参考值：

泥岩	1.53kg/m^2
砂岩	$0.61 \sim 0.77 \text{kg/m}^2$
黏土岩	$0.15 \sim 0.18 \text{kg/m}^2$

在现场采用的三段分段装药结构中，需要明确各个分段部分的具体装药量，根据现场测试的数据，给出以下分段装药量经验公式：

$$Q_1 = 0.5Q$$
$$Q_2 = 0.3Q \qquad\qquad (7\text{-}12)$$
$$Q_3 = 0.2Q$$

式中　Q_i——预裂孔自下而上的分段装药量，$i = 1, 2, 3$。

7.3.6.9　炮孔填塞

为了防止爆炸时产生的爆炸气体过早地泄露，应该进行孔口填塞，填塞长度要与炸药量相适应，填塞过短药量过多，预裂孔口易形成漏斗状，填塞过长药量太少，则难以形成完整的预裂缝 通常填塞长度为炮孔直径的 12~20 倍时为宜。黑岱沟露天矿预裂孔直径为310mm，因此填塞长度范围为 3.72~6.2m。

7.3.6.10　起爆时间

预裂孔可以在生产爆破之前起爆，也可以与生产爆破同时起爆。理论分析表明，整排预裂孔同时起爆，能够取得理想的预裂效果。实际操作时，一般将每个孔引出的导爆索连接到主导爆索或将同排预裂孔分成几组，行组之间延迟间隔 8ms 以上，一次起爆。由于黑岱沟露天矿预裂爆区范围比较大，因此每排预裂孔的孔数比较多，可以将 6~7 个预裂孔分为一组，抛掷爆破时将 20 个炮孔分为一组，每组炮孔同时起爆，如图7-30 所示。

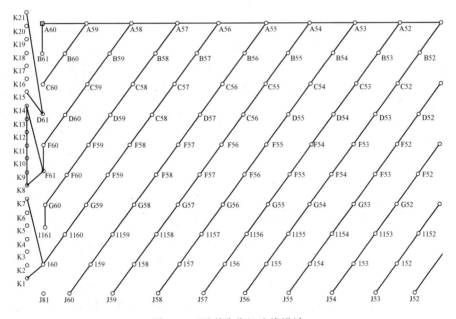

图 7-30　预裂孔分组连线设计

7.3.7　抛掷爆破工程实例

7.3.7.1　实例1——黑岱沟露天煤矿1185水平台阶松动爆破设计

A　矿山地质

黑岱沟露天煤矿年产原煤 2×10^7 t，年剥离量 1×10^8 m³。煤层上部覆盖岩层主要有：细砂岩、中砂岩、粗砂岩、砂页岩、泥页岩以及少量高岭土，岩石分类如表7-18所示。

上述沉积岩基本呈缓倾斜分布。岩体构造比较复杂，在矿坑下位于中东部（1185m距东端帮600m处）有一条因断层形成的几十米宽的断裂碎石带，部分岩石台阶部位岩体的裂隙较为发育。

表7-18　黑岱沟露天煤矿岩石种类

岩　石	岩性描述	坚固性系数 f	造成不良后果
细砂岩	灰白（黄）色、致密、坚硬	4~7	位于台阶上部，产生大块；位于台阶下部，出现根底
中砂岩	灰白（褐）色，泥质胶结	4~6	位于台阶上部，有时产生大块；位于台阶下部，有时出现根底
粗砂岩	灰白（黑）泥质胶结	4~5	基本不出大块和根底
砂页岩	褐色、致密、块状	3~4	基本不出大块和根底
泥页岩	灰褐色、致密、块状	2~4	基本不出大块和根底
高岭土	灰褐（白）色、松散状	1.5~2	不爆破，采掘设备能挖动

由表7-18看出，剥离岩石属于从较坚硬到软岩范围，岩石坚固性系数 f 为1~8，其中 $f = 3 \sim 5$ 居多数。

B　开采方式

开采方式为煤层上部平均厚度40m的覆盖岩层，采用高台阶抛掷爆破配合拉斗铲倒堆工艺的方式进行剥离，抛掷爆破台阶上部还有约20~30m的岩层采用15m高度的水平台阶松动爆破由单斗电铲-卡车间断工艺进行剥离。开采的6号煤层平均厚度28m，采用一次松动背叛，分6中上和6中下两个台阶分层用单斗电铲-卡车间断工艺采煤。爆区示意图如图7-31所示。

C　爆破参数设计

（1）孔径 D。黑岱沟露天煤矿用于松动爆破台阶穿孔的钻机为钻孔直径 D 为250mm的DM-H型牙轮钻机。

（2）孔距 a 和排距 b。根据计算和炮区岩石结构及其性质，孔距 $a = 9$ m，排距 $b = 8$ m。

（3）孔深 L 与超深 h。黑岱沟露天煤矿为水平开采，分台阶推进，设计正常台阶高度为15m，但由于受采掘等工程质量的影响，台阶高度经常出现一些误差。根据"黑岱沟露天煤矿工程位置平面图"的等高线与台阶划分的要求计算出台阶高度为13m。国内矿山的超深值一般为0.5~3.6m，根据炮区的岩石性质，确定炮孔的超深值 $h = 3$ m。钻机的钻孔方式为：垂直钻孔。其孔深 $L = 16$ m。

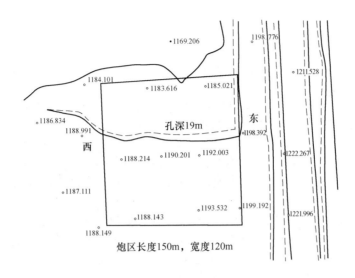

图 7-31 爆区示意图

（4）底盘抵抗线 W。根据计算和炮区岩石结构及其性质，底盘抵抗线 W 取值为 8m。

（5）填塞长度 l。根据计算和炮区岩石结构及其性质，炮孔填塞长度 l 取值为 6m。

（6）炸药单耗 q。根据炮区泥页岩的岩石坚固性系数为 2~3 和砂页岩的岩石坚固性系数为 3~5 以及以往的爆破经验，岩石的炸药单耗 q 取值为 0.4kg/m^3。

（7）单孔装药量计算。选用铵油炸药，根据以往的爆破经验，单孔装药量取值为 375kg。总装药量 $Q = 375 \times 285 = 106875\text{kg} = 106.9\text{t}$。

（8）装药结构采用连续柱状装药。

D 起爆网路

起爆方式为普通导爆管对角线顺序起爆，主控排和雁形列孔与孔之间均为 50ms 的延期雷管，孔内为普通塑料导爆管，共有炮孔 285 个，爆破量 $2.67 \times 10^5 \text{m}^3$。

7.3.7.2 实例2——美国高能动力（High-power Energy）煤矿

该矿位于美国弗吉尼亚州，位于山顶。年产煤 1.5~2.0Mt，可采煤层有两个，上部薄煤层已用常规法剥采，第二层煤层间有夹石。煤层净厚度共 3.6m，垒厚 9.0m，呈水平状态；上覆层厚度 19.6~21.1m，为砂岩和页岩，甚为风化破裂。全矿分为 4 个采场，其中两个采用抛掷爆破法。一般山顶式煤矿抛掷爆破法常用吊斗铲排除废石，该矿则根据已有的设备条件抛掷爆破法外加前装后卸式装载机配合卡车清除废石。施工设备另有 3 台穿孔机、2 台推土机。爆破使用加乳胶基质的铵油炸药，孔径 225mm，孔深 21m，炸药单耗 0.74kg/m^3，每孔装药量 920kg。炮孔底部装入 1m 厚的回填钻屑以保护煤层。药柱长 17m，填塞长度 3m。孔距 8.4m，排距除第 1 排孔为 4.8m 以外，其余各排均为 7.2m。一次起爆 4 排共 44~78 个炮孔。

起爆方式为导爆管雷管起爆网路，孔内置 2 个起爆弹。孔内延时 500ms，孔间延时 9ms，排间延时一般为 100ms，但最后一排为 200ms。爆破范围一般为 30m×90m，一次爆破岩石 23.3 万立方米。抛掷率达到 55%，由于采用抛掷爆波使吨煤成本降低 15%。

参 考 文 献

[1] 郭绍华. 露天煤矿无运输倒堆开采技术及应用研究 [M]. 北京：煤炭工业出版社，2012.

[2] 李祥龙. 高台阶抛掷爆破技术与效果预测模型研究 [D]. 中国矿业大学（北京）博士学位论文，2009.11.

[3] 卞涛. 黑岱沟露天煤矿吊斗铲工艺应用研究 [D]. 内蒙古科技大学硕士学位论文，2012.6.

[4] 郭昭华. 吊斗铲倒堆工艺在黑岱沟露天煤矿的应用研究 [D]. 辽宁工程技术大学硕士学位论文，2004.

[5] 郭昭华. 露天煤矿抛掷爆破技术研究与应用 [J]. 煤炭工程，2008（1）：31~34.

[6] 张平宽，郝全明. 拉斗铲倒堆工艺在黑岱沟露天煤矿的应用 [J]. 露天采矿技术，2011（5）：33~37.

[7] 孟海军，等. 黑岱沟露天煤矿1185水平台阶爆破设计实践 [J]. 爆破，2013，30（1）：104~114.

[8] 李旭. GPS钻机导航系统在黑岱沟露天矿的应用 [J]. 露天采矿技术，2014（6）：37~39.

[9] 裴群生，王爱民. 炮孔填塞机的应用及工程意义 [G]. 中国矿业科技文汇——2015：431~433.

[10] Thum W. Blasting Techniques and explosives in the German Quarry industry [J]. Explosive & Blasting Technique，2000：389.

[11] Ouchterlony F. Prediction of Crack Lengths in Rock after blasting with Zero Inter-hole Delay [J]. Blasting and Fragmentation，1999：229.

[12] Adhikari G R. Burden calculation for partially changed blast design conditions [J]. International Journal of Rock Mechanics and Mining Science，1999（26）：253~256.

[13] Chadwick J. Positioning and communication [J]. mining magazine，1999，180（30）：150.

8 水利水电工程台阶爆破

爆破工程涵盖于水利水电工程的各个方面，包括：高陡边坡开挖、大坝基础开挖、船闸开挖、溢洪道及渠道开挖、无压及有压引水洞开挖、大型洞室开挖、各种水下工程开挖、围岩及结构物拆除及各种石料的开采等。而其中应用台阶爆破的工程则有：高陡边坡深孔台阶爆破、坝基保护层的台阶开挖爆破、高陡山体坝肩开挖分层抛掷爆破、面板堆石坝坝料开采和地下厂房岩锚梁开挖技术等。

水利水电工程台阶爆破按其作业地点不同，分为露天台阶爆破和地下台阶爆破。露天台阶爆破系指高陡边坡深孔台阶爆破技术、坝基保护层的台阶开挖爆破、高陡山体坝肩开挖分层抛掷爆破、面板堆石坝坝料开采等。地下台阶爆破系指水电地下洞室群爆破，例如地下厂房的岩锚梁和直立边墙区爆破以及大断面隧道掘进爆破。

8.1 水利水电工程爆破的特点

水利水电工程爆破的特点包括：

（1）我国大型水电站，如龙潭、小湾、锦屏、溪洛渡、向家坝、拉西瓦、构皮滩和爆布沟水电站等大都建于西部的深山峡谷之中，地质条件复杂，西部是地震、滑坡、泥石流高发区，高岩爆，高地应力特点突出，施工条件严峻。

（2）水利水电工程爆破开挖工程量大，开挖总方量动辄千万立方米，甚至超过亿立方米；开挖边坡坡高可达500m以上，有的甚至超过1km；地下厂房的跨度已经超过30m，高度达到80m。例如：云南澜沧江上的小湾水电站，拱肩高度近300m，两岸边坡最大开挖高度达687m，在世界水电史上前所未有。溪洛渡水电站是一座以发电为主，兼有拦沙、防洪和改善下游航运条件等综合利用的巨型水电站。地下厂房由进水口、引水洞、主厂房、主变室、尾水调压室、尾水洞，以及地面开关站等组成。主厂房尺寸（长×宽×高）为409.25m×31.90m×75.10m。主变室尺寸（长×宽×高）为336.0m×19.8m×26.5m。尾水调压室尺寸（长×宽×高）为300.0m×26.5m×95.0m。为目前全世界规模最大的地下厂房。整个工程明挖土石方1960万立方米；洞挖石方1570万立方米。

（3）施工难度大。以三峡水利枢纽工程为例：岩体爆破开挖施工难度主要体现在永久船闸室及高边坡、左岸厂房钢管槽和坝基保护层开挖等方面。永久船闸开挖总量近4000万立方米，其中大部分为需要爆破的坚硬岩石，与一般高边坡相比具有以下特点：1）在山体中深切开挖形成高陡边坡，高度大、形态复杂、范围广、应力释放充分、开挖成形要求高，爆破施工难度极大。2）保留爆破岩体的质量要求严。永久船闸的高边坡不仅整体和局部稳定性必须保证，而且对边坡的长期变形要严格控制在5mm以内，以满足船闸人字门的正常运行。3）施工难度大、干扰多、工期短。二期船闸开挖工期仅42个月，开发强度越来越高，月开发强度几十上万立方米的边坡工程不断涌现。地面开挖、锚固和混凝土施工与地下庞大的硐井工程立体交叉，干扰矛盾多，施工布置困难。

（4）水利水电工程为百年大计，施工质量始终放在工程建设的首位。由于水利水电工程的挡水和过水特性，对各种爆破要求甚严：

1）在爆破技术方面主要表现在：严格控制对保留岩体的不利影响；严格控制爆破规模，以减少爆破有害效应的影响；尽量采用控制爆破技术，要求有良好的预裂（光面）效果，平整的预裂（光面）面。尤其是对各种开挖轮廓进行"精雕细刻"。

2）在质量管理上主要表现在：

①水利水电行业具有一套系统的爆破开挖质量评价与控制指标体系，为量化爆破设计和精细化施工奠定了基础，例如：《水工建筑物岩石基础开挖》（DL/T 5389—2007）、《水工建筑物地下开挖工程施工技术规范》（DL/T 5099—1999）、《水利水电工程爆破施工技术规范》（DL/T 5135—2001）都对岩体开挖偏差进行了明确地规定；

②具有一套保证水工建筑物基础岩体质量的规范，例如：《水工建筑物岩石基础开挖工程施工技术规范》（DL/T 5389—2007）、《水利水电工程爆破施工技术规范》（DL/T 5135—2001）。

8.2　水利水电工程深孔台阶爆破的设计程序

水利水电工程深孔台阶爆破的设计程序为：

（1）选定台阶高度。工程招标文件、大型矿山设计一般都规定了台阶高度，即使没有做出规定的工程，亦应在规划设计中先订出台阶高度。根据三峡等许多水电站的经验，一般取 10～12m，台阶高度与抵抗线的比例为 2～5 倍为宜。

（2）确定钻孔形式和孔网参数。根据钻机类型、岩石特性、选取钻孔形式，如垂直钻孔或倾斜钻孔。如果是倾斜钻孔，还应确定钻孔角度。

（3）确定孔网参数。根据工程量的大小和台阶高度，选定钻孔直径。根据岩石性能和炸药特性选取孔距、排距、最小抵抗线、孔深、填塞高度等孔网参数。具体的确定方法有二：

1）首先选定一个炮孔所承担的面积，根据该面积和台阶高度计算出每一炮孔需爆落的方量。然后乘以炸药单耗得出每一炮孔的装药量。根据该药量核算炮孔在装药段内能否装下。若炮孔装药段有富余空间，富余的值若采用不耦合装药能满足设计者的要求，核算完毕。若不能满足设计者的要求，可另设计每孔承担面积再重新核算，直至满意为止。其次，在选定的炮孔承担面积后，再根据对爆破效果的要求和计算（或选定）的抵抗线，确定钻孔间距，必要时也可再调整抵抗线。但是，间距和抵抗线的乘积必须等于该面积。

2）根据炸药密度、钻孔直径和装药长度，算出单孔装药量。然后将之除以炸药单耗，得出单孔爆破方量。将该方量再除以台阶高度后即得单孔承担的面积。根据该面积和抵抗线再计算钻孔间距。当然也可再调整抵抗线和间距以满足爆破效果和设计者的要求。这一方法在使用耦合装药时最有效，一次即可完成计算。

（4）根据工程所在地区的地质情况选取炸药单耗和炮孔装药密度以及确定炸药结构。一般接近保护层部位、需要降低爆破振动的部位，宜采用不耦合装药。采石料场及水工建筑物的次要部位宜采用耦合装药，以减少钻孔量。

（5）确定起爆方法和延期间隔时间。一般采用导爆管雷管起爆网路。为了减少爆破振动强度，尽量选用一次起爆药量少的爆破技术，如逐孔起爆等。

8.3 高陡边坡深孔台阶爆破

8.3.1 概述

倾斜的地面称为坡或斜坡，露天矿开采形成的斜坡构成了采空区的边界，故称为边坡。在水利水电工程中开挖所形成的斜坡也成为边坡。边坡工程无论对矿山工程，还是对水利水电工程都具有重要的意义。

对于土质边坡高度大于 20m，小于 100m 或岩质边坡高度大于 30m，小于 100m 的边坡称为高边坡。坡度为 30°~60° 的边坡称为陡坡，60°~90° 的边坡称为急坡。水利水电工程中，通常把高度 ≥50m，坡度 ≥55° 的边坡称为高陡边坡。

典型的边坡如图 8-1 所示。边坡与坡顶面相交的部分称为坡肩，与坡底面相交的部分称为坡趾或坡脚，坡面与水平面的夹角称为坡面角，坡肩与坡坡脚面的高差为高程。

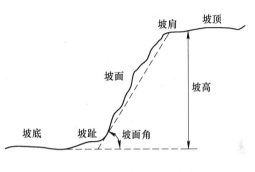

图 8-1 边坡的要素

8.3.2 影响边坡稳定性的因素

影响边坡稳定性的因素是多方面的，例如：边坡岩体的岩性、结构面、水文地质条件和爆破振动等。但是，随着爆破规模的增大、爆破次数的频繁，爆破振动的影响不可忽视。

8.3.2.1 岩性对边坡稳定性的影响

岩石结构构造、孔隙性、岩石强度等岩性是决定岩体强度和边坡稳定性的重要因素。

（1）岩石结构和构造的影响。岩石的力学性质除取决于岩石的矿物成分外，还取决于矿物颗粒之间的连接构造，即结晶还是非结晶连接（胶结、松散）。在外力作用下，岩石总是沿着胶结面破坏，而不是结晶颗粒破坏。

（2）孔隙性的影响。天然岩石中包含着数量不等、成因各异的孔隙和裂隙，是岩石的重要结构特征，它们对岩石力学性质的影响基本一致，在工程实践中很难将二者分开，因此统称为岩石的孔隙性。随着岩石孔隙性的增大，岩石的强度降低。花岗岩、闪长岩、花岗闪长岩、石英闪长岩等均属于深成岩浆岩，致密坚硬、孔隙少、力学强度高，工程地质性质一般较好，长江三峡大坝坝基就是坐落在花岗闪长岩体之上。

（3）岩石强度的影响。多数工程实践表明：滑坡多为剪切破坏。因此，岩石的抗剪强度是衡量边坡稳定的必要条件。所谓抗剪强度是指岩石抵抗剪切破坏的最大能力。抗剪强度 τ 用发生剪断时剪切面上的极限应力表示，它与对试件施加的压应力 σ、岩石的内聚力 c 和内摩擦角 φ 有关，即 $\tau = \sigma\tan\varphi + c$。

试验表明，岩石具有较高的抗压强度，较小的抗拉强度和抗剪强度。一般抗拉强度比抗压强度小 90%~98%；抗剪强度比抗压强度小 87%~92%。通常，坚硬致密岩石的抗剪强度都较高，不易滑坡。

8.3.2.2 岩体结构面的影响

岩体结构面是指在地质发展的历史中，岩体内形成具有一定方向、一定规模、一定形态和特性的面、缝、带状的界面，因此失稳往往是沿结构面发生。结构面是边坡稳定的决定因素，直接制约着边坡岩体变形、破坏的发生和发展过程。其影响表现在：

（1）岩体的结构面都是弱面，比较破碎，易风化。结构面中的缝隙往往被易风化的次生矿物充填，因此，抗剪强度较低。

（2）结构面发育的岩体，为地表水的渗入和地下水的活动提供了良好的通道。水的活动使岩石的抗剪强度进一步降低。

8.3.2.3 水文地质条件的影响

滑坡多发生在雨季或解冻期，即所谓"大雨大滑"、"小雨小滑"、"无雨不滑"。水降低边坡稳定性表现如下：

（1）静水压力作用。当地下水赋存于岩石裂隙中时，水对裂隙两壁产生静水压力。由于边坡岩体位移而产生的张裂隙充水，当张裂隙中的水沿破坏面继续向下流动至坡脚逸出坡面时，沿此破坏面将产生水的浮托力，压力分布如图 8-2 所示（沿 AB 面），总浮托力 U 和作用在 AB 面上的正应力方向相反，抵消了一部分正应力作用，从而减小了沿 AB 面的摩擦阻力。由此可见，静水压力的作用能增大滑动力和减小摩擦力，不利于边坡稳定。一般在地下水高于滑动面时，静水压力能使岩体抗剪强度降低 25%~50%。

（2）动水压力作用。

1）推动岩体向下滑动。当地下水在破碎岩体的裂隙中流动时，施加于所流经的岩石颗粒上的压力称为动水压力（渗透压力）。力的方向是水流的切线方向，动水压力是推动岩体向下滑动的力。

2）潜蚀作用。当动水压力较大时，岩石颗粒和岩体的可溶解成分会被地下水流带走，即地下水的潜蚀作用。潜蚀作用会破坏岩体稳定，尤其是当地下水和结构面联系在一起时，对边坡的稳定性威胁更大。断层破碎带中岩石颗粒或可溶性物质被水带走，使岩体内聚力和摩擦力减小而失去了平衡进而产生滑坡，如图 8-3 所示。

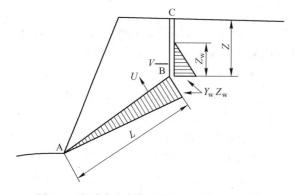

图 8-2 张裂隙充水产生的静水压力和浮托力

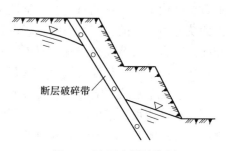

图 8-3 地下水潜蚀作用

（3）水的软化作用。某些黏土质岩体和节理、裂隙发育的岩体，随含水量的增加，内聚力和内摩擦角显著减小，对主要由坚硬的岩浆岩、变质岩构成的边坡岩体，水的软化作用不明显。但当这些边坡岩体中的断层破碎带有大量黏土质充填物时，就要特别注意水对岩石的软化作用。

8.3.2.4　爆破振动的影响越来越引起人们的重视

（1）惨痛的教训。在水电站建设中，由于开挖爆破而造成边坡失稳事故屡见不鲜。1985 年 12 月 24 日，天生桥二级闸道边坡开挖时发生滑坡，导致在基坑工作的 48 人死亡；1989 年 1 月 7 日小湾水电站左岸边坡开挖时发生 10.6 万吨的滑坡，使工期推迟一年，被迫移走一台机组，而且增加了 50 万吨抗滑力的加固工程；隔河岩水电站由于左岸挖洞导致爆破失稳，近 20 万立方米岩体发生解体，爆破处理工程延误工期 3 个月。这些因开挖爆破引起的爆破失稳问题，不仅影响了水电站的正常建设，而且给电站建成后的安全运行带来一系列的隐患。

（2）严峻的现实。随着爆破规模的增大，单次爆破装药量加大，一次爆破数万立方米到数十万立方米的边坡开挖不断涌现。同时，频繁的爆破使边坡长期受到反复的爆破振动。当爆破地震波通过岩体时，给岩体的潜在破坏面以附加的动力，可使原生结构面和构造结构面的范围扩大，条件恶化，并产生次生结构面，促使边坡破坏。因此，爆破振动对边坡稳定性的影响越来越引起人们的重视。

（3）爆破振动对高边坡稳定性的影响。爆破振动对岩质高边坡稳定性的影响主要表现在：1）"弱化"作用。即爆破振动荷载的反复作用会导致岩体结构面抗剪强度降低；2）"附加荷载"作用。即爆破振动惯性力的作用使坡体上整体下滑力增大，可能导致边坡的动力失稳；3）爆破振动荷载会使岩石中的剪应力增加，使结构面扩展，从而影响边坡的整体稳定性；4）爆破振动荷载还使得地下水状态发生改变，使已存在夹层或潜在滑面处介质的含水量、瞬时水压力（渗透压力）发生改变，它直接或间接地影响到滑面处的阻滑能力。

（4）爆破振动对边坡的影响不再是局部影响，进行深入的研究刻不容缓。由于边坡失稳很少与开挖爆破同时发生，所以对边坡的三维研究多以静力分析为主，在某些情况下也考虑了地震波对边坡稳定的影响，但这种认识是不够的。爆破振动对边坡的作用是一种高频动力作用，与静力分析有根本的差异。如此大规模的爆破对边坡的影响已经不再是局部影响，甚至已经扩大到边坡以外的岩层之中，而且边坡开挖爆破是在持续的一段时间内连续出现，爆破振动反复作用在边坡岩体上，随着"能量积累"对爆破的整体稳定性影响极大。

8.3.3　高陡边坡深孔台阶爆破的损伤判据

8.3.3.1　《爆破安全规程》（GB 6722—2014）的规定

根据《爆破安全规程》（GB 6722—2014）的规定：地面建筑物、电站（厂）中心控制室设备、隧道与巷道、岩石高边坡和新浇大体积混凝土的爆破振动判据，采用保护对象所在地基础质点峰值振动速度和主振频率。对于岩石高边坡的安全允许质点振动速度如表 8-1 所示。

表 8-1　岩石高边坡的安全允许质点振动速度

保护对象类别	安全允许质点振动速度 $v/\text{cm} \cdot \text{s}^{-1}$		
	$f \leqslant 10\text{Hz}$	$10\text{Hz} < f \leqslant 50\text{Hz}$	$f > 50\text{Hz}$
永久性岩石高边坡	5~9	8~12	10~15

8.3.3.2 国外爆破损伤的质点峰值振动速度判据

由于爆破损伤与质点峰值振动速度间有很好的相关性（Bauer 和 Calder，1978；Mojitabal 和 Beattie，1996；Savely，1986；Holmberg 和 Persson，1978），因此国外普遍采用质点峰值振动速度作为爆破损伤的判据。表 8-2 ~ 表 8-4 分别列出几种岩石爆破损伤的质点峰值振动速度临界值。

表 8-2 岩石爆破损伤的质点峰值振动速度临界值（Bauer 和 Calder，1978）

质点峰值振动速度/cm·s⁻¹	岩体损伤效果
<25	完整的岩石不会破裂
25~63.5	产生轻微的拉伸层裂
63.5~254	严重的拉伸裂缝及一些径向裂缝产生
>254	岩体完全破碎

表 8-3 岩石爆破损伤的质点峰值振动速度临界值（Mojitabal 和 Beattie，1996）

岩石类型	单轴压缩强度/MPa	RQD/%	质点峰值振动速度/cm·s⁻¹		
			轻微损伤区	中等损伤区	严重损伤区
软片麻岩	14~30	20	13~15.5	15.5~35.5	>35.5
硬片麻岩	49	50	23~35	35~60	>60
Shultze 花岗岩	30~55	40	31~47	47~170	>170
斑晶花岗岩	30~85	40	44~77.5	77.5~124	>124

表 8-4 岩石爆破损伤的质点峰值振动速度临界值（Savely，1986）

岩体损伤表现	损伤程度	质点峰值振动速度/cm·s⁻¹		
		斑岩	页岩	石英质中长岩
台阶面松动岩块的偶然掉落	没有损伤	12.7	5.1	63.5
台阶面松动岩块的部分掉落（若未爆破该松动岩块可保持原有状态）	可能有损伤，但可接受	38.1	25.4	127.0
部分台阶面松动、崩落、台阶面上产生一些裂缝	较轻的爆破损伤	63.5	38.1	190.5
台阶底部的后冲向破坏、顶部岩体的破坏、台阶面严重破碎、台阶面上可见裂缝的大规模大范围延伸、台阶坡脚抛掷漏斗的产生等	爆破损伤	>63.5	>38.1	>190.5

注：斑岩为坚硬、脆性及严重裂隙岩体；页岩为包括各种坚固性及裂隙发育程度、大部分页岩的片理发育岩体；石英质中长岩为完整岩体。

需要指出的是，以上的岩石爆破损伤的质点峰值振动速度临界值均为爆破近区岩体的开裂判据，即爆炸应力波作用下的岩体损伤判据，而非爆破振动作用下建（构）筑物动力响应诱发振动损伤的判据。

8.3.3.3 边坡地震烈度与质点振动速度关系

不同质点振动速度与边坡可能出现的破坏特征与地震烈度有关，如表 8-5 所示。

表 8-5 边坡地震烈度与质点振动速度关系

地震烈度	质点振动速度/cm·s⁻¹	边坡可能出现的特征
6	2.7~5.5	在潮湿岩石中可能出现裂缝，在个别台阶上有个别掉块现象
7	5.5~11	干燥岩石中出现很轻的裂缝，在台阶上有软弱岩石滑落和掉块的改变现象
8	11~12	边坡表面和浮石上产生位移裂缝，可能产生掉块、滑坡及崩落
9	12~42	软弱岩石边坡表面裂隙深度较大，边坡个别地段可能产生滑落和不大的崩落
10	42~75	在松散岩石中，特别是陷落岩石中裂隙达到最大，台阶上软弱岩石滑落、塌陷，在陡帮上可能使软弱层发生崩落或已破坏的岩石发生崩落
11	75~150	在地表上形成许多裂隙，边帮上岩石湿软弱面垂直位移，个别地段发生崩落和滑坡
12	>150	边坡坚硬岩石的完整性遭到破坏，伴随着大量的崩落及滑落

8.3.4 高陡边坡深孔台阶爆破的基本方法和技术要求

8.3.4.1 基本方法

水利水电工程采用的高陡边坡深孔台阶爆破的基本方法是邻近边坡深孔台阶爆破和预裂（光面）爆破组合法。

20 世纪 70 年代，葛洲坝水利枢纽工程开工以来，开挖工程量剧增，超过 1 亿立方米，再采用传统的，以手风钻为主的钻孔爆破技术就难以胜任如此巨大的爆破方量，于是高效率的深孔台阶爆破应运而生。为了保证边坡的稳定性，在边坡控制爆破中普遍采用预裂爆破和光面爆破技术。目前，几乎所有的大、中型水电站开挖普遍采用深孔台阶爆破法，并将其与预裂爆破、光面爆破和缓冲爆破等组合起来形成一套边坡质量的优良、高效的开挖方法。如图 8-4 所示。

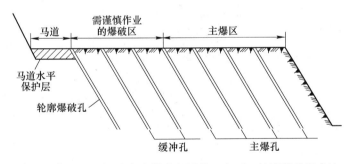

图 8-4 邻近边坡深孔台阶爆破和预裂（光面）轮廓爆破组合法

8.3.4.2 技术要求

为了保证边坡的稳定性，必须做好以下几项工作：一是合理安排施工工序；二是优化爆破施工方案；三是加强安全监测，制定监控标准。

（1）合理安排施工工序。边坡开挖施工程序应遵守以下原则：自上而下分层开挖、先洞挖后明挖、适时支护。

（2）优化爆破方案。边坡开挖施工中的爆破工作应遵循以下原则：1）应尽量减少对保留岩体的破坏，形成平顺的边坡，减小爆破振动的有害影响，保持边坡稳定；2）边坡开挖爆破应尽量使用深孔台阶爆破、缓冲孔爆破、预裂爆破、光面爆破、浅孔分层爆破等技术；3）单响最大药量必须确保边坡稳定和周围环境安全。邻近保护层按《水工建筑物岩石基础开挖工程施工技术规范》DL/T5389—2007 要求不得大于 100kg，预裂、光面爆破不宜大于 50kg。

（3）加强施工监测。施工期安全监测包括内部应力应变和外部变形观测，根据监测结果，调整边坡加固支护措施。深孔台阶高度不宜大于 15m。10m 和 15m 台阶顶部的爆破振动速度控制在 10cm/s 以内。

8.3.5 邻近边坡处的深孔台阶爆破技术

8.3.5.1 开挖方案

台阶爆破亦称阶段爆破，阶段开挖采用一阶一层（15m）、一阶二层（2×7.5m）、二阶三层（3×10m）三种形式，根据地形、地质、部位特点灵活选用。

边坡成形采用预裂爆破、光面爆破。

8.3.5.2 爆破设计

岩石边坡处的深孔台阶爆破技术原理、方法与一般的土岩爆破基本相同。但是，在爆破参数的选择上一定要注意尽量减少爆破振动对边坡稳定性的影响。

（1）孔径。在邻近边坡处的深孔台阶爆破一般选择中等孔径（$\phi76 \sim 80mm$、$\phi89mm$、$\phi102 \sim 110mm$）。而大孔径（$\phi150mm$、$\phi165mm$）则用于远离边坡的大面积台阶爆破。

（2）孔距与排距。孔距 a 和排距 b 的乘积表示一个炮孔的负担面积。孔距和排距的比值称为密集系数 m。密集系数的取值与爆破的目的有关，对于爆破块度无级配要求的或需获得某些粒径占多数的台阶爆破，密集系数可取 $m = a/b = 1.5 \sim 2.0$，此时爆破块度较均匀，大块率低。对于孔径 $\phi \leqslant 110mm$ 的炮孔，孔距 $a = 2.5 \sim 4.0m$；$b = 2.0 \sim 3.0m$。

（3）抵抗线 W。抵抗线的大小与钻孔直径、岩石性质、炸药特性和对爆破效果的要求有关。当钻孔直径、炸药和装药密度确定以后，应当存在某一最大的抵抗线，超过此值，台阶底部的岩石将得不到良好地破碎而留有"根底"。

1）瑞典的 U. 兰格福斯提出了最大抵抗线的计算方法：

$$W_{max} = \frac{d_b}{33} \sqrt{\frac{\rho_b s}{\overline{C_r} fm}} \tag{8-1}$$

式中 d_b——炮孔底部直径，mm；

ρ_b——炸药装填密度，按实际值计算，kg/m^3；

f——炮孔底部夹制系数，当炮孔为垂直向（$\infty : 1$）时，$f = 1.00$；当炮孔为 3 : 1 斜孔时，$f = 0.90$；当炮孔为 2 : 1 斜孔时，$f = 0.85$；当炮孔底部为无夹制自由状态时，$f = 0.75$；

$\overline{C_r}$——岩石常数，$\overline{C_r}$ 是岩石系数 C_r 加上一个常数，当 $W_{max} = 1.4 \sim 15m$ 时，$\overline{C_r} = C_r + 0.05$；当 $W_{max} < 1.4m$ 时，$\overline{C_r} = C_r + \dfrac{0.07}{W_{max}}$；$\overline{C_r}$ 的变化范围为 $0.15 \sim 1.45$，C_r 的变化范围为 $0.3 \sim 0.5$，通常为 0.4；

m——炮孔密集系数，根据实际值计算；

s——炸药的质量威力，狄纳米特炸药 $s=1.00$；铵油炸药 $s=0.84$；2 号岩石硝铵炸药 $s=0.88$；TNT 的 $s=0.97$；古力特（Gurit A）炸药 $s=0.71$（古力特为西方国家使用的预裂和光面爆破的炸药）。

一般采用导爆管雷管起爆网路。为了减少爆破振动强度，尽量选用一次起爆药量少的爆破技术，如逐孔起爆等。

2）巴隆（П. И. Варон，苏联）公式：

$$W_b = 0.9 \sqrt{\frac{p}{qm}} \tag{8-2}$$

式中　W_b——底盘抵抗线，m；

p——炮孔集中装药度，kg/m；

q——单位炸药消耗量，kg/m³；

m——炮孔密集系数。

3）达维道夫（С. А. Даведов）公式，用于计算台阶爆破底盘抵抗线的公式：

$$W_b = 53kd \sqrt{\frac{\rho_b}{\rho_r}} \tag{8-3}$$

式中　d——炮孔直径，m；

ρ_b——炮孔集中装药度，kg/m；

ρ_r——岩石密度，kg/m³；

k——岩体地质因素修正系数，一般在 1.00~1.20 范围内变化，如表 8-6 所示。

表 8-6　岩体结构与地质因素修正系数 k 的关系

岩体结构特性	k
有微裂隙的整体或大块的韧性岩石	1.00
有闭合或被胶结的裂隙岩石	1.05
有张开的或有软弱的层的裂隙岩石	1.10
水平岩层夹松弱物、岩石被分割成块体的节理、裂隙发育的岩石	1.15
底部有水平层理、软弱岩石及半坚硬呈小块的岩石	1.20

4）经验数据。通常抵抗线为药卷直径的 25~35 倍，其中以 30 倍居多。

（4）钻孔深度与超钻。孔径≤100mm 时，钻孔深度应小于 15m。钻孔深度减去台阶高度称之为超钻。其目的是降低装药高度，克服台阶底层的岩体阻力。

$$\Delta h = (0.15 \sim 0.35) W_底 \tag{8-4}$$

或

$$\Delta h = (8 \sim 12) d \tag{8-5}$$

式中　Δh——超钻，m，其中，软岩 Δh 取小值，硬岩 Δh 取大值；

$W_底$——底盘抵抗线，m；

d——炮孔直径。

当孔底用高威力炸药（威力大于 2 号岩石硝铵炸药）时，超钻值也可小于 8 天，水利水电行业采用小于 100mm 孔径，抵抗线小于 3~4m 的台阶爆破，其超钻值在 0.5~1.5m 之间。

（5）单位炸药消耗量。单位炸药消耗量的确定方法有三：

1）估算法。单位炸药消耗量包括：将被爆岩体与保留岩体切断、破碎和将它抛掷至一定范围堆积起来所需的装药量，U. 兰格福斯以下式表示之：

$$Q = K_2 W^2 + K_3 W^3 + K_4 W^4 \tag{8-6}$$

式中　K_2——系数，与岩石的弹塑性有关；

　　　　K_3——系数，与岩石的弹塑性有关；

　　　　K_4——系数，与重力有关。

该式第一项与产生于岩石内部各层表面的能量消耗有关（如流体和塑性变形中的能量消耗）；第二项代表符合相似定律的部分，即装药量与炸碎岩体的体积成正比；第三项为使岩体克服阻力隆起而发生充分破碎所需要的那部分能量。

U. 兰格福斯列举 $W = 0.01 \sim 1000\text{m}$ 条件下抵抗线 W 与 Q/W^3 之间的关系如表 8-7 所示，从表 8-7 可以看出，随着抵抗线的增大，炸药单耗变化很大，当 $W = 1.9 \sim 10\text{m}$ 时，单耗 Q/W^3 近似于常数，约为 0.4kg/m^3。

表 8-7　W 与 Q/W^3 的关系

W/m	$Q/W^3 = 70/W + 350 + 4W(\text{g/m}^3)$
0.01	7000+350+0.04=7350.04
0.10	700+350+0.4=1050.4
0.30	233+350+1.2=584.2
1.0	70+350+4=424
10	7+350+40=397
100	0.7+350+400=750.7
1000	0.07+350+4000=4350.07

在露天与地下爆破中，以上的炸药单耗仅仅是一个估算值，它随爆破条件的不同存在很大的差异。

2）查表法。在有关的手册、书籍中均可查到各种爆破条件下的炸药单耗，表 8-8 为根据岩石性质不同而列出的炸药单耗表；表 8-9 为根据爆破参数不同而展示的炸药单耗表。

表 8-8　我国常用的各种岩石炸药单耗表

岩石名称	岩石特征描述	岩石坚固性系数	炸药单耗 /$\text{kg} \cdot \text{m}^{-3}$
页岩 千枚岩	风化破碎	2~4	0.33~0.45
	完整，微风化	4~6	0.40~0.52
板岩 泥灰岩	泥质，薄层层面张开，较破碎	3~5	0.37~0.52
	较完整，层面闭合	5~8	0.40~0.56
砂岩	泥质胶结，中薄层或风化破碎	5~6	0.33~0.48
	钙质胶结，中厚层，中细粒结构，裂隙不甚发育	7~8	0.43~0.56
	硅质胶结，石英质砂岩，厚层，裂隙不发育	9~14	0.47~0.68

岩石名称	岩石特征描述	岩石坚固性系数	炸药单耗/kg·m⁻³
砾岩	胶质性差，砾石以砂岩或较不坚硬的岩石为主	5~8	0.40~0.50
	胶结好，以较坚硬的岩石组成，未风化	9~12	0.47~0.64
白云岩大理岩	节理发育，较疏松破碎，裂隙频率不大于 4 条/m	5~8	0.40~0.56
	完整，坚硬	9~12	0.50~0.64
石灰岩	中薄层或含泥质的、或鲕状结构，裂隙较发育	6~8	0.43~0.56
	厚层，完整或含硅质、致密	9~15	0.47~0.68
花岗岩	风化严重，节理裂隙很发育，多组裂隙交割，裂隙频率大于 5 条/m	4~6	0.37~0.52
	风化较轻，节理不甚发育或风化的微晶粗晶结构	7~12	0.43~0.64
	结晶均质结构，未风化，完整致密岩石	12~20	0.53~0.72
流纹岩粗面岩蛇纹岩	较破碎，完整	6~8	0.40~0.56
	完整	9~12	0.50~0.68
片麻岩	片理或节理发育	5~8	0.40~0.56
	完整坚硬	9~14	0.50~0.68
正长岩闪长岩	较风化，整体性较差	8~12	0.43~0.60
	未风化，完整致密	12~18	0.53~0.70
石英岩	风化破碎，裂隙频率大于 5 条/m	5~7	0.37~0.52
	中等均匀，较完整	8~14	0.47~0.64
	很坚硬、完整、致密	14~20	0.57~0.80
安山岩玄武岩	受节理、裂隙切割	7~12	0.43~0.60
	完整、坚硬、致密	12~20	0.53~0.80
辉长岩辉绿岩	受节理切割	8~14	0.47~0.68
橄榄岩	很完整，很坚硬、致密	14~25	0.60~0.84

表 8-9 不同爆破参数的炸药单耗表

炮孔类型	孔径/mm	药径/mm	台阶高度/m	孔深/m	超深/m	底盘抵抗线/m	孔距/m	排距/m	填塞长度/m	单耗/kg·m⁻³
主爆孔	80~100	70~80	8~12	8.5~13	0.5~1.0	3~5	2.5~6.5	2.0~3.5	2.0~3.0	0.35~0.80
缓冲孔	80~100	32~70	8~12	8.5~13	0.5~1.0	1.5~2.5	1.5~2.5	1.5~2.5	1.0~2.0	0.30~0.70

3）试验法。在相似条件下进行爆破试验，不失为一个较好的方法。例如：为了满足三峡右岸电站开挖料直接用于防护大坝填筑的要求，通过多次爆破试验，确定了炸药单耗和其他的爆破参数，确保了爆破料直接上坝的要求。试验共进行了两组：

①弱风化岩层爆破试验。设计要求石碴混合料最大粒径小于 500mm，P5 含量（即土工试验中，大于 5mm 粗粒的含量）50%~70%，含泥量小于 5%。

根据弱风化岩石条件和石碴混合料的要求，在弱风化岩层进行了三组台阶爆破试验，试验参数如表 8-10 所示。

表 8-10 弱风化岩层爆破试验参数表

项 目	参 数		
	第一组	第二组	第三组
台阶高度/m	8.5	9.5	8.5
钻孔直径/mm	100/90	100	100
炮孔深/m	8.5	9.7	8.7
钻孔角度/(°)	75	73	73
孔距×排距/m×m	4.0×2.5	4.0×2.5	4.0×2.5
布孔方式	梅花形	梅花形	梅花形
炸药品种	散装乳化	散装乳化	散装乳化
单耗/kg·m⁻³	0.63	0.66	0.74
填塞长度/m	2.0	2.0~3.0	2.0~2.5
起爆方式	V 形毫秒延期起爆		

上述三组试验均取得较好的爆破效果。大块率：第一组为 2.8%；第二组为 0.19%；第三组为 0.18%。满足了大坝的填筑要求。

②新的微风化岩层（微新岩层）爆破试验。进水口岩石以闪长岩包裹体为主，微新岩层岩体完整、岩质坚硬、岩石抗压强度较高、$f=9\sim11$、设计要求石碴料最大粒径小于 600mm，P5 含量大于 70%。含泥量小于 5%。

为了满足上坝填筑要求的石碴料，在微新岩层进行了三组台阶爆破试验，试验参数如表 8-11 所示。

表 8-11 微新岩层爆破试验参数表

项 目	参 数		
	第一组	第二组	第三组
台阶高度/m	7.5	14.3	14.0
钻孔直径/mm	105	105	105
炮孔深/m	7.8	15.5	14.3~15.7
钻孔角度/(°)	73	73	73
孔距×排距/m×m	(3.0~3.5)×2.6	3.0×3.0	(3.0~3.5)×(2.8~3)
布孔方式	梅花形	梅花形	梅花形
炸药品种	散装乳化	散装岩石硝铵	散装岩石硝铵
单耗/kg·m⁻³	0.80	0.58	0.64
填塞长度/m	2.2	2.3	2.5
起爆方式	V 形毫秒延期起爆		

三组试验的大块率分别为：第一组 3.5%，第二组 2.9%，第三组 2.41%。

在整个六组试验中，大块率都控制在 5% 以内，90% 以上的石碴料满足了上坝填筑的要求，这也说明选取的参数是合理的，包括炸药单耗在内。

（6）填塞长度。

填塞长度应以控制爆炸气体不过早逸出造成飞石飞散为原则，若填塞段采用岩屑充填，填塞长度应为抵抗线的 0.7~0.8 倍。

8.3.6 邻近边坡处的轮廓孔爆破技术

8.3.6.1 邻近边坡处进行轮廓孔爆破的必要性

轮廓孔爆破是指邻近边坡处的预裂爆破和光面爆破，预裂爆破和光面爆破都是一种控制爆破，控制开挖面轮廓的形状和尺寸。否则，深孔台阶爆破对高陡边坡的损伤、破坏是不能忽视的，图 8-5 形象地示出深孔台阶破坏形状图。表 8-12 列出葛洲坝等工程中深孔爆破岩体破坏范围的实测值。由该表看出，破坏范围是很大的。工程实践表明，预裂爆破的减振效率由近至远达到 48.2%~70.8%。

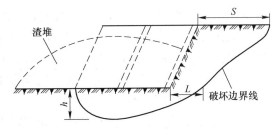

图 8-5 深孔台阶破坏形状图

表 8-12 深孔台阶爆破破坏范围

岩石特征	台阶后冲表面破坏范围 S（药包直径的倍数）	台阶底部水平破坏范围 L（药包直径的倍数）	台阶底部垂直破坏范围 h（药包直径的倍数）
裂隙发育（或有软弱夹层）	120~350（一般 120~100）	140（葛洲坝工程实测值）	15~36
中等裂隙（n<3%）	60~100	20~40	5~10

8.3.6.2 水利水电工程边坡控制爆破的技术要求

A 爆破设计与施工依据

水利水电岩石边坡开挖工程按《水电水利工程爆破施工技术规范》（DL/T 5135—2001）、《水工建筑物岩石基础开挖工程施工技术规范》（DL/T 5389—2007）和设计要求施工。

B 技术要求

设计边坡轮廓面（含马道、平台）开挖应采用预裂爆破或光面爆破方法，保护层开挖应采用浅孔、密孔、少药量的分段控制爆破。

在开挖轮廓面上，残留炮孔痕迹应均匀分布。

开挖坡面稳定、无松动岩块、对不良地质应按设计要求进行处理。

平均坡度不陡于设计坡度。

坡脚标高±20cm。

坡面局部超欠挖±2%。

节理裂隙不发育的岩体半孔率>80%，节理裂隙发育的岩体半孔率>50%，节理裂隙极发育的岩体半壁孔率>20%。

8.3.6.3 预裂爆破参数选择

A 施工顺序

预裂爆破的施工顺序是预裂孔爆破→邻近边坡处的深孔台阶爆破→缓冲孔爆破。而光面爆破的施工顺序正好相反，即邻近边坡处的深孔台阶爆破技术→缓冲爆破→光面爆破。

B 预裂爆破参数选择

预裂爆破的主要参数有装药量、炮孔间距、炮孔直径、线装药密度等。

（1）炮孔直径：明挖一般为 80~110mm。不耦合系数为 2~4。

（2）炮孔间距：炮孔间距与岩石特性、炸药性质、装药情况、开挖壁面平整度要求和孔径大小有关，一般取 0.3~1.0m 或孔距与孔径之比在 7~10 之间。爆破质量要求高、岩质软弱、裂隙发育者取小值。

（3）不耦合装药系数：一般取 2~5，硬岩取小值，软岩取大值。

（4）线装药密度：线装药密度是单位长度炮孔的平均装药量。影响预裂爆破参数的因素复杂，很难从理论上推导出严格的计算公式，水利水电工程常用的经验公式如式（8-7）所示。

$$Q_{线} = 0.034 R_{压}^{0.63} a^{0.67} \tag{8-7}$$

式中 $Q_{线}$——预裂爆破的线装药密度，kg/m；

$R_{压}$——岩石的极限抗压强度，MPa；

a——炮孔间距，m。

随岩性不同，预裂爆破的线装药密度一般为 100~700g/m。为克服岩石对孔底的夹制作用，孔底段应加大线装药密度到 2~5 倍。预裂爆破参数经验数据如表 8-13 所示。

表 8-13 预裂爆破参数经验数据表

岩石性质	岩石抗压强度 /MPa	钻孔直径 /mm	钻孔间距 /m	线装药密度 /g·m⁻¹
软弱岩石	<50	80	0.6~0.8	100~180
		100	0.8~1.0	150~250
中硬岩石	50~80	80	0.6~0.8	180~300
		100	0.8~1.0	250~350
次坚石	80~120	90	0.8~0.9	250~400
		100	0.9~1.0	300~450
坚石	>120	90~100	0.8~1.0	300~700

8.3.6.4 光面爆破参数选择

A 光爆层厚度的确定

光面爆破中，要预留一定厚度的光面爆破层，其厚度一般为炮孔直径的 10~20 倍，岩质软弱、裂隙发育时取小值，反之则取大值。

B 光面爆破参数选择

光面爆破的主要参数有装药量、最小抵抗线、炮孔间距、炮孔直径、炸药特性和地质条件等。

（1）最小抵抗线：

$$W_{\min} = (10 \sim 20)d \tag{8-8}$$

式中　$W_{\min}$——光爆孔最小抵抗线；

　　　　d——炮孔直径。

（2）炮孔间距：

$$a = (0.6 \sim 0.8)W_{\min} \tag{8-9}$$

式中　a——炮孔间距；

　　　$W_{\min}$——光爆孔最小抵抗线。

（3）线装药密度：

$$Q_{线} = qaW_{\min} \tag{8-10}$$

式中　$Q_{线}$——光面爆破的线装药密度，kg/m；

　　　q——炸药单耗，约为 $0.15 \sim 0.25$kg/m^3，软岩取小值，硬岩取大值；

　　　a——钻孔间距，m；

　　　$W_{\min}$——光爆孔最小抵抗线，m。

8.3.6.5 预裂爆破与光面爆破的应用范围

（1）在水利水电工程中，对于宽台阶爆破，特别是紧邻开挖线无重要设施、岩体结构无特殊要求时，一般采用预裂爆破。在高台阶一次形成较深的预裂缝面，可减少马道，并能灵活控制施工分层厚度，加快工程进度。

（2）对于窄台阶爆破，特别是在较完整的花岗岩地区，如无特殊要求宜采用光面爆破。

（3）对于裂隙发育的花岗岩地区，特别是有垂直边坡的裂隙面存在时，无论是采用预裂爆破，还是采用光面爆破都要慎重对待。

（4）随着爆破技术的发展，两种控制爆破技术的界限越发不明显。

8.3.7 高陡边坡爆破振动的放大效应

三峡工程临时船闸与升降是在深开挖的花岗岩山体中修建的，深开挖形成的岩石高边坡最大高度达 140m。爆破振动对如此高陡边坡的影响不得不引起人们的重视。

8.3.7.1 考虑高程放大效应的振速计算式

A 对萨道夫斯基振动速度公式的改进

多数工程实践证明，萨道夫斯基振动速度公式在平整地形条件下，预测地面的爆破振动质点速度具有较高的精度，但是由于该公式未考虑测点与爆源中心之间的高差影响，当爆区的地形地貌变化较大时，再用该式进行爆破振动速度的预测便会产生较大的误差。于是众多的学者根据自己的试验和分析提出了不同的经验公式对萨道夫斯基振动速度公式进行了修正。

参考文献 [20，22] 认为测点与爆源中心之间的相对高差对振动有较大的影响，高程为正（相对爆源水平，高于爆源为正）振动效应增大，反之降低。质点振动速度 v 如下：

$$v = K \left(\frac{\sqrt[3]{Q}}{R} \right)^{\alpha} H^{\beta} \tag{8-11}$$

式中　Q——一次爆破装药量（齐爆时为总装药量，延迟爆破时为最大一段装药量），kg；

　　　　R——爆心至观测点的距离，m；

　　K，α——与爆破点至计算保护对象间的地形、地质条件有关的系数和衰减指数，K、α
　　　　　　值可按《爆破安全规程》（GB 6722—2014）表 3 选取或通过现场试验确定；

　　　　H——观测点与爆心之间的相对高差，m；

　　　　β——与高差有关的系数，一般取 0.25~0.28，正高差时 β 取正，反之取负；硬岩
　　　　　　中取大值，软岩中取负值。

参考文献［23，24］研究了高边坡的爆破振动放大效应，认为放大效应随坡高不一定呈单调增加，尚应考虑 Q、H 的综合影响，提出如下的计算式：

$$v = K \left(\frac{\sqrt[3]{Q}}{R} \right)^{\alpha} \left(\frac{\sqrt[3]{Q}}{H} \right)^{\beta} \tag{8-12}$$

参考文献［25，26］亦做过同参考文献［23，24］的类似研究。参考文献［27］在萨道夫斯基振动速度公式的基础上增加了高差影响因子，质点振动速度公式改为：

$$v = K \left(\frac{\sqrt[3]{Q}}{R} \right)^{\alpha} \left(\frac{\sqrt[3]{Q}}{H} \right)^{\beta} \tag{8-13}$$

式中　R——爆心至观测点的水平距离，m；

　　　　β——高程差影响系数，由试验确定。

参考文献［28，29］则提出了与式（8-13）相同的计算式：

$$v = K \left(\frac{\sqrt[3]{Q}}{D} \right)^{\alpha} \left(\frac{\sqrt[3]{Q}}{H} \right)^{\beta} \tag{8-14}$$

式中　D——爆心至观测点之间的水平距离，m。

　　B　通过爆破振动的量纲分析得出反映高程放大效应的爆破振动公式

爆破振动波在正高差地形中的放大作用受爆源、场地介质条件（如岩性、节理和地质构造等）、爆源距和高差因素的影响。因此，可以认为爆破振动波传播过程涉及的物理量有 10 个，如表 8-14 所示。地表岩体质点的振动速度可表示为：

$$v = \phi(Q, \mu, \rho, c, r, H, a, f, t, V) \tag{8-15}$$

表 8-14　爆破振动涉及的重要物理量

物理量类型	符号	符号意义	量　纲
自变量	Q	炸药质量	M
	r	爆源距	L
	H	测点与爆源中心之间的高程差	L
	ρ	岩体密度	ML^{-3}
	c	振动波传播速度	LT^{-1}
	t	爆轰时间	T

物理量类型	符号	符号意义	量纲
因变量	μ	地表岩体质点振动位移	L
	v	地表岩体质点振动速度	LT^{-1}
	a	地表岩体质点振动加速度	LT^{-2}
	f	地表岩体质点振动频率	T^{-1}

由表 8-14 看出，所分析问题的总数目 $n=10$，根据 π 定理，其中独立量纲取 Q、r、c，所以独立量纲 $m=3$，则 $n-m=10-3=7$。然后按照量纲分析，得出反映高程放大效应的爆破振动公式：

$$v = k_1 k_2 \left(\frac{\sqrt[3]{Q}}{r}\right)^{\beta_1} \left(\frac{H}{r}\right)^{\beta_2} \tag{8-16}$$

式中　k_1——场地系数，表示的意义同萨道夫斯基振动速度公式中的 k；

k_2——边坡等凸形地貌影响系数；

β_1——衰减系数；

β_2——高程差影响系数；

其余符号意义同前。

该式使用时，先在爆破施工现场做小型的爆破试验，测出爆破振动速度、爆源距离、测点与爆源中心的高程差，再加上已知的最大段药量，即可回归数据，推导出场地系数 k_1、凸形地貌影响系数 k_2、衰减系数 β_1、高程差影响系数 β_2，从而得到如式（8-16）的爆破振动计算式。

根据参考文献［30］和文献［31］的推导，式（8-16）平均误差较小，能比较准确地反映正高程差的放大效应。

8.3.7.2 边坡高程放大效应机理——鞭梢效应

鞭梢效应（whipping effect）系指当建筑物受地震作用时，建筑物顶端的突出部位由于质量和刚度比较小，在每一个来回的转折瞬间，形成较大的振动速度，其位移是主体部位的数倍，犹如挥动鞭子时鞭梢活动的范围最大一样，这种现象称为"鞭梢效应"。对于岩质高边坡而言，其本身是一个复杂的岩石结构体，但如果将边坡不同高程台阶坡脚一一连接起来，其局部放大的概化模型如图 8-6 所示，其边坡台阶部位的岩体相当于边坡主体结构的突出物，整个边坡结构相当于一个大的岩体结构上存在多个小的形状突出的岩体结构。可借用结构动力学原理研究边坡爆破振动的高程放大效应。

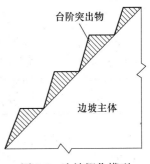

图 8-6　边坡概化模型

研究结果表明，当激励荷载的主频率 θ 与突出结构的自振频率 ω 相当时，突出结构将出现振动放大现象，形成"鞭梢效应"。

我们知道，边坡开挖深孔台阶爆破的主频率通常为 15~60Hz，若边坡坡面不同高程台阶岩体结构的自振主频率处于爆破振动荷载主频带范围内，则台阶部位岩体结构的振动效应会产生"鞭梢效应"，导致台阶部位岩体振动速度放大。应该指出的是，边坡放大效应是有条件的，只有当边坡的坡度、相邻台阶高差、边坡岩性、地形地貌、爆破振动荷载特性等满足一定要求，使得突出部位岩体结构的自振频率等于或接近爆破振动荷载主频率时，才可能出现上一级台阶的振动速度比下一级台阶的振动速度大的现象，从而产生爆破振动高程放大效应。坡形相似条件下，台阶坡脚处的振动速度随高程增加逐渐衰减，不会出现振动速度高程放大效应。

8.3.7.3 国家法律、法规的有关规定

A 《建筑抗震设计规范》

根据《建筑抗震设计规范》（GB 50011—2010）的规定，在边坡等地方建造建筑物时，应考虑地震对边坡等地段产生的放大效应、最大加速度系数应乘以一定的增大系数，其值可根据边坡的具体高度、坡度等情况乘以 1.1~1.6 的增大系数。而条文说明中解释道：规范中增大系数是根据大量的岩土体地震反应分析的计算结果进行总结得到的。从地震反应分析以及大量的边坡震害实例可以反映出大致的情况如下：

（1）边坡的高度越高，地震放大系数反应就越大；

（2）离边坡和边坡顶部边缘的距离越大，反应相对就越小；

（3）从岩石构成方面看，在相同的地形条件下，土体的放大效应比岩体大；

（4）边坡越陡，其顶部的放大效应就越大。

基于以上定性的变化趋势，以边坡的高差 H、坡角的正切值 H/L，大致给出边坡加速度放大系数的计算式：

$$\lambda = 1 + \alpha \tag{8-17}$$

式中 λ ——顶部加速度放大系数；

α ——顶部加速度放大系数的增大幅度按表 8-15 计算。

表 8-15 边坡加速度放大系数的增大幅度

边坡的高度 H/m	非岩质地形	$H<5$	$5 \leqslant H<15$	$15 \leqslant H<25$	$H \geqslant 25$
	岩质地形	$H<20$	$20 \leqslant H<40$	$40 \leqslant H<60$	$H \geqslant 60$
局部突出台地边缘的侧向平均坡降（H/L）	$H/L<0.3$	0	0.1	0.2	0.3
	$0.3 \leqslant H/L<0.6$	0.1	0.2	0.3	0.4
	$0.6 \leqslant H/L<1$	0.2	0.3	0.4	0.5
	$H/L \geqslant 1$	0.3	0.4	0.5	0.6

B 《水工建筑物抗震设计规范》

根据《水工建筑物抗震设计规范》（DL 5073—2000）第 5.1.3 条的规定：在拟静力法抗震计算中，质点 i 的动态分布系数应按图 8-7 的规定采用。当 $H \leqslant 40m$ 时，放大系数取梯形分布，坝顶的放大系数最大。如果取坝底的放大系数为 1，坝顶的放大系数为 2~3；当 $H \geqslant 40m$，在 $0~0.6H$ 处，加速度放大

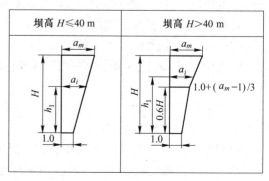

图 8-7 土石坝坝体动态分布系数

系数为 $\beta(T) = 1 + [\beta(T)_{max} - 1]/3$，在 $0.6 \sim 1H$ 处，取梯形分布，坝顶最大为 $2 \sim 3$。

C 《水利水电工程边坡设计规范》

《水利水电工程边坡设计规范》（SL 386—2007）D.2.4 规定：质点的放大系数对 1、2 级边坡，参照《水工建筑物抗震设计规范》（SL 203—97）的有关规定。

8.3.8 工程实例——小湾水电站高陡边坡开挖爆破

8.3.8.1 工程概况

小湾水电站位于云南省境内，为抛物线型混凝土双曲线拱坝，设计坝高 292m，是世界上已建和在建工程中最高的混凝土双曲拱坝，装机容量 420×10^4 kW。两岸边坡最高达 687m，也是目前世界上最高的水电站边坡。

（1）左岸 $1460 \sim 1245$m 标高范围为坝肩边坡。边坡方向约 N40°E，开挖深度 $10 \sim 75$m，山坡地形陡峻，平均坡度 48°，至 1395m 标高以上，地形坡度才稍变平缓。边坡岩体为风化卸荷岩体。其中，强风化、强卸荷岩体厚度达 30m。边缘地段分布有 EW 向陡倾角小断层 f19、f17 等。岩性主要为黑云花岗片麻岩。$1245 \sim 95.3$m 标高范围为坝肩槽边坡，分布的角闪斜长片麻岩岩体完整，风化卸荷浅，顺坡卸荷裂隙不发育。

（2）右岸爆破 EL 1110m 以下主要为角闪斜长片麻岩。1110m 标高以上主要为花岗片麻岩，岩体完整性差，强度较低。爆破方向 N40°W，开挖深度 $10 \sim 85$m，地形平均坡度 50°。坝基爆破 1110m 标高以下地表第四纪覆盖层厚度 $2 \sim 34$m。基岩为角闪斜长片麻岩，岩体完整。强风化岩层 $11 \sim 23$m，弱风化底板埋深 $16 \sim 51$m。

8.3.8.2 开挖爆破方案

台阶工作面呈条带状，总长度约 $200 \sim 300$m，宽度 $10 \sim 85$m。根据台阶工作特点，提供了两种开挖方案：如图 8-8（a）所示为垂直边坡方向前后不分区爆破的方案，即沿澜沧江流向纵向分区，横向不分区。这种开挖方案一次爆破排数多，最多的时候达到 26 排。图 8-8（b）所示为垂直爆破方向前后分区边坡的方案，即纵向分区，横向也分区。这种开挖方案可以很方便地控制爆破规模，当增加了作业循环的次数。

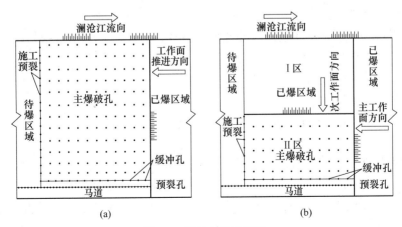

图 8-8 开挖方案示意图

（a）垂直边坡方向前后不分区爆破；（b）垂直边坡方向前后分区爆破

8.3.8.3 爆破参数

A 主爆破孔参数

（1）台阶高度 H。1245m 高程以上的台阶高度为 15m，所钻炮孔均为小角度斜孔，孔深 L 为 15~20m。1245m 高程以下为直立坡，台阶高度为 20m，孔深 L 为 12m。主爆区分两个梯段爆破，梯段高度为 10m。

（2）钻头直径 D_1。为保证施工进度，钻孔设备全部采用 Atlas Copco 液压钻，钻头直径 $D_1 = 90$mm 或 $D_1 = 105$mm。

（3）爆破参数的确定。以钻头直径 $D_1 = 90$mm 为例，主爆孔的爆破参数如表 8-16 所示。

表 8-16　爆破参数

炮孔类型	孔距 /m	排距 /m	装药结构	填塞长度 /m	单耗/kg·m^{-3}
主爆孔	2.5~3.5	2.0~3.0	连续装药	2.0~2.5	0.50~0.55（强风化） 0.55~0.60（弱风化）

B 预裂孔参数

（1）钻孔直径 L_2。采用宣化采掘机械配件厂生产的 QZJ100B 型潜孔钻，钻孔直径 $L_2 = 90$mm。

（2）孔距 a_2。$a_2 = 0.8$m。

（3）线装药密度。线装药密度 = 250~280g/m（强风化）和 300~350g/m（弱风化）。

（4）药卷直径 d_2。采用不耦合装药结构。有两种直径的药卷可供选择，$\phi25$mm 和 $\phi32$mm。在保证线装药密度的条件下，较大的不耦合系数有助于预裂面质量的提高，为增大不耦合系数，选择 $\phi25$mm 的药卷。

（5）不耦合系数。不耦合系数为 $90/25 = 3.6$。

（6）单孔装药量为 7kg。

（7）孔底装药密度。孔底装药量增加到设计线装药量的 2~3 倍，增加的装药均匀分布在孔底 1.5~2.0m 的长度内。

（8）填塞长度为 1.5~2.5m。

（9）缓冲孔至预裂面的距离。缓冲孔至预裂面的距取 1.5m，实爆效果良好。

C 缓冲孔参数

（1）炮孔直径：90mm。

（2）孔距：2.0m。

（3）排距：1.5m（系指该排孔至预裂孔的距离）。

（4）混合装药结构。

（5）填塞长度：2.0~2.5m。

（6）单位炸药消耗量：0.50~0.55（强风化）或 0.55~0.60（弱风化）。

（7）与预裂孔距离：1.5m；与相邻主爆孔距离：2m。缓冲孔起到了明显效果，过渡破坏或留根底现象大大减少。

D 起爆网路

采用导爆管雷管起爆网路，逐孔起爆技术。它可以使每个炮孔从更多的自由面反射压缩波，各炮孔可以为后继的炮孔提供新的自由面，爆堆较为集中；在抛散时，不仅有前后排岩块碰撞，而且还有两侧边岩块的碰撞。孔内采用高段位雷管，一般取 MS12~MS15 段雷管。排间采用 MS5 段，孔间采用 MS3 段。

8.3.8.4 爆破效果分析

A 爆区宽度较大时，宜采用开挖方案

当爆区宽度较大时，若采用开挖方案如图 8-8（a）所示的垂直边坡方向前后不分区爆破，一次爆破排数较多，存在严重的后排压死现象，后改为中部间隔 4~5 排布置一排加密孔，多排爆破压死现象有所减少。当采用方案如图 8-8（b）所示的垂直边坡方向前后分区爆破时，压死现象彻底消除。

B 爆破振动分析

（1）当地形条件一定时，在相同的起爆网路和起爆方式下，单响药量对爆破振动的大小具有控制作用。

（2）当最大单响药量一定时，起爆方式也会对爆破振动产生很大的影响。如预裂孔与主炮孔分次起爆时，预裂孔对主爆区的爆破起到了很好的降振作用。若预裂孔和主炮孔一次起爆时，预裂孔也必须在主炮孔之前起爆。

（3）台阶坡度与爆破振动大小有关。随着台阶坡度的增大，相邻台阶的监测结果显示：质点振动速度不断增大。当坡度大于 1：0.3 时，多次监测到质点振动速度有超标现象。

（4）岩石风化、蚀变和载荷是影响边坡安全的重要因素。根据试验结果，建议小湾水电站高边坡开挖爆破振动控制标准如下：对于微风化、蚀变和载荷较轻的岩石为 15~20cm/s；弱风化、弱蚀变岩石为 10~15cm/s；强风化、强蚀变岩石为 10cm/s。

8.4 坝基保护层的台阶开挖爆破

8.4.1 概述

8.4.1.1 何谓坝基保护层

在水利水电工程中，水工建筑物均需建立在坚硬、完整的基岩上，其建基面必须有足够的承载能力和良好的稳定性。为此，在紧邻建基面的石方爆破，均应预留包括垂直建基面及边坡建基面等相关部位的保护层。由于预裂爆破和光面爆破技术的普遍使用，使得边坡保留基岩的完整性和质量得到较好的保证，边坡保护层不再预留。目前，我国预留保护层的部位主要在主炮孔的底部，集中在河谷底部的坝基部分，称为坝基保护层。

8.4.1.2 坝基保护层开挖的"行业标准"

坝基保护层开挖是控制坝基质量的关键。《水工建筑物岩石基础开挖工程施工技术规范》1963 年、1983 年、1994 年和 2007 年的历次修订稿对坝基保护层的爆破开挖都有明确的规定。例如：对岩体保护层进行分层爆破开挖；必须在通过试验证明可行并经主管部门批准后，才可在紧邻水平建基面采用有或无岩体保护层的一次爆破法。

8.4.2 坝基保护层厚度的确定

坝基保护层厚度的确定方法有三：行业标准、工程类比法和爆破试验确定法。其中爆破试验确定法是最为理想的方法。

8.4.2.1 《水工建筑物岩石基础开挖工程施工技术规范》

根据《水工建筑物岩石基础开挖工程施工技术规范》（DL/T 5389—2007）的规定，保护层厚度如表 8-17 所示。

表 8-17 保护层厚度值

岩体特性	节理裂隙不发育和坚硬的岩体	节理裂隙较发育、发育和中等坚硬的岩体	节理裂隙极发育和软弱的岩体
h/d	25	30	40

注：h—保护层厚度，m；d—台阶炮孔底部的药包直径，mm。

8.4.2.2 国内部分工程深孔台阶爆破底部破坏深度实测值

根据对葛洲坝水利枢纽工程等地的测定，发现破坏深度与炮孔直径存在一定关系，如表 8-18 所示。

表 8-18 国内部分工程深孔台阶爆破底部破坏深度实测值

工程名称	基岩性状	炮孔底部破坏深度/m
葛洲坝水利枢纽	缓倾角砾岩、砂岩、黏土质粉砂岩和黏土岩	$40d$
万安水电站	粉砂岩和砂质页岩裂隙发育、岩石破碎	$(20\sim30)d$
东江水电站	微风化花岗岩	$(8\sim15)d$
安康水电站	千枚岩、裂隙断层发育	$30d$
鲁布革水电站	白云岩、石灰岩、裂隙发育	$30d$
飞来峡水利枢纽	中细粒花岗岩弱风化带	$(31\sim37)d$
三峡水利枢纽	闪云斜长花岗岩弱风化中限	$(20\sim27)d$
白山水电站	混合岩	$31d$
大化水电站	泥岩和灰岩瓦层	$20d$

注：d—炮孔直径，mm。

8.4.2.3 爆破试验法

通过现场爆破试验，测定炮孔底部的破坏范围，据此确定预留保护层的厚度是行之有效的方法。《水工建筑物岩石基础开挖工程施工技术规范》规定：紧邻水平建基面的岩体保护层厚度，应由爆破试验确定，若无条件进行试验，才可采用工程类比法。

8.4.3 坝基保护层的开挖方法

选择合理的保护层开挖方法是确保水利工程施工质量的有效措施。若选择不当，将导致岩基承载能力差、稳定性差、严重地影响水工建筑物的有效应用。因此，选取切实有效的坝基保护层开挖方法是十分必要的。目前，坝基保护层的开挖方法主要有三种：（1）分层爆破开挖法；（2）保护层的一次爆破开挖法；（3）无保护层的一次爆破开挖法。

在选取和运用何种方法进行坝基保护层开挖时，一定要依据施工技术规范，合理地选用、布设、实施开挖方法，以确保岩石坝基开挖规范性、合理性。

8.4.3.1 分层爆破开挖法

分层爆破开挖法是《水工建筑物岩石基础开挖工程施工技术规范》首选的方法，主要的优点是安全程度高。共分三层进行爆破开挖。

A　保护层分层开挖的原则

第一层。炮孔不得穿入距水平建基面 1.5m 的范围，炮孔装药直径不应大于 40mm，应采用台阶爆破方法。

第二层。对节理裂隙不发育、较发育、发育和坚硬的岩体，炮孔不得穿入距水平建基面；对节理裂隙极发育和软弱的岩体，炮孔不得穿入距水平建基面 0.2m 的范围。应采用逐孔起爆方法。

第三层。对节理裂隙不发育、轻发育、发育和坚硬、中等坚硬的岩体，炮孔不得穿过水平建基面 0.5m 的范围；对节理裂隙极发育和软弱的岩体，炮孔不得穿入距水平建基面 0.2m 的范围。剩余 0.2m 厚的岩体应进行撬挖。

炮孔角度、装药直径和起爆方法均同第二层的规定。

B　工程实例——桃林口右岸保护层分层爆破

a　工程概况

桃林口水库位于河北省秦皇岛市境内的青龙河上，是一座防洪、灌溉、供水、发电等综合水利枢纽。一期工程总库容 8.36 亿立方米，最大坝高 81.5m；二期工程总库容 17.30 亿立方米，最大坝高 97.5m。

坝址区地质为底山区，左岸坡较缓，岩体被山麓堆积物所覆盖；右岸山坡陡峭，岩石裸露，多处近于直立。河床底板高程为 85m，河床宽约 200m。坝址区地质结构复杂呈单斜构造；岩性主要为大红峪组第一段，多为青灰、黑灰色，薄层中厚层板状粉细砂岩与薄层中厚层细粒石英砂岩互层，以板状粉砂岩为主。岩石密度 2620kg/m³。

b　保护层开挖方案

右岸建基面以上从高程 75.5m 到 74.0m 留有 1.5m 保护层。保护层开挖设计分三层进行，第一层开挖钻孔深度不超过 1.0m，装药量不超过孔深的 30%，孔距加密至 0.5m；第二层距离设计面高度 0.5m，采用浅孔爆破法，钻孔深 0.2~0.3m；第三层距设计底线 0.3~0.2m，用风镐或人工撬挖。

不难看出，这种开挖方式施工周期长，很难适应大、中型水电工程任务重、工期紧的特点，极大地影响着工程进度。随着新型爆破材料的发展，爆破技术的不断提高，经过不断地探索新的保护层开挖方式有了很大的改进和突破，出现了保护层的一次爆破开挖法和无保护层一次爆破开挖法。

8.4.3.2 保护层的一次爆破开挖法

保护层的一次爆破开挖法是指为了改变保护层分层开挖的工艺，而实施保护层一次爆破的新工艺。

A　保护层的一次爆破开挖法的原则

(1) 应采用台阶爆破方法；

(2) 炮孔不得穿过水平建基面；

(3) 炮孔底应设置用柔性材料充填或由空气充任的垫层段。

B　工程实例之——山西省龙华口水库枢纽工程保护层一次开挖爆破

（1）工程概况。龙华口水库位于山西省盂县龙华河上。坝址区河谷呈宽 U 字形，为碾压混凝土重力坝，最大坝高 66m，坝轴线长 353m。坝底上游侧开挖长度 190.8m，宽 39.04m，下游侧开挖长度 193.5m，宽 9.9m，保护层开挖厚度约为 2.0m，保护层石方开挖工程量约为 $1.9 \times 10^4 m^3$。坝基为黑色斜长片麻岩，岩层为斜层走向。开挖岩石较为坚硬，岩石坚固系数 $f=8$。

（2）开挖方案和爆破参数。坝基采用保护层一次性开挖，直接钻孔到基岩设计开挖线，爆破装药底部加柔性垫层（竹节）的保护措施，进行延期控制爆破，保护基岩完整、稳定。

保护层一次开挖爆破参数包括：钻孔深度、孔径、孔距、排距、单位炸药消耗量、装药结构、柔性垫层、起爆网路形式等，采取经验与实际相结合，根据现场试验来确定孔距、排距、装药结构等的爆破参数，以满足坝基开挖质量要求。结合本工程地质情况拟定爆破参数如下：

1）孔径的确定。保护层一次开挖属浅孔爆破，采用钻孔机械为风动手持式凿岩机。钻头直径 d 为 $40 \sim 42mm$，取 $d=42mm$。

2）孔距、排距的选定。根据工程地质确定孔距 a、排距 b，保护层一次性开挖取：$a=1.0m$，$b=1.0m$。

3）底盘抵抗线 W 的确定。取 $W=1.0m$。每次爆破前应处理好作业面，否则因前排抵抗线过大，爆堆推不出去，影响爆破效果。

4）单位炸药消耗量 q。岩石的坚固性系数 $f=8$，选取 $q=0.45kg/m^3$。

5）钻孔深度 H。预留保护层开挖厚度为 2.0m，取 $H=2.0m$。

6）超钻孔深 h 的选定。保护层一次性爆破开挖中钻孔深度不得超过水平建基面。

7）单孔装药量 $Q(kg)$ 计算公式：

$$Q = abqH \tag{8-18}$$

式中　a——孔距，m；

　　　b——排距，m；

　　　q——单位炸药消耗量，kg/m^3；

　　　H——钻孔深度，m。

8）填塞长度 L。L 取 $15 \sim 20$ 倍的孔径，即 $L=0.5 \sim 0.8m$。

9）柔性垫层。柔性垫层材料的选择与厚度的确定是保证建基面不受破坏的关键所在。用于制作柔性垫层的材料，按综合指标（波阻抗值小、易制作、经济性等）的优劣排序为：泡沫—锯末—两端带节竹筒（或矿泉水瓶）—木材。柔性垫层厚度取值过小将影响建基面完整性，造成保留岩体破坏；反之，将留下根坎，造成欠挖，需再次撬挖。龙华口坝基岩石较坚硬、地下水位高，各炮孔均有水，结合便于制作、就地取材的经济原则，选取柔性垫层材料为两端带节竹筒，厚度选取为 $20 \sim 30cm$。保护层一次性开挖爆破参数见表 8-19。

（3）保护层开挖施工工艺。施工工序：施工准备及测量放线→钻孔→装药→封堵→爆破→挖运。

表 8-19 保护层一次开挖参数

台阶高度/m	孔深/m	孔径/mm	钻孔角度/(°)	底盘抵抗线/m	孔距/m	排距/m	单孔装药量/kg	单耗/kg·m⁻³	填塞长度/m
1.5	1.5	42	90	1.0	1.0	1.0	0.7	0.45	0.5
2.0	2.0	42	90	1.0	1.0	1.0	0.9	0.45	0.7
2.25	2.25	42	90	1.0	1.0	1.0	1.0	0.45	0.7
2.5	2.5	42	90	1.0	1.0	1.0	1.1	0.45	0.7

注：1. 岩石坚固性系数 $f=8$；
  2. 采用 $\phi35mm$ 乳化炸药连续装药，孔底 $20\sim30mm$ 范围内设竹节垫层，方形布孔，非电导爆管毫秒延期-起爆网路。

1）施工准备及测量放线。在保护层石方开挖之前，先行进行风、水、电、路布置与安装设备，同时根据设计对边线、炮孔及开挖深度进行精确测量放线。测量放线精度应符合有关技术条款和水利水电工程施工测量技术规范的规定。

2）钻孔。石方保护层开挖时，采用 Y1L28 型手风钻进行钻孔，钻孔要求如下：

①布孔：根据爆破设计，依据测量放线，按孔距、排距由专人负责。

②钻孔：按设计深度钻孔，保护层开挖时钻孔不得深入基岩面。

③炮孔保护：钻孔达到设计深度后，经检查合格后，吹净孔内残碴，用编织袋或木塞将孔口塞紧，盖土封顶。

④装药、堵塞：

i. 装药结构：为了保护基岩，保护层一次开挖的装药底部加柔性垫层（20~30cm 竹筒）的保护措施，以保护保留岩体不受破坏，保护层开挖装药结构如图 8-9 所示。

ii. 装药与填塞：装药时将孔内的粉碴及积水用吹风管吹冲干净后，先按要求加入设计厚度的柔性垫层，然后按照设计装药量和填塞长度进行装药、封堵。

⑤爆破网路：起爆网路是能否达到爆破效果的关键，设计起爆网路时，应充分考虑对建基面的影响及飞石影响，保护层开挖采用毫秒延时分段起爆

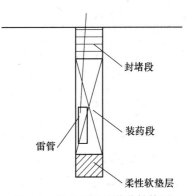

图 8-9 保护层开挖装药结构图

技术，控制单响药量，避免对被保护物体造成破坏。起爆网路设计为非电毫秒导爆管雷管起爆网路，孔外毫秒雷管采用导爆索连接起爆，段与段之间相差 50.75ms 起爆，搭接传爆采用 MS3 非电雷管，起爆采用电雷管。

⑥石碴挖运：采用 2m³ 反铲挖掘机挖装，配合 20t 以上的自卸汽车通过石方开挖施工道路直接运往弃碴场，TY160 推土机进行清碴、平场。

（4）爆破效果。爆破完成后，经机械清碴，设计及监理共同对保护层一次爆破开挖质量进行检查验收。由于采取了一系列有效措施，布孔：较小的孔距、排距；钻孔时严格控制孔底高程；选取柔性垫层为两端带节竹筒，厚度为 20~30cm；采用逐孔起爆技术。清理后经测量统计，平均不平整度基本在 15cm 内，局部最大不平整度接近 25cm。炮根处

残孔清晰可见，未见辐射状爆破裂隙，个别岩脉经过处的裂隙稍有扩张，通过凿除完全可以满足基础建基面的要求。保护层一次开挖爆破方法取得了良好的效果，同时缩短工程工期、降低工程造价。

C 工程实例之二——山西省汾河二库基岩保护层的一次爆破开挖

（1）工程概况。汾河二库坝基地质情况复杂，岩石多为浅灰、灰色白云岩，岩层呈水平状，倾角约 50°，向上游倾斜，岩层多为薄层，层厚约 0.1~0.5m，个别出现中厚层，层间有薄层含泥白云岩，直接影响爆破效果。坝基土石方开挖量为 $46.82 \times 10^4 m^3$，基中石方 $6.41 \times 10^4 m^3$，土方 $40.41 \times 10^4 m^3$。基岩保护层开挖面积 8924m²，需开挖石方 $1.94 \times 10^4 m^3$。

爆破施工特点：坝基石方开挖分三大类：主体石方、边坡石方及基岩保护层石方。采用三种不同爆破方法：主体石方采用深孔爆破技术，边坡石方采用光面或预裂爆破技术，基岩保护层石方采用浅孔一次成型爆破开挖技术。

（2）爆破设计。

1）爆区的选择和爆破参数确定。爆区选择在大坝上游。0~16.3 至 0~100 段和左岸 0+082~0+108 段，即 A、B 两个大区开挖高程为 827.00~831.00m，再将各大区分成 4 个小区。在每个小区内进行一组爆破参数试验，试验爆破清除后，通过宏观观察，测试分析，得到最佳爆破参数。其爆破参数如表 8-20 所示。

表 8-20   爆破参数

编号	爆破部位		孔距/m	排距/m	柔性垫层厚/m	孔深/m	单耗/kg·m⁻³	总钻孔数/个	总装药量/kg	总爆落量/m³
A	0~16.3	0+082	1.2	1.0	0.15	1.2~3	0.30	585	389.4	1061.8
	0+030	0+960	1.3	1.0	0.20	1.2~2	0.35	585	389.4	1061.8
B	0~16.3	0+960	1.2	1.0	0.15	0.8~2	0.30	598	243.4	644.70
	0+030	0+108	1.3	1.0	0.20	0.8~2	0.35	598	243.4	644.70

经多次试验表明，合理的孔网参数如下：孔径 42mm；孔距 $a = 1.2m$；排距 $b = 1.0m$；单耗 $q = 0.3 kg/m^3$；柔性垫层 $L = 0.20m$。

2）施工工艺。使用手风钻钻孔，钻孔直径 42mm，填塞长度大于或等于 0.5m，填塞材料为黄泥钻碴。爆破的最大一响药量为 100kg。

柔性垫层是保证基岩保护层开挖爆破成功的关键，因本工地地下水丰富，决定采用中空两头封堵的硬塑料管来充当柔性垫层，其构造见图 8-10。炸药采用水胶炸药，装药结构采用不耦合间隔装药结构（图 8-11）。

爆破使用非电毫秒延期接力起爆网路，采用孔内高段（8 段）孔外低段（3 段），孔外接力孔内延期的接力网路取得了良好的爆破效果，如图 8-12 所示。

8.4.3.3 无保护层的一次爆破开挖法

无保护层的一次爆破开挖法是指将深孔一次钻到建基面进行爆破的技术，或在台阶深孔底部进行水平预裂爆破取消炮孔底部保护层的尝试。

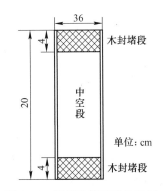

图 8-10　硬塑料管当柔性垫层

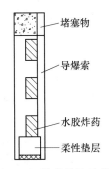

图 8-11　装药结构示意图

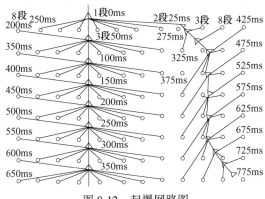

图 8-12　起爆网路图

A　无保护层的一次爆破开挖法的原则

（1）水平建基面开挖，应采用预裂爆破方法；

（2）基础岩石开挖，应采用台阶爆破方法；

（3）台阶炮孔底与水平预裂面应有一定距离。对于钻爆后质量较差的部位再进行固结灌浆处理。深孔的孔径通常为 60～70mm。

B　工程实例——湖南省某水电站无保护层水平预裂爆破开挖法

（1）方案的确定。某水电站大坝为碾压混凝土重力坝。左右岸坝基 1400～1280m 高程共有 12 个平台，各平台的宽度均大于 12m。通过对分层爆破和水平预裂爆破两种开挖方式爆破前后声波测试和专家论证，决定采用水平预裂爆破辅以垂直浅孔梯段爆破法一次爆破完成的施工方法。

（2）爆破参数选取。

1）水平预裂孔参数选取：

①孔径和药卷直径。根据我国水利工程边坡预裂爆破的经验，孔径一般为 90～110mm，并结合坝基开挖现有的钻孔机具，选用 CM351 潜孔钻为水平预裂孔的主要钻孔机具，钻孔直径为 $\phi 90mm$，相应的药卷直径为 32mm。

②钻孔间距。钻孔间距 a 和钻孔直径 D 的关系可用间距系数 n 来表示：$a=nD$；根据经验，$n=7～12$。n 值过大，不能保证预裂缝的形成，影响预裂效果；n 值过小，将增加

钻孔数量，不经济，并且影响施工进度。

水平预裂爆破孔的不耦合系数等于钻孔直径 D 与药卷直径 d 之比，即

$$\eta = D/d = 90/32 = 2.81$$

③钻孔深度。采用 CM351 钻机钻孔时，钻孔深度 ≤15m 为宜。

④线装药密度。根据坝基的岩性和其他水利工程的施工经验，并经生产性试验的验证，确定线装药密度为 280~300g/m。

⑤填塞长度。实践证明良好的填塞长度，以控制孔口药包爆炸时不致产生爆破漏斗为限。孔口填塞长度对水平预裂面的形成有很大影响，填塞长度过短，爆破时气体逸出，不易形成预裂缝或预裂缝宽度不够。堵塞长度过长，在孔口附近部位易残留水平炮孔。一般由试验确定。

2）爆破孔参数选取：

①孔径和药卷直径。根据坝基开挖现有的钻孔设备。选用 CM351 潜孔钻机、D7 液压钻机作为钻孔机具，钻孔直径为 90mm 和 76mm，药卷直径为 60mm。

②钻孔间距和排距。参照垂直梯段爆破的经验和生产性试验，采用 CM351 潜孔钻机或 D7 液压钻机钻孔时，间距一般为 2.0~2.5m。排距为 2.0~2.5m。岩石均匀完整的部位间排距为 2.5m；岩石破碎、裂隙较多的部位取 2m。

（3）施工工艺及技术要求：

1）施工准备。进入保护层厚度范围内钻孔作业前，首先进行测量放点，以确定水平预裂和浅孔梯段爆破的作业范围，并用红油漆标明水平预裂孔的开孔高程线，水平预裂开孔高程线以上 80cm 处为浅孔梯段爆破孔的孔底高程。浅孔梯段爆破孔布孔完成后，进行测量放样，测定高程，由工程技术人员逐孔标示孔深。

2）钻孔作业。水平预裂、浅孔梯段爆破孔可同时作业。水平预裂孔利用已填好的 3m 宽的平台作为钻机施工作业面。预裂孔钻孔时，钻机准确对位后用水平尺校准，放慢开口速度。达到一定深度后，再次校核水平度和方位，符合要求时再加快速度。水平预裂孔开孔误差要求不大于 10cm，浅孔梯段爆破孔的孔底高程误差不大于 20cm。浅孔梯段爆破孔钻孔时要根据逐孔标示的孔深，技术人员严格控制钻孔深度和方向，装药前由技术人员逐孔进行测量，合格后方可装药。

钻孔完毕后。要对钻孔孔位、孔深和孔斜进行认真检查，并做好记录，对不满足设计要求的孔，必须进行补钻（欠深）或充填（超深）。为防止保护层开挖过程中，破坏已经成型的开挖边坡，在水平预裂孔的两端设置空孔达到限裂要求。

3）装药联网。坝基保护层开挖采用 2 号岩石硝铵炸药或乳化炸药，导爆索或导爆管传爆，毫秒延期雷管起爆，孔内全部采用 MS15 段装药，孔外采用 MS5 和 MS3 段进行延时，双发火雷管起爆。垂直浅孔梯段爆破孔一般采用自孔底向上连续装药和间隔装药两种装药结构。起爆顺序沿抵抗线最小的方向依次分段起爆，控制最大一段起爆药量小于 100kg。

水平预裂孔采用间隔不耦合装药，竹片绑扎，导爆索串联+32mm 乳化药卷间隔装药；炸药按设计的线装药密度，均匀地绑扎在导爆索和竹皮上，以起固定药串的作用，竹皮一侧靠保留边坡一方，以减弱爆破对边坡的影响。水平预裂爆破和垂直浅孔梯段爆破同时按设计的装药结构分别装药。并在同一网路内连接，控制预裂爆破先于梯段爆破的起爆时差

为 75~100ms 为宜。

（4）爆破开挖效果。大坝建基面经由业主组织的四方基础验收小组检查验收认为：保护层开挖采用水平预裂爆破辅以垂直浅孔梯段爆破相结合的施工方案，建基面无明显的爆破裂隙，水平建基面平整度、开挖高程及轮廓边线均满足设计要求。

水平建基面的开挖质量检查参照边坡预裂爆破标准进行。通过对坝基 EL1400~EL1280 高程共 12 个平台的检测，各项指标均满足技术要求，质量等级全部达到优良标准。经过对建基面残留炮孔痕迹进行检查与统计分析，在岩石完整的部位其半孔保存率一般为 98%~100%，平均半孔保存率大于 98%；在局部地质缺陷部位，其半孔保存率均在 95% 以上，满足设计要求。相邻水平炮孔间的不平整度最大 15cm，最小 8cm，一般控制在 5~15cm，基本满足 ±15cm 的设计要求。建基面岩体经弹性波测试，其波速最大达 5800m/s 以上，最小 4360m/s，平均波速值均在 5200m/s 以上，其波速满足平均波速不小于 5000m/s 的设计要求。

经过综合考虑，采用水平预裂爆破辅以垂直浅孔梯段爆破法一次爆破完成的施工方法，更有利于保护建基面，建基面质量明显优于分层开挖爆破法。与分层开挖法相比，保护层开挖的施工进度明显加快，劳动强度明显降低，资源投入上节省人力约 3 倍左右，开挖效率可提高约 25 倍左右，更加适应大型机械化作业。

8.5 高陡山体坝肩开挖分层抛掷爆破

8.5.1 概述

8.5.1.1 坝肩的定义

坝肩，是水坝两端所依托的山体。水坝建设之初，对两侧山体进行开挖，以符合坝肩的设计要求，并最终与水坝连为一体，称"左岸坝肩"和"右岸坝肩"。

8.5.1.2 坝肩的作用

坝肩岩体稳定是拱坝安全的根本保证。坝肩岩体失稳的最常见的形式是坝肩岩体受荷载后发生的滑动破坏。另一种情况是当坝的下游岩体中存在着较大的软弱带活断层时，即使坝肩岩体抗滑稳定能够满足要求，但过大的变形仍会在坝体内产生不利的应力，同样会给工程带来危险，应当尽量避免。

拱坝是山区峡谷 U 字形河床水利水电工程大坝的主要坝型之一，拱坝是一种推力结构，承受轴向压力，有利于发挥混凝土及浆砌石等脆性材料的抗压强度；具有结构体积小、配筋少、承受超载能力强的优点，因而得到推广应用。但其稳定性主要依靠两岸拱端的反力作用，对地基的要求很高。因此，坝肩的开挖对于大坝的稳定性具有重要的作用。图 8-13 示出某水电站右岸坝肩开挖施工图。

图 8-13 某水电站右岸坝肩开挖施工

8.5.2   拱坝坝肩的爆破方案的选择

（1）通常为沿两岸坝肩自上而下，分层爆破方案，分层厚度 10m 左右。

（2）由于坝肩开挖多处于高山河谷地带，施工道路布置困难；设备运输困难；分层开挖出碴道路布置困难。为了解决出碴困难，抛碴下河是一个较好的解决办法，即提前进行导流洞建设，在坝肩开挖时，完成导流洞及围堰施工，使坝肩分层开挖的爆碴下河，在基坑内集中出碴。为使更多的岩石爆炸下河，可采用深孔抛掷爆破技术，俗称坝肩开挖分层抛掷爆破技术。

（3）为了实现抛掷爆破，可适当地增加单位炸药消耗量或改变爆破方式。

8.5.3   坝肩施工的技术要求

衡量爆破作业对坝肩稳定性影响的主要指标是：坝肩表面的平整度、声波传播速度和爆破振动质点速度，由于影响坝肩稳定性的因素很多，各地的标准并不统一。以溪洛渡水电站为例，坝肩施工的技术要求列于表 8-21。

表 8-21   坝肩施工的技术

项 目	允许偏差/cm		平整度
	欠挖	超挖	
两岸拱端：无结构配筋要求及预埋件	10	20	15
基建面：有结构配筋要求及预埋件	0	10	15
声波检测	基建面以下 1m 范围，声波降低率小于 10%		
爆破质点振动速度要求	爆破质点振动速度小于 10cm/s		

龙羊峡水电站对爆破振动质点速度的要求是：

比较完整的微风化花岗闪长岩 $\qquad v = 20 \sim 25 \text{cm/s}$

节理、裂隙较发育的弱风化花岗闪长岩 $\qquad v = 15 \sim 20 \text{cm/s}$

8.5.4   工程实例——湖北省青龙水电站坝肩开挖

8.5.4.1   工程概况

青龙水电站工程位于湖北省恩施市境内的马尾沟流域新塘乡，是一座以发电为主的水利枢纽工程。枢纽建筑物主要包括碾压混凝土双曲拱坝下游二道坝水垫塘消能设施、发电、引水系统和地面厂房四部分。大坝布置在 U 形峡谷中，采用碾压混凝土双曲拱坝，体型为抛物线拱，坝顶高程 737.7m，最大坝高 139.7m。

坝址河道弯曲，岸坡基岩裸露，两岸山体陡峻，河谷呈 U 形。

8.5.4.2   坝肩开挖施工方法

根据施工现场特点，采用轻型设备进行爆破施工利用地形和爆破力清除大部分石碴。具体做法是：从坝顶开始从上向下开挖，用潜孔钻机钻孔爆破；炮孔孔底高程从外到内以 45° 逐排提高，形成多层小台阶，其目的是使爆破石碴的绝大部分能够依靠自重和爆破力抛入河床，使挖掘设备较方便地到达河床出碴。

A 爆破区底部轮廓

如图 8-14 所示，炮孔以 45° 的斜面，从外到内逐层提高，使爆破后的碴面形成倾向外侧的台阶，这样就能够将绝大部分的石碴抛出爆破作业区，到达方便开路出碴的河床面。爆破作业面的松碴面虽然是斜面，但底部原岩面是 3m 高、3m 宽的多个台阶，所积存的碴量不多，可以由人工清理，创造下一排炮孔的钻孔作业面。

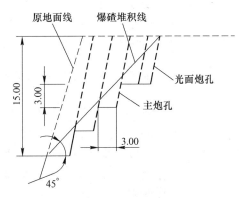

图 8-14 分层开挖爆破台阶断面图

B 钻孔设备选用

QZJ-100b 型潜孔钻机，是一种由气动马达驱动回转，气缸直接推进的支架式穿孔设备，气动设备具有稳定性能可靠、动力单一、体积小、重量轻、效率高等优点。钻孔直径80~120mm，最大钻孔深度 60m，总重量 293kg。

C 爆破设计

（1）爆破方案。采用深孔梯段延期爆破法，首层以底部形成 45° 台阶为基准，设计各排炮孔深度。台阶形成后，按 15m 层高布置炮孔，直至河床面。台阶高度 H = 15m。

（2）爆破参数。根据岩石特性，初选单位炸药消耗量 q = 0.6kg/m³。

炮孔深度：L = 16m；

单位炸药消耗量：q = 0.6kg/m³；

主炮孔单孔装药量：$Q_1 = q \times a \times b \times h = 0.6 \times 3.0 \times 3.0 \times 15 = 81.0$ kg/孔；

缓冲孔单孔装药量：$Q_2 = q \times a \times b \times h = 0.6 \times 2.5 \times 2.0 \times 15 = 45$ kg/孔；

光爆孔单孔装药量：$Q_3 = q \times a \times b \times h = 0.6 \times 0.8 \times 2.0 \times 15 = 14.4$ kg/孔。

（3）起爆顺序：主炮孔→缓冲孔→光面孔，孔内引爆雷管 MS7（延期 210ms），孔外传爆雷管 MS3（50ms）。从外到内逐排起爆。

8.5.4.3 爆破效果

本项目于 2010 年 9 月开始拱坝坝肩开挖，至 2011 年 5 月底，全部开挖至河床面高程，已开挖总高度110m。作业区的钻孔设备，由坝顶交通隧道上的汽车吊机配合撤离，开挖过程中严格按照爆破设计施工，及时支护。采用梯段延期爆破，单向临空状态良好，有利于爆破石碴逐排起爆。爆破石碴绝大部分在爆破期间抛落到河床面，其小台阶残存的石碴不多，由人工自上而下逐层清碴，比预计的清碴时间减少，达到了预期的效果。

8.6 面板堆石坝坝料开采技术

8.6.1 概述

近 30 年来，堆石坝的建设朝着面板堆石坝的方向发展，在面板的选用上又以混凝土面板为主。混凝土面板堆石坝是以堆石体为支撑结构，并在其上游表面设置混凝土面板作为防渗结构的一种堆石坝。它与传统的土石坝相比，具有投资省、安全可靠、施工方便、工期短、适应性强等优点，并经过多年的科学研究和施工实践技术已日趋成熟，是目前极有竞争力和应用前途的坝型。据不完全统计，到 2011 年底我国已建成、在建和拟建的混凝土面板已达 305 座，其中坝高 100m 或超过 100m 的高混凝土面板有 94 座。已建最高的面板堆石坝是水布垭坝，坝高 233m，亦是当前世界最高的面板堆石坝。

8.6.2   混凝土面板堆石坝的结构形式和特点

8.6.2.1   混凝土面板堆石坝的结构形式

面板是大坝的防渗主体，位于坝体的最上端，通过趾板与地基相连。在库空时，它裸露在大气之中，直接受日晒、温降、寒潮等影响，变形受约束而产生较大的拉应力；而在蓄水时，面板作为一种传力体的柔性结构，将上游水压力均匀传给堆石体，面板随堆石体的变形而产生挠曲变形，从而使面板内部产生弯曲应力。因此，对面板混凝土有较高的抗拉要求和一定的抗压要求。混凝土面板的结构如图 8-15 所示。

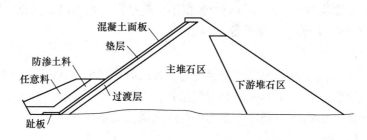

图 8-15   混凝土面板堆石坝结构图

8.6.2.2   堆石料的种类和性能

作为堆石料的岩石种类很多，有灰岩、砂岩、板岩、花岗岩、玄武岩、大理岩和溶融凝灰岩等。

堆石料原岩饱和抗压强度大于 49MPa 的中硬岩或硬岩是高坝最合适的筑坝材料。高坝石料最大粒径不应超过压实层厚度，一般为 500~800mm。

下游堆石料最大粒径可适当放宽要求。填筑料压实后均应具有低压缩性、高抗剪强度和良好的透水性。

软岩也可选作筑坝材料，全国应用软岩料修筑的石板板石坝有数十座。修坝软岩料的饱和抗压强度应大于 15MPa、小于 30MPa。当坝高大于 150m，软岩料尽可能用于坝体变形和应力较小的部位；当坝高大于 200m 时，最好不要使用软岩料。

8.6.2.3   混凝土面板堆石坝的特点

（1）混凝土面板堆石坝对面板堆石料的级配有严格的要求。既要尽量减少超粒径料，又要控制细粒料的含量。一般要求小于 25mm 的含量不大于 50%；小于 0.074mm 的含量不大于 12%。或者小于 5mm 的含量不大于 20%；小于 0.074mm 的含量不大于 12%。还要使其具有良好的级配。

（2）混凝土面板堆石坝具有质量好，强度高，并且具有小变形和相对较高的填充性等一系列特点，使之整体安全度明显提高。同时，材料的使用量相对较低，相应的减小了大坝的投资成本。

（3）小体积，结构简单，机械操作的过程和施工方式更方便。并且由于堆石材料的渗透性要大于土石坝的渗透性，这会使得混凝土面板堆石坝的主次堆石区均不会出现各自的饱和状态，渗透水压力较小。

（4）适应复杂的地形，地质条件和雨天、寒冷的气候的施工。而且在建设混凝土面板堆石坝时的填充作业，也可以在雨季或冬季施工。除此之外可以保证在全年进行施工建设，进而可以确保大坝的建设进度，及早的产生经济效益和社会效益。

（5）具有良好的抗震性能。所有堆石料都是干的，地震时不会导致坝体内部产生孔隙水压力；以及地震时坝体沉降小、使分区的堆石坝体具有内在的抗震性能。

（6）安全稳定。一系列的工程实例表明，在国内和国外的大坝竣工期和投产期间，该坝型的水利工程都具有较高的安全性，即使上游的面板被破坏而出现渗漏现象，也能确保大坝的渗流稳定性和安全性。

8.6.3 爆破参数的确定

混凝土面板堆石坝坝料开采大都尽量采用坝基、溢洪道等部位的有效开挖料填筑坝体，不足部分才开辟专用料场开采。不论是坝基、溢洪道等部位的开采，还是专用料场的开采，通常都是用台阶爆破法开采，常用的有：小抵抗线宽孔距爆破、大区多排孔延期爆破、压碴爆破和大孔径深孔台阶爆破等。以下举例说明之。

8.6.3.1 江西东津水电站——小抵抗线宽孔距爆破

东津水电站位于江西省赣西北修河上游，设计坝顶高度 201.7m，最大坝高 88.5m，坝体填筑总量 $170 \times 10^4 m^3$。该水电站为混凝土面板堆石坝坝型。基岩为震旦系下统南沱组粗粒砂岩和中细粒砂岩。断裂较发育，大小断层及挤压破碎带共 24 条。岩石抗压强度为 100~120MPa。采用常规法爆破其矿碴很碎，大粒径石料少。东津水电站施工单位采用小抵抗线宽孔距爆破技术获取大粒径级配料，获得了良好的爆破效果。

小抵抗线宽孔距爆破孔网参数：孔径 150mm、孔距 a 平均 7.2m，最大 8.4m，排距 b 平均 3.2m，$a/b = 2.3$。孔网面积 $23.04m^2$。每次爆破 7 排孔，采用交错形布孔方式。用 1、3、5、6、8 段毫秒延期雷管起爆。一次爆破方量 $1.6 \times 10^4 m^3$。单位炸药消耗量为 $0.332 kg/m^3$。爆破结果获得了符合设计要求的大粒径料。

8.6.3.2 白云水电站——大孔径深孔台阶爆破

（1）工程概况。白云水电站位于湖南省邵阳市城步县境内，该水电站面板堆石坝最大坝高 120m，坝顶长 189.5m。总填筑量 $170 \times 10^4 m^3$。堆石料场岩性为青灰色、灰色中厚层灰岩，抗压强度 81MPa，岩性均一。构造上有两个方向的节理比较发育。主堆石是面板的主要支撑体，部位重要，要求压缩模量高，抗剪强度大。设计主堆石料干密度为 $2.10 kg/cm^3$，孔隙率 22%，最大粒径 800mm；过渡料干密度为 $2.15 kg/cm^3$，孔隙率 21%，最大粒径 300mm。

（2）台阶高度。主堆石料 15m；过渡料 15m。

（3）选用炸药。岩石乳化炸药，药卷直径 120mm，药卷长度 500mm。

（4）主堆石料爆破参数。

主堆石料爆破参数如表 8-22 所示。

表 8-22　爆破参数

参数	孔径 /mm	孔深 /m	孔距 /m	排距 /m	钻孔角度 /(°)	填塞长 度/m	线密度/kg·m⁻¹		单孔装药量 /kg	单耗 /kg·m⁻³
							上部	下部（5m）		
主堆石料	165	15.9	7.5	4.0	75	2.8	11.5	19.8	200	0.45
过渡料	165	15.9	6.5	3.0	75	2.8	16.4	19.8	244	0.84

（5）过渡料的爆破开采。根据主堆石料开采经验，考虑到过渡料最大粒径仅为300mm，细粒含量要求也较高，除继续保持炸药在爆破范围均匀分布、孔口布设 2.5kg 小药包外，变间隔装药为连续装药，提高钻孔利用率。过渡料的爆破参数如表 8-22 所示。

（6）爆破堆石料质量评述。良好的级配有两方面的含义：1）满足不均匀系数 C_0 和曲率系数 C 的要求，一般认为同时满足 $C_0 \geqslant 5$ 和 $1 \leqslant C \leqslant 3$ 即为优良级配；2）爆破料的实际级配曲线落在设计部门提供的（或招标文件要求的）级配允许范围内。

主堆石料开采近 $50 \times 10^4 \mathrm{m}^3$，级配良好，不均匀系数大，细粒含量适中，超径率低，爆破后基本不需要二次解炮即可装运上坝；过渡料开采近 $4.0 \times 10^4 \mathrm{m}^3$，细粒含量适当，级配较好，超径率还有待于进一步降低。此外，飞石一般不超过 300m，爆破料多次筛分平均级配见表 8-23。

表 8-23　爆破料平均级配

名称 代号	级　配/%												不均匀 系数	超径率 /%
	800	600	400	300	200	80	60	40	20	10	5	0.1		
Ⅰ	99.6	91.4	81.3	58.4	40.1	35.4	27.8	17.9	11.0	6.6	0.3		24.7	·0.4
Ⅱ			99.4	94.8	82.7	52.1	41.0	35.2	23.1	16.2	10.8	0.8	20.4	5.2

注：Ⅰ—主堆石料；Ⅱ—过渡料。

8.6.3.3　天生桥一级水电站——面板堆石坝级配料开采爆破

天生桥水电站根据爆破块度预报模型，结合水电站面板堆石坝级配料开采爆破试验，建立了适合天生桥一级水电站级配料开采的爆破块度预报模型，提出了快速判断开采料是否符合设计要求的方法。

（1）工程概况。天生桥一级水电站位于广西隆林县与贵州黔西南安龙县交界处，混凝土面板堆石坝坝高 178m，坝顶长 1126m，堆石料总计 1860m³，其中过渡料，（即ⅢA）$60 \times 10^4 \mathrm{m}^3$，主堆石坝料（即ⅢB）超过 $900 \times 10^4 \mathrm{m}^3$。堆石坝的石料主要由溢洪道和 1 号、2 号补充料场提供。ⅢB 料试验区位于三叠系的罗娄组（T₁L），属厚层灰质白云岩。ⅢA 料试验区位于 2 号补充料场，岩石裸露，为二叠纪（P₂）白云质灰岩。

1994 年 11 月至 1995 年 2 月，长江科学院和武汉长江工程公司在天生桥一级水电站共进行了三组主堆石坝料和两组过渡料直采试验。在爆破试验的基础上提出了适合于天生桥一级水电站的爆破块度预报模型，以及爆破优化参数设计的目标函数。

（2）台阶高度：10m。

（3）布孔方式：方形布孔。

（4）堆石料开采爆破试验。

1) 爆破试验参数如表 8-24 所示。

表 8-24 爆破试验参数

爆破参数	ⅢA-1	ⅢA-2	ⅢB-1	ⅢB-2	ⅢB-3
孔径/mm	90	90	90	90	90
孔深/m	10.5	10.5	11.5	10.5	10.5
超深/m	0.5	0.5	0.5	0.5	0.5
钻孔角度	垂直	垂直	垂直	垂直	垂直
孔间距/m	1.6	2.0	2.5	2.3	2.5
排间距/m	1.6	2.0	2.5	2.3	2.5
前排最小抵抗线/m	4.0	3.0	3.5	4.6	3.8
单耗/kg·m^{-3}	1.27	1.24	0.63	0.59	0.64
单孔装药量/kg	32.6	49.4	43.1	31.0	40.2
填塞长度/m	1.1	1.4	1.8	1.5	1.7

2) 装药结构：间隔装药，间隔填塞长度 0.5~1.0m。

3) 起爆方式：V 形起爆。

上述试验参数为爆破优化提供了参考数据。

（5）级配料开采爆破参数优化。根据爆破试验的实际参数，结合 Kuz-Ram 模型的运用及修正，对试验参数进行优化，提出了 ⅢA 和 ⅢB 料爆破参数优选范围，如表 8-25 所示，表中的间排距不允许同时取小值，更不能同时取大值。单位炸药消耗量应与装药结构和孔网参数统一考虑。

表 8-25 天生桥一级水电站 ⅢA 和 ⅢB 料爆破参数推荐范围

爆破参数	ⅢA 料	ⅢB 料
孔径/mm	90	90
孔距/m	2.4~3.2	3.0~4.0
排距和最小抵抗线/m	1.6~2.4	2.0~3.0
单孔负担面积/m^2	5.1~6.1	8.0~9.5
炮孔密集系数	1.0~2.0	1.0~2.0
单位炸药消耗量/kg·m^{-3}	5.1~6.1	8.0~9.5
装药结构	间隔装药	间隔装药
钻孔角度/(°)	90	90

天生桥一级水电站爆破试验后，发现 ⅢA 料偏细。随后结合生产又做了一次试验，采用的爆破参数如下：台阶高度 16.2m、选用乳化炸药、钻孔角度 90°；矩形布孔；孔径 90mm，孔深 17.8m、平均孔距 2.6m、平均排距 2.17m、填塞长度 2.2m、炸药单耗 1.15kg/m^3、单孔装药量 105kg 采用间隔炸药、排间延期起爆。

爆后取样 31.6t 进行筛分。筛分结构表明，40mm 以下粒径与设计曲线符合很好；40~80mm 粒径仍超出设计上限，略为偏细；曲率系数 $C = 2.8$，不均匀系数 $C_0 = 14$，属良好级配范围。这一情况说明，还可适当增大孔间距、排间距，后续施工中基本采用

2.5m×2.5m 的孔间距和排间距，炸药单耗 0.8~1.0kg/m³，其爆破开采效果满足设计要求。

8.7 地下厂房岩锚梁开挖技术

8.7.1 概述

地下厂房系统的地下洞室群可以分成三个相对独立的区域。第一区域为引水系统，包括引水上平洞、引水斜井（或竖井）和引水下平洞，它们由相互平行的数条引水隧洞组成；第二区域为三大洞室，包括主厂房、主变压室和尾水调压室及与其相关联的洞室如母线洞、出线洞、通风洞、交通洞等；第三区域由数条尾水洞组成。

大型洞室开挖一般采用上下分层的开挖方法上层（顶拱层）的开挖方法同隧洞开挖法。中下层开挖方法则为台阶开挖法，即台阶开挖周边预裂爆破，中间台阶爆破法开挖。

岩锚梁岩台一般位于地下厂房开挖的第二层或第三层中，岩台开挖一般分多区进行（图 8-16）。首先是中部槽挖，并在两侧预留 3~5m 的保护层。槽挖时为保护好保护层岩体不受破坏，同样要进行开挖边线预裂。

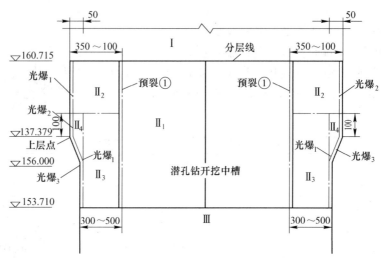

图 8-16 岩锚梁层开挖分区程序图

8.7.2 岩锚梁岩台开挖的关键部位是保护层内的开挖

保护层内的开挖一般采用下列两种方法：

（1）沿地下厂房主轴线方向进行的逐步前进法：其钻孔方向与厂房主轴线方向一致，将保护层由表及里层层剥离，最后达到岩台设计规格线。岩台开挖采用短进尺、低药量、弱爆破及隔孔装药方式，且严格控制装药量。岩台光面爆破孔的钻爆参数一般为：

孔距：30~40cm；

孔深：3.0~2.5m；

线装药密度：75~200g/m（视岩性不同而定）；

不耦合系数：2.0~1.8。

该方法的缺点是施工速度慢，它必须一个循环一个循环地进行，而光爆孔太深也容易引起两茬炮孔间的错台加大。

（2）钻孔与地下厂房主轴线成大角度相交法爆破：它将保护层又分几次开挖，最后留下岩台以上的梯形区，布置垂直于主厂房轴线方向的周边孔进行光面爆破（图8-16）。光爆孔$_2$在Ⅱ$_3$区开挖前钻好，并采用PVC管插入进行保护，以免在爆破Ⅱ$_3$区时将光爆$_2$孔振塌。光爆孔$_3$在光爆Ⅱ$_3$区开挖后方能钻孔，与光爆$_2$同时起爆。钻爆参数一般由现场试验确定，拟定参数如表8-26所示。

表8-26　岩锚梁开挖爆破参数

孔距/cm	孔深/m	药卷直径/mm	不耦合系数	线密度/g·m^{-1}
30	3.0	22~25	1.8~2.0	75~150

该方法施工速度快，爆破效果好。为了让岩台开挖质量得到保证，常常使用钻孔样架，根据岩台周边孔的角度设计并制作，将钻机置于样架上进行操作，使其钻孔角度、深度都不发生偏离，从而使钻孔质量得到极好的保证。

8.7.3　工程实例——重庆市彭水水电站地下厂房岩锚梁开挖技术

8.7.3.1　工程概况

彭水水电站位于重庆市彭会县境内的乌江干流下游，是乌江干流水电开发的第10个梯级，安装5台单机容量350MW的水轮发电机组，年发电量61.24×10^{9}kW·h。

电站地下厂房位于坝趾右岸山体内，主厂房洞室开挖跨度达30m，最大开挖高度84.5m，长252m。主要为灰岩、串珠体页岩。属Ⅱ类围岩，稳定性较好。

8.7.3.2　岩锚梁开挖设计

（1）开挖方案。地下厂房采用分层开挖，岩锚梁处于厂房开挖的第Ⅱ层。根据地下厂房的结构特点、通道条件和施工机械性能，综合考虑厂房各层开挖和喷锚支护的最佳高度，将厂房Ⅱ层的分层高度定为9.5m。

对岩锚梁岩台，采用两侧预留保护层，中间梯段爆破法开挖。保护层开挖采用光面爆破技术，其厚度为4.00~4.75m。为保证保护层岩体的完整，中部槽挖与保护层之间先进行预裂爆破。

（2）厂房Ⅱ层开挖施工顺序（对照图8-17）：

①对拉槽区两侧进行预裂爆破，将中部槽挖区与保护层开挖区分开；

②利用1号施工支洞和施工通风洞作为施工通道，由1号施工支洞在厂房Ⅱ层开挖区内降坡拉槽至EL229.00m，形成出渣斜坡道；

③采用梯段爆破进行中部槽挖；

④采用光面爆破技术进行上保护层开挖（保护层分两次开挖，第一层挖至EL233.80m，第二层挖至EL229.00m），形成上直立面；

⑤光面爆破下保护层，形成下直立面；

⑥光面爆破楔体岩台，厂房Ⅱ层开挖断面尺寸如图8-17所示。

（3）梯段爆破参数。拉槽区梯段爆破采用潜孔钻机穿孔，炮孔参数为孔径76mm，孔距×排距＝250mm×200mm，乳化炸药药卷直径65mm，填塞长度160~180cm。排炮循环水平进尺 6m。为防止底部出现岩埂，钻孔时必须使炮孔呈 75°~80° 夹角。

（4）开挖效果。经爆后检查，岩锚梁开挖外观质量满足要求，其中半壁孔率达 90% 以上；岩面不平整度小于 10cm。

在中心拉槽和保护层岩锚梁开挖爆破时，沿厂房纵向布设传感器，实测了爆破垂直和水平向质点振动速度，经过开挖前和开挖后孔深-波速曲线对比，围岩松弛主要受第二层主爆区开挖爆破振动和开挖卸荷影响，岩锚梁开挖控制爆破振动的影响一般小于 0.2cm，说明爆破对围岩的稳定性基本无影响，达到了预期目的。

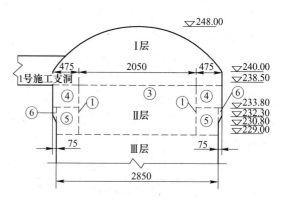

图 8-17　岩锚梁分块开挖示意图
（单位：cm，高程单位：m）
①~⑥—分块开挖顺序

参 考 文 献

[1] 张正宇，等. 现代水利水电工程爆破 [M]. 北京：中国水利水电出版社，2003.

[2] 张正宇，等. 水利水电工程精细爆破概论 [M]. 北京：中国水利水电出版社，2009.

[3] 蔡美峰. 岩石力学与工程 [M]. 北京：科学出版社，2002.

[4] 陈晓青. 金属矿床露天开采 [M]. 北京：冶金工业出版社，2010.

[5] 江小刚，夏万仁，等. 水电工程高边坡稳定问题研究现状和发展方向 [J]. 水力发电，1994（5）：15~18.

[6] 朱传云，卢文波，董振华. 岩质边坡爆破振动安全判据综述 [J]. 爆破，1997，14（4）：13~17.

[7] 郦能惠，杨泽艳. 中国混凝土面板堆石坝的技术进步 [J]. 岩土工程学报，2012，34（8）：1161~1168.

[8] 苗胜坤. 混凝土面板堆石坝堆石料开采爆破技术 [J]. 爆破，1994（4）：32~35.

[9] 杨泽艳，等. 中国混凝土面板石坝的发展 [J]. 水利水电，2011，37（2）：18~23.

[10] 蒋国澄. 混凝土面板坝进展综述 [J]. 面板板石坝工程，2000（1）：1~4；2000（4）：1~10；2001（1）：1~10.

[11] 吴敏，陈学云. 采用大孔径深孔梯段爆破开采堆石料 [J]. 工程爆破，1996，2（4）：101~102.

[12] 刘美山，等. 小湾水电站高陡边坡开挖爆破试验 [J]. 工程爆破，2004，10（3）：68~71.

[13] 杨云玫，汪金元. 浅谈露天开挖中预裂和光面爆破技术的应用条件 [J]. 工程爆破，1996，2（4）：17~19.

[14] 黄星炎. 混凝土拱坝高陡坝肩开挖技术探讨 [J]. 陕西水利，2012（02）.

[15] 汪旭光. 爆破手册 [J]. 北京：冶金工业出版社，2010.

[16] 樊明忠. 浅谈水利水电工程岩石开挖爆破技术 [J]. 城市建设理论研究电子版，2013（24）.

[17] 魏虎，杜治华. 三峡右岸电站岩石开挖爆破参数试验研究 [J]. 爆破，2001，18（1）：37~38.

[18] 周维恒. 高等岩石力学 [M]. 北京：水利水电出版社，1991.

[19] 吴宏雷，李延芥. 岩质边坡爆破振动速度阈值的理论估算 [J]. 爆破，2000（1）：7~10.

[20] 陈均磻，周洪文. 清江隔河岩水电站厂房边坡开挖爆破振动地震效应的研究 [C]. 见：国际滑坡与

岩土工程学术会议论文集. 武汉: 华中理工大学出版社, 1991.

[21] 周同龄, 李玉寿. 反映高程的爆破震动公式及应用 [J]. 江苏煤炭, 1997 (4): 21~22.

[22] 周同龄, 杨秀甫, 翁家杰. 爆破地震高程效应的试验研究 [J]. 建井技术, 1997, 18 (增刊): 31~35.

[23] 朱传统, 刘宏根. 地震波参数沿边坡坡面传播规律公式选择 [J]. 爆破, 1988 (2): 30~34.

[24] 王在泉, 陆文兴. 高边坡爆破开挖震动传播规律及质量控制 [J]. 爆破, 1994 (2): 30~34.

[25] 李新平, 等. 复杂环境下爆破减振保护层的现场试验研究 [J]. 岩石力学与工程学报, 1997, 16 (6), 584~589.

[26] 姚尧, 爆震的放大效应与二元回归分析 [J]. 爆破, 1992, 9 (4): 5~8.

[27] 胡刚, 吴云龙. 爆破地震振动控制的一种方法 [J]. 煤炭技术, 2004, 23 (4): 104~106.

[28] 孟吉复, 惠鸿斌. 爆破测试技术 [M]. 北京: 冶金工业出版社, 1992.

[29] 中华人民共和国国家发展和改革委员会 SL-94, 水工建筑物岩石基础开挖工程施工技术规范 [S]. 北京: 水利电力出版社, 1994.

[30] 唐海, 李海波. 反映高程放大效应的爆破振动公式研究 [J]. 岩土工程, 2011, 32 (3): 820~823.

[31] 张伟康, 等. 矿山边坡爆破振动高程放大效应研究 [J]. 金属矿山, 2015, 465 (3): 68~71.

[32] 陈明, 卢文波, 等. 岩质边坡爆破振动速度的高程放大效应研究 [J]. 岩石力学与工程学报, 2011, 30 (11): 2189~2195.

[33] Song G. M, Shi X. Z, Zhou Z. G, et al, Monitoring and assessing method for blasting vibration on open-pit slope in Hainan iron mini [J]. Journal of Central South University of Technology: English Edition, 2000, 7 (2): 72~74.

[34] Havenith H. B. Vanini M, Jongmans D, Initiation of earthquake-induced slope failure: influence of topographical and other site specific amplification effects [J]. Journal of Seismology, 2003, 7 (3): 397~412.

[35] Marrara F, Suhadolc P. Siti amplifications in the city of Benevento (Italy) comparison of observed and estimated ground motion from explosive sources [J]. Journal of Seismology, 1998, 2 (2): 125~143.

[36] Graizer V. Low-velocity zone and topography as a source of site amplification effect on Tarzana hill. California [J]. Soil Dynamics and Earthquake Engineering. 2009, 29 (2): 324~332.

[37] 万鹏鹏, 璩世杰, 等. 台阶爆破质点振速的高程效应研究 [J]. 爆破, 2015, 32 (2): 29~32.

[38] 周同龄, 等. 爆破地震高程效应的实验研究 [J]. 建井技术, 1997, 18 (SI), 31~34.

[39] 刘治峰. 桃林口水库右岸基岩保护层一次爆破技术 [J]. 工程爆破, 1998, 4 (3): 31~35.

[40] 张俊峰. 保护层一次开挖爆破技术在龙华口枢纽工程的应用 [J]. 山西水利科技, 2010 (3): 61~63.

[41] 曹刚, 等. 基岩保护层一次开挖爆破技术在粉河二库的应用 [J]. 水利水电技术, 1999 (2): 31~32.

[42] 冯兴隆, 袁建峰. 水平预裂爆破法在施工中的应用 [J]. 中国新技术新产品, 2011 (08): 67~68.

[43] S. Bhandari. Innovative developments in blasting in surface mining, Journal of Mines, Metals & Fuels, 1990 (9).

[44] 王飞寒, 等. 彭水水电站地下厂房岩壁梁 3 次开挖技术 [J]. 华北水利水电学院学报, 2006, 27 (3): 22~24.

9 地下采矿台阶爆破

9.1 非煤矿山地下采矿台阶爆破

当矿床埋藏较深或其他条件限制不宜采用露天开采时，一般采用地下开采。非煤矿山系指铁矿、有色金属矿、建材矿山等，即除了煤矿以外的所有矿山。

9.1.1 基本概念

9.1.1.1 矿床的赋存要素

A 走向及走向长度

对于脉状矿体，矿体层面与水平面所成交线的方向称为矿体的走向。走向长度是指矿体在走向方向上的长度，分为投影长度（总长度）和矿体在某中段水平的长度。

B 矿体埋深与延深

矿体埋藏深度是指地表至矿体上部边界的垂直距离 h，如图9-1所示。矿体的延伸深度是指矿体的上部边界至矿体的下部边界的垂直距离或倾斜距离 H。按矿体埋藏深度分为浅部矿体和深部矿体，其分界线为800m，目前，我国地下开采矿山的采深多属浅部开采范围，国外最深的矿井开采深度已达4000m。

C 矿体倾角

矿体倾角是指矿体中心面与水平面的夹角。按矿体倾角不同将矿体分为4类，如表9-1所示。

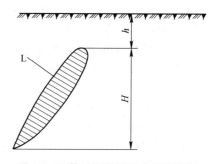

图 9-1 矿体的延伸深度和埋藏深度
L—矿体；h—埋藏深度；
H—延伸深度（垂直高度）

表 9-1 按矿体倾角不同的分类

名　称	矿体倾角/(°)
水平和近水平（微倾斜）矿体	0~5
缓倾斜矿体	5~30
倾斜矿体	30~55
急倾斜矿体	>55

D 矿体形状

金属矿床的形状、厚度及倾角对于矿床开拓和采矿方法的选择有很大关系。因此，金属矿床多以形状、厚度和倾角为依据进行分类，常见的分类有：层状矿体、脉状矿体、网脉状矿体、透镜状矿体、块状矿体和巢状矿体，如图9-2所示。

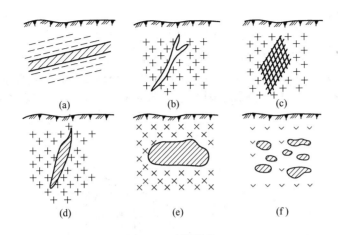

图 9-2 矿体形状

(a) 层状矿体；(b) 脉状矿体；(c) 网状矿体；(d) 透镜状矿体；
(e) 块状矿体；(f) 巢状矿体

9.1.1.2 地下矿床开采步骤

地下开采分为 4 个步骤：矿床开拓、矿块采准、切割工作和回采工作，矿床开拓是 4 个步骤之首和矿山开采的基础环节。

A 矿床开拓

(1) 定义：系指从地面掘进一系列巷道通达矿体，使地面与地下形成完整的提升、运输、通风、排水以及动力供应等系统，以便把人员、材料、设备动力和新鲜空气送入地下，同时把矿石、废石、矿坑水、污浊空气等送到地表。为此目的而掘进的巷道称为开拓巷道。

(2) 开拓方法分类。开拓方法分为单一开拓法和联合开拓法两大类。凡是用某一种主要开拓巷道开拓整个矿床的开拓方法称为单一开拓法；有的矿床埋藏较深或矿体深部倾角发生变化，矿床上部用某种主要开拓巷道开拓，而下部则根据需要改用另一种开拓巷道开拓，称为联合开拓法。开拓方法分类如表 9-2 所示。

表 9-2 开拓方法分类

分 类	亚 类
单一开拓法	平硐开拓法
	竖井开拓法
	斜井开拓法
联合开拓法	平硐转盲竖井开拓法
	平硐转盲斜井开拓法
	竖井转盲竖井开拓法
	竖井转盲斜井开拓法
	斜井转盲竖井开拓法
	斜井转盲斜井开拓法

1）平硐开拓法：

适用条件：当矿床埋藏在地平面以上的山岭地区，宜用于平硐开拓法。

主要优点：施工简单，速度快，无需开凿井底车场，以及免去提升、排水设备。凡具备平硐开拓条件的矿山一般都优先选用平硐开拓法。根据地形和矿体埋藏条件，又分为下盘平硐开拓、上盘平硐开拓、侧翼平硐开拓。图9-3～图9-5列出三种不同形式的平硐开拓法。

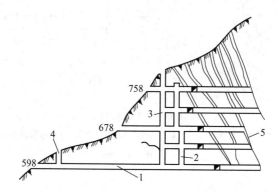

图9-3 下盘平硐开拓法

1—主平硐；2—阶段溜井；3—副井；4—人风井；5—矿脉

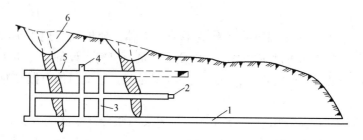

图9-4 上盘平硐开拓示意图

1—主平硐；2，5—中段平巷；3—溜井；4—辅助盲竖井；6—露天坑；

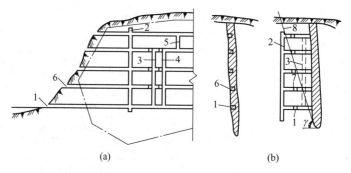

(a)　　　　　　　　　(b)

图9-5 侧翼平硐开拓

（a）沿脉平硐布置；（b）下盘平硐布置

1—主平硐；2—副井；3～5—阶段溜井；6—脉内阶段平硐；

7—下盘阶段运输平巷；8—下盘围岩移动线

2）竖井开拓法：

适用条件：倾角为 60°~75° 的急倾斜矿床，有利于减少石门长度。

按竖井与矿体的相对位置，分为上盘竖井开拓、下盘竖井矿体和侧翼竖井开拓。一般竖井多位于矿体下盘，下盘竖井容易保护，且不需要留保安矿柱。如图 9-6 所示。

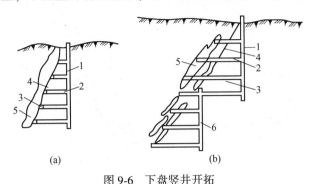

图 9-6　下盘竖井开拓

1—下盘竖井；2—石门；3—运输平巷；4—下盘；5—矿体；6—盲竖井

3）斜井开拓法：

适用条件：缓倾斜和倾斜矿床，其倾角多在 20°~50° 之间，尤其是 20°~40° 应用更多。此时，斜井开拓与竖井开拓相比，石门长度短许多。为了不留保安矿柱。按斜井与矿体的相对位置可分为下盘斜井开拓、脉内斜井开拓和侧翼斜井开拓法。其中以下盘斜井开拓居多，如图 9-7 所示。

4）平硐转盲竖井（盲斜井）开拓法。矿床埋藏在山岭地区，且向下延伸较长，只用单一平硐开拓时不能采出全部矿石，为此，在平硐转其下部必须掘进补充开拓巷道（盲竖井、盲斜井），这就构成了平硐与井筒的联合开拓方法，图 9-8 为平硐转盲竖井开拓法的示意图。

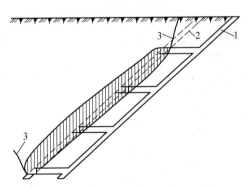

图 9-7　下盘斜井开拓法

1—主斜井；2—矿体侧翼辅助斜井；3—岩石移动界线

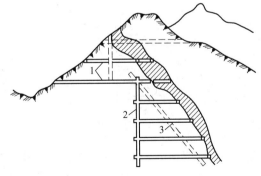

图 9-8　平硐转盲竖井开拓法

1—主平硐；2—盲竖井；3—盲斜井

5）竖井转盲竖井（盲斜井）开拓法。由于①矿体埋藏深度较大，或者井田深部发现了新矿体，现有井筒在深部开拓时不能满足要求的提升能力时；②矿体深部倾角明显改变，或石门长度大大增加时，一般情况下，矿床上部用竖井开拓，下部转盲井开拓。根据矿体下部赋存条件，盲井可以是盲竖井也可以是盲斜井。图 9-9（a）示出的例子是竖井转盲竖井开拓法。图9-9 (b) 示出的例子是竖井转盲斜井开拓法。

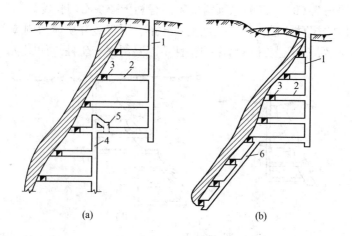

图9-9 竖井转盲井联合开拓法

(a) 竖井转盲竖井联合开拓；(b) 竖井转盲斜井联合开拓

1—斜井；2—石门；3—运输平巷；4—盲竖井；5—提升机房；6—盲斜井

6）斜井转盲竖井（盲斜井）开拓法。上部用斜井开拓，下部根据矿体赋存条件采用盲竖井或盲斜井开拓。

适用条件：①开拓距主斜井远的急倾斜盲矿体；②上部为缓倾斜矿体，其深部倾角变陡，如图9-10所示；③深部地压大或工程地质条件恶劣，需要采用承压能力大的竖井开拓。

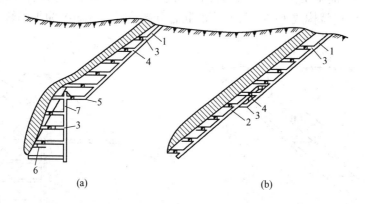

图9-10 斜井转盲竖井（盲斜井）联合开拓法

(a) 斜井转盲竖井联合开拓；(b) 斜井转盲斜井联合开拓

1，2，7—盲斜井；3—石门；4—阶段运输平巷；5—盲井提升机房；6—矿仓与计量装载硐室

B 矿块采准

（1）定义：在已经开拓完毕的矿床里，掘进采准巷道，将阶段划分成矿块作为独立的回采单位，并在矿块内创造人行、凿岩、放矿、通风等条件。

（2）采准工作任务：

1）划分矿块。将阶段再划分成矿块，作为独立的回采单元，如图9-11所示。

2）创造条件。为下一步回采工作创造条件（行人、通风、凿岩、落矿等条件）。

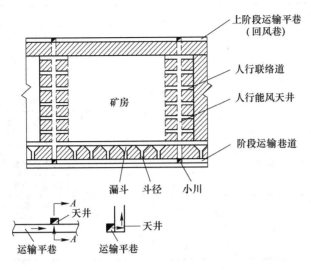

图 9-11 采准工作示意图

C 切割工作

（1）定义：在已经开采完毕的矿块里，开辟自由面和自由空间，为大规模回采矿石创造良好的爆破和放矿条件。

（2）内容：开凿切割巷道，包括拉底巷道、拉底、把漏斗颈扩大成漏斗等。

D 回采工作

（1）定义：当切割工作完成以后，可以进行采矿工作。通常把大量采矿工作称为回采工作，包括落矿、搬运和地压管理三项工作。

（2）落矿方式：落矿方式有三种，即浅孔、中深孔和深孔。如表9-3所示。

表 9-3 落矿方式

落矿种类	孔径/mm	孔深/m
浅孔	30~40	<5
中深孔	50~70	>15
深孔	90~110	≥25~30

开拓、采准、切割和回采是按编定的采掘技术计划进行的。在矿山生产初期，上述各步骤是依次进行的；到正常生产期间，则下阶段的开拓、上阶段的采准和再上阶段切割和回采同时进行。

为了保证矿山的持续均衡地进行生产，避免出现生产停顿或产量下降等现象，应保证开拓必须超前采准，采准必须超前切割，切割必须超前于回采。

9.1.2 地下采矿方法分类

根据采矿过程中的地压管理方式地下采矿方法分为三大类，示于表9-4。

表 9-4 采矿方法分类

分 类	亚 类
空场采矿法	全面法
	留矿法
	房柱法
	分段法
	阶段矿房法
充填采矿法	干式充填法
	水砂充填法
	胶质充填采矿法
崩落采矿法	分层崩落法
	分段崩落法
	阶段崩落法

9.1.2.1 空场采矿法

通常是将矿块划分为矿房与矿柱，作两步骤回采。回采矿房时所形成的采空区，可利用矿柱和矿岩本身的强度进行维护。因此，用于开采围岩、矿石都很稳固的矿床。在回采过程中矿石采出后所形成的采空区不立即进行处理（充填或崩落）而处于空场状态。

9.1.2.2 充填采矿法

此类方法一般也是将矿块划分为矿房与矿柱，作两步骤回采。回采矿房时，随回采工作面的推进，逐步用充填料充填采空区，防止围岩片落。主要用于矿床矿石比较稳固（允许在一定的暴露面积下，进行回采工作），而围岩不够稳固（暴露面积不能很大，否则会引起冒落）的矿床。

9.1.2.3 崩落采矿法

此类方法不同于其他方法的是矿块按一个步骤回采，并且随着工作面的推进，同时崩落围岩充满采空区，从而达到管理和控制地压的目的。主要用于矿床围岩和矿石不够稳固到中等稳固的矿床。

9.1.3 地下采矿浅孔爆破

地下采矿浅孔爆破主要用于留矿法、分层充填法、分层崩落法以及某些房柱法等采矿作业中。与井巷掘进浅孔爆破相比有两个特点：一是有两个自由面；二是爆破的面积和装药量都比较大。

9.1.3.1 炮孔布置

地下采矿浅孔爆破按炮孔方向不同，可分为上向炮孔和水平炮孔两种，其中上向炮孔应用较多。爆破工作面以台阶形式向前推进。矿石比较稳固时，采用上向炮孔，如图 9-12 所示。

矿石稳固性较差时，一般采用水平炮孔，如图 9-13 所示，工作面可以是水平单层，也可以是梯段形，梯段长 3~5m，高度 1.5~3.0m。

炮孔在工作面的布置有方形或矩形排列和三角形排列，如图 9-14 所示。方形或矩形排列一般用于矿石比较坚硬、矿岩不易分离以及采幅较宽的矿体。三角形排列时，炸药在矿体中的分布比较均匀，一般破碎程度较好，而不需要二次破碎，故采用较多。

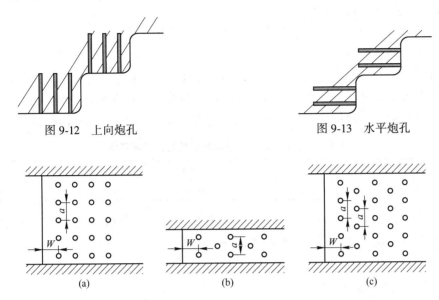

图 9-12　上向炮孔　　　　　　　　　　图 9-13　水平炮孔

图 9-14　浅孔爆破的炮孔布置

(a) 方形排列；(b) 窄幅三角形排列；(c) 宽幅三角形排列

W—最小抵抗线；a—孔距

9.1.3.2　爆破参数

A　炮孔直径

采场崩矿的炮孔直径和矿床赋存条件有关，并对回采工作有重要影响。我国矿山浅孔爆破崩矿多采用 32mm 药卷直径，其相应的炮孔直径为 38~42mm。

国内一些有色金属矿山使用 25~28mm 的小直径药卷进行爆破，其相应的炮孔直径为 30~40mm，在控制采幅宽度和降低损失贫化等方面取得了比较显著的效果。当开采薄矿脉、稀有金属矿脉或贵重金属矿脉时，特别适宜使用小直径炮孔爆破。

B　炮孔深度

炮孔深度与矿体、围岩性质、矿体厚度及边界形状等因素有关。它不仅决定着采矿场每循环的进尺和采高、回采强度，而且影响爆破效果和材料消耗。采用浅孔爆破留矿采矿法时，当矿体厚度大于 1.5~2.0m，矿岩稳固时，孔深常为 2m 左右，个别矿山开采厚矿体时孔深达到 3~4m；当矿体厚度小于 1.5m 时，随着矿体厚度不同，孔深变化于 1.0~1.5m 之间。当矿体较小且不规则、矿岩不稳固时，应选用较小值以便控制采幅，降低矿石的损失和贫化。

C　最小抵抗线和炮孔间距

采场浅孔爆破时，最小抵抗线就是炮孔的排距。炮孔间距是指排内炮孔之间的距离。通常，最小抵抗线 W 和炮孔间距 a 按下列经验公式选取：

$$W = (25 \sim 30)d \tag{9-1}$$

$$a = (1.0 \sim 1.5)W \qquad (9\text{-}2)$$

式中　W——最小抵抗线，mm；

　　　d——炮孔直径，mm；

　　　a——炮孔间距，mm。

式中的系数，依岩石坚固性质而定，岩石坚硬取小值；反之，取大值。

D　单位炸药消耗量

地下采矿浅孔爆破的炸药单耗与矿石性质、炸药性能、孔径、孔深以及采幅宽度等因素有关。一般采幅愈窄，孔深愈大，岩石坚固性系数愈大，则其炸药单耗量愈大。表 9-5 列出了在使用 2 号岩石硝铵炸药时，地下采矿浅孔爆破崩矿的单位炸药消耗量。

表 9-5　地下采矿浅孔爆破崩矿单位炸药消耗量

岩石坚固性系数 f	<8	8~10	10~15	>15
单位炸药消耗量/kg·m^{-3}	0.25~1.0	1.0~1.6	1.6~2.8	>2.8

采矿时一次爆破装药量 Q 与采矿方法、矿体赋存条件、爆破范围等因素有关。通常只根据单位炸药消耗量和欲崩落矿石的体积进行计算，即

$$Q = qml\overline{L} \qquad (9\text{-}3)$$

式中　Q——一次爆破装药量，kg；

　　　q——单位炸药消耗量，kg/m^3；

　　　m——采幅宽度，m；

　　　l——一次崩矿总长度，m；

　　　$\overline{L}$——平均炮孔深度，m。

9.1.3.3　实例——留矿采矿法

A　特征

留矿采矿法的特征是在采场中自下而上逐层回采矿石，每层采下的矿石只放出约三分之一的矿量，其余采下的矿石暂留采场中作为继续上采的工作台，并可对采空场进行辅助支撑；待整个采场的矿石落矿完毕后，再将存留在采场内的矿石全部放出。普通留矿法的三维视图和三面投影图分别如图 9-15 和图 9-16 所示。

B　回采工作

矿房的回采自下而上分层进行，分层高度 2~2.5m，工作面多呈梯段（台阶）布置，采用上向或水平浅孔爆破。

回采工作包括：凿岩、爆破、通风、局部放矿、二次破碎及整个矿房落矿完毕后的大量放矿。

（1）凿岩。凿岩在矿房内的留矿堆上进行，矿石稳定时，多用上向式凿岩机钻凿前倾 75°~85° 的

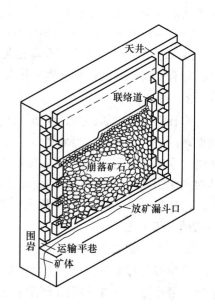

图 9-15　留矿采矿法三维视图

炮孔，孔深 1.5~1.8m。上向炮孔的排列形式，根据矿体厚度和矿岩分离的难易程度而定，有一字形排列、之字形排列、多排平行排列和多排交错排列。炮孔排距为 1~1.2m，间距为 0.8~1.0m。当矿石稳定性较差时，为避免矿石可能发生的片落而威胁凿岩工的安全，此时可用水平孔落矿，孔深 2~3m。为增加同时工作的凿岩机数，工作面分为多个梯段（台阶），梯段长度较小，一般 2~4m，梯段高度 1.5~2.0m。

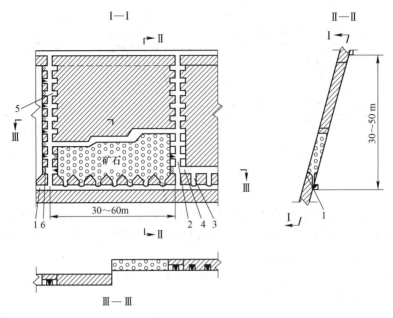

图 9-16　留矿采矿法的三面投影图

1—阶段运输平巷；2—矿块天井；3—漏斗颈；4—拉底巷道；5—联络道；6—间柱

（2）爆破。采用直径为 31mm 的铵油炸药药卷，装药系数 0.6~0.7，一般选用导爆管雷管起爆网路。二次破碎在工作面局部放矿后进行。

9.1.4　地下采矿深孔爆破

地下采矿深孔爆破可分为两种，即中深孔爆破和深孔爆破。国内矿山通常把钎头直径为 50~70mm 的接杆凿岩炮孔称为中深孔，而把钎头直径为 90~110mm 的潜孔钻机钻凿的炮孔称为深孔。实际上，随着凿岩设备、凿岩工具的改进，二者的界限有时并不显著，所以，通常把孔径大于 50mm，孔深大于 5m 的炮孔统称为深孔。深孔崩落矿石的特点是效率高、速度快、作业条件安全，广泛地应用于厚矿床的崩矿。在冶金矿山，深孔爆破常用于阶段崩矿法、分段崩矿法、阶段矿房法、深孔留矿法等采矿方法和矿柱回采。

深孔爆破与浅孔爆破比较，具有每米炮孔的崩矿量大、一次爆破规模大，劳动生产率高，矿块回采速度快，开采强度高，作业条件和爆破工作安全，成本低等优点；缺点是大块较多。

9.1.4.1　炮孔布置

深孔布置方式有三种：平行布孔、扇形布孔和束状孔。平行布孔是在同一排面内，深孔互相平行，深孔间距在孔的全长上均相等，如图 9-17（a）所示。扇形布孔是在同一排面内，深孔排列成放射状，深孔间距自孔口到孔底逐渐增大，如图 9-17（b）所示。平行布孔与扇形布孔相比，其优点是：（1）炸药分布合理，爆落矿石块度比较均匀；（2）每米深孔崩矿量大。它的缺点是：（1）凿岩巷道掘进工作量大；（2）每钻凿一个炮孔就需移动一次钻机，辅助时间长；（3）在不规则矿体布置深孔比较困难；（4）作业安全性差。束状孔是以某点为圆心向外发散，只在某些特殊情况下应用。

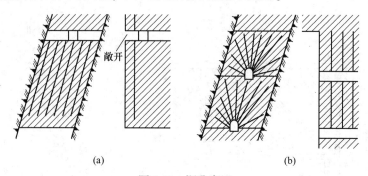

图 9-17　深孔布置
（a）平行布孔；（b）扇形布孔

　　扇形排列的优缺点与平行排列的优缺点相反。从比较中可以看出，平行排列虽然比扇形排列有一些优点，但其缺点比较严重，特别是凿岩巷道掘进工作量大是其致命的弱点。因此，只是在开采坚硬的矿体时才采用。

　　根据炮孔方向不同，又分为上向孔（图 9-18）、下向孔（图 9-19）、水平孔（图 9-20）和倾斜孔（图 9-17）。

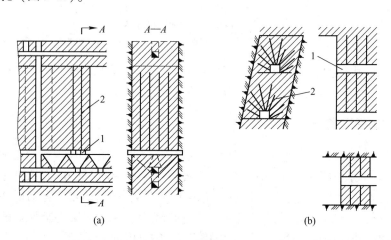

图 9-18　上向深孔崩矿
（a）上向平行深孔；（b）上向扇形深孔
1—凿岩巷道；2—深孔

9.1.4.2　爆破参数

A　炮孔直径

影响孔径的因素主要是使用的凿岩设备和工具、炸药的威力、岩石特征。

采用接杆凿岩时，主要决定于连接套直径和必需的装药体积，孔径一般为 50~70mm，

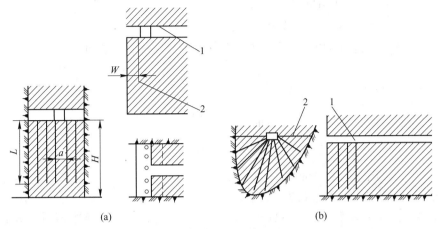

图 9-19 下向深孔崩矿

（a）下向平行深孔；（b）下向扇形深孔

1—凿岩巷道；2—深孔；L—炮孔深度；H—矿体厚度

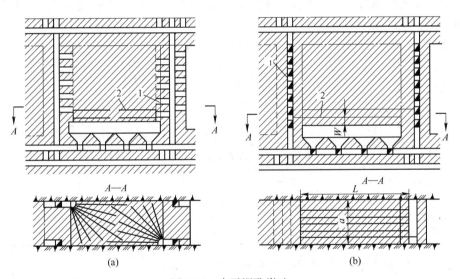

图 9-20 水平深孔崩矿

（a）水平扇形深孔；（b）水平平行深孔

1—凿岩巷道；2—深孔

以 55~65mm 较多。采用潜孔凿岩时，因受冲击器的限制，孔径较大，为 90~120mm，以 90~110mm 较多。当矿石节理裂隙发育，炮孔容易变形等情况下，采用大直径深孔则是比较合理的。

B 炮孔深度

炮孔深度对凿岩速度、采准工作量影响很大，随着孔深的增加，凿岩速度下降，深孔偏斜增大。但是，孔深的增加使凿岩巷道之间的距离加大，降低了采准工作量。影响孔深的主要因素是：凿岩机类型、矿体赋存条件、矿岩性质、采矿方法和装药方式等。目前，使用 YG-80、YGZ-90 和 BBC-120F 凿岩机时，孔深一般为 10~15m，最大不超过 18m；使用 BA-100 和 YQ-100 潜孔钻机时，一般为 10~20m，最大不超过 25~30m。

C   最小抵抗线、炮孔间距及密集系数

（1）最小抵抗线就是排距，即爆破每个分层的厚度。确定最小抵抗线的方法有以下三种：

1）当平行布孔时，可按下式计算：

$$W = d\sqrt{\frac{7.85\delta\tau}{mq}} \tag{9-4}$$

式中 d ——炮孔直径，dm；

　　　　δ ——装药密度，kg/dm^3；

　　　　τ ——深孔装药系数，0.7~0.8；

　　　　m ——深孔密集系数，又称深孔邻近系数，$m=a/W$，对于平行深孔 $m=0.8~1.1$；对于扇形深孔，孔底 $m=1.1~1.5$，孔口 $m=0.4~0.7$；

　　　　q ——单位炸药消耗量，kg/m^3。

2）根据最小抵抗线和孔径的比值选取。

当单位炸药消耗量和深孔密集系数一定时，最小抵抗线和孔径成正比。实际资料表明，最小抵抗线可取

坚硬矿石　　　　　　　　　　$W=(25~30)d$ 　　　　　　　(9-5)

中等坚硬矿石　　　　　　　　$W=(30~35)d$ 　　　　　　　(9-6)

较软矿石　　　　　　　　　　$W=(35~40)d$ 　　　　　　　(9-7)

式中 d ——炮孔直径，m。

3）根据矿山实际资料选取：目前，矿山采用的最小抵抗线数值见表 9-6。

表 9-6   水平扇形深孔的布置方式

d/mm	W/m	d/mm	W/m
50~60	1.2~1.6	70~80	1.8~2.5
60~70	1.5~2.0	90~120	2.5~4

（2）炮孔间距。平行排列深孔的孔间距，是指相邻两孔间的轴线距，扇形深孔排列时，孔间距分为孔底距和孔口距。孔底距是指由装药长度较短的深孔孔底至相邻深孔的垂直距离；孔口距是指由填塞较长的深孔装药端至相邻深孔的垂直距离，见图 9-21。

在设计和布置扇形深孔排面时，为使炸药在矿石中分布均匀一些，用孔底距 a 来控制孔底深度的密集程度，用孔口距 b 来控制孔口部分的炸药

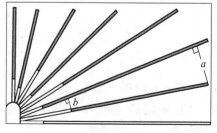

图 9-21   扇形深孔的孔间距
a—孔底距；b—孔口距

分布，以避免炸药分布过于集中，爆后造成粉矿过多。关于孔底距 a 的确定，可采用以下公式进行计算，对于扇形孔的孔底距 a 为：

$$a = (1.1~1.5)W \tag{9-8}$$

对于坚硬矿石取较小系数，反之则大，或按下式进行计算。

$$a = mW \tag{9-9}$$

（3）密集系数是孔间距与最小抵抗线的比值，即

$$m = \frac{a}{W} \tag{9-10}$$

式中　m——密集系数；

　　　a——孔底距，m；

　　　W——最小抵抗线，m。

密集系数的选取常根据经验来确定，平行孔的密集系数通常为 0.8~1.1，以 0.9~1.1 居多。扇形孔时，孔底密集系数为 0.9~1.5，以 1.0~1.3 居多；孔口密集系数一般为 0.4~0.7。当矿石愈坚固，要求的块度愈小时，密集系数应取较小值；否则，应取较大值。

D　单位炸药消耗量

单位炸药消耗量的大小直接影响岩石的爆破效果，其值大小与岩石的可爆性、炸药性能和最小抵抗线有关。通常，参考表 9-7 选取，也可根据爆破漏斗试验确定。

表 9-7　地下采矿深孔爆破单位炸药消耗量

岩石坚固性系数 f	3~5	5~8	8~12	12~16	>16
一次爆破单位岩石炸药消耗量 /kg·m^{-3}	0.2~0.35	0.35~0.5	0.5~0.8	0.8~1.1	1.1~1.5
二次爆破单位岩石炸药消耗量所占比例/%	10~15	15~25	25~35	35~45	>45

平行深孔每孔装药量 Q 为：

$$Q = qaWL = qmW^2L \tag{9-11}$$

式中　L——深孔长度，m；

　　　m——密集系数；

　　　a——孔间距，m；

　　　W——最小抵抗线，m；

　　　q——单位炸药消耗量，kg/m^3。

扇形深孔每孔装药量因其孔深、孔距的不同而异，通常先求出每排孔的装药量，然后按每排孔长度和总填塞长度，求出每 1m 孔的装药量，继而分别确定每孔装药量。每排孔装药量为：

$$Q_p = qWS \tag{9-12}$$

式中　Q_p——每排深孔的总装药量，kg；

　　　q——单位炸药消耗量，kg/m^3；

　　　W——最小抵抗线，m；

　　　S——每排深孔的崩矿面积，m^2。

我国冶金、有色金属矿山的一次炸药单耗，一般为 0.25~0.6kg/m^3；二次炸药单耗为 0.1~0.3kg/m^3，二次炸药单耗较高的矿山反映其大块产出率较高，个别矿山甚至超过一次炸药单耗，属于不正常现象。

9.1.4.3 施工工艺

(1) 验孔。爆破前对深孔位置、方向、深度和钻孔完好情况进行验收、发现有不合设计要求者，应采取补孔，重新设计装药结构等方法进行补救。

(2) 作业地点、安全状况检查。包括装药、起爆作业区的围岩稳定性，杂散电流，通道是否可靠，爆区附近设备、设施的安全防护和撤离场地，通风保证等。

(3) 爆破器材准备。按计算的每排深孔总装药量 Q_p，将炸药和起爆器材运输到每排的装药作业点。

(4) 装药。目前已广泛采用装药器装药代替人工装药，其优点是效率高，装药密度大，可明显改善爆破效果。使用装药器装药，带有电雷管或非电导爆管雷管的起爆药包，必须在装药器装药结束后，再用人工装入炮孔。

(5) 填塞。有底柱采矿法用炮泥加木楔填塞；无底柱采矿法只可用炮泥填塞；合格炮泥中黏土和粗砂的比例为 1 : 3，加水量不超过 20%；木楔应填在炮泥之外。

(6) 起爆。起爆网路联结顺序是由工作面向着起爆站；电爆网路要注意防止接地，防止同其他导体接触。

9.1.4.4 实例 1——有底柱分段崩落法

A 特征

每个阶段可划分为 2~3 个分段，每个分段下部都设有底柱结构，崩矿前需要在崩落矿石层下部拉底和开凿补偿空间。若矿石稳固性较差或拉底面积较大时，可留临时矿柱，临时矿柱与上部矿石同时崩落。

开凿之后，一次爆破上面的水平深孔，形成 20~30m 高的崩落矿石层，并在覆盖岩下放矿，用电耙出矿。有底柱分段崩落法的三维视图和三面投影图分别如图 9-22 和图 9-23 所示。

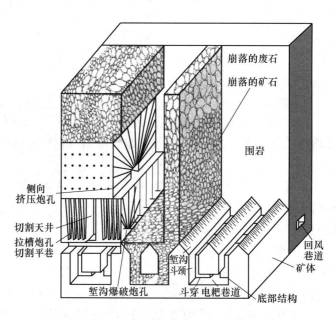

图 9-22 有底柱分段崩落法三维视图

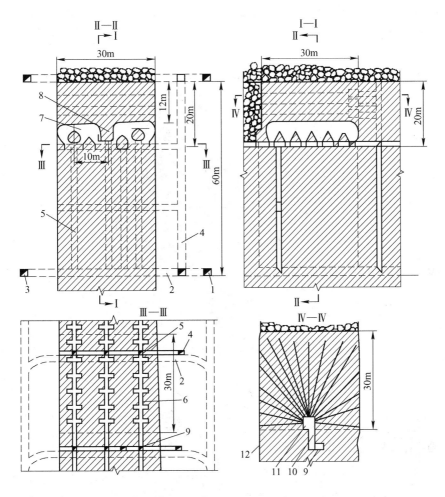

图 9-23　有底柱分段崩落法三面投影图

1—下盘脉外运输巷道；2—穿脉运输巷道；3—上盘脉外运输巷道；
4—人行、通风天井；5—放矿溜井；6—电耙巷道；7—补偿空间；8—临时矿柱；
9—凿岩天井；10—联络道；11—凿岩硐室；12—深孔

B　回采工作

回采工作主要指落矿和出矿。

落矿方式为水平扇形深孔自由空间爆破。深孔常用 YQ-100 型钻机钻凿，最小抵抗线 3~3.5m，炮孔密集系数 1~1.2，孔径为 105~110mm，孔深为 15~20m。中深孔用 YG-80 型和 YGZ-90 型凿岩机钻凿。

出矿作业通常包括：放矿、二次破碎和运矿等。

9.1.4.5　实例 2——无底柱分段崩落法

A　特征

无底柱分段崩落法是将阶段在用分段巷道划分为分段，分段再划分为分条，每一分条内有一条回采巷道（进路）。分段之间自上而下回采，随着分段矿石的回采，上部覆盖的崩落围岩下落，充填采空区。分条的回采是在回采巷道内开凿上向扇形炮孔，以小崩矿步距（1.5~3m）向充满废石的崩落区挤压爆破；崩下的矿石在松散覆岩下，直接用装运设备运到溜井。无底柱分段崩落法的三维视图和三面投影图分别示于图9-24和图9-25。

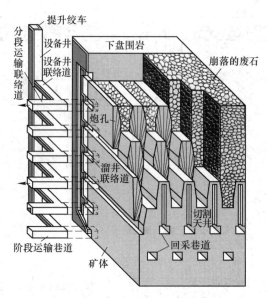

图 9-24 无底柱分段崩落法三维视图

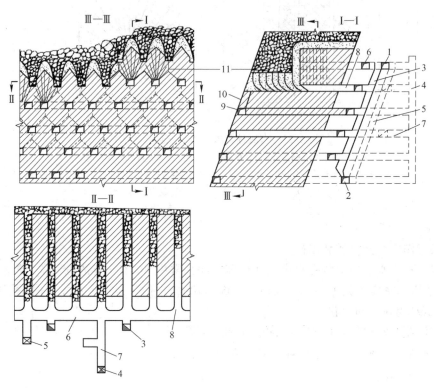

图 9-25 无底柱分段崩落法三面投影图

1, 2—下阶段沿脉运输巷道；3—矿石溜井；4—设备井；5—人行、通风天井；6—分段运输巷道；
7—设备井联络道；8—回采巷道；9—分段切割巷道；10—切割天井；11—上向扇形炮孔

B 回采工作

回采工作包括：落矿、出矿、通风和地压管理。落矿通常指炮孔布置、凿岩和爆破作业。

（1）炮孔布置。炮孔采用扇形孔布置，扇形炮孔的边孔角如图 9-26 所示。孔底距约等于最小抵抗线，一般取 1.5~2.0m。

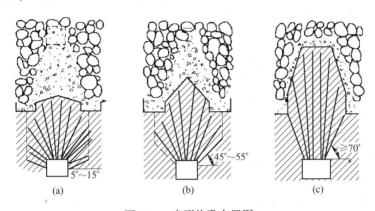

图 9-26 扇形炮孔布置图

（a）边孔角为 5°~15°；（b）边孔角为 45°~55°；（c）边孔角 70°以上

（2）凿岩。主要使用 CZZ-700 型凿岩台车，或圆盘式台架，装 YG-80、YGZ-90、BBC-120F 型凿岩机。钎头直径 51~65mm。

（3）爆破。采用装药器装药，常用的装药器为 FZY-10 型和 AYZ-150 型。起爆网路采用导爆索起爆网路或导爆管雷管起爆网路。每次起爆一排孔时，用导爆索或同段雷管起爆；每次起爆两排以上炮孔时，用导爆索与毫秒延期雷管或继爆管延期起爆。有的矿山为提高爆破质量，还采用同期分段爆破，中央炮孔先爆，边侧炮孔后爆。

9.1.5 地下采矿大直径深孔台阶爆破

大直径是指炮孔直径不小于 160mm（个别为 110~150mm）、炮孔深度为一个分层或阶段的高度，一般为 20~50m，有的达 70m 的炮孔。地下采矿大直径深孔阶段爆破开采强度大，生产能力高，是大型地下矿山广泛应用的一种大规模高效采矿技术。

9.1.5.1 VCR 法

A 原理

VCR 法（Vertical Crater Retreat method）是垂直深孔球状药包后退式崩矿方法的简称。1975 年首次在加拿大列瓦克（Levack Mine）镍矿成功地回采了矿柱。以后又在加拿大、美国、欧洲及我国一些矿山应用推广。目前，不仅用于矿柱回采，也用于矿房回采。

VCR 法的理论基础是美国 C. W. 利文斯顿的爆破漏斗理论，他以岩石爆破漏斗试验为基础，得出药包最佳深度比，成为研究爆炸现象的有力的工具。加拿大 L. C. 朗（Lang）在利氏爆破漏斗的基础上，提出：如果爆破漏斗的作用方向不是指向地表，而是在矿山巷道或采场顶板的上向垂直孔内装入球状药包，爆破后形成一个倒置的爆破漏斗。在这种情况下，重力和摩擦力不但不会产生有害影响，恰好相反，重力会促使破碎带内岩石冒落，加大爆破漏斗尺寸。此外，在漏斗破碎带以外，还存在一个杏仁状的应力集中带。破碎带内岩石冒落以后，未冒落的岩石又构成新的自由面，这些岩石也会劈开和冒落，从而冒落区逐步向上发展。冒落带的高度随岩性和地质构造而异，一般要超过球状药包最佳设计埋深的数倍。这种全新的爆破漏斗概念导致了一种新的地下崩矿方法——VCR法的诞生。

VCR法的典型回采矿块图如图9-27所示。

B　VCR法施工步骤

（1）在矿体中钻凿一个或多个大直径炮孔。

（2）在每个炮孔中装入一个大直径球状药包或近似球状作用的药包并填塞。药包的理想埋深是它起爆后能获得最优的漏斗爆破效果。

（3）药包爆炸时，借助于爆炸冲击波和气体压力破碎岩石，在矿体中形成倒漏斗。

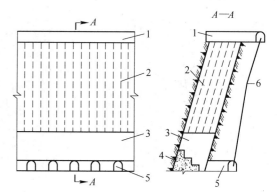

图9-27　VCR法采矿示意图

1—凿岩巷道；2—大孔径深孔；3—拉底空间；4—充填台阶；
5—装矿巷道；6—运输巷道

（4）从矿房中运出漏斗中的破碎矿石。

C　爆破参数

（1）炮孔直径。炮孔直径一般采用160~165mm，个别为110~150mm。

（2）炮孔深度。炮孔深度为一个台阶的高度，一般为20~50m，有的达到70m；钻孔偏差必须控制在1%左右。

（3）孔网参数。排距一般采用2~4m；孔距2~3m。

（4）最小抵抗线和崩落高度。最小抵抗线即药包最佳埋深，一般为1.8~2.8m，崩落高度2.4~4.2m。

（5）单药包质量。球状药包的长径比不应大于6。国内多采用CLH型或HD型高能乳化炸药。CLH型乳化炸药是高密度（1.35~1.55g/cm³）、高爆速（4500~5500m/s）、高体积威力（以2号岩石硝铵炸药为100时，其相对体积威力为150~200）、简称"三高"乳化炸药。重20~37kg。

（6）爆破分层。每次爆破分层的高度一般为3~4m。爆破时为装药方便，提高装药效率可采用单分层或多分层爆破，最后一组爆破高度为一般分层的2~3倍，采用自下而上的起爆顺序。

（7）单位炸药消耗量。在中硬矿石条件下，即$f=8~12$，一般平均为0.34~0.5kg/t。

（8）起爆。

1）同层药包可同时起爆，分层之间用50~100ms延迟时间起爆。

2）为降低地震效应，同层毫秒延时起爆，先起爆中部，再顺序起爆边角炮孔，延迟时间25~50ms。

3）一般用毫秒延时导爆管雷管配合导爆索起爆。

D 装药工艺

（1）清孔并用测量绳量测孔深；

（2）用绳将孔塞放入孔内，按爆破设计的位置固定好；

（3）孔塞上面堵塞一定高度的岩屑；

（4）装入下半部炸药；

（5）装入起爆药包；

（6）装入上半部炸药；

（7）用砂或水袋堵塞至设计规定的位置；

（8）连接起爆网路，通常采用电力起爆法、电力起爆和导爆索起爆法，导爆索和非电导爆管起爆法。

每个深孔只装一层药包进行爆破的称为单层爆破，药包的最佳埋置深度随矿石性质和炸药特性不同而异，各矿山应根据小型爆破漏斗试验的结果，按几何相似原理进行立方根关系换算求得最佳埋置深度，并在实践中不断调整，以取得最好爆破效果。一般中硬矿石为 1.8~2.5m，每次崩下矿石层厚度为 3m 左右。同层药包可采用同时起爆，但为降低爆破振动和空气冲击波的影响，可采用毫秒延期爆破，毫秒延期间隔时间为 25~50ms，起爆顺序从深孔中部向边角方向进行。为了减少分层爆破次数，每孔一次可装 2~3 层，按一定顺序起爆称为多层起爆。无论单层或多层爆破，必须有足够的爆破补偿空间。

E VCR 法所用爆破方法的优缺点

（1）优点：

1）工人不必进入敞开的回采空间，安全性好；

2）破碎块度比较均匀，爆破有害效应较低；

3）采准工作量小。

（2）缺点：

1）装药爆破施工操作较复杂；

2）在现有 165mm 孔径条件下，落矿分层高度仅 3m 左右，限制了采场爆破规模。

F 工程实例——凡口铅锌矿应用 VCR 法回采矿房

a 采场结构和参数

凡口铅锌矿 VCR 法回采矿房试验采场选择在金星岭矿区-160m 中段 1 号采场。该处矿体为北东走向，底盘近于直立，倾角 60°，矿体厚度 30~40m。矿体顶、底板围岩均为花斑状与条纹状灰岩。矿石和围岩中等稳固。

采场采用下向垂直平行深孔，除去 6m 高的底部结构，矿块高度 42m。采场凿岩设备为瑞典 Atlas 公司的 ROC-306 型大直径深孔钻机和国产的 DQ—150J 大直径深孔钻机，配用 COP-6 型潜孔凿岩冲击器。炮孔孔径 165mm。采场布置 44 个炮孔，设计总长 1834.5m。

为了满足 VCR 法球形药包爆破的要求，特研制了专用的 CHL 系列乳化炸药，炸药密度为 1.38~1.5g/cm³，爆速为 3800~5500m/s。

b 采场球形药包分层爆破

（1）药包最优埋深的确定。采场炮孔直径 165mm，按 6 倍孔径计，药包长度应为 1000mm，炸药密度 1.4g/cm³ 计算，单分层球形药包质量 $W_s = 30$kg。根据漏斗试验所得的

最优埋深比 Δ_0 和应变能系数 E，可以计算出最优采场爆破一般埋深 D_0：

$$D_0 = \Delta_0 E \sqrt[3]{W_s} = 0.47 \times 1.785 \sqrt[3]{30} = 2.61\text{m}$$

（2）装药结构。利用以上结果，设计了采场球形药包分层爆破装药结构，用尼龙绳将孔塞下放到孔内，孔塞上填 0.5m 的河砂，再填装炸药，炸药包上再填 2m 河砂，装药结构如图 9-28 所示。

（3）起爆网路。利用导爆索-导爆管毫秒雷管，孔口毫秒延期起爆系统。由起爆雷管引爆网路导爆索，网路导爆索引爆导爆管毫秒雷管，导爆管毫秒雷管根据爆破顺序引爆孔内导爆索，孔内导爆索引爆起爆弹从而引爆炸药。为起爆的保险起见，采用孔外双导爆索网路在炮孔双侧布线，端部环形连接的起爆网路，如图 9-29 所示。

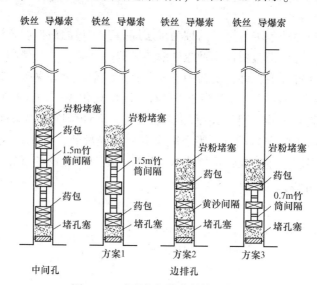

图 9-28 球形药包装药结构示意图

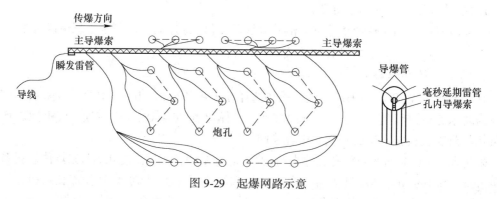

图 9-29 起爆网路示意

c 爆破效果

球形药包分层爆破共进行 6 次，总崩矿高度 22.46m，崩落矿石 19510t。分层崩落高度 3.12~4.14m（平均 3.74m）。一次爆破作业炸药单耗 0.332kg/t。爆破破碎质量良好，二次破碎炸药单耗约 0.018kg/t。采矿出矿后经观察，每分层爆破后巷道顶板比较平整，两侧矿柱侧壁平整完好，边孔在侧壁上留有一些半壁孔。

除凡口铅锌矿外，金川二矿、大冶铜绿山矿、狮子山铜矿、金厂峪金矿、草楼铁矿等矿山都依据不同的开采条件进行了不同类型的 VCR 采矿法的应用研究和推广，都取得了良好的爆破效果。

9.1.5.2 当量球形药包束状深孔分层爆破

A 当量球形药包束状深孔分层爆破的基础是束状孔爆破

a 束状孔爆破特点

束状孔的研究工作始于前苏联东方金属科学研究院，通过试验研究揭示了同时起爆数个间距为 3~6 倍孔径的一组平行炮孔具有提高炸药能量利用率和矿岩破碎效果的作用。

所谓束状孔亦称平行密集炮孔，是用一组相互平行的密集炮孔崩落采场矿石，其特点是：（1）炮孔在空间位置是相互平行的；（2）束状孔束内各炮孔的孔间距较小，一般为 4~6 倍孔径；（3）每束炮孔数 2~10 个，炮孔的平面布置有多种形式，通常是圆形、半圆形、平行直线形及各种组合；（4）进行布孔和爆破设计时，一般将每束炮孔作为一个等效单孔考虑。

b 束状深孔爆破布孔

束状深孔爆破布孔见图 9-30。

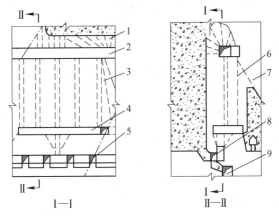

图 9-30 束状深孔爆破的回采方案

1—上向落顶深孔；2—凿岩硐室；3—束状深孔；4—拉底层；5—振动出矿口；
6—双孔；7—斜孔；8—二次破碎巷道；9—皮带运输巷

c 束状孔爆破施工工艺

（1）采用 KY-170A 地下牙轮钻机钻凿下向炮孔，孔径 170mm，孔深 20~50m。

（2）沿采场长度方向共布置 5 束炮孔，每束 4 孔，沿宽度方向布置 3 排炮孔，第 1 排为 4 个孔的束孔，呈正方形布置；第 2 排为双孔束孔，直线型布置；第 3 排为斜孔，控制矿体边界，孔网参数按前面计算结果。

（3）按照炸药和岩石性能尽可能匹配的要求，选用 CLH-3 型和 EL-102 型乳化炸药，柱状连续装药。

（4）用 250g 的 50/50 黑索今-TNT 起爆弹强力起爆，每束孔同段起爆，束孔组和前后排之间毫秒延期起爆，延期时间 25~75ms。

d 束状孔破岩机理

研究表明，束状孔与对应的等效大孔比较，单位装药量所负担的装药与孔壁接触面积

增加了 $\sqrt{n}$ 倍，造成了冲击波能量均匀分布的条件，降低了爆轰压力对孔壁的作用时间。同时由于近距离相邻装药强烈破碎区的部分重合，从而大幅度降低了炸药能量在爆破近区的消耗；尚可推断，由于过粉碎区的减小，也改善了爆破的准静压力作用期间能量向岩体传递的条件。同时起爆由数个孔组成的束状炮孔，各个孔的冲击波相互作用形成合成的应力场和波阵面，在继续扩展和传播过程的应力波的波阵面仍然具有多孔的应力场相互作用与合成的特点，已经不是一个没有几何厚度的面，而是具有一定厚度且呈网状结构，与等效装药的大孔比较，应力波的压力、能量密度、正压作用时间及冲量都明显增加，有利于增强装药中远区的爆破作用。基于等效爆破阻抗的概念，将由数个炮孔组成一束孔等同一个更大直径的单一炮孔，那么，可以简单地将这单一炮孔的孔径理解为这一束孔等效直径，在工程设计上，可将这一关系简化为

$$D = \sqrt{n}\,d \tag{9-13}$$

式中　D——束状孔的等效直径；

　　　n——组成束孔的孔数；

　　　d——组成束孔的炮孔直径。

束状孔爆破可以根据爆破条件，以同样直径的炮孔进行不同孔数的束状孔组合，匹配于不同的爆破波阻抗。因而，束状孔除了能更合理地控制能量以外，在工程应用上也更为灵活。

B　当量球形药包束状深孔分层爆破

当量球形药包束状深孔爆破是以数个密集平行深孔共同应力场的作用机理为基础的深孔爆破新技术，综合了单孔球形药包爆破和深孔阶段爆破的优点。该方法由 N 个间距为 3~9 倍孔径的密集平行深孔组成一束孔装药同时起爆，对周围岩体的作用视同一个更大直径炮孔的装药爆破作用。该项技术综合利用增强装药中远区爆破作用的束状效应和最优埋深条件下的球形药包漏斗爆破，具有综合利用炸药能量的最优条件，既能发挥垂直深孔球形药包能量利用率高、破岩效果好的优点，又能克服其成本高、采准量大和采场地压管理复杂的缺点，具有良好的安全性、经济性和高效性。

a　爆破参数

（1）炮孔直径。炮孔直径一般采用 160~165mm，个别为 110~150mm。

（2）炮孔深度。炮孔深度为一个台阶的高度，一般为 20~50m，有的达到 70~100m。

（3）布孔方式。布孔方式为束状深孔。

（4）孔网参数。孔网参数为 3~9 倍孔径，束间距为 7.0m 左右。

（5）炸药单耗。炸药单耗一般为 0.32~0.38kg/t。

b　施工工艺

（1）首先起爆采场中部束状深孔，然后起爆采场两侧及两端深孔。

（2）束孔内各孔同时起爆。

（3）束孔、边孔间采用孔口毫秒延时起爆。

（4）爆破作业毫秒延时起爆间隔为 1 段。

（5）孔内采用双导爆索起爆，主起爆网路采用导爆索双回路环形起爆系统。

C　工程实例——大红山铜矿

大红山铜矿是一座年产矿石 600 万吨的地下矿山。主矿脉是一铜、铁互层的复合矿

脉，倾角 20°~30°，厚度 30~50m，采用阶段矿房采矿法进行铜、铁合采。

采场位于 450~500m 水平 B14~17 盘区，矿房长 70m，宽 20m，高 52m。两条凿岩巷道位于采场上部的 490.7m 水平、采场下部 442.3m 水平布置铲运机进路出矿底部结构。大红山束状孔当量球形药包落矿阶段矿房法方案如图 9-31 所示。

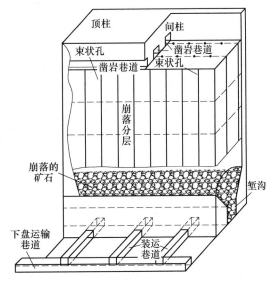

图 9-31 束状孔当量球形药包大量落矿采矿

设计参数：束状孔由间距为 0.825m 的垂直平行孔组成，每束孔有 5 个炮孔，贯通凿岩硐室底板和拉底层顶板。孔深 31m。边孔为双密集孔、单孔布置。

采场共布置束状孔 22 束，局部补充双孔两组，孔数 114 个、边孔 89 个。大孔孔深总计 6344.4m。采场深孔崩落高度 31m，分三次崩落，第一分层崩落高度 7.5m，第二分层 7.5m，第三分层崩落至凿岩硐室底板，崩落高度 16m。共崩落矿石 16.6 万吨，平均炸药单耗 0.43kg/t，每 1m 崩矿量 26.91t。不合格（大于 600mm）大块率 5.16%。

9.1.5.3 阶段深孔台阶爆破

阶段深孔台阶爆破采矿法是大直径深孔采矿技术的另一具有代表性的技术方案。阶段深孔台阶爆破崩矿见图 9-32，采场装药结构图见图 9-33。

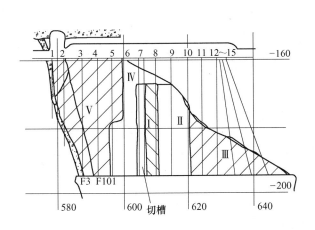

图 9-32 阶段深孔台阶分次爆破崩矿示意图

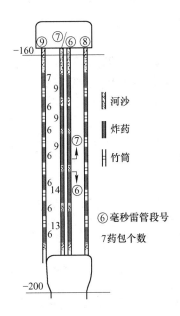

图 9-33 阶段深孔台阶爆破装药结构示意图

这一采矿方案的实质是露天矿的台阶崩矿技术在地下开采中的应用，即采用大直径阶段深孔装药向采场中事先形成的竖向切割槽实行全段高或台阶状崩矿，崩落的矿石由采场下部的出矿系统运出。

A 爆破参数

（1）炮孔直径：一般采用 160~165mm，个别为 110~150mm。

（2）炮孔深度：为一个台阶的高度，一般为 20~50m，有的达到 70~100m。

（3）孔网参数：排距一般采用 2.8~3.2m；孔距 2.5~3.5m。

（4）炸药单耗：一般为 0.35~0.45kg/m^3。

B 施工工艺

（1）布孔及阶段深孔凿岩。

（2）采场切割天井及切割槽爆破。

（3）顶盘侧矿体部分阶段崩矿。

（4）切割坡顶爆破及阶段深孔崩矿。

（5）采场出矿。

C 工程实例——安庆铜矿

安庆铜矿首次在国内采用 120m 高阶段大规模强化开采工艺，该矿 7 号、9 号试验采场位于 1 号矿体以西，因 1 号矿体厚大，倾角较陡且变化不大，故采场垂直矿体走向布置，宽度为 15m，长度为矿体厚度，约 50m，凿岩硐室沿采场宽度全面拉开并略大于采场宽度，为 16.5m，硐室高度为 3.8m。采场拉底层顶板通过中深孔布孔形式以达到拱形的目的，这样可以减少拉底层顶板的大规模垮落而产生的大块，采用 VCR 法天井快速拉槽结合高台阶侧崩的联合爆破方案。其特点是崩矿强度高，爆破次数少，便于装药施工，爆破效果好。

结合采场具体条件，高阶段深孔台阶爆破排距取 2.8m，为了确保采场边帮稳定，采用了由采场中间向采场边帮递减孔间距的缓冲爆破方式，孔间距从 3.4m 向 2.8m 递减。除个别边孔外，大部分为垂直深孔。

国内采用阶段深孔台阶爆破采矿的除安庆铜矿外，尚有凡口铅锌矿、凤凰山铜矿、金厂峪金矿等矿山，回采高度一般为 40~60m。部分矿山应用阶段深孔台阶爆破的实例及参数如表 9-8 所示。

表 9-8 国内部分矿山应用阶段深孔台阶爆破的实例及参数

矿山名称	孔径/mm	布孔方式	排距/m	孔间距/m	孔深/m	炸药单耗 /kg·t^{-1}
安庆铜矿	165	垂直孔	2.8	2.8~3.4	~50	0.39~0.44
铜绿山铜铁矿	165	垂直孔	3~3.2	2.5~3.0	45.5	0.339
凡口铅锌矿	165	双排密集孔	2.4~2.6	2.8	—	0.36~0.42

9.2 煤矿井下采矿台阶爆破

9.2.1 我国是全球最大的煤炭生产国、消费国

煤炭是重要的基础能源，是钢铁、水泥、化工等工业的能源与原料的基础，2012 年

在全球一次性能源消费中所占比重达到历史新高 29.9%，在我国一次性能源消费结构中高达 70% 左右。我国已成为全球最大的煤炭生产国和消费国。

中国的煤炭储量为 1145 亿吨，在世界各个国家中位列第三位。而我国历年煤炭的消费量和产量都逐年增长，稳居世界第一位。2012 年中国煤炭消费量达到 1873.3 百万吨油当量，占世界煤炭消费量的 50.2%；产量为 1825 百万吨油当量，占世界产量的 47.5%，呈逐年增长的趋势，如表 9-9 所示。

表 9-9　中国 2005~2012 年煤炭资源产量和消费量统计表　（百万吨油当量）

年份	2005	2006	2007	2008	2009	2010	2011	2012
产量	1174.8	1264.3	1345.8	1401	1486.5	1617.5	1758	1825
消费量	1128.3	1250.4	1320.3	1369.2	1470.7	1609.7	1760.8	1873.3

数据来源：BP 世界能源统计年鉴，2013。

9.2.2　基本概念

9.2.2.1　煤层的埋藏特征

A　煤层形态

煤层形态是指煤层赋存的空间几何形态。根据煤层在一定范围内连续成层的程度和可采情况，将煤层形态分为层状、似层状和不规则状三种类型。

（1）层状：煤层在一个井田范围内是连续的，厚度变化不大。

（2）似层状：煤层层位比较稳定，不完全连续或大致连续，煤层厚度变化较大，无一定的规律性。

（3）不规则状：煤层层位不稳定，基本不连续，分叉、尖灭现象较普遍；煤层厚度变化大，无规律可循；煤层可采面积小于不可采面积。根据形态可分为鸡窝状、透镜状、扁豆状等。

B　煤层的顶底板

在正常的沉积层序中，位于煤层之上一定距离内的岩层称为煤层的顶板，位于煤层之下一定距离内的岩层称为煤层的底板。

（1）顶板：根据顶板在煤层开采中垮落的难易程度及其在与煤层的相对位置，将顶板分为伪顶、直接顶、基本顶。

伪顶板指直接位于煤层之上的较薄岩层，极易破碎脱落，随采随落。一般多为碳质泥岩、页岩等。厚度几厘米至几十厘米。

直接顶系指伪顶之上或直接位于煤层之上的一层或几层岩层，一般由砂质页岩、泥岩、粉砂岩等比较容易垮落的岩层组成。通常在采动后随支护回收而自行垮落，有时需要人工放顶。

基本顶指位于直接顶之上或直接位于煤层之上的厚而坚硬的岩层，一般由砂岩、砾岩、石灰岩等坚硬岩层组成。在采空区可暴露较长时间不垮落，只发生缓慢的下沉、弯曲变形。

（2）底板。根据底板性质及与煤层的位置关系分为直接底和基本底。

直接底指直接位于煤层之下，强度较低的岩层。一般由泥岩、碳质页岩、黏土岩等组成。厚度多为数十厘米，有的遇水易膨胀，产生底鼓现象。

基本底指位于直接底之下或直接位于煤层之下，一般由比较坚硬的砂岩、石灰岩等组成，对支护的支撑力较强。

煤层顶、底板的发育程度受当时的沉积作用和后期构造变动的影响，不同地区的煤层顶、底板性质和发育程度不同，同一地区的同一煤层顶、底板性质和反应程度也存在差异，如图 9-34 所示。

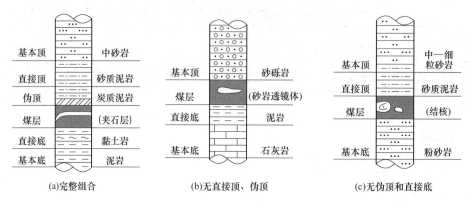

图 9-34 煤层顶、底板组成形式

C 煤层结构

煤层的结构是指煤层中含岩石夹层（夹石层、矸石层或夹矸）的情况。根据煤层中有无矸石层存在，将煤层结构分为简单结构和复杂结构。简单结构是指煤层中不含矸石层或局部含不稳定的矸石；复杂结构是指煤层中含一层或多层矸石层。

D 煤层厚度

煤层厚度是指煤层上下层面之间的垂直距离。根据煤层结构的不同，煤层厚度又分为总厚度、有益厚度和可采厚度。

总厚度是指煤层上下层面之间的垂直距离，包括其间各煤分层厚度和各矸石夹层厚度之和。如图 9-35 中，总厚度为 0.60 + 0.15 + 0.58 + 0.25 + 0.42 + 0.40 + 0.22 = 2.62m。

有益厚度指顶底板之间各煤分层厚度之和。在图 9-35 中，有益厚度为 0.60 + 0.58 + 0.42 + 0.22 = 1.82m。

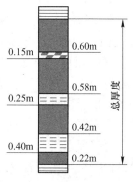

图 9-35 煤层厚度示意图

可采厚度系指在当前经济、技术条件下，可以开采的煤层厚度或每分层厚度之和。在图 9-35 中，可采厚度为 0.60 + 0.58 + 0.42 = 1.6m。

煤层厚度相差很大，而煤层厚度又是影响采煤方法选择的主要依据之一，因此将煤层厚度分为 4 个等级，如表 9-10 所示。

表 9-10 煤层厚度分级

煤层级别	煤层厚度	煤层级别	煤层厚度
薄煤层	≤1.30	厚煤层	3.5~8.0
中厚煤层	1.3~3.5	特厚煤层	>8.0

9.2.2.2　煤田与井田

在地质历史发展过程中，同一地质时期形成并大致连续发育的含煤岩系分布区称为煤田。由单一地质年代形成的煤系过程的煤田称为单纪煤田，如抚顺煤田、阜新煤田；由几个地质年代的煤系形成的煤田称为多纪煤田，如鄂尔多斯煤田。

煤田的范围相当广阔，大的煤田面积可达数千平方千米，储量可达数百亿吨，对于这样大的煤田，如果用一个矿井来开采，技术上、经济上和安全上都是不合理的。因此在开采一个煤田时，应将煤田划分为较小的部分，再由若干个矿井进行开采。划归一个矿井开采的那部分煤田称为井田。在一个井田上开采的煤矿一般称为矿井。

9.2.2.3　井田内的划分方式，阶段和水平的概念

一个井田的范围仍然很大，走向长度达数千米至万余米，倾斜长度达到数千米。这就需要把井田进一步划分成若干适宜开采的较小部分。对每一个较小部分还可以根据情况再进一步划分为更小的区域，直到能满足开采工艺要求为止，这个工作被称为井田的再划分。

A　井田划分为阶段和水平

在井田范围内，沿煤层的倾斜方向，按一定标高将煤层划分为若干平行于走向的，具有独立生产系统的长条，每个长条称为一个阶段。

水平用标高来表示，在矿井生产中为说明水平位置、顺序相应地称为 ±0m 水平、-150m 水平、-250m 水平等。通常将设有井底车场、阶段运输大巷，并且担负全阶段岩石任务的水平，称为"开采水平"，简称"水平"。

阶段与水平的区别在于：阶段表示井田范围的一部分。水平是指布置大巷的某一标高水平面。但广义的"水平"不仅表示一个水平面，同时也是指一个范围，即包括所服务的相应阶段。

B　阶段内再划分

井田划分为阶段后，阶段内的范围还是较大，应该再划分，以适应开采技术的要求。

阶段的再划分有：采区式划分、分段式划分和带区式划分。

通常采区、带区的开采顺序采用前进式，即先开采井田中央井筒附近的采区或带区，以减少初期工程量和初期投资，使矿井尽快投产。

9.2.2.4　矿井生产系统

矿井生产系统是指在煤矿生产过程中的提升、运输、通风、排水、人员安全进出、材料设备上下井、矸石出运、供电、供气、供水等巷道线路及其设施，是井下安全生产的基本前提和保证。矿井生产系统包括：井下生产系统和地面生产系统。井下生产系统如图9-36 所示。

A　运输系统

采煤工作面采落下的煤炭，经区段运输平巷、运输上山到采区煤仓，在岩石大巷内装车，经阶段运输大巷、主要运输石门运到井底车场，由主井提升到地面。

B　通风系统

新鲜风流从地面经副井进入井下，经井底车场、主要运输石门、阶段运输大巷、采区下部材料车场、轨道上山、采区中部车场、区段运输平巷进入采煤工作面。清洗工作面后

污风经区段回风平巷、采区回风石门、回风大巷、回风石门，从回风井排入大气。

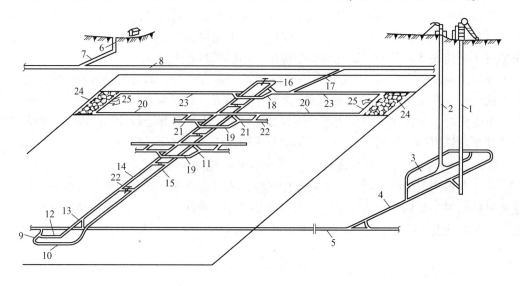

图 9-36 井下生产系统立体示意图

1—主井；2—副井；3—井底车场；4—主要运输石门；5—阶段运输大巷；6—回风井；7—回风石门；8—回风大巷；
9—采区运输石门；10—采区下部材料车场；11—上、中部车场甩车道；12—行人进风斜巷；13—采区煤仓；
14—运输上山；15—轨道上山；16—上山绞车房；17—采区回风石门；18—采区上部车场；19—采区中部车场；
20—区段运输平巷；21—下区段回风平巷；22—联络巷；23—区段回风平巷；24—开切眼；25—采煤工作面

C 运输排矸系统

采煤工作面所需材料和设备，用矿车由副井下放到井底车场，经主要运输石门、阶段岩石大巷、采区运输石门、采区下部材料车场，由轨道上山提升到区段回风平巷，再运到采煤工作面。采煤工作面回收的材料、设备和掘进工作面运出的矸石，用矿车经由与运输系统相反的方向运至地面。

D 排水系统

采掘工作面的涌水，由区段运输平巷、采区上山排到采区下部车场，经水平运输大巷、主要运输石门等巷道的排水沟，自流到井底车场水仓，由中央水泵房拍到地面。

E 动力供应系统

动力供应系统包括：井下电力供应系统和压缩空气供应系统。电力供应系统是指利用各种设备（变压器和开关）和电缆，将地面变电所的高压电，按矿井用电设备的要求进行降压和变流后送到井下用电地点，以保证用电设备的正常运转。压缩空气供应系统是指利用空气压缩机对空气加压，然后用风管供给井下各种风动工具用风，保证其正常运转。

9.2.2.5 矿井开拓、准备和回采的含义及作用

矿井内的巷道系统按其作用和服务范围的不同，分为开拓巷道、准备巷道和回采巷道。

开拓巷道是指从地面到采区的通路，是为全矿井、一个水平或若干采区服务的巷道。服务年限一般为 10~30 年以上。

准备巷道是在采区范围内从已开掘好的开拓巷道起到达区段的通路，是为一个采区或

数个区段服务的巷道。服务年限一般为 3~5 年以上。

回采巷道是指仅为采煤工作面服务的巷道。回采巷道的服务年限较短，一般为 0.5~1 年。

开拓巷道的作用在于形成新的或扩展原有的阶段（或开采水平），为构成矿井完整的生产系统奠定基础。准备巷道的作用在于准备新的采区，以便构成采区的生产系统。回采巷道的作用在于切割出采煤工作面并进行生产。

9.2.3 采煤方法分类

采煤方法是采煤工艺和回采巷道布置及其在时间上、空间上互相配合的总称。采煤方法按煤炭开采区域的位置分为露天开采和地下（井工）开采。地下开采通常按采煤工艺、矿压控制特点分为壁式体系和柱式体系两种，如 9-37 所示。

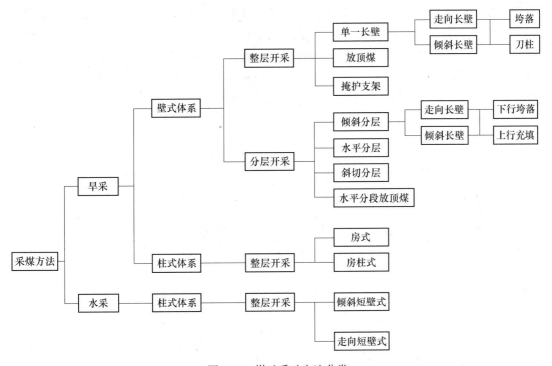

图 9-37 煤矿采矿方法分类

壁式体系采煤法又称长壁体系采煤法，以长壁工作面采煤为主要标志。

壁式体系采煤法按所采煤层倾角分为缓倾、倾斜煤层采煤法和急倾斜煤层采煤法；按煤层厚度可分为薄煤层采煤法、中厚煤层采煤法和厚煤层采煤法；按采煤工艺分为爆破采煤法、普通机械化采煤法和综合机械化采煤法（俗称炮采、普采和综采）；按采空区处理方法可分为垮落采煤法、刀柱（煤矿支撑）采煤法、充填采煤法；按采煤工作面布置和推进方向可分为走向长壁采煤法和倾斜长壁采煤法；按工作面向仰斜或倾斜推进的方向不同又有仰倾长壁和倾斜长壁之分；按是否将煤层全厚进行一次开采可分为整层采煤法和分层采煤法。

在采煤方法中，应用台阶（分层）爆破的采煤法主要是：急倾斜煤层采煤法（急倾斜煤层的倒台阶采煤法、急倾斜煤层的正台阶采煤法、急倾斜煤层中深孔分段采煤法)、厚煤层分层开采的采煤方法、放顶煤采煤法中的预采顶分层网下放顶煤和倾斜分层放顶煤等。

9.2.4　急倾斜煤层采煤法

9.2.4.1　急倾斜倒台阶采煤法

急倾斜倒台阶采煤法是用于急倾斜薄煤层的一种走向长壁采煤法。倒台阶采煤法是目前应用较为广泛的一种采煤技术。被全球多个国家所认可。

倒台阶采煤法和伪倾斜柔性掩护支架采煤法也是急倾斜煤层开采过程中首选的两种方法。

A　倒台阶采煤法流程

倒台阶采煤法巷道布置如图 9-38 所示。自阶段运输大巷开掘采区运输石门进入煤层，在石门两侧布置一组上山眼（溜煤眼、运料眼和行人眼），各眼之间用联络道连通。当各上山眼掘至回风水平时，与采区回风石门贯通。形成通风系统后再掘区段运输平巷和回风平巷至采区边界，即可掘出开切眼，布置倒台阶工作面。下台阶超前，使工作面呈倒台阶状。工作面长度主要根据煤层性质、落煤方法、顶板管理和生产管理等因素而定，一般为40~60m，可布置 2~4 个台阶，每个台阶长度 15m 左右，各台阶之间错距一般为 2~3m，而最下一个台阶加宽至 5~6m，台阶长度则缩小，使其能够暂时堆放煤炭，且保证工作面能正常通风和有畅通的安全出口。

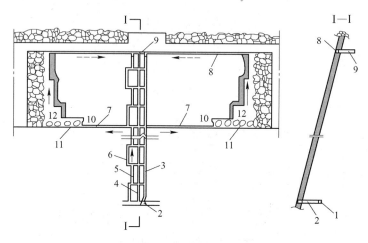

图 9-38　倒台阶采煤法采区巷道布置示意图

1—阶段运输大巷；2—运输石门；3—溜煤孔；4—运料孔；5—行人孔；6—联络孔；
7—区段运输平巷；8—区段回风平巷；9—回风石门；10—超前平巷；11—溜煤小孔；12—倒台阶工作面

在运输平巷上方 4~5m 处平行掘进前平巷，且沿走向每隔 5~6m 掘溜煤小眼与区段运输平巷贯通。超前平巷与溜煤眼随采随掘，只需在工作面前方保持 2~3 个溜煤眼的超前距离。为利于溜煤，溜煤眼上口扩成漏斗形。

倒台阶采煤法多用风镐落煤，每个台阶面配置一台风镐，由 2~3 名工人负责该台阶面范围内的落煤、支护和运输等辅助工作。每班以推进一排支架的距离为宜。有些矿井煤质较硬、顶底板稳定则采用爆破法落煤。

采落的煤顺溜煤板自溜到下部储煤仓，经溜煤小眼到区段平巷外运；工作面支护多用顺山棚木支架。

倒台阶采煤法一般采用全部冒顶法处理采空区。工作面最大控顶距以台阶为准。一般不宜超过4~5排支柱。如果工作面长度不大，台阶数目较少，也可采用直线密集放顶。如果工作面长度大，体积数目多，下部台阶的控顶距将会很大，就要采用分段错茬反顶，使上下台阶的面积支柱错开两排支柱，上台阶的新面积支柱与下台阶的老密集支柱相接。

B　倒台阶采煤法适用条件及优缺点

倒台阶采煤法适用于开采2m以下的急倾斜煤层，对地质条件变化的适应性强，回采率较高。但采煤工艺复杂、安全条件差、劳动强度大、坑木消耗多。

9.2.4.2　伪倾斜正台阶采煤法

伪倾斜正台阶采煤法是在急倾斜的阶段或区段内，沿伪倾斜方向布置成上部超前的台阶工作面，并沿走向推进的一种采煤方法。

下面以湖南省磨田煤矿的伪倾斜正台阶采煤法作为实例说明之。

A　矿井概况

湖南省煤业集团白山坪矿业有限公磨田煤矿位于莱阳市北东方20km处，属于白沙矿区北东收敛部位。有公路直通莱阳市，交通方便。井田面积3.5km²，含煤7层，编号分别为1、2、3、4、5、6及7煤层。5煤层局部可采，6煤层为主采煤层，其余煤层不可采。全区可采煤层总厚度3.5~6.0m。

6煤层为井田主采煤层，厚度0~10m，平均1.89m，倾角24°~52°，平均32°。由于井田范围较小，煤层沿走向和倾向上厚度、层间距变化不大，属较稳定岩层。煤层结构亦较简单，仅局部地段有夹矸1~2层，岩性为泥岩或碳质泥岩，厚约0.02~0.46m。

B　伪倾斜正台阶采煤法的技术参数和生产系统、回风系统

伪倾斜正台阶采煤法的巷道布置系统及生产系统的巷道布置如图9-39所示。与常规的长壁式比较，不同之处只是人为地把工作面坡度调小，把倾斜长度分成若干小段，再用伪斜段相互连接。工作面采用浅孔爆破落煤，单体液压支柱支护，全部垮落法管理顶板，它的主要技术参数如下：

（1）正台阶面为生产场所，其长度一般为7~13m；

（2）伪斜段长度为5~8m；

（3）伪斜段坡度一般为29°~31°，如图9-40所示；

（4）支柱支护参数：排距为1200mm，柱距为700mm，如图9-41所示。

生产系统：各台阶生产出来的煤炭经伪斜段自溜到溜子道，再到运道装车运出。通风系统。

通风系统：新鲜风从运道进入溜子道经各台阶面及伪斜段，从风巷排出。材料从回风巷经台阶面伪斜段至各用料地点。

C　伪倾斜正台阶采煤法顶板管理的几个关键

（1）上台阶面管理。该采煤法尽管是采用垮落法管理顶板，但对工作面下部，由于煤层坡度大，垮落矸石逐渐往下部滑，其工作面下部基本是充填法管理顶板。而对于上部来说，特别是最上一台阶面是垮落法管理顶板。但因急倾斜煤层顶压小，老塘空顶面积大，悬露面积宽，难以垮落。因而，管好上台阶面尤为重要。

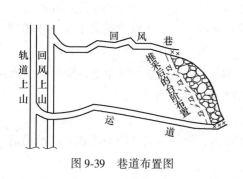

图 9-39 巷道布置图

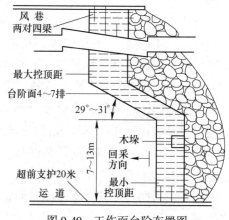

图 9-40 工作面台阶布置图

（2）伪斜巷管理。伪斜段是在开采过程中形成的，对于该段管理的好坏直接关系整个工作面安全生产。伪斜段的作用是连接上下台阶面，也是上下台阶面上下安全出口。管理伪斜段的关键是打好密集顶柱和铺好矸石垫层。

（3）支护材料改进。由最初采用的摩擦式支柱与悬臂梁配套支护，改为单体液压支柱与悬臂梁配套支护，大大提高了支柱初撑力。这一支护方法的改进既操作方便、支柱有力，放顶又安全。

（4）底板防滑管理。磨田井田煤层底板不够稳定，在局部地带时常遇到底板易脱壳，它不仅影响煤炭质量，而且危及安全。为了消除这一生产障碍，在开采过程中，采用铺底压地杠子来防止顶板脱落而下滑，铺底情况视底板脱落情况而定，脱落严重时，加厚铺底，增大地杠子密度来确保底板不下滑。

（5）支柱防倒管理。在开采过程中，不可避免地会出现支柱失效倒落，不仅危及职工生命安全，而且还可能造成较大的垮顶事故。为了消除这一隐患，采用三条措施：1）打

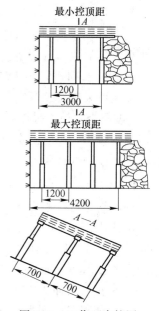

图 9-41 工作面支护图

上下撑筒，使支柱形成连锁；2）沿倾斜方向用细钢丝绳来连接支柱，防止单个支柱倒脱伤人；3）加强平日支柱检查和维修工作，做到班班二次注液，从而彻底消除支柱失效。

（6）严把回采工作面初次来压和周期来压关。初次来压和周期来压时易造成大冒顶垮落事故。必须切实搞好初次放顶和周期来压期间的顶板管理，预防大型恶性顶板事故的发生。要摸索和掌握采煤工作面来压步距，在来压前采取加强支护的措施，确保不发生事故。

磨田煤矿自1986年开始试验伪倾斜正台阶采煤法以来，经过20多年的生产实践，其回采工艺、支护技术不断改善，日趋完善，特别在顶板管理方面收效很好，不仅改善了生产环境，而且改善了生产条件，从而确保了安全生产。

目前国内在开采急倾斜煤层时，不少矿井采用伪倾斜正台阶采煤方法，全部陷落管理顶板，在回采过程中，在上一台阶采过后，由于采动影响，使下部一定范围煤体的瓦斯和

地应力得到释放，起到了卸压保护作用。

9.2.4.3　急倾斜煤层中深孔爆破分段采煤法

中深孔爆破分段采煤法是开采急倾斜煤层的一种有效方法，可解决急倾斜煤层存在的煤层角度大、工序复杂、劳动强度高、安全性差、效率低、坑木消耗大、吨煤成本高等问题。下面以四川省太平煤矿为例说明之。

A　概况

太平煤矿主采中、上三叠纪大箐地含煤系 34 个煤层，其中稳定的 10 层，不稳定的 24 层。煤层间距很小，一般为 0.5~0.8m。工作面煤层全厚 4.9m。煤层倾角为 48°，工作面走向长 378m，倾斜长 52m。煤层较松软、强度低，单向抗压强度为 3~20MPa。

B　中深孔爆破分段采煤法的巷道布置

中深孔爆破分段采煤法的巷道布置如图 9-42 所示。两条上山之间布置 3 条倾斜横川，将工作面分成 4 个分段。倾斜横川及溜煤孔横川随超前上山掘进而随之掘进。为了方便架设凿岩机具，上山及倾斜横川断面不小于 4m²，采用架木棚支护。

C　凿岩机具

采用 MSZ-12 型普通煤电钻配以 XMJ 小型煤层凿岩机具。XMJ 小型煤层凿岩机具由钻架、钻杆、方向仪、十字支撑柱、大钻头等部件组成。

D　回采工序

工作面上山间倾斜横川及超前上山孔形成后，将整个采仓沿倾斜自上而下分为

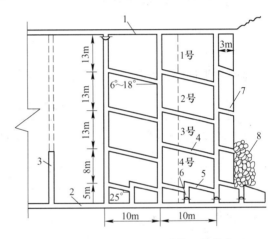

图 9-42　中深孔爆破分段采煤法巷道布置
1—回风平巷；2—运输平巷；3—超前上山；4—倾斜横川；
5—溜煤孔横川；6—溜煤孔；7—隔离煤柱；8—采空区

4 个分段采块，回采顺序为：先采 1 号分段采块，再采 2 号、3 号、4 号分段采块。每分段采块内的回采顺序由采空间向超前上山方向进行，溜煤孔横川至溜道之间的煤柱（5m）为护煤巷道，不予回采。

E　分段采块内的回采工艺

（1）凿岩。凿岩在倾斜横川内进行，沿倾斜方向向回风巷方向凿岩，由采空区一侧向超前上山侧进行。综合考虑煤层厚度、采高、煤层坚固性系数、顶底板岩性等因素，采用三排孔布置，炮孔排距平均 1.0m，孔距 1.2m，孔深 10~20m。凿岩时尽量平行于自由面，采用方向仪控制炮孔偏差在限定范围内，炮孔布置示于图 9-43。

（2）装药。为了改善爆破效果，提高炸药能量利用率，降低炸药消耗量，采用空气柱间隔装药结构，装 4 空 2，药卷规格为 $\phi 32mm \times 190mm$，每卷质量 150g，装药结构见图 9-44。

（3）爆破。横川内采用单排单放的起爆方法，顺序由采空区一侧向超前上山一侧逐排起爆。

（4）出煤。爆破崩落的煤从靠近采空区的上山或溜煤孔自流下滑至溜道刮板输送机内外运。

图 9-43 中深孔爆破炮孔布置

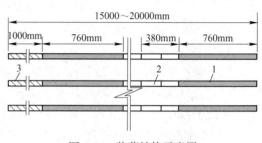

图 9-44 装药结构示意图

1—药卷；2—空气柱；3—炮泥

F 爆破效果

爆破效果良好，各项指标列于表 9-11。

表 9-11 主要技术经济指标

平均月产 /t	平均工效 /吨·工$^{-1}$	坑木消耗 /立方米· 万吨$^{-1}$	雷管消耗 /个·万吨$^{-1}$	炸药消耗 /千克·万吨$^{-1}$	材料成本 /元·吨$^{-1}$	回采率 /%
15000	9.8	30	4009	2095	3.42	90

9.2.5 厚煤层采煤法

煤层按其厚度不同分为三类：薄煤层（厚度小于 1.3m）、中厚煤层（厚度 1.3~3.5m）、厚煤层（厚度大于 3.5m）。依采煤工艺不同，厚煤层开采分为分层开采和放顶煤开采。

9.2.5.1 厚煤层分层开采的采煤法

开采厚煤层时，可把煤层分成若干采高 2~3m 的分层来开采。根据煤层的赋存条件及开采技术不同，分层采煤法又可分为倾斜分层、水平分层和斜切分层，如图 9-45 所示。

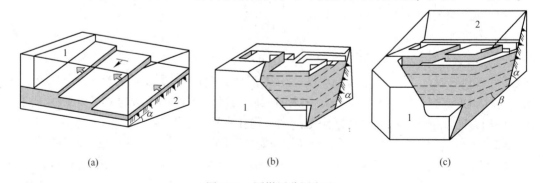

图 9-45 厚煤层分层方法

（a）倾斜分层；（b）水平分层；（c）斜切分层

1—顶板；2—底板；

α—煤层倾角；β—分层与水平夹角

分层开采的工艺特征是在分层假顶下回采。厚煤层分层开采炮孔布置参数列于表9-12。

表 9-12 厚煤层分层开采炮孔布置参数

煤 层 条 件	布孔形式	常 用 参 数
煤层厚度在 1.6~2.2m 煤质较软，顶板不好	三角孔	$a=1m$，$b=0.8m$，$d=0.5~0.7m$，$\alpha=5°~8°$，$\beta=0°~3°$，$\gamma=55°~60°$；炮孔指向煤层倾斜上方
煤层厚度在 1.6~2.2m 煤质中硬，顶板较好	三花孔	$a=1m$，$b=0.7~0.8m$，$d=0.8~1m$，$e=0.5m$，$\alpha=5°~8°$，$\beta=-5°~10°$，$\gamma=60°$
煤层厚度在 1.6~2.2m 煤质中硬，顶板较好	双排孔	$a=1.0~1.2mm$，$b=0.5~0.8m$，$d=0.3~0.5m$，$e=0.3~0.5m$，$\alpha=5°~10°$，$\beta=10°~15°$，$\gamma=45°~50°$
煤质坚硬，顶板好，煤厚又较大时（≥2.5m）	五花孔	$a=1.0~1.2m$，$b=0.5~0.8m$，$d=0.3~0.5m$，$e=0.3~0.5m$，$\alpha=5°~10°$，$\beta=-10°~15°$，$\gamma=45°~50°$

注：表中参数意义：孔距 a、排距 b、顶孔（或腰孔）孔口距顶板距离 d、底孔孔口距底板距离 e、底孔下扎角 α、顶孔上仰角 β、炮孔指向与煤壁平面夹角 γ。

9.2.5.2 放顶煤采煤法

放顶煤采煤法是在厚煤层沿底部布置一个采高 2~3m 的长壁工作面，用常规方法进行回采，并利用矿山应力的作用或辅以松动爆破等方法，使支架上方的顶煤破碎成散体后，由支架后方或上方的"放煤窗口"放出，经由刮板输送机运出工作面。

采煤法按机械化程度和使用的支护设备分为综采放顶煤和简易放顶煤；按煤层赋存条件和相应的采煤工艺分为一次采全厚放顶煤、预采顶分层网下放顶煤和倾斜分层放顶煤，如图 9-46 所示。

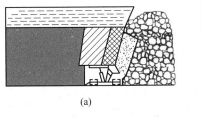 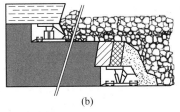

(a)　　　　　　　　　　　(b)

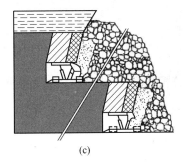

(c)

图 9-46　放顶煤开采工艺类型

(a) 一次采全厚放顶煤；(b) 预采顶分层网下放顶煤；(c) 倾斜分层放顶煤

图 9-46（b）预采顶分层网下放顶煤是将煤层划分为两个分层，沿煤层顶板下先采一个 2~3m 的顶分层长壁工作面。铺网后再沿煤层底板布置放顶煤工作面，将两个工作面之间的顶煤放出。一般适用于厚度大于 12~14m 直接顶板坚硬或煤层瓦斯含量高需预先抽放的缓斜煤层。

图 9-46（c）倾斜分层放顶煤是将煤层沿倾斜分为若干厚度在 6~8m 以上的倾斜分层，依次进行放顶煤开采。应用条件是煤层厚度通常在 12~14m 以上。

9.2.6 采煤工作面的爆破参数

9.2.6.1 采煤工作面炮孔的种类及其作用

采煤工作面的炮孔按其位置可分为底孔、腰孔和顶孔。

（1）底孔：先将煤层底部的煤崩出，起到掏槽作用，为腰孔和顶孔爆破创造自由面；不留底煤，不破底板，为装煤和支护创造良好条件。

（2）腰孔：进一步扩大底孔掏槽，为顶孔爆破增加自由面，为落煤创造条件。

（3）顶孔：在不留顶煤，并保持顶板稳定或减少顶板被振动的情况下落煤。

9.2.6.2 采煤工作面的炮孔布置

用于中厚煤层和厚煤层工作面的炮孔布置形式，主要有双排孔和三排孔。双排孔又分对孔、三花孔和三角孔几种形式，三排孔又称五花孔，如表 9-13 所示。

表 9-13 炮孔布置形式

名称	图　形	特　点	使用条件
双排孔布置	 对孔 三花孔	在煤壁上靠近顶板布置顶孔，沿底板底孔布置底孔；顶板不好时，可将顶孔布置在煤层整个厚度（或采高）的中腰位置（亦称为腰孔）	用于中厚煤层，煤质中硬时用对孔，煤质软时用三花孔

名　称	图　形	特　点	使用条件
三角孔布置		三花孔的顶部炮孔减半布置。采用这种布置方式，整个工作面上排炮孔总数是下排炮孔总数的 1/2，减少爆破对顶板振害措施之一	煤层上部煤质软或中厚煤层中不良顶板条件下被广泛采用
三排孔布置（五花孔）		顶孔一排与底孔一排孔间一一对应，而腰孔在顶底孔之间交错插入，使一个腰孔与两组顶底孔组成一个"五花"	应用于中厚至厚煤层，是煤层顶板较好、煤层较厚且质地较硬而采用的一种常用炮孔布置形式

9.2.6.3 采矿工作面爆破参数

采煤工作面爆破参数一般包括：孔距 a、排距 b、顶孔（或腰孔）孔口距顶板距离 d、底孔孔口距底板距离 e、底孔下扎角 α、顶孔上仰角 β、炮孔指向与煤壁平面夹角 γ，以及炮孔深度 L 和垂深 h 等，如图 9-47 所示。

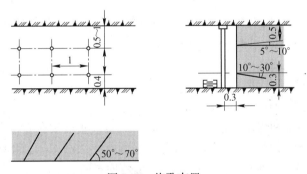

图 9-47　炮孔布置

顶孔一般为仰角，底孔为俯角。顶孔的仰角约为 $5°\sim10°$，孔底与顶板保持 $1\sim0.5\mathrm{m}$ 的距离，距离的大小取决于煤质的软硬度及粘顶情况，底孔的俯角与顶孔大致相似。

（1）孔深取决于计划要求的工作面推进速度，每次推进速度若为 $1.0\sim1.2\mathrm{m}$，则孔深为 $1.2\sim1.5\mathrm{m}$ 左右。小进度爆破有利于顶板控制及提高爆破装煤率，同时还可利用煤壁前方支承压力的作用，提高爆破效果，降低炸药和雷管的消耗。

（2）炮孔间距一般为 $1.0\sim1.6\mathrm{m}$，炮孔与煤壁的夹角为炮孔角度，一般为 $65°\sim80°$，根据煤质软硬，软煤取大值，硬煤取小值。

（3）炮孔装药量主要决定于煤层硬度、结构和炮孔间距。设计时可先根据循环总药量或装药系数计算出炮孔平均药量，然后根据炮孔的位置进行药量调整，通常情况下，双排孔的装药量之比：底孔：顶孔 = 1：（0.5~0.75）；三排五花孔装药量之比为：底孔：腰孔：顶孔 = 1：0.75：0.5。

1）根据循环炸药量计算：

$$Q_i = \frac{Q}{n} = \frac{qLMH}{n} \tag{9-14}$$

式中　Q_i——单个炮孔平均装药量，kg；

　　　Q——循环炸药消耗量，kg；

　　　q——单位炸药消耗量，kg/m³，见表9-14；

　　　H——茬炮的推进度，m；

　　　L——工作面长度，m；

　　　M——煤层厚度，m；

　　　n——工作面的炮孔数目。

表 9-14　单位炸药消耗量

煤　种	坚硬无烟煤	无烟煤、硬煤	烟煤	烟煤
坚固性系数 f	2~3	1.5~2	1.0~1.5	<1.0
单位炸药消耗量 q/kg · m^{-3}	0.28	0.24	0.20	0.16

2）根据装药系数计算：

$$Q_i = q_1 L \psi = L \psi \frac{Q_m}{l_m} \tag{9-15}$$

式中　ψ——每米炮孔平均装药长度，即装药系数，一般为0.3左右；

　　　q_1——单位长度炮孔装药量，kg/m；

　　　L——炮孔长度，m；

　　　Q_m——每个药卷的质量，kg；

　　　l_m——每个药卷的长度，m。

装药量与炮孔布置和煤层的硬度有关，根据经验，底孔装药量当每次爆破进度为1m左右时，在硬、中硬和软煤中装药量分别为250~350g、200~300g和150~250g。

根据煤层厚度不同，炮孔布置形式和爆破参数均有所变化。

9.2.6.4　炮采工作面爆破顺序

炮采工作面爆破顺序主要考虑三个方面：一是顶孔、底孔、腰孔之间先后顺序；二是工作面分段之间的先后顺序；三是同一分段内沿工作面上下的先后起爆顺序。从爆破破煤机理、对顶板的维护以及对支架的保护不同角度来考虑，炮采工作面爆破落煤顺序如下：在设计三花孔、三角孔和对孔，或者设计五花孔的炮孔布置形式时，应先起爆腰孔，然后是底孔，最后起爆顶孔，这种顺序起煤对充分利用临空面、维护顶板有利。

9.2.7　煤矿爆破与安全

矿井最常见的4大灾害是瓦斯爆炸、顶板与冲击地压事故、火灾和水灾。

9.2.7.1 瓦斯的危害

A 瓦斯危害

随着开采深度的增加和开采强度的增大，煤和瓦斯突出事故的致灾因素更为复杂，复合型突出尤其是应力主导型突出灾害发生的比率高。2009~2013年应力主导型煤和瓦斯突出事故发生38起，约占同期煤与瓦斯突出事故总数的38%；死亡人数276人，约占同期煤与瓦斯突出事故死亡总数的26.6%。例如：2009年4月19日淮南矿业集团丁集煤矿发生煤与瓦斯突出事故，造成3人死亡，11人受伤。事故点埋深870m，工作面采用顺层长钻孔区域预抽防灾措施。突出前工作面钻孔瓦斯涌出初速度指标均小于2L/min，未超标。经鉴定，该事故是一起煤层埋藏深、地应力大、又处于地质构造影响区的条件下，工作面掘进过程中由局部冲击地压引起煤体压出的动力灾害事故。

B 瓦斯性质

矿井瓦斯是指从井下煤体和围岩中涌出的各种有毒有害气体的总称。其主要成分是甲烷（CH_4，又称沼气）。因此，狭义的瓦斯就是甲烷。瓦斯是一种无色、无味、无臭的气体，对空气的相对密度为0.554，故经常积聚在巷道的顶部、上山掘进工作面及顶板垮落的空硐中。瓦斯本身无毒，但不能供人呼吸。瓦斯不助燃，但与空气混合浓度达到5%~15%时，遇火源或温度达到650~750℃时就会发生燃烧和爆炸。

C 瓦斯的涌出

瓦斯的涌出形式有两种：即普通涌出和特殊涌出。普通涌出是指瓦斯从煤岩层表面孔隙缓慢、均匀地涌出，它持续时间长、涌出范围广，是矿井瓦斯主要放散形式。特殊涌出包括：瓦斯喷出和煤（岩）与瓦斯突出。瓦斯喷出是指高压瓦斯气体从煤岩层裂隙中大量喷出；若在喷出时夹带大量的煤粉，则称煤和瓦斯突出。

矿井瓦斯等级按矿井绝对瓦斯涌出量、相对瓦斯涌出量和瓦斯涌出形式分为低瓦斯矿井、高瓦斯矿井、煤（岩）与瓦斯（二氧化碳）突出矿井。低瓦斯矿井指矿井相对瓦斯涌出量小于或等于$10m^3/t$，且矿井绝对瓦斯涌出量小于或等于$40m^3/t$。高瓦斯矿井指矿井相对瓦斯涌出量大于$10m^3/t$，且矿井绝对瓦斯涌出量大于$40m^3/t$。煤（岩）与瓦斯（二氧化碳）突出矿井指发生过一次煤（岩）与瓦斯（二氧化碳）突出矿井。

9.2.7.2 冲击地压的危害

在大深采、高围压、强采动影响下，围岩结构及应力场变的更为复杂，冲击地压事故发生的频度和强度明显增加，由原来单一类型动力灾害事故向耦合型煤岩动力灾害事故转变，灾害破坏性增强。例如：义煤千秋煤矿2011~2013年发生破坏性冲击事件21次，平均每年7.3次，共造成36人死亡。又如2013年1月12日，辽宁阜新矿业公司五龙煤矿3431运输掘进工作面发生冲击地压，破坏掘进巷道上帮，损毁供风风筒，导致瓦斯瞬间大量涌出、积聚，造成8人死亡。

9.2.7.3 火灾的危害

随着开采机械化程度的提高，以电气火灾为代表的外因火灾事故逐步突出；救灾时期因通风系统改变而引发的火与瓦斯耦合事故频发。2008~2013年发生煤矿外因火灾共14起，死亡147人。2010年7月17日陕西韩城小南沟煤矿发生井下电缆火灾事故，事故造成28人死亡。经鉴定，该事故是由于电缆火灾引燃木支护造成井下外因火灾，有毒有害气体造成人员中毒窒息死亡。

9.2.7.4　水灾的危害

在煤矿水灾方面，煤矿资源整合，众多小煤矿关停并转，存留的大量情况不明的采空区是煤矿安全的重大隐患；随着煤炭开发战略向西部转移，顶板透水溃砂事故成为中西部矿井安全生产的严重威胁。2005 年以来，全国关闭重组中小煤矿 1.3 万处，老空区水灾事故大量涌现。距统计 2009~2013 年全国发生的 63 起较大的水害施工中，老空水事故 58 起，占 92%。

从近年煤矿领域发生的各类事故分析，瓦斯事故、冲击地压、水灾、火灾仍然是煤矿事故的主要类型。

9.2.7.5　矿井的 4 大灾害对井下爆破的影响

(1) 爆破作业现场存在瓦斯，当掘进工作面进入含瓦斯煤层或岩层时，瓦斯就会从煤（岩）层中向巷道空间涌出，或会突（喷）出，当达到一定浓度时，遇火源就会发生燃烧和爆炸。

爆破现场有大量的煤尘，煤尘悬浮在空气中，粒径为 $10\mu m \sim 0.1mm$，当其浓度达到 $300 \sim 400g/m^3$ 时就会发生爆炸。

瓦斯和煤尘爆炸事故常常会形成共生灾害，瓦斯爆炸大量扬尘，很容易使煤尘达到爆炸浓度，再由瓦斯爆炸形成的冲击波和高温火源点燃和引爆，再扬尘、再爆炸，导致更大规模的恶性爆炸事故，致使灾害升级。

(2) 井下有毒、有害气体有煤系地层自身产生的，有爆破施工和火工品的大量使用产生的，井下作业空间狭小，通风不畅，作业环境恶劣。

(3) 煤系地层条件复杂，地质构造多，如断层破碎带、褶曲、岩浆侵入体、应力集中带等，由爆破产生的冲击地压对岩层稳定性的影响很大。

(4) 煤矿井下巷道的断面尺寸普遍较小，多在 $4 \sim 14m^2$ 之间，巷道断面形状和支护形式多样，岩性变化大，有岩巷、半（煤）岩巷、煤巷等。产生的有毒、有害气体难以排除。

9.2.7.6　煤矿爆破的安全技术要求

(1) 煤矿井下爆破作业必须使用煤矿许用炸药和煤矿许用电雷管，不应使用导爆管和普通导爆索。煤矿许用炸药的种类很多，有粉状硝铵类炸药、硝化甘油类炸药、含水炸药（乳化炸药和水胶炸药）、离子交换炸药和被筒炸药等，可以按照各种场合的不同要求选取使用。煤矿和有瓦斯矿井选用许用炸药时，应遵守煤炭行业规定；在同一工作面不应使用两种不同品种的炸药。

(2) 使用煤矿许用毫秒延期电雷管时，从起爆到最后一段的延期时间不得超过130ms。这是因为采煤爆破后，瓦斯从新的自由面或崩落的煤块中不断涌出。经测定炸药爆炸后 160ms，瓦斯浓度达 0.3%~0.95%；360ms 时瓦斯浓度达 0.35%~1.6%，局部浓度更高，因此当总延期时间过长时，瓦斯浓度可能超限，这样起爆后很容易引发瓦斯爆炸事故。故从安全角度考虑，设定从起爆到最后一段的延期时间以 130ms 为限。

(3) 在有瓦斯和煤尘爆炸危险的工作面爆破作业，应具备下列条件：

1) 工作面有风流、风速、风质符合煤矿安全规程规定的新鲜风流；

2）使用的爆破器材和工具，应经国家授权的检验机构检验合格，并取得煤矿矿用产品安全标识；

3）掘进爆破前，应对作业面 20m 以内的巷道进行洒水降尘；

4）爆破作业 20m 以内，瓦斯浓度应低于 1%。

（4）煤矿井下应使用防爆型起爆器起爆。

（5）炮孔填塞材料应用黏土或黏土与砂子的混合物，不应用煤粉、块状材料或其他可燃性材料。其填塞长度应符合《爆破安全规程》（GB 6722—2014）的规定。

（6）在有瓦斯或煤尘爆炸危险的采掘工作面，应采用毫秒延期爆破。

掘进工作面应全断面一次起爆；采煤工作面，可分组装药，但一组装药应一次起爆且不应在一个采煤工作面使用两台起爆器同时进行爆破。

（7）井下爆破工作应由专职爆破员担任，在煤与瓦斯突出煤层中，专职爆破员应固定在同一工作面工作。

参 考 文 献

[1] 李建波. 金属矿地下开采 [M]. 北京：冶金工业出版社，2011.

[2] 陈国山. 金属矿地下开采 [M]. 北京：冶金工业出版社，2012.

[3] 陈国山. 矿山爆破技术 [M]. 北京：冶金工业出版社，2010.

[4] 汪旭光. 爆破设计与施工 [M]. 北京：冶金工业出版社，2011.

[5] 于亚伦. 工程爆破理论与技术 [M]. 北京：冶金工业出版社，2004.

[6] 孙忠铭，等. 地下金属矿山大直径深孔采矿技术 [M]. 北京：冶金工业出版社，2014.

[7] 王伟东，等，世界主要煤田资源国煤炭供需形势分析及行业发展展望 [J]. 中国矿业，2015，24（2）：5~9.

[8] 英国石油公司. BP Statistical Review of World Energy 2013 [EB/OL]，2013. http//WWW. BP. com/content/dam/bp/pdf/statistical-review/statical-review-of world-enetgy-2013. pdf.

[9] 王安建. 王高尚. 能源与国家经济发展 [M]. 北京：地质出版社，2008.

[10] 冯拥军. 采煤概论 [M]. 北京：煤炭工业出版社，2013.

[11] 商来军. 谈倒台阶式采煤方法 [J]. 科技论坛：43~44.

[12] 邢正虎. 倒台阶采煤法和伪倾斜柔性掩护支架采煤法的应用研究 [J]. 山东煤炭科技：24~28.

[13] 罗秋德. 伪倾斜正台阶采煤法顶板管理的探讨 [J]. 湖南安全与防灾，2009（5）：46~47.

[14] 赵茂森，等. 中深孔爆破采煤法在急倾斜煤层开采中的应用 [J]. 煤矿开采，2001（4）：26~28.

[15] Мосинец В. Н. Рубцов С. К. Применение параллельных сближеных эарядов накреберах сложноструктурных месторожденых [J]. горный журнал，2002，3.

[16] 中煤国际工程集团北京华宇工程有限公司. 矿山事故与职业危害分析鉴定实验室建设项目可行性研究报告 [R]. 2014.

10 隧道掘进台阶爆破

10.1 概述

10.1.1 定义

台阶爆破是工作面以台阶形式推进的爆破方法。隧道掘进台阶爆破是指在隧道（巷道）掘进中采用台阶爆破的技术，即将隧道设计断面分成两次或三次开挖，不同部位呈台阶式推进的施工方法。

10.1.2 井巷工程与隧道种类

井巷工程系指为进行采矿和其他工程目的，在地下开凿的各类通道和硐室的总称。广泛地应用于矿山、交通、水利水电、大型油库等工程。

井巷掘进爆破包括平巷掘进爆破、井筒掘进爆破，隧道掘进爆破和硐库开挖爆破。

在地下矿山，在岩体或矿层中开凿不直通地表的水平通道，称为平巷（水平巷道）；在地层中开凿的直通地面的水平巷道称为平硐。

而对于铁路、公路等交通部门，在地层中开凿的两端有地面出入口的水平巷道叫隧道。隧道根据其所在位置可分为山岭隧道、水下隧道和城市隧道三大类。山岭隧道是为缩短距离和避免大坡道而从山岭或丘陵下穿越的隧道；水下隧道是为穿越河流或海峡而从河下或海底通过的隧道；城市隧道则是为适应铁路、公路通过大城市的需要而在城市地下穿越的隧道，而其中修建最多的是山岭隧道。

我国国土面积的 2/3 是山地和丘陵，因而在铁路和公路建设中隧道数量众多，据最新资料统计，我国隧道总数已达 8730 座，总长度达 5200km，分别是改革开放之初的 22.7 倍和 90.8 倍，是世界上隧道最多的国家。从最近几年的建设规模和速度看，铁路隧道和公路隧道约以每年 300km 和 1500km 的建设速度增长。正在规划、设计和建设中的南水北调、西气东输和水电工程等隧道越来越多。为此，研究、分析隧道掘进爆破，特别是大断面的隧道掘进台阶爆破具有重要意义。

10.1.3 隧道掘进特点

隧道掘进与矿山平巷掘进相比，具有以下特点：

（1）断面尺寸大，其高度和跨度一般超过 6.0m，双线铁路和高速公路隧道跨度以大断面和超大断面为主，爆破中要更加重视对围岩保护。根据国际隧道协会对隧道断面的划分标准（表 10-1），超大断面隧道的断面积已达 100m^2 以上。

（2）地质条件复杂，尤其浅埋隧道（埋深小于 2.0 倍隧道跨度）岩石风化破碎，受地表水、裂隙水影响较大，岩石节理、裂隙、软弱夹层、滴漏水直接影响钻孔和爆破效果。

表 10-1　国际隧道协会对隧道断面的划分

划　分	断面积/m^2
超小断面	<3.0
小断面	3.0~10.0
中等断面	10.0~50.0
大断面	50.0~100.0
超大断面	>100.0

（3）服务年限长，造价昂贵。为了在运营中减少维修，避免中断交通，施工中必须保证良好的质量。

（4）隧道爆破钻孔质量和精度要求高，孔位、方向和深度要准确，使爆破断面达到设计标准。超、欠挖在允许范围之内，确保隧道方向的准确性。

因此，隧道爆破除对循环进尺、炮孔利用率、单位炸药消耗量等指标有明确的要求以外，对岩石破碎块度、爆堆形状、抛掷距离、隧道围岩稳定性影响、周边成形和爆破振动控制等均有很高的要求。

10.1.4　隧道掘进方法分类

隧道掘进施工方法分为机械掘进法和钻爆法两大类，其中机械掘进法又分为掘进机法开挖（TBM 法）和盾构法开挖两种方式。钻爆法又分为全断面施工法、导坑式施工法、台阶式施工法和中隔壁法。如图 10-1 所示。

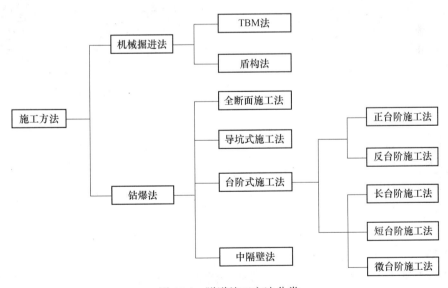

图 10-1　隧道施工方法分类

10.1.4.1　掘进机法开挖

掘进机法是指在整个隧道断面上，用连续掘进的联动机械施工的方法。早在 19 世纪 50 年代初，美国胡萨克隧道就试用过掘进机，但未成功。直到 20 世纪 50 年代以后才逐渐发展起来。掘进机是一种用强力切割地层的圆形钢结构机械，有多种类型。普通型的掘进机的前端是一个金属圆盘，以强大的旋转和推进力驱动旋转，圆盘上装有数十把特制刀具，切割地层，圆盘周边装有若干铲斗将切割的碎石倾入皮带运输机，自后部运出。机身中部有多对可伸缩的支撑机构，当刀具切割地层时，它先外伸撑紧在周围岩壁上，以平衡强大的扭矩和推力。掘进机法的优点是对围岩扰动少，控制断面准确，无超挖，速度快，操作人员少。主要用于山岭隧道和大型引水工程的硬岩开挖。掘进机的外形图如图 10-2 所示。

10.1.4.2　盾构法开挖

盾构法是采用盾构机作为施工机具的隧道施工方法。盾构机亦称盾构隧道掘进机，是一种隧道掘进的专用工程机械。1825 年在伦敦泰晤士河水下隧道首先试用盾构机，并获得成功。盾构机是一种圆形钢结构开挖机械，液压马达驱动刀盘旋转，同时开启盾构机推进油缸，将盾构机向前推进。随着推进油缸的向前推进，刀盘持续旋转。被切削下来的渣土充满泥土仓，此时开动螺旋输送机将切削下来的渣土排送皮带运输机上，再由皮带运输机运输到渣土车的土箱内，送至地表。盾构法施工安全，对地层扰动少，控制围岩周边准确，极少超挖。主要用于松软地层的开挖。盾构机外形图如图 10-3 所示。

图 10-2　掘进机的外形图

图 10-3　盾构机的外形图

掘进机法开挖和盾构法开挖的共同点都是隧道全断面的开挖法；不同点有二：（1）二者应用范围不同，掘进机法主要用于硬岩开挖，盾构法主要用于松软地层的开挖。（2）二者的掘进、平衡、支护系统也不相同。

10.1.4.3　钻爆法开挖

通过钻孔、装药、爆破开挖岩石的方法，简称钻爆法。这一方法从早期由人工手把钎、锤击凿孔，用火雷管逐个引爆单个药包，发展到用凿岩台车或多臂钻车钻孔，应用毫秒延期爆破、预裂爆破及光面爆破等爆破技术。20 世纪 80 年代，一些国家采用钻爆法在中硬岩中开挖断面面积为 100m³ 左右的隧洞，掘进速度平均每月约为 200m。中国鲁布革水电站工程，开挖直径 8.8m 的引水隧洞，单工作面平均月进尺达 231m，最高月进尺达 373.7m。

在上述的三种方法中，钻爆法由于对地质条件适应性强、开挖成本低，特别适合于坚固性强的岩石隧道、破碎岩石隧道的施工。因此，钻爆法仍是当前国内外常用的隧道开挖方法。而掘进机直接开挖也在逐渐推广。在松软地质中采用盾构法开挖较多。

10.2 各类钻爆法施工的技术要点

10.2.1 全断面施工方法

10.2.1.1 定义
全断面施工法是在整个掘进断面上布置炮孔一次爆破向前推进的施工方法。

10.2.1.2 全断面施工法的技术要点
(1) 地质复核。只要隧道围岩条件许可，采用全断面施工法的工程项目比较普遍，但是仅仅根据施工图提供的围岩条件决定施工方法有较大的风险，因为全断面施工对围岩扰动大，一旦围岩变化而不改变施工方法必然导致事故发生。为此，在全断面施工掘进中必须开展掌子面地质素描和超前地质预报，掌握围岩实际情况，适时复核围岩级别。一旦出现围岩级别与设计相差较大，应该及时修改施工方法，减小循环进尺。

(2) 钻爆方案设计与优化。全断面施工法的另一设计要点是钻爆方案设计钻爆方案的数据不是一成不变的，钻爆参数需要在实施过程中不断优化调整，因此方案的数据与优化是动态的。钻爆方案设计的内容包括：掏槽形式的确定、炮孔布置、数量、深度、角度、装药量和装药结构、起爆方法与起爆顺序。其中孔网参数、装药量、装药结构均需在施工过程中不断地修正与优化。

(3) 循环进尺与步距规定。循环进尺应依据围岩级别、断面尺寸、设备配置条件而定。采用全断面施工法，Ⅰ级、Ⅱ级围岩进尺不得大于 3.5m，Ⅲ级围岩不得大于 2.5m；仰拱开挖一次开挖长度，Ⅱ级围岩规定为 12m，Ⅲ级围岩为 6m；仰拱作业面距和开挖掌子面距离规定：采用全断面开挖Ⅰ级、Ⅱ级、Ⅲ级围岩不大于 90m；距开挖掌子面最近的衬砌端头距离，在无不良地质情况下，Ⅱ级、Ⅲ级围岩均不得大于 200m。

全断面施工法，工序简单、设备配套、爆破技术可行，月进度为 180~240m。全断面施工法的示意图如图 10-4 所示。

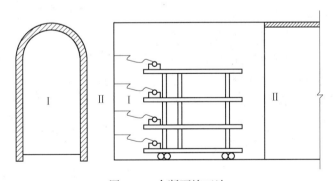

图 10-4 全断面施工法

10.2.1.3 全断面施工法的适用条件
该法的适用条件包括较好的围岩级别和适度的开挖断面。而围岩级别低，其自稳性差，若采用全断面施工法必须先行预加固，对施工进度和效益并无益处；断面面积过大，不但对钻爆设备性能有特殊要求，而且起爆顺序复杂；一次起爆药量大，爆破振动有害效应也较大。特别是对水工隧道而言，松动圈过大，不但对结构的耐久性有影响，而且加大固结灌浆费用。

根据工程实践经验，只要满足以下两条即可考虑采用全断面施工法：（1）隧道围岩为Ⅰ级和Ⅱ级；（2）设计断面不大于$120m^2$。此外断面面积小于$60m^2$的Ⅲ级围岩隧道也可考虑采用全断面施工法。

10.2.2　导坑式施工方法

导坑式施工法是以一个或多个小断面导坑超前一定距离开挖，随后逐步扩大开挖至设计断面，并相继进行砌筑的一种施工方法。

导坑的作用有四：（1）作为进行扩大开挖时开展工作面的基地，又能为扩大开挖工序创造临空面，以提高其爆破效果。（2）进一步查明前方的地质变化和地下水情况，以便预先制定相应的措施。（3）利用导坑空间，可敷设出碴和进料的运输线路，布设供给压缩空气和通风、供水、供电的管线和排水沟。（4）便于进行施工测量，以便向前测定隧道中线方向和高程，并可控制贯通误差。

按照矿山法中不同的施工方法，其导坑的部位也有所不同，常用的有下导坑、上导坑和侧壁导坑三种。侧壁导坑又分为单侧壁导坑和双侧壁导坑。

导坑的断面形状多采用梯形，以承受两侧地层的水平推力。在较坚硬和整体的地层中，可用矩形或弧形断面。导坑是独头的坑道，施工较困难，费用较贵。因此它的断面尺寸应尽可能小；但高度应满足装碴机翻斗的净空要求，也要考虑工人操作方便。

10.2.2.1　单侧壁导坑法

A　定义

单侧壁导坑法是指在隧道断面一侧先开挖一导坑，并始终超前一定距离，再开挖隧道断面剩余部分，变大跨断面为小跨断面的隧道开挖方法。

B　施工要点

（1）通常是将断面分成三块：侧壁导坑、上台阶、下台阶，如图10-5所示。

（2）侧壁导坑尺寸应本着充分利用台阶的支撑作用，并考虑机械设备和施工条件而定。一般侧壁导坑宽度不宜超过0.5倍洞宽，高度以到起拱线为宜。

（3）导坑可分二次开挖和支护。不需要架设工作平台，人工架立钢支撑也较方便。

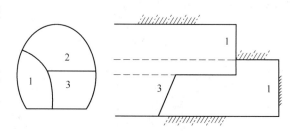

图10-5　单侧壁导坑法开挖顺序图
1—侧壁导坑；2—上台阶；3—下台阶

（4）导坑与台阶的距离没有硬性规定，但一般应以导坑施工和台阶施工不发生干扰为原则，所以在短隧道中可先挖通导坑，而后再开挖台阶。

（5）上、下台阶的距离则视围岩情况参照短台阶法或超短台阶法拟定。

C　监控量测

为了保证开挖和衬砌安全，需用监测数据判定围岩稳定性，通常用水平收敛和拱顶下沉值确定。

D 应用范围

(1) 单侧壁导坑法适应于断面跨度大，扁平率低、围岩较差，Ⅱ～Ⅲ类围岩以及地表下沉需控制的隧道。(2) 地表沉陷难于控制的软弱松散围岩。

10.2.2.2 双侧壁导坑法

A 定义

双侧壁导坑法是双侧壁导坑超前中间台阶法的简称。也是变大跨度为小跨度的开挖方法，亦称眼镜工法。

B 技术要点

(1) 双侧壁导洞法以台阶法为基础，将隧道断面分成双侧壁导洞和上、下台阶4部分，将大跨度分成3个小跨度进行作业，其双侧壁导洞尺寸以满足机械设备和施工条件为主确定。如图10-6所示。

(2) 该工法工序较复杂，导坑的支护拆除困难，钢架连接困难，而且成本较高，进度较慢。

(3) 采用该法开挖时，双侧壁导坑超前的距离相等或不等。为了稳定工作面，经常和超前预注浆等辅助施工措施配合使用。一般采用人工、机械混合开挖，人工、机械混合出碴。

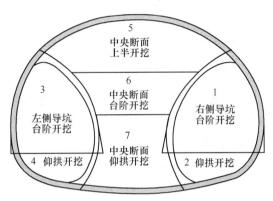

图 10-6 双侧壁导坑法开挖顺序示意图

(4) 施工时，应先开挖两侧的侧壁导洞，在导洞内施工完支护后再开挖上台阶。

(5) 当隧道跨度大而地层条件较差时，上台阶也可采用中隔墙法或环形留核心土法开挖后并及时施工初期支护结构，在拱、墙的保护下，逐层开挖下台阶至基底，并施工仰拱或底板。施工过程中，左右侧壁导洞错开不小于15m，这是基于在开挖中引起导洞周边围岩应力重新分布不影响已成导洞而确定的。上、下台阶之间的距离，视具体情况，按台阶法确定。

C 双侧壁导坑法的适用条件

双侧壁导坑法主要适用于断面很大、地层较差的Ⅳ、Ⅴ级围岩地层、不稳定岩体和浅埋段、偏压段、洞口段。

10.2.3 台阶式施工方法

台阶式施工方法包括：(1) 按台阶施工方式不同，是将隧道断面分上、下两部分或分为上、中、下三部分分次开挖成形。通常分为正台阶施工法和反台阶施工法。(2) 按台阶长度不同分为长台阶开挖法、短台阶开挖法和微台阶开挖法。以下分别述之。

10.2.3.1 正台阶施工法

A 施工顺序和特点

最上分层工作面先超前施工，施工顺序如图10-7所示，(1) 掘进上部弧形断面1；(2) 按图中阿拉伯数字2、3顺序施工。

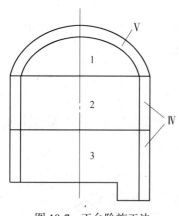

图 10-7　正台阶施工法

其特点有：（1）缩小了施工断面的高度，不需笨重的钻孔设备；（2）工序少，干扰小，上部钻孔可与装碴同时作业。

上台阶开挖后及时施作初期支护，下台阶在上台阶喷混凝土强度达到设计强度 70% 以上开始开挖，若岩体不稳时，上台阶施作钢架时，应采用扩大拱脚或施作锁脚锚杆等措施控制围岩变形；施工中注意控制好上下台阶施工干扰问题。

正台阶施工法又有二台阶施工法和三台阶施工法之分。

（1）二台阶式施工法的台阶高度应满足大型机械设备作业要求。设备配置与全断面施工法相同，月施工进度在 100~150m。

（2）采用三台阶施工法时，可以配置大型设备，同时配置小型设备与之配合。由于第一台阶高度受限，第一台阶钻孔、装碴，喷射混凝土无法采用大型设备全部完成，需要配置小型设备同时人工配合作业。小型设备主要用于上台阶的钻爆、出碴、喷射混凝土等、三台阶施工法月进度指标为 60~80m。

B　案例说明之一——黄河上游某电站导流洞二台阶施工法

a　工程概况

黄河上游某电站的导流洞开挖面积大于 120m²、跨度大于 12m 属于特大断面，隧洞岩性为石英片岩（角闪片岩），属Ⅱ类围岩Ⅹ级岩石，爆破岩块松散系数 1.6；所处岩体地下水不发育。隧洞开挖断面如图 10-8 所示。

b　台阶法开挖方案

该工程由于断面过大，超过现有多臂台钻参数控制范围，不能采用全断面开挖法，而只能采取先开挖上部，再开挖下部的台阶

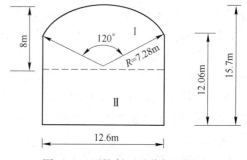

图 10-8　开挖断面及分部开挖图

法开挖。即先全断面开挖第Ⅰ部分，全部打通后再开挖第Ⅱ部分。已形成的第Ⅰ部分为第Ⅱ部分的钻爆开挖起临空面的作用，故第Ⅱ部分开挖类似于露天爆破。第Ⅰ部分打通后还可以为第Ⅱ部分起通风作用。对于第Ⅰ部分，采用全断面开挖法。待掌子面前进一定距离后，即可紧跟工作面喷锚支护，及时加固围岩。

c　钻爆设计

（1）全断面开挖的钻爆设计。隧洞开挖钻爆设计时，第Ⅰ部分作为全断面来设计，第Ⅱ部分作为下部扩大开挖。

1）全断面炮孔布置。全断面炮孔布置图如图 10-9 所示。

2）炮孔设计：

①掏槽孔。布置形式应根据岩性、岩层构造、断面大小和钻爆方法决定，掏槽孔数应

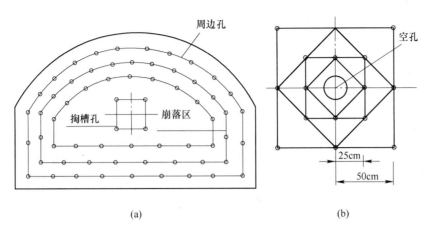

图 10-9 炮孔布置图

（a）Ⅰ部分炮孔布置形式；（b）掏槽孔大样图

在满足需要的前提下力求最少。这里选用平行空孔直线掏槽，即所有掏槽孔都互相平行且垂直于工作面，再留出部分孔不装药，作为其他炮孔爆破的临空面。药卷直径 $d_2 =$ 45mm，装药系数取 $f = L_1/L = 0.7$，掏槽区平均单耗为 $10 \sim 15 kg/m^3$，孔深取 5.1m。

②周边孔。周边孔采用光面爆破，要求孔口距离开挖边线 $10 \sim 20 cm$，以利孔口略向外倾斜，施工中取 15cm。

光爆参数：四臂台车钻头直径为 38mm，故炮孔直径取 40mm，药卷直径 25mm，不耦合系数 $Z = d_1/d_2 = 1.5$。参考《水工建筑地下开挖工程施工技术规范》（SDJ 212—1983），炮孔间距 $a = 60 cm$，则炮孔密集系数 $m = a/W = 0.857$，孔距系数 $m' = a/d_1 = 13.8$。

质量控制：开挖壁面不平整度是衡量光面爆破质量的重要指标，开挖壁面岩石的完整性通常用岩壁上半孔率来衡量，对于光面爆破，坚硬岩壁上半孔率不少于 70%。围岩只能有轻度破坏，岩壁无明显裂隙。

装药结构：当采用间接装药时，药卷间的空气间隔长度要保证在 $10 \sim 30 cm$ 范围内。为了克服炮孔底部岩石的夹制力，应适当增加孔底药量，装加强药包（$d_2 = 32 mm$，药量为 150 克/卷）。孔底段药量的增加值与岩性的软硬、钻孔深度、炸药性能等因素有关。参考葛洲坝水电站孔底装药量的增加值：当炮孔深度为 $5 \sim 10 m$ 时，增加值为（$2 \sim 3$）Q_x，Q_x 为线装药密度。根据规范，这里取 $Q_x = 258 g/m$，药卷长 20cm。四臂台车 TH 480 钻孔深度取 5.1m，故增加值为（$2 \sim 3$）Q，取增加值为 $2Q_x = 2 \times 250 g = 500 g$，非加强药包 $d_2 = 25 mm$，药量为 100 克/卷。装药结构为不耦合间隔装药，如图 10-10 所示。

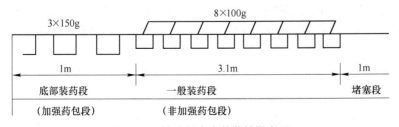

图 10-10 钻孔深度内装药结构布置

③崩落孔。崩落孔布置在掏槽外围,炮孔数目大致均布在开挖面上。崩落孔通常与开挖面垂直,孔底落在同一平面上,以保证爆后开挖面比较平整。采用药卷直径 $d_2 = 45mm$,长度 $l = 25cm$,药量为 400 克/卷,装药系数 $f = 0.65$,炮孔深度 5.1m。

炸药单耗: $q_b = 0.78kg/m^3$;

单孔药量: $Q_b = LfQ/l = 5.1 \times 0.65 \times 400 /0.25 = 5.14$ (千克/孔);

炮孔布置:孔距 1.1m,排距 1.1m。

(2) 下部扩大开挖。下部扩大开挖,周边采用预裂爆破法。即首先爆破布置在轮廓线上的深孔,形成一条沿设计轮廓延伸的贯穿裂缝,在它的屏蔽下进行主体开挖部位的爆破。达到保护设计轮廓线外的保留岩体不受爆破破坏的目的。

主要参数计算如下:

1) 线装药密度:

$$q_z = 0.36 [R_c]^{0.63} d^{0.67} = 594g/m$$

式中　　q_z——线装药密度;

$[R_c]$——岩石抗压强度,$[R_c] = 2000g/cm^2$;

d——炮孔直径,$d = 50mm$。

2) 炮孔间距:

炮孔间距 a 取炮孔直径的 10 倍,即 50cm。

3) 不耦合系数:

采用不耦合装药,使用药卷直径 $d_2 = 25mm$ 的铵梯炸药,药卷长度 20cm,每卷药量 100g,不耦合系数

$$Z = \frac{d_1}{d_2} = 50/25 = 2.0$$

4) 炮孔填塞长度:

炮孔填塞长度取 0.9m。

5) 孔底段装药量的增加值:加强药包采用 $d_2 = 32mm$,药包长度 20cm,每卷重 150g,共 3 包。形成预裂缝后,主体开挖部位采用浅孔爆破法。上部已开挖成型,可起临空面的作用,所以下部主体开挖部位的爆破相当于露天浅孔爆破。

炸药单耗: $q_b = 0.78kg/m^3$

单孔药量: $Q_b = LfQ/l = 5.10 \times 0.63 \times 100/0.2 = 1.61kg$

主爆区面积: $S = (12.6 - 0.6 \times 2) \times (7.7 - 0.6 \times 2) = 74.1m^2$

炮孔数目: $N = q_b \cdot S \cdot L/Q_b = (0.78 \times 74.1 \times 5.1)/1.61 = 183$ 孔

(3) 起爆网路。采用导爆管起爆网路,由里向外,一圈一圈地逐圈爆破,每一圈先爆下部,再爆两边,最后爆破上部,以避免先爆上部产生的石碴给下部爆破带来的难度。下部先爆周边孔,再爆主体部分。

(4) 出碴运输。为充分发挥装载机与自卸汽车的效率,结合断面尺寸、机械的性能参数,采用 BJ 370A20 t 自卸汽车配 D2-L-50 型轮胎式 3m³ 装载机运输出碴,经计算装载机的生产效率为 130m³/h,自卸汽车的生产效率为 32.5m³/h,故需 8 辆自卸车配 2 台装载机。

C　案例说明之二——凤凰山隧道、秦望山隧道三台阶施工法

a　工程概况

凤凰山隧道和秦望山隧道岩性为粉砂岩、砂岩，局部含有少量泥岩，单层厚 2～10cm，其中泥岩为软质岩石，而粉砂岩为较坚硬岩石。浅埋段为中等风化，深埋段为微风化。主要发育有三组裂隙，三组裂隙结构面的组合在洞顶容易形成方块体，对洞顶稳定不利，裂隙较发育。

凤凰山隧道、秦望山隧道按一级公路双向六车道标准设计，采用分离式双洞单向行驶方案，主要技术标准：设计行车速度为 80km/h；隧道建筑限界：净宽 14.5m，净高7.8m，建筑限界高度 5.0m。如图 10-11 所示。

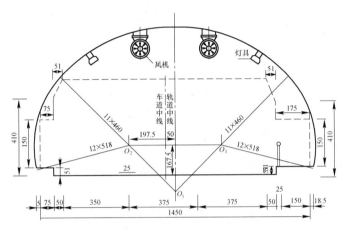

图 10-11　隧道建筑限界及内净空断面图

b　开挖方法

经过专家论证后，洞口段 30m 范围采用双侧壁导坑法施工，其余段落采用三台阶法施工。根据本隧道的地质条件和原设计支护参数，按三台阶法施工能加快进度，超欠挖容易得到有效控制，施工质量得到提高。主要优势为：

（1）空间大，施工互不干扰：上断面高 5.0m，宽 16.4m，方便作业台车、挖掘机装载机、运输车等作业，缩短出碴时间。

（2）上台阶开挖轮廓成弧形，超欠挖得到有效控制；系统锚杆、锁脚锚杆钻孔质量提高。

（3）三台阶法支护时钢架架立得到更好控制，避免了各个阶段的钢架的不利连接。

（4）三台阶法钻爆次数减少，避免了对初期支护的多次扰动。

（5）三台阶法施工避开了中部隔壁的钢支护的安装与拆除等工作，避免了"悬吊"石块危及作业人员安全，也节约了时间，更大程度上省下了部分材料。

（6）三台阶法各个台阶的控制距离起到了类似核心土的作用（中台阶对上台阶、下台阶对中台阶），很大程度上保证了各个台阶的安全。

c　施工方案

（1）超前支护。超前支护是隧道施工成败的关键，洞口段采用 30m 洞口长管棚作为超前支护，其他地段采用超前小导管作为超前支护加固围岩。严格控制开挖进尺，每循环

确保搭接长度不小于 1.0m，保证超前支护的有效性；同时在钻孔时注意做好仰角、间距深度的控制。

（2）上台阶开挖及支护。开挖前，用全站仪放出上台阶开挖断面轮廓线、周边孔位置、中线位置。采用开挖台车+风钻钻孔，按设计装药量爆破。爆破后一般采用的辅助小型机具如风镐等将局部欠挖岩石凿除。上台阶开挖高度 5.0m，如图 10-12 所示。足以确保挖掘机能进入掌子面进行施工。上台阶开挖完成后及时进行初期支护。

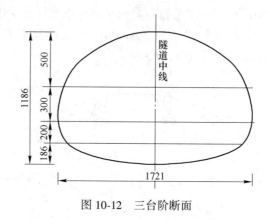

图 10-12　三台阶断面

上台阶按"初喷-锚杆-钢筋网-钢架-复喷"的支护形式实施初期支护。钢架规格为 I20a 或 I22a 型钢钢架，间距为 65~100cm。上台阶钢架由 5 节组成。每榀钢架每侧各采用两根长 6m 的 φ25mm 中空注浆锚杆作为锁脚锚杆，锁脚锚杆与水平面夹角大于 45°，管体内灌注 1∶1 水泥砂浆。

（3）中台阶开挖及支护。中台阶开挖滞后上台阶 30m，见图 10-12。中台阶开挖高度约 3.0m，每次开挖进尺长度与上台阶进尺长度相同，中台阶长度任何时候不得大于 15m。中台阶开挖时，必须左右两侧交错进行，两侧错开距离不得小于 5m，以满足喷射混凝土的早期强度及钢架的落脚稳定共同受力，不致开裂或坍塌。每次开挖长度不大于 3 榀钢架间距。严格按照上台阶开挖进尺进行开挖及支护；中台阶开挖完成后及时进行初期支护。初期支护形式与上台阶相同。

（4）下台阶开挖及支护。下台阶开挖滞后中台阶 3~5m，下台阶开挖高度约 2.0m，每次开挖进尺长度与中上台阶进尺长度相同。下台阶开挖时，必须左右两侧交错进行，两侧错开距离不得小于 5m，以满足喷射混凝土的早期强度及钢架的落脚稳定共同受力，以能够承受一定的上部压力，不致开裂或坍塌。每次开挖长度不大于 3 榀钢架间距。

（5）仰拱开挖及支护。仰拱开挖在下台阶开挖及初期支护完成后及时跟进，仰拱每次开挖长度进尺尽量按 6m 进行，仰拱开挖完成后应及时完成仰拱初期支护，以尽快封闭成环。

（6）断面检测。三台阶开挖支护完成后采用隧道断面仪及时进行断面检测，根据实测断面与设计断面进行比较，及时调整后续工作面初期支护施工误差，确保断面净空满足要求。

（7）监控量测。监控量测主要作用是确保施工安全、指导施工、修正设计、积累资料。在调整隧道施工方法时为确保施工及结构安全，必须做好现场监控量测工作。

三台阶法立面示意图如图 10-13 所示。

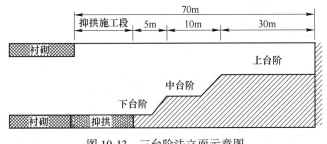

图 10-13 三台阶法立面示意图

10.2.3.2 反台阶施工法

A 反台阶施工法概念

施工顺序与正台阶施工法相反，如图 10-7 所示，先施工 2、3 部分；再施工上部弧形断面。

反台阶施工法的应用条件：（1）当机械化程度不高或断面较小，不能采用凿岩台车钻孔时，为节省钻孔工作平台搭拆时间，可采用反台阶法施工。先开挖隧道下半部，然后再开挖上半部。下半部出碴时，保留部分爆破碴料，以便蹬碴进行上半部钻孔作业，无需搭设作业平台。（2）开挖隧道下穿既有隧道时，为保证既有隧道的正常运行，开挖隧道也可采用反台阶法施工，其特点与正台阶施工法相似。

B 案例说明——福建省大坪山隧道的反台阶施工法

a 工程概况

大坪山隧道设计为分离式双洞单向行驶双车道城市Ⅰ级主干道隧道，断面宽 12m，高 8.21m。左、右线隧道双洞长 767m。洞身围岩为微风化花岗岩，岩石坚硬，属于Ⅴ类围岩。在隧道起点处下穿既有福州至厦门双线高速公路隧道，斜交角度为 75°，跨越范围约 80m。新建大坪山隧道拱顶距既有隧道路面最小净距离只有 6.12m。属于近距离接近施工。

b 施工方案

根据要求，大坪山隧道穿越施工时必须保证其上侧运营的高速公路隧道不受任何影响，爆破所产生的振动不能对既有隧道造成伤害。因此，为减小爆破开挖对既有隧道的振动影响，隧道爆破开挖采用反台阶开挖法、光面爆破技术。

c 主要施工技术

（1）光面爆破。

1）爆破参数设计。光面爆破设计参数如表 10-2 所示。

表 10-2 光面爆破设计参数表

周边孔间距 E/cm	抵抗线 W/cm	相对距离 E/W	炮孔直径 /mm	药卷直径 /mm	线装药密度 /kg·m^{-1}	装药结构
30	60	0.75	42	20	0.24	导爆索药串装药结构

2）炮孔布置。控制爆破炮孔布置如图 10-14 及表 10-3 所示。

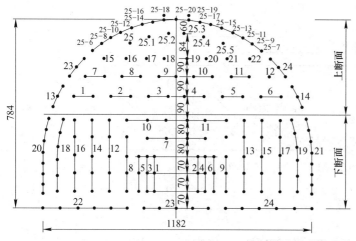 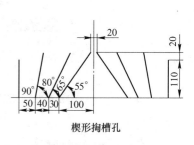

图 10-14　控制爆破炮孔布置图

表 10-3　控制爆破炮孔参数

炮孔类型	炮孔直径 /mm	孔深 /m	孔距 /m	排距 /m	装药系数
掘槽孔	42	1.21~1.46	0.7	0.3~0.4	0.85
掘进孔	42	1.1	0.8~0.9	0.8~0.9	0.65
底板孔	42	1.2	0.7~0.8	0.7~0.8	0.73
周边孔（光爆孔）	42	1.1	0.3	—	0.4

3）最大装药量计算：

$$Q_{\max} = R^3 \left(\frac{V}{K}\right)^{\frac{3}{\alpha}}$$
(10-1)

式中　V——被保护物质质点振动速度，取 $V = 5\text{cm/s}$；

　　　R——隧道底板至单段起爆位置的平均距离，m；

　　　K——与地形和地质条件有关的系数，取 $K = 100$；

　　　α——与地形和地质条件有关的衰减系数，取 $\alpha = 1.4$。

经计算，各炮孔最大装药量（最不利位置）计算结果见表 10-4 所示。

表 10-4　各炮孔最大装药量

炮孔类别	单位	数量	炮孔类别	单位	数量
掘槽孔	kg	2.25	底板孔	kg	4.47
掘进孔	kg	0.65	周边孔（光爆孔）	kg	0.38

4）起爆技术。采用 50ms 等差非电雷管毫秒延期起爆网路。2 号岩石硝铵炸药。上下两台阶同时钻孔同时装药，为减少一次爆破总药量，减小爆破振动，上下台阶采用两套独立的起爆网路分别起爆，下台阶先爆，上台阶后爆。20ms 延期爆破技术，其中下台阶单式楔形掘槽孔、掘进孔、周边孔（含底板孔）间及上台阶掘进孔、周边孔间的起爆间隔分别为 20ms。

（2）出碴及支护施工。采用无轨运输出碴方式，侧卸式装载机装碴，自卸汽车运碴；临时支护采用 8cm 厚、C30B 混凝土湿喷技术。永久支护方式为 50cm 厚钢筋混凝土，采用衬砌台车全断面衬砌施工。

（3）施工监测。监测内容：隧道路面、衬砌边墙的爆破地震波峰值检测，监测目的：根据爆破振动监测结果调整和优化爆破设计参数；隧道路面的下沉值监测，其目的是根据位移变化速率判断路面下侧围岩稳定情况；隧道衬砌边墙部位的表面应变监测，目的是通过对既有隧道下沉值的监测，及时了解既有隧道衬砌力学行为的变化情况，为正确调控施工决策提供科学依据。

监测方法：地震波峰值采用 TOPBOX 爆破振动自记仪监测；路面下沉值采用非接触式围岩净空位移测量软件配合全站仪行监测；表面应变值采用表面应变仪监测。

监测结果表明，实测的各项数据值均在设计及控制要求的范围内，未对既有隧道产生任何不良影响，保证了安全生产和施工质量。

10.2.3.3 长台阶施工法

A 定义

长台阶施工法是指同一断面的不同分层之间，若超前长度大于 50m 或 5 倍洞径以上时的开挖方法。

台阶高度应根据地质情况、断面尺寸、施工机械等情况而定，上部弧形台阶高度通常为 2~2.5m。

B 长台阶开挖法的技术要点

长台阶开挖法的技术要点包括：

（1）施工时上下部分可配置同类机械平行作业；

（2）当机械不足时也可用一套机械设备交叉作业，即在上半断面开挖一个进尺，然后再在下断面开挖一个进尺；

（3）当隧道长度较短时，亦可先将上半断面全部挖通后，再进行下半断面施工，亦称半断面法。

C 长台阶开挖法的作业顺序

（1）上半断面开挖：

1）用两壁钻孔台车钻孔、装药爆破、机械化程度高；

2）安装锚杆和钢筋网、必要时加设钢支撑、喷射混凝土；

3）用推铲机将石碴推运到台阶下，再由装载机装入车内运至洞外。

（2）下半断面开挖：

1）用两壁钻孔台车钻孔、装药爆破、装碴直接运至洞外；

2）必要时安装边墙锚杆、喷射混凝土；

3）用反铲挖掘机开挖水沟、喷底部混凝土。

D 长台阶开挖法的适用条件

长台阶开挖的适应条件包括：

（1）有足够的工作空间和相当的施工速度，上部开挖支护后，下部作业就较为安全。但上下部装药有一定的干扰；

（2）相当于全断面法来说，长台阶法一次开挖面和高度都比较小，只需配备中型钻孔台车即可施工；

（3）凡是在全断面法中开挖面不能自稳，但围岩坚固不要用低拱封闭地面的情况，都可采用长台阶法。

E 案例说明——云南省大理白族自治州大风坝隧道长台阶开挖法

（1）工程概况。大风坝隧道位于大理白族自治州大风坝垭口处楚大公路第十一合同段内，为上、下行分离的双洞单向行车道隧道，上行隧道长 710m，为直线隧道。

隧道洞身所穿地层较简单，基岩主要为全风化-强风化的紫红色泥质粉砂岩与灰黄色砂岩，隧道埋深为 25~128m。现上行线进口掘进按设计早已进入Ⅲ类围岩，但从掌子面实际开挖的地质情况来看，围岩还达不到Ⅰ类，以紫红色砂岩与灰黄色砂岩为主，节理裂隙发育、较破碎，有少量地下水，局部富含地下水。岩层基本为水平走向，层厚 30~60m。

（2）施工方案。根据围岩地质情况、施工队伍素质、现场机械设备、专业技术力量及管理水平、综合施工生产能力以及工期的要求，施工方案确定为"大半断面预留光面层爆破、长台阶法、锚杆网喷支护、大半断面衬砌、先拱后墙"的施工方案。

（3）施工方法。施工方法采用大半断面预留光面层爆破、长台阶法开挖；初期支护采用锚杆挂网喷混凝土支护，在局部围岩破碎富水段架设格栅钢架；出碴采用无轨运输；在掌子面掘进超前 25m 后，进行大半断面衬砌（此时不影响掌子面掘进）；下部开挖与掘进相距 60m 以上，下部边墙衬砌紧跟。整个隧道实行"钻爆、喷锚、出碴、衬砌"机械化一条龙作业，如图 10-15 所示。

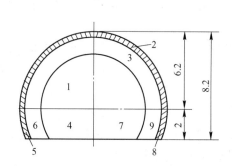 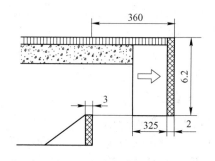

图 10-15 施工顺序图

1—大半断面掘进；2—大半断面初期支护；3—大半断面衬砌；4—左侧下部开挖；
5—左侧下部边墙初期支护；6—左侧下部边墙初期衬砌；7—右侧下部开挖；
8—右侧下部边墙初期支护；9—右侧下部边墙衬砌

（4）预留光面层爆破设计。大半断面掘进按Ⅲ类围岩断面进行，每循环进尺控制在2m。非电毫秒延期雷管、导爆索起爆。炮孔布置见图 10-16，钻爆参数见表 10-5。

施工中爆破参数按放炮效果、围岩变化予以调整。每次都进行测量放样、布孔，并记录，具体由现场技术人员负责。

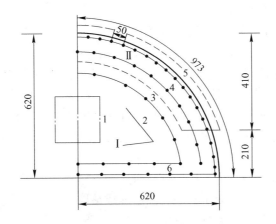

图 10-16 大半断面长台阶法炮孔布置图

表 10-5 大半断面炮孔参数

炮孔编号	炮孔分类	炮孔数/个	雷管段别/段	炮孔深度/cm	炮孔角度/度		炮孔装药量	
					水平	垂直	每孔卷数/卷	每孔质量/kg
1	掏槽孔	6	1	240	70°	90	11	1.65
2	辅助孔	6	3	220	90	90	9	1.35
3		20	5	220	90	90	8	1.2
4		18	7, 3	220	90	90	6	0.9
5	周边孔	35	9, 3	220	沿径向外斜3°		3	0.45
6	底板孔	13	11	220	下斜10°		8	1.2

注：1. 炮孔总数98个，总装药量89.55kg，单耗 0.75kg/m³，非电毫秒延期雷管起爆。

2. 该爆破分两次进行，第1次先爆Ⅰ部分，第2次再爆破Ⅱ部分。

3. 第Ⅱ部分炮孔装药量按第1次爆破效果和围岩情况而定。

4. 周边孔的装药结构为半药卷间隔25cm装药。

（5）支护参数。断面开挖后，按Ⅱ类围岩进行支护。初期支护径向砂浆锚杆φ22，长度 $L=300$cm，间距1m，梅花形布置；钢筋网 φ8×φ8 = 25cm×25cm；喷混凝土厚度15cm。局部围岩破碎富水地段采用加密锚杆、架设格栅钢架加强支护。开挖预留变形量为8cm，防水层采用350g/m² 无纺布及 Js-18 防水板，二次衬砌防水混凝土厚度40cm。

（6）工序流程设计安排。大半断面掘进每22小时一个循环，即一天一个循环。

大半断面衬砌每4天一个循环，每次6m。采用两套供架，每6天可进行2次衬砌。

（7）进度安排。大半断面掘进每月60m，大半断面衬砌60m。下部边墙衬砌不少于60m。综合成洞不少于58m。

10.2.3.4 短台阶开挖法

A 定义

短台阶施工法是指同一断面的不同分层之间，若超前长度为10~15m时的开挖方法。短台阶开挖法应用最多的是"短台阶七部开挖法"。

B 短台阶七部开挖法的基本原理

"短台阶七部开挖法"是指在隧道开挖过程中，在3个台阶上分7个开挖面，各开挖面间形成短台阶，以前后7个不同的位置相互错开同时开挖，由于7个部位分别处于7个不同的里程，从而使每一个开挖断面处的围岩所暴露的面积减到最小。然后7个分部同时支护，形成支护整体，控制围岩变位，永久衬砌一次成形，逐步向纵深推进的作业方法。这种开挖法吸收了上下导坑法，侧壁导坑法，台阶法甚至全断面开挖法的内在特点，集各法之精髓而采用的新型施工方法，其透视图如图10-17所示，该法的具体实施内容如下：

（1）开挖掘进以3个台阶7个工作面同时进行。

（2）初期支护先上后下，分步实施，然后连成整体形成一个承载拱。

（3）依据围岩量测的结果调整支护参数（喷 C_{20} 混凝土厚度、钢支撑间距等）来决定每一循环进尺：在V级围岩地段1部采用风镐开挖循环进尺控制在 0.5~1.0m 之间；在Ⅲ~Ⅳ级围岩地段，采用光面爆破或预留光爆层微振动控制爆破技术开挖，台阶长度控制在4m以内。

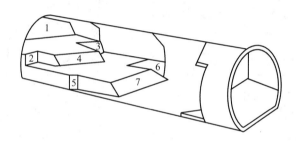

图 10-17 短台阶七部开挖法作业透视图

C 短台阶七部开挖法的技术要点

短台阶七部开挖法作业透视图如图10-17所示，各步技术要点如下：

第1部：拱顶在超前管棚（或小导管）的"保护伞"下，将传统的矩形上导坑改为弧形导坑，开挖束后，先初喷3cm混凝土，安装型钢支撑，同时施做锁锚杆，并挂设钢筋网，喷至 10~13cm 厚 C_{20} 混凝土，施做系统锚杆，形成较稳定的承载拱。

第2部和第3部：在拱顶承载拱的支护下，分段扩拱脚，以一定的时间差距按同样方法进行支护。

第4部：拱顶完成后中部拉槽。

第5部和第6部：在已完成拱部支护后，分段左右开挖马口，以一定的时间差距作边墙支护。

第7部：下台阶核心土挖除。

D 短台阶开挖法的适用条件

短台阶法可缩短支护结构闭合的时间，改善初次支护的受力条件，有利于控制隧道收敛速度和量值，Ⅰ~Ⅴ级围岩都能采用，尤其适用于Ⅳ、Ⅴ级围岩，是新奥法施工中经常采用的方法。

E 案例说明——某山区公路健身坡隧道短台阶开挖法

某山区公路健身坡隧道设计为单洞双车道，采用 $R = 5.3m$ 单心圆曲墙式衬砌，除明洞衬砌外，其余衬砌类型均按新奥法原理设计，采用复合式衬砌。Ⅱ~Ⅲ类围岩段开挖跨度为12m，高度为9.5m。进出口端浅埋段围岩条件为Ⅳ~Ⅴ级。设计上以超前长管棚从进口端进洞，以超前小导管周边预注浆从出口端进洞。超前锚杆、结构锚杆、型钢钢架、钢筋网和锚喷混凝土为初期支护，模筑混凝土为二次衬砌。在两次衬砌间设PVC复合防水板为防水层。隧道全长932m，岩层节理裂隙发育，岩层破碎，地质结构较复杂，主要为寒武系黄褐色中层微晶泥质灰岩，为软质岩石。针对健身坡隧道的地质特性，确定隧道总体施工方案为掌子面采用预留核心土环形开挖七部流水作业法，仰拱紧跟下导坑施工，使初期支护及早闭合成环，并根据监控量测信息指导施工。

"短台阶七部开挖法"的优点在于减少了对围岩的扰动，充分利用空间的错位及人工掘进的特点，而且参与了大型机械的施工，使得劳力与设备得到充分的施展，因此使每一次作业循环加快，达到Ⅳ类型岩日平均进尺2m以上的进度要求，缩短工期约60天。

10.2.3.5 微台阶开挖法

A 定义与原理

微台阶施工法是指同一断面的不同分层之间，上下台阶并进，台阶超前长度仅3~5m，临时支护或衬砌快速闭合，称微台阶开挖。

微台阶施工法由全断面和短台阶施工法衍变而来，利用一个开挖台架完成上下导坑钻孔、装药，同时进行起爆、出碴操作，以此缩短工序间的衔接时间差，同时给后续工序仰拱施工提供更大的空间，缩小了掌子面与仰拱之间的距离，满足了隧道工序安全步距的要求，确保了隧道施工的安全性和施工的进度。

B 微台阶施工法的技术特点

（1）只需要在原有的全断面或半断面开挖台架上增设拼装式悬臂平台供微台阶钻孔、喷混凝土作业使用，不需增加其他设备；

（2）上下台阶同时钻孔、爆破、出碴；

（3）上下导坑部分工序可平行作业，节约时间。上导微台阶初喷后，可集中作业人员打锚杆、安钢架；上导拱架安装后，作业人员撤至下导打锚杆、安钢架，上导可同时进行喷混凝土作业；

（4）开挖作业占用空间减少，工序间相互干扰降低，仰拱、二衬等后续工序距掌子面的距离可控制在30~35m，满足强制性规定要求；

（5）较之短台阶开挖法，微台阶法施工进度明显加快。在满足工序安全步距的前提下，若采用短台阶法施工，Ⅳ级围岩月进度最快能达70m；采用微台阶法施工，月进度可保证80~90m，围岩变化不大、工序衔接正常情况下，月进度最快可达90m。

C 施工工艺流程及操作要点

（1）微台阶法开挖及支护作业工艺流程如图10-18所示。

（2）操作要点：

1）上下台阶长度、高度确定：上台阶长度为3~5m，高度为4.0m，下台阶高度为6.2m，微台阶法开挖横断面和纵断面图见图10-19。

2）施工台架加工。微台阶施工台架可用原有的半断面或全断面施工台架改装而成，需要在台架掘进前进方向增加悬臂操作平台。

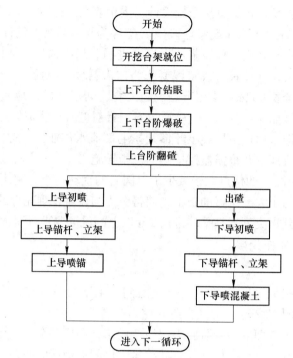

图 10-18　微台阶法开挖及支护作业工艺流程

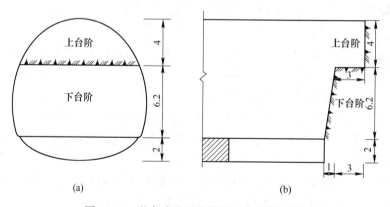

图 10-19　微台阶法开挖横断面和纵断面图

（a）微台阶开挖横断面图；（b）微台阶开挖纵断面图

D　微台阶施工法的适用条件

（1）由于微台阶法初次支护全断面闭合时间更短，更有利于控制围岩变形。在城市隧道施工中，能更有效地控制地表沉陷。

（2）适用于膨胀性围岩和土质围岩，压强及早闭合断面的场合。

（3）适用于机械化程度不高的各类围岩地段。

E　案例说明——德上公路怀玉山隧道微台阶开挖法

a　工程概况

德上公路怀玉山隧道右线起止里程共 1687m，其中采用微台阶法开挖共计 863m，怀玉山隧道左线起止里程共计 1698m，采用微台阶法开挖共计 853m。围岩多为强风化花岗岩，因而隧道施工必须按照"弱爆破、短进尺、强支护、早衬砌"的施工方法进行施工。

b 施工总体方案

为了使隧道安全、快速的掘进，避免由于开挖台阶过长、初期支护未及时封闭成环造成隧道塌方，严格按"短开挖、强支护"的原则，采用微台阶开挖方案，即在怀玉山隧道Ⅳ、Ⅴ级施工时，根据设计图纸及现场实际情况，采用一个开挖台架并在开挖台架上增设拼装式悬臂平台来完成台阶的钻孔、爆破、出碴、支护，以此缩短施工工序之间的衔接时间，缩短掌子面与仰拱、二衬之间的距离，进行安全快速的洞身开挖。

c 钻爆施工

中线、水平控制点布设：为便于检查开挖断面的尺寸及形状，在施工中设置控制点。中线施工控制点在直线地段每 10m 设一个，曲线地段每 5m 设一个，中线控制点应设在拱顶处，水平施工控制点每 10m 设一个。

中线、水平基点布设：距开挖面每 50m 埋设一个中线桩，每 100m 设一个临时水准点。钻孔前定出开挖断面中线、水平线，用红油漆准确绘出开挖断面轮廓线，并标出炮孔位置，经检查合格后方可钻孔。光面爆破参数如表 10-6 所示。

表 10-6 光面爆破参数

围岩级别	周边孔间距 E/cm	周边孔最小抵抗线 W/cm	相对距 E/W	周边孔线装药密度 /kg·m⁻¹
Ⅳ	45~63	60~75	0.8~1.0	0.2~0.25
Ⅴ	35~50	40~60	0.5~0.8	0.07~0.12

（1）定位开孔。人工搭建施工平台配多台风动凿岩机钻孔，其轴线与隧道保持平行。就位后按炮孔布置图正对钻孔。对于掏槽孔和周边孔的钻孔精度要求比其他孔要高，开孔误差控制在 5m 内（图 10-20）。

（2）钻孔。按照不同孔位，将钻工定点定位。要求钻工具有熟练操作凿岩机械的能力，尤其是钻周边孔，应该安排经验丰富的老钻工实施，并安排专人进行指挥。另外，根据孔口位置岩石的凹凸程度调整炮孔深度，保证炮孔底在同一平面上。

施工时控制好炮孔的角度、深度、密度，使之符合设计要求，是保证光爆质量的关键之一。为此，需符合下列精度要求：

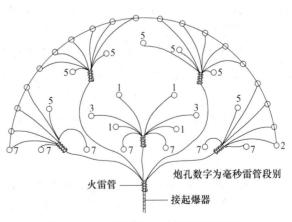

图 10-20 导爆管原非电雷管起爆网路图

1）掏槽孔：孔口间距误差和底间距误差必须小于等于 5cm。

2）辅助孔：孔口排距、行距误差都必须小于等于 5cm。

3）周边孔：沿隧道断面轮廓线上的间距误差应小于等于 5cm；孔底不超出开挖断面

轮廓线 10cm，最大不得超过 15cm；孔深误差不宜大于 100mm。

内圈炮孔至周边孔的排距误差不大于 5cm，炮孔深度超过 2.5m 时，内圈炮孔与周边孔宜采用相同的斜率。

如果开挖面凹凸较大，应根据实际情况调整炮孔深度，同时对药量进行相应调整，保证除了掏槽孔之外的炮孔底都在同一垂直面上。

（3）清孔及成孔检查。钻孔完成后，严格成孔检查。依照相关的规范要求进行检查并做好记录，一旦发现不符合规范标准的炮孔重钻，必须采取有效的修正措施，只有在检查符合规范标准的基础上才能进行装药爆破，同时要求装药前，用高压风、水将炮孔内泥浆、石屑吹洗干净。

（4）装药。装药分片分组，按炮孔设计图确定的装药量自上而下进行，雷管要"对号入座"，要定人、定位、定段别，依照相关规范要求进行装药。

（5）出碴。隧道出碴根据现场施工条件及弃碴场距离，本工程配斗容 3m³ 装载机一台装碴，挖机清底。自卸汽车 10 台运输。

10.2.3.6 长台阶施工法、短台阶施工法和微台阶施工法的选取标准

（1）初次支护形成断面的时间要求：围岩越差，闭合时间要求越短；

（2）上断面施工所用的开挖、支护、出碴等机械设备施工场地大小的要求：在软岩围岩中，应以前一条标准为主，兼顾后者，确保施工安全。在围岩条件较好时，主要考虑如何更好地发挥机械效率，保证施工的经济性，故只考虑后一条。

10.2.4 中隔壁施工方法——台阶式施工方法的变形

10.2.4.1 中隔壁施工法定义与原理

中隔壁施工法是将隧道分为左右两部分进行开挖，先在隧道一侧采用二部或三部分层开挖，并在设计中间部位留作中隔壁，作为施工初期的临时支护，然后再分台阶开挖隧道另一侧，进行相应支护的施工方法。该法的原理是将隧道大断面分成几个小断面进行施工，每个小断面单独掘进，最终形成一个大隧道。利用岩层在开挖过程中短时间的自稳能力，采用型钢等支护形式，利用初喷使围岩表面形成初期支护结构，确保掘进安全。其实，这种方法也是台阶法的变形方案。

10.2.4.2 中隔壁施工法的技术要点

（1）爆破技术要点：中隔壁法亦称 CD 工法，采用 CD 法施工的 IV 级围岩，确实需要爆破开挖的，必须遵循"弱爆破、短进尺"原则，对一次起爆药量进行严格控制。

（2）支护技术要点：

1）先行侧的中隔壁钢支架应加工成外鼓弧形，弧度的大小随净空高度而定，不宜过大。单元长度的划分应方便人工安装，不宜太重。连接形式一般都考虑栓接，必须在胎架上加工单元并组装试拼连接件。连接板栓孔不得用氧乙炔枪随意切割。防止栓、孔间隙过大导致节点刚度减小。安装间距必须符合要求。喷射混凝土必须覆盖型钢拱架。

2）超前小导管必须按设计布置，严禁不按设计要求注浆。发现进浆量、压力出现异常需要及时分析原因，必须安装反流止浆塞。

3）台阶开挖过程中，若发现支护内力过大，洞周变形速率快，可增加临时钢支撑。

（3）监测计算要点：

1）必须编制监测专项方案，特别是在第二部分开挖过程中的中隔壁的内力变化情况、拱顶沉降及地面沉降、洞室收敛，必须有明确的预警值。

2）必须设置专业的监测队伍。

3）必须按施工规范和技术指南规定的监测频率开展工作，及时分析数据，反馈信息。

10.2.4.3 应用范围

中隔壁法适用范围包括：砂岩、黏性土层和砂卵层等软弱围岩大跨度隧道施工。

10.2.4.4 案例说明——福建省龙岩城门3号隧道中隔壁法开挖

福建省龙岩城门3号隧道（漳永高速公路龙岩段）总长度459m，进出口段位坡积粉质黏土、碎块状强分化钙质粉砂岩，围岩级别为Ⅴ级，稳定性较差。

A 施工工艺

（1）开挖顺序。开挖侧壁导坑左上半断面→初期支护（含侧壁临时支护、拱墙初期支护及临时仰拱）→开挖侧壁导坑下半部分（含临时仰拱）→左侧导坑下半断面初期支护（含侧壁临时支护、拱墙初期支护及仰拱初期支护）→开挖右侧导洞上半断面→右侧导洞上半断面初期支护（含拱墙初期支护和临时仰拱）→剩余部分开挖（包括临时仰拱）→剩余部分初期支护（含仰拱初期支护）→拆除侧壁临时支护→灌注仰拱混凝土→铺设环形盲沟及防水板→整体灌注二衬混凝土，如图10-21所示。

（2）在进行硐身开挖前，应先进行隧道拱部超前小导管及中壁 $\phi22$ 砂浆锚杆的超前支护。该隧道的超前小导管有两种类型：F2-1（环向间距50cm，纵向间距3m）适用于Ⅴ级围岩深埋埋段超前支护；F2型（环向间距50cm，纵向间距3.5m）适用于Ⅴ级围岩浅埋超前支护。小导管采用外径50mm，壁厚5mm的无缝钢管，钢管长5m，两种类型每环均为33根。小导管注浆选用水泥浆液，水灰比0.5∶1，注浆压力0.5~1MPa。

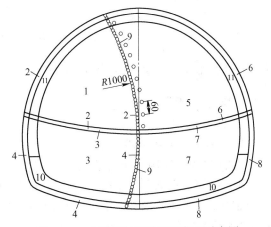

图 10-21 中隔壁施工法施工断面示意图

（3）在完成了超前支护后，采用小型挖掘机配合人工风镐或辅以弱爆破开挖1部，喷8cm混凝土封闭掌子面，施作1部导坑周边的初期支护，初喷4cm厚混凝土，安装钢筋网片，架立型钢钢架、临时钢架和横撑；临时仰拱距掌子面距离要严格控制，暂定为3~5m，并设锁脚锚杆。钻设径向锚杆后复喷混凝土至设计厚度。

（4）滞后1部3~5m弱爆破开挖3部，喷8cm混凝土封闭掌子面，导坑周边部分初喷4cm厚混凝土。安装钢筋网片，接长型钢钢架、临时钢架和恒撑，并设置锁脚锚杆。钻设径向锚杆后复喷混凝土至设计厚度。

（5）在滞后3部3~5m距离后，开挖5部，喷8cm混凝土封闭掌子面，施作周边和临时支护，步骤同 1 部。

（6）在滞后 5 部 3~5m 距离后，开挖 7 部，接长型钢钢架和临时钢架、恒撑，并施设导坑周边的初期支护和临时支护，步骤及工序同 3 部。

（7）根据监控量测的结果进行分析，围岩和初期支护基本稳定后，在滞后 7 部 5~10m 以后拆除 118 临时钢架中隔墙，临时钢架的拆除必须以监控量测数据为依据。

（8）隧道开挖后尽快施作仰拱和填充，仰拱一次性灌注，且与隧道填充混凝土分开施工。

（9）利用衬砌模板台车一次性浇筑拱墙衬砌。特殊情况下（如松散堆积、浅埋地段）的二次衬砌应在初期支护完成后及时施作。

B　隧道中隔壁施工法中的控制要点

（1）开挖要遵循"管超前、弱爆破、短进尺、强支护、早封闭、勤测量"的原则。

（2）每次开挖进尺不宜大于钢拱架或锚杆纵向间距的 1.5 倍，主要采用人工配合风镐和挖掘机开挖，围岩较硬地段，采用微振光面爆破技术。

（3）各部开挖时，周边轮廓应尽量圆顺，减小应力集中。

（4）各部的底部高程应与钢架接头处一致。

（5）每一部的开挖高度应根据地质情况及隧道断面大小而定。

（6）后一侧开挖形成全断面时，应及时完成全断面初期支护闭合。

（7）左、右两侧洞体施工时，纵向间距应拉开不大于 15m 的距离。

（8）中隔壁宜设置为弧形，并应向左侧偏斜 1/2 个刚拱架宽度。

（9）在灌注二次衬砌前，应逐段拆除中隔壁临时支护，拆除时应加强量测，一次拆除长度一般不宜超过 15m，拆除后及时施工仰拱。

10.3　钻爆法开挖隧道的爆破设计

10.3.1　隧道爆破设计程序

10.3.1.1　准备工作

正式进行隧道爆破设计之前要了解的工程情况包括以下内容：

（1）隧道开挖断面。了解隧道开挖断面的形状、尺寸的目的是为炮孔布置做准备。

（2）工程地质。围岩级别、岩石类型、岩石坚固性系数、节理裂隙发育程度，为选取爆破参数做准备。

（3）施工方案。了解隧道开挖施工方案，包括全断面开挖、半断面开挖和导坑式开挖，再针对不同施工方案进行具体的爆破设计。

（4）工程对爆破开挖的技术要求。了解隧道本身在开挖过程中和开挖后要达到的目标，再根据目标要求采取相应措施，如根据超欠挖控制目标要求采取可行的光面或预裂爆破技术。

（5）工期安排。根据工期确定施工进度，协调人员与设备的合理使用。

（6）机械设备。根据施工设备选取设计参数，如不同炮孔直径有不同的孔网参数。

（7）单循环进尺。不同的进尺有不同的设计方法和要求，例如：采取楔形掏槽时，按照不同的进尺可采取单式、二级复式和三级复式掏槽。

10.3.1.2 爆破设计的内容

爆破设计的主要内容包括：

（1）工作面与炮孔布置：1）确定孔网断面尺寸和形状；2）分别布置掏槽孔、辅助孔和周边孔。

（2）确定掏槽孔的形式。

（3）选取爆破参数：包括，炮孔直径、炮孔深度、炮孔数目、循环进尺、各类炮孔的孔网参数、炸药单耗等。

（4）炸药品种和装药参数：包括，1）炸药和起爆器材的品种和数量；2）单孔装药量，有两类或两类以上炸药时，应分类列出；3）段装药量，即同段雷管的总装药量；4）装药结构；5）计算钻孔的总数、钻孔总延米量、各类炸药用量、炸药总量、雷管总用量等。

（5）周边孔爆破参数：包括，孔间距、抵抗线、密集系数（孔间距与抵抗线比值）、孔深、装药集中度、填塞长度。

（6）起爆网路：起爆方法、起爆顺序。

（7）技术经济指标：

1）工程量：开挖断面积、循环进尺、爆破方量、钻孔总数、钻孔总延米量；

2）材料消耗：各类炸药消耗量、雷管消耗量、其他消耗量；

3）有关统计数据：预计进尺、炮孔利用率、比钻孔数、比钻孔量。

10.3.1.3 附图

隧道爆破设计文件中应附图，附图包括炮孔布置图、装药结构图、爆破网路联线图、钻孔分工顺序图等。

10.3.2 爆破参数的设计

10.3.2.1 掏槽孔参数的设计

以水平巷道（隧道）为例，掘进工作面的炮孔布置按其作用不同分为 3 种，即掏槽孔、崩落孔（辅助孔）和周边孔。周边孔又分为顶孔、底孔和帮孔（图 10-22）。

A 掏槽孔的形式

根据隧道断面、岩石性质和地质构造等条件，掏槽孔的排列形式种类繁多，归纳起来有三种，即倾斜孔掏槽，平行空孔直线掏槽和混合式掏槽。

a 倾斜孔掏槽

倾斜孔掏槽的特点是掏槽孔与工作面斜交。隧道掘进爆破常用的倾斜孔掏槽有锥形掏槽和楔形掏槽。

（1）锥形掏槽。各掏槽孔以同等角度向工作面中心轴线倾斜，孔底趋于集中，但相互不贯通，爆

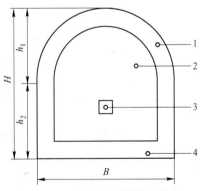

图 10-22 各种用途的炮孔名称

1—顶孔；2—崩落孔；

3—掏槽孔；4—底孔；

h_1—拱高；h_2—墙高；

H—掘进高度；B—掘进宽度

破后形成锥形槽（图 10-23）。掘槽孔有关参数视岩石性质而定，施工中可参阅表 10-7 选取。表中参数适用于孔深在 2m 以内的浅孔爆破。

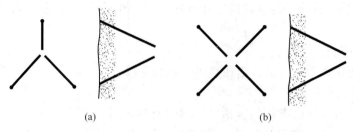

图 10-23 锥形掘槽

（a）三角形；（b）四角形

表 10-7 锥形掘槽孔主要参数

岩石坚固性系数 f	炮孔倾角 / (°)	相邻炮孔间距 /m	
		孔口间隔	孔底间距
2~6	75~70	1.00~0.90	0.4
6~8	70~68	0.90~0.85	0.3
8~0	68~65	0.85~0.80	0.2
10~3	65~63	0.80~0.70	0.2
13~16	63~60	0.70~0.60	0.15
16~18	60~58	0.60~0.50	0.10
18~20	58~55	0.50~0.40	0.10

（2）楔形掘槽。通常由两排或两排以上的相对称的倾斜炮孔组成，爆破后形成楔形槽。前者称为单级楔形掘槽（简称楔形掘槽），后者称为二级复合楔形掘槽（图 10-24）或多级复合楔形掘槽（图 10-25）。在大断面隧道开挖中，为了加大循环进尺，多采用二级或三级复合楔形掘槽。

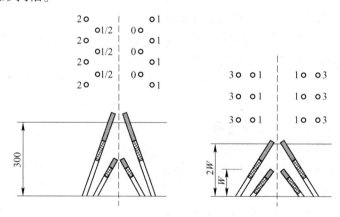

图 10-24 二级复合楔形掘槽

单级楔形掘槽中，每对掘槽孔间距为 0.3~0.6m，孔底间距为 0.1~0.3m。掘槽孔与工作面交角为 55°~80°。当岩石在中硬以上，断面大于 4m² 时，可采用表 10-8 所列的参数。当岩石更为坚硬时，宜采用二级复合楔形掘槽。

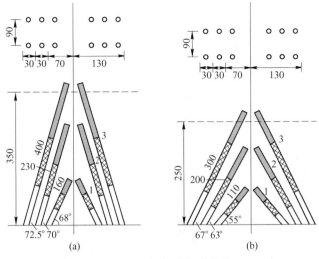

图 10-25　三级复合楔形掏槽

表 10-8　单级楔形掏槽的主要参数

岩石坚固性系数 f	炮孔与工作面夹角 /(°)	两排炮孔孔口间距 /m	炮孔数目 /个
2~6	75~70	0.6~0.5	4
6~8	70~65	0.5~0.4	4~6
8~10	65~63	0.4~0.35	6
10~12	63~60	0.35~0.30	6
12~16	60~58	0.30~0.20	6
16~20	58~55	0.20	6~8

表 10-9 列出单级楔形掏槽和二级复合楔形掏槽的爆破参数和效果的比较。

表 10-9　单级楔形和二级复合楔形掏槽的平均爆破效果比较

参　　数	单级楔形掏槽	二级复合楔形掏槽	二级复合与单楔形掏槽比较/%
循环炮孔数/个	24	27	-12.5
循环装药量/kg	9	13.5	-50.0
炮孔利用率/%	60	90	-30.0
单位炸药消耗量/kg·m⁻³	1.76	1.98	-12.5
单位体积炮孔长度/m·m⁻³	7.93	5.95	-25.0

由表 10-9 看出，二级复合楔形掏槽在炮孔利用率和单位体积炮孔长度两方面明显优于单楔形掏槽，而在其他项目上则劣于单楔形掏槽。二者适用范围不同，采用时应综合考虑各项因素。

b　平行空孔直线掏槽

平行空孔直线掏槽亦称直孔掏槽，所有掏槽孔均垂直于工作面，且相互平行，其中有几个不装药的空孔，作为装药炮孔爆破时的辅助自由面和破碎体的补偿空间。

（1）平行空孔直线掏槽的形式。

1）桶形掏槽。亦称角柱形掏槽，各掏槽孔互相平行且呈对称形式。掏槽孔由 4~8 个炮孔组成，其中有 1~4 个空孔。桶形掏槽应用范围广泛，大、中、小断面均可采用（图10-26）。按其空孔直径的大小分为两种：①小直径空孔桶形掏槽（图 10-27）；②大直径空孔桶形掏槽（图10-28）。

图10-27（a）为小直径中空孔桶形掏槽，中心孔不装药，周围4个炮孔同时起爆。主要用于软岩、中硬、节理裂隙较发育的岩层中，布置此种掏槽时，其尺寸应根据岩性不同灵活掌握，软岩取大值，硬岩取小值。装药长度一般取炮孔深度的60%~80%。

图10-27（b）为小直径四空孔桶形掏槽，在1号孔周围布置4个距离很近的小直径深孔作为1号孔的自由面，1号孔起爆后，在掏槽中央形成一个孔洞，为其他炮孔创造新的自由面，逐步扩大形成槽腔。主要用于中硬岩层的开挖。装药长度一般取炮孔深度的90%。

图10-27（c）为小直径菱形掏槽，根据岩石性质布置1~3个空孔，对称起爆。装药长度取炮孔深度的90%。

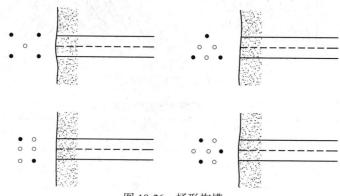

图10-26　桶形掏槽

●—装药孔；○—空孔

图10-27　小直径空孔直线掏槽

（a）中空孔桶形掏槽；（b）四空孔桶形直线掏槽；（c）小直径菱形掏槽

图10-28（a）为大直径中空菱形掏槽：

$$L_1 = (1 ~ 1.5)D$$
$$L_2 = (1.5 ~ 1.8)D$$

图10-28（b）为大直径中空对称掏槽：

$$W = 1.2D（1个空孔）$$
$$W = 1.2 \times 2D（2个空孔）$$
$$b = 0.7a$$

式中，D为大直径中空直孔的直径，装药长度为孔深的85%~90%。图中大直径中空直孔可以是1个，也可以是2个，依具体情况而定。

2）螺旋形掏槽。掏槽孔呈螺旋状，各装药孔至空孔距离依次递增呈螺旋线布置，并按由近及远的起爆顺序起爆，形成非对称桶形。空孔可以是小直径，也可以是大直径（图10-29）。螺旋形掏槽，适用于较均质岩石。对于大断面的隧道爆破，为了加强掏槽效果往往采用双螺旋形掏槽，图10-30（a）为单螺旋形掏槽布置图，其掏槽孔参数如下：

$$L_1 = (1 \sim 1.5)D \tag{10-2}$$

$$L_2 = (1.5 \sim 2.0)D \tag{10-3}$$

$$L_3 = (2.5 \sim 3.0)D \tag{10-4}$$

$$L_4 = (3.5 \sim 4.5)D \tag{10-5}$$

图10-30（b）为双螺旋形掏槽布置图。表10-10为双螺旋形掏槽的参数表。

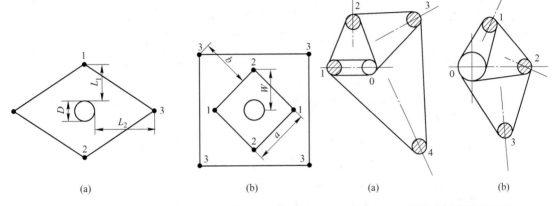

图 10-28 大直径空孔桶形掏槽

（a）大直径中空菱形掏槽；（b）大直径中空对称掏槽

●—装药孔；○—空孔；1~3—起爆顺序

图 10-29 螺旋掏槽原理示意图

（a）小直径空眼；（b）大直径空眼

1~4—起爆顺序

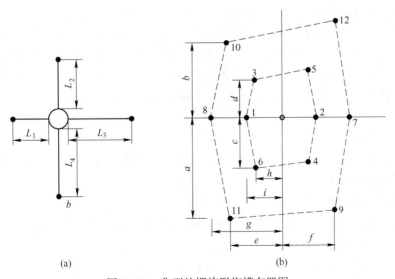

图 10-30 典型的螺旋形掏槽布置图

（a）单螺旋形掏槽布置；（b）双螺旋形掏槽布置

表 10-10　双螺旋形掏槽布置参数　　　　　　　　（mm）

空孔直径	a	b	c	d	e	f	g	h	i
75	465	340	160	120	235	245	270	75	110
85	496	365	175	130	250	270	290	85	120
100	558	410	190	140	280	300	325	95	130
110	600	443	265	150	305	330	350	105	140
125	687	505	235	175	350	375	400	115	160
150	780	580	290	210	400	430	455	125	190
200	900	700	385	365	500	540	570	170	250

（2）平行空孔直线掏槽的爆破过程。平行空孔直线掏槽爆破过程分为二个阶段，第一阶段是装药炮孔爆破在爆炸冲击波的作用下使岩石破碎，并向空孔方向运动。第二阶段是由于爆炸气体的膨胀作用使破碎岩石沿槽腔向自由面方向运动，抛掷。

直线掏槽槽腔内碎石沿轴向抛掷速度孔口部位最大，孔底部位最低。由孔口到孔底呈逐渐减小的变化。抛掷速度与抛掷量有关，而抛掷量的多少直接影响着掏槽效果。

为改善掏槽效果，可以采取多项技术措施，例如：确定合理孔深；增大孔底装药量；增加空孔直径或数目等。

（3）空孔的作用。空孔的作用有二：1）作为装药炮孔爆破时的辅助自由面；2）作为破碎体的补偿空间，理想的情况是只有当装药孔和空孔之间的距离恰当，爆破作用所产生的破碎体完全抛出槽腔，才能取得良好的掏槽效果。

当空孔与装药孔的间距过小时，槽腔内破碎体中空隙体积所占比例相对就大些，爆炸气体外泄的通道就多，既增加了爆炸气体的损失率，还可能崩坏周边炮孔。如果空孔与装药孔的间距过大，装药孔将无法提供足够的能量使岩石破碎并产生一定速度的抛掷。

所以，空孔与装药孔之间的距离，不能过小，也不能过大。其最佳间距应是炸药能量利用率最高，单位炸药消耗量最低，使槽腔内破碎岩石抛掷率最高。

（4）平行空孔直线掏槽与楔形掏槽的比较。直孔掏槽在单位炸药消耗量和爆破单位体积岩石所需的炮孔长度方面都比楔形掏槽高，其主要原因是直孔掏槽槽腔的炸药单耗和炮孔数目明显偏高。因此，直孔掏槽的爆破效率在小断面掘进工作面要比楔形掏槽低，但在中等和大断面的掘进工作面，由于槽腔体积所占掘进面积的比例小，爆破效率明显提高。

　　c　混合式掏槽

混合式掏槽是指两种以上的掏槽方式混合使用，在遇到岩石特别坚硬或巷道断面较大时，可以采用桶形与锥形混合掏槽。

　　B　掏槽孔的布置原则

（1）掏槽位置。为便于碴石装运和爆后喷射混凝土等作业，要求碴堆集中，堆高合适。因此掏槽区应布置在断面的中下方，距底板 1.5~1.8m。

（2）掏槽方向。在岩层层理明显时，掏槽孔的方向垂直层理面。

（3）掏槽面积。合理的掏槽面积必须保证在爆破时，有足够的补偿空间。

（4）掏槽深度。掏槽孔一般比掘进孔深 15cm；当采用垂直掏槽时，中心空孔深度一般比掏槽孔深 5~15cm。

10.3.2.2 崩落孔（辅助孔）和周边孔参数的设计

A 崩落孔（辅助孔）布置原则

（1）布孔均匀，既要充分利用炸药能量，又要保证岩石按设计轮廓线崩落。其间距根据岩石性质而定，一般取 0.4~0.8m。

（2）孔间距、排间距确定后，由掏槽区量侧向外布置炮孔。

B 周边孔布置原则

（1）周边孔孔口与开挖轮廓线的距离应根据岩石的坚固性系数 f 而定，一般软岩 10~15cm，以利于钻孔（钻直孔）；中硬岩为 5cm（转直孔），硬岩为 0cm（钻斜孔，孔底向外偏斜 10cm）。

（2）周边孔间距通常依岩石的坚固性系数 f 而定，取 45~80cm。

（3）底孔布置较为困难，有积水时易产生瞎炮，因此：1）底孔间距一般为 0.4~0.7m。抛碴爆破时，底孔采用较小间距。2）底孔孔口应比巷道底板高出 0.1~0.2m，但其孔底应低于底板 0.1~0.2m。抛碴爆破时，应将炮孔深度加深 0.2m 左右。3）底孔装药量介于掏槽孔和崩落孔（辅助孔）之间，装药高度为孔深的 0.5~0.7 倍，抛碴爆破时，每孔增加 1~2 个药卷。

某矿运输大巷断面积 16.8 m。岩石致密、坚固。工作面的炮孔布置如图 10-31 所示，图中数字为起爆顺序，爆破参数则如表 10-11 所示。

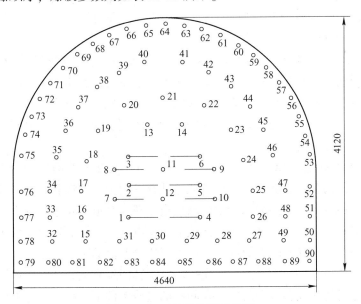

图 10-31 工作面炮眼布置图

表 10-11 爆破参数

炮孔名称	孔号	孔数	孔深/m	装药量/kg		爆破次序
				单孔	小计	
掏槽孔	1~6	6	3	1.20	7.20	1

炮孔名称	孔号	孔数	孔深/m	装药量/kg		爆破次序
				单孔	小计	
掏槽孔	7~10	4	3	1.20	4.80	2
掏槽孔	11~12	2	3	0.90	1.80	2
崩落孔	13~14	2	3	1.20	2.40	3
一圈孔	15~31	17	3	0.90	15.30	3
二圈孔	32~49	18	3	0.90	16.20	3
周边孔	50~78	29	3	0.75	21.75	4
底 孔	79~90	12	3	0.90	10.80	5
合 计		90		80.25		

10.4 钻爆法开挖隧道的施工

10.4.1 隧道施工方法的选择依据

（1）施工条件。施工条件包括施工队伍的施工能力，施工人员素质，及施工管理水平，装备水平。在选择施工方法时，应充分考虑这个因素。如隧道地质条件允许采用全断面开挖法，但施工装备满足不了。一般全断面开挖选用钻孔台车钻孔一次性钻孔完毕，若没有这种装备，最好选用短台阶开挖法。

（2）地质条件。地质条件包括岩石级别、地下水及不良地质现象等，岩石级别是隧道工程围岩性质的综合判断，对施工方法的选择起着重要的甚至决定性的作用。在隧道施工过程中岩石的级别发生变化时，必须变换施工方法。例如：按Ⅲ级、Ⅳ岩石选择全断面结合微台阶法的施工方法，但在施工过程中，岩石级别变为Ⅱ级，这时施工方法应相应地改变为上导坑开挖法。

（3）隧道断面积。隧道断面尺寸和形状，对施工方法的选择有一定的影响。铁路单线和双线隧道、公路的双车道隧道，越来越多地选择采用全断面法和台阶法施工。目前，隧道断面有向大断面方向发展的趋势，如公路隧道修建 3 车道至 4 车道隧道，水电工程中大断面洞室更是屡见不鲜。所以施工方法必须适应其发展。大断面隧道工程施工中，目前一般是先采用各种方法开挖小断面导坑，再扩大形成全断面的施工方法。

（4）埋深。隧道埋深与围岩的初始应力场及多种因素有关。一般将埋深分浅埋和深埋两类，浅埋又分为超浅埋和浅埋两类。在同样的地质条件下，由于埋深不同施工方法有很大差别。一般浅埋隧道往往采用先将地面挖开，修筑完成支护结构后再回填土石的明挖施工。如隧道进出口埋深比较浅时常采用明挖施工。深埋隧道则采用不挖开地面的暗挖法施工，即在地下开挖及修筑支护结构。

（5）工期。隧道工程合同工期的要求，在一定程度上会影响施工方法的选择，例如：在相同地质条件下，工期短的隧道要比工期长的隧道要求机械化程度高，管理更加科学、严格。

10.4.2 钻爆法开挖作业程序

钻爆法开挖作业程序如图 10-32 所示,其内容将分别详述。

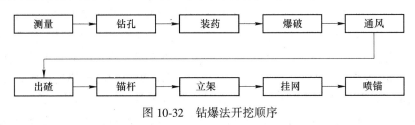

图 10-32 钻爆法开挖顺序

10.4.2.1 钻孔

首先进行钻孔方案设计,然后按设计的炮孔位置、方向和深度严格施工。单线隧道全断面开挖,采用钻孔台车配备中型凿岩机,钻孔深度约为 2.5~4.0m。双线隧道全断面开挖采用大型凿岩台车配备重型凿岩机,钻孔深度可达 5.0m。炮孔直径约为 40~50mm。

10.4.2.2 装药

掏槽孔、崩落孔和周边孔内装填炸药。装药结构有耦合装药、不耦合装药、连续装药和不连续装药四种。首先要确定装药结构类型,成孔后必须将孔内积水、积碴清除干净。按设计对孔位进行编号。装药前用高压风吹净炮孔;测量孔深。达不到要求的应及时进行处理,确保炸药装到孔底。装填炸药长度约为炮孔长度的 60%~80%,周边孔的装药量要少些。药串和起爆药卷按要求加工好,盘好脚线,分段号存放在箱内,以确保装药作业有序进行。为缩短装药时间,可把炸药制成长的管状药卷,以便装入炮孔;有条件的地方,也可利用装药机械装药。

10.4.2.3 爆破

一般采用导爆管起爆法或电力起爆法,近年来为了减低爆破振动和改善爆破效果,高精度导爆管雷管起爆系统和逐孔起爆技术越来越受到人们的重视。周边孔采用控制爆破,例如:拱部采用光面爆破,边墙采用预裂爆破。根据《水工建筑物地下开挖工程施工技术规范》(DL/TS 099—1999)要求,地下洞室开挖断面光面爆破的质量指标有:

(1)残留炮孔痕迹应在开挖面轮廓面上均匀分布。

(2)炮孔痕迹保存率,完整岩石在 80% 以上,较完整和完整性差的岩石不小于 50%,较破碎和破碎岩石不小于 20%。相邻两孔间岩面平整,孔壁不应有明显的爆振裂隙。

(3)相邻两茬炮间的台阶的最大外斜值应小于 20cm。

(4)采用光面爆破,实现光面爆破的最佳效果。开挖轮廓圆顺,线性超挖机炮孔痕迹保存率符合光爆技术要求等。

10.4.2.4 施工通风

通风的作用是排出或稀释爆破后产生的有害气体和由内燃机产生的氮氧化物及一氧化碳,同时排除烟尘,供给新鲜空气,借以保证隧道施工人员的安全和改善工作环境。通风可分主要系统和局部系统。主要系统可利用管道(直径一般为 1~1.5m,也有更大的)或巷道(平行导坑等),配以大型或中型通风机;局部系统多用小型管道及小型通风机。巷道通风多采用吸出式,将污浊空气吸出洞外,新鲜空气由正洞流入。新鲜空气不易达到的工作面，须采用局部通风机补充压入。

10.4.2.5　施工支护

隧道开挖必须及时支护，以减少围岩松动，防止塌方。施工支护分为构件支撑和喷锚支护。构件支撑一般使用木料、金属、钢木混合构件等，现在使用钢支撑者逐渐加多。喷锚支护是 20 世纪 50 年代发展起来的一种支护方法，其特点是支护及时、稳固可靠，具有一定柔性，与围岩密贴，能给施工场地提供较大活动空间。喷射混凝土工艺分为干喷和湿喷。在喷射混凝土中掺入一些钢纤维，或在岩面挂钢丝网可提高喷锚支护的强度。钢锚杆安设在岩层面上的钻孔内，其长度和间距视围岩性质而定，一般长度为 2~5m，通常用树胶和水泥浆沿杆体全长锚固。在岩层较好地段仅喷混凝土即可得到足够的支护强度。在围岩坚硬稳定的地段也可不加支撑。在软弱围岩地段喷锚可以联合使用，锚杆应加长，以加强支护力。

10.4.2.6　装碴与运输

在开挖作业中，装碴机可采用多种类型，如后翻式、装载式、扒斗式、蟹爪式和大铲斗内燃装载机等。运输机车有内燃牵引车、电瓶车等，运输车辆有大斗车、槽式列车、梭式矿车及大型自卸汽车等。运输线分有轨和无轨两种。

10.4.3　施工过程的质量控制

10.4.3.1　测量控制

（1）中线及标高的设置：利用全站仪每 5m 在初期支护内拱顶挂两个中线，间距 2m 并测出标高，放出边墙相应里程，即三点在同一断面上，便于隧道开挖控制。

（2）中线的导引：利用每次放样相邻两组中线中的各一条进行导引，其余两条作为复核用。在长度 6~8m 范围内可以满足中线精度要求。

（3）光面炮孔的标定：利用拱顶及边墙同一里程上的点向掌子面量出相等距离，利用相应断面开挖轮廓进行放样，最后根据炮孔布置图进行炮孔放样即可。

10.4.3.2　钻爆质量控制

（1）人员的配备：光面爆破的钻孔技术要求高、操作难度大，因此对每一组钻爆人员都进行了合理的调配，固定技术好的钻工进行周边孔的钻爆。从布孔、钻孔、装药到起爆网路的连接层层把关，责任到人。

（2）辅助机具的配备：周边孔分布在轮廓线不同的高度，配备合适的多功能简易钻孔台非常关键，根据断面尺寸利用钢管、钢筋网片等材料设计的拼装式简易钻孔台车，可以快速拆卸，便于施工。

（3）工程控制：按照《爆破安全规程》（GB 6722—2014）对爆破的全过程进行监控，确保施工质量。

10.5　深埋隧道开挖爆破对围岩稳定性的影响

10.5.1　我国水利水电工程、矿山开采都面临深部开采问题

我国在西北地区的群山峻岭之间有一大批大型、特大型的水电枢纽工程建设，这些水电工程需要在大埋深、极高地应力环境下开挖引水隧洞，如锦屏二级水电站引水隧洞平均

埋深 1500~2000m，实测最大地应力值约 70MPa；雅鲁藏布江墨脱水电站引水隧洞，最大埋深可达 4000m，仅自重应力就达 100MPa 左右。根据《水力发电工程地质勘察规范》（GB 50287—2006）的规定，最大主应力量级大于 40MPa，且围岩强度应力比小于 2 的情况属于极高地应力。

按照 1995 年对国有重点煤矿的统计，开采深度大于 400m 以上的矿井占总数的 50%，大于 700m 以上的矿井有 50 处，占 8.34%。我国预测的煤炭资源总量为 50592 亿吨，按照其埋藏深度大于 1000m 的占 53%，大于 600m 的占 73%。随着煤炭向深部开采，地应力的影响不可忽视。

10.5.2 深部岩体爆破开挖产生的振动是由爆炸荷载和地应力瞬态释放耦合作用的结果

随着隧道开挖深度的增加，地应力增大。1912 年瑞士地质学家海姆（A. Heim）在大型越岭隧道的施工过程中，通过观察和分析，首次提出了地应力的概念，并假定地应力是一种静水压力状态，即地壳中任意一点的应力在各个方向上均相等，且等于单位面积上覆盖岩层的质量，即

$$\sigma_h = \sigma_v = rH \tag{10-6}$$

式中　　σ_h——水平应力；

　　　　σ_v——垂直应力；

　　　　r——上覆盖岩层容重；

　　　　H——深度。

1926 年苏联学者金尼克（A. H. Динник）修正了海姆的静水压力假设，认为地壳中各点的垂直应力等于上覆盖层的质量，而侧向应力（水平应力）是泊松效应的结果，其值应为 rH 乘以一个修正系数 $\dfrac{\nu}{1-\nu}$，即

$$\sigma_v = rH \tag{10-7}$$

$$\sigma_h = \frac{\nu}{1-\nu} rH \tag{10-8}$$

式中　　ν——上覆盖岩层的泊松比。

二人的观点虽有不同，但有一点是共同的，即地壳中各点的垂直应力等于上覆盖层的质量，即 $\sigma_v = rH$。

高应力条件下，隧道钻爆开挖的实质是在岩体钻孔内施加爆炸荷载，通过爆炸荷载和孔壁围岩相互作用，达到破碎岩石、抛掷碎块的目的。伴随着爆炸产生的岩体开裂和新自由面的形成，被开挖岩体对保留岩体的应力约束瞬间消失，即开挖面上地应力瞬态卸载。因此，在高应力条件下的隧道开挖振动不仅包括爆炸荷载产生的振动，同时还包含了高量级的地应力瞬态卸载所诱发的围岩振动。深部岩体爆破开挖产生的振动是由爆炸荷载和地应力瞬态释放耦合作用的结果

10.5.3 爆炸荷载和地应力瞬态释放对围岩损伤范围的影响

雅砻江流域水电开发有限公司、长江水利委员会长江科学院等单位以锦屏二级水电站为依托，通过对特高地应力大型引水隧洞爆破开挖技术的研究获得了许多有益的成果。

（1）爆炸荷载和地应力瞬态卸荷是围岩损伤的重要因素。考虑地应力损伤卸荷动力效应后的损伤范围最大。模拟的损伤范围为 2.2~4.0m。锦屏二级水电站引水隧洞地应力水平高，地应力瞬态卸荷对围岩损伤的影响比标准荷载更大，在引水隧洞开挖工程中不可忽视其动力效应。

（2）在掌子面后 4.5m 范围内，爆炸荷载和地应力瞬态卸载在围岩中诱发的振动速度大。二者耦合作用对围岩损伤的影响超过了地应力重分布（准静态卸载）的影响，对围岩损伤起主导作用。在掌子面后 4.5~15m，开挖过程中的地应力重分布是围岩损伤的主要原因，爆炸荷载和地应力瞬态卸载增加了围岩损伤范围，加剧了岩体损伤程度；掌子面后 15m 以外，爆炸荷载和地应力瞬态卸载对围岩的损伤没有影响，损伤仅由地应力重分布产生。

参 考 文 献

[1] 戴俊. 爆破工程 [M]. 北京：机械工业出版社，2005.

[2] 高尔新. 爆破工程 [M]. 北京：中国矿业大学出版社，1999.

[3] 孔刚，等. 不同等级围岩隧道的开挖方法 [J]. 安徽理工大学学报（自然科学版），Vol. 32, Supplement, Oct. 2012, 32（b10）：277~281.

[4] 舒尤波. 超大断面隧道开挖方法 [J]. 科技资讯，2010（5）：144~154.

[5] 董宁，辜文凯. 隧道开挖方法及其施工技术要点分析 [J]. 四川建筑，2012, 32（6）：168~170.

[6] 张念木. 分部法开挖特大断面隧洞钻爆设计简析 [J]. 四川水力发电，2000, 19（b08）：43~44.

[7] 刘海江. 秦岭 I 号隧道开挖方法及控制爆破技术研究 [J]. 四川建筑，2009, 29（2）：193~195.

[8] 杨铁明，孙云志. 隔河岩水利枢纽导流隧洞围岩特征与开挖 [J]. 人民长江，1995, 26（7）：12~15.

[9] 张明东. 大坪山隧道下穿既有高速公路隧道控制爆破 [J]. 西部探矿工程，2005（2）：123~124.

[10] 张祖林. 大断面隧道台阶法开挖技术 [J]. 桥梁工程，2015（2）：326~327.

[11] 张明东. 大坪山隧道下穿既有高速公路隧道控制爆破 [J]. 西部探矿工程，2005（2）：123~124.

[12] 杨国荣，余绍水，王法岭. 隧道软弱围岩大半断面长台阶法施工探索 [J]. 铁道工程学报，1998（增刊）：277~281.

[13] 李树云. 关于隧道短台阶开挖作业法施工的技术探讨 [J]. 湖南交通科技，2007, 32（2）：100~122.

[14] 李洲. 软岩隧道短台阶七部开挖法 [J]. 建材世界，2014, 36（3）：110~112.

[15] 李海峰. 浅析隧道微台阶开挖施工法 [J]. 路桥工程，2014（2）：325~326.

[16] 秦伟. 隧道微台阶开挖施工方法的探讨 [J]. 价值工程，2015（2）：155~157.

[17] 马辉，等. 基于精细爆破的隧道微台阶开挖工法与工程应用 [J]. 铁道工程学报，2012（1）：57~62.

[18] 田涛. 浅埋软弱围岩微台阶法施工技术 [J]. 中小企业管理与科技·下旬刊，2013（09）：103~104.

[19] 刘海文. 中隔壁法在高速公路隧道中的应用研究 [J]. 广东科技，2013（12）：131~132.

[20] 肖清华. 隧道掘进爆破设计智能系统研究 [D]. 成都：西南交通大学，2006.

[21] 马骏骅. 节理裂隙岩体隧道爆破技术研究 [D]. 长春：吉林大学，2009.

［22］ 怀平生．以色列卡迈尔（Carmel）隧道控制爆破设计［J］．工程爆破，2007，13（3）：22~25.

［23］ 雅砻江流域水电开发有限公司，长江水利委员会长江科学院，武汉大学，等．特高地应力引水隧洞爆破开挖关键技术成果报告［R］．2014.

［24］ 中国矿业大学（北京校区），新汶矿业集团有限责任公司．煤矿深部巷道安全高效掘进的理论和应用研究鉴定报告［R］．2003.

［25］ 日本火药协会．新·発破ハンドブック，东京：山海堂，平成元年．

［26］ U. Laugefors，B. Kihlstrom. The Modern Technique of Rock Blasting New York［M］. Halsted Press，1978.

［27］ Roger Holmberg. Explosives & Blasting Technique. Netherlauds：A. A. Balkema，2000.

［28］ Per-Anders Persson，Roger Holmberg，Jaimin Lee. Rock Blasting and Explosives Engineering［M］. CRC Press，1993.

［29］ Hopler，Robert B. Blasts' Handbook，17th Edition. Cleveland，Ohio. USA. International Society of Explosives Engineers，1998.

11 水下台阶爆破

11.1 基本概念

11.1.1 水下爆破与水下钻孔爆破

11.1.1.1 水下爆破的定义

作业地点在水中、水底或水下固体介质内进行的爆破作业统称为水下爆破。

11.1.1.2 水下爆破的分类

水下爆破按照工程目的、药室形状和位置的不同分为：水下裸露爆破、水下钻孔爆破、水下硐室爆破、水下软基处理爆破、水下岩塞爆破等。其应用范围列于表 11-1。

表 11-1　各类水下爆破的应用范围

序号	爆破类别	应 用 范 围
1	水下裸露爆破	水下炸礁、开挖层厚度小于 1.5m 的水下岩石开挖、深孔或硐室爆破后的大块二次破碎和欠挖处理，诱爆拒爆的深孔装药、清除废弃桥墩水下部分的圬工、物探爆源、水深超过 30m 的水下岩石爆破
2	水下钻孔爆破	大规模航道疏浚、运河开挖、港口扩展、桥墩基础开挖、水底基础开挖
3	水下硐室爆破	清除岸边礁石、航道整治、岩坎岩塞爆破
4	水下软基处理爆破	利用炸药的爆炸能量，在软岩中实现置换、固结及夯实目的的爆破作业。广泛用于重力式防浪堤、护岸、围堰、滑道等水工工程的基础处理
5	水下岩塞爆破	在需要从已有水库、湖泊进行引水发电、灌溉、泄洪或降低水库水位等为目的，将引水或泄洪隧洞打至库底或湖底后，预留的一块岩体（又称岩塞）用爆破法炸除的工程称为岩塞爆破。至今我国实施的岩塞爆破工程 30 余个

11.1.1.3 水下钻孔爆破的定义与特点

水下钻孔爆破是指通过作业船或水上作业平台，利用钻具穿过水层对水下岩石进行钻孔，并实施爆破的作业。

水下钻孔爆破主要有如下特点：

（1）水下钻孔爆破生产效率高、安全性好、有利于控制爆破产生的有害效应。对于爆破工程量较多、爆破体厚度较大，宜首选钻孔爆破。

（2）一般要使用特定的水上作业船或作业平台，才能进行施工。钻孔爆破工艺较复杂，在流速、潮汐、涌浪、水深工况恶劣的水域施工时，难度和成本会明显增加。

（3）对清挖、运输岩碴的设备要求较高，需要挖掘能力强的船机进行清挖，如反铲式挖泥船、正铲式挖泥船及配备重斗的大斗容抓扬式挖泥船。

（4）对爆破质量要求高。爆破产生的大块、浅点等难以处理，对下一道工序影响大。

11.1.2　水下台阶爆破

在水下钻孔爆破中，工作面以台阶形式推进的爆破称为水下台阶爆破。由于水下钻孔施工比较困难，一般采用一次性的整体爆破，但是，当岩层厚度较大，方量集中，且开挖深度超过 10m 时，也可采用台阶爆破或分层爆破。台阶（分层）高度根据钻孔直径不同而异，如表 11-2 所示。

表 11-2　不同钻孔直径下的 台阶（分层）高度

炮孔直径/mm	30	40	50	70	100
台阶（分层）高度/m	2.5~5.0	2.5~7.0	2.0~10.0	2.0~15.0	2.0~20.0

11.2　水下爆炸理论基础

11.2.1　水下爆炸的物理现象

（1）水是具有弱黏滞性的流体介质，水介质密度约是空气的 800 倍，水在一般压力下呈不可压缩状态。药包在水中爆炸时，爆生气体产物的温度可达 3000℃，爆炸初始压力约为几万 MPa。

（2）水中爆炸作用场的特征主要受水中冲击波、脉动压力和滞后流运动的影响。

1）冲击波的影响。爆轰产物高速膨胀时会在水中形成具有突跃性、强间断的冲击波，水中冲击波在离爆心较近的高压区，以约 1500m/s 的球面冲击波形式向外传播，随着传播距离的增大，水中爆炸作用场各点的冲击波超压迅速下降，呈指数衰减，其作用时间仅为 ms 量级。

2）脉动压力的影响。与此同时在水中还产生爆炸气态产物所形成的高压气团的脉动。气团脉动时，水中将形成压力波和稀疏波。稀疏波的产生与每一次气团体积达到最大值相适应，而压力波则与每一次的最小值相适应。在深水里，气团第一次脉动所引起的最大压力不超过冲击波压力的 10%~20%，但作用时间较长。

3）滞后流运动的影响。冲击波离开后，爆轰产物在水中以气泡形式继续以高速向外膨胀，由于爆轰产物膨胀后的比重低于水的比重。因此气泡在脉动过程中不断向水面浮升，体积亦不断做周期性的压缩膨胀的变化，直至到达水面与大气连通时冲出散逸而产生水羽喷发，如图 11-1 所示。

（3）药包在深水中爆炸时，大约有一半的炸药化学能转化为水中冲击波，另有 1/3 或更多些能量以热能形式消耗于水体之中；而气泡脉动压力所占的能量较小，约为水中冲击波能量的 1/3 或更少。所以，水中冲击波是水中爆炸主要影响因素。气泡第一次脉动压力一般约为冲击波峰值压力的 10%~

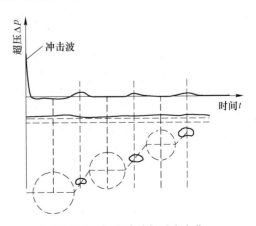

图 11-1　气泡脉动与压力变化

20%，但其振动频率低，压力作用时间远超过冲击波压力作用的持续时间。气泡脉动过程中，大部分初始能量消耗于气泡迅速地作横向和纵向位移而产生的紊流运动。

（4）当药包在浅水中爆炸时，浅水爆炸作用特性与药包的比例埋置深度有关。除产生水中冲击波和脉动压力外，还将产生复杂的水面现象。包括：气泡浮升至水面突入大气时产生的水喷现象；水中冲击波在自由水面上反射造成快速飞溅的羽状水柱；由于爆炸对水面作用和水柱回落产生一连串的波浪向四面传播；以及与水面障碍物撞击，产生破碎浪压力和涌浪爬高现象等。

（5）当水下爆炸装药靠近水底时，则由冲击波在水底的反射增强了水中各点的压强．在近水底处爆炸还会形成水底爆坑，并引起强烈的衰减很慢的地震波。

11.2.2　与陆地爆破相比，水下爆破的主要特点

（1）由于水的比重比空气大，水下爆破必须考虑克服水的阻力。因此，爆破同一种介质，水下爆破与陆地爆破的炸药单耗要大。

（2）由于水是近似不可压缩的介质，药包在水中爆炸后，产生的冲击波传播速度比空气中快，传播距离更远，爆破在水中的影响范围比陆上更大。

（3）必须使用抗水的或经防水处理的爆破器材，在深水区域爆炸时，还应选择有抗压性能的爆破器材。由于水的浮力，水下爆破应该选择密度高、比重比水大的炸药。

（4）水的能见度较差，在水中爆破，受到水流、潮汐、风浪等影响，装药、药包定位、起爆网路连接等都比陆上复杂和困难得多。

11.2.3　水下爆炸冲击波基本方程

11.2.3.1　水中冲击波基本关系式

$$u_1 - u_0 = \sqrt{(p_1 - p_0)\left(\frac{1}{\rho_0} - \frac{1}{\rho_1}\right)} \tag{11-1}$$

$$D - u_0 = \frac{1}{\rho_0}\sqrt{(p_1 - p_0)\left(\frac{1}{\rho_0} - \frac{1}{\rho_1}\right)^{-1}} \tag{11-2}$$

$$E_1 - E_0 = \frac{1}{2}(p_1 + p_0)\left(\frac{1}{\rho_0} - \frac{1}{\rho_1}\right) \tag{11-3}$$

式中　p_0，ρ_0，E_0，u_0——分别为未经扰动水介质的压力、密度、内能和质点速度；

　　　p_1，ρ_1，E_1，u_1——分别为冲击波阵面后水介质的压力、密度、内能和质点速度；

　　　　　　D——爆轰波速度，m/s。

11.2.3.2　高压水的状态方程

$$p = (109 - 93.7V)(T - 348) + 5010V^{-5.58} - 4310 \tag{11-4}$$

式中　p——压力，$10^5\mathrm{Pa}$；

　　　V——比容，$\mathrm{cm^3/g}$；

　　　T——绝对温度，K。

在实验中当测得 p 或 D 时。则可用上述四个方程求得 p_1、ρ_1、E_1、u_1。

11.2.4　水下冲击波基本参数

11.2.4.1　强冲击波

强冲击波（$p \geqslant 25000 \times 10^5 \, \mathrm{Pa}$）的熵是变化的（10Pa）。

$$p_1 - p_0 = 4250(\rho_1^{6.29} - \rho_0^{6.29})$$

$$D^2 = \frac{1}{\rho_0^2} \frac{p_1 - p_0}{\dfrac{1}{\rho_0} - \dfrac{1}{\rho_1}} = \frac{4250(\rho_1^{6.29} - \rho_0^{6.29})}{\rho_0 \left(\dfrac{\rho_0}{\rho_1}\right)} \tag{11-5}$$

$$u_1^2 = \frac{4250(\rho_1^{6.29} - \rho_0^{6.29})}{\rho_0} \left(1 - \frac{\rho_0}{\rho_1}\right)$$

11.2.4.2　中等强度冲击波

中等强度冲击波（$1000 \times 10^5 \, \mathrm{Pa} < p < 25000 \times 10^5 \, \mathrm{Pa}$）可近似看成等熵过程。

$$\frac{p_1 + B}{\rho_1^n} = \frac{p_0 + B}{\rho_0^n}$$

$$C_1^2 = \left(\frac{\mathrm{d}P}{\mathrm{d}\rho}\right)_s = \frac{n(p_1 + B)}{\rho_1} \tag{11-6}$$

$$p_1 = B\left[\left(\frac{\rho_1}{\rho_0}\right)^n - 1\right]$$

11.2.4.3　弱冲击波

弱冲击波（$p \leqslant 1000 \times 10^5 \, \mathrm{Pa}$）传播过程是等熵过程。

$$C_1^2 = \left(\frac{\mathrm{d}p}{\mathrm{d}\rho}\right)_s = \frac{Bn}{\rho_0}\left(\frac{\rho_1}{\rho_0}\right)^{n-1}$$

$$C_0^2 = \frac{Bn}{\rho_0}$$

$$\frac{C_1}{C_0} = \left(\frac{\rho_1}{\rho_0}\right)^{\frac{n-1}{2}} = 1 + \frac{n-1}{2n}\frac{p_1}{B} \tag{11-7}$$

$$u_1 = \frac{C_0 p_1}{Bn}$$

$$D = C_0\left(1 + \frac{n+1}{4n}\frac{p_1}{B}\right)$$

式中　C_1——已扰动介质中的声速，m/s；

　　　　C_0——未扰动介质中的声速，m/s；

　　　　n——常数，$n = 7.15$；

　　　　B——常数，$B = 304.5 \times 10^5 \, \mathrm{Pa}$。

水中冲击波波阵面参数计算值如表 11-3 所示。

表 11-3 水中冲击波波阵面参数计算值

$p_1/10^5 Pa$	$D/m \cdot s^{-1}$	$u_1/m \cdot s^{-1}$	$\rho_1/g \cdot cm^{-3}$	$C_1/m \cdot s^{-1}$	$T_1-T_0/℃$
0	1460	0	1.0	1460	0
200	1490	13	1.013	1500	2.0
400	1510	26	1.024	1540	2.4
600	1540	40	1.032	1580	2.6
800	1560	58	1.040	1620	3.0
1000	1590	67	1.044	1660	3.4
1200	1615	80	1.053	1700	3.8
1400	1640	93	1.058	1740	4.0
1600	1670	106	1.065	1780	4.4
1800	1685	120	1.070	1820	4.8
2000	1720	133	1.075	1860	5.8
2200	1745	146	1.080	1900	6.0
2400	1775	160	1.085	1940	7.0
2600	1800	173	1.090	1980	8.0
2800	1825	185	1.095	2020	8.4
3000	1850	200	1.100	2060	8.8
4000	1940	240	1.120	2160	1.40
5000	2040	280	1.140	2240	1.80
6000	2100	320	1.160	2360	2.20
7000	2190	360	1.175	2420	2.40
8000	2240	400	1.200	2500	3.00
9000	2300	420	1.210	2600	3.20
10000	2400	450	1.220	2660	3.55
15000	2660	580	1.275	2960	5.10
20000	2840	680	1.325	3200	6.80
25000	3060	800	1.360	3470	8.50

11.2.5 水下爆炸荷载计算

11.2.5.1 水下爆炸的类别

水下爆炸能量分布及冲击波特性与炸药爆炸威力、爆源深度、水域范围大小和深度有关。通常以爆源的比例爆深 d/r_0 和水域的比例深度 H/r_0 作为水下爆炸分类的标准，以此分为无限水域爆炸和有限水域爆炸。其中，d 为药包距水面的深度；r_0 为药包半径；H 为水域深度。

11.2.5.2 无限水域中爆炸荷载计算

无限水域系指比例爆深 d/r_0 大于 $10\sim20$ 的深水爆炸时，水中冲击波峰值压力不受自由水面和水底反射的影响，装药与无限水域中爆炸时相同或近似。

美国学者库尔用 TNT 药包在深水区域进行了一系列的实验归纳得到，水中裸露药包爆炸产生冲击波阵面的最大压力为

$$p_m = 533\,(Q_T^{1/3}/R)^{1.13}\,(7 \leqslant R/r_0 \leqslant 240) \tag{11-8}$$

冲击波随着时间的压力衰减规律为

$$p = p_m e^{-t/\theta},\quad \theta = KQ_T^{1/3}\,(Q_T^{1/3}/R)^{\alpha} \tag{11-9}$$

冲击波的冲量

$$I = 0.0058 Q_T^{1/3}\,(Q_T^{1/3}/R)^{0.89} \tag{11-10}$$

冲击波阵面的能量密度

$$E_f = 83 Q_T^{1/3}\,(Q_T^{1/3}/R)^{2.05} \tag{11-11}$$

式中　p_m，p——分别为水中冲击波阵面的最大压力、距离爆源某点的压力，$10^5\mathrm{Pa}$；

　　　Q_T——密度为 $1.62\mathrm{g/cm^3}$ 的 TNT 炸药药量，kg；

　　K，α——系数，$K = 0.84$；$\alpha = -0.23$；

　　　　e——自然对数的底，$e = 2.718$；

　　　　θ——时间常数，指冲击波压力衰减到峰值压力的 $1/e = 0.37$ 倍所需要的时间，ms；

　　　　r_0——药包半径，m；

　　　　R——离开爆源距离，m。

11.2.5.3 有限水域中爆炸荷载计算

一般水下爆破工程大部分是在有限水域中进行的，如近水面爆破、近水底爆破、浅水爆破。此时爆炸荷载由于受到水面或水底的影响以及水底和水面的共同影响，所产生的水中冲击波的压力比深水裸露药包爆破产生的压力要小得多。

A　近水面爆炸

（1）适用条件：

$$\frac{H}{r_0} \geqslant 10 \sim 20$$

$$\frac{d}{r_0} < 5 \tag{11-12}$$

式中　H——水深，m；

　　　d——药包离水面的深度（装药沉深），m；

　　　r_0——装药半径，m。

（2）自由面对近水面爆炸效果的影响：

1）药包离水面的深度 d 小于 $7r_0$ 时，装药爆炸能量能够溢出水面，形成空气冲击波，而水中压力峰值降低。爆炸能量溢出后，保留在水中的能量当量为 C_w，可用下式表示：

$$C_{w} = \left(\frac{d}{7r_0}\right)^{0.5} C \qquad (11\text{-}13)$$

式中　C_{w}——爆炸能量溢出后保留在水中的当量，kg；

　　　C——实际装药量，kg。

2）由自由面水面反射稀疏波，造成了"切断"现象，使波的作用时间减小，而减小了作用冲量：

$$i = p_{m} t_0 \left(1 - \frac{t_0}{2\theta}\right) \left(\frac{t_0}{\theta} < 0.35\right)$$

$$i = p_{m} t_0 \qquad \left(\frac{t_0}{\theta} < 0.04\right) \qquad (11\text{-}14)$$

$$t_0 = \frac{2hd}{RC_0}$$

式中　i——单位面积冲量，$N \cdot s/m^2$；

　　t_0——切断时间，s；

　　　d——药包离水面的深度（装药沉深），m；

　　　h——测点距自由面深度，m；

　　　R——测点距装药中心距离，m；

　　C_0——水中声速，m/s；

　　　θ——时间常数，ms。

（3）近水面爆炸时产生的空气冲击波峰值压力（$10^5 Pa$）

$$p_{m} = 4.6A\left(\frac{C^{1/3}}{R}\right), \quad \overline{R} < 120$$

$$p_{m} = 0.71\frac{\beta C^{1/3}}{R} + 1.92\frac{(\beta C)^{2/3}}{R^2} + \frac{\beta C}{R^3}, \quad \overline{R} \geqslant 120 \qquad (11\text{-}15)$$

式中　A，β——常数，其值与 $\overline{H}$ 有关，可从图 11-2 查出。

综上所述，近水爆炸时，不管是在深水域还是浅水域，此时由于爆源周围水体的径向运动和爆炸气体迅速逸出水面以及卸载波的影响，使整个压力场的压力峰值和冲量都较无限水域中爆炸时明显减小，并伴随产生强烈的空气冲击波。

B　近水底爆炸

（1）适用条件：

$$\frac{H}{R_0} \geqslant 10 \sim 20$$

$$\dot{H} - d < R_0$$

即药包距水底高度小于装药半径。

（2）水底性质对近水底爆炸效

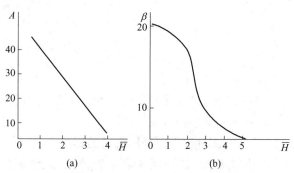

图 11-2　相对沉深 $\overline{H}$ 与 A，β 关系

果的影响：由于药包距水底较近，爆炸时其爆炸能量一部分消耗于岩石覆盖层的破碎和抛掷上，并形成漏斗坑；另一部分转化在介质振动上，以地震波的形式在岩层中传播；还有一部分则以冲击波的形式在水介质中传播。

1）若水底为刚性水底，装药在水底爆炸时，则装药的全部能量作用在半无限空间中，与无限空间相比，相当于药量增加了一倍。因此，可用无限水域中爆炸的公式进行计算，只是将 C 变成 $2C$ 即可。

$$p_m = K \left(\frac{(2C)^{1/3}}{R} \right)^\alpha, \ H < 30\text{m}$$

$$p_m = K \left(\frac{(2C)^{1/3}}{R} \right)^\alpha \frac{H-30}{10}, \ H \leqslant 30\text{m} \tag{11-16}$$

$$i = M(2C)^{1/3} \left(\frac{(2C)^{1/3}}{R} \right)^\beta$$

式中，K、α、M、β 值仍然取无限水域中爆炸时的试验值。

2）实际上水底并非刚性，若为硬砂底时，实测的结果，水底爆炸时比非水底爆炸时，压力峰值增大 10.23%，单位冲量增大 47%。这相当于装药量增大了 35%~50%，而达不到一倍。所以在计算时可采用无限水域中爆炸的公式，将实际药量 C 改为以（1.3~1.5）C 代入。

$$p_m = K \left(\frac{(1.5C)^{1/3}}{R} \right)^\alpha, \ H < 30\text{m}$$

$$p_m = K \left(\frac{(1.5C)^{1/3}}{R} \right)^\alpha \frac{H-30}{10}, \ H \leqslant 30\text{m} \tag{11-17}$$

$$i = M(1.5C)^{1/3} \left(\frac{(1.5C)^{1/3}}{R} \right)^\beta$$

式中，K、α、M、β 值同上。

3）当装药置于由风化岩石松散堆积而成的水底爆炸时，其各测点的压力峰值大小，不仅与 $C^{1/3}/R$ 有关，还与装药中心到测点的连线与水底法线的夹角大小有关。

夹角 $\alpha = 9° \sim 11°$ 时，压力峰值比非水底爆炸增 36%；

夹角 $\alpha = 46° \sim 48°$ 时，压力峰值比非水底爆炸小 8%~46%；

夹角 $\alpha > 85°$ 时，压力峰值比非水底爆炸小 50%~83%。

4）对淤泥之类的水底，其反射作用不大，压力峰值增高不超过 1%~3%，几乎可以忽略。

C　近水面（浅水中）爆炸

（1）适用条件：

$$\frac{H}{r_0} < 5 \sim 10 \tag{11-18}$$

在这种水深条件下进行水下爆炸时，爆炸荷载既受到自由水面的影响，也受到水底反射的影响。

（2）影响效果：

1）当装药、水深及水底地质条件相同时，则水底漏斗坑体积与水底条件有关。

例如：

①装药在水中爆炸时，当装药种类、质量相同，且水底地质条件和装药离水底距离相同。对于松散泥沙底来说，随着装药上方水深的增加（即 d 增加），水底漏斗坑有减小的趋势。

②当装药、水深及水底地质条件相同时，对于淤泥底来说，随着装药沉深 d 增加，水底爆破漏斗坑有增大趋势，如表11-4所示。

表 11-4　浅水中爆炸的爆破漏斗坑

序 号		1	2	3	4	5	6	7
装药量/kg		5	5	5	1	1	1	1
水深/m		1.3	3.3	4.2	2.2	2.2	2.2	2.2
装药沉深/m		1.0	3.0	3.9	0.1	0.5	1.0	1.5
水底地质条件		松软泥砂底			淤泥底			
爆破漏斗坑尺寸	直径/m	3.64	2.9	2.6	1.1	1.2	1.5	2.1
	坑深/m	1.05	0.95	1.0	0.15	0.2	0.25	0.45

2）当装药置于水底爆炸时，在 $C^{1/3}/R$ 相同条件下，不同深处的水中冲击波峰值压力不同，当 $C^{1/3}/R$ 较大时，在1/2水深处峰值压力最大。当 $C^{1/3}/R$ 较小时，水中各点峰值压力基本相同。

3）不同单位的实测结果。广东省水利电力局和中国铁道科学研究院在1968~1972年承担广东黄埔港水下爆破工程时，结合工程实际，开展了大量的试验研究。他们在水深7~8m，采用2号岩石炸药和少量40%的硝化甘油炸药做成圆柱形防水药包，得到水中爆炸冲击波的实测数据，为浅水爆破提供了宝贵资料。

水中圆柱形药包爆炸的冲击波压力经验公式：

$$p_{\mathrm{m}} = 415(Q^{1/3}/R)^{1.05} \qquad (11\text{-}19)$$

冲击波单位冲量公式：

$$I_{3c} = 0.0398\,Q^{1/3}(Q^{1/3}/R)^{0.76} \qquad (11\text{-}20)$$

冲击波时间常数

$$c = 0.1\,Q^{1/3}(Q^{1/3}/R)^{-0.24} \qquad (11\text{-}21)$$

式中　　p_{m}——冲击波压力峰值，10^5Pa；

I_{3c}——$t=3c$ 时的压力单位冲量，$\mathrm{kg \cdot s/cm^2}$；

Q——圆柱形药包（2号岩石炸药和少量40%的硝化甘油炸药）的质量，kg；

R——离开爆源距离，m；

c——时间常数，ms。

同时，也对钻孔爆破、水底裸露药包爆破和多个裸露药包爆破的水中冲击波压力进行了测量，归纳的经验公式列于表11-5。

表 11-5 水下爆破冲击波压力经验公式

爆破方式	爆破方法及主要参数	压力经验公式	测试次数	相关指数	剩余标准差
水中爆炸	圆柱形药包	$p_m = 415(Q^{1/3}/R)^{1.05}$			
水下钻孔爆破	孔径 108mm，孔深 4.5m，每次爆破 28~32 孔	$p_m = 31(Q^{1/3}/R)^{1.45}$	6	0.94	9.4%
水底裸露爆破	单药包	$p_m = 203(Q^{1/3}/R)^{1.21}$	11	0.96	10.9%
水底裸露爆破	群药包：10~16 个药包	$p_m = 38(Q^{1/3}/R)^{1.06}$	20	0.78	8.2%

中国水利科学院在河南鸭河口引水渠水下深孔爆破开挖中，在水深 8~10m、使用乳化炸药条件下，药量从 160~1200kg，单响药量为 38~56kg，实测得到水中冲击波压力的回归公式为：

$$p_m = 70 \, (Q^{1/3}/R)^{1.33} \tag{11-22}$$

式中 p_m——水中冲击波压力峰值，10^5 MPa；

Q——乳化炸药单响最大药量，kg；

R——离开爆源的距离，m。

长江科学院在深圳沙角及长江石矼、界碑、鸡扒子等地在不同水域条件下得到了两组水中冲击波压力的计算公式。

① 静态或准静态水域（水深 6~9m）冲击波压力计算：

水中爆炸

$$p_m = 744 \, (Q^{1/3}/R)^{1.25}(0.02 \leqslant \rho \leqslant 0.106) \tag{11-23}$$

水底裸露爆破

$$p_m = 1502 \, (Q^{1/3}/R)^{1.69}(0.02 \leqslant \rho \leqslant 0.205) \tag{11-24}$$

水底钻孔爆破

$$p_m = (110 \sim 257) \, (Q^{1/3}/R)^{1.27}(0.028 \leqslant \rho \leqslant 0.209) \tag{11-25}$$

② 长江动水（流速 1~3m/s，水深 4~7m）冲击波压力计算：

水中爆炸

$$p_m = 2607 \, (Q^{1/3}/R)^{2.0}(0.023 \leqslant \rho \leqslant 0.159) \tag{11-26}$$

水底裸露爆破

$$p_m = 1938 \, (Q^{1/3}/R)^{1.25}(0.023 \leqslant \rho \leqslant 0.366) \tag{11-27}$$

水底钻孔爆破（孔口水深 0.3~3.8m）

$$p_m = (17 \sim 57.8) \, (Q^{1/3}/R)^{1.35}(0.028 \leqslant \rho \leqslant 0.4) \tag{11-28}$$

式中，p_m、Q、R 单位同上。

从上述公式比较可以看到，由于水域静动态的差异、水深、药包位置和爆破岩石性质的不同，所归纳的经验公式差别较大，在使用时必须根据当地水域特点、采用的爆破方式以及岩石的具体情况来选用，必要时应进行试验观测。

11.3 水下台阶（分层）爆破设计

11.3.1 布孔方式

布孔方式有单排孔和多排孔之分。多排布孔又分为方形、矩形、三角形或梅花形。选取时要充分考虑与采用的作业方式（钻孔、装药、填塞的方式方法与所用机具条件）相适应。原则上，越简单、越规则越好。方形和矩形布孔更受到现场人员的欢迎。

11.3.2　炸药的选取

11.3.2.1　水下爆破对炸药性能的要求

（1）密度大。密度大的炸药能够克服水的浮力，在水中的稳定性好、施工定位简便。故在水中爆破时，应选择密度稍大于水的炸药，或采取加重措施，使药包综合密度满足上述要求。

（2）防水性能好。即炸药具有较好的抗水性能。在水中长时间储存也不会失效；同时，抗水性能好的炸药，还可简化包装，便于机械化装药。

（3）具有良好的抗压性能。具有良好抗压性能的炸药在水压作用下其爆速和猛度能够维持不变或降低较少。特别是在深水爆炸中，炸药的抗压性能是影响爆破效果的重要因素。因此应选用具有特殊性能的抗水炸药。

（4）使用安全。潜水员在水下装药时，会遇到风浪、潮水、流速和能见度低等恶劣条件限制；水面运输时，炸药与雷管等危险品也易受到风浪颠簸、振动、产生碰撞和冲击。为防止可能产生的爆炸事故，应采用安定性较好的抗水炸药。

（5）殉爆性能适当。水下爆破一般要求避免相邻炮孔间的殉爆，因此不宜选用殉爆性能太高的炸药，但也不宜过低，以免造成传爆中断现象。

11.3.2.2　常用的水下爆破炸药

A　乳化炸药

以硝酸铵和硝酸钠为氧化剂，以氧化剂水溶液为分散相，以不溶于水、可液化的碳质燃料为连续相，借助于乳化剂的乳化作用形成的一种油包水（W/O）型新型抗水炸药。国内生产的乳化炸药种类繁多，以 HW-1 型和 WR 系列为例：其密度为（1.1~1.35）g/cm^3，爆速（4000~5000）m/s，猛度（15~20）mm，爆力（270~360）mL，临界直径小于 25mm，殉爆距离大于 50mm，浸水 8h 后，仍可用 8 号雷管起爆。WR 系列乳化炸药，将其药卷两端裸露放入 1m 深水池水中浸泡 24h，爆速不变；浸泡 14 天后，爆速仍在 4200m/s 以上；连续浸水 20 天仍能用 8 号雷管起爆，爆轰速度可以满足一般水中爆破对对抗水性能的要求。

B　单质炸药梯恩梯（TNT）及梯铝、梯黑混合药柱

梯恩梯（TNT）又叫三硝基甲苯，其分子式为 $C_8H_2(NO_2)_3CH_3$，分子量 227。工业梯恩梯呈粉末状和淡黄色鳞片状。作功能力：285~330mL；猛度：16~17mm（密度 1g/cm^3）；爆速：4700m/s（密度 1g/cm^3 的粉状梯恩梯）。精制梯恩梯的熔点为 80.7℃，凝固点为 80.2℃；工业品由于含有杂质，熔点和凝固点有所降低。梯恩梯在 35℃ 很脆，35℃ 以上有一定的塑性，到 50℃ 则成为可塑体，利用这种可塑性，可以把梯恩梯压制成高密度的药柱。

梯恩梯与铝粉或黑索今混合形成的梯铝、梯黑炸药（参阅表 11-6）亦可直接用 8 号雷管起爆。多用于深水爆破。

表 11-6 梯恩梯类炸药的主要性能

名称	成分			爆炸性能				应用状态	起爆感度
	TNT	铝粉	黑索今	爆速 /m·s⁻¹	密度 /g·cm⁻³	相对威力 /%	相对猛度 /%		
TNT	100			6700	1.45	100	100	压成药块	8 号雷管直接起爆
梯铝	80	20		6660	1.75	122	98	铸成药块	需用中继药包起爆
梯黑	40		60	7800	1.70	120	115	铸成药块	8 号雷管直接起爆
梯黑	50		50	7500	1.65	114	115	铸成药块	8 号雷管直接起爆

C　震源药柱筒

目前国内各爆破器材生产厂家均可按照用户要求提供相应规格的水下爆破专用药卷，省略了小药卷加工成大药卷及防水处理的工序。用于水下的药包有两种：

（1）震源药柱筒塑料壳制成，底部和口部均有螺口，便于连接。药的上部有一盖板，上有一孔，便于装雷管。实物如图11-3 所示。

（2）牛皮纸浸蜡或塑料纸包装筒。筒长 0.5m，药筒采用竹片绑扎连接，加工成不同长度和重量的药包。用金属或塑料筒加工成防水药筒盛装非抗水散装炸药时，应在药面采取隔热措施，才准许用沥青或石蜡封口。

图 11-3　震源药柱筒

11.3.3　爆破参数

11.3.3.1　孔距与排距

水下钻孔布置应能确保孔底开挖面上不残留未被爆除的岩埂。同时炮孔上部不致产生过多的大块。以避免和减少水下二次爆破破碎工作量。根据工程经验，水下深孔爆破的孔距 a、排距 b 的经验计算式为：

当坚硬完整岩石：

$$a = (1.0 \sim 1.25)W; \quad b = (0.8 \sim 1.2)W$$

对于裂隙发育或中等硬度岩层：

$$a = (1.25 \sim 1.5)W; \quad b = (1.2 \sim 1.5)W$$

式中　W——底盘抵抗线，m。

11.3.3.2　水下钻孔的超深值

一般应略大于陆地爆破，特别是在多泥沙水域和无套管保护时，钻孔可能会被泥沙部分淤填，同时鉴于水下爆破欠挖时补充爆破难度较大，效率低，耗时长，因此，国内水下钻孔超深值一般采用 1.0~1.5m。在国外，考虑到水下深孔愈深，孔底偏差愈大等因素，钻孔超深一般达到 2.0m，在水域较深中钻孔时，超钻深度甚至达到 3.0m 以上。

方形布孔超深 Δh 可按下式计算：

$$\Delta h = \sqrt{(a^2 + b^2)/2} \qquad (11\text{-}29)$$

式中　a——孔距，m；

　　　b——排距，m。

11.3.3.3　单位炸药消耗量

A　瑞典计算式

根据瑞典的资料，认为水下钻孔爆破炸药单耗由以下几个部分组成：

$$q = q_1 + q_2 + q_3 + q_4 \qquad (11\text{-}30)$$

式中　q_1——基本炸药单耗，为一般陆地单耗的 2 倍，对水下垂直钻孔，再增加 10%，例如：普通台阶爆破平均单耗 $g_1 = 0.45\text{kg/m}^3$，则水下钻孔 $q_1 = 0.90\text{kg/m}^3$，水下垂直孔 $q_1 = 1.0\text{kg/m}^3$；

　　　q_2——爆区上方水压增量，$q_2 = 0.01h_2$，其中，h_2 为水深（至开挖底部），单位：m；

　　　q_3——爆区上方覆盖层增量，$q_3 = 0.02h_3$，其中，h_3 为覆盖层（淤泥或土、砂）厚度，单位：m；

　　　q_4——岩石膨胀增量，$q_4 = 0.03h_4$，其中，h_4 为台阶高度，m。

B　长江科学院公式

式（11-30）考虑了水深、覆盖层及台阶高度的影试验响，相对比较全面，在以往的实践中运用得较多。但由于它没有考虑受水深的影响，炸药爆速会降低这个因素，因此长江科学院在大量实践的基础上提出了如下修正公式：

$$q_{水下} = q_{陆地}/k_D^2 + 0.01H_水 + 0.02H_{覆盖层} + 0.03H_{台阶} \qquad (11\text{-}31)$$

式中　$q_{水下}$——水下爆破炸药单耗，kg/m³；

　　　$q_{陆地}$——陆地爆破炸药单耗，kg/m³；

　　　k_D——水下炸药爆速降低系数；

　　　$H_水$——覆盖层以上的水深，m；

　　$H_{覆盖层}$——覆盖层厚度，m；

　　　$H_{台阶}$——钻孔爆破的台阶高度，m。

式（11-31）为我国水利系统水下和半水下爆破常用的计算公式，在国内外多个水电站的围堰拆除爆破中获得了成功应用。

C　简易计算法

水下钻孔爆破单耗可按下式计算：

$$q = 0.45 + HC \qquad (11\text{-}32)$$

式中　q——炸药单耗，$q = 0.45$ 是陆域一般台阶爆破的炸药单耗，kg/m³；

　　　H——水深，m；

　　　C——修正系数，取 0.05~0.15。

D　《水运工程爆破技术规范》所提供的炸药单耗

《水运工程爆破技术规范》（JTS 204—2008）提供的炸药单耗示于表 11-7。

表 11-7　水下钻孔爆破单位炸药消耗量 q 值

岩质类别	$q/\mathrm{kg} \cdot \mathrm{m}^{-3}$
软岩石或风化石	0.6~1.0
中等硬度岩石	0.8~1.2
坚硬岩石	1.0~1.4

注：表中数值，炮孔深度小、水下清碴能力强时取下限；反之取上限。

11.3.3.4　每孔装药量计算

A　体积公式

水下爆破由于爆破介质承受着水的压力，同时爆破介质破碎亦须克服水体的阻力，因此水下爆破的炸药单耗较陆地爆破为大，水下钻孔爆破的每孔装药量可按体积公式计算：

$$Q = q \times a \times b \times H \tag{11-33}$$

式中　Q——炮孔计算装药量，kg；

　　　q——单位炸药消耗量，$\mathrm{kg/m^3}$；

　　　a——孔距，m；

　　　b——排距，m；

　　　H——钻孔深度（包括超深值），m。

水下钻孔爆破单耗比陆域台阶爆破需增加 30%~50%，确定方法如上所述有计算法和查表法。

B　基于水深影响的计算公式

国内也有工程单位在水下爆破计算装药量时考虑水深的因素，实际上起到增加单位耗药量的作用，主要公式有：

一般爆破：

$$Q = K\alpha e W^3 (0.4 + 0.6 n^3) \tag{11-34}$$

台阶爆破：

$$Q = (K + \Delta K) e a H W_{\mathrm{P}} \tag{11-35}$$

式中　Q——每孔计算装药量，kg；

　　　K——单位耗药量，$\mathrm{kg/m^3}$；

　　　α——水深影响系数，当水深 2.0~10m，α 值取 1.2~1.8，水深大取较大值；

　　　e——炸药换算系数，一般对硝铵炸药、乳化炸药，取 $e = 1.0$；

　　　W——最小抵抗线，m；

　　　ΔK——考虑水深和爆破要求，需增加的单炸药消耗量，一般 0.4~0.8$\mathrm{kg/m^3}$；

　　　H——台阶高度，m；

　　　a——钻孔间距 m；

　　　W_{P}——台阶底盘抵抗线，m。

C　日本《新爆破手册》提供的计算公式

水下岩石爆破的方法、装药量的计算与地面基本相同，但为了补偿由于水压所减少的爆破效果，可采用下列计算式

$$L_{\alpha} = H C_{\alpha} \tag{11-36}$$

式中　L_α——增加的装药量，kg；

H——水深，m；

C_α——修正系数，取值范围 0.005~0.015。

而岩体有沉积覆盖层时，修正公式为：

$$L_\beta = H_0 C_\beta \tag{11-37}$$

式中　L_β——增加的装药量，kg；

H_0——覆盖层厚度，m；

C_β——修正系数，取值范围 0.01~0.03。

D　装药量计算公式的评述

（1）《水运工程爆破技术规范》（JTS 204—2008）提供的炸药单耗值和依次为基础的计算公式作为行业标准在水利水电工程中获得了广泛的应用。但是，该式在炸药单耗的计算时未能考虑水深的影响，当水深变化时单耗仍然相同，显然是不合理的。

（2）基于水深影响的计算公式尽管考虑了水深的影响，是一个进步，但是在计算水深影响系数 β 时，只考虑了水深 2.0~10m 的情况，当水深超过 10m，甚至超过 20m 时情况又该如何，这也是该式不足之处。

（3）日本《新爆破手册》提出的计算公式，即式（11-36）、式（11-37）计算出的结果范围偏大，在工程应用中不容易取舍。

11.3.3.5　炮孔底盘抵抗线

A　经验公式法

根据工程要求、清碴设备和钻孔能力综合考虑：孔底盘抵抗线 W_m 应与台阶高度和炮孔直径相适应。若炸药密度达到 1.35g/cm^{3}时，对于台阶爆破，W_m 可按下式选取：

$$W_m = df(H/d) \tag{11-38}$$

式中　W_m——炮孔底盘抵抗线，m；

d——炮孔直径，mm；

H——台阶高度，m。

B　诺模图法

设计参考图 11-4 所示的关系曲线。当选定底部炮孔直径 $d = 50$mm，台阶高度 $H = 2.5$m 时，则可借助于纵坐标找出相应点 M，然后沿水平向与曲线 b 相交于 N 点。最后在横坐标上相应于 $d = 50$mm 的 P 点，即得炮孔设计抵抗线 $W_m = 2.2$m。

11.3.3.6　填塞长度

（1）《水运工程爆破技术规范》（JTS 204—2008）提供的计算式：

$$l_2 = (0.8 ~ 1.0)W \tag{11-39}$$

式中　l_2——填塞长度，m；

W——最小抵抗线，m。

（2）瑞典关于填塞长度的计算式：

$$l_2 = W/3 \tag{11-40}$$

11.3.3.7　爆破参数汇总

表 11-8 为国内外水下钻孔爆破炮孔布置的主要参数，表 11-9 列出了不同台阶高度的爆破参数，供参考。

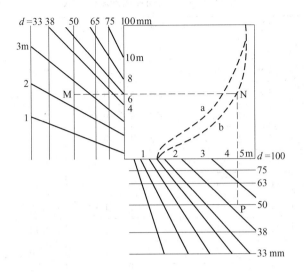

图 11-4 炮孔参数关系曲线

（曲线 a 对应于装药高度为 W_m；曲线 b 对应于装药高度离岩石表面为 $2W_m/3$）

表 11-8 水下钻孔布置主要参数

工 程 地 点		孔径 /mm	间距 /m	排距 /m	孔深 /m	垂直钻孔或 倾斜钻孔	超深 /m	水深 /m
国内水下爆破	广东黄埔航道整治工程	91	2.5~3.1	1.7~2.5	4.5~7.5	垂直钻孔	1.0~1.5	11~12
	广东新丰江隧道进水口工程	91	2.0	2.0	5.0~8.0	垂直钻孔	1.5~2.2	
	辽宁港池工程	91	2.5	2.5	2.0	垂直钻孔	0.45~0.90	
	湖南沅水石滩	30	0.80	0.80	1.0~1.5	倾斜 70°~85°钻孔	0.20	
	湖南大湾航道	50	1.20	1.20	2.5	垂直钻孔	0.80~1.20	
	南方某码头工程	91	2.0	2.0	6	垂直钻孔	1.2~1.5	
	青岛港水下炸礁	91	2.0	1.0	3.0	垂直钻孔	0.8	最大9.5
	贵州岛江渡水电站围堰工程	133	3.0	3.0	3~7	垂直钻孔		9~13
国外水下爆破	日本三号桥爆破	50	2.0	2.0	2.56~3.10	垂直钻孔	—	
	日本种市港爆破	75	2.6	2.5	4.0	垂直钻孔	—	
	英国美尔福德港扩建工程	76	1.3~1.5	1.3~2.0	4.5~8.0	垂直钻孔	—	
	诺尔切平港	51	1.50	1.50	4.6~8.4	倾斜 50°~60°钻孔	1.5	
	底拉瓦尔河	152	3.00	3.00	2.4~7.2	倾斜 45°~60°钻孔		
	朴次茅斯港	64	0.60	1.20	3.1~4.6	垂直钻孔		
	热纳瓦港	64	2.25	2.25	8.0	垂直钻孔		
	安加拉河	43	1.00	1.00	—	垂直钻孔	0.3~0.4	
	巴拿马运河	76~101	3.00	3.00	—	倾斜 60°~70°钻孔	—	
	法里肯贝尔港	51~70	1.5~2.0	1.5~2.0	—	倾斜 70°~75°钻孔	1.5	
	摩泽尔河	43	1.5	1.5		垂直钻孔	1.0	

表 11-9 不同台阶高度的爆破参数

孔径	台阶高度	孔深	超深	水深	最小抵抗线	孔距	装药量	要求的装药量	
mm	m	m	m	m	m	m	kg	kg/m	kg/m³
30	2.5	2.9	0.4	2~5	0.90	0.90	2.1	0.9	1.14
	5.0	5.8	0.8	2~5	0.85	0.85	4.8	0.9	1.20
	2.0	2.8	0.8	5~10	0.85	0.85	2.1	0.9	1.16
	5.0	5.8	0.8	5~10	0.85	0.85	4.8	0.9	1.25
40	2.5	3.2	1.2	2~5	1.20	1.20	4.5	1.6	1.11
	5.0	6.2	1.2	2~5	1.15	1.15	9.3	1.6	1.20
	7.0	8.1	1.1	2~5	1.10	1.10	12.3	1.6	1.26
	7.0	8.1	1.1	5~10	1.10	1.10	12.3	1.6	1.31
51	2.0	3.2	1.2	5~10	1.20	1.20	5.0	2.6	1.16
	3.0	4.5	1.5	5~10	1.50	1.50	10.4	2.6	1.19
	5.0	6.5	1.5	5~10	1.45	1.45	15.6	2.6	1.25
	10.0	11.5	1.5	5~10	1.35	1.35	26.0	2.6	1.40
70	2.0	3.2	1.2	5~10	1.20	1.20	10	4.9	1.16
	3.0	4.5	1.5	5~10	1.50	1.50	19	4.9	1.19
	5.0	7.0	2.0	5~10	1.95	1.95	30.4	4.9	1.25
	10.0	11.9	1.9	5~10	1.85	1.85	55.4	4.9	1.40
	15.0	16.7	1.7	20	1.70	1.70	78.9	4.9	1.65
100	2.0	3.2	1.2	5~10	1.20	1.20	16	6.4	1.10
	3.0	4.5	1.5	5~10	1.50	1.50	23.7	6.4	1.19
	5.0	7.3	2.3	5~10	2.26	2.26	42.2	6.4	1.25
	10.0	12.1	2.1	5~10	2.10	2.10	73.0	6.4	1.40
	15.0	17.0	2.0	5~10	2.00	2.00	103.7	6.4	1.50
	20.0	21.9	1.9	25	1.85	1.85	136.3	6.4	1.85

11.3.4 水中爆破起爆方法

水中常用的起爆方法有：电力起爆法、导爆索起爆法、导爆管雷管起爆法以及两种起爆方法合用的复式起爆法。

电力起爆法应用范围较广，水中多排孔毫秒延期爆破、定向爆破、控制爆破均宜采用电力起爆法。由于爆前可以用仪表检测，更受到对爆破质量要求严格的水中爆破的青睐。通常采用并-串、并-串-并连接方式。

导爆索起爆法则用于水流速度较大的工程中。

导爆管雷管起爆法由于段数多；具有抗杂散电、抗射频电等功能；使用安全、操作方便的优点，已广泛地应用于水中台阶（分层）爆破中。特别是导爆管受水压影响较小，更适用于深水爆破。近年来由于高精度雷管和数码电子雷管的出现，使得逐孔起爆技术在水中爆破也得到了迅速发展。

在爆破环境异常复杂或为了增加准爆的可靠度，也可采用复式起爆网路。

11.4 水下台阶（分层）爆破施工

11.4.1 水下台阶（分层）爆破施工流程

水下台阶（分层）爆破施工流程如图 11-5 所示。

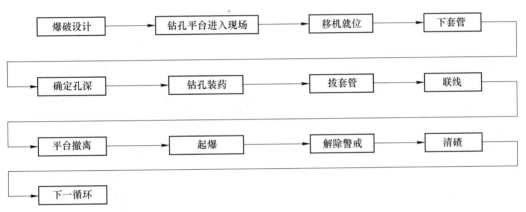

图 11-5 水下台阶（分层）爆破施工流程图

11.4.2 水上作业平台和钻爆船的选择

水下钻孔爆破成败的关键是在预定爆破的区域准确、顺利地钻孔，为此首先要正确选择水上作业平台或钻孔爆破作业船的类型。

11.4.2.1 简易支架式水上作业平台

简易支架式水上作业平台包括水中固定支架平台及岸边固定支架平台等。

水中固定支架平台是一种在近岸搭建支架，在支架上进行钻孔爆破的作业方式。它适宜于浅水、近岸的作业。如图 11-6 所示的木栈桥支架式平台。设置简单、成本低、便于使用。

岸边固定支架平台用于水流湍急、巷道狭窄，船只吊放及定位困难的靠岸水域，利用岸基作支撑桩，用钢索将横梁拉住并固定在岸上，形成悬臂梁式平台，如图 11-7 所示。

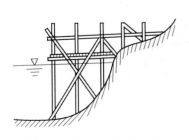

图 11-6 木栈桥支架式平台

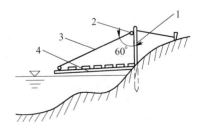

图 11-7 悬臂梁式平台
1—立柱；2—滑轮；3—钢丝绳；4—横梁

11.4.2.2 漂浮式钻孔作业平台

A 简易漂浮式钻孔作业平台

适用于流速小于 1m/s 的水域，可用两艘 30~300t 的木船拼成双体浮式作业平台，其上铺设轨道，进行水上钻孔作业，如图 11-8 所示。也可用不同钢体驳船组装，两船间距 5m，通过槽钢、工字钢将两船焊接为一双体船。钻机有脚手架钢管固定在平台上，组成钻机作业平台，可供 4 台潜孔钻机工作之用。为加快钻机就位速度，钻机平台可沿槽钢轨道滑动移位。

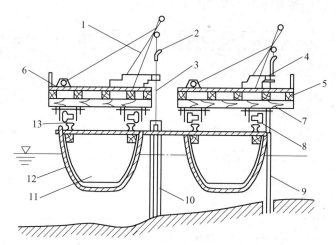

图 11-8 钻船安装

1—三脚架；2—水龙头；3—钻杆；4—钻机；5—框架；6—铺板；7—主架大梁；
8—轱辘；9—岩芯管；10—套管；11—船体；12—框缆；13—轻轨

B 爆破钻孔作业船

此类作业船是目前水下钻孔爆破中使用最为广泛的一种，适用于 50m 水深以内，流速小于 1.5m/s，浪高小于 1m 的水域。通常在作业区域水流小、风浪小的良好作业条件时，采用漂浮式钻爆船施工作业，漂浮式钻爆船有作业方便、船位移动快的特点。主要有以下几种分类方式。

（1）按船体结构形式，可分为双体船和单体船。目前以单体船为主，如葛洲坝水电站工程采用的钻爆工作船装有 4 台 BBE-53 型 OD 钻机，其技术指标列于表 11-10。长江航道部门生产的水上钻爆船则为双体船，单船宽 3m，型长 33m，平台宽 9m，排水量 160t，能在水深 10m 以内，流速 3m/s 以内水域钻孔。可同时钻 4 排孔，一次钻爆面积可达 200m²，每循环 2~3 天。

表 11-10 葛洲坝水电站工程采用的钻爆船的技术

项　　目		单　　位	型号、规格或数量
外形尺寸（长×宽×高）		m×m×m	24.4×24.4×2.13
吃水		m	0.97~1.49
控制范围		m	18.3~9.5
立柱	长×根数	m×根	33.75×4

续表 11-10

项 目		单 位	型号、规格或数量
柴油泵	套×每套功率	套×马力	2×2
液压绞车	台×重	台×t	9×5.0
锚	个×重	个×t	4×1.5
移动装置	套×功率	套×马力	4×1.5
空压机	套×容重	套×m³/min	4×25.5
发电机	套×功率	套×千瓦	4×140
钻机	每台耗风	m³/min	ATLAS、BBF-53/154
成本效率（只能施钻垂直孔）		孔/台班	11

山东天宝化工股份有限公司研发的钻孔爆破作业船，船长 50.5m，宽 15m，设计吃水 1.8m，船上可配置 10 台以上水下钻孔设备。它与抓斗船、抛锚艇的配合使用形成了集钻、爆、清、挖一体化的施工模式。天宝 006 号水上爆破作业船如图 11-9 所示，抓斗船如图 11-10 所示。

图 11-9　天宝 006 号水上爆破作业船

图 11-10　抓斗船

（2）按驻位形式可分为有定位桩和无定位桩两类。目前以无定位桩的占多数，无定位桩的钻爆船采用六缆作业法进行移船及驻位；有定位桩的船主要使用在水流较急、风浪较大或交通繁忙、水域狭窄的地区，移船仍靠锚缆来实现，定位桩起到驻位的作用。

（3）支腿升降式水上钻孔作业平台。支腿升降式水上钻孔作业平台是一种可将船体升离海面的作业船舶，平台升离水面后，工作时可不受海浪、潮流和潮汐的影响。与漂浮式钻爆船相比较，它钻孔时定位快，精度高，节省定位时间。但由于它需要 4 根支腿支撑船体离开水面，因此在移动位置时耗费时间较多，此外在升降船体时也要选择在合适的风浪及水流条件下进行，否则可能会对支腿产生损害。一般适用于水深 30m 以内，流速小于 3.0m/s，浪高小于 3m 的水域。

瑞典产支腿升降式水上钻孔作业平台尺寸为 19.5m×10.2m，安装在 4 根立柱上，平台上有 5 台钻机（一台备用），可同时钻 4 排孔，每排 48 个，孔距为 1.5m。钻孔完毕，提起钻杆即可移动到新的钻爆地点施工。

英国的格姆型支腿升降式水上钻孔作业平台尺寸为 50m×27m，安装在 6 根直径为 0.55m 的立柱上，高 52m。平台布置 6 台 OD 钻机，并设有材料库、工作间和 67 人的生活设施。

表 11-11 列出了日本生产的多种支腿升降式水上钻孔作业平台参数。我国近年来也研制了此类设备，天津塘沽新港船厂制造的支腿升降式水上作业平台能在水底坡度不大于 10%，6 级风浪情况下正常作业。

表 11-11　日本生产的多种支腿升降式水上钻孔作业平台参数

性能型号	生产厂家	适用于水深/m	立柱			船体尺寸 /m×m×m	载重 /t	适用条件		
			断面形状	长度/m	个数			流速 /m·s⁻¹	风速 /m·s⁻¹	浪高 /m
海洋号	川崎重工	30	方形	53	4	42×24×3.75	400	2.0	60	5.5
浮岛号	函馆船坞	60	方形	75	4	66×28×4.8	350	2.0	60	5.0
MSEP-1 濑户号	三井造船	30	圆柱	40	4	60×30×30	200	2.0	30	2.0
跃进号	三菱重工	20	圆柱	32	4	18×18×3	40	3.0	30	2.5
KAIMA 号	川崎重工	40	方形	70	4	75×45×5	1400	3.6	40	2.5
MSEP-2 宝石号	三井造船	50	圆柱	77	4	78×38×3.5	1100	1.0	30	2.5

11.4.3　钻孔配套机具的选择

水下钻孔设备主要是潜孔钻机。通过施工船或平台从水面向下钻孔主要有以下几种方法：

（1）单套管作业法。钻孔工序分下套管和开钻机两个工序。根据施工区孔位和水深情况，装配好套管长度，距套管底部 5m 左右处开几个椭圆形的卸碴孔，以便钻孔时岩碴和水从卸碴孔内流出，不冲向操作平台。用枇杷头钢丝绳拴好套管，吊起沉放入水。为使套管垂直受水流影响不倾斜，在套管脚上 1.0~1.5m 处拴上一根 φ15mm 的白棕绳作提头绳，将绳头拉向上游部位，专人护理，听从作业组长指挥随套管下沉慢慢松放直至套管正位后，固定在桩上，取掉钢丝绳，固定套管，即可吊钻杆入套管钻进。为便于接卸钻杆，钻杆长度应根据钻架高度选取。在大连港鲇鱼湾港区 22 号原油泊位炸礁工程中，施工单位在深水急流条件下，通过采用重型厚壁套管、加长导向管以及钻机预设水流偏移量等措施，将水流对套管的偏移量控制在一定范围内，为深水急流条件下钻孔积累了经验。

当岩层表面有砂卵石覆盖或强风化岩时，可用高压风将其吹走，然后钻进，直至钻到设计要求深度后，再来回提钻洗孔数次，确保孔内无残碴，最后提出钻杆。

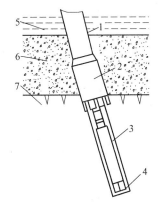

（2）双套管作业法。目前国内外广泛应用的 OD（Overburden Drilling）水下钻孔法，即双套管钻进法，能通过水下深厚覆盖层，在水下岩层内钻孔。这种钻机借助管接头将组合套管和钻杆接到风动凿岩机上。外套管用来固定钻孔位置，保护钻具在钻孔过程中不至于受到流水冲击影响。内套管直径 92～153mm，头部镶环形钻头（图11-11），可通过覆盖层钻到基岩中 10～12cm，作为钻凿深孔和装填炸药的导管。然后反转，把内套管松脱，留在孔内。用直径 51～102mm 的十字形钻头，在内套管保护下，回转、冲击钻进。

图 11-11　双套管钻头
1—内套管；2—环形钻头；3—钻杆；
4—十字钻头；5—水；
6—覆盖层；7—岩石

11.4.4　钻孔前的测量与钻孔平台定位

钻孔平台进入现场后，在爆破区域内测量绘制 1：500 水下地形图，指导钻孔的起始位置。测量地形时，河道断面间距不得超过 10m，断面上测点间距不得超过 2m。

开钻前，按照河道中心线方向每 10m 测定一条断面，最后汇总形成水深地形图，按照地形图确定需要钻孔的范围，总体布置开挖顺序和方向。

钻爆船移位布孔时应遵循如下原则：

（1）要考虑爆破对船体的影响，留足安全空间，使船体不易受到爆破的破坏；

（2）要结合水流方向、风浪方向及潮汐大小合理布置，尽量减小上述因素带来的不利影响；

（3）移位时，船体不得越过已装药的炮孔；

（4）钻孔时应按深水到浅水顺序进行。

钻爆船定位方法有以下几种：

（1）后方交会法。一般是采用六分仪，测量人员置身于平台之上，观测岸上导标，运用计算程序求得本船或平台钻孔位的平面坐标。本法相对简单，但误差较大。

（2）前方交会法。一般是采用全站仪，测量人员于岸上测量站观测船上目标物（棱镜），从而得到施工船或平台钻孔位的平面坐标。本法较精确，但测量距离有限制。

（3）GPS 定位法。目前采用 RTK 进行自动程度较高的定位，采用电台和 GPS 两种通讯方式，测量距离很远，是一种比较先进的定位手段。

11.4.5　钻孔作业

11.4.5.1　钻孔定位

根据地形图和施工要求及条件并根据测量控制点确定开始钻孔的实际位置，平台大致移到该位置后，利用经纬仪或全站仪进行控制微调，在平台的四角安装四只手动卷扬机，抛"八"字锚固定平台，通过手动卷扬机来实现平台的小范围调整。

平台移位后，根据预先确定的孔网参数，划定钻孔的位置，根据实测水深，计算出钻孔深度（钻孔深度＝河道设计深度＋超深－该孔位水深）。

11.4.5.2　下套管

因为水下清淤时，淤泥不能全部清理干净，还留有碎石等杂物，钻孔时必须下套管。套管作用：一是隔离覆盖层与碎碴，使其不能进入到孔内，二是套管在装炸药时起导向作用，使炸药顺利装到孔底。

平台定位后，在钻孔位置处下套管，套管要稳定，露出水面并深入到基岩下一定的深度，每台钻机配备两套套管，便于更换使用。根据施工区当地孔位和水深情况，配接好套管长度，距水面附近配花格子管，以便钻孔时石碴和水从花格子管中流出。套管固定后，即可吊钻杆入套管钻进。为便于接卸钻杆，钻杆长度应根据钻架高度选取。

11.4.5.3　钻孔

当岩层表面有砂卵石覆盖或强风化岩时，可用高压风，将其冲走，然后钻进，直到钻至设计深度后，再来回提钻数次，确保孔壁光洁。

钻孔的深度控制：每天确定水位高程，计算出平台上部至设计底深的高差 H_1，测出从平台上部至水下基岩的深度 H_2，计算 $H_1 - H_2$ 即为需开挖深度 H，再加上设计的超深 Δh，得出钻孔深度 $H_钻 = H + \Delta h$。每一船定位后，首先要计算出全部钻孔的钻孔深度，并填入专用表格指导钻孔。

11.4.6　钻孔检测、装药和填塞

为防止泥沙和岩碴淤孔，钻孔完成后应立即装药。装药前应先用水砣核实钻孔深度后再进行装药。当孔深 h 小于4m 时，使用 1 个起爆体起爆，孔深 h 为 4～8m 时使用 2 个起爆体起爆，如图 11-12 所示。

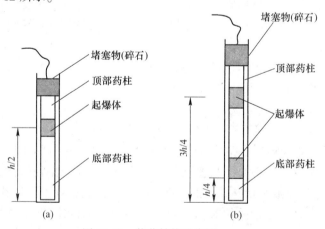

图 11-12　装药结构示意图

（a）当 $h<4m$ 时；（b）当 $4m \leqslant h \leqslant 8m$ 时

装药时用送药杆压住药包顶部，拉稳药包提绳，配合送药杆顺进，通过套管缓慢地送入孔内，不应从管口或孔口直接向孔内投掷药包，禁止强行冲压卡塞的药包，使药包底部与孔底接触。

水下钻孔爆破应采用小于2.0cm 的碎石或粗砂填塞，填塞长度不小于 0.5m 的爆破作业。

11.4.7 起爆网路连接

水下爆破工程通常采用电爆网路、导爆管雷管起爆网路和导爆索起爆网路。如果起爆环境复杂或为了增加准爆可靠性，可以采用复式网路。

采用电爆网路时，水下导线宜采用柔韧、绝缘铜线并避免水中接头。在有水流的河段或沿海地区施工时，应对电缆进行保护。一般采用 $\phi 4 \sim 6mm$ 的钢丝绳或 $\phi 17 \sim 21mm$ 的白棕绳、尼龙绳或麻绳作主绳，将电爆网路的主线每隔 $40 \sim 60cm$ 松弛地用胶布或细麻绳绑扎在主绳上。对于流速特别大的水域，还需对每个炮孔的电线进行保护，一般采用加大电线截面积或加保护绳的方式，以加大网路抗水流的冲击能力，成为"贴身防护"。主线、区域线、连接线之间的联结处都采用绝缘胶布和防水胶布双层包裹。

采用导爆管雷管起爆网路时，水中不应有导爆管接头和接点。在流速较大的水域进行爆破作业时，应采用高强度导爆管雷管起爆网路，并对爆破网路采取有效的防护措施。

采用导爆索起爆网路时，水下导爆索的接头或接点应作防水处理，同时应在主爆线上加系浮标，使其悬吊。

11.4.8 起爆

起爆过程必须严格按照如下程序进行：

（1）做好警戒工作及起爆准备工作后，再进行移船。

（2）移船时要注意爆破网路的保护，防止网路被拉断。要保证有足够的安全距离。

（3）作业船泊好并停机，爆破指挥员与警戒艇通话，巡视行船动态、船道安全即发出预备信号。

（4）预备信号发出 5min 内爆破员应接好终端引爆装置，指挥员再次与警戒艇对话，通知起爆。

（5）爆破员接好引爆装置，报告指挥员准备完毕。

（6）指挥员发出起爆指令。

（7）起爆后，监炮员向指挥员报告监测情况，如无发现瞎炮、周围环境安全，则指挥员发出解除警戒信号，解除封航。

11.4.9 清碴

爆后经检查一切安全，即可清碴。

清碴设备种类繁多，常用的是铲斗和抓斗挖泥船。影响挖泥船效率的主要因素是爆破块度和爆堆的松散程度。

11.5 水下台阶（分层）爆破质量分析与控制

11.5.1 影响水下台阶（分层）爆破质量的主要因素

11.5.1.1 钻孔平台的稳定性和钻爆船的准确定位

为保证钻孔的准确和方便，钻孔平台的稳定性和钻爆船的定位准确性至关重要。港区礁盘长期处于水流、潮汐的冲击，坡度都较陡，平台桩腿在水中不可能四平八稳地平放，高低相差会很大。最深时可能是水下 20~25m，浅时可能只有几米。此时，钻孔平台的桩腿要是没有足够的长度和刚度，很容易使桩腿之间产生较大的横向张力。轻者造成平台偏移，重者造成滑桩事故。上海洋山港炸礁时，就曾两次因发生滑桩造成断桩事故。

在深水中炸礁，尤其是当潮差较大时，采用一般驳船进行锚定钻孔是极其困难的。由于潮差大、流急、水深，所以要求缆长、锚力大，这样不仅使钻爆船每次定位十分困难，而且受到水体波动的影响，钻孔作业也很困难。

11.5.1.2   钻孔平面位置的偏差

施工中由于放样定位不准确，造成钻孔位置与设计孔位不相符，出现孔位偏差，导致钻孔的孔网参数超过设计误差允许值。当偏差往正方向增大时，爆破块度偏大，不仅增加了清碴的难度，而且易留岩坎，增大了二次破碎量。

造成钻孔平面位置偏差的原因有三：（1）平面控制点不准确或变动，致使钻孔放样定位错误；（2）孔位坐标计算标图出错，引起孔位偏差；（3）施工水域的水流、潮汐、风力等因素影响，造成钻爆船的系船锚缆松动，引起船移位造成孔位偏差。

11.5.1.3   钻孔深度偏差

工程实践表明，钻深的允许偏差为±20cm，否则为不合格。造成钻孔深度偏差的原因包括：（1）施工水位采用不正确或换算错误；（2）施工水域的水位变化频繁，施工时又未能根据水情动态对钻深参数及时调整；（3）钻孔成孔后未能及时装药，致使泥沙回填入孔内，使孔深变浅、

11.5.1.4   爆破器材抗水性能差

水中爆破，特别是深水爆破，炸药受水压作用爆速和猛度都会降低。普通抗水性炸药的耐压试验结果如图 11-13 所示。

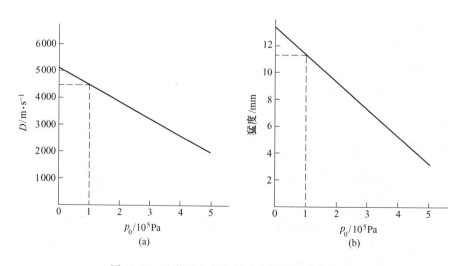

图 11-13　炸药深水爆炸爆速和猛度衰减曲线图

当水深 10m 时，爆速衰减 11%，猛度衰减 10%；当水深增加到 30m 时，爆速则衰减 26%，而猛度衰减 33%。不仅如此，由于压力增加还会使炸药密度增大，起爆感度和传爆感度都会降低。青岛海洋工程局在承担福建炼油乙烯项目海底原油输送管道深水区沟槽开

挖工程时，爆破施工水深已达51m。如果不采用深水炸药或采取有效的防护措施，必将造成严重后果。

11.5.1.5 爆破参数选择难以恰当（炸药单耗、装药量、超深）

目前国内外水下爆破参数的选取多以经验为主，有些参数的选取虽有经验公式参考，但是经验公式考虑的因素均作了简化。例如：炸药单耗和装药量的计算，并未考虑水深的影响，有的公式虽然考虑了水深的影响，也仅仅是考虑了水深为10~20m的影响，那么超过10~20m或在施工中，由于受到流向、流速、水深和抛锚等条件的限制，钻爆船移动和定位很难准确无误，因此水下爆破参数的选取比陆上爆破参数的选取更为困难。

11.5.1.6 施工方法的影响

施工方法对水下爆破的影响因素包括：

（1）施爆岩层厚，钻孔深度大，钻孔时受水体波动的影响，不仅钻孔效率低，而且钻孔质量也差。同时，钻孔深度大，装药量也多，延长了炸药爆轰时间。

（2）由于水流和潮汐的影响，使水体波动大，流速加大及流向变化，并且不同水深处的流速和流向均不相同，使水中的起爆网路不仅受力大，而且复杂多变，经常会把导爆管拉细、拉断，造成拒爆或盲炮。

11.5.2 控制水下台阶（分层）爆破质量的主要方法

11.5.2.1 制作高桩钻孔平台和潜水钻机

A 制作高桩钻孔平台

钻孔平台的桩腿要有足够的长度和足够的刚度。随着深港及海上深水架桥的需求，炸礁的水深超过30m的工程屡见不鲜，最深已超过50m。现有的钻孔平台已无法完成任务。为了适应这一需求，急需制造高桩腿的深水钻孔平台，其桩腿可考虑为50~60m。桩腿高度增加，刚度也必须同时增加，直径可达1.5~2.0m，必要时还要采取其他相应措施以提高其刚度。

滑桩往往是造成断桩的主要原因，因此桩脚要配用两种形式，一种是用于有覆盖层的桩靴，以减小平台对水底的单位压力，便于水下稳定和移动；另一种是用于无覆盖层的抓力脚，以便桩脚插入岩层中，形成较大的抓力，以免滑桩。为了保证钻孔时平稳，还应加大锚机抓力。

B 研制新型的潜孔钻机

潜孔钻机是指能潜入水下进行钻孔和装药的钻机，工作时不受风浪、水流、潮汐的影响，犹如在地面工作一样。

11.5.2.2 改进水下爆破器材

为提高水下爆破的质量，可以考虑选择或改进爆破器材。

（1）根据水深的不同，选择相适应的炸药。当水层较浅，装药时间延续不长，从经济效益考虑，可采用有防水措施的硝铵类炸药；若爆破持续时间较长，水深在15~40m时，宜选用耐水压的胶质炸药、乳化炸药或其他抗水性能好的炸药；若水更深则应采用特制的深水炸药、震源药柱或特制的耐水压包装。

（2）日本研制的深水炸药。为了适应水深超过30m的水中深孔爆破，各国都在研制具有耐压、抗水的深水炸药。日本生产的深水炸药性能如表 11-12 所示，该炸药可以在水深 60~100m 情况下安全爆炸。

表 11-12　日本深水炸药的爆炸性能

炸药名称	GX-胶质炸药	CX-胶质炸药	SX-胶质炸药	粉状 TNT 传爆药
主要成分	硝化甘油、硝铵	PETN、RDX、TNT	RDX、树脂	RDX、TNT
形态	胶质	铸造	成形	爆破筒
密度/g·cm^{-3}	1.5~1.6	1.5~1.6	1.4~1.6	1.12（水充满 1.45）
爆速/m·s^{-1}	6800~7300	7000~7500	7500~8000	6000~6500
落锤感度/cm	21~30	60	60	60
耐水压性	水深 100m30 天	水深 100m30 天	水深 100m30 天	水深 60m30 天

11.5.2.3　建立新型的爆破参数计算方法

根据理论分析及工程经验，影响水下钻孔爆破参数的因素很多，有岩石的物理力学特性、自由面条件、爆破的水深、炸药的性能指标、水下清礁设备的能力等等。在计算中要全面考虑这些因素是困难的。因此，要抓住主要因素，把爆破参数选取的过程视为复杂的系统工程，利用模糊数学等不确定计算方法计算爆破参数，使爆破参数的计算更加实用化、计算机化和科学化。

11.5.2.4　改进水下爆破施工技术

水中爆破是一项特殊的、复杂的爆破工程。在施工时要严格、准确地执行《水运工程爆破技术规范》（JTS 204—2008）和《爆破安全规程》（GB 6722—2014）。在具体应用《规范》和《规程》中各项计算参数（炸药单耗、装药量、超深等）和技术措施（船舶定位、钻孔、清孔、装药、起爆网路的连接和保护等）时，都应进行小规模试验或者在施工中根据现场过程地质、水文等不同条件，不断总结与修正，才能获得符合实际的真值和技术措施。

11.6　工程实例

11.6.1　舟山港马岙港区灌门口航道段台阶（分层）爆破炸礁工程

11.6.1.1　工程概况

舟山港马岙港区公共航道灌门口航道段深孔炸礁工程量 138057m³。工程设计标高达 -16.1m（当地理论基准面）边坡要求 1:1。施工区周边构筑物简单，仅距离施工区约 170m 处的有一座灯桩需控制保护。

施工难点包括：（1）工程位于通航航道内，过往客轮、货船及渔船对施工影响较大；（2）水流急，最大流速达 8.6 节，平潮时间短（单个潮汐仅为 70min 左右），施工环境恶劣；（3）礁区多为坚固性较大的微风化火山凝灰岩，平均钻爆岩层厚度达 8.4m；（4）礁区中心位置水深仅为 0.5m，不足炸礁船舶停泊，且边坡礁石露出水面，边坡陡峭，中心位置及边坡施工难度较大，是影响工程施工的关键点。

11.6.1.2　方案选择

工程的难点很多，特别是水流环境，导致常规的单次钻孔到达设计标高的水下钻孔爆破方式难以实现,经方案对比,采用台阶爆破的变形,即分层爆破法还是可行的。尽管最大流速达 8.6 节的水流环境对船舶锚泊有影响以及分层爆破所产生的碎石对下层钻孔、边坡岩石裸露对清礁作业等方面的影响均制约着工程的正常顺利开展。但是,由于在工程实施中对施工工序衔接、展布,爆破器材综合选型,主要施工设备调配、改进等方面进行了综合分析,结合地质条件及爆破器材性能对爆破参数进行了调整,有效地控制了上述不利因素,最终安全顺利完成了本炸礁工程。

11.6.1.3 钻孔工艺的改进

该工程受水流条件影响大,且爆破孔较深,故选用分层爆破施工方案。因受分层爆破影响,清礁之后必然存在一定量的碎石层,不利于下层钻孔爆破施工。为此,为了保障钻孔进尺要求,选配高风压潜孔冲击钻进行钻孔施工。高风压潜孔冲击钻因受其单套管护孔工艺的影响,在碎石层较厚时,护孔难度较大,高风压高进尺效率体现不明显。为了有效减小钻孔进尺与护孔之间的矛盾,在传统护孔套管的基础上对护孔套管进行了技改,将原相同大小护孔套管改造为上部为大套管,下部为相对较小套管,使得下部套管与钻孔冲击钎头的耦合比提高,在保障钻孔的同时,又不会因凿岩产生的碎石导致卡钻,从而达到冲击钎头穿过碎石层时套管实现跟进钻进的目的。

11.6.1.4 爆破参数的选择

舟山港马岙港区公共航道灌门口航道段施工工况恶劣,水流流速达 8.6 节,单个潮汐施工时间仅为 70min 左右,如何充分利用平潮时间段组织施工是影响工程进度、保障设备安全的关键。根据实测,施工时间分解情况如图 11-14 所示。据此在 70min 总施工时间内,钻孔的时间仅有 30min。试爆和计算结果表明,在 30min 内,单层钻爆深度只能是 2m,具体施工序次及参数如表 11-13 所示。

图 11-14 施工时间分解图

表 11-13 施工次序及爆破参数

序　次	孔距 a/m	排距 b/m	超深 Δh/m	单层钻爆深度 h/m
第 1 层	2.6	2.0	1.5	2.0
第 2 层	2.4	2.5	1.5	2.0
第 3 层	2.6	3.0	1.5	2.0
第 4 层	2.6	3.0	1.5	2.0
第 5 层	2.6	2.5	2.0	2.0
第 6 层	2.6	2.0	2.0	2.0

注:单层钻爆深度以上层爆破后平均水深数据确定(包括碎石层厚度)。

11.6.1.5 爆破器材的选择

礁区的岩石是比较坚固的微风化火山凝灰岩,但是,水深不足 5m,礁区中心位置水深仅为 -0.5m,故选用普通乳化炸药是适宜的。为了增加水下爆炸的起爆能量,利用高性能震源药柱作起爆体引爆普通乳化炸药，大大改善了爆破效果。表 11-14 列出普通乳化炸药和高性能震源药柱的性能对比。由表看出，相同药径的高性能震源药柱做功能力是普通乳化炸药的 1.5 倍，提高爆破作用效果是明显的。

表 11-14　普通乳化炸药和高性能震源药柱的性能对比表

类　别	普通乳化炸药	高性能震源药柱
药径/mm	95	95
密度/g·cm^{-3}	0.95~1.30	≥1.40
爆速/m·s^{-1}	≥3200	≥5500
作功能力/mL	≥260	≥360
殉爆距离/cm	≥3	≥4

11.6.1.6　施工组织设计

A　根据平潮时间段组织钻爆施工

如上所述，不仅爆破参数的选取，受到平潮时间段的影响，施工组织也是根据平潮时间段来设计的。例如：单层钻爆深度确定后，分层高度也就确定了。以分层高度为中心的施工组织设计也就应运而生。

B　改进清礁顺序

针对边坡处岩石陡峭，外围清礁深度大，受水流冲击后易出现倒斗现象。首层清礁过程中因清礁施工序次安排不当，导致边坡清礁难度大，施工效率低，且清礁之后碎石层较厚，边坡二层爆破取孔难。第二层清礁过程中对施工方案进行了调整，先施工边坡段，使得外围对抓斗形成保护，倒斗情况大大降低，首层及第二层清礁施工进度情况对比如表 11-15 所示。

表 11-15　首层及第二层清礁施工进度情况

序　次	在场天数/天	施工天数/天	完成工作量/m³	施工效率/m³·d^{-1}
第 1 层	26	15	13100	873.3
第 2 层	16	7	9400	1342.9

根据舟山港马岙港区灌门口航道段施工经验，在复杂工况的环境下，通过对前期试爆试清施工，选取合理的钻爆参数；在主体工程实施过程中不断完善施工组织，以适应工程实际的变化，为工程的顺利进行打下了坚实的基础。

11.6.2　大连港海底深水炸礁工程的信息化

11.6.2.1　工程概况

大连港海底深水炸礁工程礁石覆盖面积 23.4 万平方米，炸礁工程量 49.3 万立方米。岩石以板岩、石英岩和辉绿岩为主，岩石坚硬且多为中风化和微风化岩石。炸礁区海底高低不平，最大岩层厚度达 10m。炸礁工程设计底标高 -28.0m，炸礁区波浪、水流条件复杂。平均高潮位为 3.44m，最大浪高 5.18m，涨潮流速高达 1.4m/s，落潮流速 1.0m/s，施工环境复杂。

11.6.2.2 爆破方案的确定

爆破采用多循环爆破和分层分条挖装作业的方案。

（1）多循环爆破方法。炸礁施工每钻完一个船位就爆破一次，每次爆破称为一个爆破循环，本工程共布置 500 多个船位，总爆破循环多达 570 次（包括部分区域控制爆破次数多）每次爆破又根据周围环境条件，采用毫秒延期爆破，以减少爆破振动对周围建筑的危害。

（2）分层分条挖装作业。挖泥和清礁采用抓斗式挖泥船施工，清挖施工采用分条分层施工方法，分条平行于码头前沿线方向，纵向、横向之间搭接 1~2m，确保清挖质量。

11.6.2.3 钻爆船位布置与设计

海底炸礁作业是多循环移动作业，每船位进行一次独立钻孔爆破。船位布置设计成为海底深水炸礁工程非常重要的工作，它直接影响钻孔位置和整体爆破效果，也是减少和降低浅点的主要措施之一，必须根据海底地形、礁石大小和厚度，科学设计、合理布置。

（1）船位布置与设计原则：

1）船位沿码头前沿线从里向外布置，炸礁船的长边应平行于水流方向。

2）船位之间距离不宜过大，根据整体布孔图确定，相邻船位的炮孔间距一般不超过 2.0m。

3）基坑炸礁区，必须扩大周围炸礁范围，以保证基坑挖礁后整体成型。

4）礁区边缘和孤块礁石布置船位时应确保船位能全部覆盖礁石，防止遗漏。

（2）船位布置方法。按照船位布置与设计原则，在设计给定的海底礁石平面图上布置船位。设计分 2 步进行：第 1 步为试布置，当试布置能满足要求时，进行第 2 步正规设计，绘制船位布置图并标明船位具体坐标。大连港海底炸礁船位设计布置 520 个，其中，大连港 30 万吨级进口原油码头港池安全整治工程设计布置 160 个船位。大连新 30 万吨级进口原油码头设计布置 260 个船位；基坑炸礁工程设计布置 100 个船位。每个船位覆盖施工面积 259m²。

11.6.2.4 水下炸礁爆破设计

（1）爆破参数的选择。根据大连港炸礁工程地形地质条件、开挖技术要求、爆破器材条件等综合考虑选择之：

孔距 a：取 $a=2.75m$，基槽开挖取 $a=2.4m$；

排距 b：根据本爆破区的岩石厚度和性质等，设计排距 $b=2.4m$，基槽开挖取 $b=2.0m$；

孔径 d：采用冲击回转钻进方法，球齿钎头外径 125mm；

超钻深度 Δh：设计超钻深度取 $\Delta h=2.8~3.2m$；

药柱直径 D：本期施工使用的药柱为胶质炸药，药柱直径 $D=100mm$；

布孔方式：梅花型；

炸药单耗 q：取炸药单耗 $q=1.20kg/m^3$。

（2）爆破器材的选择。在选择用于水下爆破的炸药时，首先要考虑其抗水压及抗渗溶的性能。大连港炸礁选用了高密度胶质震源药柱，药柱长 60cm，直径 100mm，重 5kg，其具有较好的抗压防水性能，特别适用于深水的精度要求。及岩石坚硬的水下爆破作业。

导爆管雷管选用高精度的防水抗压非电毫秒延期雷管，导爆管为双层抗拉高强塑料管制成，抗拉力强，能够抵抗一般水流的冲击。

（3）起爆网路的选择与贴身防护。选用非电导爆管雷管起爆网路。为了提高海底深水爆破起爆网路的准爆性和可靠性，必须采用起爆网路贴身防护方法，做到有水流就要防护，不管水流大小，利用防护绳进行防护，由防护绳承受水流的冲击力和拉力，网路不受力，确保网路安全、准爆。

11.6.2.5　信息化、数字化的爆破施工

A　信息化数字测量定位技术

信息化测量定位是海底深水深孔炸礁施工技术的核心技术，它直接关系到爆破孔网参数的准确性、钻孔精度和爆破效果。信息化数字管理能使整个炸礁工作达到准确、精细、实用的目的。

（1）建立平面控制网系统。建立平面控制网和高程控制网，将平面坐标和高程坐标输入平面控制网系统，每个船位最少标明四个角点的坐标，对其位置和作业进行信息化数字管理，达到实时显示、定位精确、易于操控。

1）平面坐标系：炸礁船采用先进的 GPS 定位系统（HD8900RTK 和 HD6000RTK，精度指标：±2cm）动态差分测量方法进行精确测量定位。

2）平面控制网（点）的检验：根据业主和监理单位提供的平面控制网（点），在现场用全站仪复核后，建立专用的 RTK 基站。

3）施工区平面控制网点的布设：当提供的平面控制网（点）不能满足施工区控制要求时，要增加平面控制网（点）的布设，布网原则、标识及埋设需满足《水运工程测量规范》（JTJ 203—2001）的精度要求。

（2）建立高程控制网系统。根据提供的高程控制点资料，进行现场找点和校核，并将高程资料输入定位软件中自动读出水位高程。

B　精细钻孔技术

钻孔不仅决定爆破成败，而且影响爆破效果和炸礁成本。海底深水精细钻孔技术的核心为：钻孔船和钻机的精确定位；钻孔过程中的三位监控；确保钻孔质量。

（1）钻孔船和钻机的精确定位步骤：

第1步：固定船位，按设计船位的四点坐标，通过 RTK 技术可实时三维现场定位，做到船位"准"。

第2步：固定船台，将船台升离海面固定支腿，做到船台"稳"。

第3步：固定钻机，在船上按设计坐标移动钻机定位，做到孔位"精"。

（2）钻孔过程中采用三位监控：

1）船位监控：船位监控主要是平面坐标的控制，保证钻孔过程船位的坐标不发生变化。

2）机位监控：应经常对固定螺栓进行紧固，紧固时间和次数视实际情况而定，一般30min 紧固一次。

3）孔位监控：孔位监控不同于船位与机位，它不能在信息化数字测量定位系统屏幕上直接观察，一般通过听钻孔声音、看套管变化和排碴孔排碴情况由钻机司机加以判断。

（3）为确保钻孔质量必须强化作业要求：

1）提高钻机作业人员素质，使钻机操作手在钻孔作业时做到时刻检查，正确计算，仔细观察，正确判断，达到钻孔作业精细化，保证钻孔质量。

2）精细操作：吹净泥沙，慢开孔，强吹碴，保孔深。当钻具从套管通过水层后，首先要将套管内的泥沙吹净。钻头接触岩面时，不能加压，防止偏帮溜眼，只能靠钻具自重在岩面上打孔，打出眼窝后方可适当加压钻孔，当钻具进入基岩 50cm 后方可全风、全压推进，同时应随时吹出岩碴以保钻孔正常进行。钻到设计标高后，应来回吹碴洗孔，当达不到设计孔深时，应继续补钻，确保按设计孔深。

11.6.2.6　爆破效果

大连港炸礁工程取得了预期的效果。主要表现在：（1）爆破块度和松散度均能满足清挖设备要求，提高了清碴施工效率，确保了清碴施工质量；（2）由于控制了浅点的产生，浅点率在 3% 以内。大大缩短了施工工期，降低了施工成本。

参 考 文 献

[1] 汪旭光. 爆破设计与施工［M］. 北京：冶金工业出版社，2011.

[2]《水下爆破手册》编写组. 水下爆破手册［G］. 海军司令部航海保证部，2003.

[3] 刘殿中. 工程爆破实用手册［M］. 北京：冶金工业出版社，1999.

[4] 李泉. 几种水下钻孔爆破作业单耗计算公式的分析与比较［J］. 爆破，2012，29（1）：94~97.

[5] 张正宇，等. 中国三峡工程 RCC 围堰爆破拆除新技术［M］. 北京：中国水利水电出版社，2008.

[6] R. 古斯塔夫松. 瑞典爆破技术［M］. 北京：人民铁道出版社，1978.

[7] JTJ 286—1990，水运工程爆破技术规范［S］. 北京：人民交通出版社，1992.

[8] 梁禹，等. 水下钻孔爆破堵塞长度的数值模拟研究［J］. 爆破，2011，28（1）：92~97.

[9] 谭耀南. 水下钻孔爆破质量控制方法［J］. 广西质量监督导报，2009（2）：46~47.

[10] 张可玉，等. 深水港水下炸礁的难题及对策［J］. 爆破，2006，23（2）：85~89.

[11] 青岛海防工程局. 在水深达 51m 时采用控制爆破开挖沟槽技术［R］. 科技成果鉴定材料，2010.

[12] 王进，谭晓林. 复杂工况深水爆破工程实例［C］. 第十九届世界疏浚大会论文集，2010：189~194.

[13] 金沐，等. 大连港海底深水深孔炸礁技术研究［J］. 爆破，2012，29（1）：98~100.

[14] Zhao Kun, Underwater, explosion and safety supervision in AB-section of Ce-zi Island waterway（in Chinese）［J］. Blasting, 2010, 27（2）：74~76.

[15] Z. Jia, G. Chen, S. Huang, Computer Simulation of Open Pit Bench Blasting in Jointed Rock Mass, Int. J. Rock Mech. Min Sci, Vol. 35. No. 4/5. p. 476, Paper No, 121, 1998.

[16] K. Cichocki, Elects of underwater blast loading on structures with protective elements, International Journal of Impact Engineering 22（1999）：609, 617.

12 爆破效果的综合评价体系

台阶爆破的主要破岩方式是爆破，爆破效果的好坏直接影响铲装、运输、破碎等工序的生产效率，统计表明[1]，穿爆成本约占总成本的 20%～30%，良好的爆破效果是获取最佳经济效益的关键。

12.1 影响爆破效果的因素

12.1.1 岩石性质对爆破作用的影响

岩石性质是岩石组成物质及其组织结构所表现出来的特性。主要包括：岩石成分、岩石的物理力学性质、岩石动载特性、岩体力学性质、地质条件等。岩石性质基本上决定了岩石的可钻性和可爆性，也影响爆破参数的选择。在具体的爆破设计中，设计计算参数的选取与岩性有密切关系，例如：（1）炸药品种的选择；（2）岩石单位炸药耗药量的确定；（3）进行爆破漏斗及方量计算时的压缩圈系数、上破裂线系数、预留保护层厚度系数、药包孔距与排距；（4）岩石的爆后松散系数、抛掷堆积计算的抛距系数和塌散系数；（5）爆破安全计算中的不逸出半径、地表破坏圈范围以及爆破振动计算中有关系数等。

大量工程实践表明：除岩性与爆破效果有关外，岩体结构面（如节理、片理、断层、不整合面等）对爆破效果的影响也是不容忽视的，有时甚至是爆破成败的关键。这是因为：

（1）结构面对爆破块度组成有决定性的影响，而爆破块度组成又是衡量爆破效果的重要参数。岩体的强度受岩石强度和结构面强度的控制，在更多的情况下，主要受结构面强度的控制，所以岩块的破裂面大多数是沿岩体内部的结构面形成的。爆后岩块特征的统计表明，凡是沿结构面形成的爆块表面，均呈风化状态。凡是由岩石断裂形成的岩块表面，均呈新鲜状态。据某个工程的统计，爆块表面的风化面数占统计面数的 79%～90%，而新鲜面数仅占 10%～21%。爆破块径愈大，风化面数占的比例也愈大。

（2）结构面影响着药包的布置，而药包布置又决定了炸药能量的分布。所以说，岩体性质，特别是岩体结构面对爆破效果的影响是关键性的。是它们决定了爆破参数的选取，是它们预先就决定了爆破效果的重要指标——块度的组成。

12.1.2 炸药性能对爆破作用的影响

炸药性能包括物理性能，热化学参数和爆炸性能。其中，直接影响爆破作用及其效果的是炸药密度、爆热和爆速。是它们进而又影响了爆轰压力、爆炸压力、爆炸作用时间以及炸药爆炸能量利用率。

12.1.2.1 炸药密度、爆热和爆速

破碎岩石主要靠炸药爆炸释放出来的能量。增加炸药爆热和密度可以提高单位体积炸

药的能量密度。反之，则导致炸药能量密度的降低，增加钻孔的工作量和成本。提高炸药热化学参数，增大密度，采用高威力炸药是提高爆破作用的有效途径。

爆速也是炸药性能的主要参数之一，不同爆速的炸药，在岩石中爆炸可激起不同的应力波参数，从而对岩石的爆破作用及效果有着明显的影响。

12.1.2.2 爆轰压力

爆轰压力是指炸药爆轰时爆轰波波阵面中的 C-J 面所测得的压力，当爆轰波传到炮孔孔壁上时，在孔壁的岩石中会激发成强烈的冲击波和应力波。这种冲击波在岩石中，特别是在硬岩中会引起炮孔周围岩石出现粉碎和破裂，它为整个岩石破裂创造了先决条件。一般来说，爆轰压力越高，在岩石中激发的冲击波的初始峰值压力和引起的应力以及应变也越大，越有利于岩石的破裂，尤其是对于爆破坚硬致密的岩石来说更是如此。但是并不是对所有岩石来说爆轰压力越高越好，对某些岩石来说爆轰压力过高将会造成炮孔周围岩石的过度粉碎。另外爆轰压力越高，冲击波对岩石的作用时间越短，冲击波的能量利用率低而且造成岩石破碎不均匀。因此，必须根据岩石的性质和工程的要求来合理选配炸药的品种。

爆轰压力与炸药的密度的一次方和爆速平方的乘积成正比关系。所以在爆破坚硬致密的岩石时，以选用密度大和爆速较高的炸药为宜。

12.1.2.3 爆炸压力

爆炸压力又称炮孔压力，它是爆轰气体产物膨胀作用在孔壁上的压力。在爆破破碎过程中爆炸压力对岩石起胀裂、推移和抛掷作用，一般说来，爆炸压力越高，说明爆轰产物中含有能量越大，对岩石的胀裂、推移和抛掷的作用越强烈。

在整个爆破过程中，冲击波的作用虽然超前于爆轰气体产物的膨胀作用，但是爆轰反应时间极为短促，往往在岩石破碎尚未完成以前就结束了。

图 12-1 表示孔内药包起爆后，炮孔内压力随时间的变化曲线。t_1 为药包爆轰反应所经历的时间，t_2 为爆炸气体膨胀作用的时间。p_2 为爆轰压力，p_3 为爆炸气体的膨胀压力在匀压以后的爆炸压力。曲线 MN 表示爆炸压力随时间的变化，从图 12-1 可以看出：（1）曲线越陡，爆轰压力越高，t_1 时间越短，炸药爆轰的粉碎范围越大，能量利用率越低；（2）t_2 时间越长，爆炸压力作用的时间也越长，这样能使由爆轰压力在岩体中引起的初始裂隙得到充分的胀裂和延伸，能量利用率高，岩石破碎也较均匀。

爆炸压力的大小取决于炸药爆热、爆温和爆轰气体的体积。而爆炸压力作用的时间除与炸药本身

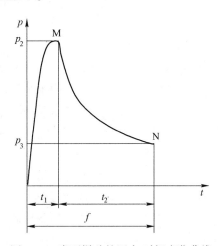

图 12-1 岩石爆破的压力-时间变化曲线

的性能有关以外，还与爆破时炮泥的填塞质量有关。因此在工程爆破中除了针对岩石性能和爆破目的，选用性能相适应的炸药品种外，还应注意填塞长度和质量。

12.1.2.4　炸药能量利用率

炸药在岩体中爆炸时所释放出的能量，是通过爆炸应力波和爆轰气体膨胀压力的方式传递给岩石，使岩石破碎的。但是，真正用于破碎岩石的能量只占炸药释放出的能量中极小部分。大部分能量都消耗在做无用功上。例如采用抛掷爆破时用于爆破破碎上的有用功只占总能量的 5%~7%，就是采用松动爆破，能量利用率也不会超过 20%。因此，提高炸药爆炸能量的利用率是有效地破碎岩石、改善爆破效果和提高经济效益的重要因素。

如果不考虑炸药爆炸时的热化学损失，那么炸药爆炸时的能量分配包括：（1）克服岩体中的凝聚力使岩体粉碎和破裂；（2）克服岩体中的凝聚力和摩擦力使爆破范围内的岩石从母岩体中分离出来；（3）将破碎后岩块推移和抛掷；（4）形成爆破地震波、空气冲击波、噪声和爆破飞石等。

在工程爆破中，造成岩石的过度粉碎，产生强烈的抛掷，形成强大爆破地震波、空气冲击波、噪声和爆破飞石均属无益消耗的爆炸功。因此，必须根据爆破工程的要求，采取有效措施来提高炸药爆炸能量的利用率。例如，根据岩石性质来合理选择炸药的品种，合理确定爆破参数，选择合理的装药结构和药包的起爆顺序，以及保证填塞质量等等，都可以提高炸药在岩体中爆炸时的能量利用率。

12.1.3　爆破条件、爆破工艺对爆破作用的影响

爆破条件、爆破工艺对爆破作用的影响是多方面的，下面仅举几例。

12.1.3.1　自由面的大小与方向的影响

A　自由面的作用

自由面的作用归纳起来有以下三点：

（1）反射应力波。当爆炸应力波遇到自由面时发生反射，压缩应力波变为拉伸波，引起岩石的片落和径向裂隙的延伸。

（2）改变岩石的应力状态及强度极限。在无限介质中，岩石处于三向应力状态，而自由面附近的岩石则处于单向或双向应力状态。故自由面附近的岩石强度接近岩石单轴抗拉或抗压强度，比在无限介质中承受爆破作用时相应的强度减少几倍甚至 10 倍。

（3）自由面是最小抵抗线方向，应力波抵达自由面后，在自由面附近的介质运动因阻力减小而加速，随后而到的爆炸气体进一步向自由面方向运动，形成鼓包，最后破碎、抛掷。

B　自由面的数量对爆破作用的影响

自由面数量越多，爆破时岩石夹制力越小，例如：巷道掘进爆破只有一个自由面，而台阶爆破则有两个自由面，台阶爆破的夹制力比掘进爆破夹制力要小，炸药消耗量也少，表 12-1 列出自由面数量与炸药消耗量的关系。

表 12-1　自由面数量与炸药消耗量的关系

自由面数量	1	2	3	4	5	6
药量单耗/kg·m^{-3}	1.0	0.83	0.67	0.5	0.33	0.12

C 自由面的位置对爆破作用的影响

自由面的位置对爆破作用的影响也是明显的。炮孔中的装药在自由面上的投影面积愈大，愈有利于爆炸应力波的反射，对岩石的破坏愈有利。自由面与炮孔相对位置如图 12-2 所示。

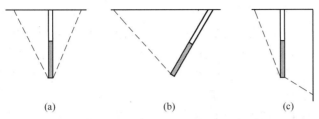

图 12-2 炮孔与自由面相关位置对爆破的影响
(a) 垂直布置炮眼；(b) 倾斜布置炮眼；(c) 台阶爆破

图 12-2 中：图 (a) 为单自由面爆破，自由面与炮孔垂直，夹制作用大，同时爆破需克服被破碎岩体的重力作用；图 (b) 中自由面与炮孔斜交，相比图 (a) 中的炮孔垂直于自由面，更有利于岩体破碎；图 (c) 有两个自由面，爆破体积更大，且平行于炮孔的自由面使爆破作用更均匀，比垂直于炮孔的自由面对破碎效果的影响更大、更有利。

D 自由面种类对爆破效果的影响

根据被爆破岩体表面直接接触的介质性质可将自由面分为 3 类：空气自由面、水自由面和碴体自由面。自由面的种类不同，爆破效果亦不同。自由面介质密度越小，爆破效果越好。有研究认为，空气自由面爆破和有水自由面爆破比较，水对爆炸作用有较大的影响。无水条件下，自由面附近较早出现拉伸区。无水有利于自由面附近形成爆破漏斗，有利于自由面附近岩体的爆破破碎。

水自由面爆破 由于水的密度较大且具有不可压缩性，因此，它阻挡着岩石的运动，从而削弱了爆破作用。要在浅水下炸成一个一定尺寸的漏斗坑，则爆炸荷载必须同时将岩石上面的水体抛射，其装药量比空气自由面爆破时要大，孔网参数也要相应变小。

压碴爆破时，碴体的存在吸收了装药爆炸所产生的部分能量，就岩石破坏总效果而言，要比空气自由面爆破差。

12.1.3.2 装药结构的影响

通常，装药结构有两种，连续装药和间隔装药。在间隔装药中，又有炮泥间隔、木（塑料）垫间隔和空气间隔等多种形式。理论和实践研究表明，装药结构的改变可以引起炸药在炮孔方向的能量分布，从而影响了爆炸能量的有效利用率。

图 12-3 表示了空气间隔对 $p\text{-}t$ 曲线的影响，当孔内药包周围无预留空气间隙时，其 $p\text{-}t$ 曲线为曲线 1，预留空隙的 $p\text{-}t$ 曲线为曲线 2。由图 12-3 看出：(1) 间隔装药降低了作用在孔壁的峰值压力，减少了炮孔周围岩石的过度粉碎，提高了有效能量的利用率。增大装药的不耦合系数，虽然也能降低对孔壁岩石的冲击压力，若装药直径不变，必然要增大炮孔直径，引起一系列参数的变化。(2) 间隔装药增加了应力波的作用时间。由于冲击压力的降低，减少了冲击波的作用，相应地增大了应力波的能量，从而能够增加应力波的作用时间。(3) 增大了应力波传给岩体的冲量。由于上述两点的作用，不仅增大了应力波传给岩体的冲量，而且使得比冲量沿炮孔的分布更加均匀。

12.1.3.3　填塞的影响

台阶爆破时，合理的炮孔填塞长度和良好的填塞质量直接影响爆破效果，研究表明[1]：无填塞炮孔可能导致 50% 的爆炸能无功耗散。

A　填塞物作用

填塞物作用有三：（1）阻止爆轰气体的过早逸散，使炮孔在相对较长的时间内保持高压状态，能有效地提高爆破作用。（2）良好的填塞加强了它对炮孔中的炸药爆轰时的约束作用，降低了爆炸气体逸出自由面的压力和温度，提高了炸药的热效率，使更多的热能转变为机械功。（3）在有沼气的工作面内，填塞还能阻止灼热固体颗粒（例如雷管壳碎片等）从炮孔内飞出的作用有利于安全。

图 12-4 表示在有填塞和无填塞的炮孔中，压力随时间变化的关系。从图中可以看出，有填塞和无填塞两种条件下对炮孔壁的冲击初始压力虽然没有明显的影响，但是填塞却大大增大了爆轰气体膨胀作用在孔壁上的压力和延长了压力作用的时间，从而大大提高了它对岩石的胀裂和抛移作用。

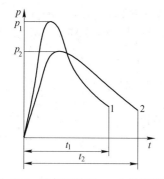

图 12-3　空气间隙对 p-t 曲线的影响

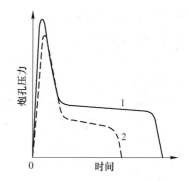

图 12-4　填塞对孔壁压力的影响
1—有填塞；2—无填塞

B　填塞长度的确定

填塞物对爆炸气体喷出的阻力主要靠填塞物的性质和与孔壁的摩擦力。在台阶爆炸中填塞长度应与最小抵抗线相等。具体尺寸视岩石性质而定。在最小抵抗线方向，节理、裂隙发育时填塞长度可大些。

（1）露天台阶爆破炮孔填塞长度计算式：

$$L_d = (0.7 \sim 1.0)W \tag{12-1}$$

式中　L_d——填塞长度，m；

　　　W——最小抵抗线，m。

（2）长沙矿山研究院推荐露天深孔爆破计算式：

$$L_d = (0.5 - 0.7)W; \qquad L_d = (16 \sim 76)d \tag{12-2}$$

式中　d——炮孔直径。

（3）最优填塞长度是装药长度的倍数。

最优填塞长度应满足不等式：

$$L_d \geq L_e \frac{C_P}{D} \tag{12-3}$$

式中 L_e——装药长度，m；

$\quad\quad C_P$——填塞物的声波速度，m/s；

$\quad\quad D$——炸药的爆速，m/s。

经验表明，如果填塞长度小于 2/3 最小抵抗线时，则将引起严重的飞石，爆破噪声和后冲等问题。

12.1.3.4　起爆药包位置的影响

采用柱状装药时，起爆药包的位置决定着炸药起爆以后，爆轰波的传播方向。也决定了爆炸应力波的传播方向和爆轰气体的作用时间，所以对爆破作用产生一定的影响。

根据起爆药包在炮孔中安置的位置不同，有三种不同的起爆方式：（1）是起爆药包装于孔底，雷管的聚能穴朝向孔口，叫做反向起爆；（2）是起爆药包装于靠近孔口的附近，雷管聚能穴朝向孔底，称为正向起爆；（3）是多点起爆，即在长药包中于孔口附近和孔底分别放置起爆药包。

实践证明：反向起爆能提高炮孔利用率，减小岩石的块度，降低炸药消耗量和改善爆破作用的安全条件。反向起爆取得较好的效果的原因可以解释如下：

（1）提高了爆炸应力波的作用。由于从孔底起爆，爆炸应力波在传播过程中将叠加成一个高压应力波朝向自由面，这就使得在自由面附近形成强烈的拉伸应力波，从而提高了自由面附近岩石的破碎效果。正向起爆的情况与它恰恰相反，叠加后的应力波不是指向自由面，而是指向岩体内部，使应力波的能量被无限的岩体所吸收，降低了对岩石的破碎作用。

（2）增长了应力波的动压和爆轰气体静压的作用时间。如图 12-5 所示，在其他条件相同时，从图 12-5（a）中的 A 点进行正向起爆和从图 12-5（b）中的 B 点进行反正起爆后，爆炸应力波分别向自由面传播并在自由面产生反射。从图中可明显看出，从起爆到反射波各自返回到达 A 点的时间，反向起爆比正向起爆推迟了一段时间。在这段时间内岩石在应力波和爆轰气体作用下，能产生更多的裂隙和使裂隙得到进一步的扩大和延伸。与此相反，正向起爆时反射波到达 A 点后，在反射拉伸波的作用下，过早地产生了与自由面贯通的裂隙，使炮孔中的爆炸气体过早地外逸，降低了破碎效果，同时还影响了下段药柱的稳定传爆，容易造成残孔。

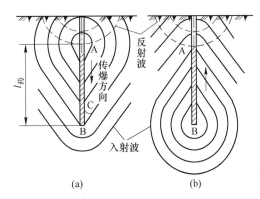

图 12-5　起爆方向与应力波方向的关系

（a）正向起爆；（b）反向起爆

（3）增大了孔底的爆破作用。岩石抵抗爆破的阻力随着孔深而增大，孔底部分的抗爆阻力最大，要破碎这部分岩石需要消耗较多的能量。若采用正向起爆时，孔口容易过早地产生裂隙，爆炸气体容易沿裂隙逸出。所以作用在孔底的压力会明显降低，而且爆炸气体作用的时间也缩短了，影响了孔底部分岩石的破碎效果。若采用反向起爆时，爆炸气体在岩石破裂之前，一直被密封在炮孔内，所以作用在岩石上的压力较高，作用时间也较长，因此有利于岩石的破碎。

我国目前深孔台阶爆破时，多采用多点起爆。每孔装两个起爆药包，分别置于距孔口和孔底各 1/3 处，可以有效提高爆炸能量利用率。

12.1.3.5　不耦合系数的影响

炮孔直径与药包直径的比值称为不耦合系数。不耦合系数等于 1 时，表明药包与孔壁紧密接触，不耦合系数大于 1 时，表明药包与孔壁间存在着空气间隙。由于炸药与岩石的波阻抗均为空气波阻抗的 10^4 倍，在不耦合情况下爆炸能从炸药传播到空气，再由空气传播到岩石的过程中严重衰减。只要药包和孔壁之间存在空气间隙，这种损失就不可避免。

A　不耦合系数对应变的影响

在石灰岩中采用密度为 1.4g/mL 和爆速为 6000m/s 的硝化甘油炸药包进行爆破试验。若改变不耦合系数 R_d，则在距离爆源相同距离的地点测得的应变幅值与 R_d 的关系如图 12-6 所示。从图中可以看出，当 $R_d = 1$ 时，孔壁岩体中的相对应变为 1.0。当逐渐增大 R_d 时，应变幅值也逐渐下降。岩石的相对应变值近似地同不耦合系数的 1.5 次幂成反比。

B　不耦合系数对切向最大应力的影响

试验是在铝块上进行的，在铝块上钻若干个直径不同的炮孔，用直径不变，DDNP 炸药做成的药包进行试验。当改变不耦合系数 R_d 时，测得孔壁上的切向最大应力 σ_{max} 与不耦合系数 R_d 的关系如图 12-7 所示。从图中可以看出，随着 R_d 值增大，σ_{max} 值成指数函数下降。

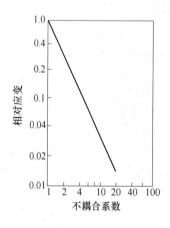

图 12-6　相对应变同不耦合系数的关系

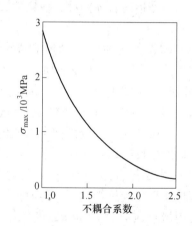

图 12-7　切向最大应力同不耦合系数的关系

在同样的试验中，测得了孔壁上的切向应力随时间的变化关系（如图 12-8 所示），这种关系说明，当 $R_d = 1.1$ 时，出现了陡峻的尖锋波面，当 R_d 增大至 2.5 时，波形变平缓，显示出平滑台阶状的波形，这说明，当 $R_d = 2.5$ 时，作用在孔壁上的压力主要是爆轰气体产物的膨胀压力。

从上述试验的结果同样也可以看出，当 $R_d > 1$ 时，药包爆炸时的爆轰波对孔壁的冲击效应减缓。孔壁上的最大切向应力急剧下降。这对爆破坚硬致密的岩石来说，是极端不利的。但是对光面、预裂以及其他需控制孔壁岩石过度粉碎的爆破来说，常常要借助增大不耦合系数来控制爆轰波对孔壁的冲击作用。

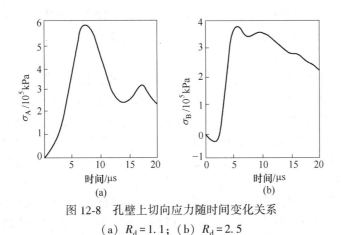

图 12-8　孔壁上切向应力随时间变化关系

（a）$R_d = 1.1$；（b）$R_d = 2.5$

12.2　爆破效果的综合评价

12.2.1　爆破质量的评价指标和评价方法

爆破质量的评价指标主要包括三方面：爆破技术指标、爆破安全性指标和爆破经济指标，典型爆破质量的评价指标如图 12-9 所示。

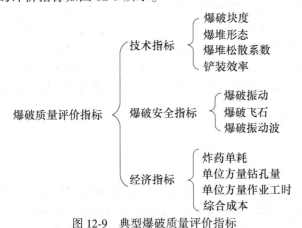

图 12-9　典型爆破质量评价指标

评价爆破质量的方法有两大类：一是单一指标评价法，例如：采用大块率作为评价爆破效果的唯一指标。简单、实用，但不够全面；二是综合指标评价法，虽然方法比较复杂，但随着计算机技术的应用，发展的空间很大。以下重点介绍综合评价法。

12.2.2　综合评价方法的分类及选择

爆破质量的综合评价方法有四类：模糊综合评价方法、运筹学评价方法、灰色关联度评价方法和智能化评价方法。其中模糊评价方法和运筹学评价方法是比较经典的爆破效果综合评价方法，应用的比较广泛。而灰色关联度评价方法和智能化评价方法则是近年来发展起来的评价方法。

模糊综合评价方法是在对爆破效果指标详细分析的基础上，运用模糊集理论、模糊综合评判理论对爆破效果进行综合评价的一种方法。它根据模糊数学的隶属理论把定性评价化为定量评价，即用模糊数学对受到各种因素制约的事物或对象作出一个总体的评价。其优点是克服了传统数学方法结果单一性的缺陷，信息量大，简单可行，易于使用。缺点是隶属函数的确定尚无统一的方法。

运筹学评价方法中应用较多的是层次分析法，多用于工序复杂、指标多、决策评价准则多且不易定量化的评价方法。基本方法是将各指标之间隶属关系从高至低排成若干层次，并建立基于不同层次指标之间的相互关系。根据客观事实，采用数学方法，确定每一层次指标相对重要性次序权重，在根据排序结果，对问题进行分析与评判。

灰色关联度评价方法是选取一个最佳性能的样本并作为参考，计算待评单位与评价目标的关联度，再按关联度的大小进行排序。它具有"少数据、小样本、不必考虑数据分布"的特点，不受样本局限性和离散性的影响。它与模糊评价的区别：灰色关联度分析法着重研究内涵不明确而表面明确的问题，模糊评价则注重研究内涵明确而表面不明确的问题。所以，此法在处理贫化数据评价对象方面有很好的适用性。

智能化评价方法主要是应用第五代计算机（智能计算机）的成果和人工仿真技术对复杂的大系统进行评价。仿真亦称模拟，是利用模型复现实际系统中发生的本质过程，并通过对系统模型的实验来研究存在的或设计中的系统。仿真技术与人工智能结合起来，产生具有专家系统功能的仿真技术称为人工仿真技术。常用的智能化评价方法有人工神经网络评价法以及近年来发展起来的未确知测度评价方法。人工神经网络评价法模拟人脑神经网络原理，建立可以"学习"的模型，并能充分利用经验性知识积累，达到求出的最佳解与实际值之间的误差最小化目的。该方法的特点是：自适应能力强、可容错性、能够处理非线性和非局限性的大型的复杂系统；对"学习"样本训练中，不用考虑输入因子之间的权系数，受决策者主观因素的影响很小。由于该方法涉及较多的新技术、新知识、新理论，因此该方法在爆破效果评价上尚处于开发和尝试阶段，但具有很好的发展潜力。

12.2.3　综合评价的流程

综合评价可以分为以下几个阶段[21]：

（1）确定评价目的。

（2）建立评价指标体系。包括：评价目标的细分与结构化、指标体系的初步确定、指标体系的整体检验与单体检验、指标体系的结构的优化、定性变量的数量化等环节。

（3）选择评价方法与模型。包括：评价方法的选择、权数构造、评价指标体系的标准值与评价规则的确定。

（4）综合评价实施。包括：指标体系数据的搜集、评估、必要的数据推算、评价模型参数的求解等。

（5）对评价结果进行评估与检验，以判别所选评价模型、有关标准、甚至指标体系的合理性。

（6）评价结构的分析与报告。

上述综合评价过程的关系如图 12-10 所示[22]。

12.2.4　模糊综合评价

综合评价是指通过一定的数学模型将多个评价指标值"合成"为一个整体性的综合评价。

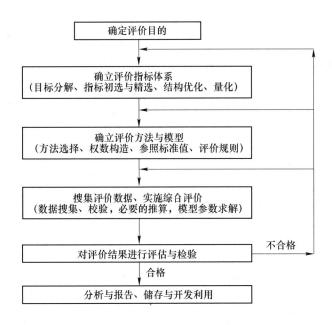

图 12-10　综合评价过程的关系图

12.2.4.1　一般步骤

（1）模糊综合评价指标的构建。模糊综合评价指标体系是进行综合评价的基础，评价指标的选取是否合理，将直接影响综合评价的准确性。进行评价指标的构建需涉及爆破行业的各种资料。

（2）构建好权重向量。根据综合评价技术理论，各指标权重对正确评价爆破效果有重要的影响。爆破效果综合评价指标权重的确定方法主要有：层次分析法、专家打分法、标度矩阵法等。但目前多通过实例计算论证评价结果的可靠性。

（3）构建评价矩阵。建立适合的隶属函数从而构建好评价矩阵。

（4）评价矩阵和权重的合成。采用适合的合成因子对其进行合成，并对结果进行解释。

12.2.4.2　模糊综合评价模型及隶属函数

爆破效果的综合评价模型，由如下三个基本要素组成。

（1）衡量爆破效果优劣程度的主要因素构成因素集：

$$U = \{u_1, u_2, \cdots, u_n\} \tag{12-4}$$

（2）评价爆破效果优劣程度的等级构成评价集：

$$V = \{v_1, v_2, \cdots, v_m\} \tag{12-5}$$

（3）各主要因素相对各评价等级的隶属度构成单因素评价矩阵：

$$R = (V_{ij})_{n \times m} \tag{12-6}$$

式中，V_{ij} 表示各因素 u_i 隶属于评价等级 v_j 的程度，可根据相应的隶属函数分布确定。于是由 (U, V, R) 构成了一个 Fuzzy 综合评价模型。

一般，各因素对爆破效果评价的影响是不一致的，故因素的权重分配记为

$$A = (a_1, a_2, \cdots, a_n) \tag{12-7}$$

其中 $\sum_{i=1}^{n} a_i = 1$，a_i 表示第 i 个因素的权重。另外，m 个证价也并非均为绝对的肯定和否定，故综合的评价也应记为

$$B = (b_1, b_2, \cdots, b_m) \tag{12-8}$$

其中 b_j 反映了第 j 种评价在总评价集中 V 中所占的地位。

则由 Fuzzy 变换的运算可得模糊综合评价向量

$$B = A \cdot R \tag{12-9}$$

$$(b_1, b_2, \cdots, b_m) = (a_1, a_2, \cdots, a_n) \begin{bmatrix} V_{11} & V_{12} & \cdots & V_{1m} \\ V_{21} & V_{22} & \cdots & V_{2m} \\ \vdots & \vdots & \ddots & \vdots \\ V_{n1} & V_{n2} & \cdots & V_{nm} \end{bmatrix}$$

其中，当 $b_j = \overset{n}{\underset{i=1}{V}}(a_i \wedge V_j)$，$j = 1, 2, \cdots, m$，记作 $M(\vee, \wedge)$，称为主因素决定型。该模型的决策结果主要是由数值最大的决定，其余数值在一定范围内变化都不影响结果。

当 $b_j = (a_1 \cdot V_{1j}) \oplus (a_2 \cdot V_{2j}) \oplus \cdots \oplus (a_n \cdot V_{nj}) j = 1, 2, \cdots, m$，记为 $M(\cdot, \oplus)$，称为加权平均型。该模型对所有因素依权重大小均衡兼顾，体现出整体特性。

假如 $b_{j0} = \max\{b_1, b_2, \cdots, b_m\}$，根据最大隶属原则，可得出爆破效果的评价等级为 ν_{i0}。

12.2.4.3　应用实例——德兴铜矿

根据大量的数理统计和专家的意见，建立了符合德兴铜矿的 I、II 类矿岩爆破效果的评价等级指标，即各因素与四个评价等级的对应关系（见表 12-2），需指出的是，表中的各评价等级均为绝对范围，需应用模糊数学将其"软化"，即建立各因素相对于各等级的隶属函数分布，以实现相邻理化等级间的连续平稳过渡。在此基础上，分别确立了两种模糊评价模型，即十因素评价模型和四因素评价模型，对爆破效果进行定量综合评价。

表 12-2　爆破效果评价等级指标

因　素	很好 ν_1	较好 ν_2	一般 ν_3	较差 ν_4
大块率 u_1/%	1~1.0	1.0~1.3	1.3~1.5	1.5~2.0
单耗 u_2/kg·t^{-1}	0.3~0.35	0.35~0.4	0.4~0.45	0.45~0.5
	0.36~0.42	0.42~0.48	0.48~0.54	0.54~0.60
延米爆破量 u_3/t·m^{-3}	125~135	115~125	105~115	95~105
前冲 u_4/m	30~40	40~50	50~60	60~70
后冲 u_5/m	0~6.0	6.0~8.0	8.0~10.0	10.0~12.0
	0~8.0	8.0~10.0	10.0~12.0	12.0~14.0
铲装效率 u_6/t·h^{-1}	1980~2200	1760~1980	1650~1760	1430~1650

因 素	很好 ν_1	较好 ν_2	一般 ν_3	较差 ν_4
爆破成本 u_7/元·吨$^{-1}$	0.4~0.5	0.5~0.7	0.7~0.9	0.9~1.2
	0.4~0.6	0.6~0.8	0.8~1.1	1.1~1.4
根底率 u_8/‰	0~1.5	1.5~2.5	2.5~4.0	4.0~6.0
极限振速 u_9/cm·s^{-1}	7~10	10~12	12~15	15~20
	0~3	3~4	4~5	5~6
松散系数 u_{10}	1.25~1.35	1.2~1.25	1.15~1.2	1.05~1.15
	1.15~1.25	1.1~1.15	1.05~1.1	1.0~1.05

（1）十因素模糊评价方法。对于清碴爆破而言，评价爆破效果的十种主要因素构成因素集：

U=（大块率、单耗、延米爆破量、前冲、后冲、爆破成本、铲装效率、根底率、极限振速和松散系数）

衡量爆破效果的优劣等级构成评价集：

$$V=（很好，较好，一般，较差）$$

十因素的权重分配采用集值迭代法确定，并依次对应上述因素集：

$$A = (0.18, 0.17, 0.07, 0.10, 0.14, 0.10, 0.07, 0.14, 0.01, 0.02)$$

若拟评价某次清碴爆破，先测量出十种因素的实际指标（见表12-3）。构成的实测指标向量为

$$Y = (0.8, 0.4, 120, 35, 6, 1800, 0.4, 3, 11, 1.25)$$

表 12-3 某次清碴爆破的实测指标

大块率 /%	单耗 /kg·t^{-1}	延米爆破量 /t·m^{-1}	前冲 /m	后冲 /m	铲装效率 /t·h^{-1}	爆破成本 /元/吨	根底率 /‰	极限振速 /cm·s^{-1}	松散系数
0.8	0.4	120	36	6	1800	0.4	3	11	1.25

将该指标向量代入各因素评价指标判断，即可获得单因素评价矩阵

$$R = \begin{bmatrix} 0.1 & 0.8 & 0 & 0 \\ 0 & 1.0 & 1.0 & 0 \\ 0.5 & 1.0 & 0.5 & 0 \\ 1.0 & 0.5 & 0 & 0 \\ 1 & 1 & 0 & 0 \\ 0.18 & 1.0 & 0.82 & 0 \\ 1.0 & 0 & 0 & 0 \\ 0 & 0.67 & 1.0 & 0.33 \\ 0.5 & 1.0 & 0.5 & 0 \\ 1.0 & 1.0 & 0 & 0 \end{bmatrix}$$

由该矩阵可知，若仅根据单因素评价指标判断，此次爆破效果属于 ν_1 级或 ν_2 级或 ν_3 级，

但最终评价结果需通过模糊运算确定，具体过程如下：

由

$$B = A \cdot R$$

$$b_j = (a_1 \cdot V_{1j}) \oplus (a_2 \cdot V_{2j}) \oplus \cdots \oplus (a_n \cdot V_{nj})$$

$$n = 10; \ j = 1, \ 2, \ 3, \ 4$$

得 $\qquad B = (0.628, \ 0.886, \ 0.372, \ 0.061)$

规一化后 $\qquad B = (0.32, \ 0.46, \ 0.19, \ 0.03)$

根据最大隶属原则，可知评价等级为 ν_2 级，即此次爆破效果较好。

（2）四因素模糊评价。考虑到评价方法的实用性，特意构造了四因素评价模型，来综合评判某次爆破效果的优劣程度。对于清碴爆破而言，因素集为 $U=\{$大块率，炸药单耗，前冲量，后冲量$\}$；对于压碴爆破而言，因素集为 $U=\{$大块率，炸药单耗，后冲量，松散系数$\}$。评价等级均定为四级，即 $V=\{$很好，较好，一般，较差$\}$。

采用集值迭代法得到的权重分配为 $A=\{0.4, 0.3, 0.2, 0.1\}$，依次对应上述各因素集。

若拟评价某次清碴爆破 X，测定的四种因素的指标为 $Y=(0.8, \ 0.35, \ 6.0, \ 35)$，容易求出各因素的隶属函数值（隶属度），由此构成单因素评价矩阵 R。即

$$R = \begin{bmatrix} 1.0 & 0.8 & 0.61 & 0.53 \\ 1.0 & 1.0 & 0.5 & 0.33 \\ 1.0 & 1.0 & 0.75 & 0.6 \\ 1.0 & 0.5 & 0.25 & 0.17 \end{bmatrix}$$

由 $\qquad b_j = (a_1 \cdot V_{1j}) \oplus (a_2 \cdot V_{2j}) \oplus \cdots \oplus (a_n \cdot V_{nj})$

式中，$n=4; \ j=1, \ 2, \ 3, \ 4$。

得： $\qquad B = (0.976, \ 0.870, \ 0.636, \ 0.454)$

规一化后，得 $B = (0.33, \ 0.30, \ 0.22, \ 0.15)$。

根据最大隶属原则，可知此次爆破 X 应属 ν_1 级，即此次爆破效果很好。

12.2.5 基于未确知测度理论的爆破效果综合评价[24]

12.2.5.1 爆破效果的未确知性

不确定信息包括模糊信息、随机信息、灰信息和未确知信息。未确知信息和其他不确定信息的不同点在于不确定性主要不是客观的，而是决策者主观认识上的不确定性。事物本身可以是确定的（已存在或已发生的事物），也可能是不确定的（如未来事物），由于主观和客观的原因，其真实状态和数量关系不能被主体所认识。事实上，任何同时具有状态因素和行为因素的系统，提供的信息基本上都是未确知信息，对具有未确知性的信息，必须考虑它的不确定性，而不能把它简化为确定信息加以处理。

爆破效果评价是由人参与的认知活动，而影响爆破效果的因素是多方面的，因此对爆破效果评价的艰巨性必须有充分的认识。在确定被评价对象后，首先要选择影响爆破效果的典型因素并确定评价方法，然后进行评价分级。在上述活动进行的过程中，必然存在主观、认识上的不确定性。因此，在爆破效果评价上也一定会具有未确知性。

12.2.5.2 未确知测度和未确知测度理论

未确知性是决策者或评价人对研究对象认识不足，掌握的证据不够从而产生的主观上

和认识上的不确定性，其大小人们用未确知测度来描述。

未确定测度理论是研究为未确知信息的一种数学方法，可以定量描述事物处于未确知状态或具有未知性的大小。采用未确知测度理论处理评价过程中的未确知信息，可以提高数据结果的可靠性和精度，避免采用其他数学方法造成的局限性和评价人员的主观性。

12.2.5.3 未确知测度模型

未确知测度数学模型是研究"未确知信息"的数学表达和处理方法的一种全新方法，解决了不完整信息表达和处理的问题，它具有严谨的推理逻辑，在推理时不造成新的信息损失。

（1）单指标未确知测度。设 a_1，a_2，$\cdots$，a_i 分别表示待评价对象爆破效果的每个综合评价因素指标，记为 $A = \{a_1, a_2, \cdots, a_i\}$，称之为论域。每个评价因素指标 a_i 又有 j 个评语等级 b_1，b_2，$\cdots$，b_j，记为 $B = \{b_1, b_2, \cdots, b_j\}$，用 a_{ij} 表示评价对象的第 i 个评价因素指标 a_i 在第 j 个评语等级 b_j 的观测值。

单因素评价指标 a_i 处于第 j 个评语等级的程度记为 a_{ij}，然后采用专家打分法规定每个评价因素的所有评语等级的分值总和为 100 分，由专家将 0 ~ 100 分别打给每个评价因素 a_i 的每个评语等级 b_j，使 $\sum_{j=1}^{j} a_{ij} = 100$。用 $\boldsymbol{u}_{ij} = a_{ij}/100$ 表示待评价因素指标 a_i 的第 j 的评语等级 b_j 的未确知测度。$\boldsymbol{u}_{ij}$ 是对"程度"的测量结果，是一种可能性测度，作为测量结果的这种可能性测度必须满足"非负有界性、可加性、归一性"这三条测量准则。由此可得到评价对象的单指标测度评价矩阵。

$$\boldsymbol{u}_{ij} = \begin{bmatrix} u_{11} & u_{12} & \cdots & u_{1j} \\ u_{21} & u_{22} & \cdots & u_{2j} \\ \vdots & \vdots & \ddots & \vdots \\ u_{i1} & u_{i2} & \cdots & u_{ij} \end{bmatrix}, \ (i = 1, 2, \cdots, n) \tag{12-10}$$

（2）指标权重的确定。对于观测值有关的不确定性的描述，应该是对不确定性数量上的度量，是观测值分布的泛函，这就是熵。熵具有对称性、非负性、可加性、极值性等特点，设自燃状态空间 $\boldsymbol{X} = (x_1, x_2 \cdots, x_n)$ 是不可控制的因素，其中 x_i 是实际发生的状态。设 $\boldsymbol{X}$ 中各状态发生的先验概率分布为 $P(X) = \{P(x_1), P(x_2), \cdots, (x_n)\}$，则改状态的未确知程度的熵函数为：

$$H(x) = -\sum_{i=1}^{n} p(x_i) \ln p(x_i), \ \left(0 \leqslant p(x_i) \leqslant 1; \ \sum_{i=1}^{n} p(x_i) = 1 \right) \tag{12-11}$$

式（12-10）中的 u_{ij} 是待评价对象的评价因素指标 a_i 处于第 j 个评语等级 b_j 的未确知测度。将未确知测度 u_{ij} 视为公式（12-11）中的 $p(x_i)$，则有

$$H(u) = -\sum_{j=1}^{j} u_{ij} \ln u_{ij} \tag{12-12}$$

令

$$v_i = 1 - \frac{1}{\ln j} H(u) = 1 + \frac{1}{\ln j} \sum_{j=1}^{j} u_{ij} \ln u_{ij} \tag{12-13}$$

$$\boldsymbol{\omega}_i = v_i / \sum_{i=1}^{i} v_i$$

$\omega_i \left(0 \leq \omega_i \leq 1, \sum\limits_{i=1}^{i} \omega_i = 1\right)$ 即为爆破效果各评价因素指标 a_i 的权重。$\boldsymbol{\omega} = (\omega_1,$ $\omega_2, \cdots, \omega_i)$ 为爆破效果评价因素指标对应的权重的向量。

（3）综合评价系统。

令 u_j 为评价对象爆破效果的综合评价结果在第 j 个评语等级的未确知程度，则有

$$\boldsymbol{u}_j = \boldsymbol{\omega} \cdot \boldsymbol{u}_{ij} = (\omega_1, \omega_2, \cdots, \omega_i) \cdot \begin{bmatrix} u_{11} & u_{12} & \cdots & u_{1j} \\ u_{21} & u_{22} & \cdots & u_{2j} \\ \vdots & \vdots & \ddots & \vdots \\ u_{i1} & u_{i2} & \cdots & u_{ij} \end{bmatrix} \quad (12\text{-}14)$$

则 $\boldsymbol{u} = (u_1, u_2, \cdots, u_j)$ 为待评价对象爆破效果综合测度的评价向量，描述了评价对象在第 j 个评语等级的不确定性程度。为了得到确定性程度，需要进行置信度识别，因为评语等级划分是有序的，第 j 个评语等级 u_j"好于"第 $j+1$ 个评语等级 u_{j+1}，所以最大测度识别准则不适合这种情况，改用置信度识别准则，设置信度为 $\lambda (\lambda \geq 0.5)$，通常 λ 取 0.6 或 0.7，其置信度识别模型为

$$j_0 = \min\left\{j: \sum\limits_{j=1}^{j} u_j \geq \lambda, \ j = 1, 2, \cdots, j\right\} \quad (12\text{-}15)$$

取 j 值直至满足式（12-15），则评价对象的爆破效果综合评价结果为第 j_0 个评价等级 u_j。

12.2.5.4 工程实例——承德冉阳露天铁矿

（1）评价指标体系的建立。根据承德冉阳露天铁矿的实际情况，建立了以施工安全、破碎质量、经济效益为一级指标体系，以人员伤亡、爆堆形态、炸药单耗等 17 个因素作为二级指标的爆破效果综合评价指标体系，如图 12-11 所示。

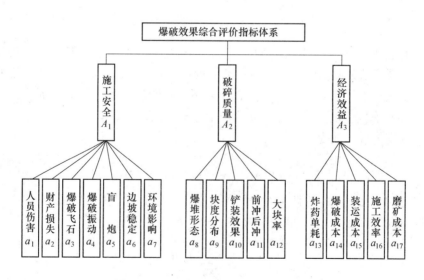

图 12-11　爆破效果综合评价指标体系

（2）爆破效果的综合评价。将各个评判爆破效果的单因素的评价等级分为很好、好、一般、较差、差，由专家将 100 分分别打给单因素的每个评价等级，如表 12-4 所示。

表 12-4 专家打分结果

评价因素	评价等级				
	很好	好	一般	较差	差
人员伤亡 a_1	95	2	1	1	1
财产损失 a_2	90	5	2	2	1
爆破飞石 a_3	80	10	8	1	1
爆破振动 a_4	60	27	10	2	1
盲炮 a_5	65	18	14	2	1
边坡稳定 a_6	85	10	3	1	1
环境影响 a_7	60	22	12	5	1
爆堆形态 a_8	30	59		2	1
块度分布 a_9	31	60	8	3	2
铲装效率 a_{10}	35	60	5	1	1
前冲后冲 a_{11}	5	49	3	20	4
大块率 a_{12}	15	60	22	4	1
炸药单耗 a_{13}	10	57	20	8	5
爆破成本 a_{14}	15	55	20	8	2
装运成本 a_{15}	10	33	49	5	3
施工效率 a_{16}	17	40	37	5	1
磨矿成本 a_{17}	20	32	40	7	1

根据表 12-4 的打分结果，得到单指标未确知测度矩阵

$$
\boldsymbol{u}_y =
\begin{bmatrix}
0.95 & 0.02 & 0.01 & 0.01 & 0.01 \\
0.90 & 0.05 & 0.02 & 0.02 & 0.01 \\
0.80 & 0.10 & 0.08 & 0.01 & 0.01 \\
0.60 & 0.27 & 0.10 & 0.02 & 0.01 \\
0.65 & 0.18 & 0.14 & 0.02 & 0.01 \\
0.85 & 0.10 & 0.03 & 0.01 & 0.01 \\
0.60 & 0.22 & 0.12 & 0.05 & 0.01 \\
0.30 & 0.59 & 0.08 & 0.02 & 0.01 \\
0.31 & 0.60 & 0.05 & 0.02 & 0.02 \\
0.35 & 0.60 & 0.03 & 0.01 & 0.01 \\
0.05 & 0.49 & 0.22 & 0.20 & 0.04 \\
0.15 & 0.60 & 0.20 & 0.04 & 0.01 \\
0.10 & 0.57 & 0.20 & 0.08 & 0.05 \\
0.15 & 0.55 & 0.20 & 0.08 & 0.02 \\
0.10 & 0.33 & 0.49 & 0.05 & 0.03 \\
0.17 & 0.40 & 0.37 & 0.04 & 0.01 \\
0.20 & 0.32 & 0.40 & 0.07 & 0.01
\end{bmatrix}
$$

由式（12-13）计算评判因素的指标权重可得：

$\boldsymbol{\omega}$ = (0. 123, 0. 107, 0. 083, 0. 055,   0. 057, 0. 096, 0. 048,   0. 056,   0. 058,
0. 068,   0. 030,   0. 048,   0. 035,   0. 036,   0. 037,   0. 035,   0. 030)

由式（12-14）求得最终的评判结果：

$$\boldsymbol{u} = (0.551, 0.288, 0.115,   0.032,   0.014)$$

取置信度 $\lambda = 0.7$，由置信度准则及公式（12-15）判定该露天矿深孔台阶爆破效果的评价等级为第 2 等级，即"好"。未确知方法注意了评价空间的有序性，给出了比较合理的置信度识别准则和排序的评分准则。而这正是模糊数学、层次分析法和灰色关联法所不具备的。

12.3 评价指标的测定与计算

12.3.1 大块率

12.3.1.1 岩石破碎块度的表示方法

（1）最大线性直径：以岩块两极端的线性尺寸表示。

（2）等值球径：无论是几何学，还是物理学，球形都是最简单的。用岩块等体积球的直径表示块度尺寸称为等值球径。用岩块等体积球的表面积（或比表面积）表示块度的尺寸称为等体积球表面积（或等体积球比表面积）。

（3）三轴径：设想有一个长方形箱子正好装入一块岩体，该长方形箱子的三个边长即为岩块三个轴向尺寸（图 12-12）。三轴径平均值计算法和物理意义列于表 12-5。

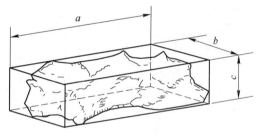

图 12-12 块体的三轴尺寸

a—长径；b—短径；c—厚度

表 12-5 三轴径平均值计算法

序号	计算式	名　称	物理意义
1	$\dfrac{a+b}{2}$	三轴平均径	平均图形的算术平均值
2	$\dfrac{a+b+c}{3}$	三轴平均径	算术平均值
3	$\dfrac{3}{\dfrac{1}{a}+\dfrac{1}{b}+\dfrac{1}{c}}$	三轴调和平均径	具有与外接长方体同比表面积球的直径
4	$\sqrt{ab}$	三轴几何平均径	平面图形中的几何平均值
5	$\sqrt[3]{abc}$	三轴几何平均径	与外接长方体体积相同的立方体之一边

12.3.1.2　大块率和根底率的计算[26]

A　根据大块的平均体积计算岩体爆破的大块率

根据电铲铲斗尺寸和矿石初破碎机进料口允许的最大矿块尺寸来确定不合格大块。例如：岩石大块最大线性尺寸大于 1.5m；矿石大块最大线性尺寸大于 1.3m 为不合格大块。

$$S_r = \frac{nV_r\rho_r}{aQ} \times 100\% \qquad (12\text{-}16)$$

式中　V_r——矿岩爆破平均大块体积，通过对大量不合格大块统计求出；

　　　ρ_r——矿岩密度；

　　　Q——矿岩爆破量；

　　　a——矿岩爆破量修正系数；

　　　n——大块个数，由二次爆破统计资料提供。

B　根据体积法计算爆破根底率

根据体积法计算爆破根底率公式为

$$\delta_G = \frac{\sum\limits_{i=1}^{n} V_i\rho_r}{aQ} \times 100\% \qquad (12\text{-}17)$$

式中　V_i——根底体积，m^3，由二次爆破统计资料提供；

　　　n——出现的根底次数。

C　冶金部黑色金属矿山情报网建议的公式

冶金部黑色金属矿山情报网建议采用二爆消耗的雷管数来计算大块率和根底率：

$$S_r = \frac{V_L}{V}N_L \times 100\% \qquad (12\text{-}18)$$

式中　V_L——每只雷管平均负担的破碎矿岩体积，m^3；

　　　V——爆破的矿岩总体积，m^3；

　　　N_L——二次破碎消耗的雷管总数，个。

或者按下式：

$$S_r = \frac{\sqrt[3]{V_d}N_L}{V}100\% \qquad (12\text{-}19)$$

式中　V_d——电铲铲斗容积，m^3。

根底率的计算公式如下：

$$\delta_G = \frac{V_G}{V} \qquad (12\text{-}20)$$

式中　V_G——产生的根底体积，m^3。

12.3.2　块度分布

12.3.2.1　Split-desktop 块度分析软件

块度尺寸及其分布是表征块度特性的一个重要指标。为了将块度分布指标定量化，

Split-desktop 数字图像法块度分析软件是一个比较理想的工具。

Split-desktop 块度分析软件是一种由客户协助操作的岩石块度分析软件。根据在爆堆表面拍摄的照片，该软件可以在便携式电脑上或办公室内利用数字图像分析爆破块度的尺寸分布规律。

A　Split-desktop 操作步骤

利用 Split-desktop 块度分析软件对爆堆照片进行处理分析时，按以下步骤进行：

（1）照片读取输入。在爆堆开挖过程中，以固定直径的两个篮球为参照物，对爆堆拍摄一定数量的照片，然后将照片导入软件中，主要有：参照物尺寸、细小颗粒因素、轮廓识别精度等。

（2）自动勾画照片中岩块边界。设置后软件即可对岩石的轮廓进行识别，并绘制轮廓线。

（3）设置图片中球体参照物尺寸。

（4）人工对步骤（2）进行调整和编辑。由于在进行灰度分辨时，岩块边界划分会出现误差，此时需要进行人工修改。如图 12-13 所示。

（5）估计并设置粉末控制尺寸。

（6）分析结果输出，即软件可以立即给出该照片中的爆堆块度分布曲线图及级配表，整个过程操作简单、分析结果可靠。

所得表格中主要反映了块度分布累积曲线图和块度分布累积百分表。通过处理，可以得到每一次爆破的块度分布情况。

主要分析过程截图如图 12-13～图 12-18 所示。

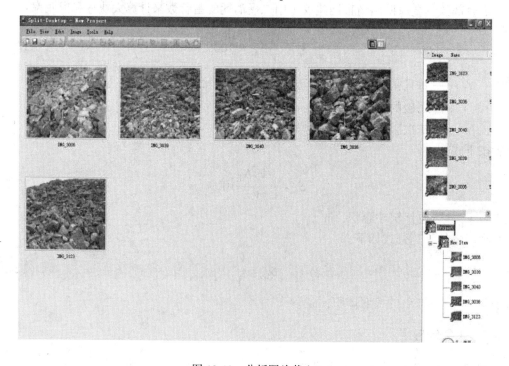

图 12-13　分析图片载入

图 12-14　岩块边界勾画

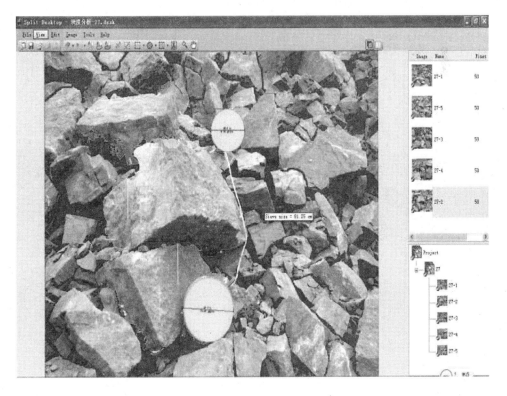

图 12-15　参照物尺寸标定

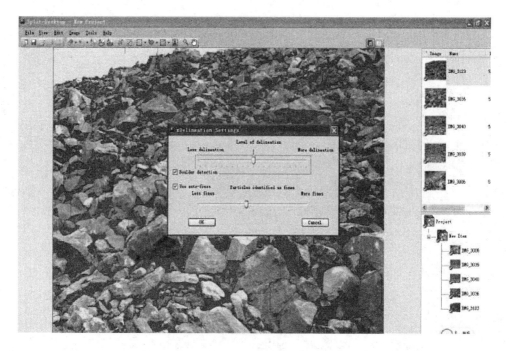

图 12-16　估计并设置粉末控制尺寸

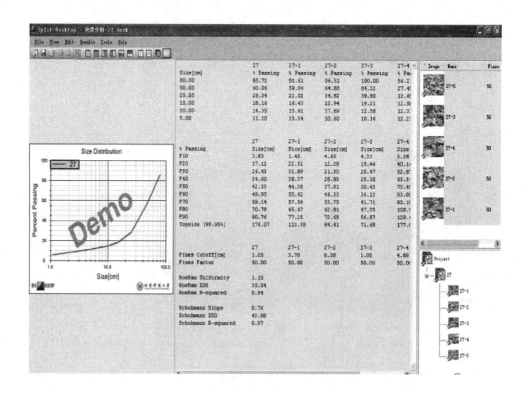

图 12-17　结果输出界面

```
                          27           27-1         27-2         27-3         27-4
Size[cm]                  % Passing    % Passing    % Passing    % Passing    % Pas
80.00                     85.72        91.61        96.51        100.00       56.2
50.00                     60.06        59.04        64.88        84.32        27.4
25.00                     28.34        22.02        34.82        39.80        13.6
15.00                     18.16        16.43        22.94        19.21        12.5
10.00                     14.35        15.61        17.69        12.58        12.3
5.00                      11.10        15.34        10.60        10.14        12.2


                          27           27-1         27-2         27-3         27-4
% Passing                 Size[cm]     Size[cm]     Size[cm]     Size[cm]     Size
F10                       3.83         1.45         4.65         4.31         3.28
F20                       17.12        22.51        12.28        15.44        40.1
F30                       26.43        31.89        21.30        20.47        52.8
F40                       34.60        38.37        28.93        25.10        63.3
F50                       42.33        44.38        37.91        30.43        73.4
F60                       49.95        50.62        46.33        36.13        83.8
F70                       59.14        57.56        53.75        41.71        95.1
F80                       70.78        65.67        62.81        47.35        108.
F90                       90.76        77.25        72.65        56.87        129.
Topsize (99.95%)          176.07       113.39       84.41        71.68        177.


                          27           27-1         27-2         27-3         27-4
Fines Cutoff[cm]          1.05         3.78         8.58         1.05         4.88
Fines Factor              50.00        50.00        50.00        50.00        50.0

RosRam Uniformity         1.10
RosRam X50                35.54
RosRam R-squared          0.94
```

图 12-18　输出结果

B　实例

工业试验所依托的工程为遵义市新火车站站前广场场平工程，整个工程土石方800万立方米，开挖高差47m，分两层开挖。根据工程实际要求和铲装设备条件，取不大于80cm为合格块度，大于80cm为大块。表12-6和表12-7为多次爆破测量的大块率和平均块度尺寸。

表 12-6　爆破大块率测量结果

编号	大块率/%	编号	大块率/%	编号	大块率/%
1	4.63	10	10.56	19	15.41
2	4.76	11	10.93	20	11.98
3	7.53	12	11.06	21	16.28
4	9.58	13	8.15	22	11.91
5	10.75	14	9.35	23	11.78
6	9.77	15	8.26	24	12.83
7	5.02	16	7.21	25	13.25
8	7.69	17	7.83	26	12.01
9	5.57	18	9.89	27	13.79

表 12-7   爆破平均块度测量结果

编号	平均块度/cm	编号	平均块度/cm	编号	平均块度/cm
1	21.53	10	27.37	19	38.39
2	22.76	11	30.11	20	37.56
3	23.38	12	30.57	21	39.67
4	26.91	13	26.55	22	35.66
5	29.63	14	27.99	23	30.86
6	29.02	15	26.79	24	33.13
7	22.93	16	23.86	25	37.25
8	25.09	17	25.96	26	31.43
9	25.67	18	27.82	27	36.72

12.3.2.2   爆破产物的分布函数

爆破产物分布函数表示爆破产物几何尺寸小于 D 的产物累积量 Y 的函数,即筛网孔径与筛分累积量的关系曲线。筛分累积量分为筛上累积和筛下累积。筛上累积量指大于某一粒度 X_a 的各粒级重量之和占总量的百分比(大于 X_a 的各粒级含量总和);筛下累积量指小于某一粒度 X_a 的各粒级重量之和占总量的百分比(小于 X_a 的各粒级含量总和)。图 12-19 示出两种方法的图形,从曲线的上凸下凹可判断块度组成的粗细偏差。

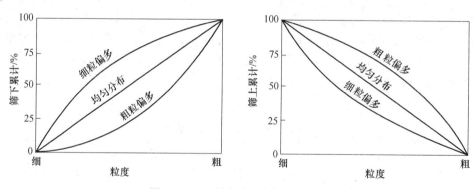

图 12-19   以累积含量表示块度组成

以函数形式表示爆破产物的分布,可以全面了解产物的破碎程度;从曲线上可以求出任一粒级的筛分累积百分比和相对含量;利用数学表达式可以进一步揭示岩石破碎规律、机理。常见的分布函数有:

(1) Rosin-Rammler(R-R)函数

$$y = 1 - \exp\left[-\left(\frac{d}{D_e} \right)^n \right] \tag{12-21}$$

式中 y——爆破产物小于 d 的累积相对量,%;

d——爆破产物尺寸(筛网尺寸);

D_e——块度特性,爆破产物粒群的名义尺寸;

n——均等系数,n 值越小,块度分布范围越广。

如果 $d = D_e$,

$$y = 100\mathrm{e}^{-1} = \frac{100}{2.718}36.8(\%) \tag{12-22}$$

D 即为与 $d = 36.8\%$ 相对应的粒径。

（2）Gates-Gaudin-Scuhman（G-G-S）函数

若采用双对数坐标，横坐标与粒径，纵坐标与筛下累积量，破碎产物的分布近似于直线。

$$y = 100\left(\frac{d}{k}\right)^n \tag{12-23}$$

式中　k——块度分布的直线与 $y = 100\%$ 的线段交点上的 d 值。

若把 R-R 函数按级数展开，舍去第二项以后的各项，经整理后可以得到 G-G-S 函数。所以，G-G-S 函数是 R-R 函数按级数展开后第一项的近似表达式。

（3）Gaudin-Meley（G-M）函数

$$y = 1 - \left(1 - \frac{d}{d_m}\right)^n \tag{12-24}$$

式中　d_m——爆破前的块度，从 $0 \leqslant d \leqslant d_m$ 可知，d_m 为爆前岩体的最大块度。

用上述三种函数表示爆破产物块度分布表明，在双对数坐标纸上绘制的曲线斜率，对于受压破碎加工的任何矿石都是不变的。可将这个斜率视为破碎产物"性质"的函数。一般说，产物较硬斜率就大。经验表明，S-M 分布和 R-R 分布倾向于粗粒端，G-G-S 函数分布倾向于细粒端。

12.3.3　爆堆形态

12.3.3.1　表征爆堆形态的参量的测量

表征爆堆形态的参量主要有：爆堆高度、前冲距离和后冲距离等。最简易的测量方法是根据爆区的大小，选择有代表性的爆堆测点用皮尺、钢卷尺进行测量，取其平均值。表12-8 和表 12-9 为遵义市新火车站站前广场场平工程的实测值。

表 12-8　爆堆前冲测量值

编号	爆堆前冲/m	编号	爆堆前冲/m	编号	爆堆前冲/m
1	17.66	10	11.65	19	5.26
2	16.25	11	10.96	20	7.76
3	14.91	12	10.51	21	6.31
4	11.93	13	12.53	22	8.97
5	11.32	14	11.94	23	10.25
6	12.38	15	13.14	24	8.32
7	13.97	16	13.82	25	6.85
8	12.73	17	12.69	26	9.49
9	14.67	18	11、81	27	7.13

表 12-9 爆堆后冲测量值

编号	爆堆后冲/m	编号	爆堆后冲/m	编号	爆堆后冲/m
1	1.18	10	1.28	19	1.52
2	0.82	11	1.23	20	1.46
3	0.71	12	0.91	21	1.37
4	1.12	13	1.05	22	1.52
5	0.98	14	0.98	23	1.49
6	0.76	15	0.67	24	1.34
7	0.93	16	1.06	25	1.73
8	0.85	17	0.89	26	1.65
9	0.62	18	0.56	27	1.41

12.3.3.2 爆堆形态符合温布尔（Weibull）模型

爆堆形态和爆破块度分布一样是衡量爆破效果的重要指标。它不仅反映了爆破参数、装药结构的合理性，而且直接影响铲装、运输效率。

A Weibull 模型

Weibull 模型为概率统计模型，它忽略了在爆炸能作用下岩石破裂和抛掷的复杂计算过程，而用概率统计的方法描述台阶爆破后爆堆的最终形态，是一种实用型的随机变量模型。

1939 年 Weibull 首次采用 Weibull 模型。在随机性模拟中，广泛地用于处理各种随机现象的数量性表征，其力学基础是质量守恒定律和能量守恒定律。

根据质量守恒定律，爆破前岩体质量等于爆破后岩体质量。

$$\int_0^{L_m} d_h h(x)\,\mathrm{d}x = A_0 d_q \tag{12-25}$$

式中 d_q ——爆破前的岩石密度；

       d_h ——爆破后的岩石密度；

   $h(x)$ ——轴上爆堆高度；

       A_0 ——待爆岩体的台阶剖面面积；

      L_m ——岩块最远抛距。

将上式无量纲化：

$$\int_0^{L_m} H(X)\,\mathrm{d}X = 1 \tag{12-26}$$

式中, $X = \dfrac{x}{aA_0}$, $H = \dfrac{h}{aA_0}$, $L_m = \dfrac{l_m}{aA_0}$, $a = \dfrac{d}{d_h}$。

η 为松散系数，如果取 $H(X)$ 为 Weibull 分布的概率密度函数：

$$H(X) = \begin{cases} 0 & \text{当 } X < 0 \\ (U/T)(X/T)^{U-1}\exp[-(X/T)^U] & \text{当 } 0 \leqslant X \leqslant L_m \\ 0 & \text{当 } X > L_m \end{cases} \qquad (12\text{-}27)$$

式中，T、U 为控制曲线形状的参数，$U>1$。若 T 与 U 选择合理，$H(X)$ 在 L_m 处变化很小，式（12-25）的积分限可表示为：

$$\int_{-\infty}^{+\infty} H(X)\,\mathrm{d}X = 1 \qquad (12\text{-}28)$$

当 T、U 取值不同时，Weibull 分布曲线如图 12-20 所示。

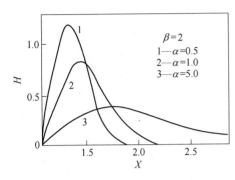 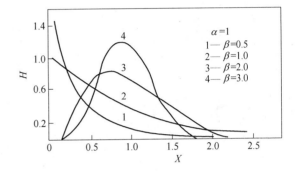

图 12-20　Weibull 分布曲线

B　最远抛距的确定

根据参考文献 [16]，岩体重心的抛掷速度 v_c 和最远抛距 L_m 可按下式计算：

$$v_c = [2Z \cdot Q_e \cdot q \cdot d_q^{-1} - \sigma_c^2 (d_q \cdot E)^{-1}]^{1/2} \qquad (12\text{-}29)$$

式中　Z——从炸药到岩石的能量转换率；

$\quad Q_e$——炸药爆热；

$\quad q$——炸药单耗；

$\quad \sigma_c$——岩石抗压强度；

$\quad E$——岩石弹性模量。

$$L_m = \frac{v_c}{\sqrt{2}}\left\{ \frac{v_c}{\sqrt{2}g} + \left[\frac{2}{g}\left(\frac{v_c^2}{4g} + y_n \right) \right]^{\frac{1}{2}} \right\} \qquad (12\text{-}30)$$

式中　y_n——抛点与落点的高差；

$\quad g$——重力加速度。

C　Weibull 分布的修正——爆堆初始高度的确定

典型的 Weibull 分布曲线是一条通过原点的曲线。而多排孔延期起爆的台阶爆破，由于最后一排炮孔的爆破漏斗作用，在所形成的爆堆中出现一个漏斗状的凹陷。爆堆轮廓形态符合 Weibull 分布是指轮廓线的主要部分符合，而不是轮廓线的全部。根据南芬露天铁矿生产爆破统计资料，爆破漏斗深度 $h = (0.25 \sim 0.20)H$，H 是台阶高度。

12.3.3.3　实例与分析

以南芬铁矿爆破为例，用弹道理论模型和 Weibull 模型分别模拟预测爆堆形态。

（1）模拟爆破的初始资料。岩石类别为混合花岗岩，采用多孔粒状铵油炸药，台阶高度 18m，孔网参数 8m×8m，底盘抵抗线 10m，孔径 250mm 或 310mm，孔深 20m，同时起爆 4 排炮孔，每孔装药量 700kg。

（2）用 Weibull 模型预测爆堆形态。模拟结果如图 12-21 所示。改变初始条件亦可得出不同的结果：1）爆堆形态与炸药单耗的关系（图 12-22）。随着炸药单耗的增加，抛掷距离增大，爆堆高度减小；2）爆堆形态与台阶高度的关系（图 12-23），随着台阶高度增加，爆堆高度明显增加，抛距也有所增大。统计资料表明：爆堆高度 $H' = (1.2 \sim 1.4)H$。

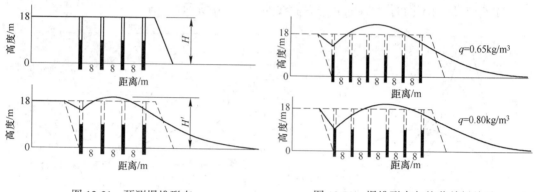

图 12-21　预测爆堆形态　　　　　　图 12-22　爆堆形态与炸药单耗关系

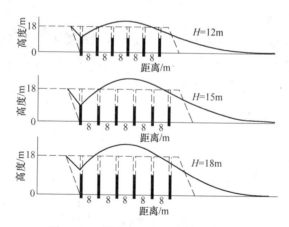

图 12-23　爆堆形态与台阶高度的关系

12.3.4　爆堆松散系数[29]

松散系数系指岩石经过爆破松散后的体积与原岩体积之比，是反映爆破效果的重要指标。通常，爆堆隆起高度越高松散度越好。工程中要求爆堆有一点的隆起高度，但不得超过挖掘机的最大挖掘高度。爆堆隆起高度过高，会影响挖掘机的安全作业。反之，会降低挖掘机的满斗率和作业效率。露天矿台阶爆破的松散系数一般为 1.0~1.8。爆破松散后的体积可采用剖面法计算，根据爆区的大小可选取不同的剖面数，例如：在爆堆上取 4 个剖面，测量剖面轮廓线，绘制出 4 个剖面的剖面图（图 12-24），计算出几何剖面的面积（表 12-10），最后估算出爆堆的体积。

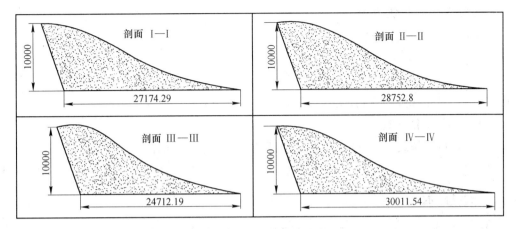

图 12-24　爆堆剖面图

表 12-10　各剖面面积

剖面序号	I — I	II — II	III — III	IV—IV
面积/m²	130.08	140.58	123.71	132.76

在计算爆堆长度时，还应考虑带有临空面的侧面外抛部分体积，该部分可以近似增加半个孔距的长度。因此，爆堆体积 V_1 约为：

$$V_1 = S_p L_b \tag{12-31}$$

式中　S_p——平均截面积，m^2；

$\qquad L_b$——爆堆长度，m。

故　　$V_1 = (130.08 + 140.58 + 123.71 + 132.76)/4 \times 18 = 2372.1 \ m^3$

原岩体积

$$V_0 = 10.5 \times 16 \times 10 = 1680 \ m^3 \tag{12-32}$$

则松散系数　　$\eta = \dfrac{V_1}{V_0} = 2372.1/1680.0 = 1.4$

12.3.5　铲装效率

电铲铲装效率的高低主要取决于电铲的纯作业时间。以下是单斗电铲能力的计算。

12.3.5.1　台班生产能力计算

台班生产能力的计算按式（12-32）进行计算：

$$Q_b = \frac{3600 T E K_m \varepsilon}{t K_s} \tag{12-33}$$

式中　T——台班作业小时，h；

$\qquad E$——勺斗容积，m^3；

$\qquad K_m$——满斗系数；

$\qquad K_s$——物料在勺斗中的松散系数；

$\qquad t$——装车循环时间，s；

$\qquad \varepsilon$——挖掘机时间利用率。

12.3.5.2 台年能力计算

台年能力按式（12-34）进行计算（$10^4 m^3/$台年）：

$$Q_n = \frac{Q_b C N}{10^4} \quad (12\text{-}34)$$

式中　C——日工作班数，班/天；

　　　N——年工作日数。

式（12-33）和式（12-34）除 ε 之外都是常数，即电铲的能力是 ε 的函数：

$$Q_n = f(\varepsilon) \quad (12\text{-}35)$$

12.3.6 爆破成本

爆破直接成本主要包括钻孔成本、爆破器材成本和人工成本等。

12.3.6.1 单位方量钻孔量

根据设计的孔网参数，单位方量钻孔量 φ 按下式计算：

$$\varphi = \frac{\beta(H+h)}{Hab} \quad (12\text{-}36)$$

式中　β ——钻孔量计算系数，对于90mm孔径，取 $\beta=1$，对于120mm孔径，取 $\beta=1.5$；

　　　H——台阶高度，m；

　　　h——超深，m；

　　　a——孔距，m；

　　　b——排距，m。

12.3.6.2 单位方量炸药消耗量

根据设计的孔网参数，单位方量炸药消耗量 q 按下式计算：

$$q = \frac{(H+h-l)q_1}{Hab} \quad (12\text{-}37)$$

式中　q_1——炮孔线装药量，kg/m，对于90mm孔径，$q_1=5.5$kg/m；对于120mm孔径，

　　　$q_1=10$kg/m；

　　　l——填塞长度，m。

12.3.6.3 单位方量人工费

根据矿岩年产量和用工费用确定单位方量人工费。

$$F = \frac{f_1 + f_2 + \cdots + f_i}{Q_n} \quad (12\text{-}38)$$

式中　F——单位方量人工费，元/立方米；

　　　Q_n——矿岩年产量，t/a 或 m³/a；

　　　f_i——不同工种的用工费，元/年。

实例：某采石场年产石灰石矿180万吨，其密度为 2.6~2.7t/m³。

现场所需人员及工资列于表12-11。

表 12-11　现场所需人员及工资

序号	人员类别	人数/人	月工资/元	年工资/万元	合计/万元
1	钻孔工	2	4500	5.4	10.8
2	爆破工	3	4500	5.4	16.2
3	工程师	1	10000	12	12
4	工地负责人	1	5000	6.0	6.0
5	仓库保管员	2	2500	3.0	6.0
6	后勤人员	1	4000	4.8	4.8
7	食堂人员	1	2000	2.4	2.4
合　计					58.2

所以，$F = \dfrac{f_1 + f_2 + \cdots + f_i}{Q_n} = \dfrac{58.2}{180/2.65} = 0.85$ 元/立方米。

参 考 文 献

[1] 万德林. 露天矿爆破效果对铲装效率及生产成本的影响 [J]. 世界采矿快报，2000，16（9）：317~319.

[2] 汪旭光. 工程爆破设计与施工 [M]. 北京：冶金工业出版社，2004.

[3] 于亚伦. 工程爆破理论与技术 [M]. 北京：冶金工业出版社，2004.

[4] 古德生，李夕兵，等. 现代金属矿床开采科学技术 [M]. 北京：冶金工业出版社，2006.

[5] 戴永冰，陈立群，宋守志. 岩性因素对岩石爆破的影响 [J]. 东北大学学报（自然科学版），2003，24（7）：696~698.

[6] 陈立群，戴永冰，宋守志. 岩体结构对岩石爆破效果的影响 [J]. 探矿工程（岩土钻掘工程），2004（12）：50~52.

[7] 俞缙，钱七虎，赵晓豹. 岩体结构面对应力波传播规律影响的研究进展 [J]. 兵工学报，2009，31（2）：308~316.

[8] Mohanty B. Physics of exploration hazard [M]. London：Taylor and Francis Group，1998.

[9] Kleinberg. R L，Chow E Y，Plona T J，et a1. Sensitivity and reliability of two fracture detection techniques for borehole application [J]. Journal of Petroleum Technology，1982，34（4）：657~663.

[10] King M S，Myer L R，Rezowalli J J. Experimental studies of elastic wave propagation in a columnar-jointed rock [J]. Geophysical Prospecting，1986，34（8）：1185~1199.

[11] Martin P A，Wickham. Diffraction of elastic waves by a penny-shaped crack：Analytical and numerical results [D]. London：Mathematical and physical Sciences. 1983，390：91~129.

[12] Bostrom A，Eriksson A S. Scattering by two penny-shaped cracks with spring bound aryconditions [D]. London：Mathematical and physical Sciences. 1993，443（1917）：183~201.

[13] 李显寅，浦传金. 自由面对爆破效果的影响分析 [J]. 化工矿物与加工，2009（12）：26~31.

[14] 张志呈，张顺朝. 论工程爆破中自由面与爆破效果的关系 [J]. 西南科技大学学报，2003，18（3）：30~33.

[15] 汪传松，彭辉. 双自由面台阶爆破最小理论药包量的计算 [J]. 武汉水利水电大学（宜昌）学报，

1999, 21 (2)：113~116.

[16] 王仲琦，等. 自由面条件影响爆炸作用的数值模拟 [J]. 矿业研究与开发，2001, 21 (1)：36~39.

[17] 孙英翔. 露天深孔爆破炮孔填塞长度及填塞物运动规律的研究 [D]. 东北大学硕士学位论文，2011 年 6 月.

[18] 罗勇，沈兆武. 炮孔填塞对爆破作用效果的研究 [J]. 工程爆破，2006 (1)：16~18.

[19] 张福德. 影响爆破效果因素的灰关联分析 [D]. 武汉理工大学硕士学位论文，2011.

[20] 曾新枝. 矿岩爆破效果综合评价体系研究与实现 [D]. 武汉理工大学硕士学位论文，2012.

[21] 曾新枝，房泽法，矿山爆破效果综合评价的现状 [M]. 见：中国采选技术十年回顾与展望. 357~360.

[22] 秦虎，汪旭光，范小雄，等. 露天爆破效果的模糊综合评价 [J]. 有色金属，1998, 50 (1)：9~12.

[23] 苏为华. 多指标综合评价理论与方法问题研究 [D]. 厦门：厦门大学管理学院，2000.

[24] 陶铁军，汪艮忠. 基于未确知测度的爆破效果综合评价研究 [J]. 工程爆破，2012, 18 (2)：22~25.

[25] 马超. 基于未确知测度理论矿井通风系统安全评价研究 [D]. 西安科技大学硕士学位论文，2005.

[26] 秦明武，等. 露天深孔爆破 [M]. 西安：陕西科学技术出版社，1995.

[27] 周磊. 台阶爆破效果评价及爆破参数优化研究 [D]. 武汉理工大学硕士学位论文，2012.

[28] 张光权. 逐孔起爆效果评价分析及参数优化研究 [D]. 北京科技大学博士学位论文，2013.

[29] 于亚伦，高焕新. 用弹道理论模型和 Weibull 模型预测台阶爆破的爆堆形态 [J]. 工程爆破，1998, 4 (2)：1~7.

[30] Shaoquan Kou, Agne Rustan. SAROBLAST A computer program for blast design prediction of gragment size and muckpile profile LULER UNIVERSITY OF TECHOLOGY. 1992.

[31] 魏钧. 提高露天煤矿电铲效率的途径 [J]. 露天采煤技术，1994 (04)：21~23.

13 爆破有害效应及作业环境的保护

13.1 爆破有害效应

爆破有害效应包括爆破振动、爆破冲击波、爆破个别飞散物（飞石）、爆破噪声、爆破有害气体等。对于台阶爆破，爆破振动、爆破冲击波、爆破个别飞散物（飞石）对于建（构）筑物的损害和人员的正常生活的影响更大。

13.1.1 爆破地震波

13.1.1.1 爆破地震波的产生

炸药在岩土介质中爆炸时，炸药的能量以两种形式释放出来，一种是爆炸冲击波，一种是爆炸气体。其中部分炸药能量用于岩体破碎、移动或抛掷，另有部分能量对周围的介质引起扰动，并以波动形式向外传播，称为爆破地震波。地震波的能量仅占炸药爆炸总能量的很小部分，在岩石和干土中，约占 2%～6%；在湿土中约占 5%～6%；在水中约占20%[1]。爆破地震波尽管所占比例不大，但引起的破坏作用却不能忽视。

通常认为：在爆炸近区（药包半径的 10～15 倍）传播的为冲击波，在中区（药包半径的 15～400 倍）为应力波，在远区衰减为地震波。地震波是一种弹性波，它以球面波或柱面波的形式在介质中继续传播，随着曲面半径的增大，单位球面上的能量不断减小。由于岩石介质的不均质性、不连续性，波的反射和折射以及介质体内的内摩擦导致能量不断被吸收而发生能量耗散现象，使得地震波向外传播的过程是一个不断呈指数衰减的过程。

13.1.1.2 地震波的分类

爆破地震波包含在介质内部传播的体波和沿地面传播的面波。爆破地震波在岩体内首先传播的形式为体波，即介质产生体积变形的扰动波。当波的传播方向与振动方向一致，而使介质受到压缩或膨胀变形，这种波称为纵波，又称 P 波（Primary），因其传播速度最快，故是初至波；当介质质点振动与波的传播方向相垂直时，引起介质的剪切变形，这种波称为横波，又称 S 波（Secondary，表示次波）。P 波和 S 波遇到界面时，要产生波型转换同时发生波的反射和折射，形成四种新的体波，反射 P 波、反射 S 波，以及折射 P 波、折射 S 波，同时，由于界面两侧介质的弹性性质不同，还将产生其他类型的波，主要是表面波，简称面波。面波通常被认为是体波经地层界面的多次反射形成的次生波，是在地表或结构体表面以及结构层面传播的波。表面波的两种基本形式是 Rayleigh（瑞利）波和Love（勒夫）波。瑞利波使介质表面附近的质点做垂直和水平方向复合运动。勒夫波的特征是质点仅在水平横向做剪切振动，没有垂直分量的运动，只有当岩体内存在两种或多种介质时，其交界面才会出现勒夫波。表面波质点的振幅随至界面距离的增加而按指数规律衰减，因此表面波具有沿界面而传播的特点。

由于波在传播过程中要满足分层界面上的边界条件，不同波长（不同频率）的波具有各自不同的传播速度，即发生所谓频散现象。在地层内，频散的传播效应是使波列扩展开来，因为波速不同，不同波长的波在传播时不再同步，不能维持原有的波形。显而易见，随着距爆源距离的增加，爆破地震波变得复杂起来。

各种波向外传播时，每一种波的能量密度都将随着离开振源距离的增加而减小，这种能量密度（或振幅）因波阵面几何扩散而减小的现象称为几何阻尼，或几何扩散。可以证明，在介质表面，纵波和横波的振幅与距离按 $1/r^2$ 比例减小，瑞利波的振幅与距离按 $1/\sqrt{r}$ 比例减小，因此，瑞利波随距离的衰减比体波慢得多。

可以说，在一个接近地表面的爆破中，存在着四种波，即 P 波（纵向压力波），N 波（纵向稀疏波），S 波（剪切波）和 R 波（瑞利表面波）。从理论上，压力波和稀疏波都是纵波，由于地层拉伸性质与压缩性质不同，使得压力波传播速度比稀疏波大一些。这样在四种波中，P 波（纵波）传播最快，N 波（稀疏波）比 P 波慢一些，S 波（剪切波）比 P 波慢，而 R 波（瑞利波）最慢。

13.1.1.3 爆破地震波的特征

我国科研工作者在研究分析了众多测试成果后，提出爆破地震波有如下特征：

（1）近距离的振动波形比较简单，基本上是一个脉冲，脉冲的时间长度随药量的增加而增加；

（2）随着距离的增加，振动波形趋于复杂化，出现在振动初期的最大振幅逐渐向后推移；

（3）存在着相似关系，即试验数据（如最大振动速度）按参数（$Q^{1/3}/R$）来整理时，在对数坐标中基本落在一条直线上。

图 13-1 给出典型的爆破地震波波形。它可分为初震相、主震相、余震相三个部分。初震相通常由频率较高（几十~几百赫兹）、振幅较小的不规则波形组成，当土介质上覆盖层较松软时，初震相表现不明显。接着，出现 1~4 个频率为 5~100Hz 的大振幅波形，称为主震相。随后，以近似谐

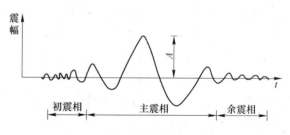

图 13-1 典型的爆破地震波波形

波衰减的振动形式近入余震相。余震相的频率与主震相相近，其衰减阻尼系数约为 0.15~0.33。

爆破地震波作用的持续时间一般为 0.4~2.0s，随介质性质和与爆源距离的不同而异。其中初震相持续时间约 0~0.6s，主震相持续时间约 0.15~0.8s，余震相持续时间约 0.2~0.8s。观测表明：随着远离爆源，爆破地震波的最大幅值逐步衰减，振动频率也有所下降；但在一定范围内振动作用时间则有所增加。

13.1.1.4 表示质点振动的参量

表示质点振动的参量有位移、速度、加速度和频率，对于正弦振动：

位移表示为：
$$x(t) = A\sin(\omega t + \varphi) \tag{13-1}$$

速度： $$v(t) = \frac{\mathrm{d}x}{\mathrm{d}t} = A\omega\cos\left(\omega t + \varphi + \frac{\pi}{2}\right) \tag{13-2}$$

加速度 $$a(t) = \frac{\mathrm{d}^2 x}{\mathrm{d}t^2}A\omega^2\sin(\omega t + \omega + \pi) \tag{13-3}$$

式中 ω——角频率，$\omega = 2\pi f$；

f——质点振动频率；

φ——初始相。

爆破引起的质点振动为随机振动，任何随机振动可以通过傅里叶变换用无限长正弦波来描述。按上述公式，只需通过傅里叶变换，若知位移、速度、加速度三个参量中的任一个，经过积分或微分便可求得另一个。但是，爆破振动波是一个瞬态复杂波，介质质点的振动不是稳态的正弦运动，因此三个物理量在数值换算中必然存在较大的误差。根据美国矿业局计算：当假定为简谐运动，则由位移或加速度换算的速度值，都低于直接记录的速度值，因此实际观察中最好是直接测量所需的物理量[1]。

13.1.1.5 爆破地震波的衰减规律

表示质点振动速度的参量有位移、速度和加速度。三个参量中用哪一个表示质点振动的强度更为合理，目前国内外尚无统一规定。有人认为以振动速度作为安全判据较为合适，也有人认为加速度能将爆破振动产生的惯性力联系起来，便于换算对建筑结构产生影响的振动作用及进行建筑结构内力分析。

目前，中国和许多国家采用质点振动速度作为地震强度的判据。这是因为大量的现场试验和观测表明，质点振速大小与爆破地震破坏程度的相关性最好；当装药量、距爆源距离、最小抵抗线相同时，振动速度虽有一些变化，但较其他物理量而言，振速与岩土性质的关系比较稳定。

A 国外爆破地震波的衰减规律的演变

关于爆破地震效应的研究，国外起步较早，早在1927年美国的 E. H. Rockwell 就开始研究矿山和采石场爆破振动对建（构）筑物的影响，但研究工作仅限于对破坏现象的统计分析和经验总结。

爆破振动强度预测和控制的研究是20世纪60~70年代初从美国的环保运动开始的，而爆破振动衰减规律的研究还要早得多。由于当时美国公众对自己权益的保护，对矿山企业爆破参数的振动等危害效应向当地政府提出了要求，迫使矿业部门对其进行了控制研究。

1950年英国的 Morris 提出了第一个爆破振动衰减规律方程[4,5]：

$$A = K\frac{\sqrt{Q}}{R} \tag{13-4}$$

式中 A——质点的最大振动幅值，m；

Q——装药量，kg；

R——爆破位置至测试点的距离，m；

K——爆破现场的特征常数，取 $K = 0.57 \sim 3.40$。

1960年 Morris 将速度衰减方程描述为

$$v = KQ^m \cdot R^{-n} \tag{13-5}$$

式中　v——质点速度，m/s；

　　　Q——最大齐发爆破装药量，kg；

　　　R——爆心至测点的距离，m；

　m，n——爆破影响指数，由场地决定。

美国矿业局的研究人员对爆破地震波的衰减规律进行了大量的研究，并以质点峰值振速为安全控制标准，对各种受振对象制定了不同的破坏标准。Blair、Duvall（1954）和 Petkof[5] 把地震波的强度与装药量、测点至爆心的距离联系起来，建立了下述方程式：

$$v = K \left(\frac{R}{Q^{1/3}} \right)^{-n} \tag{13-6}$$

式中　K，n——与场地条件和岩石性质有关的经验系数和指数。

1966 年 J. R. Devine 在美国矿业局对 20 个采石场和建设工地的爆破振动观察数据进行统计分析的基础上，提出了爆破振动速度公式[6]：

$$v = H \left(\frac{D}{\sqrt{Q}} \right)^{-\beta} \tag{13-7}$$

式中　D——测点至爆心的距离，m；

　　　Q——每段爆破的药量，lb；

　H，β——与爆破点有关的常数。

1965 年 P. R. Attwell 等对欧洲采石场的爆破振动观察数据进行了统计分析，提出了如下的公式[7]：

$$v = K \left(\frac{Q}{R^2} \right)^{\alpha} \tag{13-8}$$

1963 年瑞典的 U. Langefors 和 B. Kihlstrom 给出了如下的经验公式[8]：

$$v = K \sqrt{\frac{Q}{R^{3/2}}} \tag{13-9}$$

苏联 M. A. 萨道夫斯基提出了如下的计算式[9] 成为许多国家应用的爆破振动速度经验计算公式，也是我国国标《爆破安全规程》（GB 6722—2014）所采用的计算公式：

$$v = K \left(\frac{Q^m}{R} \right)^{\alpha} \tag{13-10}$$

式中　v——地面质点振动速度，cm·s^{-1}；

　　　Q——炸药量（齐爆时为总装药量，延时爆破时为最大单段药量），kg；

　　　R——观测（计算）点到爆源的距离，m；

　K，α——与爆破点至保护对象间的地形、地质条件有关的系数和衰减系数；

　　　m——药量系数，$m = 1/2$ 或 $1/3$，依爆破方式不同而异，对深孔柱状药包取 1/2；对硐室集中药包取 1/3。

日本矿业会爆破振动研究委员会和物理探矿技术协会土木探矿研究会于 1976 年发布的"爆破振动测定指南"中并未涉及到振动速度的计算公式，代之而行的是各公司的规定。旭化成工业株式会社提出：

$$v = K w^{2/3} D^n \tag{13-11}$$

式中 K——与爆破条件、地质条件有关的系数：掏槽爆破时，$K=500\sim1000$，台阶爆时，

$\qquad K=200\sim500$；

$\qquad n$——指数：爆区为黏土层时，$n=2.5\sim3.0$，爆区为岩石时，$n=2.0$；

$\qquad w$——药量，$10\text{kg}<w<3000\text{kg}$；

$\qquad D$——距爆源距离，$30\text{m}<D<1500\text{m}$。

日本化藥株式会社提出的公式如下：

$$v = Kw^{3/4}D^{-2} \tag{13-12}$$

式中，K 值变化范围很大，可参阅表 13-1。

表 13-1 K 值

爆破类型	K
坑道掘进掏槽爆破	$450\sim900$
坑道掘进辅助眼顶眼爆破	$200\sim500$
坑道掘进底眼爆破	$300\sim700$
大孔径台阶爆破	$100\sim300$
挑顶、振动爆破	$300\sim2000$

B 台阶爆破地震波的衰减规律

台阶爆破不同于其他爆破方法，其工作面以台阶形式推进。特点是：炮孔呈多排爆炸，装药分散；爆轰波为同轴柱面波（不包括药柱两端）。因此，有人提出对于台阶爆破，药量系数应取 $m=1/2$。我国香港地区也倾向于采用 $m=1/2$，中国建筑工程（香港）有限公司采用 NCSC5400 爆破振动测试仪对香港佐敦谷场地平整工程进行了爆破振动监测，建议在 150m 范围内，宜采用 $m=1/2$。我国、俄罗斯等无论是台阶爆破还是硐室爆破，在计算爆破振动速度时，均采用 $m=1/3$。其原因有二：一是爆破振动速度尽管与爆破方法有关，但是式中的 K、α 值选取的范围比较宽，由于爆破方法不同产生的误差被 K、α 值选取的误差所掩盖；二是自 2004 年 5 月 1 日实施的《爆破安全规程》（GB 6722—2003）将药量指数 m 改为 1/3 以来并未产生明显错误，所以在新《爆破安全规程》（GB 6722—2014）中，取消了符号 m，直接以 1/3 代替，即 $v = k\left(\dfrac{Q^{\frac{1}{3}}}{R}\right)^{\alpha}$，变换后得

$$R = \left(\frac{k}{v}\right)^{\frac{1}{\alpha}}Q^{\frac{1}{3}} \tag{13-13}$$

式中 R——爆破振动安全允许距离，m；

$\qquad Q$——炸药量，齐发爆破为总药量，延时爆破为最大单段药量，kg；

$\qquad v$——保护对象所在地安全允许质点振速，cm/s；

k，α——与爆破点至保护对象间的地形、地质条件有关的系数和衰减指数，应通过现场试验确定，在无实验数据的条件下，可参考表 13-2 选取。

表 13-2 k 值和 α 值与岩性的关系

岩 性	k	α
坚硬岩石	$50\sim150$	$1.3\sim1.5$
中硬岩石	$150\sim250$	$1.5\sim1.8$
软岩石	$250\sim350$	$1.8\sim2.0$

进行移项后，得到下列公式：

爆破质点振动速度
$$v = k \left(\frac{Q^{\frac{1}{3}}}{R} \right)^{\alpha} \tag{13-14}$$

爆破振动允许药量
$$Q = \frac{R^3 v^{3/\alpha}}{k^{3/\alpha}} \tag{13-15}$$

13.1.1.6 爆破振动安全允许标准

（1）《爆破安全规程》（BG 6722—2014）的规定。《爆破安全规程》（BG 6722—2014）规定的爆破振动安全允许标准中，不同类型建（构）筑物，主要包括：土窑洞、土坯房、毛石房屋；一般民用建筑物；工业和商业建筑物；一般古建筑与古迹。设施设备主要有运行中的水电站及发电厂中心控制室设备。其他保护对象系指水工隧洞、交通隧道、矿山巷道、永久性岩石高边坡、新浇大体积混凝土（C20）。对于上述不同保护对象的爆破振动安全判据均采用振动速度和主振频率双指标，其安全允许标准是各不相同的。表 13-3 列出新《爆破安全规程》（BG 6722—2014）规定的爆破振动安全允许标准。

表 13-3 爆破振动安全允许标准

序号	保护对象类别	安全允许质点振动速度 $v/\text{cm} \cdot \text{s}^{-1}$		
		$f \leqslant 10\text{Hz}$	$10\text{Hz} < f \leqslant 50\text{Hz}$	$f > 50\text{Hz}$
1	土窑洞、土坯房、毛石房屋	0.15~0.45	0.45~0.9	0.9~1.5
2	一般民用建筑物	1.5~2.0	2.0~2.5	2.5~3.0
3	工业和商业建筑物	2.5~3.5	3.5~4.5	4.2~5.0
4	一般古建筑与古迹	0.1~0.2	0.2~0.3	0.3~0.5
5	运行中的水电站及发电厂中心控制室设备	0.5~0.6	0.6~0.7	0.7~0.9
6	水工隧洞	7~8	8~10	10~15
7	交通隧道	10~12	12~15	15~20
8	矿山巷道	15~18	18~25	20~30
9	永久性岩石高边坡	5~9	8~12	10~15
10	新浇大体积混凝土（C20）： 龄期：初凝~3d 龄期：3~7d 龄期：7~28d	1.5~2.0 3.0~4.0 7.0~8.0	2.0~2.5 4.0~5.0 8.0~10.0	2.5~3.0 5.0~7.0 10.0~12

注：1. 爆破振动监测应同时测定质点振动相互垂直的三个分量。

2. 表中质点振动速度为三个分量中的最大值，振动频率为主振频率。

3. 频率范围根据现场实测波形确定或按如下数据选取：硐室爆破 $f < 20\text{Hz}$；露天深孔爆破 f 在 10~60Hz 之间；露天浅孔爆破 f 在 40~100Hz 之间；地下深孔爆破 f 在 30~100Hz 之间；地下浅孔爆破 f 在 60~300Hz 之间。

在上述标准中，衡量爆破振动强度时，采用保护对象所在地基础质点峰值振动速度和主振频率双指标。

（2）《水利水电工程爆破施工技术规范》（DL/T 5135—2001）的规定。该规范对基础灌浆和砂浆黏结型预应力锚索（锚杆）采用的允许爆破振动速度列于表 13-4。

表 13-4　新浇混凝土爆破振动安全允许标准　　　　　（cm/s）

项　目	混凝土龄期/d			备　注
	0~3	3~7	7~28	
混凝土	1~2	2~5	6~10	
坝基灌浆	1	1.5	2~2.5	含坝体，接缝灌浆
预应力锚索	1	1.5	5~7	含锚杆

（3）在表 13-3 和表 13-4 中未列出的保护对象，爆破振动安全允许标准可参考类似工程或保护对象所在地的设计抗震烈度值来确定爆破振动速度极限值，如表 13-5 所示。

表 13-5　建筑物抗震烈度与相应地面质点振动速度的关系

建筑物设计抗震烈度/(°)	5	6	7
允许地面质点振动速度/cm·s^{-1}	2~3	3~5	5~8

（4）部分水利水电工程边坡允许爆破振动速度列于表 13-6。

表 13-6　部分水利水电工程边坡允许爆破振动速度

工程名称	部　位	岩　性	允许峰值质点振动速度/cm·s^{-1}
隔河岩水电站工程	厂房进出口边坡	石灰岩	22
	坝肩及升船机边坡	石灰岩	28
	引航道边坡	石灰岩	35
长江三峡工程	永久船闸边坡	微风化花岗岩	15~20
		弱风化花岗岩	10~15
		强风化花岗岩	10
小湾水电站	拱坝槽边坡	花岗岩	10~15
溪洛渡水电站	拱坝槽边坡	柱状节理玄武岩	10

（5）矿山边坡允许爆破振动速度。长沙矿冶研究院建议的矿山边坡允许爆破振动速度如表 13-7 所示。

表 13-7　长沙矿冶研究院建议的矿山边坡允许爆破振动速度

分类号	边坡稳定状况	允许峰值质点振动速度/cm·s^{-1}
1	稳定	35~45
2	较稳定	28~35
3	不稳定	22~28

（6）美国矿山边坡允许质点振动速度。美国的 Savely 调查了多个矿山边坡稳定情况，根据不同损伤程度，提出了相应的允许质点峰值振动速度如表 13-8 所示。

表 13-8   Savely 提出的矿山边坡允许质点峰值振动速度

岩体损伤表现	损伤程度	质点峰值振动速度 /cm·s⁻¹		
		斑岩	页岩	石英质中长岩
台阶面松动岩块偶尔掉落	没有损伤	12.7	5.1	63.5
台阶面松动岩块部分掉落（若未爆破该松动岩块可保持原有状态）	可能有损伤，但可接受	38.1	25.4	127.0
部分台阶面松动、崩落、台阶面上产生一些裂缝	轻微的爆破损伤	63.5	38.1	190.5
台阶底部后冲向破坏、顶部岩体破裂、台阶面严重破碎、存在大范围延伸的可见裂缝、台阶坡角爆破漏斗的产生等	爆破损伤	>63.5	>38.1	>190.5

13.1.1.7   注意事项

在使用"爆破振动安全允许距离"公式时，应注意下述事项。

A   在爆破振动速度公式中界定岩性和选取 k、a 值

在表 13-2 中，岩性分为三种，如何界定坚硬岩石、中硬岩石、软岩石是计算中首先遇到的难题，根据被爆岩石坚固性系数来确定岩性，是一种有效的方法，不同岩性的岩石坚固性系数 f 值列于表 13-9。

表 13-9   爆区不同岩性的 k、a 值

岩　性	岩石坚固性系数 f	k	a
坚硬岩石	>12	50~150	1.3~1.5
中硬岩石	8~12	150~250	1.5~1.8
软岩石	<8	250~350	1.8~2.0

同时，由表 13-9 还可以看出：在不同的岩性中，k、a 值变化范围很大，在计算中如何选取是遇到的第二个难题。如何正确地选取 k、a 值，应以保证最大的安全系数为准则。

由式（13-10）可以看出：k 值越大，v 值越大。对于线弹性区域而言，a 值越小，v 值越大。故计算时，对于岩性不同的每类岩石，k 值取上限，α 值取下限，可以得出最安全的振速 v。

B   爆破振动速度 v 的表示方法

（1）振动速度的表示方法是采用三个分量之一，还是采有三个分量的向量和？各国说法不一。

瑞典 V. Langefors 认为：在同时测量地表振动的三个分量时发现，它们通常具有相同的数量级。在许多情况下只需记录垂直分量或纵向分量即可，但有时应该同时测量它们的两者。根据 Northwood 的观点，横向分量对爆破振动分析的作用不大。

美国矿业局规定的破坏判据并不要求向量和，而仅需求三个分量中的最大一个。美国宾夕法尼亚州（宾州法，685，第三节）就是按照这个要求制定的法律。而另一些州，例如：新泽西州（爆破值，10.7 节）则要求向量和。

日本矿业会爆破振动研究委员会等在"爆破振动测定指标"中的测定方法一节中指出：原则上应同时测定互相垂直的三个分量。但是，为比较不同地点振动衰减情况，仅测量一个分量也是可行的，在测量结构物时，还可仅测量影响最大的一个分量。

（2）《爆破安全规程》（GB6722—2014）规定：爆破振动监测应同时测定质点振动相互垂直的三个分量；质点振动速度的计算为三个分量中的最大值，振动频率为主振频率。

C　高程差的影响

高程差是指爆源与测点间相对高差。

（1）大量爆破实践表明：高程差对爆破振动强度和地震波衰减规律有明显的影响，即观测点的振动强度随着高程的增加而增大，在基岩上或高程差超过 30m 时尤为显著。

（2）为了提高爆破振动强度（速度、加速度）计算的准确性，参考文献 [10] 和 [12] 提出在原有计算公式中加上"修正因子"，表示如下：

$$v = k \left(\frac{\sqrt[3]{Q}}{R}\right)^{\alpha} \left(\frac{R_x}{R}\right)^{\beta} \tag{13-16}$$

式中　R_x——爆破点与保护对象之间的水平距离，m；

R——爆破点与保护对象之间的（最短）距离，m；

β——由高程差而引起的"修正因子"的指数。当爆破点在保护对象上方时，$\beta > 0$；当爆破点在保护对象下方时，$\beta < 0$。

式（13-16）中 k、α、β 值的选取可根据实测资料进行回归计算得到。

实例：在深圳蛇口浮法玻璃厂后山爆破中，爆破点在山顶的 79m、64m 不同的标高上，观测点在山下，高程差为 74～59m 不等。根据实测数据进行线性回归得到：$k = 557.7$，$\alpha = 2.44$；采用二维回归得到：$k = 192.7$，$\alpha = 2.08$，$\beta = 7.99$。

修正前的公式为：

$$v_0 = 557.7 \left(\frac{\sqrt[3]{Q}}{R}\right)^{2.44} \tag{13-17}$$

修正前的公式为：

$$v = 192.7 \left(\frac{\sqrt[3]{Q}}{R}\right)^{2.08} \left(\frac{R_x}{R}\right)^{7.99} \tag{13-18}$$

（3）参考文献 [10] 在长江科学院提出公式的基础上，细化了衰减指数的衰减系数（β）综合考虑了边坡高差的影响，提出了下面两个公式：

$$v = k \left(\frac{\sqrt[3]{Q}}{R}\right)^{\alpha} e^{\beta H} \tag{13-19}$$

$$v = k (Q^{1/3}/R)^{\alpha} (Q^{1/3}/R)^{\beta} \tag{13-20}$$

式中　H——爆心与测点间的高差，m；

β——衰减指数的修正系数：当爆破点在保护对象上方时，取 $\beta>0$；当爆破点在保护对象下方时，取 $\beta<0$。

参考文献 [11] 结合安托山项目美视电厂工程爆破实际，通过多台阶爆破开挖取得爆破振动监测资料，经回归计算得出式（13-19）衰减指数的衰减系数 β。

$$v = 0.09689k \left(\sqrt[3]{Q}/R \right)^{(-0.0045\Delta h + 0.9909)\alpha} \mathrm{e}^{-0.0378\Delta h} \tag{13-21}$$

式中 Δh ——爆源与测点间的高程差, $\Delta h > 0$。

影响高程差的因素是多方面的,例如:爆源动力特性、场地条件等。在目前尚无一个统一计算公式的条件下,可参考上述公式计算之。

13.1.1.8 降低爆破振动强度的技术措施

A 减少最大一段装药量

根据爆破振动速度计算公式,爆破振动速度与最大一段装药量成正比,与距离成反比。为了降低爆破振动强度,减少最大一段装药量是最佳选择。例如:采用毫秒延期爆破、逐孔起爆、孔内分段爆破等。

B 应采用低密度、低爆速炸药

(1)低密度。密度可达到 $0.4 \sim 1.0 \mathrm{kg/m^3}$。由于采用低密度炸药从而减少单位长度上的炸药能量;在一定密度范围内,炸药的爆速与密度之间存在着良好的线性关系,爆速随着密度的减小而降低。因此,降低炸药的密度必然减小炸药的爆速和威力。

(2)低爆速。爆速要求在 $1600 \sim 2500 \mathrm{m/s}$ 范围内,最好控制在 $1800 \sim 2000 \mathrm{m/s}$ 之间。

(3)低猛度。低猛度炸药可减轻对围岩的过度破坏。在光面爆破中可使光爆孔造成的裂缝控制在允许的范围内。对低爆速炸药的猛度的要求是 $7 \sim 10 \mathrm{mm}$。

(4)小的临界直径。临界直径小有利于增大不耦合系数,减少炸药对围岩的直接破坏。

C 适宜的装药结构

(1)不耦合装药结构。装药不耦合系数对爆破地震波强度的影响是明显的。耦合装药时炮孔壁上的冲击压力为:

$$p_1 = \frac{1}{4}\rho_0 D_1^2 \frac{2}{1 + \dfrac{\rho_0 D_1}{\rho_\mathrm{m} C_\mathrm{p}}} \tag{13-22}$$

不耦合装药时炮孔壁上的冲击压力为:

$$p_2 = \frac{1}{8}\rho_0 D_1^2 \left(\frac{d_\mathrm{c}}{d_\mathrm{b}} \right)^6 n \tag{13-23}$$

式中 ρ_0 ——炸药密度;

D_1 ——爆轰波传播速度;

$\rho_\mathrm{m} C_\mathrm{p}$ ——岩石波阻抗;

d_c ——药柱直径;

d_b ——炮孔直径;

n ——试验确定的系数, $n = 8 \sim 11$。

设装药不耦合系数 $m = 1.25$,则 $\dfrac{p_2}{p_1} = 0.64$,对比 m 与 $\dfrac{p_2}{p_1}$ 关系可知,不耦合装药时炮孔壁上的冲击压力与 m^{-2} 成正比。装药不耦合系数对振动频率也有很大的影响,由于爆炸腔的加大,爆炸初始压力下降,脉动周期变长,爆破地震波的初始频率变小,而低率的振幅却有所增加。

（2）聚能药包装药。聚能药包改变了药包的形状，使炸药能量沿着聚能穴集中，产生的聚能流提高了炸药的穿透能力。聚能药包的制作可有多种方法：在圆柱形的药包两侧压缩成两个聚能槽；也可用一个特制的塑料聚能管套在药包表面上，使药包形成如图13-2（a）所示形状。如将对称的聚能槽对准光爆孔之间连线方向，药包爆破后沿连线方向易产生初始裂缝，如图13-2（b）所示。

（3）缓振软塞装药结构。马鞍山矿山研究院爆破工程有限公司提出的缓振软塞装药结构在马钢南山矿业公司的应用获得了良好的效果。所谓缓振软塞装药结构就是采用低密度的固体物质（一般为泡沫塑料）放置在孔底，如图13-3所示。孔底采用软塞段时，在爆炸应力波和爆炸气体的共同作用下，其准静态压力的峰值随其作用膨胀体积的增大而下降，压缩应力波亦随其在介质中传播距离的增加而急剧减少。它能很好地降低爆炸初始压力，延长爆破装药时间，提高爆破能量利用率，减少炸药直接作用在岩石上的作用力，从而降低爆破振动。

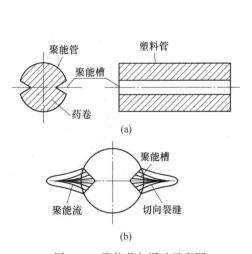

图 13-2　聚能药包爆破示意图
（a）聚能药包形状；（b）成缝模型图

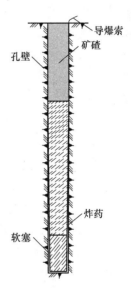

图 13-3　台阶爆破缓振软塞装药结构示意图

D　选用合理的延期时间

20 世纪 80 年代国外开始提出孔间干扰减振，但一般是采用等间隔延期多孔干扰减振技术，而且延期时间并不统一。

澳大利亚墨尔本大学的地质力学部分析了多排孔爆破延期误差和炮孔间的随机偏差振动频谱输出，得出的结论是：降低城区住宅结构振动的最佳延期时间是 30ms（标准）。如果单排炮孔为 10 个以上，则孔间延时为 30ms，排间延时最大可增到 100ms。进一步的试验表明，不仅增加孔间延时为 30ms 的炮孔的数量可以降低结构振动强度，提高延期时间 30ms 的延期精度也能降低结构振动强度。

德国地质和自然资源联邦研究院对 150 个采石场采用地震波曲线模拟和新电子起爆系统预测和降低爆破振动。研究表明：只有采用精确的、最佳的起爆时间，才能降低爆破振动强度。数码电子雷管的出现为精细的起爆创造了条件。

美国矿业局认为延期时间超过 8ms 可以用单响药量计算振速。但是，原苏联《统一爆破安全规程》中则认为只有延期时间大于 $KlgR$（k—系数，R—距离）时，使用毫秒延期爆破技术才能有效地降振。

2007 年广东宏大爆破工程有限公司根据"三亚铁炉港采石场"进行的降低爆破振动效应研究，提出了一项"电算精确延时减振爆破"新技术[12]。即从实测合成波和组合波中分解提取单孔子波，当同台阶对应炮孔位置下次爆破时，因地质条件最为接近，爆破参数又相同，可将提取的单孔子波按炮孔地质和传播路径分区平均后，再与延时起爆单孔子波数值叠加预测减振最佳效果。并调整起爆时差，由此监测、分解提取、平均的单孔子波就越符合实际，而所叠加的合成波和调整的起爆时差就越准确，叠加减振也更接近实际。

应该指出的是：延期时间是一个合理的范围，一般为 25~60ms，具体时间因岩石种类而异，例如：花岗岩、橄榄岩、辉长岩、闪长岩、石英岩等为 15~30ms；蛇纹岩、坚硬石灰岩、玢岩、砂岩等为 20~46ms；韧而软的菱镁矿、石膏、泥灰岩等为50~70ms[13]。

E　在爆区和保护物之间开挖减振沟或钻凿减振孔

在爆区和保护物之间开挖减振沟、钻凿减振孔或进行预裂爆破都不失为一种有效的降振措施。实践表明：在爆区与保护物之间布置孔径为 35~65mm 的单排或双排减振孔，孔间距 $a<25mm$，其降振率可达 30%~50%。预裂爆破比钻凿减振孔效果更佳，但要注意同时起爆的预裂孔数目，防止预裂孔爆破引起的振动对于保护物的影响。

当介质为土时，可开挖减振沟。由于减振沟受到宽度、长度和深度的限制，地震波总能绕过它而继续传播，因而减振的范围是有限的。试验研究证明，减振沟深度为 3~4 倍瑞利波（R）波峰深度时，能有效降低地震波的强度。地震动强度降低的区域大小与减振沟的深度和长度成正比，与减振沟的宽度关系不大。Hagimor 等[19,20]对减振沟的减振效果进行了现场试验表明：减振沟的减振效果可达 60%~80%，但随着距离的增加，减振效果逐渐减弱。一般认为，沟宽以施工方便为宜，沟深应超过药包底部 20~30cm。

F　改变爆破最小抵抗线的方向

工程实践表明，爆破振动强度与爆破抛掷方向密切相关，抛掷方向的背向振动强度最大，侧向次之，前方最小。经实测数据计算，参考文献［13］给出了等振线异向系数如表 13-10 所示。用等振线异向系数 ρ 对爆破振动安全允许距离公式修正如下：

$$R = \rho \left(\frac{k}{v} \right)^{\frac{1}{\alpha}} Q^{\frac{1}{3}} \qquad (13\text{-}24)$$

表 13-10　等振线异向系数 ρ

爆破抛掷方向相对位置	药包结构状态和地形条件	系数值
前方	药包成 "一" 字装药，药包成方形装药	0.6~0.8
侧向	·	1
背向	与测点同振源的相对高程有关	1.6~2.5 左右

13.1.2 爆破空气冲击波

13.1.2.1 爆破空气冲击波的产生

爆破作业中，部分炸药能量通过不同形式传播给爆区周围的空气，使其压力、密度等参数急剧上升，形成空气冲击波。如果在传播过程中随距离的增大和被扰动空气的增多，而又无新的能量补充，则冲击波逐渐衰减为声波。

13.1.2.2 空气冲击波的传播特性

空气冲击波是一种强间断压缩波，与声波相比具有如下特点：

（1）具有强间断性。透过波阵面空气的压力、密度和温度急剧地增加，瞬间又迅速下降，如图 13-4 所示。

（2）在空气冲击波过后，受压缩的空气质点将离开原来位置，跟随空气冲击波的传播向前运动，形成所谓的爆风即气浪。

（3）空气冲击波的传播速度恒大于当地的声速，并随空气冲击波强度而变，压力越大波速越快。

13.1.2.3 空气冲击波的基本参数

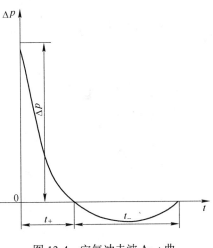

图 13-4 空气冲击波 $\Delta p\text{-}t$ 曲

由图 13-4 空气冲击波 $\Delta p\text{-}t$ 曲线可以看出：爆破冲击波的能量主要集中在正压区，爆破冲击波对目标的破坏作用，常用超压 Δp、正压作用时间 t_+、比冲量 I_+ 三个参数来度量。

A 爆破空气冲击波的超压计算

爆破空气冲击波由压缩相和稀疏相组成。但是在多数情况下，冲击波的破坏作用是由压缩相引起的。确定压缩相破坏作用的特征参数之一就是冲击波波阵面上的超压 Δp。

$$\Delta p = p - p_0 \tag{13-25}$$

式中　p——空气冲击波波阵面上的峰值压力，Pa；

　　　p_0——空气中的初始压力，Pa。

炸药在岩石中爆破时，空气冲击波的强度取决于一次爆破的炸药量、传播距离、起爆方法和填塞质量。根据霍普金逊的相似率，冲击波的波峰压力与装药量、传播距离的关系可作如下表示：

$$p = H\left(\frac{Q^{1/3}}{R}\right)^{\beta} \tag{13-26}$$

式中　Q——装药量（齐发爆破时为总装药量，延期爆破时为最大一段装药量）；

　　　R——从建（构）筑物到爆源的最近距离，m；

　　　H——与爆破场地条件有关的系数，主要取决于填塞条件和爆破方法，参见表 13-11；

　　　β——空气冲击波的衰减系数，参见表 13-11。

表 13-11 不同爆破方法的 H、β

爆破条件	H		β	
	毫秒爆破	齐发爆破	毫秒爆破	齐发爆破
炮孔爆破	1.43	0.67	1.55	1.31
破碎大块时的炮孔爆破	—	0.67	—	1.31
破碎大块时的裸露爆破	10.7	1.35	1.81	1.18

（1）地面爆炸时：

$$\Delta p = 10^4 \left(14 \frac{Q}{R^3} + 4.3 \frac{Q^{2/3}}{R^2} + 1.1 \frac{Q^{1/3}}{R} \right) \tag{13-27}$$

（2）露天深孔爆破时：

$$\Delta p = H \left(\frac{Q^{1/3}}{R} \right)^{\beta} \tag{13-28}$$

（3）隧道掘进爆破时：

$$\Delta p = \left(0.29 \frac{\varepsilon \eta}{R} + 0.76 \sqrt{\frac{\varepsilon \eta}{R}} \right)^{\frac{\alpha R}{l}} \tag{13-29}$$

（4）水下爆炸时：

$$\Delta p = 516 \times 10^5 \left(\frac{Q^{1/3}}{R} \right)^{1.13} \tag{13-30}$$

式中 Δp ——爆炸空气冲击波超压，N/m^2；

ε ——平面波能量密度，J/cm^2；

η ——爆破能量转化为空气冲击波系数：隧道爆破时，$\eta = 0.005 \sim 0.01$；填塞良好的深孔爆破时，$\eta = 0.005 \sim 0.02$；

α ——巷道粗糙系数：不支护时取 $\alpha = 0.02 \sim 0.063$；支护时取 $\alpha = 0.016 \sim 0.07$；

l ——巷道断面换算直径。

B 正压作用时间 t_+ 的计算

$$t_+ = 1.1 \left(\frac{R}{Q^{1/3}} \right)^{0.82} \tag{13-31}$$

式中 t_+ ——正压作用时间，ms。

C 比冲量 I_+ 的计算

比冲量是由空气冲击波波阵面超压曲线 $\Delta p(t)$ 与正压作用时间确定，即

$$I_+ = \int_0^{t_+} \Delta p(t) \, dt \tag{13-32}$$

式中 I_+ ——比冲量，$N \cdot s/m^2$。

空气中的比冲量与药包重量、炸药性质、爆破条件等有关。井下爆破时，尚与巷道断面、断面的粗糙度、巷道转弯或交叉有关。几种常用的经验公式：

当 $r > 12 r_0$ 时，$\qquad I = A \frac{Q^{2/3}}{R} = A \frac{Q^{1/3}}{\overline{R}} \tag{13-33}$

当 $r \leqslant 12r_0$ 时，
$$I = B\frac{Q^{2/3}}{R} = B\frac{Q^{1/3}}{\overline{R}} \qquad (13\text{-}34)$$

式中　Q——装药量，kg；

　　　r_0——装药半径，m；

　　　R——测点至爆源距离；

　　　$\overline{R}$——比例距离，$\overline{R} = \dfrac{R}{Q^{1/3}}$，$m/kg^{1/3}$；

　　A，B——常数，对于 TNT 装药在空中爆炸时，$A=40$，$B=25$。

对于其他炸药：

$$I = A\frac{Q^{2/3}}{R}\sqrt{\frac{Q_{ci}}{Q_{cT}}},\ R > 12r_0 \qquad (13\text{-}35)$$

式中　Q_{ci}——所用炸药的爆热，J/kg；

　　　Q_{cT}——TNT 的爆热，J/kg。

13.1.2.4　爆破冲击波的安全允许距离

A　露天地表爆破

根据《爆破安全规程》（GB 6722—2014）的规定：露天地表爆破当一次爆破的炸药量不大于 25kg 时，按式（13-36）确定空气冲击波对在掩体内避炮作业人员的安全允许距离。

$$R_k = 25\sqrt[3]{Q} \qquad (13\text{-}36)$$

式中　R_k——空气冲击波对掩体内人员的最小允许距离，m；

　　　Q——一次爆破的炸药量，kg；秒延时爆破取最大分段药量计算，毫秒延时爆破按一次爆破的总药量计算。

B　地下爆破

地下爆破时，空气冲击波由于受爆破空间所限，传播途径复杂，其危害效应要比相同药量爆炸的露天空气冲击波严重得多。《爆破安全规程》（GB 6722—2014）规定：露天及地下爆破作业对人员和其他保护对象的空气冲击波安全允许距离由设计确定。

C　水下爆破

水下爆破冲击波的安全判据和安全允许距离根据水域情况、药包设置、覆盖水层厚度以及保护对象情况而定。可按照不同情况根据《爆破安全规程》（GB 6722—2014）有关规定执行。

水下裸露爆破，当覆盖水厚度小于 3 倍药包半径时，对水面以上人员或其他保护对象的空气冲击波安全允许距离的计算原则与地面爆破相同。

在水深不大于 30m 的水域内进行水下爆破，水中冲击波的安全允许距离应遵守如下规定。

对人员：按表 13-12 确定。

表 13-12　对人员的水中冲击波安全允许距离　　　　　　　　　　（m）

装药及人员状况		炸药量/kg		
		≤50	>50~≤200	>200~≥1000
水中裸露装药/m	游泳	900	1400	2000
	潜水	1200	1800	2600

装药及人员状况		炸药量/kg		
		≤50	>50~≤200	>200~≥1000
钻孔或药室装药/m	游泳	500	700	1100
	潜水	600	900	1400

客船：1500m；

施工船舶：按表 13-13 确定；

非施工船舶：可参照表 13-13 和式（13-37）根据船舶状况由设计确定。

表 13-13   对施工船舶的水中冲击波安全允许距离   （m）

装药及人员状况		炸药量/kg		
		≤50	>50~≤200	>200~≥1000
水中裸露装药/m	木船	200	300	500
	铁船	100	150	250
钻孔或药室装药/m	木船	100	150	250
	铁船	70	100	150

一次爆破药量大于 1000kg 时，对人员和施工船舶的水中冲击波安全允许距离可按式（13-37）计算。

$$R = K_0 \sqrt[3]{Q} \qquad (13-37)$$

式中 R——水中冲击波的最小安全允许距离，m；

Q——一次起爆的炸药量，kg；

K_0——系数，按表 13-14。

表 13-14 K_0 值

装药条件	保护人员		保护施工船舶	
	游泳	潜水	木船	铁船
裸露装药	250	320	50	25
钻孔或药室装药	130	160	25	15

在水深大于 30m 的水域内进行水下爆破时，水中冲击波安全允许距离，由设计确定。

13.1.2.5   爆破冲击波的安全判据

爆破冲击波由于具有较高的压力和较大速度，不仅可以造成人员的重大伤亡，而且在一定范围内可以造成建筑物的破坏。

A   爆破冲击波对人员伤害的判据

爆破冲击波对人员伤害目前是以超压作为判据标准，一般认为：空气冲击波超压的安全允许标准：对人员为 $0.02 \times 10^5 Pa$。具体的伤害程度示于表 13-15。

表 13-15   超压对暴露人员的伤害程度

等级	损伤程度	超压/10^5Pa
轻 微	轻微挫伤肺部和中耳、局部心肌撕裂	0.2~0.3
中 等	中度肺部和中耳挫伤,肝、脾包膜下出血,融合性心肌撕裂	0.3~0.5
重 伤	重度肺部和中耳挫伤,脱臼,心肌撕裂,可能引起死亡	0.5~1.0
死 亡	体腔、肝、脾撕裂,两肺重度挫伤	>1.0

应指出的是,空气冲击波对人员的伤害,除了波阵面压力外,还有在其后面的爆轰产物气流也不可忽视。比如当超压达到 (0.3~0.4) ×10^5Pa 时,气流速度达 60~80m/s,这样的高速气流,人员是无法抵御的,加之气流中往往还夹杂碎石等物,更加重了对人员的损害。

B 爆破冲击波对建筑物破坏的判据

爆破冲击波对建筑物的破坏效应主要是由超压和冲量引起的。试验数据表明:空气冲击波正相作用时间 t_+,如果远小于建筑物本身的振动周期 T(即 $t_+/T \leqslant 0.25$)时,空气冲击波对建筑物的作用主要取决于冲量;反之,若 t_+ 远大于 T(即 $t_+/T \geqslant 10$)时,则空气冲击波对建筑物的破坏主要取决于超压。表 13-16 和表 13-17 分别列出了部分建筑物的破坏判据。

表 13-16   部分建筑构件的自振周期及破坏载荷

指 标	砖墙		钢筋混凝土墙	木 质天花板	轻便间墙	镶装的玻璃
	二层砖	一层半砖				
结构自振周期/s	0.01	0.015	0.015	0.3	0.07	0.01~0.02
静荷载/10^5Pa	0.45	0.25	3.0	0.1~0.16	0.05	0.05~0.10
比冲量/N·s·m^{-2}	220	190	—	—	—	—

表 13-17   建筑物破坏程度与超压关系

破坏等级		1	2	3	4	5	6	7
破坏等级名称		基本无损坏	次轻度破坏	轻度破坏	中等破坏	次严重破坏	严重破坏	完全破坏
超压 $\Delta p/10^5$Pa		<0.02	0.02~0.09	0.09~0.25	0.25~0.40	0.40~0.55	0.55~0.76	>0.76
建筑物破坏程度	玻璃	偶尔破坏	少部分破成大块,大部分呈小块	大部分破成小块到粉碎	粉碎	—	—	—
	木门窗	无损坏	窗扇少量破坏	窗扇大量破坏,门扇、窗框破坏	窗扇掉落、内倒,窗框、门扇大量破毁	门、窗扇摧毁,窗框掉落	—	—
	砖外墙	无损坏	无损坏	出现小裂缝,宽度小于 5mm,稍有倾斜	出现大裂缝,宽度 5~50mm,明显倾斜,砖垛出现小裂缝	出现大于 50mm 的大裂缝,严重倾斜,砖跺出现较大裂缝	部分倒塌	大部分到全部倒塌

破坏等级		1	2	3	4	5	6	7
建筑物破坏程度	木屋盖	无损坏	无损坏	木屋面变形，偶见折裂	木屋面板、木檩条折裂，木屋架支座松动	木檩条折断，木屋架杆件偶见折断，支座错位	部分倒塌	全部倒塌
	瓦屋面	无损坏	少量移动	大量移动	大量移动到全部掀动	—	—	—
	钢筋混凝土屋盖	无损坏	无损坏	无损坏	出现小于1mm的小裂缝	出现1~2mm宽的裂缝，修复后可继续使用	出现大于2mm的裂缝	承重砖墙全部倒塌，钢筋混凝土柱承重柱严重破坏
	顶棚	无损坏	抹灰少量掉落	抹灰大量掉落	木龙骨部分破坏下垂缝	塌落	—	—
	内墙	无损坏	板条墙抹灰少量掉落	板条墙抹灰大量掉落	砖内墙出现小裂缝	砖内墙出现大裂缝	砖内墙出现严重裂缝至部分倒塌	砖内墙大部分倒塌
	钢筋混凝土柱	无损坏	无损坏	无损坏	无破坏	无破坏	有倾斜	有较大倾斜

13.1.2.6　降低爆破冲击波的技术措施

为确保安全，必须使人员、建筑物、设施等到爆破中心的距离都必须符合《爆破安全规程》（GB 6722—2014）的规定。为此，常用的技术措施列后：

（1）在露天台阶爆破中，避免采用裸露爆破和导爆索起爆网路，若必须采用时要严加防护；

（2）控制一次起爆炸药量，从"空间"（分散布药）、"时间"（分段起爆）两个方面，将爆区总药量均匀分布到各个爆破部位，使爆炸能量得到最大限度的有效利用，将耗于爆炸冲击波的无效能量减至最小限度；

（3）保证炮孔的填塞长度和质量，以免产生冲天炮；

（4）选定合理的最小抵抗线。最小抵抗线不宜过小；优化爆破参数，改进装药结构（如采用空气间隔分段装药、垫层装药、不耦合装药），确保填塞质量等，使每个药包的爆炸能量都能得到充分利用；

（5）精心施工，抓住地形测量、地质勘查、竣工检查和爆破施工等 4 个关键工序，确保顺利实现设计要求；

（6）考虑到气候条件的影响，爆破点下风方向的安全距离应适当加大；

（7）巷道中空气冲击波可采用"挡"的措施削弱其强度。例如在爆区附近垒砖墙、砂袋、砌石墙等构筑阻波墙。有些国家曾用高强度人造织品薄膜制成水包代替阻波墙。充满水的水包与巷道四周紧密接触，当冲击波到来时水包压力增大，即将其转移到巷道两帮，增强了抗冲击波的能力。据报道，水力阻波墙造价低，制作快，防冲击波效果好，一般可减弱冲击波 3/4 以上，并能降低爆尘和有害气体量。此外尚有木阻波墙、混凝土阻波墙等，其形式如图 13-5～图 13-8。

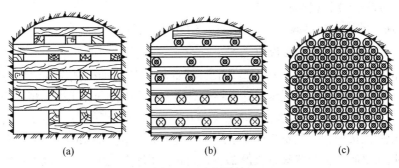

图 13-5   木阻波墙

（a）留有人行道的枕木缓冲型阻波墙；（b）圆木缓冲型阻波墙；（c）木垛阻波墙

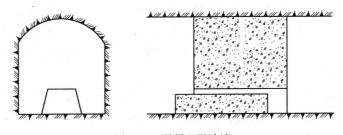

图 13-6   混凝土阻波墙

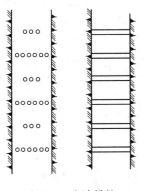

图 13-7   防波排柱

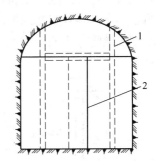

图 13-8   运输皮带制成的活动障碍物
1—立柱；2—门

13.1.3 爆破个别飞散物

13.1.3.1 爆破飞石与爆破个别飞散物

台阶爆破时，部分被破碎的岩块脱离爆堆抛掷至远处，称为爆破飞石。爆破飞石的产生是由于炸药爆炸能破碎岩石后，还有较多剩余气体能量继续作用于碎石，使之获得较大动能及初速度，令其沿最小抵抗线飞出，如遇有岩体构造上的薄弱面（断层、裂隙、软夹层等），强大的气体能量即从该处集中冲出，使该部分碎石获得极大的动能并以很高的初速（有时大于岩体鼓包运动的速度几倍）向外飞出。

随着爆破技术的发展，爆破的应用范围越来越广，拆除爆破、金属结构物爆破等的爆破介质也越来越复杂，除了岩石以外，还有砖材、混凝土、钢筋混凝土、钢材等。这些介质的碎块称为爆破个别飞散物。

爆破个别飞散物包括爆破飞石，比爆破飞石的含义更为广泛。

13.1.3.2　爆破个别飞散物的危害

个别飞散物的危害主要表现在人员伤亡，建（构）筑物和机械设备的被破坏。特别是人员的伤亡，损失是惨痛的。根据统计资料：美国 1982~1985 年露天爆破事故中，爆破飞石事故占 59.1%；日本在 1979 年发生的爆破事故中，爆破飞石事故高达 61%；在我国由于个别飞散物造成的人员伤亡、建筑物损坏事故已占整个爆破事故的 15%~20%；露天矿山爆破个别飞散物伤人事故占整个爆破事故得 27%。因此，了解爆破个别飞散物的危害，研究其产生的原因，有针对性地开展预防工作，对于防止爆破事故的发生具有重要意义。

13.1.3.3　爆破个别飞散物产生的原因

（1）大多数岩石结构复杂，既有整体性较好的脆性岩石，也有风化程度各异的岩石，还有夹土岩层。由于岩石结构的不均匀性，会导致最小抵抗线的大小、方向发生变化，出现爆破个别飞散物（飞石）。在断层、裂缝、层理面、软弱夹层等薄弱面，受爆破产生的高压气体集中冲击作用也会产生飞石。

（2）设计方面的原因：单位炸药消耗量偏大，每孔装药量过多；填塞质量和长度不合标准；最小抵抗线的大小和方向；起爆顺序、延期时间选择不当，先爆药包改变后爆药包抵抗线大小而造成飞石。

（3）施工方面原因：不按设计要求施工，炮孔偏斜、孔网参数变化未及时采取相应措施；填塞质量不合标准或填塞材料中夹有硬物，易沿炮孔方向产生飞石；浅孔爆破时，炮孔覆盖质量不高，导致炮孔周围碎石抛散。

爆破个别飞散物（飞石）产生的部位主要是：填塞段、孔口和最小抵抗线，如图 13-9 所示。

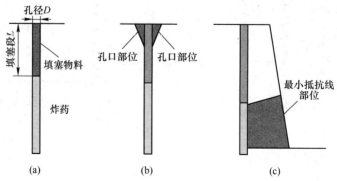

图 13-9　个别飞散物（飞石）产生的部位

(a) 填塞段；(b) 孔口；(c) 最小抵抗线

（4）监管不严。

13.1.3.4 爆破个别飞散物安全允许距离

A 爆破安全规程的规定

《爆破安全规程》（GB 6722—2014）规定的对人员的安全距离见表 13-18。

表 13-18 爆破时个别飞散物对人员的安全距离

爆破类型和方法		最小安全允许距离/m
露天岩土爆破	浅孔爆破法破大块	300
	浅孔台阶爆破	200（复杂地质条件下或未形成台阶工作面时不小于 300）
	深孔台阶爆破	按设计，但不小于 200
	硐室爆破	按设计，但不小于 300
水下爆破	水深小于 1.5m 水深大于 1.5m	与露天岩石爆破相同 由设计确定
破冰工程	爆破薄冰凌	50
	爆破覆冰	100
	爆破阻塞的流冰	200
	爆破厚度大于 2m 的冰层或爆破阻塞流冰一次用药量超过 300kg	300
爆破金属物	在露天爆破场	1500
	在装甲爆破坑中	150
	在厂区内的空场中	由设计确定
	爆破热凝结物和爆破压接	按设计、但不小于 30
	爆炸加工	由设计确定
拆除爆破、城镇浅孔爆破及复杂环境深孔爆破		由设计确定
地震勘探爆破	浅井或地表爆破	按设计，但不小于 100
	在深孔中爆破	按设计，但不小于 30

注：沿山坡爆破时，下坡方向的个别飞散物安全允许距离应增大 50%。

B 露天岩土爆破个别飞散物安全距离的计算

（1）《爆破安全规程》（GB 6722—2014）中，只规定了硐室爆破个别飞散物的安全距离 R_f 的公式：

$$R_f = 20K_f n^2 W \tag{13-38}$$

式中 K_f——安全系数，一般取 $K_f = 1.0 \sim 1.5$；

        n——最大一个药包的爆破作用指数；

        W——最大一个药包的最小抵抗线，m。

对于露天岩土台阶爆破的计算式，《爆破安全规程》并没有规定，只提出按设计，但不小于 300m（浅孔台阶爆破）和 200m（深孔台阶爆破）。这主要是因为个别飞散物的安全距离计算比较复杂，目前尚未有得到普遍认可的计算式，下面提出的公式仅供参考：

1）国内：深孔台阶爆破飞石距离的计算式[14]

$$R_f = KW^{1-\alpha}D^{\alpha} \tag{13-39}$$

式中　W——前排孔最小抵抗线，m；

　　　　D——炮孔直径，m；

　　K，α——岩体特性、炸药特性等有关的系数和指数，通过现场试验确定。

　　该公式实际上先对飞石飞散距离进行量纲分析，得出飞散距离的表达式为：

$$R_f = W_f\left(\frac{d}{W}, \frac{h_1}{h_0}\right) \tag{13-40}$$

式中　h_1——装药长度；

　　　　h_0——填塞长度；

　　　　d——炮孔直径；

　　　　W——最小抵抗线。

　　然后，在试验的基础上对其进行统计、回归分析而得。

　　2）国外有瑞典德汤尼克研究基金会提出下列经验公式估算台阶深孔爆破的飞石距离[15]：

$$R_{fmax} = K_\varphi D \tag{13-41}$$

式中　R_{fmax}——飞石的飞散距离，m；

　　　　K_φ——安全系数，取 $K_\varphi = 15 \sim 16$；

　　　　D——药孔直径，cm。

　　该式适用于单位炸药消耗量达到 $0.5kg/m^3$ 的爆破条件。

　　实践证明，正常台阶爆破的飞石一般不会太远（多数小于按照式（13-39）计算的距离）。但是，当填塞长度过小或最小抵抗线过大而形成爆破漏斗效应，以及岩石中含有软弱夹层，或梯段深孔爆破由于过量装药、穿孔位置错误、工作面局部超挖、介质不均匀性、岩体有薄弱面、起爆顺序错误等种种原因，个别飞石距离可能大于200m，甚至更远。最不利的情况是采用大直径药孔爆破。

　　（2）"日本火炸药保安协会"公式[16]。日本全国火炸药保安协会1994年在有恒矿业（株）金平矿业公司采石场进行了大量试验，经过数据统计和回归分析，得出了最大飞石距离公式：

$$R_f = 144q - 29 \tag{13-42}$$

式中　q——单位炸药消耗量，kg/m^3。

　　适用范围：$0.2 < q < 0.9$。

　　$q < 0.2$ 时，几乎不发生飞石；$q > 0.2$ 时，炸药爆炸释放的能量除消耗于岩石破碎外，还有剩余，剩余能量为飞石所消耗，大约是炸药爆炸释放能量的16%。

　　（3）苏联库图佐夫公式[17]

$$S = K_1 q^{0.58} \tag{13-43}$$

$$S = Q/(2abL) + K_2 \tag{13-44}$$

式中　S——无覆盖统计下飞石的水平抛距，m；

　K_1，K_2——系数，分别为70和75；

　　a，b——分别为孔距和排距；

　　　　L——填塞长度，m；

Q——单孔最大装药量，kg。

该式分别对单排孔和多排孔进行了计算，在多排孔时还考虑了填塞的影响。

上述公式适用条件不一，同一条件采用不同公式计算误差较大，选用时应依具体情况确定之。

13.1.3.5 台阶爆破个别飞散物的防护措施

深孔台阶爆破飞石控制，必须从爆破设计及施工方面着手。爆前，充分掌握地形地质情况，视防护对象的相对位置及爆破材料特性参数等基本资料，合理确定爆破参数、装药结构、起爆顺序，并做到精心施工，使飞石控制在安全范围内。其主要的飞石控制措施有：

（1）合理确定临空面和抵抗线方向，使被保护对象避开飞石主方向，从而最大限度地使被保护对象免受飞石危害。

（2）合理的装药结构、爆破参数和排间起爆时间。多排孔台阶爆破中，产生爆破飞石的主要部位为前排临空面处及后面各排的孔口部位。在有条件的地方尽量采用空气间隔装药，增加空隙的缓冲作用；前排钻孔要根据坡面角度来确定钻孔角度，要控制钻孔精度，抵抗线均匀，不要过量装药。合理控制排间起爆时间，做好爆破起爆网路设计。一般情况下，相邻排间延期时间以控制在 25~50ms 为好，V 形起爆网路比排间顺序起爆网路的爆岩飞散物要少。

（3）做好特殊地形地质条件的处理。当存在与临空面贯穿的断层带或其他软弱破碎带时，应适当调整装药位置，通过间隔装药即在结构面与钻孔贯通处用炮泥填塞方式来防止爆生气体沿该弱面冲出而形成飞石。采用深孔或浅孔控制爆破时，可调整装药位置加以解决，如图 13-10 所示。

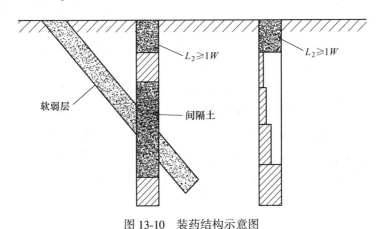

图 13-10 装药结构示意图

（4）确保填塞质量：

1）孔内积水，炸药上浮，造成填塞长度过小，应采用高压风吹水，用炸药包冲水的方法排净积水或采用抗水的乳化炸药。

2）对含松软夹层、孔壁坍塌、喀斯特溶洞等因素，造成填塞长度过小的情况，钻孔前要认真阅读地质资料，了解构造断层、地层岩性，做到心中有数。

3）在爆破前，仔细测量坡顶线与坡底线，绘制最小抵抗线或底盘抵抗线三维立体图。最小抵抗线过小，也可采用改变爆孔倾角的办法；底盘抵抗线过大，采用打岩根或在台阶底部补孔的办法。

（5）覆盖防飞石。覆盖材料一般选择强度高、质量大、韧性好的材料，将爆区覆盖，防止飞石产生。

对于重要建筑物可采用保护性防护，将被保护建筑直接用防护材料、木板、竹帘、草袋覆盖起来比直接覆盖在爆区防护效果更好。

13.2　作业环境的保护

13.2.1　爆破噪声

13.2.1.1　爆破噪声的定义

爆破噪声是炸药在介质中爆炸所产生的能量向四周传播时形成的爆炸声，是爆破空气冲击波衰减后继续传播的声波，是由各种不同频率、不同强度的声音无规律地组合在一起所形成的杂音。炸药爆炸后在一定体积内瞬间产生大量高温高压的气体产物并以超音速向周围膨胀，在离爆源较近的地方，空气中产生的波动表现为冲击波；在离爆源较远的某一距离的地方，就衰减成以声波形式传播。有的学者认为：在180dB以上时是空气冲击波；在180dB以下时是声波。从空气冲击波过渡到声波的临界距离与药量关系示于表13-19。

表13-19　临界距离与药量关系

药量/kg	1000	100	10	1
距离/m	33	15	7.5	3.3

13.2.1.2　噪声的基本概念和产生的原因

空气在无声波传播时所具有的压强为静压强。当有声波传播时，该处空气在某瞬时就产生附加压强 Δp，称为瞬时声压。Δp 有正、负值之分，是随时间而不断变化的，常用其均方根值（即有效值）p 来表示，称为有效声压，简称声压。

当频率为1000Hz时，正常人耳刚刚能听到的声音声压是 $2×10^{-5}$Pa，而刚刚使人耳产生疼痛感觉的声压是20Pa；两者相差 10^6 倍。因其数字变化范围太大，直接以声压绝对值来表示声音强弱程度就不方便记忆使用。因此，从电工学引进一个成倍比关系的对数量"声压级"的系数，用以表示声音的大小，人耳适听的声压级范围是 $0 \sim 120$dB，声压级 L_p 与声压 p 的关系为：

$$L_p = 20 \lg \frac{p}{p_0} \tag{13-45}$$

式中　L_p——声压级，dB；

　　　p——声压，0.1Pa；

　　　p_0——基准声压，$p_0 = 2×10^{-5}$Pa。

声压级 L_p 亦称"声压水平"。基准声压 p_0 亦称"参考声压"（或听阈），这是正常青年人耳刚能听到的1000Hz声音的声压。并规定：某声音的声压与基准声压之比的常用对数的20倍等于1，则这个声音的声压级为1分贝，用dB表示，且规定基准声压为零级，

并等于 2×10^{-11} MPa。当噪声强度为 120dB 时，相应超压为 2×10^{-5} MPa（见图 13-11）。

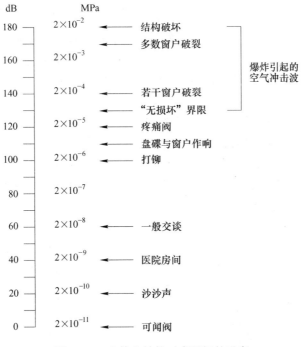

图 13-11　人体和结构对声压级的反应

联合国世界保健组织（WHO）关于噪声的资料指出：噪声超过 120dB，对人体健康是危险区；90~120dB，是过渡区；小于 90dB 是安全区。

13.2.1.3　噪声的爆破安全评价标准

在工程爆破作业中，目前国际上尚无明确的爆破噪声规范。表 13-20 所列为《爆破安全规程》（GB 6722—2014）规定的爆破噪声控制标准。

表 13-20　爆破噪声控制标准

声环境功类别	对 应 区 域	不同时段控制标准/dB（A）	
		昼间	夜间
0 类	康复疗养区、有重病号的医疗卫生区或生活区。养殖动物区（冬眠期）。	65	55
1 类	居民住宅、一般医疗卫生、文化教育、科研设计、行政办公为主要功能，需要保持安静的区域。	90	70
2 类	以商业金融、集市贸易为主要功能，或者居住、商业、工业混杂，需要维护住宅安静的区域。噪声敏感动物集中养殖区，如养鸡场 等。	100	80
3 类	以工业生产、仓储物流为主要功能，需要防止工业噪声对周围环境产生严重影响的区域。	110	85
4 类	人员警戒边界，非噪声敏感动物集中养殖区，如养猪场等。	120	90
施工作业区	矿山、水利、交通、铁道、基建工程和爆炸加工的施工场区内。	125	110

《爆破安全规程》规定爆破突发噪声判据为：在爆区边界应不大于 120db(A)。

13.2.1.4　爆破噪声的控制方法

爆破噪声可从声源、传播途径和个人防护三方面进行控制：

(1) 从声源上加以控制。降低声源噪声是控制噪声最有效和最直接的措施。采用多分段的装药爆破方式，尽量减小一次起爆药量，从而降低了爆破噪声的初始能量。

1) 应尽量避免在地面敷设雷管和导爆索，当不能避免时，应采取覆盖的措施。

2) 采用延期爆破。不仅能降低爆破振动效应，还能降低爆破噪声。实践证明，只要布局合理，采用秒或毫秒延期爆破，可降低噪声强度 1/3～1/2。

3) 采用水封爆破。爆破时，在覆盖物上面再覆盖水袋，不仅可以降噪。还可以防尘，是一种比较理想的方法。实践证明，水封爆破比一般爆破可以降低噪声强度约 2/3。

4) 避免炮孔间的总延期时间过长。控制钻孔精度、孔间距、排间距均匀一致，以防出现后爆炮孔抵抗线过小而加大噪声。

5) 控制一次爆破规模。

6) 安排合理的爆破时间：首先把爆破安排在爆区附近居民上班或他们同意的时间进行，然后避免在早晨或下午较晚时进行爆破，以减少因大气效应而引起的噪声增加。

7) 保证填塞质量和长度。

8) 加强覆盖也是减弱爆破噪声的有效措施。

(2) 从传播途径上加以控制：

1) 设置遮蔽物或充分利用地形地貌。在爆源与测点之间设置遮蔽物，如防护排架等，可阻碍和扰乱声波的正常传播，并改变传播的方向，从而可较大地降低声波直达点的噪声级。

2) 通过绿化降低噪声，要求绿化林带有一定的宽度，树木要有一定的密度，绿化对 1000Hz 以下的噪声作用不大，但当噪声频率较高时，树叶的周长接近或大于声波的波长，则有明显的降噪效果。大约 100m 宽的林带，噪声衰减量为 10dB。草皮大约每 100m 有几分贝的降噪效果。绿化减噪林本身的衰减量虽然不大，但绿色能使人们在心理上产生调节作用。

3) 注意方向效应。当大量炮孔以很短的延发时间相继起爆时，各单孔爆破产生的噪声可能在某一特定的方向上叠加，从而形成强大的爆破噪声。爆破噪声在顺山谷或街道方向上，其传播距离也会大大增加。因此，工程实际中应尽量避免出现这种现象，尽量使声源辐射噪声大的方向避开要求安静的场所。

(3) 从个人防护上加以控制。无论是在矿山还是在爆破施工现场，有许多工作环境的噪声级很大，但要从声源上根治噪声或在传播途径上降低噪声，无论从经济还是效果上均不理想，如凿岩工和爆破工所处的工作环境。此时权衡利弊，还是以对工作人员采取个体防护措施比较有利。个人防护噪声的用品主要有：耳塞、防声棉、耳罩、防护帽和防护衣。一般要求它们能够使工作人员佩戴舒适、对皮肤没有损伤作用、使用寿命长、具有较大的隔声量和合适的语音清晰度。

13.2.2　爆破粉尘

粉尘系指悬浮于空气中的固体颗粒，受重力作用可发生沉降。但在一定时间内能够保持悬浮状态，其粒径一般小于 $100\mu m$。粉尘的污染在大气污染中占有很大的比重。

13.2.2.1 露天爆破粉尘的产生

露天采场和爆破工地粉尘污染源非常广泛。穿孔、爆破、铲装、运输、破碎、排土等工序都可构成粉尘污染源，其中穿孔爆破（占35%）、装运（占40%）以及已沉降在爆区地面的粉尘等是最主要部分。通过爆破现场的观测[23]，可以得到两种基本性质的粉尘气体云（图13-12）。初始的粉尘气体云是由冲出炮孔的爆炸气体将粉尘携离孔口而形成的。这种粉尘气体云中包括：脱离开炮孔四壁的碎岩、位于孔口附近的细碎岩石和钻泥；在爆破和运输过程中形成的一部分粉尘；在岩石坠落到台阶底部时，形成的次生粉尘。冲击波和地震波也有利于粉尘扩散。

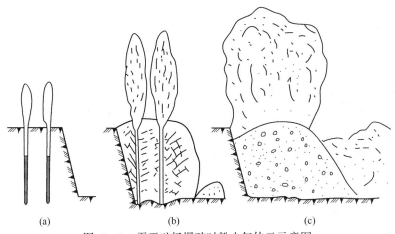

图 13-12　露天矿场爆破时粉尘气体云示意图
(a) ～ (c) 分别为 40、600、1300ms 以后的情况

爆破后，产生的粉尘扩散到露天爆区的整个空间，然后进入大气流扩散到地表。粉尘扩散时间超过 30min，扩散的水平距离达 12~15km 时，上升高度可达 1.6km。

研究表明，爆破粉尘生成量随岩土硬度的增高而增加。例如，爆破 $1m^3$ 页岩的粉尘生成量为 0.03kg，爆破 $1m^3$ 极坚硬磁铁矿、角页岩的粉尘生成量达 0.17kg。含水矿岩爆破时其粉尘量减少 33%~60%。

13.2.2.2 露天爆破粉尘的特点

（1）浓度高。爆破瞬间，每立方厘米空气里含有数十万颗尘粒，以质量计，浓度可达到 1500~2000mg/m^3。

（2）扩散速度快、分布范围广。由于粉尘爆生气体为主的气浪的作用，其扩散速度很快，可以达到 7~8m/s，瞬间扩散范围达几十米甚至上百米。

（3）滞留时间长。由于爆破粉尘带有大量的电荷，尘粒粒度小、质量轻、粉尘表面积大，其吸附空气的能力也较强，可以长时间地悬浮于空气中，对环境的污染持续时间较长。

（4）爆破粉尘具有颗粒小、质量轻的特点。粒度多处在 0.01~0.10mm 之间。

（5）吸湿性一般较好。由于爆破粉尘的主要成分为 SiO_2、黏土和硅酸盐类物质等，亲水性较强，因此采用湿式除尘一般会获得较好的效果。

13.2.2.3 爆破粉尘的危害

爆破产生的粉尘颗粒粗细不均，按照粒径的动力学尺度大小进行分类，如图 13-13 所示。

图 13-13 颗粒粒径分布图

A 对人体的直接危害

研究表明，动力学尺度 $d>10\mu m$ 的尘粒不会被人体的鼻孔吸入；大约 90% 的 $2\mu m<d<10\mu m$ 的粒子可以进入并沉淀于呼吸道的各个部分，被纤毛阻挡并被黏膜吸收，部分可以随唾液排出体外，10% 的可以达到肺部的深处并沉淀于其中；100% 的 $d<2\mu m$ 的粒子可以直接吸入肺中。根据人体内粉尘积存量及粉尘理化性质不同，可以引起不同程度的危害。

B 对环境的影响

爆破粉尘中有一部分颗粒非常细微，容易随气流进入空气并与空气形成气溶胶，能在空气中长期悬浮和漂移，在其表面会吸附富集多种有机物和无机物（尤其是重金属），并在颗粒表面发生一系列化学反应，有可能改变物质的化学形态和生物毒性。部分大颗粒物在爆破现场及周围沉淀下来，当受到振动或气流的影响时，会回到空气中形成二次扬尘，大大影响了空气质量。

13.2.2.4 降低露天爆破粉尘的技术措施

从爆破设计入手，标本兼治，综合治理。

A 从爆破设计入手

（1）影响单位粉尘量产出率的因素很多，其中之一就是单位炸药消耗量。随着炸药单耗的增加，粉尘涌出强度也会显著增大，如图 13-14 所示。所以，在爆破设计时应均匀布孔，控制炸药单耗、单孔药量与一次起爆药量，提高炸药能量有效利用率。

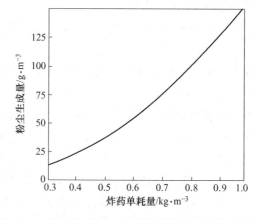

图 13-14 粉尘生成量与单位炸药消耗量的关系曲线

（2）用毫秒延期爆破技术。选择合适的延期间隔时间，减少一段爆破的炸药量。

（3）根据岩石性质选择相应炸药品种，尽量做到岩石与炸药波阻抗相匹配。

B　湿法降尘

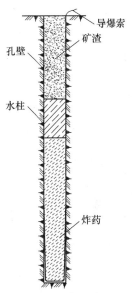

图 13-15　水力除尘
装药结构示意图

（1）爆破前采用水封爆破进行填塞，即以装水的塑料袋代替（或部分代替）炮泥，爆破瞬间水袋破裂，化为微细水滴在岩石碎块的上方形成"水雾"，盖住并打湿爆破粉尘，起到捕尘集尘的作用。马鞍山矿山研究院爆破工程有限责任公司研制的水封爆破（水力除尘装置）的形式如图 13-15 所示。即在原装药结构改变不大的前提下，利用塑料袋装水，然后置于炮孔中炸药的上部。

（2）合理确定水柱高度。对于孔径 $D = 200 \sim 250\text{mm}$，孔深 $L = 12\text{m}$ 的炮孔，水柱高度控制在 $0.7 \sim 1.0\text{m}$。

（3）保证足够的填塞长度。由于上部水柱起到一定的填塞作用，因此填塞长度可比一般爆破的填塞长度小一些。可取孔径的 $12 \sim 20$ 倍，一般为 $4.5 \sim 5.0\text{m}$。

（4）爆前喷雾洒水，即在距工作面 $15 \sim 20\text{m}$ 处安装除尘喷雾器，在爆破前 $2 \sim 3\text{min}$ 打开喷水装置，爆破后 30min 左右关闭。国外资料表明，爆前在爆区大量洒水，按粉尘重量计算，可比不洒水时减小 1/2，按粉尘颗粒计算，可减少 1/3。

C　泡沫降尘

a　泡沫降尘原理

泡沫具有低密度、大表面积的特点（直径 1cm 的泡沫，液膜厚为 10^{-3}cm，密度仅为 0.003g/cm^3 左右；直径 1cm 的泡沫所拥有的表面积为 $2000\text{cm}^2/\text{g}$；在实验室中泡沫的发泡倍数可达到 $50 \sim 200$ 倍）。利用泡沫庞大的总体积和总面积，增加泡沫液和尘粒的接触面和附着力，增加粉尘与捕尘泡沫接触的机会，对粉尘源进行覆盖，隔断粉尘的传播和扩散通道，从而达到降尘目的。

b　广东宏大爆破工程有限公司研制的泡沫降尘剂[21]

广东宏大爆破工程有限公司研制的泡沫降尘剂是由多种组分复配而成。由于泡沫降尘的作用是降尘，因此其组分应含有发泡剂、润湿剂、稳泡剂和其他助剂等多种物质。其配比列于表 13-21。

表 13-21　泡沫降尘剂组分

名称	发泡剂	润湿剂	稳泡剂	其他助剂	水
组分/%	30	$3 \sim 5$	$6 \sim 8$	$17 \sim 26$	$30 \sim 50$

实验室检验结果：用实验室实验方法检验出该泡沫降尘剂的性能指标为：在同等条件下泡沫降尘剂的降尘效率达到 83% 以上，而洒水降尘的降尘效率小于 60%。

c　苏联在露天矿爆破中应用泡沫降尘的实例

兹里雅诺夫斯克露天矿[23]采用 ПО-1 型发泡器发生出 100 倍的空气-机械泡沫，在装药和布置好爆破网路后，喷射到爆破区段。泡沫层的厚度，在台阶坡面上方 0.3~0.6m；在水平面上为 1.0~1.5m。爆破 $1m^3$ 矿岩的泡沫消耗量为 0.06~0.16m^3。采用泡沫喷射的效果如图 13-16 所示。

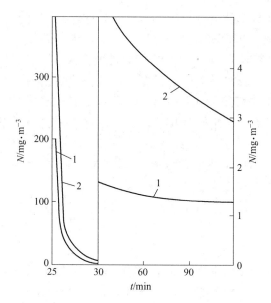

图 13-16 爆破后空气含尘量 N 与时间 t 的关系曲线
1—泡沫配方 1；2—泡沫配方 2

苏联有色冶金工业部军事化矿区救护队[24]利用自卸汽车底盘装配了一种移动式泡沫发生器设备，包括：气泡剂箱、水箱、泵、泡沫发生器、渐缩管和传动装置。当装药完毕后，喷射一层厚度为 1.0~1.5m 的静态空气-机械泡沫层。

泡沫发生器设备的技术指标：泡沫生成量为 $150m^3$/min；爆破器内泡沫体积增长倍数 250~350；泡沫持久性 30~40min；气温 -10~45℃ 时，水和气泡剂溶液的压力不大于 1.5MPa；工作压力为 0.3~0.5MPa 时，泡沫喷射距离为 20m。

13.2.3 爆破有害气体

13.2.3.1 有毒气体与有害气体

有毒气体，顾名思义就是对人体产生危害，能够使人中毒的气体，如：一氧化碳、二氧化硫、氯气、硫化氢等。英文为：Toxic gases。

有害气体是指对人畜的健康产生不利影响，或者说对人畜的健康虽无影响，但使人感到不舒服，影响人们的舒适度。英文为 Harmful gas。

对于爆破来说，爆后有害气体来自两方面：（1）炸药本身含有碳、氢、氧、氮等元素的化合物，爆后大部分生成二氧化碳（CO_2）和水（H_2O），但也会生成一定量的一氧化碳（CO）和氮的氧化物（NO、NO_2）；（2）在含硫矿床中进行爆破作业，同样可能产生硫化氢（HS）和二氧化硫（SO_2）。凡是炸药爆炸后，含有一氧化碳，氮的氧化物、硫化氢和二氧化硫四种气体中的一种或一种以上的气体称为有害气体。

有害气体包括有毒气体、可燃性气体和窒息性气体[25]。《爆破安全规程》 （GB

6722—2014）采用有害气体的称谓是使涵盖的内容更广泛一些。但是，有毒气体与有害气体的概念也是相对的，同一种气体由于浓度不同也是可以相互转换的。

13.2.3.2　爆破有害气体的危害

爆破有害气体可致人、畜中毒，甚至死亡。据统计 2001～2009 年全国矿山较大事故累计死亡人数中爆破中毒窒息占 19.2%。2009 年全国金属非金属矿山共发生较大生产事故 45 起，死亡 176 人，其中中毒窒息事故高达 12 起，死亡 46 人，占总人数的 26.1%，居第一位。2010 年全国非煤矿山共发生生产安全事故 1009 起，死亡 1271 人，其中中毒窒息事故 107 人，死亡人数占事故死亡总人数的 8.4%[26]。毒气对人体的生理影响见表 13-22 和表 13-23。

表 13-22　爆破有害气体对人体的生理影响

气体名词	符号	对人体主要生理影响
一氧化碳	CO	窒息
二氧化氮	NO_2	刺激肺
氧化氮	NO	在血液中形成亚血红蛋白
二氧化硫	SO_2	刺激咽喉和肺
氨	NH_3	刺激鼻孔、咽喉
硫化氢	H_2S	刺激呼吸道并窒息

表 13-23　爆破有害气体不同浓度对人体的生理影响

气体名称	气体浓度/10^{-6}	对人体的影响
CO	50	允许的暴露浓度，可暴露 8h（OSHA）
	200	2～3h 内可能会导致轻微的前额头疼
	400	1～2h 后前额头疼并呕吐，2.2～3.5h 后眩晕
	800	45min 内头痛、头晕、呕吐；1h 内昏迷，可能死亡
	1600	20min 内头痛、头晕、呕吐；2h 内昏迷并死亡
	3200	5～10min 内头痛、头晕、30min 无知觉，有死亡危险
	6400	1～2min 内头痛、头晕、10～15min 无知觉，有死亡危险
	12800	马上无知觉，1～3min 内有死亡危险
H_2S	0.13	最小的可感觉到有臭气味浓度
	4.6	易察觉的有适度的有臭气味浓度
	10	开始刺激眼球，可允许的暴露浓度，可暴露 8h（OSHA、ACGIH）
	27	强烈的不愉快的臭味，不能忍受
	100	咳嗽、刺激眼球、2min 后可能失去嗅觉
	200～300	暴露 1h 后，明显结膜炎、呼吸道受刺激
	500～700	失去知觉、呼吸停止（中止或暂停），以至于死亡
	1000～2000	马上失去知觉，几分钟内呼吸停止并死亡，即使个别的马上搬到新鲜空气中，也可能死亡

气体名称	气体浓度/10^{-6}	对人体的影响
NO	25	允许的暴露浓度（OSHA）
	0~50	较低的水溶液，因此超过 TWA 浓度，对黏膜也有轻微刺激
	60~150	刺激更强烈。咳嗽、烧伤喉部，如果快速移到清新空气中，症状会消除
	200~700	即使短时间暴露也会死亡
NO$_2$	0.2~1	可察觉的有刺激的酸味
	1	允许的暴露浓度（OSHA、ACGIH）
	5~10	对鼻子和喉部有刺激
	20	对眼睛有刺激
	50	30min 内最大的暴露浓度
	100~200	肺部有压迫感，急性支气管炎，暴露时间稍长就造成死亡
SO$_2$	0.3~1	可察觉的最初的 SO$_2$
	2	允许的暴露浓度（OSHA、ACGIH）
	3	非常容易察觉的气味
	6~12	对鼻子和喉部有刺激
	20	对眼睛有刺激
	50~100	30min 内最大的暴露浓度
	400~500	引起肺积水和声门刺激的危险浓度，延一段暴露时间会导致死亡
NH$_3$	0~25	对眼睛和呼吸道的最小刺激
	25	允许的暴露浓度（OSHA、ACGIH）
	50~100	眼睛肿起，结膜炎，呕吐。刺激喉部
	100~500	高浓度是危险，刺激变得更激烈，稍长时间会引起死亡

注：OSHA—美国职业安全与健康管理局（Occupational Safety and Health Administration）；ACGIH——在北美，绝大多数的有关空气质量标准都是基于美国政府工业卫生协会起草的准则的基础上建立起来的，被称为 ACGIHTLV；ACGIH 规定对污染排放物临界值限定（ACGIH-TLV）TVS；ACGIH 规定临界值限定（ACGIH-TVS）。

炸药爆炸时产生的有害气体主要与炸药的氧平衡有关，还与药包加工质量、使用条件、作业环境有关。常见的有害气体如下：

（1）一氧化碳（CO）。一氧化碳（CO）是在供氧不足情况下产生的无色无味气体。其密度是空气密度的 0.967 倍。故总是游离在巷道顶部，宜用加强通风驱散。在相同条件下它在水中的溶解度比氧小。

CO 的毒性在于它与血液中的血红蛋白能结合成碳氧血红蛋白，达到一定浓度就会阻碍血液输氧，造成人体组织缺氧而中毒。在含有 CO 成分的空气中呼吸中毒致命的情况，因人而异。在低浓度下短暂接触，会引起头昏眼花、四肢无力、恶心呕吐等，吸入新鲜空气后症状即可消失，也不致产生慢性后遗症。长时间在 CO 含量达 0.03%环境中生活就极不安全；大于 0.15%是危险的；达到 0.4%时人就会很快残废。必须注意的是，一氧化碳的毒性有累积作用，它与红血球结合的亲和力要比氧与红血球的亲和力大 250 倍。已中毒的人通常并未觉察，但在走进新鲜空气中就会忽然倒下。含有 CO 的血液呈淡红色，饱和程度愈大，红色愈深，且持续到死后，这是判断 CO 中毒的主要症状。

（2）氮的氧化物（N_nO_m）。爆破气体中氮的氧化物主要包括 NO、N_2O_3、NO_2 与 N_2O_4 混合物等。

一氧化氮（NO）是无色无味气体，其密度是空气的 1.04 倍，略溶于水。它与空气接触即产生复杂的氧化反应，生成 N_2O_3。

二氧化氮（NO_2）是棕红色有特殊味的气体，性能不稳定，低温易变为无色的硝酸酐（N_2O_4）气体。

常温下，NO_2 与 N_2O_4 混合气体中 N_2O_4 占多数，但受热即分解为 NO_2。因此，一般认为这类混合气体在低浓度、低压力下稳定形式是 NO_2。

NO_2 与 N_2O_4 密度分别是空气密度的 1.59 倍和 3.18 倍，故爆后可长期渗于碴堆与岩石裂隙，不易被通风驱散，出碴时往往挥发伤人，危害很大。

N_2O_3 是一种带有特殊化学性质的气体或混合气体，其物理性质类似 NO 与 NO_2 的等分子混合物。它的密度是空气的 2.48 倍。能为水或碱液吸收产生亚硝酸或亚硝酸盐。

NO_2、N_2O_4 与 N_2O_3 易溶于水，当吸入人体肺部时，就在肺的表面黏膜上产生腐蚀，并有强烈刺激性。这些气体会引起刺激鼻腔、辣眼睛、引发咳嗽及胸口痛。低浓度时导致头痛与胸闷，浓度较高时可引起肺部水肿而致命。这些气体具有潜伏期与延迟特性，开始吸入时不会感到任何症候，但几个小时（长达 12h）后剧烈咳嗽并吐出大量带血丝痰液，常因肺水肿死亡。

NO 难溶于水，故不是刺激性的，其毒性是与红血球结合成一种血的自然分解物，损害血红蛋白吸收氧的能力，导致产生缺氧的萎黄病。研究表明，NO 毒性虽稍逊于 NO_2，但它常有可能氧化为 NO_2，故认为两者都是具有潜在剧毒性的气体。

（3）硫化物。硫化氢（H_2S）是一种无色有臭鸡蛋味的气体，密度是空气密度的 1.19 倍，易溶于水，通常情况下 1 个体积水中能溶解 2.5 个体积 H_2S，故它常积存巷道积水中。H_2S 能燃烧，自燃点 260℃，爆炸上限 45.50%，爆炸下限 4.30%。H_2S 具有很强的毒性，能使血液中毒，对眼睛黏膜及呼吸道有强烈刺激作用。当空气中 H_2S 浓度达到 0.01% 时即能闻到气味，流鼻涕、唾液。浓度达到 0.05% 时，0.5~1.0h 即严重中毒。浓度达到 0.1%，短时间内就有生命危险。

二氧化硫（SO_2）是一种无色、有强烈硫磺味的气体，易溶于水，密度是空气密度的 2.2 倍，故它常存在于巷道底部，对眼睛有强烈刺激作用。SO_2 与水汽接触生成硫酸，对呼吸器官有腐蚀作用，刺激喉咙、支气管发炎，呼吸困难，严重时引起肺水肿。当空气中 SO_2 浓度为 0.0005% 时，即能闻到气味。浓度 0.002% 时有强烈刺激，可引起头痛和喉痛。浓度 0.05% 时即引起急性支气管炎和肺水肿，短时间内人就会死亡。

13.2.3.3 爆破有害气体的危害范围和允许含量

爆破有害气体的危害范围可按以下经验公式确定。

（1）地表爆破。地表爆破的危害范围按下式计算：

$$R_g = K_g \sqrt[3]{C} \tag{13-46}$$

式中　R_g——爆破有害气体危害范围，m；

　　　C——爆破总装药量，t；

　　　K_g——系数，按统计资料平均为 160，下风方向为 320。

（2）地下爆破。地下爆破产生的高温有害气体不断向爆区周围扩散，或者滞积在通风不良的独头工作面内，对后续工序的作业人员威胁较大。《爆破安全规程》（GB 6722—2014）规定：地下爆破作业点的爆破有害气体浓度不应超过表 13-24 的规定。

表 13-24　地下爆破作业点有害气体允许浓度

有害气体名称		CO	N_nO_m	SO_2	H_2S	NH_3	R_n
允许浓度	按体积/%	0.00240	0.00025	0.00050	0.00066	0.00400	3700Bg/m³
	按质量/mg·m⁻³	30	5	15	10	30	

在计算有害气体总量时，应将其他气体折算成 CO 含量；其中 N_nO_m 的毒性系数比为 6.5，SO_2、H_2S 的毒性系数比为 2.5。

地下爆破时，作业面有害气体浓度应每月测定一次；爆破药量增加或更换炸药品种时，应在爆破前后各测定一次爆破有害气体浓度。

13.2.3.4　影响有害气体生成量的因素及其降低措施

A　影响有害气体生成量的因素

（1）炸药的氧平衡。对于零氧平衡炸药，爆炸时放出的热量最大，产生的有害气体也最少；随着正氧平衡的增加，产物中 NO_2 的含量增多；负氧平衡时，炸药 NO_2 有所减少，但也产生了可燃性的 CO 气体。

（2）炸药的加工质量。炸药反应的完全程度与炸药组成、成分性质、炸药密度、粒度、药包直径、起爆冲能等因素有关。例如：1）混合炸药的颗粒越细、分散越均匀，则爆炸时反应越完全，生成的有害气体减少；反之，反应不完全生成的 CO 或 NO_2 越多。2）装药密度较大时，NO_2 较少，药包直径大时爆炸反应较完全，因而 CO、NO_2 含量均有所下降。

（3）爆破工艺。耦合装药与空气间隔的不耦合炸药相比，前者的有害气体量减少，炮孔填塞质量好，也可抑制有害气体的生产。

（4）炸药的可燃性包装，如蜡纸、塑料袋。

（5）药卷周围的介质情况。某些矿物介质可与爆炸产物发生化学反应，或者对爆炸产物的二次反应起到催化作用，使有害气体含量增大。例如：在煤层中燃烧生成较多的 CO，在硫化矿层中爆炸，有少量硫化物生产。

B　降低爆破有害气体的技术措施

降低有害气体的危害程度，可采用以下措施：

（1）选定炸药合理配方。从理论上设计接近零氧平衡的炸药。根据我国有关部门研究表明，矿用炸药的有害气体含量不宜超过 80L/kg。研制新品种炸药时，必须坚持通过实验室及工业性试验，得出结论才能推广使用。应按工业试验要求检验炸药各项指标（包括有害气体成分及数量）是否符合要求。

（2）控制一次起爆药量。爆炸产生的有害气体体积与炸药用量成正比，为了有效地降低爆破有害气体生成量，应严格控制一次起爆药量。

（3）增大起爆能。应选用感度适中、威力较大的炸药作为起爆药包，这对感度较低的炸药（如铵油炸药等）尤为重要。

（4）选定合理装药形式。装药前必须将药孔内积水及岩粉吹干净。根据情况采用散装药（不耦合系数为1），将会显著降低有毒气体浓度。此外，装药密度、起爆药包的位置、药包包装材料等，对有毒气体的产生都有一定影响。

（5）保证填塞长度和填塞质量。合格的填塞长度和质量能使炸药爆炸而介质尚未破碎之前，炮孔内处于高温、高压状态，有利于炸药充分发生化学反应，减少有害气体的生成量。

（6）爆破有害气体抑制剂的研发。马鞍山矿山研究院爆破工程有限责任公司研制的爆破有害气体抑制剂，有害气体降低率为32.92%～35.71%。生产试验表明，采用径向装药结构添加抑制剂后，炸药爆炸后生成有害气体明显减少。

（7）加强通风与洒水。爆破后要加强通风，驱散较轻的 CO，一切人员必须等到有害气体稀释至《爆破安全规程》（GB 6722—2014）中允许的浓度以下时，才准返回工作面；井下爆破前后加强通风，应设置对死角和盲区的通风设施。

洒水一方面可将溶解度较高的 NO_2、$N_2O_4 \cdot N_2O_3$ 转变为亚硝酸与硝酸；另一方面可将难溶于水的氮氧化合物（如 NO）从碎石堆或裂隙中驱赶出来，便于随风流出工作面。

13.3 爆破盲炮事故处理

13.3.1 盲炮定义

盲炮俗称瞎炮。《爆破安全规程》（GB 6722—2014）给出的定义是"因各种原因未能按设计起爆，造成药包拒爆的全部装药或部分装药"。

13.3.2 盲炮的产生原因

13.3.2.1 炸药

（1）由于炸药钝感，起爆能量不足而引起拒爆；

（2）炸药存放时间过长，超过有效期或在存储期受潮变质；

（3）爆前未对使用的炸药、起爆器材进行现场检测；

（4）在潮湿或有水环境中爆破，未使用防水炸药和抗水的爆破器材或对不抗水爆破器材未进行防潮、防水处理。

13.3.2.2 雷管

雷管的作用是引爆起爆药包，一发不爆将会导致多个或多排炮孔拒爆。

（1）雷管钝感、加强帽堵塞或失效；

（2）电雷管的桥丝与脚线焊接不牢，引火头与桥丝脱离等；

（3）电雷管不导电或电阻值过大；

（4）雷管受潮或同一网路使用不同厂家、不同批号和不同结构性能的电雷管。雷管电阻差不能大于产品说明书的规定，否则导致电流不平衡，使每个雷管获得的电能有较大的差别，获得足够起爆电能的雷管首先起爆而炸断电路，造成其他雷管不能起爆。

雷管的拒爆率很低，只有十几万分之一，但总有因雷管的原因造成炮孔拒爆案例。例如：2011年7月15日~8月30日贵州省六盘山市进行场平爆破施工时，曾出现9次盲炮，其中一次就是因2发导爆管雷管脚线穿爆而拒爆。

13.3.2.3 起爆电源

（1）起爆器内电池电压不足；

（2）起爆器充电时间过短，未达到规定的电压值；

（3）采用电力起爆网路时，输出功率不够，起爆电源能量不能保证全部电雷管准爆。

13.3.2.4 电力起爆网路

（1）电爆网路中电雷管脚线、端线、区域线、主线连接不牢或漏接，造成断路；

（2）电爆网路与轨道或管道、电气设备等接触，造成短路；

（3）导线型号不符合要求，造成网路电阻过大或者电压过低；

（4）起爆方法错误，或起爆器、起爆电源的起爆能量不足，通过雷管的电流小于准爆电流。

13.3.2.5 导爆索起爆网路

（1）导爆索质量不符合标准或受潮变质，起爆能力不足；

（2）导爆索连接时，搭接长度不够，传爆方向接反，连接或敷设中使导爆索受损；延期起爆时，先爆的药包炸断起爆网路，角度不符合技术要求，交叉甩线；

（3）接头与雷管或继爆管缠绕不坚固；

（4）导爆索药芯渗入油类物质；

（5）在水中起爆时，由于连接方式错误使导爆索弯曲部分渗水。

13.3.2.6 导爆管雷管起爆网路

（1）施工时未按设计要求进行连接，导爆管雷管起爆网路中出现死结、炮孔内有接头，孔外相邻传爆雷管之间安全距离不足；

（2）使用导爆管连接器时未夹紧或绑牢；

（3）采用地表延时网路时，地表雷管与相邻导爆管之间未留有足够的安全距离。

例如：2007年3月~8月，新疆哈密宝山铁矿进行中深孔爆破时经常出现拒爆现象。该矿采用非电导爆管雷管起爆系统，共有3个段别，即4m长的3段导爆管雷管、6m长的8段导爆管雷管和8m长的9段导爆管雷管。在网路连接中，每排均采用8m长的9段导爆管雷管起爆。炮孔之间用四通连接。排与排之间采用4m长的3段导爆管雷管接力传爆。通过试验与分析得出：4m长的3段非电导爆管雷管延期时间为37.6~62.5ms，8m长的9段非电导爆管雷管延期时间为280.1~345ms。第一排孔起爆时间为280.1~345ms至第二排孔起爆时间为37.6~62.5ms，当传爆到第八排炮孔时，需要263.2~437.5ms。因此，当第一排孔起爆时，第八排以后的非电导爆管可能没有传导至炮孔内，而被第一排炮孔起爆后的飞石将某区域的导爆管砸断。当相邻区域的导爆管同时被砸断时就会发生局部拒爆现象。

13.3.2.7 操作不当

（1）回填时由于工作不慎，岩粉或岩块落入孔中，将炸药与起爆药包或者炸药与炸药隔开，不能传爆；

（2）粉状混合炸药装填时被捣实，密度过大，影响传爆；

（3）在水中或水汽过浓的地方，防水层不严或操作不当擦伤防水层，使炸药吸水产生拒爆。

2007 年 12 月 5 日，太钢矿业公司峨口铁矿箕斗山 1732 水平爆破时，173 孔拒爆；2008 年 2 月 18 日北西区 1936 水平爆破，又有 37 孔拒爆。从拒爆现场调查分析，基本是漏联所致。特别是爆区规模大，检查时间短时，技术人员的检错能力降低，爆破网路中的隐患不易发现，发生拒爆的概率随之增大。因此，此时更应加强施工管理。

13.3.3　盲炮的预防

盲炮预防最根本的的措施是对爆破器材要妥善管理，在爆破设计、爆破施工中严格遵守《爆破安全规程》（GB 6722—2014）和国家的有关规定。牢固树立安全第一的思想。

（1）爆破器材应进行严格的出入库检验，使用前进行试验，禁止使用技术性能不符合要求的爆破器材。

（2）同一串联支路上使用的电雷管，其电阻差应符合产品说明书的规定。

（3）提高爆破设计质量。设计内容包括：炮孔布置、装药量计算、起爆方式、网路连接、安全距离计算，对于重要的爆破工程尚须进行网路模拟试验。

（4）在装填炸药和炮孔填塞时，要保护好导爆索、电雷管的脚线和端线；使用防水药包时，应严格进行防潮处理，以确保准爆。

（5）对于水孔在装药前一定要将水吸干，清除灰泥，如继续漏水使用防水炸药。

（6）采用电力起爆时，应防止起爆网路漏接、错接和折断脚线。爆破前应对整个爆破网路导电性能和电阻值进行测试，网路接地电阻不得小于 $1 \times 10^5 \Omega$，合格后方能起爆。

（7）采用导爆索和继爆管起爆网路时，爆前应对所用器材进行测试和检查，确保性能良好，严格按设计施工。

（8）起爆网路的检查，应由有经验的爆破员组成的检查组担任，检查组不得少于两人，大型或复杂起爆网路检查应由爆破工程技术人员组织实施。

（9）电子雷管起爆网路应按设计复核电子雷管编号、延时量、子网路和主网路的检测结果。

13.3.4　盲炮的检测和识别

13.3.4.1　盲炮的直观检测

爆破后发现有下列情况之一者可判断有盲炮存在的可能：

（1）在爆破区段范围内残留炮孔，地表无松动或应有的抛掷现象；

（2）爆堆的宽度比预计的小，后冲和爆堆的峰谷异常；

（3）两药包之间有显著的隔离，土石方崩塌范围较其他地段原计算有显著差异；

（4）在抛掷爆破中，大部分或局部无抛掷现象；

（5）爆破声响不大，无填塞材料喷出和明显包坑。

13.3.4.2　数码电子雷管爆破振动波分析识别法

A　爆破振动波分析识别法的原理

数码电子雷管的出现为盲炮识别提供了新的思路，电子雷管延期精确，可分析网路的设计延期与炮孔的实际起爆时间是否对应，以此判断是否存在盲炮。

爆破振动波相对天然地震波的特点是[30]：

（1）初始振动波形上升很快，炸药爆炸后初始的冲击波在波形图上表现为波形向正方向上升。

（2）衰减较快。冲击波在岩土介质中传播，随着传播距离的增加振动幅值不断衰减，波形很快衰减为应力波。

（3）时间规则。爆破地震波有着很好的时间性，波形的上升与炮孔起爆有一定的对应关系。

盲炮探测技术的关键是判断所有炮孔是否准时起爆？分析爆破振动波的三个特征可以发现炮孔爆炸必然使振动波向正方向上升；时间与炮孔爆炸有对应关系；同时在近距离测量条件下波形简洁便于观察、分析。

B　分析识别方法

（1）利用数码电子雷管（隆芯1号数码电子雷管）延期时间准确的特点，根据检测记录的爆破地震波来分析炮孔起爆的确切时间，并与设计延期设计对比，判断所有炮孔是否都按设计延期时间准确起爆。

（2）当从波形中识别的各个炮孔的起爆时间与设计延期时间相符时，可以断定所有炮孔均已起爆。否则，根据波形图上正方向上升的波峰位置可以确认盲炮的位置。

C　应用条件

为了准确地比较爆破网路的设计延期时间和实际测得的爆破振动时间，其关键在于雷管的精度，分析爆破振动波形识别盲炮的方法是建立在爆破器材性能可靠的前提下的。高精度的数码电子雷管的使用和推广不仅从源头上保证了网路的可靠性，而且为采用该方法创造了有利条件。

D　实例——杭州市钱塘江引水入城工程

北京理工大学机电学院等单位[31]在杭州市钱塘江引水入城隧道开挖爆破施工工程中，采用隆芯1号数码电子雷管起爆炮孔，布置如图13-17所示。爆破振动测点距离工作面8m。

如图13-17所示，巷道断面分为三个区域分别对振动波形进行分析对比。图13-18是爆破纵向振动波形图，图13-19（a）、（b）、（c）是三个区域对应时间段内测量的振动波形。每个正向波峰上的数字是波峰的编号。表13-25记录的是每个振动峰实际出现的时间和对应炮孔的设计延期以及炮孔编号。

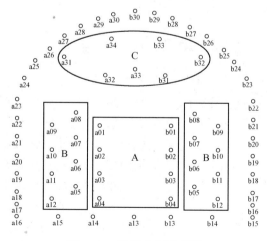

图13-17　炮孔布置示意图

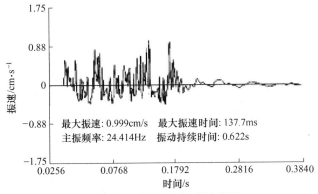

图 13-18 爆破纵向振动波形图

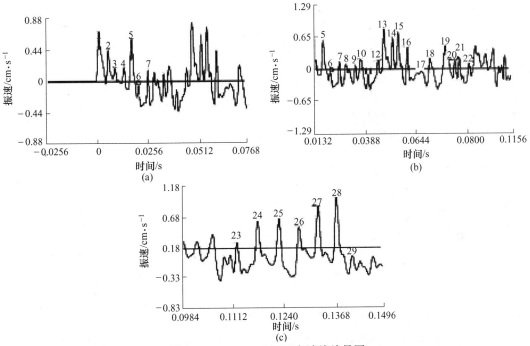

图 13-19 A、B、C 区正向波峰编号图

（a）A 区；（b）B 区；（c）C 区

表 13-25 各分区正向波峰时间与炮孔延期时间对照表

每区编号	波峰编号	实际时间/ms	炮孔编号	炮孔延期时间/ms
A 区	1	0.8	a01	0
	2	5.6	b01	4
	3	9.2	a02	8
	4	13.8	b02	12
	5	17.6	a03	16
			b03	
	6	21.2	a04	20
	7	26	b04	24

每区编号	波峰编号	实际时间/ms	炮孔编号	炮孔延期时间/ms
	8	29.2	a05	28
	9	30.8	b05	32
	10	36.8	a06	36
			b06	
	11	40.6	a07	40
	12	45.8	b07	44
	13	48.8	a08	48
	14	53.4	b08	52
B 区	15	56.2	a09	56
	16	61.2	b09	60
	17	62.9	a10	64
	18	68.3	b10	68
	19	72.8	a11	72
	20	77.9	b11	76
	21	81.2	a12	80
	22	86	b12	84
	23	112.3	a32	112
	24	117.5	a33	117
	25	122.9	b31	122
C 区	26	128	b32	127
	27	132.8	b33	132
	28	137.7	a34	137
	29	141.5	a31	142

比较炮孔延期时间与每个正向波峰出现的时间，可以发现每个正向波峰出现的时间与炮孔延期时间基本对应一致，相差最大不足 2ms（在允许范围之内）。因此，在近距离测量得到的振动波形图中，每出现一个正向波峰就代表此时有炮孔起爆，波峰出现的时间就是炮孔实际起爆的延期时间。在近距离测量条件下，从振动波形图中找到与设计延时相一致的正向波。

13.3.4.3　频分多址盲炮检测和识别系统

江西理工大学等单位研发的频分多址盲炮检测和识别系统不仅适用于台阶中深孔爆破，而且适用于硐室爆破[32]。

A　基本原理

频分多址盲炮检测法是一种主动源检测方法，该方法利用电磁波在大地中传播的规律，通过在炮孔中预置电磁循环发生器，不同装药炮孔发射不同频率的电磁信号，同时在地面无线接收检测来自地下炮孔发射的固定频率电磁信号，根据不同频率信号对应不同盲炮地址（频分多址），从而达到中深孔爆破盲炮检测的目的。

在炮孔中预置的目标体是有主动源的信号发生器。信号发生器定时工作，在炮孔爆破前处于休眠状态，起爆后经过短暂的一段时间启动，并发送特定频率的信号，同时在地面采用特定的信号接收器接收来自地下信号发生器发送的特定频率信号进行检测。如果检测到发送的信号，说明信号发生器能正常工作，此炮孔的炸药未被引爆，存在盲炮；反之，未检测到发送的信号，说明爆破成功，不存在盲炮。因为信号发生器发送的是特定的信号，可以完全避免矿体和水源的干扰；不同炮孔设置不同频率的发送信号源，根据信号频率的差异，能很方便地确认盲炮所在位置，对盲炮的定位检测准确率高。

图 13-20 示出中深孔爆破盲炮频分多址检测法的布置示意图。

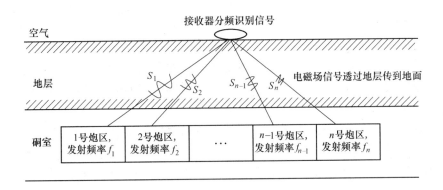

图 13-20 中深孔爆破盲炮频分多址检测法的布置示意图

B 频分多址检测系统组成

检测系统包括地下发送部分和地上检测部分。地下发送部分是由通讯模块、控制模块和功率放大模块三个部分组成。地上检测部分则由频带磁场传感器、数据采集模块和通讯模块组成，系统结构如图 13-21 所示。地面接收系统和地下信号发生器如图 13-22 和图 13-23 所示。

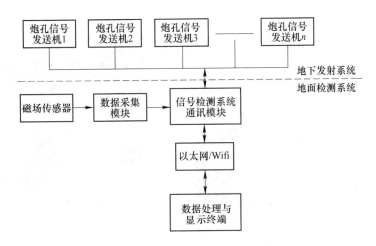

图 13-21 盲炮频分多址检测系统组成

图 13-22 地面接收系统

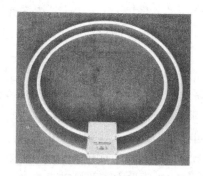

图 13-23 地下信号发生器

（1）地面检测系统功能：

1）频带磁场传感器：主要接收工区的磁场信号。

2）数据采集模块：负责采集磁场传感器收集到的磁场信号。

3）通讯模块：负责向地下发射系统传输工作时间状态的命令；负责将采集到的磁场信号传输给处理和显示终端。

4）处理和显示终端组成：负责处理采集的磁场信号，并绘制图像，判断爆破状态。

（2）地下发射系统功能：

通讯模块：负责接收地面检测系统传输的工作时间、工作状态命令，已经返回工作设定是否成功。

时间控制模块：负责与地面发射系统的时间同步，提供发射系统发射电磁波所需要的精确时钟信号。

频率发生模块：负责在工作设定时间内发射电磁波所需要的频率控制信号。

功率放大模块：负责完成电磁信号的放大与发送。

C 检测方法

（1）在装药炮孔内预置信号发生器。预置信号发生器样机如图 13-24 和图 13-25 所示。技术参数见表 13-26。

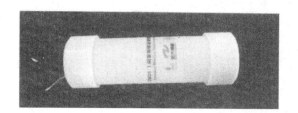

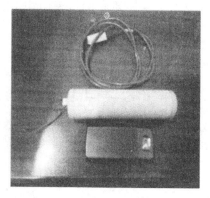

图 13-24 直径 70mm 的深孔爆破
盲炮检测预置信号发生器样机

图 13-25 直径 50mm 的深孔爆破盲炮
检测预置信号发生器样机

表 13-26 预置信号发生器参数

直径/mm	长度/mm	最大工作时间/d	辐射功率/W
70	230	7	5~20
50	150	4	1

（2）台阶爆破起爆前实行两次信号预检。首先在不启动信号发生器情况下，地面检测一次，确立背景场；然后在启动信号发生器的情况下，地面检测一次，确定所有频率发射正常，并获得合适的检测参数。

（3）台阶爆破起爆后实行盲炮检测。信号发生器按照预设的时间自行启动工作，地面接收机同步检测信号。根据检测到的信号确定是否有盲炮，并根据信号频率确定盲炮所在位置。

D　应用条件

适用于埋深 60m 以内的深孔爆破和埋深 100m 范围内的硐室爆破。

E　实例——广东省大宝山矿台阶爆破

广东省大宝山矿是一座大型多金属露天矿，矿区主矿体上部为褐铁矿体，下部为铜硫矿体。台阶高度 15m，孔深 16.5m，孔径 140mm。为研究信号发生器发射信号的可探测深度，利用现场的采空区探测孔与炮孔进行了试验，探测孔深度 20~40m。

a　试验方案

第一次试验。将直径 70mm 的信号发生器置于孔深 20m 与 40m 的探测孔孔底，用岩粉填塞至孔口，按频分多址检测法进行观测。试验参数如表 13-27 所示。试验结果如图 13-26~图 13-28 所示。

第二次试验。将直径 59mm 的信号发生器置于孔深 20m 的探测孔内与正常爆破的炮孔内不同位置，主要是孔底、孔中与孔口，按频分多址检测法进行观测。试验参数如表 13-28 所示。

表 13-27 第一次试验的试验参数

信号发生器位置	20m 孔深孔底	40m 孔深孔底	40m 孔深孔底
收发水平距离/m	25	40	40
发射频率/Hz	5000	5000	2012

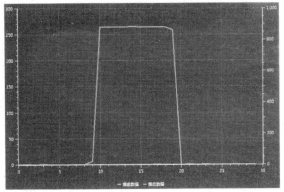

图 13-26　发射 5000Hz 信号收发距离 20m 的接收电磁信号响应曲线图

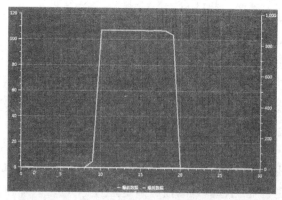

图 13-27　发射 5000Hz 信号收发距离 40m 的接收电磁信号响应曲线图

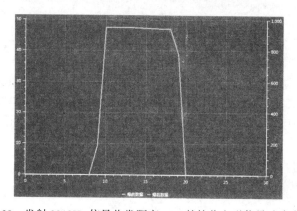

图 13-28　发射 2012Hz 信号收发距离 40m 的接收电磁信号响应曲线图

表 13-28　第二次试验的试验参数

信号发生器位置	距孔口 4m	距孔口 8m	距孔口 20m	距孔口 15m	距孔口 20m
收发水平距离/m	0, 5, 10, 20, 30	0, 10, 20, 30	0, 10, 20, 30	0, 10, 20	0, 10, 20
发射频率/Hz	2025	2025	2025	3025	5025

b　试验结果与分析

（1）由图 13-26 看出，将信号发生器置于孔深 20m 的探测孔孔底，信号发射器发射 5000Hz 的信号，在距离 20m 处进行信号的接收与识别，信号差异达 200 倍，接收机能检测出良好的识别信号。

由图 13-27 看出，将信号发生器置于孔深 40m 的探测孔孔底，信号发射器发射 5000Hz 的信号，在距离 20m 处进行信号的接收与识别，信号差异达 110 倍，接收机能检测出良好的识别信号。

由图 13-28 看出，将信号发生器置于孔深 40m 的探测孔孔底，信号发射器发射 2012Hz 的信号，在距离 40m 处进行信号的接收与识别，信号差异达 46 倍左右，接收机能检测出良好的识别信号。从整个试验可以看出，深孔爆破盲炮频分多址检测系统对于孔深 40m，孔径大于 70mm 的深孔爆破盲炮检测和识别是有效的。

（2）第二次试验也表明，将直径 50mm 的信号发生器置于距孔口 20m 的位置，发射

5025Hz 的电磁信号, 在收发水平距离 1m、10m、20m 处进行信号接收与识别, 信号差异率分别达到 20 倍、14 倍、5.5 倍, 接收机能检测出较好的识别信号。

13.3.4.4　三种检测方法的比较

三种检测方法的比较示于表 13-29。

表 13-29　三种盲炮检测方法的比较

检测方法	优　点	缺　点	应用条件
盲炮的直观检测	无需任何仪器、设备	时有漏报现象	无限制
数码电子雷管爆破振动波分析识别法	通过测量爆破振动波识别盲炮具有成本低、可行性强和易于实现的特点。该方法与爆破工程结合紧密, 时间判断误差小于 2ms。	必须使用高精度数码电子雷管, 雷管精度越高越准确	选择安全性高的电子雷管; 消除噪声等外界因素对测量结果的影响, 避免波形振动峰值的误判
频分多址盲炮检测和识别系统	操作简单方便、精确度高、安全性能好、可视化程度高	需要一定的设备	埋深 60m 以内的深孔爆破

13.3.5　盲炮的处理

《爆破安全规程》(GB 6722—2014) 对盲炮的处理做了一般规定以及不同类别的盲炮处理方法。

A　一般规定

(1) 处理盲炮前应由爆破技术负责人定出警戒范围, 并在该区域边界设置警戒, 处理盲炮时无关人员不准许进入警戒区。

(2) 应派有经验的爆破员处理盲炮, 硐室爆破的盲炮处理应由爆破工程技术人员提出方案并经单位技术负责人批准。

(3) 电力起爆网路发生盲炮时, 应立即切断电源, 及时将盲炮电路短路。

(4) 导爆索和导爆管起爆网路发生盲炮时, 应首先检查导爆管是否有破损或断裂, 发现有破损或断裂的可修复后重新起爆。

(5) 严禁强行拉出炮孔中的起爆药包和雷管。

(6) 盲炮处理后, 应再次仔细检查爆堆, 将残余的爆破器材收集起来销毁; 在不能确认爆堆无残留的爆破器材之前, 应采取预防措施并派专人监督爆堆挖运作业。

(7) 盲炮处理后应由处理者填写登记卡片或提交报告, 说明产生盲炮的原因、处理的方法、效果和预防措施。

B　浅孔爆破的盲炮处理

(1) 经检查确认起爆网路完好时, 可重新起爆。

(2) 可钻平行孔装药爆破, 平行孔距盲炮不应小于 0.3m。

(3) 可用木、竹或其他不产生火花的材料制成的工具, 轻轻地将炮孔内填塞物掏出, 用药包诱爆。

(4) 可在安全地点外用远距离操纵的风水喷管吹出盲炮填塞物及炸药, 但应采取措施回收雷管。

（5）处理非抗水硝铵炸药的盲炮，可将填塞物掏出，再向孔内注水，使其失效，但应回收雷管。

（6）盲炮应在当班处理，当班不能处理或未处理完毕，应将盲炮情况（盲炮数目、炮孔方向、装药数量和起爆药包位置，处理方法和处理意见）在现场交接清楚，由下一班继续处理。

C 深孔爆破的盲炮处理

（1）爆破网路未受破坏，且最小抵抗线无变化者，可重新连线起爆；最小抵抗线有变化者，应验算安全距离，并加大警戒范围后，再连线起爆。

（2）可在距盲炮孔口不少于 10 倍炮孔直径处另打平行孔装药起爆。爆破参数由爆破工程技术人员确定并经爆破技术负责人批准。

（3）所用炸药为非抗水炸药，且孔壁完好时，可取出部分填塞物向孔内灌水使之失效，然后作进一步处理，但应回收雷管。

13.4 早爆事故的处理

13.4.1 早爆的概念

早爆就是炸药在预定的起爆时间之前，因各种原因引起起爆网路意外爆炸的事故。一旦发生早爆事故，后果不堪设想。

早爆事故原因包括：外来电方面、起爆器材方面和机械能作用方面的原因，其中以外来电方面的原因最为常见。

13.4.2 外来电引起的早爆原因分析与预防措施

外来电是指一切与专用起爆电流无关，意外进入电爆网路（雷管）的电流，包括：雷电、杂散电流、静电、感应电、射频电等。

13.4.2.1 雷电

A 雷电的形成

雷电是带电云体（雷云）释放巨量静电荷的自然现象。雷电的形成起源于云中的巨量电荷，这种带有巨量电荷的云块称为"雷云"。当雷云与地面间距离很近，而电荷又积累到一定强度时，云体内自由电子受电场作用，由云体向地面迅速运动，即肉眼所见的雷电。但雷电实际是一种断断续续的放电现象，每一次雷电平均有 3~4 次放电脉冲，最多可达几十次。所以肉眼见到的雷电总是闪烁的。随着一个接着一个的脉冲延续下去，直到雷云中的电能储备耗尽为止。

B 雷电的特性

放点时间短促，能量集中，放电时的电流可高达几万到几十万安培（A），温度达两万度，可引爆电爆网路。例如：

（1）1974 年 5 月广东省大宝山铁矿在一次电力起爆中，全部网路已连接好，两根爆破主线接于并未充电的起爆器上，等待起爆。由于附近发生雷击引起雷管发生早爆。

（2）1977 年 7 月海南露天铁矿进行深孔爆破时，装药后将电爆网路短接，置于地面等待起爆令。到下午 2 时爆区附近发生雷击，使 9 个孔全部发生早爆。

（3）1980年8月本钢南芬露天铁矿的一次爆破施工中，总装药量80t，孔数800余个。在连线过程中发生雷击，将全部炮孔引爆，幸好雷击前工人已全部撤离爆区，没有酿成人身伤亡事故。

C 雷电引爆的物理过程

（1）直接雷击。"雷云—地面"间放电时，释放能量平均约$2 \times 10^8 \sim 2 \times 10^{10}$J，瞬间感应电压高达$2 \times 10^4$V/cm；其温度可达$3 \times 10^4$℃，完全可以引爆邻近的电力或非电起爆网路，甚至直接引爆炸药。

（2）静电感应。电力起爆网路处于"雷云—大地"间的电场时，导线本已感应出与雷云电荷符号相反的大量电荷。放电后电场瞬间消失，导线带的电荷来不及流散，由此产生导线对大地的静电感应电压可达$10^2 \sim 10^3$kV，电雷管导线绝缘能力低，在被击穿瞬间即有电流在电起爆网路与大地之间通过引爆电雷管。

（3）电磁感应。雷电放电时，电流幅值、陡度极大，在其周围会产生变化极大的电磁场，处于该场内的电爆网路导线就会感应出强大的电动势，使场内金属环端头间隙间出现火花放电；也可使构成闭合回路的金属导线产生感应电流，如回路内导线接触不良，就会导致局部发热而引爆雷管。

D 预防雷电危害的措施

（1）掌握爆区气象规律，调查当地历年气象纪录，了解每年雷电多发季节和每天常发时间段，作为选定起爆方法和起爆时间的依据。应尽可能避开在雷雨季节进行露天爆破施工。当必须在雷雨季节实施露天爆破作业时，应尽量选用非电起爆方法。

（2）爆破施工期间，暂时切断一切通往爆区的铁轨、金属管道等导体。

（3）进行露天爆破作业装药连线时，发现雷电征兆应停止作业，全体作业人员立即撤离到安全区域。

（4）设置避雷保护区。在露天爆区、炸药加工场或炸药堆放场周围设置封闭的避雷针群，可以构成类似屏蔽作用的避雷保护区（图13-29）。

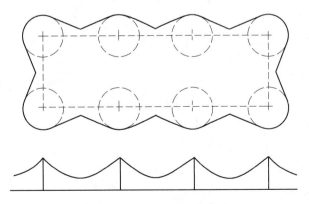

图13-29 避雷保护区示意图

单根避雷针由顶部受电端、中部导雷线和底部接电极三部分组成，组成之间必须焊接可靠、绝不能断开。爆区上空出现雷云时，它所感应的电荷可经导雷线引向尖端与雷电中和以避免雷击。遇到直接雷击时，也可将雷电流导入大地散失。各避雷针间距应小于其高度的2倍，并用导线相互连接可靠，使保护区内介质保持等电位状态。在南方某大型硐室爆破中就曾用该法实现安全无事故。

13.4.2.2 杂散电流

A 定义

凡流散在大地中的电流统称杂散电流，以其大小、方向杂乱无章，随时都在变化为特点。

B 杂散电流的来源

（1）大地自然电流。大地自然电流主要存在于无金属导体场合，一般都小于电雷管的起爆电流，不会危及安全。

（2）电化学电流。硝铵炸药装药过程洒落地面遇水溶解电离产生化学电。

（3）电气设备漏电、电机车牵引电网漏电。电气设备漏电和照明电路导线绝缘损坏漏电而产生的交流电；矿山巷道内由直流电机车牵引网路流经矿岩、金属物导体返回大地的直流电；由动力、照明电路导线绝缘损坏漏电而产生的交流电。

C 杂散电流的特点

（1）杂散电流的大小与采用的运输方式有关，采用架线式电机车运输比采用的蓄电池电机车运输时的杂散电流要大；

（2）杂散电流的大小与所测对象有关。在有金属导体存在的场所，杂散电流主要分布在不同导体之间。导电率越高的导体，杂散电流也越大。测试表明："金属管道与铁轨"间杂散电流最大，"金属矿岩与岩石"之间次之，"岩体与岩体"或"岩体与矿石"间最小。在均质同类岩体中因电阻较大，彼此靠近的两点间电位差很小，故杂散电流也小，不可能引爆电雷管。但当电雷管脚线或电爆网路导线与个别导电岩体、铁轨、金属管道或其他导体接触时，就可能产生较大杂散电流而引发爆炸。测量杂散电流的对象包括金属物（铁轨、金属管道和其他金属堆积物）、岩体、矿石等。其中任何两种物体或同种物体内任何两点联系起来都可构成一对测量对象（见图13-30）。

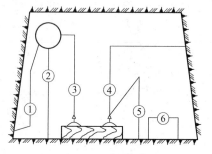

图 13-30 杂散电流测量对象

1—管对帮；2—管对地；3—管对铁轨；
4—铁轨对帮；5—铁轨对地；6—地对地

（3）若采用架线式电机车运输时，杂散电流的主要成分是直流电，交流电的成分较小。

（4）巷道的潮湿程度也影响杂散电流的大小。

D 杂散电流的预防措施

检测杂散电流必须使用专用测量仪表。装药前应先用专用仪表检测爆区的杂散电流。当杂散电流值超过30mA时，应立即采取下列预防措施：

（1）采用抗杂散电流电雷管或改用非电起爆系统。

（2）将临近爆区的所有电力线与大地绝缘，并设置一条同所有用电设备金属框架相连接的独立公用回流线。

（3）减少电力牵引系统产生的杂电，使各根铁轨间连接良好，不留空隙。

（4）检修所有电器及照明电路，确保接地良好，增设电路故障时的保护性断路装置。

（5）装填硝铵炸药时，注意防止将硝铵炸药撒散在潮湿地面。

（6）爆破场所不应存在金属导体。不得将金属物体或其他导体装入有电雷管的爆孔内。

13.4.2.3　静电

A　静电的产生

两个物体摩擦即产生静电，在爆破作业中主要表现在以下两方面：

（1）采用压气装药输送散粒炸药进行装药时，炸药颗粒与颗粒之间，炸药颗粒与输药管壁之间的相互摩擦会产生静电荷。当静电荷积累到一定程度时，突然放电，并形成足够的能量引起电雷管或炸药粉尘的爆炸。试验表明，压气装药在输药过程中积累的静电压高达 3 万伏，甚至达到 6 万伏。

（2）操作人员穿化纤衣服或两种质料的衣服相互摩擦容易产生静电。日本人员测出，穿腈纶裤的工人，行走时的电压为 4 万伏，人体带电能量可达 0.1mJ，而衣服间由于摩擦而产生静电能量高达 13mJ，后者对引爆电雷管的危险性很大。

B　静电的测量

由于静电的火花放电能力取决于带电电场能量的大小，因此确定静电引爆电雷管和炸药粉尘的危险程度时，必须确定电场的能量，

$$W = \frac{1}{2}CV^2 \tag{13-47}$$

式中　W——电场能量，J；

　　　C——电容，F；

　　　V——电压，V。

由上式看出，电压的大小是决定电场能量的主要因素，因此确定静电危险时，主要是测量静电电压。

测量仪器：高压静电电压表和集电式电位测定仪。

C　静电的预防

综上所述，预防静电危害的原则就是：促使不产生或少产生静电；已产生的静电及时引导外泄。根据工程实际情况及现场条件，可采取以下预防措施：

（1）进行爆破器材加工、爆破作业时，工作人员不应穿化纤材料服装。

（2）增大压气装药场所的空气相对湿度，可采用在地面、岩壁洒水的方法。

（3）不允许用橡皮、塑料布或有机玻璃等高绝缘性材料铺桌面或地面，必要时应使用导电橡胶或敷设铝层塑料膜，可有效降低人体对地电阻，从而保证人体静电迅速泄入大地。

（4）采用半导电材料的输药管。为便于导出炮孔内静电，管体电阻不得大于 $5 \times 10^5 \Omega$。

（5）装药设备系统接地良好，接地电阻不大于 $1 \times 10^5 \Omega$。靠胶轮移动的金属装药器应设专用接地线；为提高接地效果，接地处可喷水润湿或布撒少许硝铵炸药。

（6）炮孔内静电电压不应超过 1500V，在炸药和输药管类型改变后应重新测定静电

电压。

（7）向炮孔装药时，禁用非电套管，以防阻碍孔内炸药颗粒所带电荷泄入大地。

（8）采用抗静电的低感度电雷管代替普通电雷管。

（9）采用非电起爆方法代替电力起爆。

13.4.2.4　交变感应电

A　交变感应电的产生

交变电磁场可以在其附件导体内产生感应电。交变磁场存在于电力设施（包括发电厂、变电站、换流站、开关站、电力线路以及接地回馈钢轨等）附近空间，在其作用范围内的电爆网路可看作是闭合的环形线圈接受电磁能量而产生交变感应电。

当电爆网路与高压电力线处于同一平面内时，感应电流最大；当电爆网路与高压电力线倾斜相交时，感应电流较小；当电爆网路与高压电力线垂直相交时，感应电流最小。

B　交变感应电的预防措施

（1）当电爆网路平行于动力线敷设时，应尽量远离动力线。当电压达到 2 万伏时，禁止在动力线周围 100m 内实施电力起爆。

（2）敷设电力起爆网路时，两根主线应尽量靠拢在一起，其间距不得大于 150mm。

（3）《爆破安全规程》（GB 6722—2014）规定：电力起爆时，普通电雷管爆区与高压线间的安全允许距离，应按表 13-30 的规定。

表 13-30　爆区与高压线间的安全允许距离

电压/kV		3~6	10	20~50	50	110	220	400
安全允许距离/m	普通电雷管	20	50	100	100	—	—	—
	杂散电雷管	—	—	—	—	10	10	16

13.4.2.5　射频感应电

A　射频感应电的产生

空中布满了各种频率的电磁波，如：广播电台、电视发射台、中继台、转播台、雷达发射台（机）以及各类通讯设备等，若电爆网路处于这种强大的发射场内，就会产生射频感应电流。当感应电流超过某一数值时，就会引起早爆事故。

广播电台的中波段（频率 0.535~1.605MHz）发射机功率较大，频率较低，衰减较慢，故在电爆网路上射频感应较强，最应重视。

广播电台的短波、超短波、调频段以及电视台（大体是 5.8~500MHz）发射功率虽然也大，但因其发射天线一般都处于高塔顶端，发射电磁波在地平面产生叠加效应会削弱电磁场强度，频率高导致衰减快，所以射频感应相对弱些。

移动式通讯设备发射功率虽然不大，但可直接进入爆破现场产生影响，其危害不应忽视，据测定，功率 0.1W 的无线电报话机（发射频率 27MHz）在距电雷管 2.2m 以远处才是安全的。

B　射频感应电的预防措施

为预防感应电导致电雷管早爆的危害，可采取以下措施：

（1）调查爆区附近外部电源（电力设施、射频发射源）情况，掌握其位置、功率、工作频率、发射功率等。按《爆破安全规程》（GB6722—2014）的规定，爆区与中长波电台（AM）、调频（FM）发射机、甚高频（VHF）和超高频（UHF）电视发射机的安全允许距离分别列于表13-31、表13-32和表13-33。

（2）不得将手持式或其他移动式通讯设备带入普通电雷管爆区。

（3）在爆区现场用电引火头代替电雷管进行电爆网路模拟试验。当电引火头出现燃烧或爆炸时，应改用非电起爆。

（4）电爆网路应顺直、贴地铺平，尽量缩小导线圈定的闭合面积。

（5）网路导线与电雷管脚线都不准接触任何天线，且不准其一端接地。

表13-31　爆区与中长波电台（AM）的安全允许距离

发射功率/W	5~25	25~50	50~100	100~250	250~500	500~1000
安全允许距离/m	30	45	67	100	136	198
发射功率/W	1000~2500	2500~5000	5000~10000	10000~25000	25000~50000	50000~100000
安全允许距离/m	305	455	670	1060	1520	2130

表13-32　爆区与调频（FM）发射机的安全允许距离

发射功率/W	1~10	10~30	30~60	60~250	250~600
安全允许距离/m	1.5	3.0	4.5	9.0	13.0

表13-33　爆区与甚高频（VHF）、超高频（UHF）电视发射机的安全允许距离

发射功率/W	1~10	$10~10^2$	$10^2~10^3$	$10^3~10^4$	$10^4~10^5$	$10^5~10^6$	$10^6~5×10^6$
VHF安全允许距离/m	1.5	6.0	18.0	60.0	182.0	6.9.0	—
UHF安全允许距离/m	0.8	2.4	7.6	24.4	76.2	244.0	609.0

13.4.3　炸药燃烧引起的早爆原因分析与预防措施

炸药在使用过程中发生的燃烧或爆炸事故有以下几个方面：

A　炸药燃烧引起早爆事故

若在装药过程中，炸药发生意外燃烧，可能是因为通风条件不好或大量堆积在有限的空间而发生的早爆事故。

B　硫化矿中的药包自爆事故

（1）药包自爆的原因

硫化矿发生氧化反应并放出大量的热量。这些由反应放出的热量反过来又加剧了硫化矿石氧化反应，导致炮孔内温度升高，最终引起炸药燃烧或爆炸。在有雷管的药包中，炸药燃烧引起雷管爆炸，从而引起其他炸药爆炸。

（2）硫化矿药包自爆的预防措施：

1）在硫化矿床中进行爆破时，首先应化验矿石成分是否符合自爆条件；当炮孔内温度大于35℃时，应采取灌泥浆等措施降温后再进行装药起爆。

2）使用非硝铵类炸药。

3）使用硝铵类炸药时，必须消除孔内矿粉，且将炸药与矿石隔开，使炸药不与矿石直接接触，如采用多层牛皮纸加沥青包装炸药、牛皮纸加玻璃纤维布包装炸药和用塑料包装炸药等，包装应完好无损。不得用硫矿碴填塞炮孔。掌握安全作业时间，即快速装药和起爆，使炸药来不及热分解。

（3）工程实例——水口山矿务局铅锌矿。1982 年 1 月水口山矿务局铅锌矿发生一起早爆事故，事故地点的主要矿物有方铅矿、闪锌矿、黄铁矿、黄铜矿；次生矿物有赤铁矿、磁铁矿、黝锡矿、辉铋矿、辉铜矿、白钨及微量金、银、钴、镉、硒、铟等元素。氧化矿物有菱锌矿、白铅矿、铅矾、孔雀石、黄铜矿等。根据矿岩分析，黄铁矿（FeS_2）在各矿体中占 23.76%~36.09%，黄铁矿的氧化程度高。

事故经过：发生事故的当日，上午 8 时左右开始装药。10 时 30 分检查时，第一排 8 个孔已装完毕，并已联结了导爆索，但未装雷管。至 11 时 30 分，第二排（共 7 个炮孔）的部分炮孔也装了炸药。判断爆炸的时间大约为 13 时左右。在场人员全部死亡。

事故分析：硝铵炸药在硫化矿自爆引起早爆的可能性较大。因为，当矿石中硫酸铁和硫酸亚铁的铁离子量之和（$Fe^{+2}+Fe^{+3}$）超过 0.3%，黄铁矿（FeS_2）含量超过 30%，水分 3%~14%是引起硝铵炸药自爆的必要和充分条件；在有适量水分存在下，硫酸铁和黄铁矿可将硝铵炸药的爆燃点降低至 100~110℃。并使其在低温下（30~70℃）分解产生二氧化氮，放出热量，导致炸药爆燃。发生事故的采场温度最高达到 33.5℃。炮孔孔底温度 35~36℃。从现场取 10 个矿样进行分析，测得含水量 1.06%~8.59%，铁离子总量 0.01%~0.55%，FeS_2 含量 37.56%~82.77%。其中有两个样品满足了硫化矿中硝铵炸药自爆所需的条件。因此，药包自爆导致早爆的可能性很大。

13.4.4 机械能作用引起的早爆原因分析和预防措施

如运输事故造成的撞车、撞船、装载运输爆破器材及碾药造成的早爆。在机械能作用下，其作用外能超过了炸药机械感度所能承受的范围，便会引起早爆。

工程实例——福泉市"11.1"民爆物品运输爆炸事故。2011 年 11 月 1 日福泉市永远发展运输有限公司违规采用大吨位半挂车从湖南南岭运送 72t 改性铵油炸药前往贵阳花溪，途中违规停放于福泉市马场坪正在建设的汽车检测场内时，载重车燃烧引发所载炸药爆炸，造成 9 人死亡，218 人受伤，部分民房和公共设施受损，直接经济损失 8869 万元。

事故直径原因：（1）运输公司不具备相应安全技术条件情况下运输爆炸物品，车内改性铵油炸药与有关物质反应放热或挤压、摩擦、阳光直射等因素造成炸药内部热积累，到一定程度后产生燃烧，进而引发炸药爆炸。（2）福泉永远运输公司违规停放于许可以外的马场坪，对事故应负直接责任和主要责任。

13.5 瓦斯及煤尘工作面的爆破事故处理

13.5.1 瓦斯和煤尘

瓦斯是古代植物在堆积成煤的初期，纤维素和有机质经厌氧菌的作用分解而成的，同时在高温、高压的环境中，在成煤的同时，由于物理化学作用，继续生成瓦斯。瓦斯是一种无色、无味的气体。主要成分是烷烃，其中甲烷占绝大多数，另有少量的乙烷、丙烷和丁烷。

煤矿瓦斯往往单指 CH_4（甲烷，亦称沼气）。地下开采时，瓦斯由煤层或岩层内涌出。根据《煤矿安全规程》的规定：按照瓦斯相对涌出量和涌出形式将矿井分为三类：相对涌出量等于或小于 $10m^3/t$ 为低瓦斯矿井；大于 $10m^3/t$ 为高瓦斯矿井；煤和沼气突出矿井。

瓦斯爆炸是瓦斯和空气的混合，在高温下急剧氧化，是一定浓度的甲烷和空气中度作用下产生的激烈氧化反应，并产生冲击波现象，是煤矿中的严重灾害。

煤尘是煤矿生产过程中所产生的各种矿物细微颗粒的总称。它不仅污染作业环境，影响矿工的身体健康，而且煤尘的爆炸还会造成人身伤亡事故。

13.5.2　瓦斯爆炸及煤尘产生的条件

13.5.2.1　瓦斯爆炸的条件

瓦斯爆炸的条件有三：（1）一定的瓦斯浓度，瓦斯浓度在 5%～13% 之间；（2）一定的引火温度，点燃瓦斯的最低温度在 650～750℃ 之间，且存在时间必须大于瓦斯爆炸的感应期；（3）充足的氧气含量，氧气浓度不得低于 12%。

13.5.2.2　矿山和施工现场进行爆破作业时引起瓦斯爆炸的原因

（1）空气冲击波。由爆轰激起的空气冲击波虽然具有很高的压力和温度，但由于作用的时间非常短促，不会将瓦斯加热到爆发温度。但是冲击波经过反复叠加，或瓦斯经过预热，则仍有引爆瓦斯爆发的危险。因此，掘进工作面不得有阻塞断面 1/3 以上的物体，以免造成冲击波的反射；并且不能使用秒延期雷管，否则一次爆破总延期时间可能达到 6～7s，而此期间工作面的瓦斯有充分时间预热。同时，工作面的瓦斯浓度也可能增加到超过 1% 的安全限度。反之，若使用毫秒雷管，整个爆破过程加快，瓦斯尚未来得及涌出，也未被充分预热，爆破工作就已结束，因此安全、可靠。

（2）灼热的固体颗粒。灼热的固体颗粒是一些爆炸不完全的炸药颗粒或金属粉末。它们在空气中飞散时可能氧化燃烧，本身冷却得又慢，对瓦斯的加热时间长，所以危险性就大。因此，对煤矿炸药的要求是必须爆轰稳定可靠；严禁使用含铝、镁等金属粉的炸药。

（3）爆炸生成的高温气体。爆炸生成的气体温度高，作用时间长，是引爆瓦斯最危险的因素，特别是含有游离氧、氧化氮等气体时，由于具有强氧化作用，易使瓦斯爆炸；含有游离氢、一氧化碳等气体时，与空气接触有可能燃烧而产生二次火焰。变质炸药、起爆能不足的雷管都可能因爆炸作用不完全而产生上述不良气体产物，所以禁止使用。此外，炮孔必须进行良好的填塞后方准爆破。

爆破前应检查工作面附近 20m 的瓦斯浓度，超过 1% 不准爆破。

13.5.2.3　煤尘的产生

（1）采煤工作面的产尘。采煤工作面的主要产尘工序包括：采煤机落煤、装煤、运煤、液压支架移架、运煤转载、人工挖煤、爆破及放煤口放煤等。

（2）掘进工作面的产尘。掘进工作面的主要产尘工序包括：机械破岩（煤）、装煤、爆破、煤矸运输转载及喷锚等。

（3）其他地点的产尘。巷道维修的喷锚现场、煤炭的装卸点等也都产生高浓度的矿尘。

13.5.3　瓦斯和煤尘的防治

13.5.3.1　防止瓦斯集聚的基本方法

（1）以足够的风量将瓦斯冲淡，排向地面。当瓦斯涌出量很大时，还须用专门措施控制瓦斯的涌出，最有效而广泛使用的方法是用管道将瓦斯抽到地面。

（2）控制火源。杜绝非生产需要的火源，如吸烟、火柴、明火照明等。对生产中不可避免的高温热源，采用专门措施严加控制，如只准使用特制的电器设备。

（3）定期或自动连续检查工作地点的 CH_4 浓度和通风状况。

13.5.3.2　抑制矿尘技术

综合抑尘技术包括：生物纳膜抑尘技术、云雾抑尘技术和湿式收尘技术。

13.5.3.3　防尘设施的设置

（1）要求掘进机内外喷雾完好，且掘进时喷雾常开；

（2）在转载机尾以外 5m 设置一道移动式净化水幕，在距此净化水幕 20~30m 外载设一道净化水幕。随着工作面的推进净化水幕也向工作面移动。

（3）综掘面距掘面正头 50~100m 范围内由施工队负责设置两道全断面牢固可靠的扑尘网，随工作面的推进而前进；

（4）施工队每班对掘进工作面 50m 内的巷道，进行清洗、消除积尘；

（5）锚喷支护作业必须采用湿式凿岩；

（6）工作面掘进实施防突预测，效检时保证工作面 20m 范围内正常喷雾；

（7）皮带机头、刮板机转载点处必须按标准设置喷雾；

（8）为了有效地遏制综掘综采的煤尘产生，2010 年底徐州博泰矿山安全科技有限公司研制的矿用泡沫抑尘技术在煤矿中推广应用，取得良好的效果。该产品主要由箱体积泡沫生产设备、泡沫分配器、泡沫喷头及支架三部分组成。

参 考 文 献

[1] 纽强. 岩石爆破机理 [M]. 沈阳：东北工学院出版社.

[2] 石崇. 爆破地震效应分析与安全评价 [D]. 山东科技大学硕士学位论文，2005.

[3] 言志信，等. 地震效应及安全研究 [J]. 岩土力学，2002，23（2）：201~203.

[4] 赵昕普. 爆破振动衰减规律及爆破振动对岩体积累损伤影响的研究 [D]. 辽宁工程技术大学硕士学位论文，2008.

[5] Carlos Lopez. Drilling and Blasting of Rocks [M]. Printed in Netherlands，1995.

[6] Devine J F，et al. Effect of Charge Weight on Vibrating levels from Quarry Blasting [M]. U. S. Bureau of Mine RI6774，1966.

[7] Attwell P B，et al. Mining & Mineral Eng.，Dec. 1995：621~626 [5].

[8] Langefors U and B Kihlstron. The modern Technique of Rock Blasting，John ［M］. Wiley & Sons，1963 ［6］.

[9] M A，莎道夫斯基. 地震预报 ［M］. 陈英芳，等译. 地震出版社，1986 ［7］.

[10] 李启峰. 兰青复线虎头崖隧道微振动爆破技术研究 ［M］. 石家庄铁道学院学报（自然科学版），2008（1）：46~48.

[11] 韩瑞庚. 低振动爆破和新奥法 ［J］. 有色金属（矿山部分），1981（6）：27~30.

[12] 谢先启. 精细爆破 ［M］. 武汉：华中科技大学出版社，2010.

[13] 张志呈. 爆破基础理论与设计施工技术 ［M］. 重庆：重庆大学出版社，1994.

[14] 程康，章昌顺. 深孔梯段爆破飞石距离计算方法初步探讨 ［J］. 岩石力学与工程学报，2000，19（4）：531~533.

[15] 于亚伦. 工程爆破理论与技术 ［M］. 北京：冶金工业出版社，2004.

[16] 陈士海，等. 复杂环境下的安全爆破技术 ［J］. 爆破器材，2001，30（4）：21~23.

[17] 库图佐夫 B H. 工业爆破设计 ［M］. 北京：中国建筑工业出版社，1986.

[18] 汪旭光. 爆破设计与施工 ［M］. 北京：冶金工业出版社，2011.

[19] 刘军. 定向爆破复杂环境下砖混水塔 ［J］. 爆破，2006，23（1）：73~75.

[20] 郑水明，等. 工程场地隔振沟减振效应 ［J］. 爆破，2008，25（3）：103~106.

[21] 李战军. 建筑物爆破拆除粉尘治理及其机理研究 ［D］. 北京科技大学博士学位论文，2005.

[22] 马鞍山矿山研究院爆破工程有限责任公司，马钢（集团）控股有限公司南山矿业公司. 城区露天矿山安全洁净开采爆破技术研究. 研究报告，2014. 4.

[23] K 3 乌沙阔夫，等. 露天矿场大气污染的防治（连载之一）穿孔爆破时如何降低进入露天矿场大气中的粉尘量 ［J］. 露天采矿，1986. 10：37~41.

[24] 王维德，等译，抑制大爆破中粉尘-气体-噪声的泡沫幕 ［J］. Безопасность труда в промышленности，1988，No. 9：52~53.

[25] 煤炭科技名词审定委员会. 煤炭科技名词 ［M］. 北京：科学出版社，1997.

[26] 中钢集团马鞍山矿山研究院有限公司等. 矿山无（低）公害爆破技术研究 ［C］//鉴定会报告. 2013 年 11 月.

[27] 戚文革，等. 矿山爆破技术 ［M］. 北京：冶金工业出版社，2010.

[28] 高尔新，杨仁树，爆破工程 ［M］. 北京：中国矿业大学出版社，1999.

[29] 李磊. 盲炮探测原理与技术 ［D］. 四川省绵阳市西南科技大学，2011.

[30] 张键，张明. 微差爆破中导爆索与继爆管拒爆分析及其预防 ［J］. 新疆钢铁，2009，111（3）：40~41.

[31] 颜景龙，张乐. 电子雷管爆破振动波分析识别盲炮的方法 ［J］. 工程爆破，2011，17（1）：74~77.

[32] 江西理工大学，广东宏大爆破股份有限公司，长沙五维地科勘察技术有限责任公司，硐室爆破、中深孔爆破与深孔爆破盲炮快速检测与识别的关键技术与装备，研究报告，2013. 9.

[33] 潘玉忠，等. 复杂地层中深孔爆破盲炮产生的原因及预防措施 ［J］. 金属矿山，2012，428（2）：27~29.

[34] 陶怀修，等. 宝山铁矿露天大爆破拒爆的原因分析及防止措施 ［J］. 采矿技术，2008 年 7 月：139 ~140.

[35] 贺秀英. 浅谈峨口铁矿中孔爆破拒爆 ［J］. 矿业工程，2008，6（6）：36~37.

[36] 普永发. 略谈雷电引起的早爆及其预防 ［J］. 冶金安全，1978（27）.

[37] 张玉国. 露天矿爆破作业遇雷击早爆事故系统评价 ［J］. 本钢技术，2005（1）：7~9.

[38] 龚红峰，吴牡丹. 浅谈人体静电在电雷管使用中的危害及防护措施 ［J］. 中小企业管理 280 与科

技，2009.

[39] 李宽喜，陈克新. 一次早爆事故的分析 [J]. 爆破器材，1985 (1)：34~35.

[40] 罗忆，卢文波，陈明，舒大强. 爆破振动安全判据研究综述 [J]. 爆破，2010，27 (1)：14~22.

[41] SAVELY J P. Designing a Final Blast to Improve Stability [A]. Preprint No. 50~86, Presented at the SME Annual Meeting, New Orleans, Louisiana U. S. A, 1986.

[42] HOLMBERG R, PERSSON P A, The Swedish Approach to Contour Blasting [C] // Proceedings Of the 4th Conference on Explosive and Blasting Technique. [S. I]：[s. n.] 1978：113~127.

[43] BAUER A, CALDER P N. Open Pit and Blast Seminar [R]. Course No. 63221, Kingston, Ontario, Conada：Mining Engineering Department, Queens University, 1978.

[44] MOJTABAI N, BEATrIE S. G. Empirical Approach to Prediction Damage in Bench Blasting [J]. Trans Inst Min and Metall Sect A, 1996, 105：A75~A80.

[45] HULSHIZER A J. Acceptable Shock and Vibration Limits for Freshly Placed and Maturing Concrete [J]. ACI Materials Journal, 1996, 93 (6)：524~525.